全国环境监测培训系列教材

环境监测标准与技术规范检索指南

（2014 年版）

环境保护部环境监测司　编

中国环境出版社 · 北京

图书在版编目（CIP）数据

环境监测标准与技术规范检索指南 / 环境保护部环境监测司编. —北京：中国环境出版社，2013.5
ISBN 978-7-5111-1464-8

Ⅰ. ①环… Ⅱ. ①环… Ⅲ. ①环境监测—标准—中国—指南②环境监测—技术规范—中国—指南 Ⅳ. ①X83-65

中国版本图书馆 CIP 数据核字（2013）第 105630 号

出 版 人 王新程
责任编辑 曲 婷
责任校对 尹 芳
封面设计 陈 莹

出版发行 中国环境出版社
（100062 北京市东城区广渠门内大街 16 号）
网 址：http://www.cesp.com.cn
电子邮箱：bjgl@cesp.com.cn
联系电话：010-67112765（编辑管理部）
发行热线：010-67125803，010-67113405（传真）
印 刷 北京中科印刷有限公司
经 销 各地新华书店
版 次 2013 年 12 月第 1 版
印 次 2013 年 12 月第 1 次印刷
开 本 880×1230 1/16
印 张 50.75
字 数 1360 千字
定 价 168.00 元

【版权所有。未经许可请勿翻印、转载，侵权必究】
如有缺页、破损、倒装等印装质量问题，请寄回本社更换

《全国环境监测培训系列教材》

编写指导委员会

主　　任：万本太

副主任：罗　毅　陈　斌　吴国增

技术顾问：魏复盛

委　　员：（以姓氏笔画为序）

于红霞　山祖慈　王业耀　王　桥　王瑞斌　厉　青

付　强　邢　核　华　蕾　多克辛　刘　方　刘廷良

刘砚华　庄世坚　孙宗光　孙　韧　杨　凯　杨　坪

李国刚　李健军　连　兵　肖建军　何立环　汪小泉

张远航　张丽华　张建辉　张京麒　张　峰　陈传忠

陈　岩　钟流举　洪少贤　宫正宇　秦保平　徐　琳

唐静亮　海　颖　黄业茹　敬　红　蒋火华　景立新

傅德黔　谢剑锋　翟崇治　滕恩江

《全国环境监测培训系列教材》

编审委员会

主　　任：罗　毅　陈　斌　吴国增

副 主 任：张京麒　李国刚　王业耀　傅德黔　王　桥

委　　员：（以姓氏笔画为序）

王瑞斌　田一平　付　强　邢　核　吕怡兵　刘　方

刘廷良　刘　京　刘砚华　孙宗光　孙　韧　杨　凯

李健军　肖建军　何立环　张建辉　张　颖　陈传忠

罗海江　赵晓军　钟流举　宫正宇　袁　懋　夏　新

徐　琳　唐桂刚　唐静亮　海　颖　敬　红　蒋火华

景立新　谢剑锋　翟崇治　滕恩江　魏恩棋

编写统筹：徐　琳　张　霞　李林楠　马莉娟　高国伟　牛航宇

《环境监测标准与技术规范检索指南》

编写委员会

主　　编：罗　毅

副 主 编：张京麒　刘景泰

编　　委：海　颖　朱　明　曹　勤　陈　岩

编写人员：（以姓氏笔画为序）

马小爽　王晓雯　包艳英　田洪海　朱　明

邢巍巍　邱　争　苗书一　郑　琳　姜　薇

徐政强　童　强

审　　稿：刘景泰　朱　明　李振国　曲　婷

参加人员：（以姓氏笔画为序）

任毅斌　齐剑英　吴东海　居小秋　金致凡

序

党的十八大把生态文明建设纳入中国特色社会主义事业总体布局，提出建设美丽中国的宏伟目标。环境保护作为生态文明建设的主阵地和根本措施，迎来了难得的发展机遇。环境监测是环保事业发展的基础性工作，“基础不牢，地动山摇”。环境监测要成为探索环保新路的先锋队和排头兵，必须建设一支业务素质强、技术水平高、工作作风硬的环境监测队伍。

我国各级环境监测队伍现有人员近6万人，肩负着“三个说清”的重任，奋战在环保工作的最前沿。我部高度重视监测队伍建设和人员培训工作，先后印发了《关于加强环境监测培训工作的意见》、《国家环境监测培训三年规划（2013—2015 年）》，并启动实施了环境监测大培训。

为进一步提升环境监测培训教材的水平，环境监测司会同中国环境监测总站组织全国环境监测系统的部分专家，编写了全国环境监测培训系列教材。这套教材深入总结了30多年来全国环境监测工作的理论与实践经验，紧密结合当前环境监测工作实际需要，对环境监测各业务领域的基础知识、基本技能进行了全面阐述，对法律法规、规章制度和标准规范做了系统论述，对在监测管理和技术工作中遇到的重点和难点问题进行了详细解答，具有很强的科学性、针对性和指导性。

相信这套教材的编辑出版，将会更好地指导全国环境监测培训工作，进一步提高环境监测人员的管理和业务技术能力，促进全国环境监测工作整体水平的提升。希望全国环境监测战线的同志们认真学习，刻苦钻研，不断提高自身能力素质，为推进环境监测事业科学发展、建设生态文明做出新的更大的贡献！

吴晓青

2013 年 9 月 9 日

前　言

环境监测在环境保护工作中拥有举足轻重的地位，发挥着重要作用，为环境保护工作提供了大量准确、及时、可靠的监测数据。实践证明，环境保护事业的科学发展，离不开环境监测的有力支撑。“十一五”以来，我国环境监测事业快速发展，环境监测网络不断优化，监测技术水平不断提高，监测质量管理体系不断完善，监测工作取得了显著成效，为推进生态文明建设、探索中国环保新路作出了积极的贡献。

为规范环境监测行为，提高监测数据质量，国家陆续出台了一系列环境监测标准和技术规范，环境监测工作的规范化水平不断提高。但由于环境监测标准和技术规范数量大、涉及领域多、时间跨度长，出版方式分散，监测人员查阅使用起来多有不便。

为厘清环境监测标准与技术规范体系、优化监测方法的选择、更好地为监测人员提供实用、有效的工作指导，2010 年，环境保护部环境监测司委托中国环境出版社组织编制《环境监测标准与技术规范检索指南》（以下简称《指南》），在大连市环境监测中心、宁波环境监测站以及环境保护部标准样品研究所的共同努力下，《指南》得以编制完成并出版。

本《指南》收录了截至 2013 年 12 月 31 日前发布的与环境监测相关的环境质量标准、排放标准（控制标准）、监测规范、监测方法标准等，均为现行有效的国家标准和行业标准。没有收录国际标准以及相关书籍中的分析方法。

本《指南》包含地表水、地下水、海水、废水、环境空气、废气、机动车尾气、室内空气、大气降水、土壤和沉积物、污泥、海洋沉积物、海洋生物、固体废物、煤、噪声和振动、电磁辐射、电离辐射、生态标准、建设项目竣工验收监测、基础标准和标准样品等二十二个章节。在按环境要素划分的章节中，每一章节包含环境质量标准、监测规范、监测方法标准（含采样、前处理）三部分。某一环境要素中的监测方法为环境质量标准规定的国标或行标方法（含附录方法）。不同环境要素中如有重复的监测方法，《指南》相关章节中只列出重复方法标准的名称和标准号。

本《指南》所收录的标准和技术规范仅供参考，编者将根据新标准颁布实施情况适时修订。

本《指南》在编写过程中，得到了王玉平、王向明、王宣、付强、刘伟、吴丹、张丽君、张榆霞、周旌、袁力、袁敏、夏新、梁富生、蔡芹等专家的帮助和支持，在此，衷心感谢各位专家对《指南》的辛勤付出。

我们真挚地希望，《指南》的出版，能够在环境监测人员实际工作中发挥作用，为提高监测人才队伍技术水平、提高环境监测服务能力贡献力量。同时，我们真诚地期盼，关注中国环境监测事业发展的同仁朋友，对本《指南》的不足之处提出宝贵意见，给予批评指正。

编　者

二〇一三年十二月

目录索引

编者注：由于本书目录页较多，为方便查阅，现将各章节在目录中的页码汇总如下：

目 录

第一章

地 表 水

1　环境质量标准

1.1　地表水环境质量标准（GB 3838—2002）

标准名称：地表水环境质量标准

英文名称：Environmental quality standards for surface water

标准编号：GB 3838—2002

适用范围：

（1）本标准按照地表水环境功能分类和保护目标，规定了水环境质量应控制的项目及限值，以及水质评价、水质项目的分析方法和标准的实施与监督。

（2）本标准适用于中华人民共和国领域内江河、湖泊、运河、渠道、水库等具有使用功能的地表水水域。具有特定功能的水域，执行相应的专业用水水质。

替代情况：代替 GB 3838—1988，GHZB 1—1999；与 GHZB 1—1999 相比，本标准在地表水环境质量标准基本项目中增加了总氮一项指标，删除了基本要求和亚硝酸盐、非离子氨及凯氏氮三项指标，将硫酸盐、氯化物、硝酸盐、铁、锰调整为集中式生活饮用水地表水源地补充项目，修订了 pH、溶解氧、氨氮、总磷、高锰酸盐指数、铅、粪大肠菌群七个项目的标准值，增加了集中式生活饮用水地表水源地特定项目 40 项。本标准删除了湖泊水库特定项目标准值。

发布时间：2002-04-28

实施时间：2002-06-01

1.2　食用农产品产地环境质量评价标准（HJ 332—2006）

标准名称：食用农产品产地环境质量评价标准

英文名称：Farmland environmental quality evaluation standards for edible agricultural products

标准编号：HJ 332—2006

适用范围：本标准规定了食用农产品产地土壤环境质量、灌溉水质量和环境空气质量的各个项目及其浓度（含量）限值和监测、评价方法。

本标准适用于食用农产品产地，不适用于温室蔬菜生产用地。

替代情况：/

发布时间：2006-11-17

实施时间：2007-02-01

1.3　温室蔬菜产地环境质量评价标准（HJ 333—2006）

标准名称：温室蔬菜产地环境质量评价标准

英文名称：Environmental quality evaluation standard for farmland of greenhouse vegetables production

标准编号：HJ 333—2006

适用范围：本标准规定了以土壤为基质种植的温室蔬菜产地温室内土壤环境质量、灌溉水质量和环境空气质量的各个控制项目及其浓度（含量）限值和监测、评价方法。

替代情况：/

发布时间：2006-11-17

实施时间：2007-02-01

2 监测规范

2.1 地表水和污水监测技术规范（HJ/T 91—2002）

标准名称：地表水和污水监测技术规范

英文名称：Technical specifications requirements for monitoring of surface water and waste water

标准编号：HJ/T 91—2002

适用范围：本规范适用于对江河、湖泊、水库和渠道的水质监测，包括向国家直接报送监测数据的国控网站、省级（自治区、直辖市）、市（地）级、县级控制断面（或垂线）的水质监测，以及污染源排放污水的监测。

替代情况：/

发布时间：2002-12-25

实施时间：2003-01-01

2.2 地震灾区地表水环境质量与集中式饮用水水源监测技术指南（暂行）（环境保护部公告 2008 年第 14 号）

标准名称：地震灾区地表水环境质量与集中式饮用水水源监测技术指南（暂行）

英文名称：/

标准编号：环境保护部公告 2008 年第 14 号

适用范围：本指南适用于四川省汶川地震灾区各市县集中式饮用水水源保护工作，其他省份地震灾区可在工作中参照采用。

替代情况：/

发布时间：2008-05-20

实施时间：2008-05-20

2.3 地表水环境质量评价办法（试行）（环境保护部环办 [2011] 22 号）

标准名称：地表水环境质量评价办法（试行）

英文名称：/

标准编号：环境保护部环办 [2011]22 号

适用范围：本办法主要用于评价全国地表水环境质量状况，地表水环境功能区达标评价按功能区划分的有关要求。

替代情况：/

发布时间：2011-03-09

实施时间： 2011-03-09

3　监测方法

3.1　样品采集、运输与保存

3.1.1　水质采样　样品的保存和管理技术规定（HJ 493—2009）

标准名称： 水质采样　样品的保存和管理技术规定

英文名称： Water quality sampling - technical regulation of the preservation and handling of samples

标准编号： HJ 493—2009

适用范围： 本标准规定了水样从容器的准备到添加保护剂等各环节的保存措施以及样品的标签设计、运输、接收和保证样品保存质量的通用技术。

本标准适用于天然水、生活污水及工业废水等。当所采集的水样（瞬时样或混合样）不能立即在现场分析，必须送往实验室测试时，本标准所提供的样品保存技术与管理程序是适用的。

替代情况： 本标准替代 GB/T 12999—1991；本标准对《水质采样　样品的保存和管理技术规定》（GB/T 12999—1991）进行了修订，主要修订内容如下：

—— 增加单项样品的最少采样量及量化部分保存剂的加入量；

—— 增加分析项目的容器洗涤方法。删除“分析地点”和“建议”合并为“备注”；

—— 增加待测项目，其中理化和化学指标 33 项，如高锰酸盐指数、凯氏氮、总氮、甲醛、挥发性有机物、农药类、除草剂类、邻苯二甲酸酯类等；增加生物指标 4 项；增加放射学指标 10 项。

发布时间： 2009-09-27

实施时间： 2009-11-01

3.1.2　水质　采样技术指导（HJ 494—2009）

标准名称： 水质　采样技术指导

英文名称： Water quality - Guidance on sampling techniques

标准编号： HJ 494—2009

适用范围： 本标准规定了各种水体包括底部沉积物和污泥的采样的质量控制、质量表征、采样技术要求、污染物鉴别采样方案的原则。

本标准适用于各种水体包括底部沉积物和污泥的采样方案设计。

替代情况： 本标准替代 GB/T 12998—1991；本标准对《水质　采样技术指导》（GB/T 12998—1991）进行了修订，主要修订内容如下：

—— 水样类型中补充了瞬时水样、综合水样内容，增加了大体积水样和平均污水样两种水样类型；

—— 采样类型中补充了封闭管道、水库和湖泊以及地下水采样内容，增加了污水采样方法；

—— 瞬时非自动采样设备增加了溶解性气体（或挥发性物质）的采样设备，增加了自动采样设备的相关规定；

—— 增加了采样设备的准备注意事项；

—— 增加了采样污染的避免相关内容。

发布时间： 2009-09-27

实施时间： 2009-11-01

3.1.3 水质 采样方案设计技术规定（HJ 495—2009）

标准名称： 水质 采样方案设计技术规定

英文名称： Water quality - Technical regulation on the design of sampling programmes

标准编号： HJ 495—2009

适用范围： 本标准规定了各种水体包括底部沉积物和污泥的采样的质量控制、质量表征、采样技术要求、污染物鉴别采样方案的原则。

本标准适用于各种水体包括底部沉积物和污泥的采样方案设计。

替代情况： 本标准替代 GB/T 12997—1991；本标准对《水质 采样方案设计技术规定》（GB/T 12997 —1991）进行修订，主要修订内容如下：

—— 根据我国环境监测工作实际需求对采样点位的布设以及采样频率和采样时间等内容进行修改和增补。

发布时间： 2009-09-27

实施时间： 2009-11-01

3.1.4 水质 湖泊和水库采样技术指导（GB/T 14581—1993）

标准名称： 水质 湖泊和水库采样技术指导

英文名称： Water quality - Guidance on sampling techniques from lakes，natural and man - made

标准编号： GB/T 14581—1993

适用范围： 本标准规定了湖泊和水库采样方案设计、采样技术、样品保存和处理的详细原则。

本标准不包括微生物检验的采样。

本标准适用于湖泊和水库。其主要目的有以下三种：

（1）水质特性检测：水体长期的质量检测。用于调查研究湖库水质状况及发展趋势。

（2）水质控制检测：在水体中一个或几个指定的采样点进行了长期水质检测。

（3）特殊情况的检测：当有生物种类或种群发生障碍、死亡或其他异常现象（水华、颜色等）出现时对污染的鉴定和测定。

替代情况： /

发布时间： 1993-08-30

实施时间： 1994-04-01

3.1.5 水质 河流采样技术指导（HJ/T 52—1999）

标准名称： 水质 河流采样技术指导

英文名称： Water quality - Guidance on sampling techniques of river

标准编号： HJ/T 52—1999

适用范围： 本标准确立了评价河流水质的物理、化学和微生物特性时的采样方案设计、采样技术、样品的保存和管理的基本原则上。本标准不适用于入海河口区，对于运河和其他水流不畅的内陆水体可酌情使用。

沉积物和生物群的检验需专门的采样方法，不包括在本标准之内。

选择采样方法时，首先要明确采样目的。河流的采样目的，通常有以下几种：

（1）评价河流水质；

（2）确定河水能否用于饮用水水源；

（3）确定河水能否用于农用水，如喷灌和畜禽用水等；

（4）确定河水维持和发展渔业的适宜性；

（5）确定河水对娱乐用途的适宜性，如水上运动和游泳等；

（6）研究污水排放或偶然泄漏对承纳水体产生的影响；

（7）评价土地的利用对河流水质造成的影响；

（8）评价河底沉积物中污染物的积累和释放水体生物和沉积物的影响；

（9）研究抽水、河水调节与河水的理化性质和水生生物的影响；

（10）研究河流上拦河堰（坝）的设置与拆除等构筑工程对水质的影响。

替代情况：/

发布时间：1999-08-18

实施时间：2000-01-01

3.1.6　环境中有机污染物遗传毒性检测的样品前处理规范（GB/T 15440—1995）

标准名称：环境中有机污染物遗传毒性检测的样品前处理规范

英文名称：Guidelines for preparing samples for genetoxicity testing of organic pollutants in environment

标准编号：GB/T 15440—1995

适用范围：本规范分五篇：

第一篇　大气可吸入颗粒物样品前处理：适用于大气可吸入颗粒物中非挥发性有机物，不适用于大气可吸入颗粒物的气态及半气态有机物。

第二篇　地面水及废水样品前处理：适用于地面水及废水中非挥发性有机物，不适用于挥发性有机物。

第三篇　非水液态废弃物样品前处理：适用于非水液态废弃物中挥发性及非挥发性有机物。

第四篇　土壤及沉积物样品前处理：适用于土壤及沉积物中非挥发性有机物。

第五篇　固体废弃物样品前处理：适用于固体废弃物中非挥发性有机物。

替代情况：/

发布时间：1995-03-25

实施时间：1995-08-01

3.1.7　水质　金属总量的消解　硝酸消解法（HJ 677—2013）

标准名称：水质　金属总量的消解　硝酸消解法

英文名称：Water quality- Digestion of total metals-Nitric acid digestion method

标准编号：HJ 677—2013

适用范围：本标准规定了水中金属总量的硝酸消解预处理方法。本标准适用于地表水、地下水、生活污水和工业废水中 20 种金属元素总量的硝酸消解预处理，包括银（Ag）、铝（Al）、砷（As）、铍（Be）、钡（Ba）、钙（Ca）、镉（Cd）、钴（Co）、铬（Cr）、铜（Cu）、铁（Fe）、钾（K）、镁（Mg）、锰（Mn）、钼（Mo）、镍（Ni）、铅（Pb）、铊（Tl）、钒（V）、锌（Zn）。其他金属元素通过验证后也适用于本方法。

替代情况：/

发布时间：2013-11-21

实施时间：2014-02-01

3.1.8 水质 金属总量的消解 微波消解法（HJ 678—2013）

标准名称：水质 金属总量的消解 微波消解法

英文名称：Water quality-Digestion of total metals-Microwave assisted acid digestion method

标准编号：HJ 678—2013

适用范围：本标准规定了水中金属总量的微波酸消解预处理方法。本标准适用于地表水、地下水、生活污水和工业废水中 20 种金属元素总量的微波酸消解预处理，包括银（Ag）、铝（Al）、砷（As）、铍（Be）、钡（Ba）、钙（Ca）、镉（Cd）、钴（Co）、铬（Cr）、铜（Cu）、铁（Fe）、钾（K）、镁（Mg）、锰（Mn）、钼（Mo）、镍（Ni）、铅（Pb）、铊（Tl）、钒（V）、锌（Zn）等。其他金属元素通过验证后也适用于本方法。

替代情况：/

发布时间：2013-11-21

实施时间：2014-02-01

3.2 检测方法

3.2.1 水温

3.2.1.1 水质 水温的测定 温度计或颠倒温度计测定法（GB/T 13195—1991）

标准名称：水质 水温的测定 温度计或颠倒温度计测定法

英文名称：Water quality - Determination of water temperature - Thermometer or reversing thermometer method

标准编号：GB/T 13195—1991

适用范围：

（1）主题内容：本标准规定了用水温计、深水温度计或颠倒温度计，测定水温的方法。

（2）适用范围：适用于井水、江河水、湖泊和水库水，以及海水水温的测定。

替代情况：/

发布时间：1991-08-31

实施时间：1992-06-01

3.2.2 pH 值

3.2.2.1 水质 pH 值的测定 玻璃电极法（GB/T 6920—1986）

标准名称：水质 pH 值的测定 玻璃电极法

英文名称：Water quality - Determination of pH value - Glass electrode method

标准编号：GB/T 6920—1986

适用范围：

（1）本方法适用于饮用水、地面水及工业废水 pH 值的测定。

（2）水的颜色、浊度、胶体物质、氧化剂、还原剂及较高含盐量均不干扰测定；但在 pH 小于 1 的强酸性溶液中，会有所谓酸误差，可按酸度测定；在 pH 大于 10 的碱性溶液中，因有大量钠离子存在，产生误差，使计数偏低，通常称为钠差。消除钠差的方法，除了使用特制的低钠差电极外，还可以选用与被测溶液的 pH 值相近似的标准缓冲溶液对仪器进行校正。

温度影响电极的电位和水的电离平衡。须注意调节仪器的补偿装置与溶液的温度一致，并使用被测样品与校正仪器用的标准缓冲溶液温度误差在±1℃之内。

替代情况：/

发布时间：1986-10-10

实施时间：1987-03-01

3.2.3 溶解氧

3.2.3.1 水质 溶解氧的测定 碘量法（GB/T 7489—1987）

标准名称：水质 溶解氧的测定 碘量法

英文名称：Water quality - Determination of dissolved oxygen - Iodometric method

标准编号：GB/T 7489—1987

适用范围：碘量法是测定水中溶解氧的基准方法，在没有干扰的情况下，此方法适用于各种溶解度大于 0.2 mg/L 和小于氧的饱和浓度两倍（约 20 mg/L）的水样。易氧化的有机物，如丹宁酸、腐殖酸和木质素等会对测定产生干扰。可氧化的硫的化合物，如硫化物硫脲，也如同易于消耗的呼吸系统那样产生干扰。当含有这类物质时，宜采用电化学探头法。

亚硝酸盐浓度不高于 15 mg/L 时就不会产生干扰，因为它们会被加入的叠氮化钠破坏掉。

如存在氧化物质或还原物质，需改进测定方法。

如存在能固定或消耗碘的悬浮物，本方法需按标准原文附录 A 中叙述的方法改进后方可使用。

替代情况：/

发布时间：1987-03-14

实施时间：1987-08-01

3.2.3.2 水质 溶解氧的测定 电化学探头法（HJ 506—2009）

标准名称：水质 溶解氧的测定 电化学探头法

英文名称：Water quality - Determination of dissolved oxygen - Electrochemical probe method

标准编号：HJ 506—2009

适用范围：本标准规定了测定水中溶解氧的电化学探头法。

本标准适用于地表水、地下水、生活污水、工业废水和盐水中溶解氧的测定。

本标准可测定水中饱和百分率为 0%～100%的溶解氧，还可测量高于 100%（20 mg/L）的过饱和溶解氧。

替代情况：本标准代替 GB/T 11913—1989；本标准是对《水质 溶解氧的测定 电化学探头法》（GB/T 11913—1989）的修订。主要修订内容如下：

—— 增加了“规范性引用文件”条款；

—— 增加了“术语和定义”条款，给出了溶解氧的定义；

—— 在“方法原理”中增加了压力校正和盐度修正的内容；

—— 修改调整了“分析步骤”条款中的技术内容；

—— 增加了压力校正和盐度修正的计算公式；

—— 增加了“检测报告”条款，规定了检测报告必须包含的信息；

—— 增加了“注意事项”条款，补充了仪器的“线性检查”电极的维护和再生等技术内容；

—— 更新了原标准附表 A.1（氧的溶解度与温度和含盐量的函数关系）中的数据；拓宽了原标准附表 A.2 和附表 A.3 的适用范围；

—— 增加了附录 B，本标准的章条编号与 ISO 5814—1990 对照。

发布时间：2009-10-20

实施时间：2009-12-01

3.2.4 高锰酸盐指数

3.2.4.1 水质 高锰酸盐指数的测定（GB/T 11892—1989）

标准名称：水质 高锰酸盐指数的测定

英文名称：Water quality - Determination of permanganate index

标准编号：GB/T 11892—1989

适用范围：

（1）主题内容：本标准规定了测定水中高锰酸盐指数的方法。

（2）适用范围：本标准适用于饮用水、水源水和地面水的测定，测定范围为 0.5～4.5 mg/L。对污染较重的水，可少取水样，经适当稀释后测定。

本标准不适用于测定工业废水中有机污染的负荷量，如需测定，可用重铬酸钾法测定化学需氧量。

样品中无机还原性物质如 NO_2^-、S^{2-}和 Fe^{2+}等可被测定。氯离子浓度高于 300 mg/L，采用在碱性介质中氧化的测定方法。

替代情况：/

发布时间：1989-12-25

实施时间：1990-07-01

3.2.5 化学需氧量

3.2.5.1 水质 化学需氧量的测定 重铬酸盐法（GB/T 11914—1989）

标准名称：水质 化学需氧量的测定 重铬酸盐法

英文名称：Water quality - Determination of the chemical oxygen demand - Dichromate method

标准编号：GB/T 11914—1989

适用范围：本标准规定了水中化学需氧量的测定方法。

本标准适用于各种类型的含 COD 值大于 30 mg/L 的水样，对未经稀释的水样的测定上限为 700 mg/L。

本标准不适用于含氯化物浓度大于 1 000 mg/L（稀释后）的含盐水。

替代情况：/

发布时间：1989-12-25

实施时间：1990-07-01

3.2.5.2　水质　化学需氧量的测定　快速消解分光光度法（HJ/T 399—2007）

标准名称：水质　化学需氧量的测定　快速消解分光光度法

英文名称：Water quality - Determination of the chemical oxygen demand - Fast digestion spectrophotometric method

标准编号：HJ/T 399—2007

适用范围：本标准规定了水质化学需氧量快速消解分光光度测定方法。

本标准适用于地表水、地下水、生活污水和工业废水中化学需氧量（COD）的测定。

本标准对未经稀释的水样，其 COD 测定下限为 15 mg/L，测定上限为 1 000 mg/L，其氯离子质量浓度不应大于 1 000 mg/L。

本标准对于化学需氧量（COD）大于 1 000 mg/L 或氯离子含量大于 1 000 mg/L 的水样，可经适当稀释后进行测定。

替代情况：/

发布时间：2007-12-07

实施时间：2008-03-01

3.2.5.3　水质　氰化物等的测定　真空检测管-电子比色法（HJ 659—2013）

标准名称：水质　氰化物等的测定　真空检测管-电子比色法

英文名称：Water quality Determination of cyanide and others by vaccum testing tubeelectric colorimeter

标准编号：HJ 659—2013

适用范围：本标准规定了测定水中氰化物、氟化物、硫化物、二价锰、六价铬、镍、氨氮、苯胺、硝酸盐氮、亚硝酸盐氮、磷酸盐和化学需氧量等污染物的真空检测管法。本标准适用于地下水、地表水、生活污水和工业废水中氰化物、氟化物、硫化物、二价锰、六价铬、镍、氨氮、苯胺、硝酸盐氮、亚硝酸盐氮、磷酸盐以及化学需氧量等污染物的快速分析。其他污染物项目如果通过验证也可适用于本标准，验证方法见资料性附录 C。

目标物的方法检出限见表 1.1。

表 1.1　本方法检出限

序号	化合物名称	检出限/（mg/L）	序号	化合物名称	检出限/（mg/L）
1	氰化物	0.009	7	亚硝酸盐（N）	0.03
2	氟化物	0.5	8	二价锰	0.5
3	硫化物	0.1	9	六价铬	0.1
4	氨 氮	0.2	10	镍	0.2
5	磷酸盐	0.05	11	苯胺	0.1
6	硝酸盐（N）	0.7	12	COD_{Cr}	10

替代情况： /

发布时间： 2013-09-18

实施时间： 2013-09-20

3.2.6 生化需氧量

3.2.6.1 水质　五日生化需氧量（BOD_5）的测定　稀释与接种法（HJ 505—2009）

标准名称： 水质　五日生化需氧量（BOD_5）的测定　稀释与接种法

英文名称： Water quality - Determination of biochemical oxygen demand after 5 days（BOD_5）for dilution and seeding method

标准编号： HJ 505—2009

适用范围： 本标准规定了测定水中五日生化需氧量（BOD_5）的稀释与接种的方法。

本标准适用于地表水、工业废水和生活污水中五日生化需氧量（BOD_5）的测定。

方法的检出限为 0.5 mg/L，方法的测定下限为 2 mg/L，非稀释法和非稀释接种法的测定上限为 6 mg/L，稀释与稀释接种法的测定上限为 6 000 mg/L。

替代情况： 代替 GB/T 7488—1987，本标准是对《水质　五日生化需氧量（BOD_5）的测定　稀释与接种法》（GB/T 7488—1987）的修订。本次修订的主要内容如下：

—— 增加了检出限；

—— 方法原理部分明确规定培养温度和时间，增加（2+5）天培养时间的内容；

—— 增加了接种液的选择；

—— 增加了样品前处理方法内容；

—— 增加了稀释接种法稀释倍数的确定方法内容；

—— 细化了五日生化需氧量的测定方法；

—— 增加了质量保证和质量控制章节。

发布时间： 2009-10-20

实施时间： 2009-12-01

3.2.6.2 水质　生化需氧量（BOD）的测定　微生物传感器快速测定法（HJ/T 86—2002）

标准名称： 水质　生化需氧量（BOD）的测定　微生物传感器快速测定法

英文名称： Water quality - Determination of biochemical oxygen demand（BOD）-Speedy testing method of microorganism sensor

标准编号： HJ/T 86—2002

适用范围：

（1）主题内容：本标准规定了测定水和污水中生化需氧量（BOD）的微生物传感器快速测定法。

（2）适用范围：本标准规定的生物化学需氧量是指水和污水中溶解性可生化降解的有机物在微生物作用下所消耗溶解氧的量。本方法适用于地表水、生活污水和不含对微生物有明显毒害作用的工业废水中 BOD 的测定。

（3）干扰及消除：水中以下物质对本方法测定不产生明显干扰的最大允许量为：Co^{2+}5 mg/L；Mn^{2+}5 mg/L；Zn^{2+}4 mg/L；Fe^{2+}5 mg/L；Cu^{2+}2 mg/L；Hg^{2+}2 mg/L；Pb^{2+}5 mg/L；Cd^{2+}5 mg/L；Cr^{6+}0.5 mg/L；CN^- 0.05 mg/L；悬浮物 250 mg/L；对含有游离氯或结合氯的样品可加入 1.575 g/L 的亚硫酸钠溶液使样品中游离氯或结合氯失效，应避免添加过量。对微生物膜内菌种有毒害作用的高浓度杀菌剂、农药类的污水不适用本测定方法。

替代情况：/

发布时间：2002-01-29

实施时间：2002-07-01

3.2.7　氨氮

3.2.7.1　水质　氨氮的测定　纳氏试剂分光光度法（HJ 535—2009）

标准名称：水质　氨氮的测定　纳氏试剂分光光度法

英文名称：Water quality - Determination of ammonia nitrogen - Nessler's reagent spectrophotometry

标准编号：HJ 535—2009

适用范围：本标准规定了测定水中氨氮的纳氏试剂分光光度法。

本标准适用于地表水、地下水、生活污水和工业废水当水样体积为 50 mL，使用 20 mm 比色皿时，本方法为 0.10 mg/L，测定上限为 2.0 mg/L（均以 N 计）。

替代情况：本标准替代 GB/T 7479—1987；本标准是对《水质　铵的测定　纳氏试剂比色法》（GB/T 7479—1987）的修订。本次修订的主要内容如下：

——标准的名称由《水质　铵的测定　纳氏试剂比色法》改为《水质　氨氮的测定　纳氏试剂分光光度法》；

——增加了比色皿的光程（10 mm→20 mm），降低了方法的检出限，扩大了方法的适用范围，明确规定了方法的测定下限和测定上限；

——取消了目视比色法；

——规范和调整了标准文本的结构和格式；

——在主要试剂配制和样品预处理的关键步骤增加了注意事项；

——合并了结果的计算公式。

发布时间：2009-12-31

实施时间：2010-04-01

3.2.7.2　水质　氨氮的测定　水杨酸分光光度法（HJ 536—2009）

标准名称：水质　氨氮的测定　水杨酸分光光度法

英文名称：Water quality - Determination of ammonia nitrogen - Salicylic acid spectrophotometry

标准编号：HJ 536—2009

适用范围：本标准规定了测定水中氨氮的水杨酸分光光度法。

本标准适用于地下水、地表水、生活污水和工业废水中氨氮的测定。

当取样体积为 8.0 mL，使用 10 mm 比色皿时，检出限为 0.01 mg/L，测定下限为 0.04 mg/L，测定上限为 1.0 mg/L（均以 N 计）。

当取样体积为 8.0 mL，使用 30 mm 比色皿时，检出限为 0.004 mg/L，测定下限为 0.016 mg/L，测定上限为 0.25 mg/L（均以 N 计）。

替代情况：代替 GB/T 7481—1987，本标准是对《水质　铵的测定　水杨酸分光光度法》（GB/T 7481—1987）的修订。本次修订的主要内容如下：

——标准的名称由《水质　铵的测定　水杨酸分光光度法》改为《水质　氨氮的测定　水杨酸分光光度法》；

—— 增加 30 mm 比色皿测定方式，降低了方法的检出限，扩大了方法的适用范围。明确规定了方法的测定下限和测定上限；

—— 合并了结果的计算公式；

—— 修改了规范性附录。

发布时间： 2009-12-31

实施时间： 2010-04-01

3.2.7.3 水质　氨氮的测定　气相分子吸收光谱法（HJ/T 195—2005）

标准名称： 水质　氨氮的测定　气相分子吸收光谱法

英文名称： Water quality - Determination of ammonia - nitrogen by gas - phase molecular absorption spectrometry

标准编号： HJ/T 195—2005

适用范围： 本标准适用于地表水、地下水、海水、饮用水、生活污水及工业污水中氨氮的测定。

替代情况： /

发布时间： 2005-11-09

实施时间： 2006-01-01

3.2.7.4 水质　氰化物等的测定　真空检测管-电子比色法（HJ 659—2013）

详见本章 3.2.5.3

3.2.7.5 水质　氨氮的测定　连续流动-水杨酸分光光度法（HJ 665—2013）

标准名称： 水质　氨氮的测定　连续流动-水杨酸分光光度法

英文名称： Water quality-Determination of ammonium nitrogen bycontinuous flow analysis(CFA) and Salicylic acid spectrophotometry

标准编号： HJ 665—2013

适用范围： 本标准规定了测定水中氨氮的连续流动-水杨酸分光光度法。本标准适用于地表水、地下水、生活污水和工业废水中氨氮的测定。当采用直接比色模块，检测池光程为 30 mm 时，本方法的检出限为 0.01 mg/L（以 N 计），测定范围为 0.04～1.00 mg/L；当采用在线蒸馏模块，检测池光程为 10 mm 时，本方法的检出限为 0.04 mg/L（以 N 计），测定范围为 0.16～10.0 mg/L。

替代情况： /

发布时间： 2013-10-25

实施时间： 2014-01-01

3.2.7.6 水质　氨氮的测定　流动注射-水杨酸分光光度法（HJ 666—2013）

标准名称： 水质　氨氮的测定　流动注射-水杨酸分光光度法

英文名称： Water quality-Determination of ammonium nitrogen by flow injection analysis (FIA) and Salicylic acid spectrophotometry

标准编号： HJ 666—2013

适用范围： 本标准规定了测定水中氨氮的流动注射分析-分光光度法。本标准适用于地表水、地下水、生活污水和工业废水中氨氮的测定。当检测光程为 10 mm 时，本方法的检出限为 0.01 mg/L（以 N 计），测定范围为 0.04～5.00mg/L。

替代情况： /

发布时间： 2013-10-25

实施时间： 2014-01-01

3.2.8 总磷

3.2.8.1 水质 总磷的测定 钼酸铵分光光度法（GB/T 11893—1989）

标准名称： 水质 总磷的测定 钼酸铵分光光度法

英文名称： Water quality - Determination of total phosphorus - Ammonium molybdate spectrophotometric method

标准编号： GB/T 11893—1989

适用范围： 本标准规定了用过硫酸酸钾（或硝酸-高氯酸）为氧化剂，将未经过滤的水样消解，用钼酸铵分光光度测定总磷的方法。

总磷包括溶解的、颗粒的、有机的和无机磷。

本标准适用于地面水、生活污水和工业废水。

取 25 mL 试料，本标准的最低检出浓度为 0.01 mg/L，测定上限为 0.6 mg/L。在酸性条件下，砷、铬、硫干扰测定。

替代情况： /

发布时间： 1989-12-25

实施时间： 1990-07-01

3.2.8.2 水质 磷酸盐和总磷的测定 连续流动-钼酸铵分光光度法（HJ 670—2013）

标准名称： 水质 磷酸盐和总磷的测定 连续流动-钼酸铵分光光度法

英文名称： Water quality-Determination of orthophosphate and total phosphorus-Continuous flow analysis(CFA) and Ammonium molybdate spectrophotometry

标准编号： HJ 670—2013

适用范围： 本标准规定了测定水中磷酸盐和总磷的连续流动-钼酸铵分光光度法。本标准适用于地表水、地下水、生活污水和工业废水中磷酸盐和总磷的测定。当检测光程为 50 mm 时，本方法测定磷酸盐（以 P 计）的检出限为 0.01 mg/L，测定范围 0.04～1.00 mg/L；测定总磷（以 P 计）的检出限为 0.01 mg/L，测定范围 0.04～5.00 mg/L。

替代情况： /

发布时间： 2013-10-25

实施时间： 2014-01-01

3.2.8.3 水质 磷酸盐和总磷的测定 流动注射-钼酸铵分光光度法（HJ 671—2013）

标准名称： 水质 磷酸盐和总磷的测定 流动注射-钼酸铵分光光度法

英文名称： Water quality-Determination of total phosphorus-Flow injection Analysis (FIA) and Ammonium molybdate spectrophotometry

标准编号： HJ 671—2013

适用范围： 本标准规定了测定水中总磷的流动注射-钼酸铵分光光度法。本标准适用于地表水、地下水、生活污水和工业废水中总磷的测定。当检测池光程为 10 mm 时，本方法的检出限为 0.005 mg/L（以 P 计），测定范围为 0.020～1.00 mg/L。

替代情况： /

发布时间： 2013-10-25

实施时间：2014-01-01

3.2.9 总氮

3.2.9.1 水质 总氮的测定 碱性过硫酸钾消解紫外分光光度法（HJ 636—2012）

标准名称：水质 总氮的测定 碱性过硫酸钾消解紫外分光光度法

英文名称：Water quality - Determination of total nitrogen - Alkaline potassium persulfate digestion - UV spectrophotometric method

标准编号：HJ 636—2012

适用范围：本标准规定了测定水中总氮的碱性过硫酸钾消解紫外分光光度法。

本标准适用于地表水、地下水、工业废水和生活污水中总氮的测定。

当样品量为 10 mL 时，本方法的检出限为 0.05 mg/L，测定范围为 0.20～7.00 mg/L。

替代情况：本标准替代 GB/T 11894—1989，本标准是对《水质 总氮的测定 碱性过硫酸钾消解紫外分光光度法》（GB/T 11894—1989）的修订。修订的主要内容如下：

—— 扩大了标准的适用范围；

—— 增加了氢氧化钠和过硫酸钾的含氮量要求及含氮量测定方法；

—— 增加了质量保证和质量控制条款；

—— 增加了注意事项条款。

发布时间：2012-02-29

实施时间：2012-06-01

3.2.9.2 水质 总氮的测定 气相分子吸收光谱法（HJ/T 199—2005）

标准名称：水质 总氮的测定 气相分子吸收光谱法

英文名称：Water quality - Determination of total - nitrogen by gas - phase molecular absorption spectrometry

标准编号：HJ/T 199—2005

适用范围：本标准适用于地表水、水库、湖泊、江河水中总氮的测定。检出限 0.050 mg/L，测定下限 0.200 mg/L，测定上限 100 mg/L。

替代情况：/

发布时间：2005-11-09

实施时间：2006-01-01

3.2.9.3 水质 总氮的测定 连续流动-盐酸萘乙二胺分光光度法（HJ 667—2013）

标准名称：水质 总氮的测定 连续流动-盐酸萘乙二胺分光光度法

英文名称：Water quality-Determination of total nitrogen by continuous flow analysis(CFA) and N-(1-naphthyl)ethylene diamine dihydrochloride spectrophotometry

标准编号：HJ 667—2013

适用范围：本标准规定了水中总氮的连续流动-盐酸萘乙二胺分光光度法。本标准适用于地表水、地下水、生活污水和工业废水中总氮的测定。当检测光程为 30 mm 时，本方法的检出限为 0.04 mg/L（以 N 计），测定范围为 0.16～10 mg/L。

替代情况：/

发布时间：2013-10-25

实施时间：2014-01-01

3.2.9.4　水质　总氮的测定　流动注射-盐酸萘乙二胺分光光度法（HJ 668—2013）

标准名称：水质　总氮的测定　流动注射-盐酸萘乙二胺分光光度法

英文名称：Water quality-Determination of total nitrogen by flow injection analysis（FIA）and N-(1-naphthyl)ethylene diamine dihydrochloride spectrophotometry

标准编号：HJ 668—2013

适用范围：本标准规定了测定水中总氮的流动注射-盐酸萘乙二胺分光光度法。本标准适用于地表水、地下水、生活污水和工业废水中总氮的测定。当检测光程为 10 mm 时，本方法的检出限为 0.03 mg/L（以 N 计），测定范围为 0.12～10mg/L。

替代情况：/

发布时间：2013-10-25

实施时间：2014-01-01

3.2.10　铜

3.2.10.1　水质　铜的测定　2,9-二甲基-1,10-菲啰啉分光光度法（HJ 486—2009）

标准名称：水质　铜的测定　2,9-二甲基-1,10-菲啰啉分光光度法

英文名称：Water quality - Determination of copper - 2,9-dimethy - 1,10-phenanthroline spectrophotometric method

标准编号：HJ 486—2009

适用范围：本标准规定了测定水中可溶性铜和总铜的 2,9-二甲基-1,10-菲啰啉直接光度法和萃取光度法。

直接光度法适用于较清洁的地表水和地下水中可溶性铜和总铜的测定。当使用 50 mm 比色皿，试料体积为 15 mL 时，水中铜的检出限为 0.03 mg/L，测定下限为 0.12 mg/L，测定上限为 1.3 mg/L。

萃取光度法适用于地表水、地下水、生活污水和工业废水中可溶性铜和总铜的测定。当使用 50 mm 比色皿，试料体积为 50 mL 时，铜的检出限为 0.02 mg/L，测定下限为 0.08 mg/L。当使用 10 mm 比色皿，试料体积为 50 mL 时，测定上限为 3.2 mg/L。

替代情况：替代 GB/T 7473—1987；本标准是对《水质　铜的测定　2,9-二甲基-1,10-菲啰啉分光光度法》（GB/T 7473—1987）的修订。主要修订内容如下：

—— 修改了标准的适用范围；

—— 明确规定了水中可溶性铜和总铜的试样制备方法；

—— 增加了直接光度法；

—— 规定了沸石的净化处理方法；

—— 完善了结果的计算公式。

发布时间：2009-09-27

实施时间：2009-11-01

3.2.10.2　水质　铜的测定　二乙基二硫代氨基甲酸钠分光光度法（HJ 485—2009）

标准名称：水质　铜的测定　二乙基二硫代氨基甲酸钠分光光度法

英文名称：Water quality - Determination of copper - Sodium diethyldithiocabamate spectrophotometric method

标准编号： HJ 485—2009

适用范围： 本标准规定了测定水中可溶性铜和总铜的二乙基二硫代氨基甲酸钠分光光度法。

本标准适用于地表水、地下水、生活污水和工业废水中总铜和可溶性铜的测定。

当使用 20 mm 比色皿，萃取用试样体积为 50 mL 时，方法的检出限为 0.010 mg/L，测定下限为 0.040 mg/L。

当使用 10 mm 比色皿，萃取用试样体积为 10 mL 时，方法的测定上限为 6.00 mg/L。

替代情况： 代替 GB/T 7474—1987，本标准是对《水质　铜的测定二乙基二硫代氨基甲酸钠分光光度法》（GB/T 7474—1987）的修订。主要修订内容如下：

—— 修改了标准的适用范围；

—— 增加了干扰及消除条款；

—— 修改了氯化铵-氢氧化铵缓冲溶液的配制方法；

—— 修改了铜标准溶液的配制方法；

—— 分别规定了水中可溶性铜和总铜的分析步骤；

—— 修改了结果的计算公式。

发布时间： 2009-09-27

实施时间： 2009-11-01

3.2.10.3　水质　铜、锌、铅、镉的测定　原子吸收分光光度法（GB/T 7475—1987）

标准名称： 水质　铜、锌、铅、镉的测定　原子吸收分光光度法

英文名称： Water quality - Determination of copper，zinc，lead and cadmium - Atomic absorption spectrometry

标准编号： GB/T 7475—1987

适用范围： 本标准规定了测定水中铜、锌、铅、镉的原子吸收光谱法。

本标准分为两部分。第一部分为直接法，适用于地下水、地面水和中低浓度的铜、锌、铅、镉；第二部分为螯合萃取法，适用于测定地下水和清洁地面水中低浓度的铜、铅、镉。

第一部分　直接法

（1）测定浓度与仪器的特性有关，表 1.2 中列出一般仪器的测定范围。

表 1.2　直接法仪器测定范围

元素	测定范围/（mg/L）
铜	0.05～5
锌	0.05～1
铅	0.2～10
镉	0.05～1

（2）地下水和地面水中的共存离子和化合物在常见浓度下不干扰测定。但当钙的浓度高于 1 000 mg/L 时，抑制镉的吸收，浓度为 2 000 mg/L 时，信号抑制达 19%。铁的含量超过 100 mg/L 时，抑制锌的吸收。当样品中含盐量很高，特征谱线波长又低于 350 nm 时，可能出现非特征吸收。如高浓度的钙，因产生背景吸收，使铅的测定结果偏高。

第二部分　螯合萃取法

（1）浓度与仪器的特性有关，表 1.3 中列出一般仪器的测定范围。

表 1.3　螯合萃取法仪器测定范围

元素	测定范围/（μg/L）
铜	1～50
铅	10～200
镉	1～50

（2）当样品的化学需氧量超过 500 mg/L 时，可能影响萃取效率。铁的含量不超过 5 mg/L，不干扰测定。如果样品中存在某类络合剂，与被测金属形成的络合物比吡咯烷二硫代氨基甲酸铵的络合物更稳定，则应在测定前去除样品中的这类络合剂。

替代情况：/

发布时间：1987-03-14

实施时间：1987-08-01

3.2.11　锌

3.2.11.1　水质　铜、锌、铅、镉的测定　原子吸收分光光度法（GB/T 7475—1987）

详见本章 3.2.10.3

3.2.11.2　水质　锌的测定　双硫腙分光光度法（GB/T 7472—1987）

标准名称：水质　锌的测定　双硫腙分光光度法

英文名称：Water quaiity - Determination of zinc - Spectrophotometric method with dithizone

标准编号：GB/T 7472—1987

适用范围：

（1）测定物质：本标准规定了用双硫腙分光光度法测定水中的锌。

（2）样品类型：本方法适用于测定天然水和某些废水中微量锌。

（3）范围：本方法适用于测定锌浓度在 5～50 μg/L 的水样。

（4）检出限：当使用光程长 20 mm 比色皿，试份体积为 100 mL 时，检出限为 5 μg/L。

（5）灵敏度：本方法用四氯化碳萃取，在最大吸光波长 535 nm 测量时，其摩尔吸光度约为 9.3×10^4 L/（mol・cm）。

替代情况：/

发布时间：1987-03-14

实施时间：1987-08-01

3.2.12　氟化物

3.2.12.1　水质　氟化物的测定　茜素磺酸锆目视比色法（HJ 487—2009）

标准名称：水质　氟化物的测定　茜素磺酸锆目视比色法

英文名称：Water quality - Determination of fluoride - Visual colorimetry with zirconium alizarinsulfonate

标准编号：HJ 487—2009

适用范围：本标准规定了饮用水、地表水、地下水和工业废水中氟化物的茜素磺酸锆目视比色测定法。

本标准适用于饮用水、地表水、地下水和工业废水中氟化物的测定。

取 50 mL 试样，直接测定氟化物的浓度时，本方法检出限为 0.1 mg/L，测定下限为 0.4 mg/L，测定上限为 1.5 mg/L（高含量样品可经稀释后分析）。

替代情况：本标准代替 GB/T 7482—1987。本标准对《水质　氟化物的测定　茜素磺酸锆目视比色法》（GB/T 7482—1987）进行了修订，主要修订内容如下：

—— 修改了茜素磺酸锆溶液配制方法；

—— 改变了茜素磺酸锆酸性溶液的加入量。

发布时间：2009-09-27

实施时间：2009-11-01

3.2.12.2　水质　氟化物的测定　氟试剂分光光度法（HJ 488—2009）

标准名称：水质　氟化物的测定　氟试剂分光光度法

英文名称：Water quality - Determination of fluoride - Fluorine reagents spectrophotometry

标准编号：HJ 488—2009

适用范围：本标准规定了测定地表水、地下水和工业废水中氟化物的氟试剂分光光度法。

本标准适用于地表水、地下水和工业废水中氟化物的测定。

本方法的检出限为 0.02 mg/L，测定下限为 0.08 mg/L。

替代情况：本标准替代 GB/T 7483—1987；本标准对《水质　氟化物的测定　氟试剂分光光度法》（GB/T 7483—1987）进行修订，主要修订内容如下：

—— 通过调整比色皿，拓宽了方法的线性范围；

—— 对部分文字和句式结构进行调整修订。

发布时间：2009-09-27

实施时间：2009-11-01

3.2.12.3　水质　氟化物的测定　离子选择电极法（GB/T 7484—1987）

标准名称：水质　氟化物的测定　离子选择电极法

英文名称：Water quality - Determination of fluoride - Ion selectrode method

标准编号：GB/T 7484—1987

适用范围：本标准适用于测定地面水、地下水和工业废水中的氟化物。

水样有颜色，浑浊不影响测定。温度影响电极的电位和样品的离解，须使试份与标准溶液的温度相同，并注意调节仪器的温度补偿装置使之与溶液的温度一致。每日要测定电极的实际斜率。

（1）检测限：检测限的定义是在规定条件下的 Nernst 的限值，本方法的最低检测限为含氟化物（以 F^-计）0.05 mg/L，测定上限可达 1 900 mg/L。

（2）灵敏度（即电极的斜率）：根据 Nernst 方程式，温度在 20～25℃之间时，氟离子浓度每改变 10 倍，电极电位变化（58±1）mV。

（3）干扰：本方法测定的是游离的氟离子浓度，某些高价阳离子（例如三价铁、铝和四价硅）及氢离子能与氟离子结合而有干扰，所产生的干扰程度取决于络合离子的种类和浓度、氟化物的浓度及溶液的 pH 值等。而在碱性溶液中氢氧根离子的浓度大于氟离子浓度的 1/10 时影响测定。其他一般常见的阴、阳离子均不干扰测定。测定溶液的 pH 为 5～8。

氟电极对氟硼酸盐离子（BF_4^-）不响应，如果水样含有氟硼酸盐或者污染严重，则应先进行蒸馏。

通常，加入总离子强度调节剂以保持溶液中总离子强度，并络合干扰离子，保持溶液适当的 pH 值，就可以直接进行测定。

替代情况：/

发布时间：1987-03-14

实施时间：1987-08-01

3.2.12.4　水质　无机阴离子的测定　离子色谱法（HJ/T 84—2001）

标准名称：水质　无机阴离子的测定　离子色谱法

英文名称：Water quality - Determination of fluoride - Ion chromatography method

标准编号：HJ/T 84—2001

适用范围：

（1）主题内容：本标准规定了测定水中六种无机阴离子的离子色谱法。

（2）适用范围：本标准适用于地表水、地下水、饮用水、降水、生活污水和工业废水等水中无机阴离子的测定。

（3）检出限：当电导检测器的量程为 10 μS，进样量为 25 μL 时，无机阴离子的检出限如下：

阴离子	F^-	Cl^-	NO_2^-	NO_3^-	HPO_4^{2-}	SO_4^{2-}
检出限/（mg/L）	0.02	0.02	0.03	0.08	0.12	0.09

（4）干扰和排除：当水的负峰干扰 F^-或 Cl^-的测定时，可于 100 ml 水样中加入 1 ml 淋洗贮备液来消除水负峰的干扰。

保留时间相近的两种阴离子，因浓度相关太大而影响低浓度阴离子的测定时，可用加标的方法测定低浓度阴离子。

不被色谱柱保留或弱保留的阴离子干扰 F^-或 Cl^-的测定。若这种共淋洗的现象显著，可改用弱淋洗液（0.005 mol/L $Na_2B_4O_7$）进行洗脱。

替代情况：/

发布时间：2001-12-19

实施时间：2002-04-01

3.2.12.5　水质　氰化物等的测定　真空检测管-电子比色法（HJ 659—2013）

详见本章 3.2.5.3

3.2.13　硒

3.2.13.1　水质　硒的测定　2,3-二氨基萘荧光法（GB/T 11902—1989）

标准名称：水质　硒的测定　2,3-二氨基萘荧光法

英文名称：Water quality - Determination of selenium - Diaminonaphthalene fluorometric method

标准编号：GB/T 11902—1989

适用范围：

（1）主题内容：水样经混合酸液消解，再经盐酸还原，然后测定硒浓度，包括无机的六价和四

价硒，以及低价硒（是指四价以下的无机和有机硒）。

（2）适用范围：本标准适用于各种清洁水、生活污水及某些工业废水。

水中一般常见的阴、阳离子不干扰硒的测定。铜、铁、钼等重金属离子及大量氧化物对测定硒有干扰，可用 EDTA 及盐酸羟胺消除。在本法测定条件下，硒含量为 0.05 μg 时，30 μg 砷、钴、铬；5 μg 镉；20 μg 镍；27 μg 铍；35 μg 铜；40 μg 锰；50 μg 铅、锌； 100 μg 铁、钒等不干扰。

本法最低检出量 0.005 μg 硒，取 20 mL 水样测定，硒的最低检出浓度为 0.25 μg/L。

替代情况：/

发布时间：1989-12-25

实施时间：1990-07-01

3.2.13.2 水质　硒的测定　石墨炉原子吸收分光光度法（GB/T 15505—1995）

标准名称：水质　硒的测定　石墨炉原子吸收分光光度法

英文名称：Water quality - Determination of selenium - Graphite furnace atomic absorption spectric method

标准编号：GB/T 15505—1995

适用范围：

（1）主题内容：本标准规定了测定水和废水中硒的石墨炉原子吸收分光光度法。

（2）适用范围：本标准适用于水与废水中硒的测定。

方法检出限为 0.003 mg/L，测定范围为 0.015 ～0.2 mg/L。

（3）干扰：废水中的共存离子和化合物在常见浓度下不干扰测定。当硒的浓度为 0.08 mg/L 时，锌（或镉、铋）、钙（或银）、镧、铁、铜、钼、硅、钡、铝（或锑）、钠、镁、砷、铅、锰的浓度达 7 500 mg/L、6 000 mg/L、5 000 mg/L、2 750 mg/L、2 500 mg/L、2 000 mg/L、1 000 mg/L、750 mg/L、450 mg/L、350 mg/L、300 mg/L、150 mg/L、100 mg/L、75 mg/L、20 mg/L，以及磷酸根、氟离子、硫酸根、氯离子的浓度达 550 mg/L、 225 mg/L、 150 mg/L、 125 mg/L 时，对测定无干扰。

替代情况：/

发布时间：1995-03-15

实施时间：1995-08-01

3.2.14 砷

3.2.14.1 水质　总砷的测定　二乙基二硫代氨基甲酸银分光光度法（GB/T 7485—1987）

标准名称：水质　总砷的测定　二乙基二硫代氨基甲酸银分光光度法

英文名称：Water quality - Determination of total arsenic - Silver diethyldithiocarbamate spectrophotometric method

标准编号：GB/T 7485—1987

适用范围：

（1）本标准规定二乙基二硫代氨基甲酸银分光光度法测定水和废水中的砷。

本试样取最大体积 50 mL 时，本方法可测上限浓度为含砷 0.50 mg/L。用无砷水适当稀释试样，也可测定较高浓度的砷。

（2）最低检出浓度：试样为 50 mL，用 10 mm 比色皿，可检测含砷 0.007 mg/L。

（3）干扰：锑、铋干扰测定。铬、钴、铜、镍、汞、银以及铂，它们浓度高达 5 mg/L 时也不干扰测定。

替代情况：/

发布时间：1987-03-14

实施时间：1987-08-01

3.2.14.2　水质　痕量砷的测定　硼氢化钾-硝酸银分光光度法（GB/T 11900—1989）

标准名称：水质　痕量砷的测定　硼氢化钾-硝酸银分光光度法

英文名称：Water quality - Determination of trace amounts arsenic - Spectrophotometric method with silver salt

标准编号：GB/T 11900—1989

适用范围：本标准规定用新银盐分光光度法测定地面水、地下水和饮用水中痕量砷，取 250 mL 试料 3.00 mL 吸收液，用 10 mm 比色皿，本方法最低检出浓度 0.4 μg/L，测定上限为 12 μg/L。

替代情况：/

发布时间：1989-12-25

实施时间：1990-07-01

3.2.15　汞

3.2.15.1　水质　总汞的测定　冷原子吸收分光光度法（HJ 597—2011）

标准名称：水质　总汞的测定　冷原子吸收分光光度法

英文名称：Water quality - Determination of Total mercury - Cold atomic absorption spectrophotometry

标准编号：HJ 597—2011

适用范围：本标准规定了测定水中总汞的冷原子吸收分光光度法。

本标准适用于地表水、地下水、工业废水和生活污水中总汞的测定。若有机物含量较高，本标准规定的消解试剂最大用量不足以氧化样品中有机物时，则本标准不适用。

采用高锰酸钾-过硫酸钾消解法和溴酸钾-溴化钾消解法，当取样量为 100 mL 时，检出限为 0.02 μg/L，测定下限为 0.08 μg/L；当取样量为 200 mL 时，检出限为 0.01 μg/L，测定下限为 0.04 μg/L。采用微波消解法，当取样量为 25 mL 时，检出限为 0.06 μg/L，测定下限为 0.24 μg/L。

替代情况：本标准代替 GB/T 7468—1987；本标准对《水质　总汞的测定　冷原子吸收分光光度法》（GB/T 7468—1987）进行了修订，修订的主要内容如下：

——增加了方法检出限；

——增加了干扰和消除条款；

——增加了微波消解的前处理方法；

——增加了质量保证和质量控制条款；

——增加了废物处理和注意事项条款。

发布时间：2011-02-10

实施时间：2011-06-01

3.2.15.2　水质　汞的测定　冷原子荧光法（试行）（HJ/T 341—2007）

标准名称：水质　汞的测定　冷原子荧光法（试行）

英文名称：Water quality - Determination of Total mercury - Cold atomic fluorescent spectrophotometry

标准编号：HJ/T 341—2007

适用范围：本标准适用于地表水、地下水及氯离子含量较低的水样中汞的测定。方法最低检出质量浓度为 0.001 5 μg/L，测定下限为 0.006 0 μg/L，测定上限为 1.0μg/L。

替代情况：/

发布时间：2007-03-10

实施时间：2007-05-01

3.2.16 镉

3.2.16.1 水质 铜、锌、铅、镉的测定 原子吸收分光光度法（GB/T 7475—1987）

详见本章 3.2.10.3

3.2.16.2 水质 镉的测定 双硫腙分光光度法（GB/T 7471—1987）

标准名称：水质 镉的测定 双硫腙分光光度法

英文名称：Water quality - Determination of cadmium - Spectrophotometric method with dithizone

标准编号：GB/T 7471—1987

适用范围：

（1）测定的物质：本标准规定了用双硫腙分光光度法测定水和废水中的镉。

（2）样品类型：本方法适用于测定天然水和废水中微量镉。

有关干扰问题见标准原文附录 A。

（3）范围：本方法适用于测定镉浓度在 1～50 μg/L 之间，镉的浓度高于 50 μg/L 时，可对样品作适当稀释后再进行测定。

（4）检出限：当使用光程长 20 mm 比色皿，试份体积为 100 mL 时，检出限为 1 μg/L。

（5）灵敏度：本方法用氯仿萃取，在最大吸光波长 518 nm 测量时，其摩尔吸光度约为 8.56×10^4 L/(mol·cm)。

替代情况：/

发布时间：1987-03-14

实施时间：1987-08-01

3.2.17 铬（六价）

3.2.17.1 水质 六价铬的测定 二苯碳酰二肼分光光度法（GB/T 7467—1987）

标准名称：水质 六价铬的测定 二苯碳酰二肼分光光度法

英文名称：Water quality - Determination of chromium（Ⅵ）-1,5 Diphenylcarbohydrazide spectrophtometric method

标准编号：GB/T 7467—1987

适用范围：

（1）本标准适用于地面水和工业废水中六价铬的测定。

（2）测定范围：试份体积为 50 mL，使用光程长 30 mm 比色皿，本方法的最小检出量为 0.2 μg 六价铬，最低检出浓度为 0.004 mg/L，使用光程长 10 mm 比色皿，测定上限浓度为 1.0 mg/L。

（3）干扰：含铁量大于 1 mg/L 显色后呈黄色。六价钼和汞也和显色剂反应，生成有色化合物，但本方法的显色酸度下，反应不灵敏，钼和汞的浓度达 200 mg/L 不干扰测定。钒有干扰，其含量高于 4 mg/L 即干扰显色。但钒与显色剂反应 10 min 后，可自行褪色。

替代情况：/

发布时间：1987-03-14

实施时间：1987-08-01

3.2.17.2　水质　氰化物等的测定　真空检测管-电子比色法（HJ 659—2013）

详见本章 3.2.5.3

3.2.18　铅

3.2.18.1　水质　铜、锌、铅、镉的测定　原子吸收分光光度法（GB/T 7475—1987）

详见本章 3.2.10.3

3.2.18.2　水质　铅的测定　双硫腙分光光度法（GB/T 7470—1987）

标准名称：水质　铅的测定　双硫腙分光光度法

英文名称：Water quality - Determination of　lead - Spectrophotometric method with dlthizome

标准编号：GB/T 7470—1987

适用范围：本标准适用于测定天然水和废水中微量铅。本方法适用于测定铅浓度在 0.01～0.30 mg/L 之间，铅的浓度高于 0.30 mg/L 时，可对样品作适当稀释后再进行测定。

（1）检出限：当使用光程长 10 mm 比色皿，试份体积为 100 mL 时，用 10 mL 双硫腙萃取时，最低检出浓度可达 0.010 mg/L。

（2）灵敏度：用四氯化碳萃取，在最大吸光波长 510 nm 测量时，其摩尔吸光度约为 6.7×10^4 L/（mol·cm）。

替代情况：/

发布时间：1987-03-14

实施时间：1987-08-01

3.2.19　氰化物

3.2.19.1　水质　氰化物的测定　容量法和分光光度法（HJ 484—2009）

标准名称：水质　氰化物的测定　容量法和分光光度法

英文名称：Water quality - Determination of Cyanide - Volumetric and Spectrophotometry method

标准编号：HJ 484—2009

适用范围：本标准规定了地表水、生活污水和工业废水中氰化物的分析测定方法。

本标准适用于地表水、生活污水和工业废水中氰化物的测定。

本标准分为两个部分：

第一部分　样品的采集与制备；

第二部分　样品分析方法：

方法 1　硝酸银滴定法

方法 2　异烟酸-吡唑啉酮分光光度法

方法 3　异烟酸-巴比妥酸分光光度法

方法 4　吡啶-巴比妥酸分光光度法

硝酸银滴定法检出限为 0.25 mg/L，测定下限为 0.25 mg/L，测定上限为 100 mg/L。

异烟酸-吡唑啉酮分光光度法检出限为 0.004 mg/L，测定下限为 0.016 mg/L，测定上限为 0.25 mg/L。

异烟酸-巴比妥酸分光光度法检出限为 0.001 mg/L，测定下限为 0.004 mg/L，测定上限为 0.45 mg/L。

吡啶-巴比妥酸分光光度法检出限为 0.002 mg/L，测定下限为 0.008 mg/L，测定上限为 0.45 mg/L。

替代情况：代替 GB/T 7486—1987 和 GB/T 7487—1987，修订的主要内容如下：

—— 整合了“易释放氰化物”和“总氰化物”样品的采集与制备部分；

—— 增加了异烟酸-巴比妥酸分光光度法。

发布时间：2009-09-27

实施时间：2009-11-01

3.2.19.2 水质 氰化物等的测定 真空检测管-电子比色法（HJ 659—2013）

详见本章 3.2.5.3

3.2.20 挥发酚

3.2.20.1 水质 挥发酚的测定 4-氨基安替比林分光光度法（HJ 503—2009）

标准名称：水质 挥发酚的测定 4-氨基安替比林分光光度法

英文名称：Water quality - Determination of volatile phenolic compounds - 4-AAP spectrophotometric method

标准编号：HJ 503—2009

适用范围：本标准规定了测定地表水、地下水、饮用水、工业废水和生活污水中挥发酚的 4-氨基安替比林分光光度法。

地表水、地下水和饮用水宜用萃取分光光度法测定，检出限为 0.000 3 mg/L，测定下限为 0.001 mg/L，测定上限为 0.04 mg/L。

工业废水和生活污水宜用直接分光光度法测定，检出限为 0.01 mg/L，测定下限为 0.04 mg/L，测定上限为 2.50 mg/L。

对于质量浓度高于标准测定上限的样品，可适当稀释后进行测定。

替代情况：代替 GB/T 7490—1987；本标准是对《水质 挥发酚的测定 蒸馏后 4-氨基安替比林分光光度法》（GB/T 7490—1987）的修订。本次修订的主要内容如下：

—— 扩大了标准的适用范围，明确了标准的适用对象；

—— 增加了萃取分光光度法比色皿的光程，降低了检出限；

—— 改进了 4-氨基安替比林的提纯方法，增加了苯酚的精制方法；

—— 增加了质量保证和质量控制条款。

发布时间：2009-10-20

实施时间：2009-12-01

3.2.21 石油类

3.2.21.1 水质 石油类和动植物油的测定 红外分光光度法（HJ 637—2012）

标准名称：水质 石油类和动植物油的测定 红外分光光度法

英文名称： Water quality - Determination of petroleum oil，animal and vegetable oils - Infrared photometric method

标准编号： HJ 637—2012

适用范围： 本标准规定了测定水中石油类和动植物油类的红外分光光度法。

本标准适用于地表水、地下水、工业废水和生活污水中石油类和动植物油类的测定。

当样品体积为 1 000 mL，萃取液体积为 25 mL，使用 4 cm 比色皿时，检出限为 0.01 mg/L，测定下限为 0.04 mg/L；当样品体积为 500 mL，萃取液体积为 50 mL，使用 4 cm 比色皿时，检出限为 0.04 mg/L，测定下限为 0.16 mg/L。

替代情况： 替代 GB/T 16488—1996，本标准是对《水质 石油类和动植物油的测定 红外光度法》（GB/T 16488—1996）的修订。本次修订的主要内容如下：

—— 增加了总油的定义；

—— 修改了无水硫酸钠和硅酸镁的处理条件；

—— 修改了样品体积的测量方法；

—— 修改了样品的萃取条件和萃取液脱水方式；

—— 删除了絮凝富集萃取内容；

—— 删除了非分散红外光度法内容。

发布时间： 2012-02-29

实施时间： 2012-06-01

3.2.22 阴离子表面活性剂

3.2.22.1 水质 阴离子表面活性剂的测定 亚甲基蓝分光光度法（GB/T 7494—1987）

标准名称： 水质 阴离子表面活性剂的测定 亚甲基蓝分光光度法

英文名称： Water quality - Determination of anionic surfactants - Methylene blue spectrophotometric method

标准编号： GB/T 7494—1987

适用范围： 本方法适用于测定饮用水、地面水、生活污水及工业废水中的低浓度亚甲蓝活性物质（MBAS），亦即阴离子表面活性物质。在实验条件下，主要被测物是 LAS、烷基磺酸钠和脂肪醇硫酸钠，但可能存在一些正的和负的干扰。

当采用 10 mm 光程的比色皿，试份体积为 100 mL 时，本方法最低检出浓度为 0.05 mg/L LAS，检测上限为 2.0 mg/L LAS。

替代情况： /

发布时间： 1987-03-14

实施时间： 1987-08-01

3.2.23 硫化物

3.2.23.1 水质 硫化物的测定 亚甲基蓝分光光度法（GB/T 16489—1996）

标准名称： 水质 硫化物的测定 亚甲基蓝分光光度法

英文名称： Water quality - Determination of anionic surfide - Methylene blue spectrophotometric method

标准编号： GB/T 16489 —1996

适用范围：

（1）主题内容：本标准规定了测定水中硫化物的亚甲基蓝分光光度法。

（2）适用范围：本标准适用于地面水、地下水、生活污水和工业废水中硫化物的测定。

试料体积为 100 mL、使用光程为 1 cm 的比色皿时，方法的检出限为 0.005 mg/L，测定上限为 0.700 mg/L。对硫化物含量较高的水样，可适当减少取样量或将样品稀释后测定。

（3）干扰：主要干扰物类 SO_3^{2-}、$S_2O_3^{2-}$、SCN^-、NO_2^-、CN^-和部分重金属离子。硫化物含量为 0.500 mg/L 时，样品中干扰物质的最高允许含量分别为 SO_3^{2-}20 mg/L、$S_2O_3^{2-}$ 240 mg/L、SCN^- 400 mg/L、NO_2^-65 mg/L、NO_3^- 200 mg/L、I^- 400 mg/L、CN^-5 mg/L、Cu^{2+}2 mg/L、Pb^{2+}25 mg/L 和 Hg^{2+}4 mg/L。

替代情况： /

发布时间： 1996-04-26

实施时间： 1997-01-01

3.2.23.2 水质 硫化物的测定 直接显色分光光度法（GB/T 17133—1997）

标准名称： 水质 硫化物的测定 直接显色分光光度法

英文名称： Water quality - Determination of anionic surfide - Direct development of the spectrophotometry

标准编号： GB/T 17133—1997

适用范围：

（1）本标准适用于地面水、地下水及生活污水、造纸废水、石油化工废水、炼焦废水与印染废水等中的溶解性的 H_2S、HS^-、S^{2-}以及存在于颗粒物中的可溶性硫化物、酸溶性的金属硫化物。

（2）当取样体积为 250 mL，用 5.00 mL “硫化氢吸收显色剂”，1 cm 的比色皿测定，硫化物的最低检出限为 0.004 mg/L，测定浓度范围为 0.008 ～25 mg/L。

替代情况： /

发布时间： 1997-07-30

实施时间： 1998-05-01

3.2.23.3 水质 硫化物的测定 碘量法（HJ/T 60—2000）

标准名称： 水质 硫化物的测定 碘量法

英文名称： Water quality - Determination of sulfide - Iodometric method

标准编号： HJ/T 60—2000

适用范围：

（1）主题内容：本标准规定了测定水和废中硫化物的碘量法。本标准规定的硫化物是指水和废水中溶解性的无机硫化物和酸性金属硫化物的总称。

（2）适用范围：本标准适用于水和废水中的硫化物。

试样体积为 200 mL，用 0.01 mol/L 硫代硫酸钠溶液滴定时，本方法适用于含量硫化物在 0.40 mg/L 以上的水和废水测定。

（3）共存物干扰与消除：试样中含有硫代硫酸盐、亚硫酸盐等能与碘反应的还原性物质产正干扰，悬浮物、色度、浊度及部分重金属离子也干扰测定，硫化物含量为 2.00 mg/L 时，样品中干扰物的最高允许含量分别为 $S_2O_3^{2-}$30 mg/L、NO_2^-2 mg/L、SCN^-80 mg/L、Cu^{2+}2 mg/L、Pb^{2+}5 mg/L 和

Hg^{2+}1 mg/L；经酸化-吹气-吸收预处理后，悬浮物、色度、浊度不干扰测定，但 SO_3^{2-} 分离不完全，会产生干扰。采用硫化锌沉淀过滤分离 SO_3^{2-}，可有效消除 30 mg/L SO_3^{2-} 的干扰。

替代情况：/

发布时间：2000-12-07

实施时间：2001-03-01

3.2.23.4 水质 硫化物的测定 气相分子吸收光谱法（HJ/T 200 —2005）

标准名称：水质 硫化物的测定 气相分子吸收光谱法

英文名称：Water quality - Determination of Sulfide By Gas - phase molecular absorption spectrometry

标准编号：HJ/T 200 —2005

适用范围：本标准适用于地表水、地下水、海水、饮用水、生活污水及工业污水中硫化物的测定。使用 202.6 nm 波长，方法的检出限为 0.005 mg/L，测定下限 0.020 mg/L，测定上限 10 mg/L；在 228.8 nm 波长处，测定上限 500 mg/L。

替代情况：/

发布时间：2005-11-09

实施时间：2006-01-01

3.2.23.5 水质 氰化物等的测定 真空检测管-电子比色法（HJ 659—2013）

详见本章 3.2.5.3

3.2.24 粪大肠菌群

3.2.24.1 水质 粪大肠菌群的测定 多管发酵法和滤膜法（试行）（HJ/T 347—2007）

标准名称：水质 粪大肠菌群的测定 多管发酵法和滤膜法（试行）

英文名称：Water quality - Determination of fecal coliform - manifold zymotechnics and filter membrane

标准编号：HJ/T 347—2007

适用范围：

（1）多管发酵法 本标准适用于地表水、地下水及废水中粪大肠菌群的测定。

（2）滤膜法 本标准适用于一般地表水、地下水及废水中粪大肠菌群的测定。用于检验加氯消毒后的水样时，在滤膜法之前，应先做实验，证实它所得的数据资料与多管发酵试验所得的数据资料具有可比性。

替代情况：/

发布时间：2007-03-10

实施时间：2007-05-01

3.2.25 硫酸盐

3.2.25.1 水质 硫酸盐的测定 重量法（GB/T 11899—1989）

标准名称：水质 硫酸盐的测定 重量法

英文名称：Water quality - Determination of sulfate - Gravimetric method

标准编号：GB/T 11899—1989

适用范围：

（1）本标准规定了测定水中硫酸盐的重量法。

本标准适用于地面水、地下水、含盐水、生活污水及工业废水。

本标准可以准确地测定硫酸盐含量 10 mg/L（以 SO_4^{2-}计）以上的水样，测定上限为 5 000 mg/L（以 SO_4^{2-}计）。

（2）干扰：样品中若有悬浮物、二氧化硅、硝酸盐和亚硝酸盐可使结果偏高。碱金属硫酸盐，特别是碱金属硫酸氢盐常使结果偏低。铁和铬等影响硫酸钡的完全沉淀，形成铁和铬的硫酸盐也使结果偏低。

在酸性介质中进行沉淀可以防止碳酸钡和磷酸钡沉淀，但是酸度高会使硫酸钡沉淀的溶解度增大。

当试料中含 CrO_4^{2-}、PO_4^{3-}大于 10 mg；NO_3^-1 000 mg；$SiO_2$2.5 mg；Ca^{2+}2 000 mg；Fe^{3+}5.0 mg 以下不干扰测定。

在分析开始的预处理阶段，在酸性条件下煮沸可以将亚硫酸盐和硫化物分别以二氧化硫和硫化氢的形式赶出。在废水中它们的浓度很高，发生 $2H_2S+SO_4^{2-}+2H^+\rightarrow 3S\downarrow +3H_2O$ 反应时，生成的单体硫应该过滤掉，以免影响测定结果。

替代情况：/

发布时间：1989-12-25

实施时间：1990-07-01

3.2.25.2 水质　硫酸盐的测定　铬酸钡分光光度法（试行）（HJ/T 342—2007）

标准名称：水质　硫酸盐的测定　铬酸钡分光光度法（试行）

英文名称：Water quality - Determination of sulfate - barium chromate spectrophotometric

标准编号：HJ/T 342—2007

适用范围：本标准适用于一般地表水、地下水中含量较低硫酸盐的测定。本方法适用的质量浓度范围为 8～200 mg/L。本方法经取 13 个河、湖水样品进行检验，测定质量浓度范围为 8～85 mg/L，相对标准偏差 0.15%～7%，加标回收率 97.9%～106.8%。

替代情况：/

发布时间：2007-03-10

实施时间：2007-05-01

3.2.25.3 水质　无机阴离子的测定　离子色谱法（HJ/T 84—2001）

详见本章 3.2.12.4

3.2.26 氯化物

3.2.26.1 水质　氯化物的测定　硝酸银滴定法（GB/T 11896—1989）

标准名称：水质　氯化物的测定　硝酸银滴定法

英文名称：Water quality - Determination of chloride - Silver nitrate titration method

标准编号：GB/T 11896—1989

适用范围：

（1）本标准规定了水中氯化物浓度的硝酸银滴定法。

（2）本标准适用于天然水中氯化物的测定，也适用于经过适当稀释的高矿化度水如咸水、海水等，以及经过预处理除去干扰物的生活污水或工业废水。

（3）本标准适用的浓度范围为 10～500 mg/L 的氯化物。高于此范围的水样经稀释后可以扩大其测定范围。溴化物、碘化物和氰化物能与氯化物一起被滴定。正磷酸盐及聚磷酸盐分别超过 250 mg/L 及 25 mg/L 时有干扰。铁含量超过 10 mg/L 时使终点不明显。

替代情况：/

发布时间：1989-12-25

实施时间：1990-07-01

3.2.26.2　水质　氯化物的测定　硝酸汞滴定法（试行）（HJ/T 343—2007）

标准名称：水质　氯化物的测定　硝酸汞滴定法（试行）

英文名称：Water quality - Determination of chloride - mercurynitrate titration

标准编号：HJ/T 343—2007

适用范围：

（1）本标准适用于地表水、地下水中氯化物的测定及经过预处理后，能消除干扰的其他类型废水水样中氯化物的测定。

（2）本方法适用的浓度范围为 2.5～500 mg/L。曾选取有代表性的江、河、湖、库水样检验本法对地表水的适用性。13 个样品测定结果统计表明，氯离子浓度范围 2～290 mg/L 时，相对标准偏差为 0.03%～3.37%，加标回收率为 86%～102.33%。

替代情况：/

发布时间：2007-03-10

实施时间：2007-05-01

3.2.26.3　水质　无机阴离子的测定　离子色谱法（HJ/T 84—2001）

详见本章 3.2.12.4

3.2.27　硝酸盐

3.2.27.1　水质　硝酸盐氮的测定　酚二磺酸分光光度法（GB/T 7480—1987）

标准名称：水质　硝酸盐氮的测定　酚二磺酸分光光度法

英文名称：Water quality - Determination of nitrate - Spectrophotometric method with phenol disulfonic acid

标准编号：GB/T 7480—1987

适用范围：

（1）本标准适用于测定饮用水、地下水和清洁地面水中的硝酸盐氮。

（2）本方法适用于测定硝酸盐氮浓度范围在 0.02～2.0 mg/L 之间。浓度更高时，可分取较少的试份测定。采用光程为 30 mm 的比色皿，试份体积为 50 mL 时，最低检出浓度为 0.02 mg/L。当使用光程为 30 mm 的比色皿，试份体积为 50 mL，硝酸盐氮含量为 0.60 mg/L 时，吸光度约 0.6 个单位。使用光程为 10 mm 的比色皿，试份体积为 50 mL，硝酸盐氮含量为 2.0 mg/L 时，吸光度约 0.7 个单位。水中含氯化物、亚硝酸盐、铵盐、有机物和碳酸盐时，可产生干扰。含此类物质时，应作适当的前处理，以消除对测定的影响。

替代情况：/

发布时间：1987-03-14

实施时间：1987-08-01

3.2.27.2 水质 硝酸盐氮的测定 紫外分光光度法（试行）（HJ/T 346—2007）

标准名称：水质 硝酸盐氮的测定 紫外分光光度法（试行）

英文名称：Water quality - Determination of nitrate - nitrogen - Ultravolet spectrophotometric

标准编号：HJ/T 346—2007

适用范围：本标准适用于地表水、地下水中硝酸盐氮的测定。方法最低检出质量浓度为 0.08 mg/L，测定下限为 0.32 mg/L，测定上限为 4 mg/L。

替代情况：/

发布时间：2007-03-10

实施时间：2007-05-01

3.2.27.3 水质 无机阴离子的测定 离子色谱法（HJ/T 84—2001）

详见本章 3.2.12.4

3.2.27.4 水质 硝酸盐氮的测定 气相分子吸收光谱法（HJ/T 198—2005）

标准名称：水质 硝酸盐氮的测定 气相分子吸收光谱法

英文名称：Water quality - Determination of Nitrate - Nitrogen By Gas - phase molecular absorption spectrometry

标准编号：HJ/T 198—2005

适用范围：本标准适用于地表水、地下水、海水、饮用水、生活污水及工业污水中硝酸盐氮的测定。方法的检出限为 0.006 mg/L，测定上限 10 mg/L。

替代情况：/

发布时间：2005-11-09

实施时间：2006-01-01

3.2.27.5 水质 氰化物等的测定 真空检测管-电子比色法（HJ 659—2013）

详见本章 3.2.5.3

3.2.28 铁

3.2.28.1 水质 铁、锰的测定 火焰原子吸收分光光度法（GB/T 11911—1989）

标准名称：水质 铁、锰的测定 火焰原子吸收分光光度法

英文名称：Water quality - Determination of iron and manganese - Flame atomic absorption spectrophotometric

标准编号：GB/T 11911—1989

适用范围：

（1）主题内容：本标准规定了用火焰原子吸收法直接测定水和废水中的铁、锰，操作简便、快速而准确。

（2）适用范围：本标准适用于地面水、地下水及工业废水中铁、锰的测定。铁、锰的检测限分别是 0.03 mg/L 和 0.01 mg/L，校准曲线的浓度范围分别为 0.1～5 mg/L 和 0.05～3 mg/L。

替代情况：/

发布时间：1989-12-25

实施时间：1990-07-01

3.2.28.2　水质　铁的测定　邻菲啰啉分光光度法（试行）（HJ/T 345—2007）

标准名称：水质　铁的测定　邻菲啰啉分光光度法（试行）

英文名称：Water quality - Determination of Iron - phenanthroline Spectrophotometry

标准编号：HJ/T 345—2007

适用范围：本标准适用于地表水、地下水及废水中铁的测定。方法最低检出浓度为 0.03 mg/L，测定下限为 0.12 mg/L，测定上限为 5.00 mg/L。对铁离子大于 5.00 mg/L 的水样，可适当稀释后再按本方法进行测定。

替代情况：/

发布时间：2007-03-10

实施时间：2007-05-01

3.2.29　锰

3.2.29.1　水质　锰的测定　高碘酸钾分光光度法（GB/T 11906—1989）

标准名称：水质　锰的测定　高碘酸钾分光光度法

英文名称：Water quality - Determination of manganese - Potassium periodate spectrophotometric method

标准编号：GB/T 11906—1989

适用范围：

（1）本标准规定了测定水中锰的高碘酸钾分光光度法。

本标准适用于饮用水、地面水、地下水及工业废水中可滤态锰和总锰的测定。

（2）测定范围：使用光程为 50 mm 的比色皿，试份体积为 25 mL 时，方法最低检出浓度为 0.02 mg/L，测定上限为 3 mg/L。含锰量高的水样，可适当减少试料量或使用 10 mm 光程的比色皿，测定上限可达 9 mg/L。

替代情况：/

发布时间：1989-12-25

实施时间：1990-07-01

3.2.29.2　水质　铁、锰的测定　火焰原子吸收分光光度法（GB/T 11911—1989）

详见本章 3.2.28.1

3.2.29.3　水质　锰的测定　甲醛肟分光光度法（试行）（HJ/T 344—2007）

标准名称：水质　锰的测定　甲醛肟分光光度法（试行）

英文名称：Water quality - Determination of iron and manganese - Formaldehyde osime spectrophotometry

标准编号：HJ/T 344—2007

适用范围：本标准适用于饮用水及未受严重污染的地表水的水样中总锰的测定，不适宜于高度污染的工业废水的测定。方法最低检出质量浓度为 0.01 mg/L，测定质量浓度范围为 0.05～4.0 mg/L，校准曲线范围为 2～40 μg/50 mL。

替代情况：/

发布时间：2007-03-10

实施时间：2007-05-01

3.2.29.4 水质 氰化物等的测定 真空检测管-电子比色法（HJ 659—2013）

详见本章 3.2.5.3

3.2.30 三氯甲烷

3.2.30.1 水质 挥发性卤代烃的测定 顶空气相色谱法（HJ 620—2011）

标准名称：水质 挥发性卤代烃的测定 顶空气相色谱法

英文名称：Water quality–Determination of volatile halogenated organic compounds–Headspace gas chromatography

标准编号：HJ 620 —2011

适用范围：本标准规定了测定水中挥发性卤代烃的顶空气相色谱法。

本标准适用于地表水、地下水、饮用水、海水、工业废水和生活污水中挥发性卤代烃的测定。具体组分包括 1,1-二氯乙烯、二氯甲烷、反式-1,2-二氯乙烯、氯丁二烯、顺式-1,2-二氯乙烯、三氯甲烷、四氯化碳、1,2-二氯乙烷、三氯乙烯、一溴二氯甲烷、四氯乙烯、二溴一氯甲烷、三溴甲烷、六氯丁二烯等 14 种。其他挥发性卤代烃通过验证后，也可以使用本方法进行测定。

当顶空瓶为 22 mL，取样体积为 10.0 mL，上述目标化合物的方法检出限为 0.02～6.13 μg/L，测定下限为 0.08～24.5 μg/L。

替代情况：本标准代替 GB/T 17130—1997，本标准是对《水质 挥发性卤代烃的测定 顶空气相色谱法》（GB/T 17130—1997）的修订，修订的主要内容如下：

—— 采用了自动顶空进样技术；

—— 目标化合物增加了 1,1-二氯乙烯、二氯甲烷、反式-1,2-二氯乙烯、氯丁二烯、顺式-1,2-二氯乙烯、1,2-二氯乙烷、一溴二氯甲烷、二溴一氯甲烷、六氯丁二烯 9 种挥发性卤代烃。

发布时间：2011-09-01

实施时间：2011-11-01

3.2.30.2 填充柱气相色谱法 [GB/T 5750.8—2006（1.1）]

标准名称：填充柱气相色谱法

英文名称：/

标准编号：生活饮用水标准检验方法 有机物指标 GB/T 5750.8—2006（1.1）

适用范围：本标准规定了用填充柱气相色谱法测定生活饮用水及其水源水中三氯甲烷、四氯化碳、三氯乙烯、二氯一溴甲烷、四氯乙烯、一氯二溴甲烷和三溴甲烷。

本方法适用于生活饮用水及其水源水三氯甲烷、四氯化碳、三氯乙烯、二氯一溴甲烷、四氯乙烯、一氯二溴甲烷和三溴甲烷的测定。

本方法的最低检测质量浓度分别为三氯甲烷 0.6 μg/L；四氯化碳 0.3 μg/L；三氯乙烯 3 μg/L；二氯一溴甲烷 1 μg/L；四氯乙烯 1.2 μg/L；一氯二溴甲烷 0.3 μg/L；三溴甲烷 6 μg/L。

替代情况：本标准部分代替 GB/T 5750—1985

发布时间：2006-12-29

实施时间：2007-07-01

3.2.30.3 毛细管柱气相色谱法 [GB/T 5750.8—2006（1.2）]

标准名称：毛细管柱气相色谱法

英文名称：/

标准编号：生活饮用水标准检验方法 有机物指标 GB/T 5750.8—2006（1.2）

适用范围：本标准规定了用顶空毛细管柱气相色谱法测定生活饮用水及其水源水中三氯甲烷、四氯化碳。

本方法适用于生活饮用水及其水源中三氯甲烷、四氯化碳。

本方法最低检测质量浓度分别为：三氯甲烷 0.2 μg/L；四氯化碳 0.1 μg/L。

替代情况：本标准部分代替 GB/T 5750—1985，本方法增加了生活饮用水中四氯化碳的毛细管柱气相色谱法。

发布时间：2006-12-29

实施时间：2007-07-01

3.2.30.4 水质 挥发性有机物的测定 吹扫捕集/气相色谱-质谱法（HJ 639—2012）

标准名称：水质 挥发性有机物的测定 吹扫捕集/气相色谱-质谱法

英文名称：Water quality - Determination of volatile organic compounds - Purge and trap/gas chromatography-mass spectrometer

标准编号：HJ 639—2012

适用范围：本标准规定了测定水中挥发性有机物的吹扫捕集/气相色谱-质谱法。

本标准适用于海水、地下水、地表水、生活污水和工业废水中 57 种挥发性有机物的测定。

若通过验证，本标准也可适用于其他挥发性有机物的测定。

当样品量为 5 mL 时，用全扫描方式测定，目标化合物的方法检出限为 0.6～5.0 μg/L，测定下限为 2.4～20.0 μg/L；用选择离子方式测定，目标化合物的方法检出限为 0.2～2.3 μg/L，测定下限为 0.8～9.2 μg/L。详见标准原文附录 A。

替代情况：/

发布时间：2012-12-03

实施时间：2013-03-01

3.2.31 四氯化碳

3.2.31.1 水质 挥发性卤代烃的测定 顶空气相色谱法（HJ 620—2011）

详见本章 3.2.30.1

3.2.31.2 填充柱气相色谱法 [GB/T 5750.8—2006（1.1）]

详见本章 3.2.30.2

3.2.31.3 毛细管柱气相色谱法 [GB/T 5750.8—2006（1.2）]

详见本章 3.2.30.3

3.2.31.4 水质 挥发性有机物的测定 吹扫捕集/气相色谱-质谱法（HJ 639—2012）

详见本章 3.2.30.4

3.2.32 三溴甲烷

3.2.32.1 水质 挥发性卤代烃的测定 顶空气相色谱法（HJ 620—2011）

详见本章 3.2.30.1

3.2.32.2 填充柱气相色谱法 [GB/T 5750.8—2006（1.1）]

详见本章 3.2.30.2

3.2.32.3 水质 挥发性有机物的测定 吹扫捕集/气相色谱-质谱法（HJ 639—2012）

详见本章 3.2.30.4

3.2.33 二氯甲烷

3.2.33.1 水质 挥发性卤代烃的测定 顶空气相色谱法（HJ 620—2011）

详见本章 3.2.30.1

3.2.33.2 填充柱气相色谱法 [GB/T 5750.8—2006（1.1）]

详见本章 3.2.30.2

3.2.33.3 水质 挥发性有机物的测定 吹扫捕集/气相色谱-质谱法（HJ 639—2012）

详见本章 3.2.30.4

3.2.34 1,2-二氯乙烷

3.2.34.1 水质 挥发性卤代烃的测定 顶空气相色谱法（HJ 620—2011）

详见本章 3.2.30.1

3.2.34.2 填充柱气相色谱法 [GB/T 5750.8—2006（1.1）]

详见本章 3.2.30.2

3.2.34.3 水质 挥发性有机物的测定 吹扫捕集/气相色谱-质谱法（HJ 639—2012）

详见本章 3.2.30.4

3.2.35 环氧氯丙烷

3.2.35.1 气相色谱法 [GB/T 5750.8—2006（17）]

标准名称：气相色谱法

英文名称：/

标准编号：生活饮用水标准检验方法 有机物指标 GB/T 5750.8—2006（17）

适用范围：本标准规定了用气相色谱法测定生活饮用水及其水源水中的环氧氯丙烷。

本方法适用于生活饮用水及其水源水中的环氧氯丙烷的测定。

本方法最低检测质量 5 ng，若取 100 mL 水样经萃取浓缩后测定，则最低检测质量浓度为 0.05 mg/L；若取 250 mL 水样经萃取浓缩后测定，则最低检测质量浓度为 0.02 mg/L。

替代情况：本标准部分代替 GB/T 5750—1985

发布时间：2006-12-29

实施时间：2007-07-01

3.2.35.2 水质 挥发性有机物的测定 吹扫捕集/气相色谱-质谱法（HJ 639—2012）

详见本章 3.2.30.4

3.2.36 氯乙烯

3.2.36.1 气相色谱法 [GB/T 5750.8—2006（4.1）]

标准名称：气相色谱法

英文名称：/

标准编号：生活饮用水标准检验方法 有机物指标 GB/T 5750.8—2006（4.1）

适用范围：本标准规定了用填充柱气相色谱法测定生活饮用水及其水源水中的氯乙烯。

本方法适用于生活饮用水及其水源水中的氯乙烯的测定。

若取水样 100 mL，取 1 mL 液上气体进行色谱测定，最低检测质量浓度为 1 μg/L。

替代情况：本标准部分代替 GB/T 5750—1985

发布时间：2006-12-29

实施时间：2007-07-01

3.2.36.2　毛细管柱气相色谱法 [GB/T 5750.8—2006（4.2）]

标准名称：毛细管柱气相色谱法

英文名称：/

标准编号：生活饮用水标准检验方法　有机物指标 GB/T 5750.8—2006（4.2）

适用范围：本标准规定了用毛细管柱气相色谱法测定生活饮用水及其水源水中的氯乙烯。

本方法适用于生活饮用水及其水源水中的氯乙烯的测定。

本方法最低检测质量浓度为 1 μg/L。

替代情况：本标准部分代替 GB/T 5750—1985

发布时间：2006-12-29

实施时间：2007-07-01

3.2.36.3　水质　挥发性有机物的测定　吹扫捕集/气相色谱-质谱法（HJ 639—2012）

详见本章 3.2.30.4

3.2.37　1,1-二氯乙烯

3.2.37.1　水质　挥发性卤代烃的测定　顶空气相色谱法（HJ 620—2011）

详见本章 3.2.30.1

3.2.37.2　吹脱捕集气相色谱法 [GB/T 5750.8—2006（5.1）]

标准名称：吹脱捕集气相色谱法

英文名称：/

标准编号：生活饮用水标准检验方法　有机物指标 GB/T 5750.8—2006（5.1）

适用范围：本标准规定了用吹脱捕集气相色谱法测定生活饮用水及其水源水中的 1,1-二氯乙烯和 1,2-二氯乙烯。

本方法适用于生活饮用水及其水源水中的 1,1-二氯乙烯和 1,2-二氯乙烯的测定。

本方法最低检测质量浓度分别为：1,1-二氯乙烯 0.02 μg/L；反式 1,2-二氯乙烯 0.02 μg/L；顺式 1,2-二氯乙烯 0.02 μg/L。吹脱气中的杂质，捕集器和管路中释放的有机物是污染的主要原因。因此，应避免在吹脱-捕集系统使用非聚四氟乙烯管路、密封材料，或带橡胶组件的流量控制器。在采样处理和运输过程中，需用纯水配制的试剂空白进行校正，经常烘烤和吹脱整个系统。

替代情况：本标准部分代替 GB/T 5750—1985

发布时间：2006-12-29

实施时间：2007-07-01

3.2.37.3　水质　挥发性有机物的测定　吹扫捕集/气相色谱-质谱法（HJ 639—2012）

详见本章 3.2.30.4

3.2.38 1,2-二氯乙烯

3.2.38.1 水质 挥发性卤代烃的测定 顶空气相色谱法（HJ 620—2011）

详见本章 3.2.30.1

3.2.38.2 吹脱捕集气相色谱法 [GB/T 5750.8—2006（6）]

标准名称：吹脱捕集气相色谱法

英文名称：/

标准编号：生活饮用水标准检验方法 有机物指标 GB/T 5750.8—2006（6）

适用范围：本标准规定了用吹脱捕集气相色谱法测定生活饮用水及其水源水中的 1,1-二氯乙烯和 1,2-二氯乙烯。

本方法适用于生活饮用水及其水源水中的 1,1-二氯乙烯和 1,2-二氯乙烯的测定。

本方法最低检测质量浓度分别为：1,1-二氯乙烯 0.02 μg/L；反式 1,2-二氯乙烯 0.02 μg/L；顺式 1,2-二氯乙烯 0.02 μg/L。吹脱气中的杂质，捕集器和管路中释放的有机物是污染的主要原因。因此，应避免在吹脱-捕集系统使用非聚四氟乙烯管路、密封材料，或带橡胶组件的流量控制器。在采样处理和运输过程中，需用纯水配制的试剂空白进行校正，经常烘烤和吹脱整个系统。

替代情况：本标准部分代替 GB/T 5750—1985

发布时间：2006-12-29

实施时间：2007-07-01

3.2.38.3 水质 挥发性有机物的测定 吹扫捕集/气相色谱-质谱法（HJ 639—2012）

详见本章 3.2.30.4

3.2.39 三氯乙烯

3.2.39.1 水质 挥发性卤代烃的测定 顶空气相色谱法（HJ 620—2011）

详见本章 3.2.30.1

3.2.39.2 填充柱气相色谱法 [GB/T 5750.8—2006（7）]

标准名称：填充柱气相色谱法

英文名称：/

标准编号：生活饮用水标准检验方法 有机物指标 GB/T 5750.8—2006（7）

适用范围：本标准规定了用填充柱气相色谱法测定生活饮用水及其水源水中三氯甲烷、四氯化碳、三氯乙烯、二氯一溴甲烷、四氯乙烯、一氯二溴甲烷和三溴甲烷。

本方法适用于生活饮用水及其水源水三氯甲烷、四氯化碳、三氯乙烯、二氯一溴甲烷、四氯乙烯、一氯二溴甲烷和三溴甲烷的测定。

本方法的最低检测质量浓度分别为：三氯甲烷 0.6 μg/L；四氯化碳 0.3 μg/L；三氯乙烯 3 μg/L；二氯一溴甲烷 1 μg/L、四氯乙烯 1.2 μg/L；一氯二溴甲烷 0.3 μg/L；三溴甲烷 6 μg/L。

替代情况：本标准部分代替 GB/T 5750—1985

发布时间：2006-12-29

实施时间：2007-07-01

3.2.39.3 水质 挥发性有机物的测定 吹扫捕集/气相色谱-质谱法（HJ 639—2012）

详见本章 3.2.30.4

3.2.40 四氯乙烯

3.2.40.1 水质 挥发性卤代烃的测定 顶空气相色谱法（HJ 620—2011）

详见本章 3.2.30.1

3.2.40.2 填充柱气相色谱法 [GB/T 5750.8—2006（8）]

标准名称：填充柱气相色谱法

英文名称：/

标准编号：生活饮用水标准检验方法 有机物指标 GB/T 5750.8—2006（8）

适用范围：本标准规定了用填充柱气相色谱法测定生活饮用水及其水源水中三氯甲烷、四氯化碳、三氯乙烯、二氯一溴甲烷、四氯乙烯、一氯二溴甲烷和三溴甲烷。

本方法适用于生活饮用水及其水源水三氯甲烷、四氯化碳、三氯乙烯、二氯一溴甲烷、四氯乙烯、一氯二溴甲烷和三溴甲烷的测定。

本方法的最低检测质量浓度分别为：三氯甲烷 0.6 μg/L；四氯化碳 0.3 μg/L；三氯乙烯 3 μg/L；二氯一溴甲烷 1 μg/L；四氯乙烯 1.2 μg/L；一氯二溴甲烷 0.3 μg/L；三溴甲烷 6 μg/L。

替代情况：本标准部分代替 GB/T 5750—1985

发布时间：2006-12-29

实施时间：2007-07-01

3.2.40.3 水质 挥发性有机物的测定 吹扫捕集/气相色谱-质谱法（HJ 639—2012）

详见本章 3.2.30.4

3.2.41 氯丁二烯

3.2.41.1 水质 挥发性卤代烃的测定 顶空气相色谱法（HJ 620—2011）

详见本章 3.2.30.1

3.2.41.2 顶空气相色谱法 [GB/T 5750.8—2006（34）]

标准名称：顶空气相色谱法

英文名称：/

标准编号：生活饮用水标准检验方法 有机物指标 GB/T 5750.8—2006（34）

适用范围：本标准规定了用顶空气相色谱法测定生活饮用水及其水源水中氯丁二烯。

本方法适用于生活饮用水及其水源水氯丁二烯的测定。

本方法的最低检测质量浓度分 0.002 mg/L。在选定的条件下，乙烯基乙炔、乙醛和二氯丁烯不干扰测定，但不洁净样品瓶将影响测定，应采取相应的净化措施。

替代情况：本标准部分代替 GB/T 5750—1985

发布时间：2006-12-29

实施时间：2007-07-01

3.2.41.3 水质 挥发性有机物的测定 吹扫捕集/气相色谱-质谱法（HJ 639—2012）

详见本章 3.2.30.4

3.2.42 六氯丁二烯

3.2.42.1 水质 挥发性卤代烃的测定 顶空气相色谱法（HJ 620—2011）

详见本章 3.2.30.1

3.2.42.2 气相色谱法 [GB/T 5750.8—2006（44）]

标准名称：气相色谱法

英文名称：/

标准编号：生活饮用水标准检验方法 有机物指标 GB/T 5750.8—2006（44）

适用范围：本标准规定了用气相色谱法测定生活饮用水及其水源水中六氯丁二烯。

本方法适用于生活饮用水及其水源水六氯丁二烯的测定。

本方法最低检测质量为 10 pg，若取 200 mL 水样经处理后测定，则最低检测质量浓度 0.1 μg/L。

替代情况：本标准部分代替 GB/T 5750—1985

发布时间：2006-12-29

实施时间：2007-07-01

3.2.42.3 水质 挥发性有机物的测定 吹扫捕集/气相色谱-质谱法（HJ 639—2012）

详见本章 3.2.30.4

3.2.43 苯乙烯

3.2.43.1 水质 苯系物的测定 气相色谱法（GB/T 11890—1989）

标准名称：水质 苯系物的测定 气相色谱法

英文名称：Water quality–Determination of benzene and its analogoes–Gas chromatographic method

标准编号：GB/T 11890—1989

适用范围：本标准适用于工业废水及地表水中苯、甲苯、乙苯、对二甲苯、间二甲苯、邻二甲苯、异丙苯、苯乙烯 8 种苯系物的测定。

本方法选用 3%有机皂土/101 担体+2.5%邻苯二甲酸二壬酯/101 担体，混合重量比为 35∶65 的串联色谱柱，能同时检出样品中上述 8 种苯系物。采用液上气相色谱法，最低检出浓度为 0.005 mg/L，测定范围为 0.005～0.1 mg/L；二硫化碳萃取的气相色谱法，最低检出浓度 0.05 mg/L，测定范围为 0.05～12 mg/L。

替代情况：/

发布时间：1989-12-25

实施时间：1990-07-01

3.2.43.2 溶剂萃取-填充柱气相色谱法 [GB/T 5750.8—2006（18.1）]

标准名称：溶剂萃取-填充柱气相色谱法

英文名称：/

标准编号：生活饮用水标准检验方法 有机物指标 GB/T 5750.8—2006（18.1）

适用范围：本标准规定了用溶剂萃取-填充柱气相色谱法测定生活饮用水及其水源水中苯、甲苯、二甲苯、乙苯和苯乙烯。

本方法适用于测定生活饮用水及其水源水中的苯、甲苯、二甲苯、乙苯和苯乙烯。

本方法最低检测质量为 10 ng，若取 200 mL 水样，5.0 mL 二硫化碳萃取，5 μL 进样，则最低检测质量浓度为 0.01 mg/L。最佳线性范围为 0.01～1.0 mg/L。

醇、酯和醚等物质对测试有干扰，可用硫酸磷酸混合酸除去。

替代情况：本标准部分代替 GB/T 5750—1985

发布时间：2006-12-29

实施时间：2007-07-01

3.2.43.3 溶剂萃取-毛细管柱气相色谱法 [GB/T 5750.8—2006（18.2）]

标准名称：溶剂萃取-毛细管柱气相色谱法

英文名称：/

标准编号：生活饮用水标准检验方法 有机物指标 GB/T 5750.8—2006（18.2）

适用范围：本标准规定了用溶剂萃取-毛细管柱气相色谱法测定生活饮用水及其水源水中苯、甲苯、二甲苯、乙苯和苯乙烯。

本方法适用于测定生活饮用水及其水源中苯、甲苯、二甲苯、乙苯和苯乙烯的测定。

本方法最低检测质量分别为苯，0.20 ng；甲苯，0.24 ng；乙苯，0.25 ng；对二甲苯，0.24 ng；间二甲苯，0.25 ng；邻二甲苯，0.25 ng；苯乙烯，0.25 ng。若取 200 mL 水样处理后测定，则最低检测质量浓度分别为：苯，0.005 mg/L；甲苯，0.006 mg/L；乙苯，0.006 mg/L；对二甲苯，0.006 mg/L；间二甲苯，0.006 mg/L；邻二甲苯，0.006 mg/L；苯乙烯，0.006 mg/L。

替代情况：本标准部分代替 GB/T 5750—1985

发布时间：2006-12-29

实施时间：2007-07-01

3.2.43.4 顶空-毛细管柱气相色谱法 [GB/T 5750.8—2006（18.4）]

标准名称：顶空-毛细管柱气相色谱法

英文名称：/

标准编号：生活饮用水标准检验方法 有机物指标 GB/T 5750.8—2006（18.4）

适用范围：本标准规定了用顶空-毛细管柱气相色谱法测定生活饮用水及其水源水中苯、甲苯、二甲苯、乙苯、邻二甲苯、间二甲苯、对二甲苯、苯乙烯和异丙苯。

本方法适用于生活饮用水及其水源水中苯、甲苯、二甲苯、乙苯、邻二甲苯、间二甲苯、对二甲苯、苯乙烯和异丙苯的测定。

若取 15 mL 水样测定，则本标准最低检测质量浓度分别为：苯，0.7 μg/L；甲苯，1 μg/L；乙苯，2 μg/L；间、对二甲苯，1 μg/L；苯乙烯，2 μg/L；邻二甲苯，3 μg/L；异丙苯，3 μg/L。

替代情况：本标准部分代替 GB/T 5750—1985

发布时间：2006-12-29

实施时间：2007-07-01

3.2.43.5 水质 挥发性有机物的测定 吹扫捕集/气相色谱-质谱法（HJ 639—2012）

详见本章 3.2.30.4

3.2.44 甲醛

3.2.44.1 水质 甲醛的测定 乙酰丙酮分光光度法（HJ 601—2011）

标准名称：水质 甲醛的测定 乙酰丙酮分光光度法

英文名称：Water quality - Dertermination of formaldehyde - Acetylacetone spectrophotometric method

标准编号： HJ 601—2011

适用范围： 本标准规定了测定水中甲醛的乙酰丙酮分光光度法。

本标准适用于地表水、地下水和工业废水中甲醛的测定，本标准不适用于印染废水。

当试样体积为 25 mL，比色皿光程为 10 mm，方法检出限为 0.05 mg/L，测定范围为 0.20～3.20 mg/L。

替代情况： 本标准代替 GB/T 13197—1991；本标准是对《水质　甲醛的测定　乙酰丙酮分光光度法》（GB/T 13197—1991）的修订。主要修订内容如下：

—— 适用范围增加地下水；

—— 修订显色条件；

—— 修订计算公式；

—— 增加质量保证和质量控制。

发布时间： 2011-02-10

实施时间： 2011-06-01

3.2.44.2　4-氨基-3-联氨-5-巯基-1,2,4-三氮杂茂（AHMT）分光光度法 [GB/T 5750.10—2006（6）]

标准名称： 4-氨基-3-联氨-5-巯基-1,2,4-三氮杂茂（AHMT）分光光度法

英文名称： /

标准编号： 生活饮用水标准检验方法　消毒副产物指标 GB/T 5750.10—2006（6）

适用范围： 本标准规定了用 AHMT 分光溶解度法测定生活饮用水及其水源水中甲醛。

本方法适用于生活饮用水及其水源水中甲醛的测定。

本方法最低检测质量为 0.25 μg，若取 5.0 mL 水样测定，则最低检测质量浓度 0.05 mg/L。

AHMT 分光溶解度法选择性高，其他醛类如乙醛、丙醛、正丁醛及苯甲醛等对本方法无干扰。

替代情况： 本标准部分代替 GB/T 5750—1985

发布时间： 2006-12-29

实施时间： 2007-07-01

3.2.45　乙醛

3.2.45.1　气相色谱法 [GB/T 5750.10—2006（7）]

标准名称： 气相色谱法

英文名称： /

标准编号： 生活饮用水标准检验方法　消毒副产物指标 GB/T 5750.10—2006（7）

适用范围： 本标准规定了用气相色谱法测定生活饮用水及其水源水中乙醛和丙烯醛。

本方法适用于生活饮用水及其水源水中乙醛和丙烯醛的测定。

本方法最低检测质量分别为乙醛 12 ng 和丙烯醛 0.95 ng；若取 50 μL 水样直接进样，则最低检测质量浓度为：乙醛 0.3 mg/L 和丙烯醛 0.02 mg/L。

在选定的色谱条件下，甲醛、丙醛、丙酮和丁醛等均不干扰测定。

替代情况： 本标准部分代替 GB/T 5750—1985

发布时间： 2006-12-29

实施时间： 2007-07-01

3.2.46　丙烯醛

3.2.46.1　气相色谱法 [GB/T 5750.10—2006（7）]

详见本章 3.2.45.1

3.2.47　三氯乙醛

3.2.47.1　气相色谱法 [GB/T 5750.10—2006（8）]

标准名称：气相色谱法

英文名称：/

标准编号：生活饮用水标准检验方法　消毒副产物指标 GB/T 5750.10—2006（8）

适用范围：本标准规定了用气相色谱法测定生活饮用水及其水源水中三氯乙醛。

本方法适用于生活饮用水及其水源水中三氯乙醛的测定。

本方法最低检测质量浓度为 1 μg/L。

替代情况：本标准部分代替 GB/T 5750 —1985

发布时间：2006-12-29

实施时间：2007-07-01

3.2.47.2　水质　三氯乙醛的测定　吡啶啉酮分光光度法（HJ/T 50 —1999）

标准名称：水质　三氯乙醛的测定　吡啶啉酮分光光度法

英文名称：Water quality - Determination of trichloro - aldehyde - 3-methyl - 1-pheny - 5-pyrazolone spectrophotometric method

标准编号：HJ/T 50—1999

适用范围：

（1）主要内容：本标准规定了用 1-苯基-3-甲基-5-吡唑啉酮分光光度法测定水中三氯乙醛的方法。

本标准适用于农田灌溉水质、地下水和城市污水中三氯乙醛的测定。

（2）测定范围：试样体积为 10 mL，定容至 25 mL 比色管中，用 30 mm 比色皿，检测下限为 0.08 mg/L，检测上限为 2 mg/L。

（3）干扰及消除：在测定条件下，150 μg 以下的 Mn^{2+}，100 μg 以下的 Cu^{2+}和 Hg^{2+}干扰，可加入 2%氰化钠溶液 1 mL 去除；2500 μg 以下的 Ca^{2+}的干扰可采用显色后离心分离再测定的方法去除。

替代情况：/

发布时间：1999-08-18

实施时间：2000-01-01

3.2.48　苯

3.2.48.1　水质　苯系物的测定　气相色谱法（GB/T 11890—1989）

详见本章 3.2.43.1

3.2.48.2　顶空-填充柱气相色谱法 [GB/T 5750.8—2006（18.3）]

标准名称：顶空-填充柱气相色谱法

英文名称：/

标准编号：生活饮用水标准检验方法　有机物指标 GB/T 5750.8—2006（18.3）

适用范围：本标准规定了用顶空-填充柱气相色谱法测定生活饮用水及其水源水中苯、甲苯、二甲苯、乙苯、对二甲苯、邻二甲苯和异丙苯。

本方法适用于生活饮用水及其水源水中苯、甲苯、二甲苯、乙苯、对二甲苯、邻二甲苯和异丙苯的测定。

最低检测质量浓度分别为：苯，0.42 μg/L；甲苯，1.0μg/L；乙苯，2.1 μg/L；对二甲苯；2.2 μg/L；邻二甲苯，3.9 μg/L；异丙苯，3.2 μg/L。

替代情况：本标准部分代替 GB/T 5750—1985

发布时间：2006-12-29

实施时间：2007-07-01

3.2.48.3 顶空-毛细管柱气相色谱法 [GB/T 5750.8—2006（18.4）]

详见本章 3.2.43.4

3.2.48.4 水质 挥发性有机物的测定 吹扫捕集/气相色谱-质谱法（HJ 639—2012）

详见本章 3.2.30.4

3.2.49 甲苯

3.2.49.1 水质 苯系物的测定 气相色谱法（GB/T 11890—1989）

详见本章 3.2.43.1

3.2.49.2 溶剂萃取-填充柱气相色谱法 [GB/T 5750.8—2006（18.1）]

详见本章 3.2.43.2

3.2.49.3 溶剂萃取-毛细管柱气相色谱法 [GB/T 5750.8—2006（18.2）]

详见本章 3.2.43.3

3.2.49.4 顶空-填充柱气相色谱法 [GB/T 5750.8—2006（18.3）]

详见本章 3.2.48.2

3.2.49.5 顶空-毛细管柱气相色谱法 [GB/T 5750.8—2006（18.4）]

详见本章 3.2.43.4

3.2.49.6 水质 挥发性有机物的测定 吹扫捕集/气相色谱-质谱法（HJ 639—2012）

详见本章 3.2.30.4

3.2.50 乙苯

3.2.50.1 水质 苯系物的测定 气相色谱法（GB/T 11890—1989）

详见本章 3.2.43.1

3.2.50.2 溶剂萃取-填充柱气相色谱法 [GB/T 5750.8—2006（18.1）]

详见本章 3.2.43.2

3.2.50.3 溶剂萃取-毛细管柱气相色谱法 [GB/T 5750.8—2006（18.2）]

详见本章 3.2.43.3

3.2.50.4 顶空-填充柱气相色谱法 [GB/T 5750.8—2006（18.3）]

详见本章 3.2.48.2

3.2.50.5 顶空-毛细管柱气相色谱法 [GB/T 5750.8—2006（18.4）]

详见本章 3.2.43.4

3.2.50.6　水质　挥发性有机物的测定　吹扫捕集/气相色谱-质谱法（HJ 639—2012）

详见本章 3.2.30.4

3.2.51　二甲苯

3.2.51.1　水质　苯系物的测定　气相色谱法（GB/T 11890—1989）

详见本章 3.2.43.1

3.2.51.2　溶剂萃取-填充柱气相色谱法 [GB/T 5750.8—2006（18.1）]

详见本章 3.2.43.2

3.2.51.3　溶剂萃取-毛细管柱气相色谱法 [GB/T 5750.8—2006（18.2）]

详见本章 3.2.43.3

3.2.51.4　顶空-填充柱气相色谱法 [GB/T 5750.8—2006（18.3）]

详见本章 3.2.48.2

3.2.51.5　顶空-毛细管柱气相色谱法 [GB/T 5750.8—2006（18.4）]

详见本章 3.2.43.4

3.2.51.6　水质　挥发性有机物的测定　吹扫捕集/气相色谱-质谱法（HJ 639—2012）

详见本章 3.2.30.4

3.2.52　异丙苯

3.2.52.1　水质　苯系物的测定　气相色谱法（GB/T 11890—1989）

详见本章 3.2.43.1

3.2.52.2　顶空-填充柱气相色谱法 [GB/T 5750.8—2006（18.3）]

详见本章 3.2.48.2

3.2.52.3　顶空-毛细管柱气相色谱法 [GB/T 5750.8—2006（18.4）]

详见本章 3.2.43.4

3.2.52.4　水质　挥发性有机物的测定　吹扫捕集/气相色谱-质谱法（HJ 639—2012）

详见本章 3.2.30.4

3.2.53　氯苯

3.2.53.1　水质　氯苯类化合物的测定　气相色谱法（HJ 621—2011）

标准名称：水质　氯苯类化合物的测定　气相色谱法

英文名称：Water quality - Determination of chlorobenzenes - gas chromatography

标准编号：HJ 621—2011

适用范围：本标准规定了测定水中氯苯类化合物的气相色谱法。

本标准适用于地表水、地下水、饮用水、海水、工业废水及生活污水中氯苯类化合物的测定。具体组分包括：氯苯、1,4-二氯苯、1,3-二氯苯、1,2-二氯苯、1,3,5-三氯苯、1,2,4-三氯苯、1,2,3-三氯苯、1,2,4,5-四氯苯、1,2,3,5-四氯苯、1,2,3,5-四氯苯、五氯苯和六氯苯等 12 种。

当水样为 1 L、定容至 1.0 mL 时，方法检出限、测定下限见表 1.4。

表 1.4　氯苯类化合物检出限和测定下限

序号	化合物名称	CAS	检出限/（μg/L）	测定下限/（μg/L）
1	氯苯	108-90-7	12	48
2	1,4-二氯苯	106-46-7	0.23	0.92
3	1,3-二氯苯	541-73-1	0.35	（4）
4	1,2-二氯苯	95-50-1	0.29	（2）
5	1,3,5-三氯苯	108-70-3	0.11	0.44
6	1,2,4-三氯苯	120-82-1	0.08	0.32
7	1,2,3-三氯苯	87-61-6	0.08	0.32
8	1,2,4,5-四氯苯	95—94-3	0.01	0.05
9	1,2,3,5-四氯苯	634-90-2	0.02	0.06
10	1,2,3,4-四氯苯	634-66-2	0.02	0.07
11	五氯苯	608-93-5	0.003	0.012
12	六氯苯	118-74-1	0.003	0.012

替代情况：本标准代替 GB/T 17131—1997，本标准是对《水质　1,2-二氯苯、1,4-二氯苯、1,2,4-三氯苯的测定　气相色谱法》（GB/T 17131—1997）的修订。修订的主要内容如下：

—— 以毛细柱分离替代填充柱分离；

—— 增加了目标化合物组分。

发布时间：2011-09-01

实施时间：2011-11-01

3.2.53.2　水质　氯苯的测定　气相色谱法（HJ/T 74—2001）

标准名称：水质　氯苯的测定　气相色谱法

英文名称：Water quality - Determination of chlorobenzene - Gas chromatography

标准编号：HJ/T 74—2001

适用范围：本标准适用于地表水、地下水及废水中氯苯的测定。

本标准用二硫化碳萃取水中氯苯，萃取液直接或者经浓缩后注入附有氢火焰离子化检测器的气相色谱仪分析测定。

当水样为 100 mL 时，方法最低检出浓度 0.01 mg/L。

采用二硫化碳溶剂萃取水中氯苯进行气相色谱仪分析，苯系物、氯苯类化合物为常见的干扰物质。本方法可将苯系物、氯苯类化合物有效地分离，而不干扰氯苯的定量测定。

替代情况：/

发布时间：2001-09-29

实施时间：2002-01-01

3.2.53.3　水质　挥发性有机物的测定　吹扫捕集/气相色谱-质谱法（HJ 639—2012）

详见本章 3.2.30.4

3.2.54　1,2-二氯苯

3.2.54.1　水质　氯苯类化合物的测定　气相色谱法（HJ 621—2011）

详见本章 3.2.53.1

3.2.54.2 水质 挥发性有机物的测定 吹扫捕集/气相色谱-质谱法（HJ 639—2012）

详见本章 3.2.30.4

3.2.55 1,4-二氯苯

3.2.55.1 水质 氯苯类化合物的测定 气相色谱法（HJ 621—2011）

详见本章 3.2.53.1

3.2.55.2 水质 挥发性有机物的测定 吹扫捕集/气相色谱-质谱法（HJ 639—2012）

详见本章 3.2.30.4

3.2.56 三氯苯

3.2.56.1 水质 氯苯类化合物的测定 气相色谱法（HJ 621—2011）

详见本章 3.2.53.1

3.2.56.2 气相色谱法 [GB/T 5750.8—2006（24）]

标准名称：气相色谱法

英文名称：/

标准编号：生活饮用水标准检验方法 有机物指标 GB/T 5750.8—2006（24）

适用范围：本标准规定了用气相色谱法测定生活饮用水及其水源水中氯苯系化合物。

本方法适用于生活饮用水及其水源水中二氯苯、三氯苯、四氯苯和六氯苯的测定。

本方法最低检测质量分别为二氯苯，1.5 ng；三氯苯，0.050 ng；四氯苯，0.025 ng；六氯苯，0.025 ng。若取 250 mL 水样测定，则最低检测质量浓度分别为二氯苯，2 μg/L；三氯苯，0.04 μg/L；四氯苯，0.02 μg/L；六氯苯，0.02 μg/L。

在选定的分析条件下，六六六，滴滴涕，多氯联苯，对、间、邻硝基氯苯均不干扰测定。

替代情况：本标准部分代替 GB/T 5750—1985

发布时间：2006-12-29

实施时间：2007-07-01

3.2.56.3 水质 挥发性有机物的测定 吹扫捕集/气相色谱-质谱法（HJ 639—2012）

详见本章 3.2.30.4

3.2.57 四氯苯

3.2.57.1 水质 氯苯类化合物的测定 气相色谱法（HJ 621—2011）

详见本章 3.2.53.1

3.2.57.2 气相色谱法 [GB/T 5750.8—2006（24）]

详见本章 3.2.56.2

3.2.58 六氯苯

3.2.58.1 水质 氯苯类化合物的测定 气相色谱法（HJ 621—2011）

详见本章 3.2.53.1

3.2.58.2 气相色谱法 [GB/T 5750.8—2006（24）]

详见本章 3.2.56.2

3.2.59 硝基苯

3.2.59.1 水质 硝基苯类化合物的测定 液液萃取/固相萃取-气相色谱法（HJ 648—2013）

标准名称：水质 硝基苯类化合物的测定 液液萃取/固相萃取-气相色谱法

英文名称：Water quality--Determination of nitroaromatics by gas chromatography

标准编号：HJ 648—2013

适用范围：

（1）本标准规定了水中 15 种硝基苯类化合物的液液萃取和固相萃取气相色谱测定方法。15 种硝基苯类化合物包括硝基苯、对-硝基甲苯、间-硝基甲苯、邻-硝基甲苯、对-硝基氯苯、间-硝基氯苯、邻-硝基氯苯、对-二硝基苯、间-二硝基苯、邻-二硝基苯、2,4-二硝基甲苯、2,6-二硝基甲苯、3,4-二硝基甲苯、2,4-二硝基氯苯、2,4,6-三硝基甲苯。

（2）本标准适用于地表水、地下水、工业废水、生活污水和海水中硝基苯类化合物的测定。液液萃取法取样量为 200 ml，方法检出限为 0.017～0.22 μg/L；固相萃取法取样量为 1.0 L 时，方法检出限为 0.003 2～0.048 μg/L。详见附录 A。

替代情况：代替 GB/T 13194—1991；本标准是对《水质 硝基苯、硝基甲苯、硝基氯苯、二硝基甲苯的测定 气相色谱法》（GB/T 13194—1991）的修订。本次修订的主要内容为：

——将标准名称修改为《水质 硝基苯类化合物的测定 液液萃取/固相萃取-气相色谱法》。

——增加了硝基苯类化合物的测定种类。

——扩大了方法适用范围，增加了对生活污水和海水的测定。

——增加了固相萃取的样品制备方法。

——将分析用色谱柱由填充柱改为毛细柱，并对色谱分析条件进行了相应的改变。

——液液萃取溶剂由苯改为甲苯。

——修改了硝基苯类化合物的定量方法。

——修改了方法检出限。

——补充了质量保证和质量控制条款。

发布时间：2013-06-03

实施时间：2013-09-01

3.2.60 二硝基苯

3.2.60.1 气相色谱法 [GB/T 5750.8—2006（31）]

标准名称：气相色谱法

英文名称：/

标准编号：生活饮用水标准检验方法 有机物指标 GB/T 5750.8—2006（31）

适用范围：本标准规定了用气相色谱法测定生活饮用水及其水源水中二硝基苯类和硝基氯苯类化合物。

本方法适用于生活饮用水及其水源水中二硝基苯类和硝基氯苯类化合物的测定。

本方法最低检测质量分别为：间-硝基氯苯、对-硝基氯苯、邻-硝基氯苯，0.020 μg；对-二硝基苯，0.040 μg；间-二硝基苯，0.10 μg；邻-二硝基苯，0.10 μg；2,4-二硝基氯苯，0.10 μg。若取 250 mL 水样经处理后测定，则最低检测质量浓度分别为间-硝基氯苯、对-硝基氯苯、邻-硝基氯苯，0.04 mg/L；

对-二硝基苯，0.08 mg/L；间-二硝基苯，0.4 mg/L；邻-二硝基苯，0.2 mg/L；2,4-二硝基氯苯，0.2 mg/L。若取 500 mL 水样经处理后测定，则最低检测质量浓度分别为间-硝基氯苯、对-硝基氯苯、邻-硝基氯苯，0.02 mg/L；对-二硝基苯，0.04 mg/L；间-二硝基苯，0.2 mg/L；邻-二硝基苯，0.1 mg/L；2,4-二硝基氯苯，0.1 mg/L。

在本操作条件下 0.2 mg/L 的硝基苯和邻-硝基甲苯，2 mg/L 三氯苯和六氯苯，3 mg/L 的 DDT，0.2 mg/L 以下的六六六均不干扰测定。

替代情况：本标准部分代替 GB/T 5750—1985

发布时间：2006-12-29

实施时间：2007-07-01

3.2.61　2,4-二硝基甲苯

3.2.61.1　水质　硝基苯类化合物的测定　液液萃取/固相萃取-气相色谱法（HJ 648—2013）

详见本章 3.2.59.1

3.2.62　2,4,6-三硝基甲苯

3.2.62.1　气相色谱法 [GB/T 5750.8—2006（30）]

标准名称：气相色谱法

英文名称：/

标准编号：生活饮用水标准检验方法　有机物指标 GB/T 5750.8—2006（30）

适用范围：本标准规定了用气相色谱法测定生活饮用水及其水源水中三硝基甲苯。

本方法适用于生活饮用水及其水源水中三硝基甲苯的测定。

本方法最低检测质量为 0.20 μg；若取 100 mL 水样经处理后测定，则最低检测质量浓度 0.4 mg/L。

水中硝基苯类、硝基氯苯类均不干扰测定。

替代情况：本标准部分代替 GB/T 5750—1985

发布时间：2006-12-29

实施时间：2007-07-01

3.2.63　硝基氯苯

3.2.63.1　水质　硝基苯类化合物的测定　液液萃取/固相萃取-气相色谱法（HJ 648—2013）

详见本章 3.2.59.1

3.2.64　2,4-二硝基氯苯

3.2.64.1　气相色谱法 [GB/T 5750.8—2006（31）]

标准名称：气相色谱法

英文名称：/

标准编号：生活饮用水标准检验方法　有机物指标 GB/T 5750.8—2006（31）

适用范围：本标准规定了用气相色谱法测定生活饮用水及其水源水中二硝基苯类和硝基氯苯类化合物。

本方法适用于生活饮用水及其水源水中二硝基苯类和硝基氯苯类化合物的测定。

本方法最低检测质量分别为间-硝基氯苯、对-硝基氯苯、邻-硝基氯苯，0.020 μg；对-二硝基苯，0.040 μg；间-二硝基苯，0.10 μg；邻-二硝基苯，0.10 μg；2,4-二硝基氯苯，0.10 μg。若取 250 mL 水样经处理后测定，则最低检测质量浓度分别为间-硝基氯苯、对-硝基氯苯、邻-硝基氯苯，0.04 mg/L；对-二硝基苯，0.08 mg/L；间-二硝基苯，0.4 mg/L；邻-二硝基苯，0.2 mg/L；2,4-二硝基氯苯，0.2 mg/L。若取 500 mL 水样经处理后测定，则最低检测质量浓度分别为间-硝基氯苯、对-硝基氯苯、邻-硝基氯苯，0.02 mg/L；对-二硝基苯，0.04 mg/L；间-二硝基苯，0.2 mg/L；邻-二硝基苯，0.1 mg/L；2,4-二硝基氯苯，0.1 mg/L。

在本操作条件下 0.2 mg/L 的硝基苯和邻-硝基甲苯，2 mg/L 三氯苯和六氯苯，3 mg/L 的 DDT，0.2 mg/L 以下的六六六均不干扰测定。

替代情况：本标准部分代替 GB/T 5750—1985

发布时间：2006-12-29

实施时间：2007-07-01

3.2.65　2,4-二氯苯酚

3.2.65.1　衍生化气相色谱法 [GB/T 5750.10—2006（12.1）]

标准名称：衍生化气相色谱法

英文名称：/

标准编号：生活饮用水标准检验方法　消毒副产物指标 GB/T 5750.10—2006（12.1）

适用范围：本标准规定了用衍生化气相色谱法测定生活饮用水及其水源水中 2-氯酚、2,4-二氯酚、2,4,6-三氯酚和五氯酚。

本方法适用于生活饮用水及其水源水中 2-氯酚、2,4-二氯酚、2,4,6-三氯酚和五氯酚的测定。

本方法对 2,4,6-三氯酚、2-氯酚、2,4-二氯酚和五氯酚最低检测质量分别为 0.000 5 ng、0.04 ng、0.005 ng 和 0.000 3 ng。若取 50 mL 水样，则最低检测质量浓度分别为 0.04 μg /L、3.2 μg /L、0.4 μg /L 和 0.03 μg/L。

替代情况：本标准部分代替 GB/T 5750—1985

发布时间：2006-12-29

实施时间：2007-07-01

3.2.65.2　水质　酚类化合物的测定　液液萃取/气相色谱法（HJ 676—2013）

标准名称：衍生化气相色谱法

英文名称：Water quality-Determination of phenolic compounds　Liquid liquid extraction gas chromatography

标准编号：HJ 676—2013

适用范围：本标准规定了测定水中酚类化合物的液液萃取/气相色谱法。本标准适用于地表水、地下水、生活污水和工业废水中苯酚、3-甲酚、2,4-二甲酚、2-氯酚、4-氯酚、4-氯-3-甲酚、2,4-二氯酚、2,4,6-三氯酚、五氯酚、2-硝基酚、4-硝基酚、2,4-二硝基酚和 2-甲基-4,6-二硝基酚等 13 种酚类化合物的测定。

当取样体积为 500 mL 时，13 种酚类化合物的方法检出限和测定下限见表 1.5。

表 1.5　方法检出限及测定下限　　单位：μg/L

化合物名称	检出限	测定下限	化合物名称	检出限	测定下限
苯酚	0.5	2.0	2,4,6-三氯酚	1.2	4.8
3-甲酚	0.5	2.0	五氯酚	1.1	4.4
2,4-二甲酚	0.7	2.8	2-硝基酚	1.1	4.4
2-氯酚	1.1	4.4	4-硝基酚	1.2	4.8
4-氯酚	1.4	5.6	2,4-二硝基酚	3.4	13.6
4-氯-3-甲酚	0.7	2.8	2-甲基-4,6-二硝基酚	3.1	12.4
2,4-二氯酚	1.1	4.4			

替代情况：/

发布时间：2013-11-21

实施时间：2014-02-01

3.2.66　2,4,6-三氯苯酚

3.2.66.1　衍生化气相色谱法 [GB/T 5750.10—2006（12.1）]

详见本章 3.2.65.1

3.2.66.2　顶空固相微萃取气相色谱法 [GB/T 5750.10—2006（12.2）]

标准名称：顶空固相微萃取气相色谱法

英文名称：/

标准编号：生活饮用水标准检验方法　有机物指标 GB/T 5750.10—2006（12.2）

适用范围：本标准规定了用顶空固相微萃取气相色谱法测定生活饮用水及其水源水中 2,4,6-三氯酚和五氯酚。

本方法适用于生活饮用水及其水源水中 2,4,6-三氯酚和五氯酚的测定。

本方法最低检测质量浓度：2,4,6-三氯酚 0.05 μg /L、五氯酚 0.2 μg /L。

替代情况：本标准部分代替 GB/T 5750—1985

发布时间：2006-12-29

实施时间：2007-07-01

3.2.66.3　水质　酚类化合物的测定　液液萃取/气相色谱法（HJ 676—2013）

详见本章 3.2.65.2

3.2.67　五氯酚

3.2.67.1　水质　五氯酚的测定　气相色谱法（HJ 591—2010）

标准名称：水质　五氯酚的测定　气相色谱法

英文名称：Water quality - Determination of Pentachlorophenol by Gas Chromatography

标准编号：HJ 591—2010

适用范围：本标准规定了水中五氯酚和五氯酚盐的气相色谱测定方法。

本标准适用于地表水、地下水、海水、生活污水和工业废水中五氯酚和五氯酚盐的测定。

当样品体积为 100 mL 时，毛细管柱气相色谱法检出限为 0.01 μg/L，测定下限为 0.04 μg/L，测定上限为 5.00 μg/L；填充柱气相色谱法检出限为 0.02 μg/L，测定下限为 0.08 μg/L。

替代情况：本标准代替 GB/T 8972—1988，本标准是对《水质　五氯酚的测定　气相色谱法》（GB/T 8972—1988）的修订。修订的主要内容如下：

——扩大了适用范围；

——增加了毛细管柱分析方法；

——修改了定量方法；

——增加了质量控制和质量保证的条款。

发布时间：2010-10-21

实施时间：2011-01-01

3.2.67.2　衍生化气相色谱法 [GB/T 5750.10—2006（12.1）]

详见本章 3.2.65.1

3.2.67.3　顶空固相微萃取气相色谱法 [GB/T 5750.10—2006（12.2）]

详见本章 3.2.66.2

3.2.67.4　水质　酚类化合物的测定　液液萃取/气相色谱法（HJ 676—2013）

详见本章 3.2.65.2

3.2.68　苯胺

3.2.68.1　气相色谱法 [GB/T 5750.8—2006（37.1）]

标准名称：气相色谱法

英文名称：/

标准编号：生活饮用水标准检验方法　有机物指标 GB/T 5750.8—2006（37.1）

适用范围：本标准规定了用气相色谱法测定生活饮用水及其水源水中苯胺。

本方法适用于生活饮用水及其水源水中苯胺的测定。

本方法最低检测质量为 0.1 μg。若取 10 L 水样经处理后测定，则最低检测质量浓度为 20 μg/L。

替代情况：本标准部分代替 GB/T 5750—1985

发布时间：2006-12-29

实施时间：2007-07-01

3.2.68.2　水质　氰化物等的测定　真空检测管-电子比色法（HJ 659—2013）

详见本章 3.2.5.3

3.2.69　丙烯酰胺

3.2.69.1　气相色谱法 [GB/T 5750.8—2006（10）]

标准名称：气相色谱法

英文名称：/

标准编号：生活饮用水标准检验方法　有机物指标 GB/T 5750.8—2006（10）

适用范围：本标准规定了用气相色谱法测定生活饮用水及其水源水中丙烯酰胺。

本方法适用于生活饮用水及其水源水中丙烯酰胺的测定。

本方法最低检测质量为 0.025 ng 丙烯酰胺。若取 100 mL 水样测定，则最低检测质量浓度为 0.05 μg/L。

水样中余氯大于 1.0 mg/L 时有负干扰。

替代情况： 本标准部分代替 GB/T 5750—1985

发布时间： 2006-12-29

实施时间： 2007-07-01

3.2.70　丙烯腈

3.2.70.1　气相色谱法 [GB/T 5750.8—2006（15）]

标准名称： 气相色谱法

英文名称： /

标准编号： 生活饮用水标准检验方法　有机物指标 GB/T 5750.8—2006（15）

适用范围： 本标准规定了用气相色谱法测定生活饮用水及其水源水中乙腈和丙烯腈。

本方法适用于生活饮用水及其水源水中乙腈和丙烯腈的测定。

本方法最低检测质量为：乙腈 0.05 ng，丙烯腈 0.05 ng，若进样 2 μL，则最低检测质量浓度：乙腈为 0.025 mg/L，丙烯腈为 0.025 mg/L。

在选定的色谱条件下，其他有机物不干扰。

替代情况： 本标准部分代替 GB/T 5750 —1985

发布时间： 2006-12-29

实施时间： 2007-07-01

3.2.71　邻苯二甲酸二丁酯

3.2.71.1　水质　邻苯二甲酸二甲（二丁、二辛）酯的测定　液相色谱法（HJ/T 72—2001）

标准名称： 水质　邻苯二甲酸二甲（二丁、二辛）酯的测定　液相色谱法

英文名称： Water quality - Determination of Phthatate（dimethyl dibutyl dioctyl）- Liquid Chromatography

标准编号： HJ/T 72—2001

适用范围： 本标准规定了测定水和废水中邻苯二甲酸二甲酯、邻苯二甲酸二丁酯、邻苯二甲酸二辛酯的液相色谱法。

本标准适用于水和废水中邻苯二甲酸二甲酯、邻苯二甲酸二丁酯、邻苯二甲酸二辛酯的测定。

本方法最低检出限为：邻苯二甲酸二甲酯，0.1 μg/L；邻苯二甲酸二丁酯，0.1 μg/L；邻苯二甲酸二辛酯，0.2 μg/L。

替代情况： /

发布时间： 2001-09-29

实施时间： 2002-01-01

3.2.72　邻苯二甲酸二（2-乙基己基）酯

3.2.72.1　气相色谱法 [GB/T 5750.8—2006（12）]

标准名称： 气相色谱法

英文名称： /

标准编号： 生活饮用水标准检验方法　有机物指标 GB/T 5750.8—2006（12）

适用范围： 本标准规定了用气相色谱法测定生活饮用水及其水源水中邻苯二甲酸二（2-乙基己基）

酯。

本方法适用于生活饮用水及其水源水中邻苯二甲酸二（2-乙基己基）酯的测定。

本方法最低检测质量为 4 ng，若取 500 mL 水样测定，则最低检测质量浓度 2 μg/L。

替代情况：本标准部分代替 GB/T 5750—1985

发布时间：2006-12-29

实施时间：2007-07-01

3.2.73 水合肼

3.2.73.1 对二甲基苯甲醛分光光度法 [GB/T 5750.8—2006（39）]

标准名称：对二甲基苯甲醛分光光度法

英文名称：/

标准编号：生活饮用水标准检验方法 有机物指标 GB/T 5750.8—2006（39）

适用范围：本标准规定了用对二甲基苯甲醛分光光度法测定生活饮用水及其水源水中水合肼。

本方法适用于生活饮用水及其水源水中水合肼的测定。

本方法最低检测质量为 0.05 μg（以肼计），若取 10 mL 水样测定，则最低检测质量浓度为 0.005 mg/L（以肼计）。

铵及硝酸盐对本标准无干扰；尿素含量高于 5 mg/L 时引起正干扰；亚硝酸盐浓度高于 0.5 mg/L 时产生负干扰，可用氨基磺酸消除干扰。

替代情况：本标准部分代替 GB/T 5750—1985

发布时间：2006-12-29

实施时间：2007-07-01

3.2.74 四乙基铅

3.2.74.1 双硫腙比色法 [GB/T 5750.6—2006（24）]

标准名称：双硫腙比色法

英文名称：/

标准编号：生活饮用水标准检验方法 金属指标 GB/T 5750.6—2006（24）

适用范围：本标准规定了用双硫腙比色法测定生活饮用水及水源水中的四乙基铅。

本方法适用于生活饮用水及其水源水中四乙基铅的测定。

本方法最低检测质量为 0.08 μg 四乙基铅。若取 800 mL 水样测定，则最低检测质量浓度为 0.1 μg/L。

水样中含有无机铅、锌、镉 50～100 倍于四乙基铅时，对结果无影响。

替代情况：本标准部分代替 GB/T 5750—1985

发布时间：2006-12-29

实施时间：2007-07-01

3.2.75 吡啶

3.2.75.1 水质 吡啶的测定 气相色谱法（GB/T 14672—1993）

标准名称：水质 吡啶的测定 气相色谱法

英文名称：Water quality - Determination of pyridine - Gas Chromatography

标准编号：GB/T 14672—1993

适用范围：本标准规定了测定废水中吡啶的气相色谱法。

本标准适用于工业废水中吡啶的测定。

本方法采用顶空气相色谱分析法。将一定体积含有吡啶的工业废水旋转在具有一定容量的密闭容器中，液面留有适当空间。将此容器恒温加热 30 min 后，使水中的吡啶进入空间，待气液两相达到平衡，取液上空间气体注入附有氢火焰离子化检测器的气相色谱仪测定。

本方法的检测范围为 0.49～4.9 mg/L。最低检出浓度为 0.31 mg/L，最小检测量 6.2×10^{-8} g。

替代情况：/

发布时间：1993-09-18

实施时间：1994-05-01

3.2.75.2　巴比妥酸分光光度法 [GB/T 5750.8—2006（41）]

标准名称：巴比妥酸分光光度法

英文名称：/

标准编号：生活饮用水标准检验方法　有机物指标 GB/T 5750.8—2006（41）

适用范围：本标准规定了用巴比妥酸分光光度法测定生活饮用水及其水源水中的吡啶。

本方法适用于生活饮用水及其水源水中吡啶的测定。

本方法最低检测质量为 0.5 μg。若取 10 mL 水样测定，则最低检测质量浓度为 0.05 mg/L。

浑浊水样和色度的干扰，可将样品蒸馏后再测定。

替代情况：本标准部分代替 GB/T 5750—1985

发布时间：2006-12-29

实施时间：2007-07-01

3.2.76　松节油

3.2.76.1　气相色谱法 [GB/T 5750.8—2006（40）]

标准名称：气相色谱法

英文名称：/

标准编号：生活饮用水标准检验方法　有机物指标 GB/T 5750.8—2006（40）

适用范围：本标准规定了用气相色谱法测定生活饮用水及其水源水中的松节油。

本方法适用于生活饮用水及其水源水中松节油的测定。

本方法最低检测质量为 2 ng。若取 250 mL 水样测定，则最低检测质量浓度为 0.02 mg/L。

替代情况：本标准部分代替 GB/T 5750—1985

发布时间：2006-12-29

实施时间：2007-07-01

3.2.77　苦味酸

3.2.77.1　气相色谱法 [GB/T 5750.8—2006（42）]

标准名称：气相色谱法

英文名称：/

标准编号：生活饮用水标准检验方法　有机物指标 GB/T 5750.8—2006（42）

适用范围：本标准规定了用气相色谱法测定生活饮用水及其水源水中的苦味酸。

本方法适用于生活饮用水及其水源水中苦味酸的测定。

本方法最低检测质量为 0.02 ng。若取 10 mL 水样，则最低检测质量浓度为 1 μg/L。

替代情况：本标准部分代替 GB/T 5750—1985

发布时间：2006-12-29

实施时间：2007-07-01

3.2.78 丁基黄原酸

3.2.78.1 铜试剂亚铜分光光度法 [GB/T 5750.8—2006（43）]

标准名称：铜试剂亚铜分光光度法

英文名称：/

标准编号：生活饮用水标准检验方法 有机物指标 GB/T 5750.8—2006（43）

适用范围：本标准规定了用铜试剂亚铜分光光度法测定生活饮用水及其水源水中的丁基黄原酸。

本方法适用于生活饮用水及其水源水中丁基黄原酸的测定。

本方法最低检测质量为 1 μg。若取 500 mL 水样测定，则最低检测质量浓度为 2 μg/L。

硫（S^{2-}）的质量浓度低于 0.1 μg/L 时不产生干扰，但等于或大于 0.1 μg/L 时产生负干扰，需加游离氯除去。

替代情况：本标准部分代替 GB/T 5750—1985

发布时间：2006-12-29

实施时间：2007-07-01

3.2.79 滴滴涕

3.2.79.1 水质 六六六、滴滴涕的测定 气相色谱法（GB/T 7492—1987）

标准名称：水质 六六六、滴滴涕的测定 气相色谱法

英文名称：Water quality - Determination of BHC and DDT - Gas Chromatography

标准编号：GB/T 7492—1987

适用范围：本标准适用于地面水、地下水及部分污水中的六六六、滴滴涕的分析。

本方法用石油醚萃取水中六六六、滴滴涕，净化后用带电子捕获检测器气相色谱仪测定。当所用仪器不同时，方法的检出限范围不同。γ- 六六六通常检测至 4 ng/L，滴滴涕可检测至 200 ng/L。

样品中的有机磷农药、不饱合烃以及邻苯二甲酸酯等有机化合物在电子捕获鉴定器上也有响应，这些干扰物质可用浓硫酸除掉。

替代情况：/

发布时间：1987-03-14

实施时间：1987-08-01

3.2.80 林丹

3.2.80.1 水质 六六六、滴滴涕的测定 气相色谱法（GB/T 7492—1987）

详见本章 3.2.79.1

3.2.81 环氧七氯

3.2.81.1 液液萃取气相色谱法 [GB/T 5750.9—2006（19）]

标准名称：液液萃取气相色谱法

英文名称：/

标准编号：生活饮用水标准检验方法 农药指标 GB/T 5750.9—2006（19）

适用范围：本标准规定了用液液萃取气相色谱法测定生活饮用水及其水源水中的七氯。

本方法适用于生活饮用水及其水源水中七氯测定。

本方法最低检测质量：滴滴涕为 0.02 ng。若取 100 mL 水样测定，则最低检测质量浓度滴滴涕为 0.000 2 mg/L。

替代情况：本标准部分代替 GB/T 5750—1985

发布时间：2006-12-29

实施时间：2007-07-01

3.2.82 对硫磷

3.2.82.1 水质 有机磷农药的测定 气相色谱法（GB/T 13192—1991）

标准名称：水质 有机磷农药的测定 气相色谱法

英文名称：Water quality - Determination of organic phosphorous pesticide in water - Gas Chromatography

标准编号：GB/T 13192—1991

适用范围：本标准适用于地面水、地下水及工业废水中的甲基对硫磷、对硫磷、马拉硫磷、乐果、敌敌畏、敌百虫的测定。

本方法用三氯甲烷萃取水中上述农药，用带有火焰光度检测器的气相色谱仪测定。在测定敌百虫时，由于极性大、水溶性强，用三氯甲烷萃取时提取率为零，故采用将敌百虫转化为敌敌畏后再进行测定的间接测定法。

本方法对甲基对硫磷、对硫磷、马拉硫磷、乐果、敌敌畏、敌百虫的检出限为 10^{-9}～10^{-10} g，测定下限通常为 5×10^{-4}～5×10^{-5} mg/L。当所用仪器不同时，方法的检出范围有所不同。

替代情况：/

发布时间：1991-08-31

实施时间：1992-06-01

3.2.83 甲基对硫磷

3.2.83.1 水质 有机磷农药的测定 气相色谱法（GB/T 13192—1991）

详见本章 3.2.82.1

3.2.83.2 水、土中有机磷农药测定的气相色谱法（GB/T 14552—2003）

标准名称：水、土中有机磷农药测定的气相色谱法

英文名称：Method of gas chromatographic for determination of organophosphorus pesticides in water and soil

标准编号：GB/T 14552—2003

适用范围：本标准规定了地表水、地下水及土壤中速灭磷（mevinphos）、甲拌磷（phorate）、二嗪磷（diazinon）、异稻瘟净（iprobenfos）、甲基对硫磷（parathion - methyl）、杀螟硫磷（fenitrothion）、溴硫磷（bromophos）、水胺硫磷（isocarbophos）、稻丰散（phenthoate）、杀扑磷（methidathion）等多组分残留量的测定方法。

本方法适用于地面水、地下水及土壤中有机磷农药的残留量分析。

替代情况：本标准代替 GB/T 14552—1993。本标准是对《水和土壤质量 有机磷农药的测定 气相色谱法》（GB/T 14552—1993）进行下述内容的修订：

—— 原标准中 2.3 制备色谱柱时使用的试剂和材料和 3.6 色谱柱及 5.2.3 校准数据表示的内容全部删去；

—— 在原标准第 5 章色谱测定操作步骤中增加了测定条件 B，采用氮磷检测器和毛细管柱测定条件及图谱，测定条件 C，采用火焰光度检测器和毛细管柱测定条件及图谱；

—— 把原标准 6.2.2 精密度、6.2.3 准确度和 6.2.4 检测限的数据表格全部放到新标准附录 A 中，原精密度用标准偏差表示改为采用相对标准偏差表示。

发布时间：2003-11-10

实施时间：2004-04-01

3.2.84 马拉硫磷

3.2.84.1 水质 有机磷农药的测定 气相色谱法（GB/T 13192—1991）

详见本章 3.2.82.1

3.2.85 乐果

3.2.85.1 水质 有机磷农药的测定 气相色谱法（GB/T 13192—1991）

详见本章 3.2.82.1

3.2.86 敌敌畏

3.2.86.1 水质 有机磷农药的测定 气相色谱法（GB/T 13192—1991）

详见本章 3.2.82.1

3.2.87 敌百虫

3.2.87.1 水质 有机磷农药的测定 气相色谱法（GB/T 13192—1991）

详见本章 3.2.82.1

3.2.88 内吸磷

3.2.88.1 填充柱气相色谱法 [GB/T 5750.9—2006（4.1）]

标准名称：填充柱气相色谱法

英文名称：/

标准编号：生活饮用水标准检验方法 农药指标 GB/T 5750.9—2006（4.1）

适用范围：本标准规定了用填充柱气相色谱法测定生活饮用水及其水源水中的对硫磷（E - 605）、内吸磷（E - 059）、马拉硫磷（4049）、乐果和敌敌畏（DDVP）六种有机磷农药。

本方法适用于生活饮用水及其水源水中 E - 605、甲基 E - 605、E - 059、4049、乐果和 DDVP 的测定。

本方法测定对硫磷（E - 605）等 6 种有机磷的最低检测质量均为 0.20 ng。若取 100 mL 水样萃取后测定，对硫磷（E - 605）等 6 种有机磷的最低检测质量浓度均为 2.5 μg/L。

替代情况：本标准部分代替 GB/T 5750—1985

发布时间：2006-12-29

实施时间：2007-07-01

3.2.88.2　毛细管柱气相色谱法 [GB/T 5750.9—2006（4.2）]

标准名称：毛细管柱气相色谱法

英文名称：/

标准编号：生活饮用水标准检验方法　农药指标 GB/T 5750.9—2006（4.2）

适用范围：本标准规定了用毛细管柱气相色谱法测定生活饮用水及其水源水中的敌敌畏、甲拌磷、内吸磷（E - 059）、乐果、甲基对硫磷（甲基 E - 605）、马拉硫磷（4049）、对硫磷（E - 605）七种有机磷农药。

本方法适用于生活饮用水及其水源水中敌敌畏、甲拌磷、E - 059、乐果、甲基 E - 605、4049、E - 605 的测定。

本方法最低检测质量：敌敌畏，0.012 ng；甲拌磷，0.025 ng；内吸磷，0.025 ng；乐果，0.025 ng；甲基对硫磷，0.025 ng；马拉硫磷，0.025 ng；对硫磷，0.025 ng。若取 250 mL 水样萃取后测定，则最低检测质量浓度分别为：敌敌畏，0.05 μg/L；甲拌磷，0.1 μg/L；内吸磷，0.1 μg/L；乐果，0.1 μg/L；甲基对硫磷，0.1 μg/L；马拉硫磷，0.1 μg/L；对硫磷，0.1 μg/L。

替代情况：本标准部分代替 GB/T 5750—1985

发布时间：2006-12-29

实施时间：2007-07-01

3.2.89　百菌清

3.2.89.1　气相色谱法 [GB/T 5750.9—2006（9）]

标准名称：气相色谱法

英文名称：/

标准编号：生活饮用水标准检验方法　农药指标 GB/T 5750.9—2006（9）

适用范围：本标准规定了用气相色谱法测定生活饮用水及其水源水中的百菌清。

本方法适用于生活饮用水及其水源水中百菌清的测定。

本方法最低检测质量 0.02 ng，若取 500 mL 水样经处理后测定，则最低检测质量浓度 0.4 μg/L。

替代情况：本标准部分代替 GB/T 5750—1985

发布时间：2006-12-29

实施时间：2007-07-01

3.2.90　甲萘威

3.2.90.1　高压液相色谱法-紫外检测器 [GB/T 5750.9—2006（10.1）]

标准名称：高压液相色谱法-紫外检测器

英文名称：/

标准编号：生活饮用水标准检验方法　农药指标 GB/T 5750.9—2006（10.1）

适用范围：本标准规定了用高压液相色谱法测定生活饮用水及其水源水中的甲萘威。

本方法适用于生活饮用水及其水源水中甲萘威的测定。

本方法最低检测质量 2 ng，若取 100 mL 水样经处理后测定，则最低检测质量浓度 0.01 mg/L。

替代情况：本标准部分代替 GB/T 5750—1985

发布时间：2006-12-29

实施时间：2007-07-01

3.2.90.2　高压液相色谱法-荧光检测器法 [GB/T 5750.9—2006（15.1）]

标准名称：高压液相色谱法-荧光检测器法

英文名称：/

标准编号：生活饮用水标准检验方法　农药指标 GB/T 5750.9—2006（15.1）

适用范围：本标准规定了用高压液相色谱法（HPLC）测定生活饮用水及其水源水中的呋喃丹（Carbofuran）和甲萘威（Carbaryl）。

本方法适用于生活饮用水及其水源水中呋喃丹和甲萘威的测定。

本方法呋喃丹和甲萘威最低检测质量 0.25 ng，若取 200 mL 水样经处理后测定，则最低检测质量浓度 0.125 μg/L。

替代情况：本标准部分代替 GB/T 5750—1985

发布时间：2006-12-29

实施时间：2007-07-01

3.2.91　溴氰菊酯

3.2.91.1　气相色谱法 [GB/T 5750.9—2006（11.1）]

标准名称：气相色谱法

英文名称：/

标准编号：生活饮用水标准检验方法　农药指标 GB/T 5750.9—2006（11.1）

适用范围：本标准规定了用气相色谱法测定生活饮用水及其水源水中的溴氰菊酯、甲氰菊酯、功夫菊酯、二氯苯醚菊酯、氯氰菊酯和氰戊菊酯。

本方法适用于生活饮用水及其水源水中溴氰菊酯、甲氰菊酯、功夫菊酯、二氯苯醚菊酯、氯氰菊酯和氰戊菊酯的测定。

本方法最低检测质量分别为：甲氰菊酯 0.02 ng，功夫菊酯，0.008 ng；二氯苯醚菊酯，0.128 ng；氯氰菊酯，0.028 ng；氰戊菊酯，0.052 ng；溴氰菊酯，0.040 ng。若取 200 mL 水样测定，则最低检测质量浓度分别为甲氰菊酯 0.10 μg/L，功夫菊酯，0.04 μg/L；二氯苯醚菊酯，0.64 μg/L；氯氰菊酯，0.14 μg/L；氰戊菊酯，0.26 μg/L；溴氰菊酯，0.20 μg/L。

在选定的本分析条件下六六六、DDT、DDVP、敌百虫、乐果等农药皆不干扰测定，但所用试剂和玻璃器皿不洁时将干扰测定。

替代情况：本标准部分代替 GB/T 5750—1985

发布时间：2006-12-29

实施时间：2007-07-01

3.2.91.2 高压液相色谱法 [GB/T 5750.9—2006（11.2）]

标准名称：高压液相色谱法

英文名称：/

标准编号：生活饮用水标准检验方法 农药指标 GB/T 5750.9—2006（11.2）

适用范围：本标准规定了用高压液相色谱法测定生活饮用水及其水源水中的溴氰菊酯。

本方法适用于生活饮用水及其水源水中溴氰菊酯的测定。

本方法最低检测质量 5.0 ng，若取 250 mL 水样经处理后测定，则最低检测质量浓度 0.002 mg/L。

替代情况：本标准部分代替 GB/T 5750—1985

发布时间：2006-12-29

实施时间：2007-07-01

3.2.92 阿特拉津

3.2.92.1 水质 阿特拉津的测定 高效液相色谱法（HJ 587—2010）

标准名称：水质 阿特拉津的测定 高效液相色谱法

英文名称：Water quality - Determination of Atrazine - High performance liquid Chromatography

标准编号：HJ 587—2010

适用范围：本标准规定了测定水中阿特拉津的高效液相色谱法。

本标准适用于地表水、地下水中阿特拉津的测定。

当样品取样体积为 100 mL 时，本方法的检出限为 0.08 μg/L，测定下限为 0.32 μg/L。

替代情况：/

发布时间：2010-09-20

实施时间：2010-12-01

3.2.93 苯并[*a*]芘

3.2.93.1 水质 苯并[*a*]芘的测定 乙酰化滤纸层析荧光光度法（GB/T 11895—1989）

标准名称：水质 苯并[*a*]芘的测定 乙酰化滤纸层析荧光光度法

英文名称：Water quality - Determination of benzo(*a*)pyrene - Acetylated paper chromatography with fluorescence spectrophotometric method

标准编号：GB/T 11895—1989

适用范围：本标准规定了测定水质中苯并[*a*]芘（以下简称 B[*a*]P）的方法。

本标准适用于饮用水、地面水、生活污水、工业废水。最低检出浓度为 0.004 μg/L。

注意：B[*a*]P 是一种由五个环构成的多环芳烃，它是多环芳烃类的强致癌代表物。基于 B[*a*]P 的强致癌性，按本标准方法分析时必须戴抗有机溶剂手套，操作应在白搪瓷盘中进行（如溶液转移、定容、点样等）。室内应避免阳光直接照射，通风良好。

替代情况：/

发布时间：1989-12-25

实施时间：1990-07-01

3.2.93.2 水质 多环芳烃的测定 液液萃取和固相萃取高效液相色谱法（HJ 478—2009）

标准名称：水质 多环芳烃的测定 液液萃取和固相萃取高效液相色谱法

英文名称： Water quality - Determination of polycyclic aromatic hydrocarbons - Liquid - liquid extraction and solid - phase extraction followed by high performance liquid chromatographic method

标准编号： HJ 478—2009

适用范围： 本标准规定了测定水中十六种多环芳烃的液液萃取和固相萃取高效液相色谱法。

本标准适用于饮用水、地下水、地表水、海水、工业废水及生活污水中十六种多环芳烃的测定。十六种多环芳烃（PAHs）包括：萘、苊、二氢苊、芴、菲、蒽、荧蒽、芘、苯并[*a*]蒽、䓛、苯并[*b*]荧蒽、苯并[*k*]荧蒽、苯并[*a*]芘、茚并[1,2,3-*c*,*d*]芘、二苯并[*a*,*h*]蒽、苯并[*g*,*h*,*i*]苝。

液液萃取法适用于饮用水、地下水、地表水、工业废水及生活污水中多环芳烃的测定。当萃取样品体积为 1 L 时，方法的检出限为 0.002～0.016 μg/L，测定下限为 0.008 ～0.064 μg/L，详见标准原文表 A.1。萃取样品体积为 2 L，浓缩样品至 0.1 mL，苯并[*a*]芘的检出限为 0.000 4 μg/L，测定下限为 0.001 6 μg/L。

固相萃取法适用于清洁水样中多环芳烃的测定。当富集样品的体积为 10 L 时，方法的检出限为 0.000 4～0.001 6 μg/L，测定下限为 0.001 6～0.006 4 μg/L，详见标准原文表 A.2。

替代情况： 本标准代替 GB/T 13198—1991；本标准是对《水质　六种特定多环芳烃的测定　高效液相色谱法》（GB/T 13198—1991）的修订。主要修订内容如下：

—— 增加了方法的测定组分；

—— 增加了固相萃取方法；

—— 修改了萃取溶剂体系及净化的方法；

—— 修改了高效液相色谱法的流动相配比；

—— 修改了高效液相色谱法的检测条件；

—— 增加了质量保证和质量控制的规定。

发布时间： 2009-09-27

实施时间： 2009-11-01

3.2.94 甲基汞

3.2.94.1 环境 甲基汞的测定　气相色谱法（GB/T 17132—1997）

标准名称： 环境 甲基汞的测定　气相色谱法

英文名称： Environment - Determination of methylmercury - Gas chromatography

标准编号： GB/T 17132—1997

适用范围： 本标准适用于地面水、生活饮用水、生活污水、工业废水、沉积物、鱼体及人发和人尿中甲基汞含量的测定。

本方法采用巯基纱布和巯基棉二次富集的前处理方法，用气相色谱仪（电子捕获检测器）测定水、沉积物和尿中甲基汞；采用盐酸溶液浸提的前处理方法，用气相色谱仪（电子捕获检测器）测定鱼肉和人发组织中甲基汞。

本方法最低检出浓度随仪器灵敏度及样品基体不同而各异。水、沉积物和尿通常可检出浓度分别为 0.01 ng/L、0.02 μg/kg 和 2 ng/L；鱼肉和人发通常可检出浓度分别为 0.1 μg/kg 和 1 μg/kg。

替代情况： /

发布时间： 1997-12-08

实施时间： 1998-05-01

3.2.95 微囊藻毒素-LR

3.2.95.1 水质微囊藻毒素的测定（GB/T 20466—2006）

标准名称：水质微囊藻毒素的测定

英文名称：Determination of microcystins in water

标准编号：GB/T 20466—2006

适用范围：本标准规定了高效液相色谱法和间接竞争酶联免疫吸附法测定水中微囊藻毒素（环状七肽）的条件和详细分析步骤。

本标准适用于饮用水、湖泊水、河水、地表水中微囊藻毒素的测定。样品中微囊藻毒素的检出限：高效液相色谱法和酶联免疫吸附法均为 0.1 μg/L。

替代情况：/

发布时间：2006-08-24

实施时间：2007-01-01

3.2.95.2 高压液相色谱法 [GB/T 5750.8—2006（13）]

标准名称：高压液相色谱法

英文名称：/

标准编号：生活饮用水标准检验方法　有机物指标 GB/T 5750.8—2006（13）

适用范围：本标准规定了用高压液相色谱法测定生活饮用水及其水源水中的微囊藻毒素。

本方法适用于生活饮用水及其水源水中微囊藻毒素的测定。

本方法最低检测质量分别为：微囊藻毒素-RR，6 ng；微囊藻毒素-LR，6 ng。若取 5 L 水样测定，则最低检测质量浓度分别为：微囊藻毒素-RR，0.06 μg/L；微囊藻毒素-LR，0.06 μg/L。

替代情况：本标准部分代替 GB/T 5750—1985

发布时间：2006-12-29

实施时间：2007-07-01

3.2.96 黄磷

3.2.96.1 水质　单质磷的测定　磷钼蓝分光光度法（暂行）（HJ 593—2010）

标准名称：水质　单质磷的测定　磷钼蓝分光光度法（暂行）

英文名称：Water quality - Determination of phosphorus - phosphomolybdenum blue spectrophotometric method

标准编号：HJ 593—2010

适用范围：本标准规定了测定水中单质磷的磷钼蓝分光光度法。

本标准适用于地表水、地下水、工业废水和生活污水中单质磷的测定。

当取样体积为 100 mL 时，直接比色法的方法检出限为 0.003 mg/L，测定下限为 0.010 mg/L，测定上限为 0.170 mg/L。

替代情况：/

发布时间：2010-10-21

实施时间：2011-01-01

3.2.97 钼

3.2.97.1 无火焰原子吸收分光光度法 [GB/T 5750.6—2006（13.1）]

标准名称：无火焰原子吸收分光光度法

英文名称：/

标准编号：生活饮用水标准检验方法　金属指标 GB/T 5750.6—2006（13.1）

适用范围：本标准规定了用无火焰原子吸收分光光度法测定生活饮用水及其水源水中的钼。

本方法适用于生活饮用水及其水源水中钼的测定。

本方法最低检测质量为 0.1 ng。若取 20 μL 水样测定，则最低检测质量浓度为 5 μg/L。

水中共存离子一般不产生干扰。

替代情况：本标准部分代替 GB/T 5750—1985

发布时间：2006-12-29

实施时间：2007-07-01

3.2.98 钴

3.2.98.1 水质　总钴的测定　5-氯-2-（吡啶偶氮）-1,3-二氨基苯分光光度法（暂行）（HJ 550—2009）

标准名称：水质　总钴的测定　5-氯-2-（吡啶偶氮）-1,3-二氨基苯分光光度法（暂行）

英文名称：Water quality - Determination of cobalt - 5-Cl - PADAB spectrophotometry

标准编号：HJ 550—2009

适用范围：本标准规定了测定水中总钴的 5-氯-2-（吡啶偶氮）-1,3-二氨基苯分光光度法。

本标准适用于地表水、地下水、工业废水和生活污水中总钴的测定。

不经预富集，当取样体积为 10 mL，方法检出限为 0.007 mg/L，测定下限为 0.02 mg/L，测定上限为 0.16 mg/L。经预富集后，方法检出限可降低 50 倍。

替代情况：/

发布时间：2009-12-30

实施时间：2010-04-01

3.2.98.2 无火焰原子吸收分光光度法 [GB/T 5750.6—2006（14.1）]

标准名称：无火焰原子吸收分光光度法

英文名称：/

标准编号：生活饮用水标准检验方法　金属指标 GB/T 5750.6—2006（14.1）

适用范围：本标准规定了用无火焰原子吸收分光光度法测定生活饮用水及其水源水中的钴。

本方法适用于生活饮用水及其水源水中钴的测定。

本方法最低检测质量为 0.1 ng；若取 20 μL 水样测定，则最低检测质量浓度为 5 μg/L。

水中共存离子一般不产生干扰。

替代情况：本标准部分代替 GB/T 5750—1985

发布时间：2006-12-29

实施时间：2007-07-01

3.2.99 铍

3.2.99.1 桑色素荧光分光光度法 [GB/T 5750.6—2006（20.1）]

标准名称：桑色素荧光分光光度法

英文名称：/

标准编号：生活饮用水标准检验方法 金属指标 GB/T 5750.6—2006（20.1）

适用范围：本标准规定了用桑色素荧光分光光度法测定生活饮用水及其水源水中的铍。

本方法适用于生活饮用水及其水源水中铍的测定。

本方法最低检测质量为 0.1 μg；若取 20 mL 水样测定，则最低检测质量浓度为 5 μg/L。若取 500 mL 水样富集后测定，最低检测质量浓度为 0.2 μg/L。

替代情况：本标准部分代替 GB/T 5750—1985

发布时间：2006-12-29

实施时间：2007-07-01

3.2.99.2 水质 铍的测定 铬菁 R 分光光度法（HJ/T 58—2000）

标准名称：水质 铍的测定 铬菁 R 分光光度法

英文名称：Water quality - Determination of beryllium - spectrophotometric method with erichrome cyanine R

标准编号：HJ/T 58—2000

适用范围：本标准规定了测定铍的铬菁 R 分光光度法。

本标准适用于地表水和污水中铍的分析。

本标准的检出限为 0.2 μg/L；在本标准规定的条件下，测定范围为 0.7～40.0μg/L。下述阳离子和阴离子对本方法有不同程序的干扰。在 10 mL 体积中，其允许存在的量（mg）分别为：Ca^{2+}、Mg^{2+}、Mn^{2+}、Cd^{2+}各 1.5，Fe^{3+}、Ni^{2+}各 1.0，Cu^{2+}、Zn^{2+}各 0.8，Pb^{2+}、Al^{3+}各 0.4，Ti^{4+}0.3，NO_3^-、SO_4^{2-}各 2.5，PO_4^{3-}0.45。

替代情况：/

发布时间：2000-12-07

实施时间：2001-03-01

3.2.99.3 水质 铍的测定 石墨炉原子吸收分光光度法（HJ/T 59—2000）

标准名称：水质 铍的测定 石墨炉原子吸收分光光度法

英文名称：Water quality - Determination of beryllium - Graphite furnace atomic absorption spectrophotometry

标准编号：HJ/T 59—2000

适用范围：本标准规定了测定铍的石墨炉原子吸收分光光度法。

本标准适用于地表水和污水中铍的分析。

本标准的检出限为 0.02 μg/L；在本标准规定的条件下，测定范围为 0.2～0.5 μg/L。下述阳离子对本方法有不同程序的干扰，其允许存在的浓度分别为：K^+ 700 mg/L，Na^+1 600 mg/L，Mg^{2+} 700 mg/L，Ca^{2+} 80 mg/L，Mn^{2+} 100 mg/L，Cr^{6+} 50 mg/L，Fe^{3+} 5 mg/L。

替代情况：/

发布时间：2000-12-07

实施时间： 2001-03-01

3.2.100 硼

3.2.100.1 水质 硼的测定 姜黄素分光光度法（HJ/T 49—1999）

标准名称： 水质 硼的测定 姜黄素分光光度法

英文名称： Water quality - Determination of boron curcumin - spectrophotometric method

标准编号： HJ/T 49—1999

适用范围：

（1）本标准规定了测定硼的姜黄素分光光度法。

本标准适用于农田灌溉水、地下水和城市污水中硼的测定。

（2）测试范围：试样体积 1.0 mL，用 20 mm 比色皿时，最低检测浓度 0.02 mg/L，测定上限浓度为 1.0 mg/L。

（3）干扰及消除：20 mg/L 以下硝酸盐氮不干扰测定。

当钙和镁浓度（以 $CaCO_3$ 计）超过 100 mg/L 时，在 95%的乙醇中生成沉淀产生干扰，将显色后的溶液离心分离后测定。水样中即使有 600 mg/L $CaCO_3$ 也不干扰测定。若将原水样通过强酸性的阳离子交换树脂，本方法可用于 600 mg/L 以上硬度水中硼的测定。

替代情况： /

发布时间： 1999-08-18

实施时间： 2000-01-01

3.2.101 锑

3.2.101.1 氢化物原子吸收分光光度法 [GB/T 5750.6—2006（19.2）]

标准名称： 氢化物原子吸收分光光度法

英文名称： /

标准编号： 生活饮用水标准检验方法 金属指标 GB/T 5750.6—2006（19.2）

适用范围： 本标准规定了用氢化物原子吸收分光光度法测定生活饮用水及其水源水中的总锑。

本方法适用于生活饮用水及其水源水中总锑的测定。

本方法最低检测质量为 0.025 μg；若取 25.0 mL 水样测定，则最低检测质量浓度为 1.0μg/L。

替代情况： 本标准部分代替 GB/T 5750—1985

发布时间： 2006-12-29

实施时间： 2007-07-01

3.2.102 镍

3.2.102.1 水质 镍的测定 丁二酮肟分光光度法（GB/T 11910—1989）

标准名称： 水质 镍的测定 丁二酮肟分光光度法

英文名称： Water quality - Determination of nickel - Dimethylglyoxime spectrophotometric method

标准编号： GB/T 11910—1989

适用范围： 本标准规定了用丁二酮肟（二甲基乙二醛肟）分光光度法测定工业废水及受到镍污染的环境水。

当取试样体积 10 mL，本方法可测定上限为 10 mg/L，最低检出浓度为 0.25 mg/L。适当多取样品或稀释，可测浓度范围还能扩展。

替代情况：/

发布时间：1989-12-25

实施时间：1990-07-01

3.2.102.2　水质　镍的测定　火焰原子吸收分光光度法（GB/T 11912—1989）

标准名称：水质　镍的测定　火焰原子吸收分光光度法

英文名称：Water quality -Determination of nickel - Flame atomicabsorption spectrometric method

标准编号：GB/T 11912—1989

适用范围：本标准规定了用火焰原子吸收分光光度法直接测定工业废水中镍。

本标准适用于工业废水及受到污染的环境水样，最低检出浓度为 0.05 mg/L，校准曲线的浓度范围 0.2～0.5 mg/L。

替代情况：/

发布时间：1989-12-25

实施时间：1990-07-01

3.2.102.3　无火焰原子吸收分光光度法［GB/T 5750.6—2006（15.1）］

标准名称：无火焰原子吸收分光光度法

英文名称：/

标准编号：生活饮用水标准检验方法　金属指标 GB/T 5750.6—2006（15.1）

适用范围：本标准规定了用无火焰原子吸收分光光度法测定生活饮用水及其水源水中的镍。

本方法适用于生活饮用水及其水源水中镍的测定。

本方法最低检测质量为 0.1 ng；若取 20 μL 水样测定，则最低检测质量浓度为 5 μg/L。水中共存离子一般不产生干扰。

替代情况：本标准部分代替 GB/T 5750—1985

发布时间：2006-12-29

实施时间：2007-07-01

3.2.102.4　水质　氰化物等的测定　真空检测管-电子比色法（HJ 659—2013）

详见本章 3.2.5.3

3.2.103　钡

3.2.103.1　水质　钡的测定　石墨炉原子吸收分光光度法（HJ 602—2011）

标准名称：水质　钡的测定　石墨炉原子吸收分光光度法

英文名称：Water quality–Determination of barium - graphite furnace atomic absorption spectrophotometry

标准编号：HJ 602—2011

适用范围：本标准规定了测定水中钡的石墨炉原子吸收分光光度法。

本标准适用于地表水、地下水、工业废水和生活污水中可溶性钡和总钡的测定。

当进样量为 20.0 μL 时，本方法的检出限为 2.5 μg/L，测定下限为 10.0 μg/L。

替代情况：/

发布时间： 2011-02-10

实施时间： 2011-06-01

3.2.103.2 无火焰原子吸收分光光度法 [GB/T 5750.6—2006（16.1）]

标准名称： 无火焰原子吸收分光光度法

英文名称： /

标准编号： 生活饮用水标准检验方法　金属指标 GB/T 5750.6—2006（16.1）

适用范围： 本标准规定了用无火焰原子吸收分光光度法测定生活饮用水及其水源水中的钡。

本方法适用于生活饮用水及其水源水中钡的测定。

本方法最低检测质量为 0.2 ng；若取 20 μL 水样测定，则最低检测质量浓度为 10 μg/L。

水中共存离子一般不产生干扰。

替代情况： 本标准部分代替 GB/T 5750—1985

发布时间： 2006-12-29

实施时间： 2007-07-01

3.2.104 钒

3.2.104.1 水质　钒的测定　钽试剂（BPHA）萃取分光光度法（GB/T 15503—1995）

标准名称： 水质　钒的测定　钽试剂（BPHA）萃取分光光度法

英文名称： Water quality - Determination of vanadium - BPHA extraction spectrophotometric method

标准编号： GB/T 15503—1995

适用范围：

（1）主题内容：本标准规定了测定水和废水中钒的钽试剂（BPHA）萃取分光光度法。

（2）适用范围：本方法适用于水和废水中钒的测定。

使用 1 cm 吸收池，本方法检测限为 0.018 mg/L，测定上限 10.0 mg/L。若测定浓度大于上限，分析前将样品适当稀释。

替代情况： /

发布时间： 1995-03-15

实施时间： 1995-08-01

3.2.104.2 无火焰原子吸收分光光度法 [GB/T 5750.6—2006（18.1）]

标准名称： 无火焰原子吸收分光光度法

英文名称： /

标准编号： 生活饮用水标准检验方法　金属指标 GB/T 5750.6—2006（18.1）

适用范围： 本标准规定了用无火焰原子吸收分光光度法测定生活饮用水及其水源水中的钒。

本方法适用于生活饮用水及其水源水中钒的测定。

本方法最低检测质量为 0.2 ng。若取 20 μL 水样测定，则最低检测质量浓度为 10 μg/L。

水中共存离子一般不产生干扰。

替代情况： 本标准部分代替 GB/T 5750—1985

发布时间： 2006-12-29

实施时间： 2007-07-01

3.2.104.3 水质 钒的测定 石墨炉原子吸收分光光度法（HJ673—2013）

标准名称：水质 钒的测定 石墨炉原子吸收分光光度法

英文名称：Water quality- Determination of vanadium by graphite furnace atomicabsorption spectrometric method

标准编号：HJ 673—2013

适用范围：本标准规定了测定水和废水中钒的石墨炉原子吸收分光光度法。本标准适用于地表水、地下水、生活污水和工业废水中钒的测定。本方法检出限为 0.003 mg/L，测定下限为 0.012 mg/L，测定上限为 0.200 mg/L。

替代情况：本标准是对《水质 钒的测定 石墨炉原子吸收分光光度法》（GB/T 14673-1993）的修订。主要修订内容如下：

——增加了本标准方法抗干扰的常见元素及浓度相关内容；

——修改了钒的检出限和测定下限；

——对原标准中文字表达方式及标准格式进行了改写。

发布时间：2013-11-21

实施时间：2014-02-01

3.2.105 钛

3.2.105.1 催化示波极谱法 [GB/T 5750.6—2006（17.1）]

标准名称：催化示波极谱法

英文名称：/

标准编号：生活饮用水标准检验方法 金属指标 GB/T 5750.6—2006（17.1）

适用范围：本标准规定了用催化示波极谱法测定生活饮用水及其水源水中的钛。

本方法适用于生活饮用水及其水源水中钛的测定。

本方法最低检测质量为 0.002 μg。若取 5.00 mL 水样测定，则最低检测质量浓度为 0.4 μg/L。

水中大量的 K^+、Ca^{2+}、Mg^{2+}、PO_4^{3-}不干扰测定（钛含量的 106 倍）；1 000 倍的 Mn^{2+}、Cd^{2+}、Pb^{2+}、Sn^{2+}、Ag^+，500 倍的 Cu^{2+}、Zn^{2+}；300 倍的 Bi^{3+}；200 倍的 Co^{2+}；100 倍的 Fe^{2+}、Ni^{2+}、Al^{3+}；50 倍的 Mo^{6+}；8 倍的 Cr^{3+}、V^{5+}均不干扰测定。

替代情况：本标准部分代替 GB/T 5750—1985

发布时间：2006-12-29

实施时间：2007-07-01

3.2.105.2 水杨基荧光酮分光光度法 [GB/T 5750.6—2006（17.2）]

标准名称：水杨基荧光酮分光光度法

英文名称：/

标准编号：生活饮用水标准检验方法 金属指标 GB/T 5750.6—2006（17.2）

适用范围：本标准规定了用水杨基荧光酮分光光度法测定生活饮用水及其水源水中的钛。

本方法适用于生活饮用水及其水源水中钛的测定。

本方法最低检测质量为 0.2 μg（以 Ti 计），若取 10 mL 水样测定，则最低检测质量浓度为 0.020 mg/L。

水中可能含的一些离子：钙、镁、铁、锰、铅、铜、铬、钠等在一般含量范围内对方法无干扰。

替代情况：本标准部分代替 GB/T 5750—1985

发布时间：2006-12-29

实施时间：2007-07-01

3.2.106 铊

3.2.106.1 无火焰原子吸收分光光度法 [GB/T 5750.6—2006（21.1）]

标准名称：无火焰原子吸收分光光度法

英文名称：/

标准编号：生活饮用水标准检验方法　金属指标 GB/T 5750.6—2006（21.1）

适用范围：本标准规定了用石墨炉原子吸收分光光度法测定生活饮用水及其水源水中的铊。

本方法适用于生活饮用水及其水源水中铊的测定。

本方法最低检测质量为 0.01 ng。若取 500 mL 水样富集 50 倍后，进样 20 μL，则最低检测质量浓度为 0.01 μg/L。

水样中含量 2.0 mg/L Pb、Cd、Al；4.0 mg/L Cu、Zn；5.0 mg/L PO_4^{3-}；8.0 mg/L SiO_3^{2-}；60 mg/L Mg； 400 mg/L Ca； 500 mg/L Cl^-时，对测定无明显干扰。

替代情况：本标准部分代替 GB/T 5750—1985

发布时间：2006-12-29

实施时间：2007-07-01

3.2.107 总铬

3.2.107.1 水质　总铬的测定（GB/T 7466—1987）

标准名称：水质　总铬的测定

英文名称：Water quality–Determination of total chromium

标准编号：GB/T 7466—1987

适用范围：

第一篇　高锰酸钾氧化二苯碳酰二肼分光光度法

（1）本标准适用于地面水和工业废水中总铬的测定。

（2）测定范围：试份体积 50 mL，使用光程为 30 mm 比色皿，本方法的最小检出量 0.2 μg 铬，最低检出浓度为 0.004 mg/L，使用光程为 10 mm 比色皿，测定上限浓度为 1.0 mg/L。

（3）干扰：铁含量大于 1 mg/L 显黄色，六价钼和汞也和显色剂反应，生成有色化合物，但在本方法的显色酸度下，反应不灵敏，钼和汞的浓度达 200 mg/L 不干扰测定。钒有干扰，其含量高于 4 mg/L 即干扰显色。但钒与显色剂反应后 10 min，可自行褪色。

第二篇　硫酸亚铁铵滴定法

适用范围：本标准适用于水和废水中高浓度（大于 1 mg/L）总铬的测定。

替代情况：/

发布时间：1987-03-14

实施时间：1987-08-01

3.2.108　钙

3.2.108.1　水质　钙的测定　EDTA 滴定法（GB/T 7476—1987）

标准名称：水质　钙的测定　EDTA 滴定法

英文名称：Water quality - Determination of total calcium - EDT Atitrimetric metyod

标准编号：GB/T 7476—1987

适用范围：本标准规定用 EDTA 滴定法测定地下水和地面水中钙含量。本方法不适用于海水及含盐量高的水。适用于钙含量 2～100 mg/L（0.05～2.5 mmol/L）范围。含钙量超出 100 mg/L 的水应稀释后测定。

替代情况：/

发布时间：1987-03-14

实施时间：1987-08-01

3.2.108.2　水质　钙和镁的测定　原子吸收分光光度法（GB/T 11905—1989）

标准名称：水质　钙和镁的测定　原子吸收分光光度法

英文名称：Water quality - Determination of total calcium and magnesium - Atomic absorption spectrophotometric metyod

标准编号：GB/T 11905—1989

适用范围：

（1）主题内容：本标准规定测定水中钙和镁的原子吸收分光光度法。

（2）适用范围：本标准适用于测定地下水和地面水中钙、镁。

本标准适用的校准溶液浓度范围（见表 1.6）与仪器的特性有关，随着仪器的参数变化而变化。通过样品的浓缩和稀释还可使测定实际样品浓度范围得到扩展。

表 1.6　测定范围及最低检出浓度　　单位：mg/L

元素	最低检出浓度	测定范围
钙	0.02	0.1～6.0
镁	0.002	0.01～0.6

（3）干扰：原子吸收法测定钙、镁的主要干扰有铝、硫酸盐、磷酸盐、硅酸盐等，它们能抑制钙、镁的原子化，产生干扰，可加入锶、镧或其他释放剂来消除干扰。火焰条件直接影响着测定灵敏度，必须选择合适的乙炔量和火焰观测高度。试样需检查是否有背景吸收，如有背景吸收应予以校正。

替代情况：/

发布时间：1989-12-25

实施时间：1990-07-01

3.2.109　总硬度

3.2.109.1　水质　钙和镁总量的测定　EDTA 滴定法（GB/T 7477—1987）

标准名称：水质　钙和镁总量的测定　EDTA 滴定法

英文名称： Water quality - Determination of the sum calcium and magnesium - EDTA titrimetric method

标准编号： GB/T 7477—1987

适用范围： 本标准规定用 EDTA 滴定法测定地下水和地面水中钙和镁的含量。本方法不适用于含盐量高的水，诸如海水。本方法测定的最低浓度为 0.05 mol/L。

替代情况： /

发布时间： 1987-03-14

实施时间： 1987-08-01

3.2.110 凯氏氮

3.2.110.1 水质 凯氏氮的测定（GB/T 11891—1989）

标准名称： 水质 凯氏氮的测定

英文名称： Water quality - Determination of Kjeldahl nitrogen

标准编号： GB/T 11891—1989

适用范围：

（1）主题内容：本标准规定以凯氏（Kjeldahl）法测定氮含量的方法。它包括了氨氮和在此条件下能被转化为铵盐的有机氮化合物。此类有机氮化合物主要是指蛋白质、胨、氨基酸、核酸、尿素及其他合成的氨为负三价的有机氮化合物。它不包括叠氮化合物、连氮、偶氮、腙、硝酸盐、亚硝基、硝基、亚硝酸盐、腈、肟和半卡巴腙类的含氮化合物。

（2）适用范围：本标准适用于测定工业废水、湖泊、水库和其他受污染水体中的凯氏氮。

（3）测定范围：凯氏氮含量较低时，分取较多试样，经消解和蒸馏，最后以光度法测定氨。含量较高时，分取较少试样，最后以酸滴定测氨。

（4）最低检出浓度：试料体积为 50 mL 时，使用光程长度为 10 mm 比色皿，最低检出浓度为 0.2 mg/L。

替代情况： /

发布时间： 1989-12-25

实施时间： 1990-07-01

3.2.110.2 水质 凯氏氮的测定 气相分子吸收光谱法（HJ/T 196—2005）

标准名称： 水质 凯氏氮的测定 气相分子吸收光谱法

英文名称： Water quality - Determination of Kjeldahl - Nitrogen By Gas - phase molecular absorption spectrometry

标准编号： HJ/T 196—2005

适用范围： 本标准适用于地表水、水库、湖泊、江河水中凯氏氮的测定，检出限 0.020 mg/L，测定下限 0.100 mg/L，测定上限 200 mg/L。

替代情况： /

发布时间： 2005-11-09

实施时间： 2006-01-01

3.2.111　悬浮物

3.2.111.1　水质　悬浮物的测定　重量法（GB/T 11901—1989）

标准名称：水质　悬浮物的测定　重量法

英文名称：Water quality - Determination of substance - Gravimetric method

标准编号：GB/T 11901—1989

适用范围：本标准规定了水中悬浮物的测定。

本标准适用于地面水、地下水，也适用于生活污水和工业废水中悬浮物的测定。

替代情况：/

发布时间：1989-12-25

实施时间：1990-07-01

3.2.112　银

3.2.112.1　水质　银的测定　3,5-Br_2-PADAP 分光光度法（HJ 489—2009）

标准名称：水质　银的测定　3,5-Br_2-PADAP 分光光度法

英文名称：Water quality - Determination of silver - Spectrophotometric method with 3,5-Br_2-PADAP

标准编号：HJ 489—2009

适用范围：本标准规定了测定水和废水中银的 3,5-Br_2-PADAP（ [2-（3,5）-二溴-2-吡啶偶氮]-5-二乙氨基苯酚）分光光度法。

本标准适用于受银污染的地表水及感光材料生产、胶片洗印、镀银、冶炼等行业的工业废水中银的测定。

试份体积为 25 mL，使用光程为 10 mm 比色皿时，本方法检出限为 0.02 mg/L，测定下限为 0.08 mg/L，测定上限为 1.0 mg/L。

替代情况：本标准代替 GB/T 11909—1989，本标准对《水质　银的测定　3,5-Br_2-PADAP 分光光度法》（GB/T 11909—1989）进行了修订，主要修订内容如下：

—— 增加共存离子干扰及消除部分并对标准文字部分进行调整修订。

发布时间：2009-09-27

实施时间：2009-11-01

3.2.112.2　水质　银的测定　镉试剂 2B 分光光度法（HJ 490—2009）

标准名称：水质　银的测定　镉试剂 2B 分光光度法

英文名称：Water quality - Determination of silver - Spectrophotometry with cadion 2B

标准编号：HJ 490—2009

适用范围：本标准规定了水和废水中银的镉试剂 2B 分光光度测定方法。

本标准适用于受银污染的地表水及感光材料生产、胶片洗印、镀银、冶炼等行业的工业废水中银的测定。

试份体积为 25 mL，使用光程为 10 mm 比色皿时，本方法检出限为 0.01 mg/L，测定下限为 0.04 mg/L，测定上限为 0.8 mg/L。

替代情况：本标准代替 GB/T 11908—1989，本标准对《水质　银的测定镉试剂 2B 分光光度法》（GB/T 11908—1989）进行了修订，主要修订内容如下：

—— 增加共存离子干扰及消除部分并对标准文字部分进行调整修订。

发布时间：2009-09-27

实施时间：2009-11-01

3.2.113 总有机碳

3.2.113.1 水质 总有机碳的测定 燃烧氧化-非分散红外吸收法（HJ 501—2009）

标准名称：水质 总有机碳的测定 燃烧氧化-非分散红外吸收法

英文名称：Water quality - Determination of total organic carbon - Combustion oxidation nondispersive infrared absorption method

标准编号：HJ 501—2009

适用范围：本标准规定了测定地表水、地下水、生活污水和工业废水中总有机碳（TOC）的燃烧氧化-非分散红外吸收方法。

本标准适用于地表水、地下水、生活污水和工业废水中总有机碳（TOC）的测定，检出限为 0.1 mg/L，测定下限为 0.5 mg/L。

注 1：本标准测定 TOC 分为差减法和直接法。当水中苯、甲苯、环己烷和三氯甲烷等挥发性有机物含量较高时，宜用差减法测定；当水中挥发性有机物含量较少而无机碳含量相对较高时，宜用直接法测定。

注 2：当元素碳微粒（煤烟）、碳化物、氰化物、氰酸盐和硫氰酸盐存在时，可与有机碳同时测出。

注 3：水中含大颗粒悬浮物时，由于受自动进样器孔径的限制，测定结果不包括全部颗粒态有机碳。

替代情况：本标准代替 GB/T 13193—1991 和 HJ/T 71—2001。本标准是对《水质 总有机碳（TOC）的测定 非色散红外线吸收法》（GB/T 13193—1991）和《水质 总有机碳的测定 燃烧氧化-非分散红外吸收法》（HJ/T 71—2001）的整合修订。本次修订的主要内容如下：

—— 调整了标准的适用范围；

—— 增加了可吹扫有机碳和不可吹扫有机碳的术语和定义；

—— 增加了部分试剂的保存条件；

—— 增加了质量保证和质量控制条款。

发布时间：2009-10-20

实施时间：2009-12-01

3.2.114 镁

3.2.114.1 水质 钙和镁的测定 原子吸收分光光度法（GB/T 11905—1989）

详见本章 3.2.108.2

3.2.115 浊度

3.2.115.1 水质 浊度的测定（GB/T 13200—1991）

标准名称：水质 浊度的测定

英文名称：Water quality - Determination of turbidity

标准编号：GB/T 13200—1991

适用范围：

（1）本标准规定了两种测定水中浊度的方法。第一篇分光光度法，适用于饮用水、天然水及高浊度水，最低检测浊度为 3 度。第二篇目视比浊法，适用于饮用水和水源水等低浊度的水，最低检测浊度为 1 度。

（2）水中应无碎屑和易沉颗粒，如所用器皿不清洁，或水中有溶解的气泡和有色物质时干扰测定。

替代情况：/

分布时间：1991-08-31

实施时间：1992-06-01

3.2.116　急性毒性

3.2.116.1　水质　物质对蚤类（大型蚤）急性毒性测定方法（GB/T 13266—1991）

标准名称：水质　物质对蚤类（大型蚤）急性毒性测定方法

英文名称：Water quality - Determination of the acute toxicity of substance to Daphnia（Daphnia magna straus）

标准编号：GB/T 13266—1991

适用范围：本标准适用于以下范围：

—— 在试验条件下可溶的化学物质（包括工业原料和产品、食品添加剂、农药、医药等）；

—— 工业废水；

—— 生活污水；

—— 地表水、地下水。

替代情况：/

发布时间：1991-09-14

实施时间：1992-08-01

3.2.116.2　水质　物质对淡水鱼（斑马鱼）急性毒性测定方法（GB/T 13267—1991）

标准名称：水质　物质对淡水鱼（斑马鱼）急性毒性测定方法

英文名称：Water quality - Determination of the acute toxicity of substance to a freshwater fish（Brachydanio rerio Hamilton - Buchanan）

标准编号：GB/T 13267—1991

适用范围：本标准规定了在确定的试验条件下测定水溶性物质引起斑马鱼致死毒性大致范围的方法—— 静水法、换水法和流水法。

本标准适用于水中单一化学物质的毒性测定。工业废水的毒性测定也可使用此方法。

替代情况：/

发布时间：1991-09-14

实施时间：1992-08-01

3.2.117　烷基汞

3.2.117.1　水质　烷基汞的测定　气相色谱法（GB/T 14204—1993）

标准名称：水质　烷基汞的测定　气相色谱法

英文名称：Water quality - Determination of alkylmercury - Gas chrimatigraphy

标准编号：GB/T 14204—1993

适用范围：本标准规定了测定水中烷基汞（甲基汞、乙基汞）的气相色谱法。

本标准适用于地面水及污水中烷基汞的测定。

本方法用巯基棉富集水中的烷基汞，用盐酸氯化钠溶液解析，然后用甲苯萃取，用带电子捕获器的气相色谱仪测定，实际达到的最低检出浓度随仪器灵敏度和水样效应而变化，当水样取 1 L 时，甲基汞通常检测到 10 ng/L，乙基汞检测到 20 ng/L。

样品中含硫有机物（硫醇、硫醚、噻酚等）均可被富集萃取，在分析过程中积存在色谱柱内，使色谱柱分离效率下降，干扰烷基汞的测定。定期往色谱柱内注入二氯化汞苯饱和溶液，可以去除这些干扰，恢复色谱柱分离效率。

替代情况：/

发布情况：1993-02-23

实施情况：1993-12-01

3.2.118 一甲基肼

3.2.118.1 水质 肼和甲基肼的测定 对二甲氨基苯甲醛分光光度法（HJ 674—2013）

标准名称：水质 肼和甲基肼的测定 对二甲氨基苯甲醛分光光度法

英文名称： Water quality — Determination of hydrazine and monomethyl hydrazine by p-Dimethylaminobenzaldehyde spectrophotometric method

标准编号：HJ 674—2013

适用范围：本标准规定了测定水中肼和甲基肼的对二甲氨基苯甲醛分光光度法。本标准分为两部分：第一部分为对二甲氨基苯甲醛分光光度法测定肼，第二部分为对二甲氨基苯甲醛分光光度法测定甲基肼。

（1）第一部分 肼的测定

本标准规定了测定水中肼的对二甲氨基苯甲醛分光光度法。本标准适用于水和工业废水中肼的测定。按取水样 50mL，采用 5 cm 吸收池计算，本方法检测限以肼计为 0.003 mg/L，定量测定范围为（0.012～0.240 mg/L）。如采用 1 cm 吸收池，检出限为 0.015 mg/L，定量测定范围为（0.060～1.00 mg/L）。水样中肼的浓度大于 1.00 mg/L 时，可稀释后测定。

（2）第二部分 甲基肼的测定

本标准规定了测定水中甲基肼的对二甲氨基苯甲醛分光光度法。本标准适用于水和工业废水中甲基肼的测定。按采用 2 cm 吸收池，取地表水 15 mL 计算，甲基肼检出限为 0.015 mg/L，定量测定范围为（0.060～1.50 mg/L）。水样中甲基肼含量大于 1.50 mg/L 时，可稀释后测定。

替代情况：本标准替代 GB/T 15507—1995 和 GB/T 14375—1993 本标准是对《水质肼的测定对二甲氨基苯甲醛分光光度法》（GB/T 15507—1995）和《水质一甲基肼的测定对二甲氨基苯甲醛分光光度法》（GB/T 14375—1993）的修订，主要修订内容如下：

——将 GB/T 15507—1995 和 GB/T 14375—1993 合并为一个标准（HJ674—2013）。标准第一部分为肼的测定，第二部分为甲基肼的测定；

——用对二氨基磺酸取代叠氮化钠，对消除亚硝酸盐干扰的方法进行了修改；

——对原标准中出现的编辑性错误及格式进行了修订。

发布时间：2013-11-21

实施时间：2014-02-01

3.2.119　偏二甲基肼

3.2.119.1　水质　偏二甲基肼的测定　氨基亚铁氰化钠分光光度法（GB/T 14376—1993）

标准名称：水质　偏二甲基肼的测定　氨基亚铁氰化钠分光光度法

英文名称：Water quality - Dertermination of asymmetrical - Amino ferrocyanide sodium spectrophotometric method

标准编号：GB/T 14376—1993

适用范围：

（1）主题内容：本标准规定了测定水中偏二甲基肼的氨基亚铁氰化钠分光光度法。

（2）适用范围：本方法适用于地面水、航天工业废水中偏二甲基肼的测定。

偏二甲基肼的测定范围为 0.01～1.0 mg/L。水样中偏二甲基肼含量大于 1.0 mg/L 时，可稀释后按本方法测定。

氨、尿素对本方法测定基本无干扰。肼、一甲基肼、甲醛含量在偏二甲基肼含量 5 倍以上干扰测定。

替代情况：/

发布时间：1993-05-22

实施时间：1993-12-01

3.2.120　三乙胺

3.2.120.1　水质　三乙胺的测定　溴酚蓝分光光度法（GB/T 14377—1993）

标准名称：水质　三乙胺的测定　溴酚蓝分光光度法

英文名称：Water quality - Dertermination of triethylamine - Bromophenol blue spectrophotometric method

标准编号：GB/T 14377—1993

适用范围：

（1）主题内容：本标准规定了测定水中三乙胺的溴酚蓝分光光度法。

（2）适用范围：本方法适用于地面水、航天工业废水中三乙胺的测定。

三乙胺的测定范围为 0.5～3.5 mg/L。水样中三乙胺含量大于 3.5 mg/L 时，可稀释后按本方法测定。

替代情况：/

发布时间：1993-05-22

实施时间：1993-12-01

3.2.121　二乙烯三胺

3.2.121.1　水质　二乙烯三胺的测定　水杨醛分光光度法（GB/T 14378—1993）

标准名称：水质　二乙烯三胺的测定　水杨醛分光光度法

英文名称：Water quality - Dertermination of diethylenetriamine - Salicyiclaldehyde spectrophotometric method

标准编号： GB/T 14378—1993

适用范围：

（1）主题内容：本标准规定了测定水中二乙烯三胺的水杨醛分光光度法。

（2）适用范围：本方法适用于地面水、航天工业废水中二乙烯三胺的测定。

二乙烯三胺的测定范围 0.4～3.2 mg/L。水样中二乙烯三胺含量大于 3.2 mg/L 时，可稀释后按本方法测定。

水中存在偏二甲基肼、硝基甲烷、NH_4^+等干扰物，其浓度为二乙烯三胺浓度 5 倍以内时，干扰很小，可不计；水中存在二甲苯胺、三乙胺、NO_3^-、NO_2^-等干扰物，其浓度为二乙烯三胺浓度 10 倍以内时，干扰很小，可不计；甲醛含量高于 0.8 mg/L 时，会产生负干扰。

替代情况： /

发布时间： 1993-05-22

实施时间： 1993-12-01

3.2.122 肼

3.2.122.1 水质 肼和甲基肼的测定 对二甲氨基苯甲醛分光光度法（HJ 674—2013）

详见本章 3.2.118.1

3.2.123 可吸附有机卤素（AOX）

3.2.123.1 水质 可吸附有机卤素（AOX）的测定 微库仑法（GB/T 15959—1995）

标准名称： 水质 可吸附有机卤素（AOX）的测定 微库仑法

英文名称： Water quality - Dertermination of adsorbable organic halogens（AOX）-Microcoulometric method

标准编号： GB/T 15959—1995

适用范围：

（1）本标准规定了测定水中可吸附在活性炭上的有机卤化物（AOX）的微库仑法，在吸附前必要时先经过吹脱，挥发性的有机卤化物可以直接测定。

（2）本标准适用于测定饮用水、地下水、地面水、污水中有机卤化物（AOX），其测定范围为 10～400 μg/L，超过上限，可减少取样量。

（3）如水样中溶解的有机碳＞10 mg/L，无机氯化物含量＞1 g/L 时，分析前必须稀释。

（4）当水样中存在悬浮物时，其所含有的有机卤素化合物也包括在测定值中。

（5）为避免从中分离活性炭时可能形成的胶体干扰，需加入助滤剂如硅藻土，使炭絮凝克服过滤的困难。

（6）当水样中含有活性氯时，AOX 的值会偏高；故采样后需立即加入亚硫酸钠。当水样中存在难溶解的无机氯化物、生物细胞（如微生物、藻类）等，样品需要先酸化，放置 8 h 后再进行分析。

（7）无机碘化物可以干扰吸附和检测，有机碘化物会导致非重现性的高结果，高浓度的无机溴化物也有干扰。

替代情况： /

发布时间： 1995-12-21

实施时间： 1996-08-01

3.2.123.2 水质 可吸附有机卤素（AOX）的测定 离子色谱法（HJ/T 83—2001）

标准名称：水质 可吸附有机卤素（AOX）的测定 离子色谱法

英文名称：Water quality - Dertermination of adsorbable organic halogens - Ion chromatography method

标准编号：HJ/T 83—2001

适用范围：

（1）主题内容：本标准规定了测定水中可吸附有机卤素（AOX）的离子色谱法。

（2）适用范围：本标准适用于测定水和污水中的可吸附有机卤素（AOX），包括可吸附有机氯（AOCl）、有机氟（AOF）和有机溴（AOBr）。当取样体积为 50～200 mL 时，可测定水中可吸附有机氯（AOCl）的浓度范围为 15～600 μg/L，可吸附有机氟（AOF）的浓度范围为 5～300 μg/L，可吸附有机溴（AOBr）的浓度范围为 9～1 200 μg/L。

（3）干扰及排除：水中的无机卤素离子，在样品富集过程中，也能部分残留在活性炭上，干扰测定。用 20 mL 酸性硝酸钠洗涤液淋洗活性炭吸附柱，可完全去除其干扰。

当水样中存在难溶的氯化物、生物细胞（如微生物、藻类）等时，使测定结果偏高，用硝酸调节水样的 pH 值在 1.5～2.0 之间，放置 8h 后分析。

当水样中存在活性氯时，AOCl 的测定结果偏高，采样立即在 100 mL 水样中加入 5 mL 亚硫酸钠溶液。

3.2.124 游离氯

3.2.124.1 水质 游离氯和总氯的测定 *N,N*-二乙基-1,4-苯二胺分光光度法（HJ 586—2010）

标准名称：水质 游离氯和总氯的测定 *N,N*-二乙基-1,4-苯二胺分光光度法

英文名称：Water quality - Determination of free chlorine and total chlorine - Spectrophotonetric method using *N*，*N* - diethyl - 1,4-phenylenediamine

标准编号：HJ 585—2010

适用范围：本标准规定了测定水中游离氯和总氯的分光光度法。

本标准适用于地表水、工业废水、医疗废水、生活污水、中水和污水再生的景观用水中的游离氯和总氯的测定。本标准不适用于测定较混浊或色度较高的水样。

对于高浓度样品，采用 10 mm 比色皿，本方法的检出限（以 Cl_2 计）为 0.03 mg/L，测定范围（以 Cl_2 计）为 0.12～1.50 mg/L。对于低浓度样品，采用 50 mm 比色皿，本方法的检出限（以 Cl_2 计）为 0.004 mg/L，测定范围（以 Cl_2 计）为 0.016～0.20 mg/L。

对于游离氯或总氯浓度高于方法测定上限的样品，可适当稀释后进行测定。

现场测定水中游离氯和总氯按照标准原文附录 A 执行。

替代情况：本标准代替 GB/T 11898—1989。本标准是对《水质 游离氯和总氯的测定 *N,N* -二乙基-1,4-苯二胺分光光度法》（GB/T 11898—1989）的修订，修订的主要内容如下：

—— 修订了方法的适用范围；

—— 增加了样品的保存方法，修改了缓冲溶液添加量；

—— 调整了测定波长；

—— 增加了低浓度校准曲线，降低了测定地表水游离氯和总氯的方法检出限；

—— 增加了注意事项条款；

—— 增加了游离氯和总氯的现场测定方法。

发布时间：2010-09-20

实施时间：2010-12-01

3.2.125 总氯

3.2.125.1 水质 游离氯和总氯的测定 *N,N*-二乙基-1,4-苯二胺分光光度法（HJ 586—2010）

详见本章 3.2.124.1

3.2.126 全盐量

3.2.126.1 水质 全盐量的测定 重量法（HJ/T 51—1999）

标准名称：水质 全盐量的测定 重量法

英文名称：Water quality - Determination of total salt - Gravimetric method

标准编号：HJ/T 51—1999

适用范围：

（1）主题内容：本标准规定了重量法测定水中全盐量的方法。

（2）适用范围：本标准适用于农田灌溉水质、地下水和城市污水中全盐量的测定。取 100.0 mL 水样测定，检测下限为 10 mg/L。

替代情况：/

发布时间：1999-08-18

实施时间：2000-01-01

3.2.127 有机磷农药

3.2.127.1 水质 有机磷农药的测定 气相色谱法（GB/T 13192—1991）

详见本章 3.2.82.1

3.2.127.2 水、土中有机磷农药测定的气相色谱法（GB/T 14552—2003）

详见本章 3.2.83.2

3.2.128 亚硝酸盐氮

3.2.128.1 水质 亚硝酸盐氮的测定 分光光度法（GB/T 7493—1987）

标准名称：水质 亚硝酸盐氮的测定 分光光度法

英文名称：Water quality - Determination of nitrogen（nitrite）-Spectrophotometric method

标准编号：GB/T 7493—1987

适用范围：本标准规定了用分光光度法测定饮用水、地下水、地面水及废水中亚硝酸盐氮的方法。

（1）测定上限：当试份取最大体积（50 mL）时，用本方法可以测定亚硝酸盐氮浓度高达 0.20 mg/L。

（2）最低检出浓度：采用光程长为 10 mm 的比色皿，试份体积为 50 mL，以吸光度 0.01 单位所对应的浓度值为最低检出限浓度，此值为 0.003 mg/L。

采用光程长为 30 mm 的比色皿，试份体积为 50 mL，最低检出浓度为 0.001 mg/L。

（3）灵敏度：采用光程长为 10 mm 的比色皿，试份体积为 50 mL 时，亚硝酸盐氮浓度 C_N=0.20 mg/L，给出的吸光度约为 0.67 单位。

（4）干扰：当试样 pH≥11 时，可能遇到某些干扰，遇此情况，可向试份中加入酚酞溶液 1 滴，边搅拌边逐滴加入磷酸溶液，至红色刚消失。经此处理，则在加入显色剂后，体系 pH 值为 1.8±0.3，而不影响测定。

试样如有颜色和悬浮物，可向每 100 mL 试样中加入 2 mL 氢氧化铝悬浮液，搅拌，静置，过滤，弃去 25 mL 初滤液后，再取试份测定。

水样中常见的可能产生干扰物质的含量范围见标准原文附录 A。其中氯胺、氯、硫代硫酸盐、聚磷酸钠和三价铁离子有明显干扰。

替代情况：/

发布时间：1987-03-14

实施时间：1987-08-01

3.2.128.2 水质 亚硝酸盐氮的测定 气相分子吸收光谱法（HJ/T 197—2005）

标准名称：水质 亚硝酸盐氮的测定 气相分子吸收光谱法

英文名称：Water quality - Determination of Nitrite - Nitrogen By Gas - phase molecular absorption spectrometry

标准编号：HJ/T 197—2005

适用范围：本标准适用于地表水、地下水、海水、饮用水、生活污水及工业污水中亚硝酸盐氮的测定。使用 213.9 nm 波长，方法的最低检出限为 0.003 mg/L，测定下限 0.012 mg/L，测定上限 10 mg/L；在波长 279.5 nm 处，测定上限可达 500 mg/L。

替代情况：/

发布时间：2005-11-09

实施时间：2006-01-01

3.2.128.3 水质 无机阴离子的测定 离子色谱法（HJ/T 84—2001）

详见本章 3.2.12.4

3.2.128.4 水质 氰化物等的测定 真空检测管-电子比色法（HJ 659—2013）

详见本章 3.2.5.3

3.2.129 六六六

3.2.129.1 水质 六六六、滴滴涕的测定 气相色谱法（GB/T 7492—1987）

详见本章 3.2.79.1

3.2.130 钠

3.2.130.1 水质 钾和钠的测定 火焰原子吸收分光光度法（GB/T 11904—1989）

标准名称：水质 钾和钠的测定 火焰原子吸收分光光度法

英文名称：Water quality - Determination of potassium and sodium - Flame atomic absorption spectrophotometry

标准编号：GB/T 11904—1989

适用范围：本标准规定了用火焰原子吸收分光光度法测定可过滤态钾和钠。适用于地面水和饮用水测定。测定范围钾为 0.05～4.00 mg/L；钠为 0.01～2.00 mg/L。对于钾和钠浓度较高的样品，应取较少的试料进行分析，或采用次灵敏线测定。

替代情况：/

发布时间：1993-02-27

实施时间：1993-10-01

3.2.131 钾

3.2.131.1 水质 钾和钠的测定 火焰原子吸收分光光度法（GB/T 11904—1989）

详见本章 3.2.130 .1

3.2.132 微型生物群落

3.2.132.1 水质 微型生物群落监测 PFU 法（GB/T 12990—1991）

标准名称：水质 微型生物群落监测 PFU 法

英文名称：Water quality - Microbial biomonitoring - PFU method

标准编号：GB/T 12990 —1991

适用范围：

（1）本标准的野外监测适用于淡水水体，包括湖泊、水库、池塘、大江、河流、溪流。

（2）本标准的室内毒性试验适用于工厂排放的废水、城镇生活污水、各类有害化学物质。

（3）本标准适用于综合水质评价。

替代情况：/

发布时间：1991-08-19

实施时间：1992-04-01

3.2.133 二噁英

3.2.133.1 水质 二噁英类的测定 同位素稀释高分辨气相色谱-高分辨质谱法（HJ 77.1—2008）

标准名称：水质 二噁英类的测定 同位素稀释高分辨气相色谱-高分辨质谱法

英文名称：Water Determination of polychlorinated dibenzo - *p* - dioxins（PCDDs）and polychlorinated dibenzofurans（PCDFs）Isotope dilution HRGC - HRMS

标准编号：HJ 77.1—2008

适用范围：

（1）本标准规定了采用同位素稀释高分辨气相色谱-高分辨质谱法（HRGC - HRMS）对 2,3,7,8-氯代二噁英类、四氯～八氯取代的多氯代二苯并-对-二噁英（PCDDs）和多氯代二苯并呋喃（PCDFs）进行定性和定量分析的方法。

（2）本标准适用于原水、废水、饮用水与工业生产用水中二噁英类污染物的采样、样品处理及其定性和定量分析。

（3）方法检出限取决于所使用的分析仪器的灵敏度、样品中的二噁英类质量浓度以及干扰水平等多种因素。2,3,7,8-T_4CDD 仪器检出限应低于 0.1 pg，当取样量为 10 L 时，本方法对 2,3,7,8-T_4CDD 的最低检出限应低于 0.5 pg/L。

替代情况：本标准代替 HJ/T 77—2001。本标准是对《多氯代二苯并二噁英和多氯代二苯并呋喃的测定同位素稀释高分辨毛细管气相色谱/高分辨质谱法》（HJ/T 77—2001）的修订。

发布时间：2008-12-31

实施时间： 2009-04-01

3.2.134 色度

3.2.134.1 水质　色度的测定（GB/T 11903—1989）

标准名称： 水质　色度的测定

英文名称： Water quality - Determination of colority

标准编号： GB/T 11903—1989

适用范围： 本标准规定了两种测定颜色的方法。本标准测定经 15 min 澄清后样品的颜色。pH 值对颜色有较大影响，在测定颜色时应同时测定 pH 值。

（1）铂钴比色法参照采用国际标准《水质颜色的检验和测定》（ISO 7887—1985）。铂钴比色法适用于清洁水、轻度污染并略带黄色调的水、比较清洁的地面水、地下水和饮用水等。

（2）稀释倍数法适用于污染较严重的地面水和工业废水。

两种方法应独立使用，一般没有可比性。

样品和标准溶液的颜色色调不一致时，本标准不适用。

替代情况： /

发布时间： 1989-12-25

实施时间： 1990-07-01

3.2.135 挥发性有机物

3.2.135.1 水质　挥发性有机物的测定　吹扫捕集/气相色谱-质谱法（HJ 639—2012）

详见本章 3.2.30.4

3.2.136 磷酸盐

3.2.136.1 水质　磷酸盐的测定　离子色谱法（HJ 669—2013）

标准名称： 水质　磷酸盐的测定　离子色谱法

英文名称： Water quality- Determination of phosphalc-Ion chromatography

标准编号： HJ 669—2013

适用范围： 本标准规定了测定水中可溶性磷酸盐的离子色谱法。本标准适用于地表水、地下水和降水中可溶性磷酸盐的测定。当进样体积为 50 μl 时，本标准测定可溶性磷酸盐（以 PO_4^{3-}计）的方法检出限为 0.007 mg/L，测定下限 0.028 mg/L。

替代情况： /

发布时间： 2013-10-25

实施时间： 2014-01-01

3.2.136.2 水质　磷酸盐和总磷的测定　连续流动-钼酸铵分光光度法（HJ 670—2013）

详见本章 3.2.8.2

3.2.136.3 水质　磷酸盐和总磷的测定　流动注射-钼酸铵分光光度法（HJ 671—2013）

详见本章 3.2.8.3

3.2.136.4 水质　氰化物等的测定　真空检测管-电子比色法（HJ 659—2013）

详见本章 3.2.5.3

3.2.137　酚类化合物

3.2.137.1　水质 酚类化合物的测定 液液萃取/气相色谱法（HJ 676—2013）

详见本章 3.2.65.2

编写人：朱　明

第二章

地 下 水

1 环境质量标准

1.1 地下水质量标准（GB/T 14848—1993）

标准名称：地下水质量标准

英文名称：Quality standard for ground water

标准编号：GB/T 14848—1993

适用范围：

（1）本标准规定了地下水的质量分类、地下水质量监测、评价方法和地下水质量保护。

（2）本标准适用于一般地下水，不适用于地下热水、矿水、盐卤水。

替代情况：/

发布时间：1993-12-30

实施时间：1994-10-01

1.2 食用农产品产地环境质量评价标准（HJ 332—2006）

详见第一章 1.2

1.3 温室蔬菜产地环境质量评价标准（HJ 333—2006）

详见第一章 1.3

2 地下水监测规范

2.1 地下水环境监测技术规范（HJ/T 164—2004）

标准名称：地下水环境监测技术规范

英文名称：Technical specifications for environmental monitoring of groundwater

标准编号：HJ/T 164—2004

适用范围：本规范适用于地下水的环境监测，包括向国家直接报送监测数据的国控监测井，省（自治区、直辖市）级、市（地）级、县级控制监测井的背景值监测和污染控制监测。

本规范不适用于地下热水、矿水、盐水和卤水。

替代情况：/

发布时间：2004-12-09

实施时间：2004-12-09

3 监测方法

3.1 样品采集、运输与保存

3.1.1 水质采样 样品的保存和管理技术规定（HJ 493—2009）

详见第一章 3.1.1

3.1.2 水质 采样技术指导（HJ 494—2009）

详见第一章 3.1.2

3.1.3 水质 采样方案设计技术规定（HJ 495—2009）

详见第一章 3.1.3

3.1.4 生活饮用水标准检验方法 水样的采集与保存（GB/T 5750.2—2006）

标准名称：生活饮用水标准检验方法 水样的采集与保存

英文名称：Standard examination methods for drinking water - Collection and preservation of water samples

标准编号：GB/T 5750.2—2006

适用范围：本标准规定了生活饮用水及其水源水样的采集、样品保存和采样质量控制的基本原则、措施和要求。

本标准适用于生活饮用水及其水源水样的采集和样品保存。

替代情况：本标准部分代替 GB/T 5750—1985

发布时间：2006-12-29

实施时间：2007-07-01

3.1.5 水质 金属总量的消解 硝酸消解法(HJ 677—2013)

详见第一章 3.1.7

3.1.6 水质 金属总量的消解 微波消解法（HJ 678—2013）

详见第一章 3.1.8

3.2 检测方法

3.2.1 色

3.2.1.1 水质 色度的测定（GB/T 11903—1989）

详见第一章 3.2.134.1

3.2.1.2 铂-钴标准比色法 [GB/T 5750.4—2006（1）]

标准名称：铂-钴标准比色法

英文名称：/

标准编号：生活饮用水标准检验方法 感官性状和物理指标 GB/T 5750.4—2006（1）

适用范围：本标准规定了用铂-钴标准比色法测定生活饮用水及其水源水的色度。

本法适用于生活饮用水及其水源水中色度的测定。

水样不经稀释，本方法最低检测色度为 5 度，测定范围为 5 度～50 度。

测定前应除去水样中的悬浮物。

替代情况：本标准部分代替 GB/T 5750—1985

发布时间：2006-12-29

实施时间：2007-07-01

3.2.2 臭和味

3.2.2.1 嗅气和尝味法 [GB/T 5750.4—2006（3）]

标准名称：嗅气和尝味法

英文名称：/

标准编号：生活饮用水标准检验方法 感官性状和物理指标 GB/T 5750.4—2006（3）

适用范围：本标准规定了用嗅气味和尝味法测定生活饮用水及其水源水的臭和味。

本方法适用于生活饮用水及其水源水中臭和味的测定。

替代情况：本标准部分代替 GB/T 5750—1985

发布时间：2006-12-29

实施时间：2007-07-01

3.2.3 浑浊度

3.2.3.1 散射法——福尔马肼标准 [GB/T 5750.4—2006（2.1）]

标准名称：散射法——福尔马肼标准

英文名称：/

标准编号：生活饮用水标准检验方法 感官性状和物理指标 GB/T 5750.4—2006（2.1）

适用范围：本标准规定了以福尔马肼（Formazine）为标准用散射法测定生活饮用水及其水源水的浑浊度。

本方法适用于生活饮用水及其水源水中浑浊度的测定。

本方法最低检测浑浊度为 0.5 散射浊度单位（NTU）。

浑浊度是反映水源水及饮用水的物理性状的一项指标。水源水的浑浊度是由于悬浮物或胶态物，或两者造成在光学方面的散射或吸收行为。

替代情况：本标准部分代替 GB/T 5750—1985

发布时间：2006-12-29

实施时间：2007-07-01

3.2.3.2 目视比浊法——福尔马肼标准 [GB/T 5750.4—2006（2.2）]

标准名称：目视比浊法——福尔马肼标准

英文名称：/

标准编号：生活饮用水标准检验方法 感官性状和物理指标 GB/T 5750.4—2006（2.2）

适用范围：本标准规定了以福尔马肼（Formazine）为标准，用目视比浊法测定生活饮用水及其水源水的浑浊度。

本方法适用于生活饮用水及其水源水中浑浊度的测定。

本方法最低检测浑浊度为 1 散射浑浊度单位（NTU）。

替代情况：本标准部分代替 GB/T 5750—1985

发布时间：2006-12-29

实施时间：2007-07-01

3.2.4 肉眼可见物

3.2.4.1 直接观察法 [GB/T 5750.4—2006（4）]

标准名称：直接观察法

英文名称：/

标准编号：生活饮用水标准检验方法 感官性状和物理指标 GB/T 5750.4—2006（4）

适用范围：本标准规定了用直接观察法测定生活饮用水及其水源水的肉眼可见物。

本方法适用于生活饮用水及其水源水中肉眼可见物的测定。

替代情况：本标准部分代替 GB/T 5750—1985

发布时间：2006-12-29

实施时间：2007-07-01

3.2.5 pH

3.2.5.1 水质 pH 值的测定 玻璃电极法（GB/T 6920—1986）

详见第一章 3.2.2.1

3.2.5.2 玻璃电极法 [GB/T 5750.4—2006（5.1）]

标准名称：玻璃电极法

英文名称：/

标准编号：生活饮用水标准检验方法 感官性状和物理指标 GB/T 5750.4—2006（5.1）

适用范围：本标准规定了用玻璃电极法测定生活饮用水及其水源水的 pH 值。

本方法适用于生活饮用水及其水源水的 pH 值的测定。

用本方法测定 pH 值可准确到 0.01。

pH 值是水中氢离子活度倒数的对数值。

水的色度、浑浊度、游离氯、氧化剂、还原剂、较高含盐量均不干扰测定，但在较强的碱性溶液中，当有大量钠离子存在时产生误差，使读数偏低。

替代情况：本标准部分代替 GB/T 5750—1985

发布时间：2006-12-29

实施时间：2007-07-01

3.2.5.3 标准缓冲溶液比色法 [GB/T 5750.4—2006（5.2）]

标准名称：标准缓冲溶液比色法

英文名称：/

标准编号：生活饮用水标准检验方法 感官性状和物理指标 GB/T 5750.4—2006（5.2）

适用范围：本标准规定了用标准缓冲溶液比色法测定生活饮用水及其水源水的 pH 值。

本方法适用于色度和浑浊度甚低的生活饮用水及其水源水的 pH 值的测定。

用本方法测定 pH 值可准确到 0.1。

水的色度、浑浊或含有较多的游离余氯、氧化剂、还原剂时均干扰测定。

替代情况：本标准部分代替 GB/T 5750—1985

发布时间：2006-12-29

实施时间：2007-07-01

3.2.6 总硬度

3.2.6.1 水质 钙和镁总量的测定 EDTA 滴定法（GB/T 7477—1987）

详见第一章 3.2.109.1

3.2.6.2 乙二胺四乙酸二钠滴定法 [GB/T 5750.4—2006（7）]

标准名称：乙二胺四乙酸二钠滴定法

英文名称：/

标准编号：生活饮用水标准检验方法 感官性状和物理指标 GB/T 5750.4—2006（7）

适用范围：本标准规定了用乙二胺四乙酸二钠滴定法测定生活饮用水及其水源水中的总硬度。

本方法适用于生活饮用水及其水源水中总硬度的测定。

本方法最低检测质量为 0.05 mg。若取 50 mL 水样测定，则最低检测质量浓度为 1.0 mg/L。水的硬度原系指沉淀肥皂的程度。使肥皂沉淀的原因主要是由于水中的钙、镁离子，此外，铁、铝、锰、锶及锌也有同样的作用。

总硬度可将上述各离子的浓度相加进行计算。此法精确，但比较繁琐，而且在一般情况下钙、镁离子以外的其他金属离子的浓度都很低，所以多采用乙二胺四乙酸二钠滴定法测定钙、镁离子的问题，并经过换算，以每升水中碳酸钙的质量表示。

本方法主要干扰元素铁、锰、铝、铜、镍、钴等金属离子能使指示剂褪色或终点不明显。硫化钠及氰化钾可隐蔽重金属的干扰，盐酸羟胺可使高铁离子及高价锰离子还原为低价离子而消除其干扰。

由于钙离子与铬黑 T 指示剂在滴定到达终点时的反应不能呈现出明显的颜色转变，所以当水样中镁含量很少时，需要加入已知量的镁盐，使滴定颜色转变清晰，在计算结果时，再减去加入的镁盐量，或者在缓冲溶液中加入少量 MgEDTA，以保证明显的终点。

替代情况：本标准部分代替 GB/T 5750—1985

发布时间：2006-12-29

实施时间：2007-07-01

3.2.7 溶解性总固体

3.2.7.1 称量法 [GB/T 5750.4—2006（8）]

标准名称：称量法

英文名称：/

标准编号：生活饮用水标准检验方法　感官性状和物理指标 GB/T 5750.4—2006（8）

适用范围：本标准规定了用称量法测定生活饮用水及其水源水的溶解性总固体。

本方法适用于生活饮用水及其水源水中溶解性总固体的测定。

替代情况：本标准部分代替 GB/T 5750—1985

发布时间：2006-12-29

实施时间：2007-07-01

3.2.8 硫酸盐

3.2.8.1 水质　硫酸盐的测定　重量法（GB/T 11899—1989）

详见第一章 3.2.25.1

3.2.8.2 水质　无机阴离子的测定　离子色谱法（HJ/T 84—2001）

详见第一章 3.2.12.4

3.2.8.3 水质　硫酸盐的测定　铬酸钡分光光度法（试行）（HJ/T 342—2007）

详见第一章 3.2.25.2

3.2.8.4 硫酸钡比浊法 [GB/T 5750.5—2006（1.1）]

标准名称：硫酸钡比浊法

英文名称：/

标准编号：生活饮用水标准检验方法　无机非金属指标 GB/T 5750.5—2006（1.1）

适用范围：本标准规定了用硫酸钡比浊法测定生活饮用水及其水源水中的硫酸盐。

本方法适用于生活饮用水及其水源水中可溶性硫酸盐的测定。

本方法最低检测质量为 0.25 mg。若取 50 mL 水样测定，则最低检测质量浓度为 5.0 mg/L。

本方法适用于测定低于 40 mg/L 硫酸盐的水样。搅拌速度、时间、温度及试剂加入方式均能影响比浊法的测定结果，因此要求严格控制操作条件的一致。

替代情况：本标准部分代替 GB/T 5750—1985

发布时间：2006-12-29

实施时间：2007-07-01

3.2.8.5 离子色谱法 [GB/T 5750.5—2006（3.2）]

标准名称：离子色谱法

英文名称：/

标准编号：生活饮用水标准检验方法　无机非金属指标 GB/T 5750.5—2006（3.2）

适用范围：本标准规定了用离子色谱分析法测定生活饮用水及其水源水中的氟化物、氯化物、硝酸盐和硫酸盐的含量。

本方法适用于生活饮用水及其水源水中氟化物、氯化物、硝酸盐和硫酸盐的测定。

本方法最低检测质量浓度取决于不同进样量和检测器灵敏度，一般情况下，进样 50 μL，电导检测器量程为 10 μS 时适宜的检测范围为：0.1～1.5 mg/L（以 F^-计）；0.15～2.5 mg/L（以 Cl^-和 NO_3-N 计）；0.75～12 mg/L（以 SO_4^{2-}计）。

水样中存在较高浓度的低分子量有机酸时，由于其保留时间与被测组分相似而干扰测定，用加标后测量可以帮助鉴别此类干扰，水样中某一阴离子含量过高时，将影响其他被测离子的分析，将样品稀释可以改善此类干扰。

由于进样量很小，操作中必需严格防止纯水、器皿以及水样预处理过程中的污染，以确保分析的准确性。

为了防止保护柱和分离术系统堵塞，样品必需经过 0.2 μm 滤膜过滤。为了防止高浓度钙、镁离子在碳酸盐淋洗液中沉淀，可将水样先经过强酸性阳离子交换树脂柱。

不同浓度离子同时分析时的相互干扰，或存在其他组分干扰时可采取水样预浓缩，梯度淋洗或将流出液分部收集后再进样的方法消除干扰，但必需对所采取的方法的精密度及偏性进行确认。

替代情况：本标准部分代替 GB/T 5750—1985

发布时间：2006-12-29

实施时间：2007-07-01

3.2.8.6 铬酸钡分光光度法（热法） [GB/T 5750.5—2006（1.3）]

标准名称：铬酸钡分光光度法（热法）

英文名称：/

标准编号：生活饮用水标准检验方法 无机非金属指标 GB/T 5750.5—2006（1.3）

适用范围：本标准规定了用铬酸钡分光光度法（热法）测定生活饮用水及其水源水中的硫酸盐。

本方法适用于生活饮用水及其水源水中可溶性硫酸盐的测定。

本方法最低检测质量为 0.25 mg。若取 50 mL 水样测定，则最低检测质量浓度为 5 mg/L。

本方法适用于测定硫酸盐浓度为 5～200 mg/L 的水样。水样中碳酸盐可与钡离子形成沉淀干扰测定，但经加酸煮沸后可消除其干扰。

替代情况：本标准部分代替 GB/T 5750—1985

发布时间：2006-12-29

实施时间：2007-07-01

3.2.8.7 铬酸钡分光光度法（冷法） [GB/T 5750.5—2006（1.4）]

标准名称：铬酸钡分光光度法（冷法）

英文名称：/

标准编号：生活饮用水标准检验方法 无机非金属指标 GB/T 5750.5—2006（1.4）

适用范围：本标准规定了用铬酸钡分光光度法测定生活饮用水及其水源水中的硫酸盐。

本方法适用于生活饮用水及其水源水中可溶性硫酸盐的测定。

本方法最低检测质量为 0.05 mg。若取 10 mL 水样测定，则最低检测质量浓度为 5 mg/L。

本方法适用于测定硫酸盐浓度为 5～100 mg/L 的水样。水样中碳酸盐可与钡离子形成沉淀干扰测定，加入钙氨溶液消除碳酸盐的干扰。

替代情况：本标准部分代替 GB/T 5750—1985

发布时间：2006-12-29

实施时间：2007-07-01

3.2.8.8 硫酸钡烧灼称量法 [GB/T 5750.5—2006（1.5）]

标准名称：硫酸钡烧灼称量法

英文名称：/

标准编号：生活饮用水标准检验方法 无机非金属指标 GB/T 5750.5—2006（1.5）

适用范围：本标准规定了用硫酸钡烧灼称量法测定生活饮用水及其水源水中的硫酸盐。

本方法适用于生活饮用水及其水源水中可溶性硫酸盐的测定。

本方法最低检测质量为 5 mg。若取 500 mL 水样测定，则最低检测质量浓度为 10 mg/L。

水中悬浮物、二氧化硅、水样处理过程中形成的不溶性硅酸盐及由亚硫酸盐氧化形成的硫酸盐，因操作不当包埋在硫酸钡沉淀中的氯化钡、硝酸钡等可造成测定结果的偏高。铁和铬影响硫酸钡的完全沉淀使结果偏低。

替代情况：本标准部分代替 GB/T 5750—1985

发布时间：2006-12-29

实施时间：2007-07-01

3.2.9 氯化物

3.2.9.1 水质 氯化物的测定 硝酸银滴定法（GB/T 11896—1989）

详见第一章 3.2.26.1

3.2.9.2 水质 氯化物的测定 硝酸汞滴定法（试行）（HJ/T 343—2007）

详见第一章 3.2.26.2

3.2.9.3 水质 无机阴离子的测定 离子色谱法（HJ/T 84—2001）

详见第一章 3.2.12.4

3.2.9.4 硝酸银容量法 [GB/T 5750.5—2006（2.1）]

标准名称：硝酸银容量法

英文名称：/

标准编号：生活饮用水标准检验方法 无机非金属指标 GB/T 5750.5—2006（2.1）

适用范围：本标准规定了用硝酸银容量法测定生活饮用水及其水源水中的氯化物。

本方法适用于生活饮用水及其水源水中氯化物的测定。

本方法最低检测质量为 0.05 mg。若取 50 mL 水样测定，则最低检测质量浓度为 1.0 mg/L。

溴化物及碘化物均能引起相同反应，并以相当于氯化物的质量计入结果。硫化物、亚硫酸盐、硫代硫酸盐及超过 15 mg/L 的耗氧量可干扰本方法测定。亚硫酸盐等干扰可用过氧化氢处理除去。耗氧量较高的水样可用高锰酸钾处理或蒸干后灰化处理。

替代情况：本标准部分代替 GB/T 5750—1985

发布时间：2006-12-29

实施时间：2007-07-01

3.2.9.5 离子色谱法 [GB/T 5750.5—2006（3.2）]

详见本章 3.2.8.5

3.2.9.6 硝酸汞容量法 [GB/T 5750.5—2006（2.3）]

标准名称：硝酸汞容量法

英文名称：/

标准编号：生活饮用水标准检验方法 无机非金属指标 GB/T 5750.5—2006（2.3）

适用范围：本标准规定了用硝酸汞容量法测定生活饮用水及其水源水中的氯化物。

本方法适用于生活饮用水及其水源水中氯化物的测定。

本方法最低检测质量为 0.05 mg。若取 50 mL 水样测定，则最低检测质量浓度为 1.0 mg/L（以 Cl^- 计）。

水样中溴化物及碘化物均能引起相同反应，在计算中均以氯化物计入结果。硫化物和大于

10 mg/L 的亚硫酸盐、铬酸盐、高铁离子等能干扰测定。硫化物和亚硫酸盐的干扰可用过氧化氢氧化消除。

替代情况：本标准部分代替 GB/T 5750—1985

发布时间：2006-12-29

实施时间：2007-07-01

3.2.10　铁

3.2.10.1　水质　铁、锰的测定　火焰原子吸收分光光度法（GB/T 11911—1989）

详见第一章 3.2.28.1

3.2.10.2　水质　铁的测定　邻菲啰啉分光光度法（试行）（HJ/T 345—2007）

详见第一章 3.2.28.2

3.2.10.3　原子吸收分光光度法 [GB/T 5750.6—2006（2.1）]

标准名称：原子吸收分光光度法

英文名称：/

标准编号：生活饮用水标准检验方法　金属指标 GB/T 5750.6—2006（2.1）

适用范围：本标准规定了用直接火焰原子吸收分光光度法测定生活饮用水及其水源水中的铜、铁、锰、锌、镉和铅。

本方法适用于生活饮用水及水源水中较高浓度的铜、铁、锰、锌、镉和铅的测定。

本方法适宜的测定范围：铜 0.2～5 mg/L，铁 0.3～5 mg/L，锰 0.1～3 mg/L，锌 0.05～1 mg/L，镉 0.05～2 mg/L，铅 1.0～20 mg/L。

替代情况：本标准部分代替 GB/T 5750—1985

发布时间：2006-12-29

实施时间：2007-07-01

3.2.10.4　二氮杂菲分光光度法 [GB/T 5750.6—2006（2.2）]

标准名称：二氮杂菲分光光度法

英文名称：/

标准编号：生活饮用水标准检验方法　金属指标 GB/T 5750.6—2006（2.2）

适用范围：本标准规定了用二氮杂菲分光光度法测定生活饮用水及其水源水中的铁。

本方法适用于生活饮用水及其水源水中铁的测定。

本方法最低检测质量为 2.5 μg（以 Fe 计），若取 50 mL 水样，则最低检测质量浓度为 0.05 mg/L。

钴、铜超过 5 mg/L，镍超过 2 mg/L，锌超过铁的 10 倍时有干扰。铋、镉、汞、钼和银可与二氮杂菲试剂产生浑浊。

替代情况：本标准部分代替 GB/T 5750—1985

发布时间：2006-12-29

实施时间：2007-07-01

3.2.10.5　电感耦合等离子体发射光谱法 [GB/T 5750.6—2006（1.4）]

标准名称：电感耦合等离子体发射光谱法

英文名称：/

标准编号：生活饮用水标准检验方法　金属指标 GB/T 5750.6—2006（1.4）

适用范围： 本标准规定了用电感耦合等离子体发射光谱（ICP/AES）法测定生活饮用水及其水源水中的铝、锑、砷、钡、铍、硼、镉、钙、铬、钴、铜、铁、铅、锂、镁、锰、钼、镍、钾、硒、硅、银、钠、锶、铊、钒和锌。

本方法适用于生活饮用水及其水源水中铝、锑、砷、钡、铍、硼、镉、钙、铬、钴、铜、铁、铅、锂、镁、锰、钼、镍、钾、硒、硅、银、钠、锶、铊、钒和锌的测定。

本方法对各元素的最低检测质量浓度、所用测量波长列于表 2.1 中。

表 2.1　推荐的波长、最低检测质量浓度

元素	波长/nm	最低检测质量浓度/（μg/L）	元素	波长/nm	最低检测质量浓度/（μg/L）
铝	308.22	40	镁	279.08	13
锑	206.83	30	锰	257.61	0.5
砷	193.70	35	钼	202.03	8
钡	455.40	1	镍	231.60	6
铍	313.04	0.2	钾	766.49	20
硼	249.77	11	硒	196.03	50
镉	226.50	4	硅（SiO_2）	212.41	20
钙	317.93	11	银	328.07	13
铬	267.72	19	钠	589.00	5
钴	228.62	2.5	锶	407.77	0.5
铜	324.75	9	铊	190.86	40
铁	259.94	4.5	钒	292.40	5
铅	220.35	20	锌	213.86	1
锂	670.78	1			

替代情况： 本标准部分代替 GB/T 5750—1985

发布时间： 2006-12-29

实施时间： 2007-07-01

3.2.10.6　电感耦合等离子体质谱法 [GB/T 5750.6—2006（1.5）]

标准名称： 电感耦合等离子体质谱法

英文名称： /

标准编号： 生活饮用水标准检验方法　金属指标 GB/T 5750.6—2006（1.5）

适用范围： 本标准规定了用电感耦合等离子体质谱法（ICP/MS）测定生活饮用水及其水源水中的银、铝、砷、硼、钡、铍、钙、镉、钴、铬、铜、铁、钾、锂、镁、锰、钼、钠、镍、铅、锑、硒、锶、锡、钍、铊、钛、铀、钒、锌、汞。

本方法适用于生活饮用水及其水源水中银、铝、砷、硼、钡、铍、钙、镉、钴、铬、铜、铁、钾、锂、镁、锰、钼、钠、镍、铅、锑、硒、锶、锡、钍、铊、钛、铀、钒、锌、汞的测定。

本方法各元素最低检测质量浓度（μg/L）分别为：银，0.03；铝，0.63；砷，0.09；硼，0.9；钡，0.3；铍，0.03；钙，6.0；镉，0.06；钴，0.03；铬，0.09；铜，0.09；铁，0.9；钾，3.0；锂，0.3；镁，0.4；锰，0.06；钼，0.06；钠，7.0；镍，0.07；铅，0.07；锑，0.07；硒，0.09；锶，0.09；锡，0.09；钍，0.06；铊，0.01；钛，0.4；铀，0.04；钒，0.07；锌，0.8；汞，0.07。

替代情况： 本标准部分代替 GB/T 5750—1985

发布时间：2006-12-29

实施时间：2007-07-01

3.2.11　锰

3.2.11.1　水质　锰的测定　高碘酸钾分光光度法（GB/T 11906—1989）

详见第一章 3.2.29.1

3.2.11.2　水质　铁、锰的测定　火焰原子吸收分光光度法（GB/T 11911—1989）

详见第一章 3.2.28.1

3.2.11.3　原子吸收分光光度法 [GB/T 5750.6—2006（3.1）]

标准名称：原子吸收分光光度法

英文名称：/

标准编号：生活饮用水标准检验方法　金属指标 GB/T 5750.6—2006（3.1）

适用范围：本标准规定了用直接火焰原子吸收分光光度法测定生活饮用水及其水源水中的铜、铁、锰、锌、镉和铅。

本方法适用于生活饮用水及水源水中较高浓度的铜、铁、锰、锌、镉和铅的测定。

本方法适宜的测定范围：铜 0.2～5 mg/L，铁 0.3～5 mg/L，锰 0.1～3 mg/L，锌 0.05～1 mg/L，镉 0.05～2 mg/L，铅 1.0～20 mg/L。

替代情况：本标准部分代替 GB/T 5750—1985

发布时间：2006-12-29

实施时间：2007-07-01

3.2.11.4　过硫酸铵分光光度法 [GB/T 5750.6—2006（3.2）]

标准名称：过硫酸铵分光光度法

英文名称：/

标准编号：生活饮用水标准检验方法　金属指标 GB/T 5750.6—2006（3.2）

适用范围：本标准规定了用过硫酸铵分光光度法测定生活饮用水及其水源水中的锰。

本方法适用于生活饮用水及其水源水中总锰的测定。

本方法最低检测质量为 2.5 μg 锰（以 Mn 计），若取 50 mL 水样测定，则最低检测质量浓度为 0.05 mg/L。

小于 100 mg 的氯离子不干扰测定。

替代情况：本标准部分代替 GB/T 5750—1985

发布时间：2006-12-29

实施时间：2007-07-01

3.2.11.5　甲醛肟分光光度法 [GB/T 5750.6—2006（3.3）]

标准名称：甲醛肟分光光度法

英文名称：/

标准编号：生活饮用水标准检验方法　金属指标 GB/T 5750.6—2006（3.3）

适用范围：本标准规定了用甲醛肟分光光度法测定生活饮用水及其水源水中的锰。

本方法适用于生活饮用水及其水源水中总锰的测定。

本方法最低检测质量为 1.0 μg，若取 50 mL 水样测定，最低检测质量浓度为 0.02 mg/L。

钴大于 1.5 mg/L 时，出现正干扰。

替代情况：本标准部分代替 GB/T 5750—1985

发布时间：2006-12-29

实施时间：2007-07-01

3.2.11.6 高碘酸银（III）钾分光光度法 [GB/T 5750.6—2006（3.4）]

标准名称：高碘酸银（III）钾分光光度法

英文名称：/

标准编号：生活饮用水标准检验方法　金属指标 GB/T 5750.6—2006（3.4）

适用范围：本标准规定了用高碘酸银（III）钾分光光度法测定生活饮用水及其水源水中的锰。

本方法适用于生活饮用水及其水源水中锰的测定。

本方法最低检测质量为 2.5μg，若取 50 mL 水样测定，则最低检测质量浓度为 0.05 mg/L。

Cl^-在不加热消解时对实验有干扰。本方法在酸性条件下加热煮沸消解，可消除 Cl^-的干扰。水中金属离子及无机离子在较大范围内对本实验不产生干扰。

替代情况：本标准部分代替 GB/T 5750—1985

发布时间：2006-12-29

实施时间：2007-07-01

3.2.11.7 电感耦合等离子体发射光谱法 [GB/T 5750.6—2006（1.4）]

详见本章 3.2.10.5

3.2.11.8 电感耦合等离子体质谱法 [GB/T 5750.6—2006（1.5）]

详见本章 3.2.10.6

3.2.11.9 水质　氰化物等的测定　真空检测管-电子比色法（HJ 659—2013）

详见第一章 3.2.5.3

3.2.12 铜

3.2.12.1 水质　铜的测定　2,9-二甲基-1,10-菲啰啉分光光度法（HJ 486—2009）

详见第一章 3.2.10.1

3.2.12.2 水质　铜的测定　二乙基二硫代氨基甲酸钠分光光度法（HJ 485—2009）

详见第一章 3.2.10.2

3.2.12.3 水质　铜、锌、铅、镉的测定　原子吸收分光光度法（GB/T 7475—1987）

详见第一章 3.2.10.3

3.2.12.4 无火焰原子吸收分光光度法 [GB/T 5750.6—2006（4.1）]

标准名称：无火焰原子吸收分光光度法

英文名称：/

标准编号：生活饮用水标准检验方法　金属指标 GB/T 5750.6—2006（4.1）

适用范围：本标准规定了用无火焰原子吸收分光光度法测定生活饮用水及其水源水中的铜。

本方法适用于生活饮用水及其水源水中铜的测定。

本方法最低检测质量为 0.1 ng，若取 20 μL 水样测定，则最低检测质量浓度为 5 μg/L。

替代情况：本标准部分代替 GB/T 5750—1985

发布时间：2006-12-29

实施时间： 2007-07-01

3.2.12.5　火焰原子吸收分光光度法——直接法 [GB/T 5750.6—2006（4.2.1）]

标准名称： 火焰原子吸收分光光度法——直接法

英文名称： /

标准编号： 生活饮用水标准检验方法　金属指标 GB/T 5750.6—2006（4.2.1）

适用范围： 本标准规定了用直接火焰原子吸收分光光度法测定生活饮用水及其水源水中的铜、铁、锰、锌、镉和铅。

本方法适用于生活饮用水及水源水中较低浓度的铜、铁、锰、锌、镉和铅的测定。

本方法适宜的测定范围：铜 0.2～5 mg/L，铁 0.3～5 mg/L，锰 0.1～3 mg/L，锌 0.05～1 mg/L，镉 0.05～2 mg/L，铅 1.0～20 mg/L。

替代情况： 本标准部分代替 GB/T 5750—1985

发布时间： 2006-12-29

实施时间： 2007-07-01

3.2.12.6　火焰原子吸收分光光度法——萃取法 [GB/T 5750.6—2006（4.2.2）]

标准名称： 火焰原子吸收分光光度法——萃取法

英文名称： /

标准编号： 生活饮用水标准检验方法　金属指标 GB/T 5750.6—2006（4.2.2）

适用范围： 本标准规定了用萃取火焰原子吸收分光光度法测定生活饮用水及其水源水中的铜、铁、锰、锌、镉和铅。

本方法适用于生活饮用水及水源水中较高浓度的铜、铁、锰、锌、镉和铅的测定。

本方法最低检测质量铁、锰、铅，2.5 μg；铜，0.75 μg；锌、镉，0.25 μg。若取 100 mL 水样萃取，则最低检测质量浓度分别为 25 μg/L、7.5 μg/L 和 2.5 μg/L。

本方法适宜的测定范围：铁、锰、铅，25～300 μg/L；铜，7.5～90 μg/L；锌、镉，2.5～30 μg/L。

替代情况： 本标准部分代替 GB/T 5750—1985

发布时间： 2006-12-29

实施时间： 2007-07-01

3.2.12.7　火焰原子吸收分光光度法——共沉淀法 [GB/T 5750.6—2006（4.2.3）]

标准名称： 火焰原子吸收分光光度法——共沉淀法

英文名称： /

标准编号： 生活饮用水标准检验方法　金属指标 GB/T 5750.6—2006（4.2.3）

适用范围： 本标准规定了用共沉淀-火焰原子吸收分光光度法测定生活饮用水及其水源水中的铜、铁、锰、锌、镉和铅。

本方法适用于生活饮用水及其水源水中较低浓度的铜、铁、锰、锌、镉和铅的测定。

本方法最低检测质量：铜、锰，2 μg；锌、铁，2.5 μg；镉，1 μg；铅，5 μg。若取 250 mL 水样共沉淀，则最低检测质量浓度分别为铜、锰，0.008 mg/L；锌、铁，0.01 mg/L；镉，0.004 mg/L；铅，0.02 mg/L。

本方法适宜的测定范围为：铜、锰，0.008～0.04 mg/L；锌、铁，0.01～0.05 mg/L；镉，0.004～0.02 mg/L；铅，0.02～0.1 mg/L。

替代情况： 本标准部分代替 GB/T 5750—1985

发布时间：2006-12-29

实施时间：2007-07-01

3.2.12.8 火焰原子吸收分光光度法——巯基棉富集法 [GB/T 5750.6—2006（4.2.4）]

标准名称：火焰原子吸收分光光度法——巯基棉富集法

英文名称：/

标准编号：生活饮用水标准检验方法 金属指标 GB/T 5750.6—2006（4.2.4）

适用范围：本标准规定了用巯基棉富集-火焰原子吸收分光光度法测定生活饮用水及其水源水中的铅、镉和铜。

本方法适用于生活饮用水及其水源水中低浓度的铅、镉和铜的测定。

本方法最低检测质量：铅，1 μg；镉，0.1 μg；铜，1 μg。若取 500 mL 水样富集，则最低检测质量浓度（mg/L）为：铅，0.004；镉，0.000 4 和铜，0.004。

大多数阳离子不干扰测定。

替代情况：本标准部分代替 GB/T 5750—1985

发布时间：2006-12-29

实施时间：2007-07-01

3.2.12.9 二乙基二硫代氨基甲酸钠分光光度法 [GB/T 5750.6—2006（4.3）]

标准名称：二乙基二硫代氨基甲酸钠分光光度法

英文名称：/

标准编号：生活饮用水标准检验方法 金属指标 GB/T 5750.6—2006（4.3）

适用范围：本标准规定了用二乙基二硫代氨基甲酸钠分光光度法测定生活饮用水及其水源水中的铜。

本方法适用于生活饮用水及其水源水中铜的测定。

本方法最低检测质量为 2 g，若取 100 mL 水样测定，则最低检测质量浓度为 0.02 mg/L。

铁与显色剂形成棕色化合物对本标准有干扰，可用柠檬酸掩蔽。镍、钴与试剂呈绿黄色以至暗绿色，可用 EDTA 掩蔽。铋与试剂呈黄色，但在 440 nm 波长吸收极小，存在量为铜的 2 倍时，其干扰可以忽略。锰呈微红色，但颜色很不稳定，微量时显色后放置一段时间，颜色即可褪去。锰含量高时，加入盐酸羟胺，即可消除干扰。

替代情况：本标准部分代替 GB/T 5750—1985

发布时间：2006-12-29

实施时间：2007-07-01

3.2.12.10 双乙醛草酸二腙分光光度法 [GB/T 5750.6—2006（4.4）]

标准名称：双乙醛草酸二腙分光光度法

英文名称：/

标准编号：生活饮用水标准检验方法 金属指标 GB/T 5750.6—2006（4.4）

适用范围：本标准规定了用双乙醛草酸二腙分光光度法测定生活饮用水及其水源水中的铜。

本方法适用于生活饮用水及其水源水中铜的测定。

本方法最低检测质量为 1.0 μg，若取 25 mL 水样测定，则最低检测质量浓度为 0.04 mg/L。

水中含 20 mg Na^{+}，10 mg Ca^{2+}，5 mg K^{+}、Mg^{2+}、SO_4^{2-}、NO_3^{-}，CO_3^{2-}对测定无明显影响，50 mg Cd^{2+}、Al^{3+}、Zn^{2+}、Sn^{2+}、Pb^{2+}，1 mg Fe^{2+}，0.5 mg Mn^{2+}，0.1 mg As^{3+}，Cr^{6+}共存时，误差不大于 10%。

替代情况：本标准部分代替 GB/T 5750—1985

发布时间：2006-12-29

实施时间：2007-07-01

3.2.12.11 电感耦合等离子体发射光谱法 [GB/T 5750.6—2006（1.4）]

详见本章 3.2.10.5

3.2.12.12 电感耦合等离子体质谱法 [GB/T 5750.6—2006（1.5）]

详见本章 3.2.10.6

3.2.13 锌

3.2.13.1 水质 铜、锌、铅、镉的测定 原子吸收分光光度法（GB/T 7475—1987）

详见第一章 3.2.10.3

3.2.13.2 水质 锌的测定 双硫腙分光光度法（GB/T 7472—1987）

详见第一章 3.2.11.2

3.2.13.3 火焰原子吸收分光光度法 [GB/T 5750.6—2006（5.1）]

标准名称：火焰原子吸收分光光度法

英文名称：/

标准编号：生活饮用水标准检验方法 金属指标 GB/T 5750.6—2006（5.1）

适用范围：本标准规定了用直接火焰原子吸收分光光度法测定生活饮用水及其水源水中的铜、铁、锰、锌、镉和铅。

本方法适用于生活饮用水及水源水中较高浓度的铜、铁、锰、锌、镉和铅的测定。

本方法适宜的测定范围：铜 0.2～5 mg/L，铁 0.3～5 mg/L，锰 0.1～3 mg/L，锌 0.05～1 mg/L，镉 0.05～2 mg/L，铅 1.0～20 mg/L。

替代情况：本标准部分代替 GB/T 5750—1985

发布时间：2006-12-29

实施时间：2007-07-01

3.2.13.4 锌试剂-环己酮分光光度法 [GB/T 5750.6—2006（5.2）]

标准名称：锌试剂-环己酮分光光度法

英文名称：/

标准编号：生活饮用水标准检验方法 金属指标 GB/T 5750.6—2006（5.2）

适用范围：本标准规定了用锌试剂-环己酮分光光度法测定生活饮用水及其水源水中的锌。

本方法适用于生活饮用水及其水源水中锌的测定。

本方法最低检测质量为 5 μg，若取 25 mL 水样测定，则最低检测质量浓度为 0.20 mg/L。

加入抗坏血酸钠可降低锰的干扰。Cu^{2+}、Pb^{2+}、Fe^{3+}和 Mn^{2+}质量浓度分别不超过 30 mg/L、50 mg/L、7 mg/L 和 5 mg/L 时，对测定无干扰。

替代情况：本标准部分代替 GB/T 5750—1985

发布时间：2006-12-29

实施时间：2007-07-01

3.2.13.5 双硫腙分光光度法 [GB/T 5750.6—2006（5.3）]

标准名称：双硫腙分光光度法

英文名称：/

标准编号：生活饮用水标准检验方法　金属指标 GB/T 5750.6—2006（5.3）

适用范围：本标准规定了用双硫腙分光光度法测定生活饮用水及其水源水中的锌。

本方法适用于生活饮用水及其水源水中锌的测定。

本方法最低检测质量为 0.5 μg，若取 10 mL 水样测定，则最低检测质量浓度为 0.05 mg/L。

在选定的 pH 条件下，用足量硫代硫酸钠可掩蔽水中少量铅、铜、汞、镉、钴、铋、镍、金、钯、银、亚锡等金属干扰离子。

替代情况：本标准部分代替 GB/T 5750—1985

发布时间：2006-12-29

实施时间：2007-07-01

3.2.13.6　催化示波极谱法 [GB/T 5750.6—2006（5.4）]

标准名称：催化示波极谱法

英文名称：/

标准编号：生活饮用水标准检验方法　金属指标 GB/T 5750.6—2006（5.4）

适用范围：本标准规定了用催化示波极谱法测定生活饮用水及其水源水中的锌。

本方法适用于生活饮用水及其水源水中锌的测定。

本方法最低检测质量为 0.1 μg，若取 10 mL 水样测定，则最低检测质量浓度为 10 μg/L。

下述共存物质（mg/L）对本标准无干扰：Ca^{2+}，200；Mg^{2+}，40；Fe^{2+}、Mn^{2+}，1.0；Cu^{2+}、Cd^{2+}、Pb^{2+}、As^{3+}，20。大量的 K^{+}，Na^{+}，NO_2^{-}，SO_4^{2-}，F^{-}存在时不干扰测定。

替代情况：本标准部分代替 GB/T 5750—1985

发布时间：2006-12-29

实施时间：2007-07-01

3.2.13.7　电感耦合等离子体发射光谱法 [GB/T 5750.6—2006（1.4）]

详见本章 3.2.10.5

3.2.13.8　电感耦合等离子体质谱法 [GB/T 5750.6—2006（1.5）]

详见本章 3.2.10.6

3.2.14　钼

3.2.14.1　无火焰原子吸收分光光度法 [GB/T 5750.6—2006（13.1）]

标准名称：无火焰原子吸收分光光度法

英文名称：/

标准编号：生活饮用水标准检验方法　金属指标 GB/T 5750.6—2006（13.1）

适用范围：本标准规定了用无火焰原子吸收分光光度法测定生活饮用水及其水源水中的钼。

本方法适用于生活饮用水及其水源水中钼的测定。

本方法最低检测质量为 0.1 ng，若取 20 μL 水样测定，则最低检测浓度为 5 μg/L。

水中共存离子一般不产生干扰。

替代情况：本标准部分代替 GB/T 5750—1985

发布时间：2006-12-29

实施时间：2007-07-01

3.2.14.2　电感耦合等离子体发射光谱法 [GB/T 5750.6—2006（1.4）]

详见本章 3.2.10.5

3.2.14.3　电感耦合等离子体质谱法 [GB/T 5750.6—2006（1.5）]

详见本章 3.2.10.6

3.2.15　钴

3.2.15.1　水质　总钴的测定　5-氯-2-(吡啶偶氮)-1,3-二氨基苯分光光度法（暂行）（HJ 550—2009）

详见第一章 3.2.98.1

3.2.15.2　无火焰原子吸收分光光度法 [GB/T 5750.6—2006（14.1）]

详见第一章 3.2.98.2

3.2.15.3　电感耦合等离子体发射光谱法 [GB/T 5750.6—2006（1.4）]

详见本章 3.2.10.5

3.2.15.4　电感耦合等离子体质谱法 [GB/T 5750.6—2006（1.5）]

详见本章 3.2.10.6

3.2.16　挥发酚类

3.2.16.1　水质　挥发酚的测定　4-氨基安替比林分光光度法（HJ 503—2009）

详见第一章 3.2.20.1

3.2.16.2　4-氨基安替吡啉三氯甲烷萃取分光光度法 [GB/T 5750.4—2006（9.1）]

标准名称：4-氨基安替吡啉三氯甲烷萃取分光光度法

英文名称：/

标准编号：生活饮用水标准检验方法　感官性状和物理指标 GB/T 5750.4—2006（9.1）

适用范围：本标准规定了用 4-氨基安替吡啉三氯甲烷萃取分光光度法测定生活饮用水及其水源水中的挥发酚。

本方法适用于测定生活饮用水及其水源水中的挥发酚。

本方法最低检测质量为 0.5 μg 挥发酚（以苯酚计）。若取 250 mL 水样，则其最低检测质量浓度为 0.002 mg/L 挥发酚（以苯酚计）。

水中还原性硫化物、氧化剂、苯胺类化合物及石油等干扰酚的测定。硫化物经酸化及加入硫酸铜在蒸馏时与挥发酚分离；余氯等氧化剂可在采样时加入硫酸亚铁或亚砷酸钠还原。苯胺类在酸性溶液中形成盐类不被蒸出。石油可在碱性条件下用有机溶剂萃取后除去。

替代情况：本标准部分代替 GB/T 5750—1985

发布时间：2006-12-29

实施时间：2007-07-01

3.2.16.3　4-氨基安替吡啉直接分光光度法 [GB/T 5750.4—2006（9.2）]

标准名称：4-氨基安替吡啉直接分光光度法

英文名称：/

标准编号：生活饮用水标准检验方法　感官性状和物理指标 GB/T 5750.4—2006（9.2）

适用范围：本标准规定了用 4-氨基安替吡啉直接分光光度法测定受污染的生活饮用水及其水源水中的挥发酚。

本方法适用于生活饮用水及其水源水中含量在 0.1～5.0 mg/L 的挥发酚的测定。

本方法的最低检测质量为 5.0 μg 挥发酚（以苯酚计）。若取 50 mL 水样测定，则最低检测质量浓度为 0.10 mg/L 挥发酚（以苯酚计）。

本方法的干扰物及其消除方法见标准原文 9.1.1。

替代情况：本标准部分代替 GB/T 5750—1985

发布时间：2006-12-29

实施时间：2007-07-01

3.2.17 阴离子合成洗涤剂

3.2.17.1 水质 阴离子表面活性剂的测定 亚甲蓝分光光度法（GB/T 7494—1987）

详见第一章 3.2.22.1

3.2.17.2 亚甲蓝分光光度法 [GB/T 5750.4—2006（10.1）]

标准名称：亚甲蓝分光光度法

英文名称：/

标准编号：生活饮用水标准检验方法 感官性状和物理指标 GB/T 5750.4—2006（10.1）

适用范围：本标准规定了用亚甲蓝分光光度法测定生活饮用水及其水源水中的阴离子合成洗涤剂。

本方法适用于生活饮用水及其水源水中阴离子合成洗涤剂的测定。

本方法用十二烷基苯磺酸钠作为标准，最低检测质量为 5 μg。若取 100 mL 水样测定，则最低检测质量浓度为 0.050 mg/L。

能与亚甲蓝反应的物质对本标准均有干扰。酚、有机硫酸盐、磺酸盐、磷酸盐以及大量氯化物（2 000 mg）、硝酸盐（5 000 mg）、硫氰酸盐等均可使结果偏高。

替代情况：本标准部分代替 GB/T 5750—1985

发布时间：2006-12-29

实施时间：2007-07-01

3.2.17.3 二氮杂菲萃取分光光度法 [GB/T 5750.4—2006（10.2）]

标准名称：二氮杂菲萃取分光光度法

英文名称：/

标准编号：生活饮用水标准检验方法 感官性状和物理指标 GB/T 5750.4—2006（10.2）

适用范围：本标准规定了用二氮杂菲萃取分光光度法测定生活饮用水及其水源水中的阴离子合成洗涤剂。

本方法适用于生活饮用水及其水源水中阴离子合成洗涤剂的测定。

本方法最低检测质量为 2.5 μg。若取 100 mL 水样测定，则最低检测质量浓度为 0.025 mg/L（以十二烷基苯磺酸钠计）。

生活饮用水及其水源水中常见的共存物质小于以下浓度时对本标准无干扰：Ca^{2+}、NO_3^-（400 mg/L），SO_4^{2-}（100 mg/L），Mg^{2+}（70 mg/L），NO_2^-（17 mg/L），PO_4^{3-}（10 mg/L），F^-（7 mg/L），SCN^-（5 mg/L），Mn^{2+}、$C1^-$（1 mg/L），Cu^{2+}（0.1 mg/L）。阳离子表面活性剂质量浓度为 0.1 mg/L 时，会产生误差为－28.4%的严重干扰。

替代情况：本标准部分代替 GB/T 5750—1985

发布时间：2006-12-29

实施时间：2007-07-01

3.2.18 高锰酸盐指数（耗氧量）

3.2.18.1 水质 高锰酸盐指数的测定（GB/T 11892—1989）

详见第一章 3.2.4.1

3.2.18.2 酸性高锰酸钾滴定法 [GB/T 5750.7—2006（1.1）]

标准名称：酸性高锰酸钾滴定法

英文名称：/

标准编号：生活饮用水标准检验方法 有机物综合指标 GB/T 5750.7—2006（1.1）

适用范围：本标准规定了用酸性高锰酸钾滴定法测定生活饮用水及其水源水中的耗氧量。

本方法适用于氯化物质量浓度低于 300 mg/L（以 Cl^-计）的生活饮用水及其水源水中耗氧量的测定。

本方法最低检测质量浓度（取 100 mL 水样时）为 0.05 mg/L，最高可测定耗氧量为 5.0 mg/L（以 O_2 计）。

替代情况：本标准部分代替 GB/T 5750—1985

发布时间：2006-12-29

实施时间：2007-07-01

3.2.18.3 碱性高锰酸钾滴定法 [GB/T 5750.7—2006（1.2）]

标准名称：碱性高锰酸钾滴定法

英文名称：/

标准编号：生活饮用水标准检验方法 有机物综合指标 GB/T 5750.7—2006（1.2）

适用范围：本标准规定了用碱性高锰酸钾滴定法测定生活饮用水及其水源水中的耗氧量。

本方法适用于氯化物浓度高于 300 mg/L（以 Cl^-计）的生活饮用水及其水源水中耗氧量的测定。

本方法最低检测质量浓度（取 100 mL 水样时）为 0.05 mg/L，最高可测定耗氧量为 5.0 mg/L（以 O_2 计）。

替代情况：本标准部分代替 GB/T 5750—1985

发布时间：2006-12-29

实施时间：2007-07-01

3.2.19 硝酸盐氮

3.2.19.1 水质 硝酸盐氮的测定 酚二磺酸分光光度法（GB/T 7480—1987）

详见第一章 3.2.27.1

3.2.19.2 麝香草酚分光光度法 [GB/T 5750.5—2006（5.1）]

标准名称：麝香草酚分光光度法

英文名称：/

标准编号：生活饮用水标准检验方法 无机非金属指标 GB/T 5750.5—2006（5.1）

适用范围：本标准规定了用麝香草酚分光光度法测定生活饮用水及其水源水中的硝酸盐氮。

本方法适用于生活饮用水及其水源水中硝酸盐氮的测定。本方法最低检测质量为 0.5 μg 硝酸盐氮，若取 1.00 mL 水样测定，则最低检测质量浓度为 0.5 mg/L。

亚硝酸盐对本标准呈正干扰，可用氨基磺酸胺除去；氯化物对本标准呈负干扰，可用硫酸银消除。

替代情况：本标准部分代替 GB/T 5750—1985

发布时间：2006-12-29

实施时间：2007-07-01

3.2.19.3 紫外分光光度法 [GB/T 5750.5—2006（5.2）]

标准名称：紫外分光光度法

英文名称：/

标准编号：生活饮用水标准检验方法　无机非金属指标 GB/T 5750.5—2006（5.2）

适用范围：本标准规定了用紫外分光光度法测定生活饮用水及其水源水中的硝酸盐氮。

本方法适用于未受污染的天然水及经净化处理的生活饮用水及其水源水中硝酸盐氮的测定。

本方法最低检测质量为 10 μg，若取 50 mL 水样测定，则最低检测质量浓度为 0.2 mg/L。

本方法适用于测定硝酸盐氮浓度范围为 0～11 mg/L 的水样。

可溶性有机物，表面活性剂、亚硝酸盐和 Cr^{6+}对本标准有干扰，次氯酸盐和氯酸盐也能干扰测定。

低浓度的有机物可以测定不同波长的吸收值予以校正。浊度的干扰可以经 0.45 μm 膜过滤除去。氯化物不干扰测定，氢氧化物和碳酸盐（浓度可达 1 000 mg/L $CaCO_3$）的干扰，可用盐酸 [c（HCl）=1 mol/L]酸化予以消除。

替代情况：本标准部分代替 GB/T 5750—1985

发布时间：2006-12-29

实施时间：2007-07-01

3.2.19.4 离子色谱法 [GB/T 5750.5—2006（3.2）]

详见本章 3.2.8.5

3.2.19.5 镉柱还原法 [GB/T 5750.5—2006（5.4）]

标准名称：镉柱还原法

英文名称：/

标准编号：生活饮用水标准检验方法　无机非金属指标 GB/T 5750.5—2006（5.4）

适用范围：本标准规定了用紫外分光光度法测定生活饮用水及其水源水中的硝酸盐氮。

本方法适用于生活饮用水及其水源水中硝酸盐氮的测定。

本方法最低检测质量为 0.05 μg，若取 50 mL 水样测定，则最低检测质量浓度为 0.001 mg/L。

本方法不经稀释直接还原，适宜测定范围为 0.006～0.25 mg/L 的硝酸盐和亚硝酸盐总量（以 N 计）。将水样稀释，可使测定范围扩大。水样浑浊或有悬浮固体时，将堵塞还原柱。一般的浑浊可将水样过滤，高浊度的水样，在过滤前可加硫酸锌和氢氧化钠生成絮状氢氧化锌助滤。含油的水样用三氯甲烷萃取除去干扰。加入乙二胺四乙酸二钠消除铁、铜或其他金属的干扰。

替代情况：本标准部分代替 GB/T 5750—1985

发布时间：2006-12-29

实施时间：2007-07-01

3.2.19.6　水质　硝酸盐氮的测定　紫外分光光度法（HJ/T 346—2007）

详见第一章 3.2.27.2

3.2.19.7　水质　硝酸盐氮的测定　气相分子吸收光谱法（HJ/T 198—2005）

详见第一章 3.2.27.4

3.2.19.8　水质　无机阴离子的测定　离子色谱法（HJ/T 84—2001）

详见第一章 3.2.12.4

3.2.19.9　水质　氰化物等的测定　真空检测管-电子比色法（HJ 659—2013）

详见第一章 3.2.5.3

3.2.20　亚硝酸盐氮

3.2.20.1　水质　亚硝酸盐氮的测定　分光光度法（GB/T 7493—1987）

详见第一章 3.2.128.1

3.2.20.2　重氮偶合分光光度法 [GB/T 5750.5—2006（10）]

标准名称：重氮偶合分光光度法

英文名称：/

标准编号：生活饮用水标准检验方法　无机非金属指标 GB/T 5750.5—2006（10）

适用范围：本标准规定了用重氮偶合分光光度法测定生活饮用水及其水源水中的亚硝酸盐氮。

本方法适用于生活饮用水及其水源水中亚硝酸盐氮的测定。

本方法最低检测质量为 0.05 μg 亚硝酸盐氮，若取 50 mL 水样测定，则最低检测质量浓度为 0.001 mg/L。

水中三氯胺产生红色干扰。铁、铅等离子可产生沉淀引起干扰。铜离子起催化作用，可分解重氮盐使结果偏低。有色离子有干扰。

替代情况：本标准部分代替 GB/T 5750—1985

发布时间：2006-12-29

实施时间：2007-07-01

3.2.20.3　水质　亚硝酸盐氮的测定　气相分子吸收光谱法（HJ/T 197—2005）

详见第一章 3.2.128.2

3.2.20.4　水质　无机阴离子的测定　离子色谱法（HJ/T 84—2001）

详见第一章 3.2.12.4

3.2.20.5　水质　氰化物等的测定　真空检测管-电子比色法（HJ 659—2013）

详见第一章 3.2.5.3

3.2.21　氨氮

3.2.21.1　水质　氨氮的测定　纳氏试剂分光光度法（HJ 535—2009）

详见第一章 3.2.7.1

3.2.21.2　水质　氨氮的测定　水杨酸分光光度法（HJ 536—2009）

详见第一章 3.2.7.2

3.2.21.3　纳氏试剂分光光度法 [GB/T 5750.5—2006（9.1）]

标准名称：纳氏试剂分光光度法

英文名称：/

标准编号：生活饮用水标准检验方法　无机非金属指标 GB/T 5750.5—2006（9.1）

适用范围：本标准规定了用纳氏试剂分光光度法测定生活饮用水及其水源水中的氨氮。

本方法适用于饮用水及其水源水中氨氮的测定。

本方法最低检测质量为 1.0μg 氨氮，若取 50 mL 水样测定，则最低检测质量浓度为 0.02 mg/L。

水中常见的钙、镁、铁等离子能在测定过程中生成沉淀，可加入酒石酸钾钠掩蔽。水样中余氯与氨结合成氯胺，可用硫代硫酸钠脱氯。水中悬浮物可用硫酸锌和氢氧化钠混凝沉淀除去。

硫化物、铜、醛等亦可引起溶液浑浊。脂肪胺、芳香胺、亚铁等可与碘化汞钾产生颜色。水中带有颜色的物质，亦能发生干扰。遇此情况，可用蒸馏法除去。

替代情况：本标准部分代替 GB/T 5750—1985

发布时间：2006-12-29

实施时间：2007-07-01

3.2.21.4　酚盐分光光度法 [GB/T 5750.5—2006（9.2）]

标准名称：酚盐分光光度法

英文名称：/

标准编号：生活饮用水标准检验方法　无机非金属指标 GB/T 5750.5—2006（9.2）

适用范围：本标准规定了用酚盐分光光度法测定生活饮用水及其水源水中的氨氮。

本方法适用于无色澄清的生活饮用水及其水源水中氨氮的测定。

本方法最低检测质量为 0.25 μg，若取 10 mL 水样测定，则最低检测质量浓度为 0.025 mg/L。

单纯的悬浮物可通过 0.45 μm 滤膜，干扰物较多的水样需经蒸馏后再进行测定。

替代情况：本标准部分代替 GB/T 5750—1985

发布时间：2006-12-29

实施时间：2007-07-01

3.2.21.5　水杨酸盐分光光度法 [GB/T 5750.5—2006（9.3）]

标准名称：水杨酸盐分光光度法

英文名称：/

标准编号：生活饮用水标准检验方法　无机非金属指标 GB/T 5750.5—2006（9.3）

适用范围：本标准规定了用水杨酸盐分光光度法测定生活饮用水及其水源水中的氨氮。

本方法适用于饮用水及其水源水中氨氮的测定。

本方法最低检测质量为 0.25 μg 氨氮，若取 10 mL 水样测定，则最低检测质量浓度为 0.025 mg/L。

替代情况：本标准部分代替 GB/T 5750—1985

发布时间：2006-12-29

实施时间：2007-07-01

3.2.21.6　水质　氨氮的测定　气相分子吸收光谱法（HJ/T 195—2005）

详见第一章 3.2.7.3

3.2.21.7　水质　氰化物等的测定　真空检测管-电子比色法（HJ 659—2013）

详见第一章 3.2.5.3

3.2.21.8　水质　氨氮的测定　连续流动-水杨酸分光光度法（HJ 665—2013）

详见第一章 3.2.7.5

3.2.21.9　水质　氨氮的测定　流动注射-水杨酸分光光度法（HJ 666—2013）

详见第一章 3.2.7.6

3.2.22　氟化物

3.2.22.1　水质　氟化物的测定　离子选择电极法（GB/T 7484—1987）

详见第一章 3.2.12.3

3.2.22.2　水质　氟化物的测定　茜素磺酸锆目视比色法（HJ 487—2009）

详见第一章 3.2.12.1

3.2.22.3　水质　氟化物的测定　氟试剂分光光度法（HJ 488—2009）

详见第一章 3.2.12.2

3.2.22.4　离子选择电极法 [GB/T 5750.5—2006（3.1）]

标准名称：离子选择电极法

英文名称：/

标准编号：生活饮用水标准检验方法　无机非金属指标 GB/T 5750.5—2006（3.1）

适用范围：本标准规定了用离子选择电极法测定生活饮用水及其水源水中的氟化物。

本方法适用于生活饮用水及其水源水中可溶性氟化物的测定。

本方法最低检测质量为 2 μg，若取 10 mL 水样测定，则最低检测质量浓度为 0.2 mg/L。

色度、浑浊度较高及干扰物质较多的水样可用本标准直接测定。为消除 OH^-对测定的干扰，将测定的水样 pH 值控制在 5.5～6.5 之间。

替代情况：本标准部分代替 GB/T 5750—1985

发布时间：2006-12-29

实施时间：2007-07-01

3.2.22.5　离子色谱法 [GB/T 5750.5—2006（3.2）]

详见本章 3.2.8.5

3.2.22.6　氟试剂分光光度法 [GB/T 5750.5—2006（3.3）]

标准名称：氟试剂分光光度法

英文名称：/

标准编号：生活饮用水标准检验方法　无机非金属指标 GB/T 5750.5—2006（3.3）

适用范围：本标准规定了用氟试剂（又名茜素络合酮，Alizarin complexone）分光光度法测定生活饮用水及其水源水中的氟化物。

本方法适用于生活饮用水及其水源水中可溶性氟化物的测定。

本方法最低检测质量为 2.5 μg，若取 25 mL 水样测定，则最低检测质量浓度为 0.1 mg/L。

水样中存在 Al^{3+}、Fe^{3+}、Pb^{2+}、Zn^{2+}、Ni^{2+}和 Co^{2+}等金属离子均能干扰测定。Al^{3+}能生成稳定的 AlF_6^{3-}，微克水平的 Al^{3+}含量即可干扰测定。草酸、酒石酸、柠檬酸盐也干扰测定。大量的氯化物、硫酸盐、过氯酸盐也能引起干扰，因此当水样中含干扰物质多时应经蒸馏法预处理。

替代情况：本标准部分代替 GB/T 5750—1985

发布时间：2006-12-29

实施时间：2007-07-01

3.2.22.7 双波长系数倍率氟试剂分光光度法 [GB/T 5750.5—2006（3.4）]

标准名称：双波长系数倍率氟试剂分光光度法

英文名称：/

标准编号：生活饮用水标准检验方法　无机非金属指标 GB/T 5750.5—2006（3.4）

适用范围：本标准规定了双波长系数倍率氟试剂分光光度法测定生活饮用水及其水源水中的氟化物。

本方法适用于生活饮用水及其水源水中可溶性氟化物的测定。

本方法最低检测质量为 0.25 μg，若取 5 mL 水样测定，则最低检测质量浓度为 0.05 mg/L。水样中存在 Al^{3+}、Fe^{3+}、Pb^{2+}、Zn^{2+}、Ni^{2+}和 Co^{2+}等金属离子均能干扰测定。Al^{3+}能生成稳定的 AlF_6^{3-}，微克水平的 Al^{3+}含量即可干扰测定。草酸、酒石酸、柠檬酸盐也干扰测定。大量的氯化物、硫酸盐、过氯酸盐也能引起干扰，因此当水样中含干扰物质多时应经蒸馏法预处理。

替代情况：本标准部分代替 GB/T 5750—1985

发布时间：2006-12-29

实施时间：2007-07-01

3.2.22.8 锆盐茜素比色法 [GB/T 5750.5—2006（3.5）]

标准名称：锆盐茜素比色法

英文名称：/

标准编号：生活饮用水标准检验方法　无机非金属指标 GB/T 5750.5—2006（3.5）

适用范围：本标准规定了锆盐茜素目视比色法测定生活饮用水及其水源水中的氟化物。

本方法适用于生活饮用水及其水源水中可溶性氟化物的测定。

本方法最低检测质量为 5 μg，若取 50 mL 水样测定，则最低检测质量浓度为 0.1 mg/L。

本方法适用于较洁净和干扰物质较少的水样。当水样中干扰物质量浓度（mg/L）超过下列限量时，必需进行蒸馏法预处理。氯化物 500；硫酸盐 200；铝 0.1；磷酸盐 1.0；铁 2.0；浑浊度 25NTU；色度 25 度单位。

替代情况：本标准部分代替 GB/T 5750—1985

发布时间：2006-12-29

实施时间：2007-07-01

3.2.22.9 水质　无机阴离子的测定　离子色谱法（HJ/T 84—2001）

详见第一章 3.2.12.4

3.2.22.10 水质　氰化物等的测定　真空检测管-电子比色法（HJ 659—2013）

详见第一章 3.2.5.3

3.2.23 碘化物

3.2.23.1 硫酸铈催化分光光度法 [GB/T 5750.5—2006（11.1）]

标准名称：硫酸铈催化分光光度法

英文名称：/

标准编号：生活饮用水标准检验方法　无机非金属指标 GB/T 5750.5—2006（11.1）

适用范围：本标准规定了用硫酸铈催化分光光度法测定生活饮用水及其水源水中的碘化物。

本方法适用于生活饮用水及其水源水中碘化物的测定。本方法最低检测质量为 0.01 μg，若取

10 mL 水样测定，最低检测质量浓度为 1 μg/L（I^-）。

本方法适宜测定 1～10 μg/L（I^-）低浓度范围和 10～100 μg/L（I^-）高浓度范围碘化物。

银及汞离子抑制碘化物的催化能力，氯离子与碘离子有类似的催化作用，加入大量氯离子可以抑制上述干扰。

温度及反应时间对本标准影响极大，因此应严格按规定控制操作条件。

替代情况：本标准部分代替 GB/T 5750—1985

发布时间：2006-12-29

实施时间：2007-07-01

3.2.23.2 高浓度碘化物比色法 [GB/T 5750.5—2006（11.2）]

标准名称：高浓度碘化物比色法

英文名称：/

标准编号：生活饮用水标准检验方法 无机非金属指标 GB/T 5750.5—2006（11.2）

适用范围：本标准规定了用比色法测定生活饮用水及其水源水中的高浓度碘化物。

本方法适用于生活饮用水及其水源水中高浓度碘化物的测定。

本方法最低检测质量 0.5 μg（以 I^- 计），若取 10 mL 水样测定，则最低检测质量浓度为 0.05 mg/L。

大量的氯化物、氟化物、溴化物和硫酸盐不干扰测定。铁离子的干扰可加入磷酸予以消除。

替代情况：本标准部分代替 GB/T 5750—1985

发布时间：2006-12-29

实施时间：2007-07-01

3.2.23.3 高浓度碘化物容量法 [GB/T 5750.5—2006（11.3）]

标准名称：高浓度碘化物容量法

英文名称：/

标准编号：生活饮用水标准检验方法 无机非金属指标 GB/T 5750.5—2006（11.3）

适用范围：本标准规定了用碘化物容量法测定生活饮用水及其水源水中高浓度碘化物。本方法适用于生活饮用水及其水源水中高浓度碘化物的测定。

本方法最低检测质量为 2.5 μg（以 I^- 计），若取 100 mL 水样测定，则最低检测质量浓度为 0.025 mg/L。

水样中若存在 Cr^{6+}，将干扰测定。

替代情况：本标准部分代替 GB/T 5750—1985

发布时间：2006-12-29

实施时间：2007-07-01

3.2.23.4 气相色谱法 [GB/T 5750.5—2006（11.4）]

标准名称：气相色谱法

英文名称：/

标准编号：生活饮用水标准检验方法 无机非金属指标 GB/T 5750.5—2006（11.4）

适用范围：本标准规定了用气相色谱法测定生活饮用水及其水源水中的碘化物。

本方法适用于生活饮用水及其水源水中碘化物的测定。

本方法最低检测质量 0.005 ng，若取 10.0 mL 水样测定，则最低检测质量浓度为 1 μg/L。

本方法适宜测定范围为 1～10 μ g/L 和 10～100 μg/L。

水样中余氯、有机氯化合物不干扰测定。

替代情况：本标准部分代替 GB/T 5750—1985

发布时间：2006-12-29

实施时间：2007-07-01

3.2.24 氰化物

3.2.24.1 水质 氰化物的测定 容量法和分光光度法（HJ 484—2009）

详见第一章 3.2.19.1

3.2.24.2 异烟酸-吡唑酮分光光度法 [GB/T 5750.5—2006（4.1）]

标准名称：异烟酸-吡唑酮分光光度法

英文名称：/

标准编号：生活饮用水标准检验方法 无机非金属指标 GB/T 5750.5—2006（4.1）

适用范围：本标准规定了异烟酸-吡唑酮分光光度法测定生活饮用水及其水源水中的氰化物。

本方法适用于生活饮用水及其水源水中氰化物的测定。

本方法最低检测质量为 0.1 μg，若取 250 mL 水样蒸馏测定，则最低检测质量浓度为 0.002 mg/L。

氧化剂如余氯等可破坏氰化物，可在水样中加 0.1 g/L 亚砷酸钠或少于 0.1 g/L 的硫代硫酸钠除去干扰。

替代情况：本标准部分代替 GB/T 5750—1985

发布时间：2006-12-29

实施时间：2007-07-01

3.2.24.3 异烟酸-巴比妥酸分光光度法 [GB/T 5750.5—2006（4.2）]

标准名称：异烟酸-巴比妥酸分光光度法

英文名称：/

标准编号：生活饮用水标准检验方法 无机非金属指标 GB/T 5750.5—2006（4.2）

适用范围：本标准规定了异烟酸-巴比妥酸分光光度法测定生活饮用水及其水源水中的氰化物。

本方法适用于生活饮用水及其水源水中氰化物的测定。

本方法最低检测质量为 0.1 μg，若取 250 mL 水样蒸馏测定，则最低检测质量浓度为 0.002 mg/L。

替代情况：本标准部分代替 GB/T 5750—1985

发布时间：2006-12-29

实施时间：2007-07-01

3.2.24.4 水质 氰化物等的测定 真空检测管-电子比色法（HJ 659—2013）

详见第一章 3.2.5.3

3.2.25 汞

3.2.25.1 水质 总汞的测定 冷原子吸收分光光度法（HJ 597—2011）

详见第一章 3.2.15.1

3.2.25.2 原子荧光法 [GB/T 5750.6—2006（8.1）]

标准名称：原子荧光法

英文名称：/

标准编号：生活饮用水标准检验方法　金属指标 GB/T 5750.6—2006（8.1）

适用范围：本标准规定了用原子荧光法测定生活饮用水及清洁水源水中的汞。

本方法适用于生活饮用水及清洁水源水中汞的测定。

本方法最低检测质量为 0.05 ng，若取 0.50 mL 水样测定，则最低检测质量浓度为 0.1 μg/L。

替代情况：本标准部分代替 GB/T 5750—1985

发布时间：2006-12-29

实施时间：2007-07-01

3.2.25.3　冷原子吸收法 [GB/T 5750.6—2006（8.2）]

标准名称：冷原子吸收法

英文名称：/

标准编号：生活饮用水标准检验方法　金属指标 GB/T 5750.6—2006（8.2）

适用范围：本标准规定了用冷原子吸收法测定生活饮用水及其水源水中的总汞。

本方法适用于生活饮用水及其水源水中的总汞的测定。

本方法最低检测质量为 0.01 μg，若取 50 mL 水样处理后测定，则最低检测质量浓度为 0.2 μg/L。

替代情况：本标准部分代替 GB/T 5750—1985

发布时间：2006-12-29

实施时间：2007-07-01

3.2.25.4　双硫腙分光光度法 [GB/T 5750.6—2006（8.3）]

标准名称：双硫腙分光光度法

英文名称：/

标准编号：生活饮用水标准检验方法　金属指标 GB/T 5750.6—2006（8.3）

适用范围：本标准规定了用双硫腙分光光度法测定生活饮用水及其水源水中的总汞。

本方法适用于生活饮用水及其水源水中的总汞测定。

本方法最低检测质量为 0.25 μg，若取 250 mL 水样测定，则最低检测质量浓度为 1 μg/L。

1 000 μg 铜、20 μg 银、10 μg 金、5 μg 铂对测定均无干扰。钯干扰测定，但它一般在水样中很少存在。

替代情况：本标准部分代替 GB/T 5750—1985

发布时间：2006-12-29

实施时间：2007-07-01

3.2.25.5　电感耦合等离子体质谱法 [GB/T 5750.6—2006（1.5）]

详见本章 3.2.10.6

3.2.25.6　水质　汞的测定　冷原子荧光法（试行）（HJ/T 341—2007）

详见第一章 3.2.15.2

3.2.26　砷

3.2.26.1　水质　总砷的测定　二乙基二硫代氨基甲酸银分光光度法（GB/T 7485—1987）

详见第一章 3.2.14.1

3.2.26.2　水质　痕量砷的测定　硼氢化钾-硝酸银分光光度法（GB/T 11900—1989）

详见第一章 3.2.14.2

3.2.26.3 氢化物原子荧光法 [GB/T 5750.6—2006（6.1）]

标准名称：氢化物原子荧光法

英文名称：/

标准编号：生活饮用水标准检验方法　金属指标 GB/T 5750.6—2006（6.1）

适用范围：本标准规定了用氢化物原子荧光法测定生活饮用水及其水源水中的砷。

本方法适用于生活饮用水及其水源水中砷的测定。

本方法最低检测质量为 0.5 ng，若取 0.5 mL 水样测定，则最低检测质量浓度为 1.0 μg/L。

替代情况：本标准部分代替 GB/T 5750—1985

发布时间：2006-12-29

实施时间：2007-07-01

3.2.26.4 二乙氨基二硫代甲酸银分光光度法 [GB/T 5750.6—2006（6.2）]

标准名称：二乙氨基二硫代甲酸银分光光度法

英文名称：/

标准编号：生活饮用水标准检验方法　金属指标 GB/T 5750.6—2006（6.2）

适用范围：本标准规定了用二乙氨基二硫代甲酸银分光光度法测定生活饮用水及其水源水中的砷。

本方法适用于生活饮用水及其水源水中砷的测定。

本方法最低检测质量为 0.5 μg。若取 50 mL 水样测定，则最低检测质量浓度为 0.01 mg/L

钴、镍、汞、银、铂、铬和钼可干扰砷化氢的发生，但饮用水中这些离子通常存在的量不产生干扰。

水中锑的含量超过 0.1 mg/L 时对测定有干扰。用本标准测定砷的水样不宜用硝酸保存。

替代情况：本标准部分代替 GB/T 5750—1985

发布时间：2006-12-29

实施时间：2007-07-01

3.2.26.5 锌-硫酸系统新银盐分光光度法 [GB/T 5750.6—2006（6.3）]

标准名称：锌-硫酸系统新银盐分光光度法

英文名称：/

标准编号：生活饮用水标准检验方法　金属指标 GB/T 5750.6—2006（6.3）

适用范围：本标准规定了用锌-硫酸系统新银盐分光光度法测定生活饮用水及其水源水中的砷。

本方法适用于生活饮用水及其水源水中砷的测定。

本方法最低检测质量为 0.2 μg 砷，若取 50 mL 水样测定，则最低检测质量浓度为 0.004 mg/L。

汞、银、铬、钴等离子可抑制砷化氢的生成，产生负干扰，锑含量高于 0.1 mg/L 可产生正干扰。但饮用水及其水源水中这些离子的含量极微或不存在，不会产生干扰。硫化物的干扰可用乙酸铅棉花除去。

替代情况：本标准部分代替 GB/T 5750—1985

发布时间：2006-12-29

实施时间：2007-07-01

3.2.26.6 砷斑法 [GB/T 5750.6—2006（6.4）]

标准名称：砷斑法

英文名称：/

标准编号：生活饮用水标准检验方法　金属指标 GB/T 5750.6—2006（6.4）

适用范围：本标准规定了用砷斑目视比色法测定生活饮用水及其水源水中的砷。

本方法适用于生活饮用水及其水源水中砷的测定。

本方法最低检测质量为 0.5 μg 砷，若取 50 mL 水样测定，则最低检测质量浓度为 0.01 mg/L。

本方法的干扰情况见标准原文 6.2.1。

替代情况：本标准部分代替 GB/T 5750—1985

发布时间：2006-12-29

实施时间：2007-07-01

3.2.26.7　电感耦合等离子体发射光谱法 [GB/T 5750.6—2006（1.4）]

详见本章 3.2.10.5

3.2.26.8　电感耦合等离子体质谱法 [GB/T 5750.6—2006（1.5）]

详见本章 3.2.10.6

3.2.27　硒

3.2.27.1　水质　硒的测定　2,3-二氨基萘荧光法（GB/T 11902—1989）

详见第一章 3.2.13.1

3.2.27.2　水质　硒的测定　石墨炉原子吸收分光光度法（GB/T 15505—1995）

详见第一章 3.2.13.2

3.2.27.3　氢化物原子荧光法 [GB/T 5750.6—2006（7.1）]

标准名称：氢化物原子荧光法

英文名称：/

标准编号：生活饮用水标准检验方法　金属指标 GB/T 5750.6—2006（7.1）

适用范围：本标准规定了用氢化物原子荧光法测定生活饮用水及其水源水中的硒。

本方法适用于生活饮用水及其水源水中硒的测定。

本方法最低检测质量为 0.5 ng，若取 0.5 mL 水样测定，则最低检测质量浓度为 0.4 μg/L。

替代情况：本标准部分代替 GB/T 5750—1985

发布时间：2006-12-29

实施时间：2007-07-01

3.2.27.4　二氨基萘荧光法 [GB/T 5750.6—2006（7.2）]

标准名称：二氨基萘荧光法

英文名称：/

标准编号：生活饮用水标准检验方法　金属指标 GB/T 5750.6—2006（7.2）

适用范围：本标准规定了用二氨基萘荧光法测定生活饮用水及其水源水中的总硒。

本方法适用于生活饮用水及其水源水中的总硒测定。本方法最低检测质量为 0.005 μg，若取 20 mL 水样测定，则最低检测质量浓度为 0.25 μg/L。

20 mL 水样中分别存在下列含量的元素不干扰测定：砷，30 μg；铍，27 μg；镉，5 μg；钴，30 μg；铬，27 μg；铜，35 μg；汞，1.0 μg；铁，100 μg；铅，50 μg；锰，40 μg；镍，20 μg；钒，100 μg 和锌，50 μg。

替代情况：本标准部分代替 GB/T 5750—1985

发布时间：2006-12-29

实施时间：2007-07-01

3.2.27.5 氢化原子吸收分光光度法 [GB/T 5750.6—2006（7.3）]

标准名称：氢化原子吸收分光光度法

英文名称：/

标准编号：生活饮用水标准检验方法　金属指标 GB/T 5750.6—2006（7.3）

适用范围：本标准规定了用氢化原子吸收分光光度法测定生活饮用水及其水源水中的总硒。

本方法适用于生活饮用水及其水源水中总硒的测定。

本方法最低检测质量为 0.01 μg，若取 50 mL 水样处理后测定，则最低检测质量浓度为 0.2 μg/L。

水中常见金属及非金属离子均不干扰测定。

替代情况：本标准部分代替 GB/T 5750—1985

发布时间：2006-12-29

实施时间：2007-07-01

3.2.27.6 催化示波极谱法 [GB/T 5750.6—2006（7.4）]

标准名称：催化示波极谱法

英文名称：/

标准编号：生活饮用水标准检验方法　金属指标 GB/T 5750.6—2006（7.4）

适用范围：本标准规定了用催化示波极谱法测定饮用水及其水源水中的总硒。

本方法适用于饮用水及其水源水中总硒的测定。

本方法最低检测质量为 0.004 μg，若取 10 mL 水样测定，则最低检测质量浓度为 0.4 μg/L。

水中常见离子及 1 000 mg/L 钙，10 mg/L 铁、锰和锌，1 mg/L 砷不干扰测定。5 mg/L 银、3 mg/L 铜、0.1 mg/L 碲出现负干扰，但饮用水及其水源水中银、铜、碲含量甚微，可以不考虑。

替代情况：本标准部分代替 GB/T 5750—1985

发布时间：2006-12-29

实施时间：2007-07-01

3.2.27.7 二氨基联苯胺分光光度法 [GB/T 5750.6—2006（7.5）]

标准名称：二氨基联苯胺分光光度法

英文名称：/

标准编号：生活饮用水标准检验方法　金属指标 GB/T 5750.6—2006（7.5）

适用范围：本标准规定了用二氨基联苯胺分光光度法测定生活饮用水及其水源水中的总硒。

本方法适用于饮用水及其水源水中总硒的测定。

本方法最低检测质量为 1 μg 硒，若取 200 mL 水样测定，则最低检测质量浓度为 5 μg/L。

替代情况：本标准部分代替 GB/T 5750—1985

发布时间：2006-12-29

实施时间：2007-07-01

3.2.27.8 电感耦合等离子体发射光谱法 [GB/T 5750.6—2006（1.4）]

详见本章 3.2.10.5

3.2.27.9　电感耦合等离子体质谱法 [GB/T 5750.6—2006（1.5）]

详见本章 3.2.10.6

3.2.28　镉

3.2.28.1　水质　镉的测定　双硫腙分光光度法（GB/T 7471—1987）

详见第一章 3.2.16.2

3.2.28.2　水质　铜、锌、铅、镉的测定　原子吸收分光光度法（GB/T 7475—1987）

详见第一章 3.2.10.3

3.2.28.3　无火焰原子吸收分光光度法 [GB/T 5750.6—2006（9.1）]

标准名称：无火焰原子吸收分光光度法

英文名称：/

标准编号：生活饮用水标准检验方法　金属指标 GB/T 5750.6—2006（9.1）

适用范围：本标准规定了无火焰原子吸收分光光度法测定生活饮用水及其水源水中的镉。

本方法适用于生活饮用水及其水源水中镉的测定。

本方法最低检测质量为 0.01 ng，若取 20 mL 水样测定，则最低检测质量浓度为 0.5 μg/L。

水中共存离子一般不产生干扰。

替代情况：本标准部分代替 GB/T 5750—1985

发布时间：2006-12-29

实施时间：2007-07-01

3.2.28.4　火焰原子吸收分光光度法 [GB/T 5750.6—2006（9.2）]

标准名称：火焰原子吸收分光光度法

英文名称：/

标准编号：生活饮用水标准检验方法　金属指标 GB/T 5750.6—2006（9.2）

适用范围：本标准规定了用直接火焰原子吸收分光光度法测定生活饮用水及其水源水中的铜、铁、锰、锌、镉和铅。

本方法适用于生活饮用水及水源水中较高浓度的铜、铁、锰、锌、镉和铅的测定。

本方法适宜的测定范围：铜 0.2～5 mg/L，铁 0.3～5 mg/L，锰 0.1～3 mg/L，锌 0.05～1 mg/L，镉 0.05～2 mg/L，铅 1.0～20 mg/L。

替代情况：本标准部分代替 GB/T 5750—1985

发布时间：2006-12-29

实施时间：2007-07-01

3.2.28.5　双硫腙分光光度法 [GB/T 5750.6—2006（9.3）]

标准名称：双硫腙分光光度法

英文名称：/

标准编号：生活饮用水标准检验方法　金属指标 GB/T 5750.6—2006（9.3）

适用范围：本标准规定了用双硫腙分光光度法测定生活饮用水及其水源水中的镉。

本方法适用于生活饮用水及其水源水中镉的测定。

本方法最低检测质量为 0.25 μg 镉，若取 25 mL 水样测定，则最低检测质量浓度为 0.01 mg/L。水中多种金属离子的干扰可用控制 pH 和加入酒石酸钾钠、氰化钾等络合剂掩蔽。在本标准测定条件下，水中存在下列金属离子不干扰测定：铅，240 mg/L；锌，120 mg/L；铜，40 mg/L；铁，4 mg/L；锰，4 mg/L；镁达 40 mg/L 时需增加酒石酸钾钠。

水样被大量有机物污染时将影响比色测定，需预先消化。

替代情况：本标准部分代替 GB/T 5750—1985

发布时间：2006-12-29

实施时间：2007-07-01

3.2.28.6 催化示波极谱法 [GB/T 5750.6—2006（9.4）]

标准名称：催化示波极谱法

英文名称：/

标准编号：生活饮用水标准检验方法　金属指标 GB/T 5750.6—2006（9.4）

适用范围：本标准规定了用催化示波极谱法测定生活饮用水及其水源中的铅和镉。

本方法适用于生活饮用水及其水源水中铅和镉的测定。

铅和镉的最低检测质量为 0.2 μg，若取 20 mL 水样测定，则最低检测质量浓度为 0.01 mg/L。

水中常见共存离子，虽较大浓度也不干扰铅、镉的测定，但 Sn^{2+}与 As^{3+}分别对铅、镉测定有干扰，底液中加入磷酸可分开 Sn^{2+}峰；消化时加入盐酸，可使砷挥发出去，从而减少砷的干扰。

替代情况：本标准部分代替 GB/T 5750—1985

发布时间：2006-12-29

实施时间：2007-07-01

3.2.28.7 原子荧光法 [GB/T 5750.6—2006（9.5）]

标准名称：原子荧光法

英文名称：/

标准编号：生活饮用水标准检验方法　金属指标 GB/T 5750.6—2006（9.5）

适用范围：本标准规定了用原子荧光法测定生活饮用水及其水源水中的镉。

本方法适用于生活饮用水及其水源水中镉的测定。

本方法最低检测质量为 0.25 ng。若取 0.5 mL 水样测定，则最低检测质量浓度为 0.5 μg/L。

替代情况：本标准部分代替 GB/T 5750—1985

发布时间：2006-12-29

实施时间：2007-07-01

3.2.28.8 电感耦合等离子体发射光谱法 [GB/T 5750.6—2006（1.4）]

详见本章 3.2.10.5

3.2.28.9 电感耦合等离子体质谱法 [GB/T 5750.6—2006（1.5）]

详见本章 3.2.10.6

3.2.29 铬（六价）

3.2.29.1 水质　六价铬的测定　二苯碳酰二肼分光光度法（GB/T 7467—1987）

详见第一章 3.2.17.1

3.2.29.2 二苯碳酰二肼分光光度法 [GB/T 5750.6—2006（10.1）]

标准名称：二苯碳酰二肼分光光度法

英文名称：/

标准编号：生活饮用水标准检验方法 金属指标 GB/T 5750.6—2006（10.1）

适用范围：本标准规定了用二苯碳酰二肼分光光度法测定生活饮用水及其水源水中的六价铬。

本方法适用于生活饮用水及其水源水中六价铬的测定。

本方法最低检测质量为 0.2 μg（以 Cr^{3+}计）。若取 50 mL 水样测定，则最低检测质量浓度为 0.004 mg/L。

铁约 50 倍于六价铬时产生黄色，干扰测定；10 倍于铬的钒可产生干扰，但显色 10 min 后钒与试剂所显色全部消失；200 mg/L 以上的钼与汞有干扰。

替代情况：本标准部分代替 GB/T 5750—1985

发布时间：2006-12-29

实施时间：2007-07-01

3.2.29.3 水质 氰化物等的测定 真空检测管-电子比色法（HJ 659—2013）

详见第一章 3.2.5.3

3.2.30 铅

3.2.30.1 水质 铜、锌、铅、镉的测定 原子吸收分光光度法（GB/T 7475—1987）

详见第一章 3.2.10.3

3.2.30.2 水质 铅的测定 双硫腙分光光度法（GB/T 7470 —1987）

详见第一章 3.2.18.2

3.2.30.3 无火焰原子吸收分光光度法 [GB/T 5750.6—2006（11.1）]

标准名称：无火焰原子吸收分光光度法

标准编号：生活饮用水标准检验方法 金属指标 GB/T 5750.6—2006（11.1）

英文名称：/

适用范围：本标准规定了无火焰原子吸收分光光度法测定生活饮用水及其水源水中的铅。

本方法适用于生活饮用水及其水源水中铅的测定。

本方法最低检测质量为 0.05 ng 铅，若取 20 μL 水样测定，则最低检测质量浓度为 2.5 μg/L。

水中共存离子一般不产生干扰。

替代情况：本标准部分代替 GB/T 5750—1985

发布时间：2006-12-29

实施时间：2007-07-01

3.2.30.4 火焰原子吸收分光光度法 [GB/T 5750.6—2006（11.2）]

标准名称：火焰原子吸收分光光度法

英文名称：/

标准编号：生活饮用水标准检验方法 金属指标 GB/T 5750.6—2006（11.2）

适用范围：本标准规定了用直接火焰原子吸收分光光度法测定生活饮用水及其水源水中的铜、铁、锰、锌、镉和铅。

本方法适用于生活饮用水及水源水中较高浓度的铜、铁、锰、锌、镉和铅的测定。

本方法适宜的测定范围：铜 0.2～5 mg/L，铁 0.3～5 mg/L，锰 0.1～3 mg/L，锌 0.05～1 mg/L，镉 0.05～2 mg/L，铅 1.0～20 mg/L。

替代情况：本标准部分代替 GB/T 5750—1985

发布时间：2006-12-29

实施时间：2007-07-01

3.2.30.5 双硫腙分光光度法 [GB/T 5750.6—2006（11.3）]

标准名称：双硫腙分光光度法

标准编号：生活饮用水标准检验方法　金属指标 GB/T 5750.6—2006（11.3）

英文名称：/

适用范围：本标准规定了用双硫腙分光光度法测定生活饮用水及其水源水中的铅。

本方法适用于生活饮用水及其水源水中铅的测定。

本方法最低检测质量为 0.5 μg 铅，若取 50 mL 水样测定，则最低检测质量浓度为 0.01 mg/L。

在本方法测定条件下，水中大多数金属离子的干扰可以消除，只有大量锡存在时干扰测定。

替代情况：本标准部分代替 GB/T 5750—1985

发布时间：2006-12-29

实施时间：2007-07-01

3.2.30.6 催化示波极谱法 [GB/T 5750.6—2006（11.4）]

标准名称：催化示波极谱法

英文名称：/

标准编号：生活饮用水标准检验方法　金属指标 GB/T 5750.6—2006（11.4）

适用范围：本标准规定了用催化示波极谱法测定生活饮用水及其水源中的铅和镉。

本方法适用于生活饮用水及其水源水中铅和镉的测定。

铅和镉的最低检测质量为 0.2 μg，若取 20 mL 水样测定，则最低检测质量浓度为 0.01 mg/L。

水中常见共存离子，虽较大浓度也不干扰铅、镉的测定，但 Sn^{2+}与 As^{3+}分别对铅、镉测定有干扰，底液中加入磷酸可分开 Sn^{2+}峰；消化时加入盐酸，可使砷挥发出去，从而减少砷的干扰。

替代情况：本标准部分代替 GB/T 5750—1985

发布时间：2006-12-29

实施时间：2007-07-01

3.2.30.7 氢化物原子荧光法 [GB/T 5750.6—2006（11.5）]

标准名称：氢化物原子荧光法

英文名称：/

标准编号：生活饮用水标准检验方法　金属指标 GB/T 5750.6—2006（11.5）

适用范围：本标准规定了用氢化物原子荧光法测定生活饮用水及其水源水中的铅。

本方法适用于生活饮用水及其水源水中铅的测定。

本方法最低检测质量为 0.5 ng。若取 0.5 mL 水样测定，则最低检测质量浓度为 1.0 μg/L。

替代情况：本标准部分代替 GB/T 5750—1985

发布时间：2006-12-29

实施时间：2007-07-01

3.2.30.8 电感耦合等离子体发射光谱法 [GB/T 5750.6—2006（1.4）]

详见本章 3.2.10.5

3.2.30.9 电感耦合等离子体质谱法 [GB/T 5750.6—2006（1.5）]

详见本章 3.2.10.6

3.2.31　铍

3.2.31.1　桑色素荧光分光光度法［GB/T 5750.6—2006（20.1）］

详见第一章 3.2.99.1

3.2.31.2　无火焰原子吸收分光光度法［GB/T 5750.6—2006（20.2）］

标准名称：无火焰原子吸收分光光度法

英文名称：/

标准编号：生活饮用水标准检验方法　金属指标 GB/T 5750.6—2006（20.2）

适用范围：本标准规定了用无火焰原子吸收分光光度法测定生活饮用水及其水源水中铍的含量。

本方法适用于生活饮用水及水源水中铍的测定。

本方法最低检测质量为 0.004 ng 铍，若取 20 μL 水样测定，则最低检测质量浓度为 0.2 μg/L。

水中共存离子一般不干扰测定。

替代情况：本标准部分代替 GB/T 5750—1985

发布时间：2006-12-29

实施时间：2007-07-01

3.2.31.3　铝试剂（金精三羧酸铵）分光光度法［GB/T 5750.6—2006（20.3）］

标准名称：铝试剂（金精三羧酸铵）分光光度法

英文名称：/

标准编号：生活饮用水标准检验方法　金属指标 GB/T 5750.6—2006（20.3）

适用范围：本标准规定了用铝试剂（金精三羧酸铵）分光光度法测定生活饮用水及其水源水中的铍。

本方法适用于生活饮用水及其水源水中铍的测定。

本方法最低检测质量为 0.5 μg，若取 50 mL 水样测定，则最低检测质量浓度为 10　μg/L。

水中较低含量铝、钴、铜、铁、锰、镍、钛、锌及锆的干扰，可用乙二胺四乙酸（EDTA）隐蔽。铜含量大于 10 mg/L 时必需增加 EDTA 的用量，铜与铝试剂在 515 nm 有吸收，必要时可于标准系列中加入同样质量的铜予以校正。含有机铍的样品可分解后进行测定。

替代情况：本标准部分代替 GB/T 5750—1985

发布时间：2006-12-29

实施时间：2007-07-01

3.2.31.4　电感耦合等离子体发射光谱法［GB/T 5750.6—2006（1.4）］

详见本章 3.2.10.5

3.2.31.5　电感耦合等离子体质谱法［GB/T 5750.6—2006（1.5）］

详见本章 3.2.10.6

3.2.32　钡

3.2.32.1　水质　钡的测定　石墨炉原子吸收分光光度法（HJ 602—2011）

详见第一章 3.2.103.1

3.2.32.2 无火焰原子吸收分光光度法 [GB/T 5750.6—2006（16.1）]

详见第一章 3.2.103.2

3.2.32.3 电感耦合等离子体发射光谱法 [GB/T 5750.6—2006（1.4）]

详见本章 3.2.10.5

3.2.32.4 电感耦合等离子体质谱法 [GB/T 5750.6—2006（1.5）]

详见本章 3.2.10.6

3.2.33 镍

3.2.33.1 水质 镍的测定 丁二酮肟分光光度法（GB/T 11910—1989）

详见第一章 3.2.102.1

3.2.33.2 水质 镍的测定 火焰原子吸收分光光度法（GB/T 11912—1989）

详见第一章 3.2.102.2

3.2.33.3 无火焰原子吸收分光光度法 [GB/T 5750.6—2006（15.1）]

详见第一章 3.2.102.3

3.2.33.4 电感耦合等离子体发射光谱法 [GB/T 5750.6—2006（1.4）]

详见本章 3.2.10.5

3.2.33.5 电感耦合等离子体质谱法 [GB/T 5750.6—2006（1.5）]

详见本章 3.2.10.6

3.2.33.6 水质 氰化物等的测定 真空检测管-电子比色法（HJ 659—2013）

详见第一章 3.2.5.3

3.2.34 滴滴涕

3.2.34.1 水质 六六六、滴滴涕的测定 气相色谱法（GB/T 7492—1987）

详见第一章 3.2.79.1

3.2.34.2 填充柱气相色谱法 [GB/T 5750.9—2006（1.1）]

标准名称：填充柱气相色谱法

英文名称：/

标准编号：生活饮用水标准检验方法 农药指标 GB/T 5750.9—2006（1.1）

适用范围：本标准规定了用填充柱气相色谱法测定生活饮用水及其水源水中滴滴涕和六六六的各种异构体。

本方法适用于生活饮用水及其水源水中滴滴涕和六六六各种异构体的测定。

本方法最低检测质量：滴滴涕为 6.0 pg，六六六的各异构体为 2.0 pg，若取 500 mL 水样测定，则最低检测质量浓度滴滴涕为 0.03 μg/L，六六六各异构体为 0.008 μg/L。

在选定的分析条件下，本方法对滴滴涕和六六六的各种异构体分离效果好，干扰小。

替代情况：本标准部分代替 GB/T 5750—1985

发布时间：2006-12-29

实施时间：2007-07-01

3.2.34.3 毛细管柱气相色谱法 [GB/T 5750.9—2006（1.2）]

标准名称：毛细管柱气相色谱法

英文名称：/

标准编号：生活饮用水标准检验方法　农药指标 GB/T 5750.9—2006（1.2）

适用范围：本标准规定了用毛细管柱气相色谱法测定生活饮用水及其水源水中的滴滴涕和六六六。

本方法适用于测定生活饮用水及其水源水中滴滴涕和六六六的各种异构体。

本方法最低检测质量：滴滴涕为 1.0pg，六六六的各异构体为 0.5pg，若取 500 mL 水样测定，则最低检测质量浓度滴滴涕为 0.002 μg/L。六六六为 0.01 μg/L。

替代情况：本标准部分代替 GB/T 5750—1985

发布时间：2006-12-29

实施时间：2007-07-01

3.2.35　六六六

3.2.35.1　水质　六六六、滴滴涕的测定　气相色谱法（GB/T 7492—1987）

详见第一章 3.2.79.1

3.2.35.2　填充柱气相色谱法 [GB/T 5750.9—2006（1.1）]

详见本章 3.2.34.2

3.2.35.3　毛细管柱气相色谱法 [GB/T 5750.9—2006（1.2）]

详见本章 3.2.34.3

3.2.36　总大肠菌群

3.2.36.1　多管发酵法 [GB/T 5750.12—2006（2.1）]

标准名称：多管发酵法

英文名称：/

标准编号：生活饮用水标准检验方法　微生物指标 GB/T 5750.12—2006（2.1）

适用范围：本标准规定了用多管发酵法测定生活饮用水及其水源水中的总大肠菌群。

本方法适用于生活饮用水及其水源水中总大肠菌群的测定。

替代情况：本标准部分代替 GB/T 5750—1985

发布时间：2006-12-29

实施时间：2007-07-01

3.2.36.2　滤膜法 [GB/T 5750.12—2006（2.2）]

标准名称：滤膜法

英文名称：/

标准编号：生活饮用水标准检验方法　微生物指标 GB/T 5750.12—2006（2.2）

适用范围：本标准规定了用多管发酵法测定生活饮用水及其水源水中的总大肠菌群。

本方法适用于生活饮用水及其水源水中总大肠菌群的测定。

替代情况：本标准部分代替 GB/T 5750—1985

发布时间：2006-12-29

实施时间：2007-07-01

3.2.36.3　酶底物法 [GB/T 5750.12—2006（2.3）]

标准名称：酶底物法

英文名称：/

标准编号：生活饮用水标准检验方法　微生物指标 GB/T 5750.12—2006（2.3）

适用范围：本标准规定了用酶底物法测定生活饮用水及其水源水中的总大肠菌群。本方法适用于生活饮用水及其水源水中总大肠菌群的检测。

替代情况：本标准部分代替 GB/T 5750—1985

发布时间：2006-12-29

实施时间：2007-07-01

3.2.37　细菌总数

3.2.37.1　平皿计数法 [GB/T 5750.12—2006（1）]

标准名称：平皿计数法

英文名称：/

标准编号：生活饮用水标准检验方法　微生物指标 GB/T 5750.12—2006（1）

适用范围：本标准规定了用平皿计数法测定生活饮用水及其水源水中的菌落总数。本方法适用于生活饮用水及其水源水中菌落总数的测定。

替代情况：本标准部分代替 GB/T 5750—1985

发布时间：2006-12-29

实施时间：2007-07-01

3.2.38　总氮

3.2.38.1　水质　总氮的测定　碱性过硫酸钾消解紫外分光光度法（HJ 636—2012）

详见第一章 3.2.9.1

3.2.38.2　水质　总氮的测定　连续流动-盐酸萘乙二胺分光光度法（HJ 667—2013）

详见第一章 3.2.9.3

3.2.38.3　水质　总氮的测定　流动注射-盐酸萘乙二胺分光光度法（HJ 668—2013）

详见第一章 3.2.9.4

3.2.39　硫化物

3.2.39.1　水质　硫化物的测定　亚甲基蓝分光光度法（GB/T 16489—1996）

详见第一章 3.2.23.1

3.2.39.2　水质　硫化物的测定　直接显色分光光度法（GB/T 17133—1997）

详见第一章 3.2.23.2

3.2.39.3　水质　硫化物的测定　碘量法（HJ/T 60—2000）

详见第一章 3.2.23.3

3.2.39.4　水质　硫化物的测定　气相分子吸收光谱法（HJ/T 200—2005）

详见第一章 3.2.23.4

3.2.39.5　水质　氰化物等的测定　真空检测管-电子比色法（HJ 659—2013）

详见第一章 3.2.5.3

3.2.40　石油类

3.2.40.1　水质　石油类和动植物油的测定　红外分光光度法（HJ 637—2012）

详见第一章 3.2.21.1

3.2.41　悬浮物

3.2.41.1　水质　悬浮物的测定　重量法（GB/T 11901—1989）

详见第一章 3.2.111.1

3.2.42　全盐量

3.2.42.1　水质　全盐量的测定　重量法（HJ/T 51—1999）

详见第一章 3.2.126.1

3.2.43　总有机碳

3.2.43.1　水质　总有机碳的测定　燃烧氧化-非分散红外吸收法（HJ 501—2009）

详见第一章 3.2.113.1

3.2.44　化学需氧量

3.2.44.1　水质　化学需氧量的测定　重铬酸盐法（GB/T 11914—1989）

详见第一章 3.2.5.1

3.2.44.2　水质　化学需氧量的测定　快速消解分光光度法（HJ/T 399—2007）

详见第一章 3.2.5.2

3.2.44.3　水质　氰化物等的测定　真空检测管-电子比色法（HJ 659—2013）

详见第一章 3.2.5.3

3.2.45　硼

3.2.45.1　水质　硼的测定　姜黄素分光光度法（HJ/T 49—1999）

详见第一章 3.2.100.1

3.2.46　钒

3.2.46.1　水质　钒的测定　钽试剂（BPHA）萃取分光光度法（GB/T 15503—1995）

详见第一章 3.2.104.1

3.2.46.2　水质　钒的测定　石墨炉原子吸收分光光度法（HJ673—2013）

详见第一章 3.2.104.3

3.2.47　钠

3.2.47.1　水质　钾和钠的测定　火焰原子吸收分光光度法（GB/T 11904—1989）

详见第一章 3.2.130.1

3.2.48 钾

3.2.48.1 水质 钾和钠的测定 火焰原子吸收分光光度法（GB/T 11904—1989）

详见第一章 3.2.130.1

3.2.49 挥发性卤代烃

3.2.49.1 水质 挥发性卤代烃的测定 顶空气相色谱法（HJ 620—2011）

详见第一章 3.2.30.1

3.2.50 苯并[*a*]芘

3.2.50.1 水质 苯并[*a*]芘的测定 乙酰化滤纸层析荧光光度法（GB/T 11895—1989）

详见第一章 3.2.93.1

3.2.50.2 水质 多环芳烃的测定 液液萃取和固相萃取高效液相色谱法（HJ 478—2009）

详见第一章 3.2.93.2

3.2.51 氯苯类化合物

3.2.51.1 水质 氯苯类化合物的测定 气相色谱法（HJ 621—2011）

详见第一章 3.2.53.1

3.2.51.2 水质 氯苯的测定 气相色谱法（HJ/T 74—2001）

详见第一章 3.2.53.2

3.2.52 硝基苯类化合物

3.2.52.1 水质 硝基苯类化合物的测定 液液萃取/固相萃取-气相色谱法（HJ 648—2013）

详见第一章 3.2.59.1

3.2.53 林丹（γ-六六六）

3.2.53.1 水质 六六六、滴滴涕的测定 气相色谱法（GB/T 7492—1987）

详见第一章 3.2.79.1

3.2.54 有机磷农药

3.2.54.1 水质 有机磷农药的测定 气相色谱法（GB/T 13192—1991）

详见第一章 3.2.127.1

3.2.54.2 水、土中有机磷农药测定的气相色谱法（GB/T 14552—2003）

详见第一章 3.2.127.2

3.2.55 甲醛

3.2.55.1 水质 甲醛的测定 乙酰丙酮分光光度法（HJ 601—2011）

详见第一章 3.2.44.1

3.2.56 温度

3.2.56.1 水质 水温的测定 温度计或颠倒温度计测定法（GB/T 13195—1991）

详见第一章 3.2.1.1

3.2.57 钙

3.2.57.1 水质 钙的测定 EDTA 滴定法（GB/T 7476—1987）

详见第一章 3.2.108.1

3.2.57.2 水质 钙和镁的测定 原子吸收分光光度法（GB/T 11905—1989）

详见第一章 3.2.108.2

3.2.58 镁

3.2.58.1 水质 钙和镁的测定 原子吸收分光光度法（GB/T 11905—1989）

详见第一章 3.2.108.2

3.2.59 五氯酚

3.2.59.1 水质 五氯酚的测定 气相色谱法（HJ 591—2010）

详见第一章 3.2.67.1

3.2.59.2 水质 酚类化合物的测定 液液萃取/气相色谱法（HJ 676—2013）

详见第一章 3.2.65.2

3.2.60 阿特拉津

3.2.60.1 水质 阿特拉津的测定 高效液相色谱法（HJ 587—2010）

详见第一章 3.2.92.1

3.2.61 黄磷

3.2.61.1 水质 单质磷的测定 磷钼蓝分光光度法（暂行）（HJ 593—2010）

详见第一章 3.2.96.1

3.2.62 急性毒性

3.2.62.1 水质 物质对蚤类（大型蚤）急性毒性测定方法（GB/T 13266—1991）

详见第一章 3.2.116.1

3.2.63 可吸附有机卤素（AOX）

3.2.63.1 水质 可吸附有机卤素（AOX）的测定 微库仑法（GB/T 15959—1995）

详见第一章 3.2.123.1

3.2.63.2 水质 可吸附有机卤素（AOX）的测定 离子色谱法（HJ/T 83—2001）

详见第一章 3.2.123.2

3.2.64 粪大肠菌群

3.2.64.1 水质 粪大肠菌群的测定 多管发酵法和滤膜法（试行）（HJ/T 347—2007）

详见第一章 3.2.24.1

3.2.65 三氯乙醛

3.2.65.1 水质 三氯乙醛的测定 吡啶啉酮分光光度法（HJ/T 50—1999）

详见第一章 3.2.47.2

3.2.66 挥发性有机物

3.2.66.1 水质 挥发性有机物的测定 吹扫捕集/气相色谱-质谱法（HJ 639—2012）

详见第一章 3.2.30.4

3.2.67 总磷

3.2.67.1 水质 磷酸盐和总磷的测定 连续流动-钼酸铵分光光度法（HJ 670—2013）

详见第一章 3.2.8.2

3.2.67.2 水质 磷酸盐和总磷的测定 流动注射-钼酸铵分光光度法（HJ 671—2013）

详见第一章 3.2.8.3

3.2.68 磷酸盐

3.2.68.1 水质 磷酸盐的测定 离子色谱法（HJ 669—2013）

详见第一章 3.2.136.1

3.2.68.2 水质 磷酸盐和总磷的测定 连续流动-钼酸铵分光光度法（HJ 670—2013）

详见第一章 3.2.8.2

3.2. 68.3 水质 磷酸盐和总磷的测定 流动注射-钼酸铵分光光度法（HJ 671—2013）

详见第一章 3.2.8.3

3.2.68.4 水质 氰化物等的测定 真空检测管-电子比色法（HJ 659—2013）

详见第一章 3.2.5.3

3.2.69 酚类化合物

3.2.69.1 水质 酚类化合物的测定 液液萃取/气相色谱法（HJ 676—2013）

详见第一章 3.2.65.2

编写人：王晓雯

第三章

海　水

1 环境质量标准

1.1 海水水质标准（GB 3097—1997）

标准名称：海水水质标准

英文名称：Sea water quality standard

标准编号：GB 3097—1997

适用范围：本标准规定了海域各类使用功能的水质要求。

本标准适用于中华人民共和国管辖的海域。

替代情况：代替 GB 3097—1982

发布时间：1997-12-03

实施时间：1998-07-01

2 监测规范

2.1 近岸海域环境监测规范（HJ 442—2008）

标准名称：近岸海域环境监测规范

英文名称：Specification for offshore environmental monitoring

标准编号：HJ 442—2008

适用范围：本标准规定了开展近岸海域环境监测过程中的站位布设、样品采集、保存、运输、实验室分析、质量保证等各个环节以及监测方案和监测报告编制的一般要求。

本标准适用于全国近岸海域海洋水质监测、海洋沉积物质量监测、海洋生物监测、潮间带生态监测、海洋生物体污染物残留量监测等环境质量例行监测以及近岸海域环境功能区环境质量监测、海滨浴场水质监测、陆域直排海污染源环境影响监测、大型海岸工程环境影响监测和赤潮多发区环境监测等专题监测。近岸海域环境应急监测和科研监测等可参照本标准执行。

替代情况：/

发布时间：2008-11-04

实施时间：2009-01-01

2.2 海水浴场水质周报数据传输技术规定（试行）

标准名称：海水浴场水质周报数据传输技术规定（试行）

英文名称：/

标准编号：/

适用范围：为了贯彻实施重点海水浴场水质周报制度，更好地为社会公众提供重点海水浴场水质状况，保证重点海水浴场水质周报的准确性、及时性和规范性，制定本技术规定。

替代情况：/

发布时间：2008-04-28

实施时间：2008-04-28

3 监测方法

3.1 采样方法

3.1.1 样品采集、贮存与运输（GB 17378.3—2007）

标准名称：样品采集、贮存与运输

英文名称：The specification for marine monitoring - Part3：Sample collection，storage and transpertation

标准编号：海洋监测规范 GB 17378.3—2007

适用范围：GB 17378 的本部分规定了海洋监测过程中，进行样品采集、贮存和运输的基本方法和程序。

本部分适用于海洋环境中水质、沉积物、生物的样品采集、贮存、运输，也适用于海洋废物倾倒和疏浚物倾倒中水质、沉积物、生物的样品采集、贮存和运输。

替代情况：本标准代替《海洋监测规范　第 3 部分：样品采集、贮存与运输》(GB 17378.3—1998)，本部分与 GB 17378.3—1998 相比变化如下：

—— 取消了定义（1998 年版的第 2 章）；

—— 增加了通则（见本版第 3 章）；

—— 在采样站位的布设中，对布设原则作了补充规定，增加了监测断面要求（1998 年版的 3.2.1；本版的 4.5.1 和 4.5.2）；

—— 增加了特殊样品的采样和采样中的质量控制内容（见本版 4.10 和本版 4.11）；

—— 在沉积物样品的采集中，对表层样品的采集作了补充规定；增加了采样目的、采样站位的布设、监测时间和频率、样品贮存容器、样品采集的质量保证与质量控制等相关规定（1998 年版的第 4 章；本版的第 5 章的 5.1、5.2、5.3、5.4、5.6.1 和 5.7）；

—— 在生物样品的采集中，对样品采集、采样现场的描述、样品的保存与运输作了补充规定；增加了采样站位布设、样品采集、运输、贮存的质量保证等相关内容（1998 年版的第 5 章；本版第 6 章的 6.3、6.6、6.7、6.8 和 6.9）。

发布时间：2007-10-18

实施时间：2008-05-01

3.2 检测方法

3.2.1 水色

3.2.1.1 比色法 [GB 17378.4—2007（21）]

标准名称： 比色法

英文名称： /

标准编号： 海洋监测规范 GB 17378.4—2007（21）

适用范围： 本方法适用于大洋、近岸海水水色的测定。

本方法为仲裁方法。

替代情况： 替代 GB 17378.4—1998

发布时间： 2007-10-18

实施时间： 2008-05-01

3.2.2 嗅和味

3.2.2.1 感官法 [GB 17378.4—2007（24）]

标准名称： 感官法

英文名称： /

标准编号： 海洋监测规范 GB 17378.4—2007（24）

适用范围： 本方法适用于海水嗅和味的测定。

替代情况： 替代 GB 17378.4—1998

发布时间： 2007-10-18

实施时间： 2008-05-01

3.2.3 悬浮物

3.2.3.1 重量法 [GB 17378.4—2007（27）]

标准名称： 重量法

英文名称： /

标准编号： 海洋监测规范 GB 17378.4—2007（27）

适用范围： 本方法适用于河口、港湾和大洋水体中悬浮物质的测定。

本方法为仲裁方法。

替代情况： 替代 GB 17378.4—1998

发布时间： 2007-10-18

实施时间： 2008-05-01

3.2.4 粪大肠菌群

3.2.4.1 发酵法 [GB 17378.7—2007（9.1）]

标准名称： 发酵法

英文名称： /

标准编号： 海洋监测规范 GB 17378.7—2007（9.1）

适用范围： /

替代情况： 替代 GB 17378.7—1998

发布时间： 2007-10-18

实施时间： 2008-05-01

3.2.4.2 滤膜法 [GB 17378.7—2007（9.2）]

标准名称： 滤膜法

英文名称： /

标准编号： 海洋监测规范 GB 17378.7—2007（9.2）

适用范围： /

替代情况： 替代 GB 17378.7—1998

发布时间： 2007-10-18

实施时间： 2008-05-01

3.2.5 水温

3.2.5.1 表层水温表法 [GB 17378.4—2007（25.1）]

标准名称： 表层水温表法

英文名称： /

标准编号： 海洋监测规范 GB 17378.4—2007（25.1）

适用范围： 本方法为仲裁方法。

表层水温表用于测量海洋、湖泊、河流、水库等的表层水温度，它由测量范围为－5℃～+40℃，分度 0.2℃的玻璃水银温度表和铜制外壳组成。

替代情况： 替代 GB 17378.4—1998

发布时间： 2007-10-18

实施时间： 2008-05-01

3.2.5.2 颠倒温度表法 [GB 17378.4—2007（25.2）]

标准名称： 颠倒温度表法

英文名称： /

标准编号： 海洋监测规范 GB 17378.4—2007（25.2）

适用范围： 颠倒温度表用于测量表层以下水温。颠倒温度表分为测量海水温度的闭端颠倒温度表和测量海水深度及温度的开端颠倒温度表。

替代情况： 替代 GB 17378.4—1998

发布时间： 2007-10-18

实施时间： 2008-05-01

3.2.5.3 水质 水温的测定 温度计或颠倒温度计测定法（GB/T 13195—1991）

详见第一章 3.2.1.1

3.2.6 pH

3.2.6.1 pH 计法 [GB 17378.4—2007（26）]

标准名称： pH 计法

英文名称： /

标准编号： 海洋监测规范 GB 17378.4—2007（26）

适用范围： 本方法适用于大洋和近岸海水 pH 值的测定。水样采集后，应在 6h 内测定。如果加入 1 滴氯化汞溶液，盖好瓶盖，允许保存 2d。水的色度、浑浊度、胶体微粒、游离氯、氧化剂、还原剂以及较高的含盐量等干扰都较小，当 pH 大于 9.5 时，大量的钠离子会引起很大误差，读数偏低。

本方法为仲裁方法。

替代情况： 替代 GB 17378.4—1998

发布时间： 2007-10-18

实施时间： 2008-05-01

3.2.7 溶解氧

3.2.7.1 碘量法 [GB 17378.4—2007（31）]

标准名称： 碘量法

英文名称： /

标准编号： 海洋监测规范 GB 17378.4—2007（31）

适用范围： 本方法适用于大洋和近岸海水及河水、河口水溶解氧的测定。

本方法为仲裁方法。

替代情况： 替代 GB 17378.4—1998

发布时间： 2007-10-18

实施时间： 2008-05-01

3.2.7.2 水质 溶解氧的测定 碘量法（GB/T 7489—1987）

详见第一章 3.2.3.1

3.2.7.3 水质 溶解氧的测定 电化学探头法（HJ 506—2009）

详见第一章 3.2.3.2

3.2.8 化学需氧量

3.2.8.1 碱性高锰酸钾法 [GB 17378.4—2007（32）]

标准名称： 碱性高锰酸钾法

英文名称： /

标准编号： 海洋监测规范 GB 17378.4—2007（32）

适用范围： 本方法适用于大洋和近岸海水及河口水化学需氧量（COD）的测定。

本方法为仲裁方法。

替代情况： 替代 GB 17378.4—1998

发布时间： 2007-10-18

实施时间： 2008-05-01

3.2.9 生化需氧量

3.2.9.1 五日培养法（BOD_5） [GB 17378.4—2007（33.1）]

标准名称：五日培养法（BOD_5）

英文名称：/

标准编号：海洋监测规范 GB 17378.4—2007（33.1）

适用范围：本方法适用于海水的生化需氧量的测定。

本方法为仲裁方法。

替代情况：部分替代 GB 17378.4—1998

发布时间：2007-10-18

实施时间：2008-05-01

3.2.9.2 两日培养法（BOD_2） [GB 17378.4—2007（33.2）]

标准名称：两日培养法（BOD_2）

英文名称：/

标准编号：海洋监测规范 GB 17378.4—2007（33.2）

适用范围：除培养温度和培养时间不同外，其他均与五日生化需氧量相同。

替代情况：替代 GB 17378.4—1998

发布时间：2007-10-18

实施时间：2008-05-01

3.2.10 氨氮

3.2.10.1 靛酚蓝分光光度法 [GB 17378.4—2007（36.1）]

标准名称：靛酚蓝分光光度法

英文名称：/

标准编号：海洋监测规范 GB 17378.4—2007（36.1）

适用范围：本方法适用于大洋和近岸海水及河口水。

本方法为仲裁方法。

替代情况：替代 GB 17378.4—1998

发布时间：2007-10-18

实施时间：2008-05-01

3.2.10.2 次溴酸盐氧化法 [GB 17378.4—2007（36.2）]

标准名称：次溴酸盐氧化法

英文名称：/

标准编号：海洋监测规范 GB 17378.4—2007（36.2）

适用范围：本方法适用于大洋和近岸海水及河口水中氨氮的测定。本方法不适用于污染较重、含有机物较多的养殖水体。

替代情况：替代 GB 17378.4—1998

发布时间：2007-10-18

实施时间：2008-05-01

3.2.10.3 水质 氨氮的测定 气相分子吸收光谱法（HJ/T 195—2005）

详见第一章 3.2.7.3

3.2.10.4 流动注射比色法测定河口与近岸海水中的氨（HJ 442—2008 附录 G）

标准名称：流动注射比色法测定河口与近岸海水中的氨

英文名称：/

标准编号：近岸海域环境监测规范 HJ 442—2008 附录 G

适用范围：本法适用于河口与近岸海水中氨的测定。

替代情况：/

发布时间：2008-11-04

实施时间：2009-01-01

3.2.11 亚硝酸盐

3.2.11.1 萘乙二胺分光光度法 [GB 17378.4—2007（37）]

标准名称：萘乙二胺分光光度法

英文名称：/

标准编号：海洋监测规范 GB 17378.4—2007（37）

适用范围：本方法适用于海水及河口水中亚硝酸盐氮的测定。

本方法为仲裁方法。

替代情况：替代 GB 17378.4—1998

发布时间：2007-10-18

实施时间：2008-05-01

3.2.11.2 水质 亚硝酸盐氮的测定 气相分子吸收光谱法（HJ/T 197—2005）

详见第一章 3.2.128.2

3.2.11.3 流动注射比色法测定河口与近岸海水中的硝氮和亚硝氮（HJ 442—2008 附录 H）

标准名称：流动注射比色法测定河口与近岸海水中的硝氮和亚硝氮

英文名称：/

标准编号：近岸海域环境监测规范 HJ 442—2008 附录 H

适用范围：本法适用于河口与近岸海水中硝氮和亚硝氮的测定。

替代情况：/

发布时间：2008-11-04

实施时间：2009-01-01

3.2.12 硝酸盐

3.2.12.1 镉柱还原法 [GB 17378.4—2007（38.1）]

标准名称：镉柱还原法

英文名称：/

标准编号：海洋监测规范 GB 17378.4—2007（38.1）

适用范围：本方法适用于大洋和近岸海水、河口水中硝酸盐氮的测定。

本方法为仲裁方法。

替代情况：替代 GB 17378.4—1998

发布时间：2007-10-18

实施时间：2008-05-01

3.2.12.2 锌-镉还原法 [GB 17378.4—2007（38.2）]

标准名称：锌-镉还原法

英文名称：/

标准编号：海洋监测规范 GB 17378.4—2007（38.2）

适用范围：等效采用 GB/T 12763.4—2007（11）

替代情况：替代 GB 17378.4—1998

发布时间：2007-10-18

实施时间：2008-05-01

3.2.12.3 水质 硝酸盐氮的测定 气相分子吸收光谱法（HJ/T 198—2005）

详见第一章 3.2.27.4

3.2.12.4 流动注射比色法测定河口与近岸海水中的硝氮和亚硝氮（HJ 442—2008 附录 H）

详见本章 3.2.11.3

3.2.13 活性磷酸盐

3.2.13.1 磷钼蓝分光光度法 [GB 17378.4—2007（39.1）]

标准名称：磷钼蓝分光光度法

英文名称：/

标准编号：海洋监测规范 GB 17378.4—2007（39.1）

适用范围：本方法适用于海水中活性磷酸盐的测定。

本方法为仲裁方法。

替代情况：替代 GB 17378.4—1998

发布时间：2007-10-18

实施时间：2008-05-01

3.2.13.2 磷钼蓝萃取分光光度法 [GB 17378.4—2007（39.2）]

标准名称：磷钼蓝萃取分光光度法

英文名称：/

标准编号：海洋监测规范 GB 17378.4—2007（39.2）

适用范围：本方法适用于测定海水中的活性磷酸盐。

替代情况：替代 GB 17378.4—1998

发布时间：2007-10-18

实施时间：2008-05-01

3.2.13.3 流动注射比色法测定河口与近岸海水中活性磷酸盐（HJ 442—2008 附录 I）

标准名称：流动注射比色法测定河口与近岸海水中活性磷酸盐

英文名称：/

标准编号：近岸海域环境监测规范 HJ 442—2008 附录 I

适用范围：本方法适用于河口与近岸海水中活性磷酸盐的测定。

替代情况：/

发布时间：2008-11-04

实施时间：2009-01-01

3.2.14 汞

3.2.14.1 原子荧光法 [GB 17378.4—2007（5.1）]

标准名称：原子荧光法

英文名称：/

标准编号：海洋监测规范 GB 17378.4—2007（5.1）

适用范围：本方法适用于大洋、近岸及河口区海水中汞的测定。

本方法为仲裁方法。

替代情况：替代 GB 17378.4—1998

发布时间：2007-10-18

实施时间：2008-05-01

3.2.14.2 冷原子吸收分光光度法 [GB 17378.4—2007（5.2）]

标准名称：冷原子吸收分光光度法

英文名称：/

标准编号：海洋监测规范 GB 17378.4—2007（5.2）

适用范围：本方法适用于大洋、近岸及河口区海水中汞的测定。

替代情况：替代 GB 17378.4—1998

发布时间：2007-10-18

实施时间：2008-05-01

3.2.14.3 金捕集冷原子吸收光度法 [GB 17378.4—2007（5.3）]

标准名称：金捕集冷原子吸收光度法

英文名称：/

标准编号：海洋监测规范 GB 17378.4—2007（5.3）

适用范围：本方法适用于大洋水、近岸海水、地面水痕量汞的测定。

替代情况：替代 GB 17378.4—1998

发布时间：2007-10-18

实施时间：2008-05-01

3.2.15 镉

3.2.15.1 无火焰原子吸收分光光度法 [GB 17378.4—2007（8.1）]

标准名称：无火焰原子吸收分光光度法

英文名称：/

标准编号：海洋监测规范 GB 17378.4—2007（8.1）

适用范围：本方法适用于海水中痕量铜、铅和镉的连续测定。

本方法为仲裁方法。

替代情况：替代 GB 17378.4—1998

发布时间：2007-10-18

实施时间：2008-05-01

3.2.15.2 阳极溶出伏安法 [GB 17378.4—2007（8.2）]

标准名称：阳极溶出伏安法

英文名称：/

标准编号：海洋监测规范 GB 17378.4—2007（8.2）

适用范围：本方法适用于盐度大于 0.5 的河口水和海水中溶解铜、铅和镉的连续测定。

替代情况：替代 GB 17378.4—1998

发布时间：2007-10-18

实施时间：2008-05-01

3.2.15.3 火焰原子吸收分光光度法 [GB 17378.4—2007（8.3）]

标准名称：火焰原子吸收分光光度法

英文名称：/

标准编号：海洋监测规范 GB 17378.4—2007（8.3）

适用范围：本方法适用于近海、河口水体中镉的测定。

替代情况：替代 GB 17378.4—1998

发布时间：2007-10-18

实施时间：2008-05-01

3.2.16 铅

3.2.16.1 无火焰原子吸收分光光度法 [GB 17378.4—2007（7.1）]

标准名称：无火焰原子吸收分光光度法

英文名称：/

标准编号：海洋监测规范 GB 17378.4—2007（7.1）

适用范围：本方法适用于海水中痕量铜、铅和镉的连续测定。

本方法为仲裁方法。

替代情况：替代 GB 17378.4—1998

发布时间：2007-10-18

实施时间：2008-05-01

3.2.16.2 阳极溶出伏安法 [GB 17378.4—2007（7.2）]

标准名称：阳极溶出伏安法

英文名称：/

标准编号：海洋监测规范 GB 17378.4—2007（7.2）

适用范围：本方法适用于盐度大于 0.5 的河口水和海水中溶解铜、铅和镉的连续测定。

替代情况：替代 GB 17378.4—1998

发布时间：2007-10-18

实施时间：2008-05-01

3.2.16.3 火焰原子吸收分光光度法 [GB 17378.4—2007（7.3）]

标准名称：火焰原子吸收分光光度法

英文名称：/

标准编号：海洋监测规范 GB 17378.4—2007（7.3）

适用范围：本方法适用于近海、沿岸、河口水中铅的测定。

替代情况：替代 GB 17378.4—1998

发布时间：2007-10-18

实施时间：2008-05-01

3.2.17　六价铬

3.2.17.1　水质　六价铬的测定　二苯碳酰二肼分光光度法（GB/T 7467—1987）

详见第一章 3.2.17.1

3.2.18　总铬

3.2.18.1　无火焰原子吸收分光光度法 [GB 17378.4—2007（10.1）]

标准名称：无火焰原子吸收分光光度法

英文名称：/

标准编号：海洋监测规范 GB 17378.4—2007（10.1）

适用范围：本方法适用于海水中总铬的测定。

本方法为仲裁方法。

替代情况：替代 GB 17378.4—1998

发布时间：2007-10-18

实施时间：2008-05-01

3.2.18.2　二苯碳酰二肼分光光度法 [GB 17378.4—2007（10.2）]

标准名称：二苯碳酰二肼分光光度法

英文名称：/

标准编号：海洋监测规范 GB 17378.4—2007（10.2）

适用范围：本方法适用于河口和近岸海水中总铬的测定。

替代情况：替代 GB 17378.4—1998

发布时间：2007-10-18

实施时间：2008-05-01

3.2.19　砷

3.2.19.1　原子荧光法 [GB 17378.4—2007（11.1）]

标准名称：原子荧光法

英文名称：/

标准编号：海洋监测规范 GB 17378.4—2007（11.1）

适用范围：本方法适用于海水中砷的测定。

本方法为仲裁方法。

替代情况：替代 GB 17378.4—1998

发布时间：2007-10-18

实施时间：2008-05-01

3.2.19.2 砷化氢-硝酸银分光光度法 [GB 17378.4—2007（11.2）]

标准名称：砷化氢-硝酸银分光光度法

英文名称：/

标准编号：海洋监测规范 GB 17378.4—2007（11.2）

适用范围：本方法适用于各类海水及地面水中砷的测定。

替代情况：替代 GB 17378.4—1998

发布时间：2007-10-18

实施时间：2008-05-01

3.2.19.3 氢化物发生原子吸收分光光度法 [GB 17378.4—2007（11.3）]

标准名称：氢化物发生原子吸收分光光度法

英文名称：/

标准编号：海洋监测规范 GB 17378.4—2007（11.3）

适用范围：本方法适用于大洋、近岸、河口水中无机砷的测定。

替代情况：替代 GB 17378.4—1998

发布时间：2007-10-18

实施时间：2008-05-01

3.2.19.4 催化极谱法 [GB 17378.4—2007（11.4）]

标准名称：催化极谱法

英文名称：/

标准编号：海洋监测规范 GB 17378.4—2007（11.4）

适用范围：本方法适用于河水、各种盐度的海水中砷的测定。

替代情况：部分替代 GB 17378.4—1998

发布时间：2007-10-18

实施时间：2008-05-01

3.2.19.5 水质 总砷的测定 二乙基二硫代氨基甲酸银分光光度法（GB/T 7485—1987）

详见第一章 3.2.14.1

3.2.20 铜

3.2.20.1 无火焰原子吸收分光光度法 [GB 17378.4—2007（6.1）]

标准名称：无火焰原子吸收分光光度法

英文名称：/

标准编号：海洋监测规范 GB 17378.4—2007（6.1）

适用范围：本方法适用于海水中痕量铜、铅和镉的连续测定。

本方法为仲裁方法。

替代情况：部分替代 GB 17378.4—1998

发布时间：2007-10-18

实施时间：2008-05-01

3.2.20.2 阳极溶出伏安法 [GB 17378.4—2007（6.2）]

标准名称： 阳极溶出伏安法

英文名称： /

标准编号： 海洋监测规范 GB 17378.4—2007（6.2）

适用范围： 本方法适用于盐度大于 0.5 的河口水和海水中溶解铜、铅和镉的连续测定。

替代情况： 替代 GB 17378.4—1998

发布时间： 2007-10-18

实施时间： 2008-05-01

3.2.20.3 火焰原子吸收分光光度法 [GB 17378.4—2007（6.3）]

标准名称： 火焰原子吸收分光光度法

英文名称： /

标准编号： 海洋监测规范 GB 17378.4—2007（6.3）

适用范围： 本方法适用于海水中痕量铜的测定。

替代情况： 替代 GB 17378.4—1998

发布时间： 2007-10-18

实施时间： 2008-05-01

3.2.21 锌

3.2.21.1 火焰原子吸收分光光度法 [GB 17378.4—2007（9.1）]

标准名称： 火焰原子吸收分光光度法

英文名称： /

标准编号： 海洋监测规范 GB 17378.4—2007（9.1）

适用范围： 本方法适用于海水中痕量锌的测定。

本方法为仲裁方法。

替代情况： 替代 GB 17378.4—1998

发布时间： 2007-10-18

实施时间： 2008-05-01

3.2.21.2 阳极溶出伏安法 [GB 17378.4—2007（9.2）]

标准名称： 阳极溶出伏安法

英文名称： /

标准编号： 海洋监测规范 GB 17378.4—2007（9.2）

适用范围： 本方法适用于盐度大于 0.5 的河口水和海水中溶解锌的测定。

替代情况： 替代 GB 17378.4—1998

发布时间： 2007-10-18

实施时间： 2008-05-01

3.2.22 硒

3.2.22.1 荧光分光光度法 [GB 17378.4—2007（12.1）]

标准名称： 荧光分光光度法

英文名称：/

标准编号：海洋监测规范 GB 17378.4—2007（12.1）

适用范围：本方法适用于海水、天然水中总硒的测定，如果样品不经酸处理，可直接测定四价硒的含量。

本方法为仲裁方法。

替代情况：替代 GB 17378.4—1998

发布时间：2007-10-18

实施时间：2008-05-01

3.2.22.2 二氨基联苯胺分光光度法 [GB 17378.4—2007（12.2）]

标准名称：二氨基联苯胺分光光度法

英文名称：/

标准编号：海洋监测规范 GB 17378.4—2007（12.2）

适用范围：本方法适用于河口和海水中硒的测定。

替代情况：替代 GB 17378.4—1998

发布时间：2007-10-18

实施时间：2008-05-01

3.2.22.3 催化极谱法 [GB 17378.4—2007（12.3）]

标准名称：催化极谱法

英文名称：/

标准编号：海洋监测规范 GB 17378.4—2007（12.3）

适用范围：本方法适用于海水及河水中溶解态硒的测定。

替代情况：替代 GB 17378.4—1998

发布时间：2007-10-18

实施时间：2008-05-01

3.2.22.4 原子荧光法测定河口与近岸海水中的硒（HJ 442—2008 附录 K）

标准名称：原子荧光法测定河口与近岸海水中的硒

英文名称：/

标准编号：近岸海域环境监测规范 HJ 442—2008 附录 K

适用范围：本方法适用于河口与近岸海水中硒的测定。

替代情况：/

发布时间：2008-11-04

实施时间：2009-01-01

3.2.23 镍

3.2.23.1 无火焰原子吸收分光光度法 [GB 17378.4—2007（42）]

标准名称：无火焰原子吸收分光光度法

英文名称：/

标准编号：海洋监测规范 GB 17378.4—2007（42）

适用范围：本方法适用于海水中痕量镍的测定。

本方法为仲裁方法。

替代情况：替代 GB 17378.4—1998

发布时间：2007-10-18

实施时间：2008-05-01

3.2.23.2　水质　镍的测定　丁二酮肟分光光度法（GB/T 11910—1989）

详见第一章 3.2.102.1

3.2.23.3　水质　镍的测定　火焰原子吸收分光光度法（GB/T 11912—1989）

详见第一章 3.2.102.2

3.2.24　氰化物

3.2.24.1　异烟酸-吡唑啉酮分光光度法 [GB 17378.4—2007（20.1）]

标准名称：异烟酸-吡唑啉酮分光光度法

英文名称：/

标准编号：海洋监测规范 GB 17378.4—2007（20.1）

适用范围：本方法适用于大洋、近岸、河口及工业排污口水体中氰化物的测定。

本方法为仲裁方法。

替代情况：替代 GB 17378.4—1998

发布时间：2007-10-18

实施时间：2008-05-01

3.2.24.2　吡啶-巴比土酸分光光度法 [GB 17378.4—2007（20.2）]

标准名称：吡啶-巴比土酸分光光度法

英文名称：/

标准编号：海洋监测规范 GB 17378.4—2007（20.2）

适用范围：本方法适用于大洋、近岸、河口和沿岸排污口水体中氰化物的测定。

替代情况：替代 GB 17378.4—1998

发布时间：2007-10-18

实施时间：2008-05-01

3.2.25　硫化物

3.2.25.1　亚甲基蓝分光光度法 [GB 17378.4—2007（18.1）]

标准名称：亚甲基蓝分光光度法

英文名称：/

标准编号：海洋监测规范 GB 17378.4—2007（18.1）

适用范围：本方法适用于大洋、近岸、河口水体中硫化物浓度为 10 μg/L 以下的水样。

本方法为仲裁方法。

替代情况：替代 GB 17378.4—1998

发布时间：2007-10-18

实施时间：2008-05-01

3.2.25.2 离子选择电极法 [GB 17378.4—2007（18.2）]

标准名称：离子选择电极法

英文名称：/

标准编号：海洋监测规范 GB 17378.4—2007（18.2）

适用范围：本方法适用于大洋近岸海水中硫化物的测定。

替代情况：替代 GB 17378.4—1998

发布时间：2007-10-18

实施时间：2008-05-01

3.2.25.3 水质 硫化物的测定 气相分子吸收光谱法（HJ/T 200—2005）

详见第一章 3.2.23.4

3.2.26 挥发性酚

3.2.26.1 4-氨基安替比林分光光度法 [GB 17378.4—2007（19）]

标准名称：4-氨基安替比林分光光度法

英文名称：/

标准编号：海洋监测规范 GB 17378.4—2007（19）

适用范围：本方法适用于海水及工业排污口水体中酚含量低于 10 mg/L 的测定。酚含量超过此值，可用溴化滴定法。

本方法为仲裁方法。

替代情况：替代 GB 17378.4—1998

发布时间：2007-10-18

实施时间：2008-05-01

3.2.27 石油类

3.2.27.1 荧光分光光度法 [GB 17378.4—2007（13.1）]

标准名称：荧光分光光度法

英文名称：/

标准编号：海洋监测规范 GB 17378.4—2007（13.1）

适用范围：本方法适用于大洋、近海、河口等水体中油类的测定。

本方法为仲裁方法。

替代情况：替代 GB 17378.4—1998

发布时间：2007-10-18

实施时间：2008-05-01

3.2.27.2 紫外分光光度法 [GB 17378.4—2007（13.2）]

标准名称：紫外分光光度法

英文名称：/

标准编号：海洋监测规范 GB 17378.4—2007（13.2）

适用范围：本方法适用于近海、河口水中油类的测定。

替代情况：替代 GB 17378.4—1998

发布时间：2007-10-18

实施时间：2008-05-01

3.2.27.3 重量法 [GB 17378.4—2007（13.3）]

标准名称：重量法

英文名称：/

标准编号：海洋监测规范 GB 17378.4—2007（13.3）

适用范围：本方法适用于油污染较重海水中油类的测定。

替代情况：替代 GB 17378.4—1998

发布时间：2007-10-18

实施时间：2008-05-01

3.2.28 六六六

3.2.28.1 气相色谱法 [GB 17378.4—2007（14）]

标准名称：气相色谱法

英文名称：/

标准编号：海洋监测规范 GB 17378.4—2007（14）

适用范围：本方法适用于河口、近岸海水中六六六、DDT 的测定。

本方法为仲裁方法。

替代情况：替代 GB 17378.4—1998

发布时间：2007-10-18

实施时间：2008-05-01

3.2.29 滴滴涕

3.2.29.1 气相色谱法 [GB 17378.4—2007（14）]

详见本章 3.2.28.1

3.2.30 马拉硫磷

3.2.30.1 水质 有机磷农药的测定 气相色谱法（GB/T 13192—1991）

详见第一章 3.2.82.1

3.2.31 甲基对硫磷

3.2.31.1 水质 有机磷农药的测定 气相色谱法（GB/T 13192—1991）

详见第一章 3.2.82.1

3.2.32 苯并[*a*]芘

3.2.32.1 水质 苯并[*a*]芘的测定 乙酰化滤纸层析荧光分光光度法（GB/T 11895—1989）

详见第一章 3.2.93.1

3.2.32.2 水质 多环芳烃的测定 液液萃取和固相萃取高效液相色谱法（HJ 478—2009）

详见第一章 3.2.93.2

3.2.33 阴离子表面活性剂

3.2.33.1 亚甲基蓝分光光度法 [GB 17378.4—2007（23）]

标准名称：亚甲基蓝分光光度法

英文名称：/

标准编号：海洋监测规范 GB 17378.4—2007（23）

适用范围：本方法适用于海水。对有较深颜色的水样本方法受干扰。有机的硫酸盐、磺酸盐、羧酸盐、酚类以及无机的氰酸盐、硝酸盐和硫氰酸盐等引起正干扰，有机胺类则引起负干扰。

本方法为仲裁方法。

替代情况：替代 GB 17378.4—1998

发布时间：2007-10-18

实施时间：2008-05-01

3.2.34 多氯联苯

3.2.34.1 气相色谱法 [GB 17378.4—2007（15）]

标准名称：气相色谱法

英文名称：/

标准编号：海洋监测规范 GB 17378.4—2007（15）

适用范围：本方法适用于近岸和大洋海水中多氯联苯含量的测定。

本方法为仲裁方法。

替代情况：替代 GB 17378.4—1998

发布时间：2007-10-18

实施时间：2008-05-01

3.2.35 狄氏剂

3.2.35.1 气相色谱法 [GB 17378.4—2007（16）]

标准名称：气相色谱法

英文名称：/

标准编号：海洋监测规范 GB 17378.4—2007（16）

适用范围：本方法适用于近岸和大洋海水中狄氏剂含量测定。

本方法为仲裁方法。

替代情况：替代 GB 17378.4—1998

发布时间：2007-10-18

实施时间：2008-05-01

3.2.36 活性硅酸盐

3.2.36.1 硅钼黄法 [GB 17378.4—2007（17.1）]

标准名称：硅钼黄法

英文名称：/

标准编号：海洋监测规范 第 4 部分 GB 17378.4—2007（17.1）

适用范围：本方法适用于硅酸盐含量较高的海水。

本方法为仲裁方法。

替代情况：替代 GB 17378.4—1998

发布时间：2007-10-18

实施时间：2008-05-01

3.2.36.2 硅钼蓝法 [GB 17378.4—2007（17.2）]

标准名称：硅钼蓝法

英文名称：/

标准编号：海洋监测规范 GB 17378.4—2007（17.2）

适用范围：本方法适用于硅酸盐含量较低的海水。

替代情况：部分替代 GB 17378.4—1998

发布时间：2007-10-18

实施时间：2008-05-01

3.2.36.3 流动注射比色法测定河口与近岸海水中溶解态硅酸盐（HJ 442—2008 附录 J）

标准名称：流动注射比色法测定河口与近岸海水中溶解态硅酸盐

英文名称：/

标准编号：近岸海域环境监测规范 HJ 442—2008 附录 J

适用范围：本方法适用于河口与近岸海水中溶解态硅酸盐的测定。

替代情况：/

发布时间：2008-11-04

实施时间：2009-01-01

3.2.37 透明度

3.2.37.1 透明圆盘法 [GB 17378.4—2007（22）]

标准名称：透明圆盘法

英文名称：/

标准编号：海洋监测规范 GB 17378.4—2007（22）

适用范围：本方法适用于大洋、近岸海水透明度的测定。

本方法为仲裁方法。

替代情况：替代 GB 17378.4—1998

发布时间：2007-10-18

实施时间：2008-05-01

3.2.38 氯化物

3.2.38.1 银量滴定法 [GB 17378.4—2007（28）]

标准名称：银量滴定法

英文名称：/

标准编号：海洋监测规范 GB 17378.4—2007（28）

适用范围：本方法适用于海水中氯化物的测定。应用本方法测定时，溴化物、碘化物和氰化物亦表现为定比的氯化物浓度。硫化物、硫代硫酸盐产生干扰，可用过氧化氢予以消除。

本方法为仲裁方法。

替代情况：替代 GB 17378.4—1998

发布时间：2007-10-18

实施时间：2008-05-01

3.2.38.2 水质 氯化物的测定 硝酸银滴定法（GB/T 11896—1989）

详见第一章 3.2.26.1

3.2.39 盐度

3.2.39.1 盐度计法 [GB 17378.4—2007（29.1）]

标准名称：盐度计法

英文名称：/

标准编号：海洋监测规范 GB 17378.4—2007（29.1）

适用范围：本方法适用于在陆地或船上实验室中测量海水样品的盐度。典型的仪器应用范围：$2 \leqslant S \leqslant 42$，$-2℃ \leqslant \theta \leqslant 35℃$。

本方法为仲裁方法。

替代情况：替代 GB 17378.4—1998

发布时间：2007-10-18

实施时间：2008-05-01

3.2.39.2 温盐深仪（CTD）法 [GB 17378.4—2007（29.2）]

标准名称：温盐深仪（CTD）法

英文名称：/

标准编号：海洋监测规范 GB 17378.4—2007（29.2）

适用范围：等效采用 GB/T 12763.2—2007

替代情况：替代 GB 17378.7—1998

发布时间：2007-10-18

实施时间：2008-05-01

3.2.40 浑浊度

3.2.40.1 浊度计法 [GB 17378.4—2007（30.1）]

标准名称：浊度计法

英文名称：/

标准编号：海洋监测规范 GB 17378.4—2007（30.1）

适用范围：本方法适用于近海海域和大洋水浊度的测定。本方法规定 1 L 纯水中含高岭土 1 mg 的浊度为 1 度。水样中具有迅速下沉的碎屑及粗大沉淀物都可被测定为浊度。

本方法为仲裁方法。

替代情况：替代 GB 17378.4—1998

发布时间：2007-10-18

实施时间： 2008-05-01

3.2.40.2　目视比浊法 [GB 17378.4—2007（30.2）]

标准名称： 目视比浊法

英文名称： /

标准编号： 海洋监测规范 GB 17378.4—2007（30.2）

适用范围： 本方法适用于近海海域和大洋水浊度的测定。本方法规定 1 L 纯水中含高岭土 1 mg 的浊度为 1 度。水样中具有迅速下沉的碎屑及粗大沉淀物都可被测定为浊度。

替代情况： 替代 GB 17378.4—1998

发布时间： 2007-10-18

实施时间： 2008-05-01

3.2.40.3　分光光度法 [GB 17378.4—2007（30.3）]

标准名称： 分光光度法

英文名称： /

标准编号： 海洋监测规范 GB 17378.4—2007（30.3）

适用范围： 本方法适用于近海海域和大洋水浊度的测定。水样中具有迅速下沉的碎屑及粗大沉淀物都可被测定为浊度。

替代情况： 部分替代 GB 17378.4—1998

发布时间： 2007-10-18

实施时间： 2008-05-01

3.2.41　总有机碳

3.2.41.1　总有机碳仪器法 [GB 17378.4—2007（34.1）]

标准名称： 总有机碳仪器法

英文名称： /

标准编号： 海洋监测规范 GB 17378.4—2007（34.1）

适用范围： 本方法适用于海水中总有机碳（TOC）的测定。

本方法为仲裁方法。

替代情况： 替代 GB 17378.4—1998

发布时间： 2007-10-18

实施时间： 2008-05-01

3.2.41.2　过硫酸钾氧化法 [GB 17378.4—2007（34.2）]

标准名称： 过硫酸钾氧化法

英文名称： /

标准编号： 海洋监测规范 GB 17378.4—2007（34.2）

适用范围： 本方法适用于河口、近岸以及大海洋水中溶解有机碳的测定。

替代情况： 替代 GB 17378.4—1998

发布时间： 2007-10-18

实施时间： 2008-05-01

3.2.42 总磷

3.2.42.1 过硫酸钾氧化法 [GB 17378.4—2007（40）]

标准名称：过硫酸钾氧化法
英文名称：/
标准编号：海洋监测规范 GB 17378.4—2007（40）
适用范围：等效采用 GB/T 12763.4—2007（14）
替代情况：替代 GB 17378.7—1998
发布时间：2007-10-18
实施时间：2008-05-01

3.2.43 总氮

3.2.43.1 过硫酸钾氧化法 [GB 17378.4—2007（41）]

标准名称：过硫酸钾氧化法
英文名称：/
标准编号：海洋监测规范 GB 17378.4—2007（41）
适用范围：等效采用 GB/T 12763.4—2007（15）
替代情况：替代 GB 17378.4—1998
发布时间：2007-10-18
实施时间：2008-05-01

3.2.44 浮游生物生态调查

3.2.44.1 沉降计数法 [GB 17378.7—2007（5.3.2.1）]

标准名称：沉降计数法
英文名称：/
标准编号：海洋监测规范 GB 17378.7—2007（5.3.2.1）
适用范围：/
替代情况：替代 GB 17378.7—1998
发布时间：2007-10-18
实施时间：2008-05-01

3.2.44.2 直接计数法 [GB 17378.7—2007（5.3.2.2）]

标准名称：直接计数法
英文名称：/
标准编号：海洋监测规范 GB 17378.7—2007（5.3.2.2）
适用范围：/
替代情况：替代 GB 17378.7—1998
发布时间：2007-10-18
实施时间：2008-05-01

3.2.44.3 直接计数法 [GB 17378.7—2007（5.3.2.3）]

标准名称：直接计数法

英文名称：/

标准编号：海洋监测规范 GB 17378.7—2007（5.3.2.3）

适用范围：/

替代情况：替代 GB 17378.7—1998

发布时间：2007-10-18

实施时间：2008-05-01

3.2.45 大型底栖生物生态调查

3.2.45.1 大型底栖生物生态调查 [GB 17378.7—2007（6）]

标准名称：大型底栖生物生态调查

英文名称：/

标准编号：海洋监测规范 GB 17378.7—2007（6）

适用范围：/

替代情况：替代 GB 17378.7—1998

发布时间：2007-10-18

实施时间：2008-05-01

3.2.46 潮间带生物生态调查

3.2.46.1 潮间带生物生态调查 [GB 17378.7—2007（7）]

标准名称：潮间带生物生态调查

英文名称：/

标准编号：海洋监测规范 GB 17378.7—2007（7）

适用范围：/

替代情况：替代 GB 17378.7—1998

发布时间：2007-10-18

实施时间：2008-05-01

3.2.47 叶绿素 a

3.2.47.1 荧光分光光度法 [GB 17378.7—2007（8.1）]

标准名称：荧光分光光度法

英文名称：/

标准编号：海洋监测规范 GB 17378.7—2007（8.1）

适用范围：/

替代情况：替代 GB 17378.7—1998

发布时间：2007-10-18

实施时间：2008-05-01

3.2.47.2 分光光度法 [GB 17378.7—2007（8.2）]

标准名称：分光光度法

英文名称：/

标准编号：海洋监测规范 GB 17378.7—2007（8.2）

适用范围：/

替代情况：替代 GB 17378.7—1998

发布时间：2007-10-18

实施时间：2008-05-01

3.2.48 细菌总数

3.2.48.1 平板计数法 [GB 17378.7—2007（10.1）]

标准名称：平板计数法

英文名称：/

标准编号：海洋监测规范 GB 17378.7—2007（10.1）

适用范围：/

替代情况：替代 GB 17378.7—1998

发布时间：2007-10-18

实施时间：2008-05-01

3.2.48.2 荧光显微镜直接计数法 [GB 17378.7—2007（10.2）]

标准名称：荧光显微镜直接计数法

英文名称：/

标准编号：海洋监测规范 GB 17378.7—2007（10.2）

适用范围：/

替代情况：替代 GB 17378.7—1998

发布时间：2007-10-18

实施时间：2008-05-01

3.2.49 生物毒性实验

3.2.49.1 生物毒性实验 [GB 17378.7—2007（11）]

标准名称：生物毒性实验

英文名称：/

标准编号：海洋监测规范 GB 17378.7—2007（11）

适用范围：/

替代情况：替代 GB 17378.7—1998

发布时间：2007-10-18

实施时间：2008-05-01

3.2.50 鱼类回避反应实验

3.2.50.1 鱼类回避反应实验 [GB 17378.7—2007（12）]

标准名称：鱼类回避反应实验

英文名称：/

标准编号：海洋监测规范 GB 17378.7—2007（12）

适用范围：/

替代情况：替代 GB 17378.7—1998

发布时间：2007-10-18

实施时间：2008-05-01

3.2.51 滤食率测定

3.2.51.1 滤食率测定 [GB 17378.7—2007（13）]

标准名称：滤食率测定

英文名称：/

标准编号：海洋监测规范 GB 17378.7—2007（13）

适用范围：/

替代情况：替代 GB 17378.7—1998

发布时间：2007-10-18

实施时间：2008-05-01

3.2.52 赤潮毒素——麻痹性贝毒的检测

3.2.52.1 赤潮毒素——麻痹性贝毒的检测 [GB 17378.7—2007（14）]

标准名称：赤潮毒素——麻痹性贝毒的检测

英文名称：/

标准编号：海洋监测规范 GB 17378.7—2007（14）

适用范围：/

替代情况：替代 GB 17378.7—1998

发布时间：2007-10-18

实施时间：2008-05-01

3.2.53 挥发性有机物

3.2.53.1 水质 挥发性有机物的测定 吹扫捕集/气相色谱-质谱法（HJ639—2012）

详见第一章 3.2.30.4

3.2.54 硝基苯类化合物

3.2.54.1 水质 硝基苯类化合物的测定 液液萃取/固相萃取-气相色谱法（HJ 648—2013）

详见第一章 3.2.59.1

编写人：王晓雯

第四章

废　水

1 废水排放标准

1.1 污水综合排放标准（GB 8978—1996）

标准名称：污水综合排放标准

英文名称：Integrated wastewater discharge standard

标准编号：GB 8978—1996

适用范围：

（1）主题内容：本标准按照污水排放去向，分年限规定了 69 种水污染物最高允许排放浓度及部分行业最高允许排水量。

（2）适用范围

① 主题内容：本标准适用于现有单位水污染物的排放管理，以及建设项目的环境影响评价、建设项目环境保护设施设计、竣工验收及其投产后的排放管理。

② 适用范围：按照国家综合排放标准与国家行业排放标准不交叉执行的原则，造纸工业执行《造纸工业水污染物排放标准》（GB 3544—1992），船舶执行《船舶污染物排放标准》（GB 3552—1983），船舶工业执行《船舶工业污染物排放标准》（GB 4286—1984），海洋石油开发工业执行《海洋石油开发工业含油污水排放标准》（GB 4914—1985），纺织染整工业执行《纺织染整工业水污染物排放标准》（GB 4287—1992），肉类加工工业执行《肉类加工工业水污染物排放标准》（GB 13457—1992），合成氨工业执行《合成氨工业水污染物排放标准》（GB 13458—1992），钢铁工业执行《钢铁工业水污染物排放标准》（GB 13456—1992），航天推进剂使用执行《航天推进剂水污染物排放标准》（GB 14374—1993），兵器工业执行《兵器工业水污染物排放标准》（GB 14470.1～14470.3—1993 和 GB 4274～4279—1984），磷肥工业执行《磷肥工业水污染物排放标准》（GB 15580—1995），烧碱、聚氯乙烯工业执行《烧碱、聚氯乙烯工业水污染物排放标准》（GB 15581—1995），其他水污染物排放均执行本标准。

（3）本标准颁布后，新增加国家行业水污染物排放标准的行业，按其适用范围执行相应的国家水污染物行业标准，不再执行本标准。

替代情况：本标准代替 GB 8978—1988

发布时间：1996-10-04

实施时间：1998-01-01

1.1.1 《污水综合排放标准》（GB 8978—1996）中石化工业 COD 标准值修改单

修改单内容：1997 年 12 月 31 日之前建设（包括改、扩）的石化企业，COD 一级标准值由 100 mg/L 调整为 120 mg/L，有单独外排口的特殊石化装置的 COD 标准值按照一级：160 mg/L，二级：250 mg/L 执行，特殊石化装置指：丙烯腈－腈纶、已内酰胺、环氧氯丙烷、环氧丙烷、间甲酚、BHT、PTA、奈系列和催化剂生产装置。

修改单发布日期：1999-12-15

1.2 船舶污染物排放标准（GB 3552—1983）

标准名称：船舶污染物排放标准

英文名称：Effiuent standard for pollutants from ship

标准编号：GB 3552—1983

适用范围：本标准为贯彻《中华人民共和国环境保护法（试行）》，防治船舶排放的污染物对水域污染而制订。

本标准适用于中国籍船舶和进入中华人民共和国水域的外国籍船舶。

替代情况：/

发布时间：1983-04-09

实施时间：1983-10-01

1.3 船舶工业污染物排放标准（GB 4286—1984）

标准名称：船舶工业污染物排放标准

英文名称：Emission standards for pollutants from shipbuilding industry

标准编号：GB 4286—1984

适用范围：为贯彻《中华人民共和国环境保护法（试行）》，防治船舶工业废水、废气对环境的污染，特制订本标准。

本标准适用于全国船舶工业的船厂、造机厂、仪表厂、武备厂等。

替代情况：/

发布时间：1984-05-18

实施时间：1985-03-01

1.4 海洋石油开发工业含油污水排放标准（GB 4914—1985）

标准名称：海洋石油开发工业含油污水排放标准

英文名称：Effluent standards for oil - bearing waste water from offshore petroleum development industry

标准编号：GB 4914—1985

适用范围：本标准为贯彻执行《中华人民共和国海洋环境保护法》，防止海洋石油开发工业含油污水对海洋环境的污染而制定。

本标准适用于在中华人民共和国管辖的一切海域从事海洋石油开发的一切企业事业单位、作业者（操作者）和个人。

替代情况：/

发布时间：1985-01-18

实施时间：1985-08-01

1.5 肉类加工工业水污染物排放标准（GB 13457—1992）

标准名称：肉类加工工业水污染物排放标准

英文名称：Discharge standard of water pollutants for meat packing industry

标准编号：GB 13457—1992

适用范围：

（1）主题内容：本标准按废水排放去向，分年限规定了肉类加工企业水污染物最高允许排放浓度和排水量等指标。

（2）适用范围：本标准适用于肉类加工工业的企业排放管理，以及建设项目的环境影响评价、设计、竣工验收及其建成后的排放管理。

替代情况：代替 GB 8978—1988 肉类联合加工工业部分

发布时间：1992-05-18

实施时间：1992-07-01

1.6 航天推进剂水污染物排放与分析方法标准（GB 14374—1993）

标准名称：航天推进剂水污染物排放与分析方法标准

英文名称：Discharge standard of water pollutant and standard of analytical methed for space propellant

标准编号：GB 14374—1993

适用范围：

（1）主题内容：本标准按照废水排放去向，分年限规定了航天推进剂水污染物最高允许排放浓度。

（2）适用范围：本标准适用于航天使用推进剂的废水排放管理，以及建设项目的环境影响评价、设计、竣工验收及其建成后的排放管理。

本标准也适用于使用肼类、胺类燃料的单位。

替代情况：/

发布时间：1993-05-22

实施时间：1993-12-01

1.7 烧碱、聚氯乙烯工业水污染物排放标准（GB 15581—1995）

标准名称：烧碱、聚氯乙烯工业水污染物排放标准

英文名称：Discharge standard of water pollutants for caustic alkali and polyvinyl chloride industry

标准编号：GB 15581—1995

适用范围：

（1）主题内容：本标准按照生产工艺和废水排放去向，分年限规定了烧碱、聚氯乙烯工业水污染物最高允许排放浓度和吨产品最高允许排水量。

（2）适用范围：本标准适用于烧碱、聚氯乙烯工业（包括以食盐为原料的水银电解法、隔膜电解法和离子交换膜电解法生产液碱、固碱和氯氢处理过程，以及以氢气、氯气、乙烯、电石为原料的聚氯乙烯等产品）企业的排放管理，以及建设项目环境影响评价、设计、竣工验收及其建成后的排放管理。本标准不适用于苛化法烧碱。

替代情况：代替 GB 8978—1988 烧碱部分

发布时间：1995-06-12

实施时间：1996-07-01

1.8 污水海洋处置工程污染控制标准（GB 18486—2001）

标准名称：污水海洋处置工程污染控制标准

英文名称：Standard for pollution control of sewage marine disposal engineering

标准编号：GB 18486—2001

适用范围：

（1）主题内容：本标准规定了污水海洋处置工程主要水污染物排放浓度限值、初始稀释度、混合区范围及其他一般规定。

（2）适用范围：本标准适用于利用放流管和水下扩散器向海域或向排放点含盐度大于 5‰的年概率大于 10%的河口水域排放污水（不包括温排水）的一切污水海洋处置工程。

替代情况：本标准代替 GWKB 4—2000

发布时间：2001-11-12

实施时间：2002-01-01

1.9 畜禽养殖业污染物排放标准（GB 18596—2001）

标准名称：畜禽养殖业污染物排放标准

英文名称：Discharge standard of pollutants for livestock and poultry breeding

标准编号：GB 18596—2001

适用范围：

（1）主题内容：本标准按集约化畜禽养殖业的不同规模分别规定了水污染物、恶臭气体的最高允许日均排放浓度、最高允许排水量、畜禽养殖业废渣无害化环境标准。

（2）适用范围：本标准适用于全国集约化畜禽养殖场和养殖区污染物的排放管理，以及这些建设项目环境影响评价、环境保护设施设计、竣工验收及其投产后的排放管理。

本标准适用于畜禽养殖场和养殖区的规模分级，按表 4.1 和表 4.2 执行。

表 4.1 集约化畜禽养殖场的适用规模（以存栏数计）

类别 规模分级	猪（头） （25 kg 以上）	鸡（只）		牛（头）	
		蛋鸡	肉鸡	成年奶牛	肉牛
Ⅰ级	≥3 000	≥100 000	≥200 000	≥200	≥400
Ⅱ级	500≤Q<3 000	15 000≤Q<100 000	30 000≤Q<200 000	100≤Q<200	200≤Q<400

表 4.2 集约化畜禽养殖区的适用规模（以存栏数计）

类别 规模分级	猪（头） （25 kg 以上）	鸡（只）		牛（头）	
		蛋鸡	肉鸡	成年奶牛	肉牛
Ⅰ级	≥6 000	≥200 000	≥400 000	≥400	≥800
Ⅱ级	3 000≤Q<6 000	100 000≤Q<200 000	200 000≤Q<400 000	200≤Q<400	400≤Q<800

注：Q 表示养殖量。

对具有不同畜禽种类的养殖场和养殖区，其规模可将鸡、牛的养殖量换算成猪的养殖量，换算比例为：30 只蛋鸡折算成 1 头猪，60 只肉鸡折算成 1 头猪，1 头奶牛折算成 10 头猪，1 头肉牛折算成 5 头猪。

所有 I 级规模范围内的集约化畜禽养殖场和养殖区，以及 II 级规模范围内且地处国家环境保护重点城市、重点流域和污染严重河网地区的集约化畜禽养殖场和养殖区，自本标准实施之日起开始执行。

其他地区 II 级规模范围内的集约化养殖场和养殖区，实施标准的具体时间可由县级以上人民政府环境保护行政主管部门确定，但不得迟于 2004 年 7 月 1 日。

对集约化养羊场和养羊区，将羊的养殖量换算成猪的养殖量，换算比例为：3 只羊换算成 1 头猪，根据换算后的养殖量确定养羊场或养羊区的规模级别，并参照本标准的规定执行。

替代情况：/

发布时间：2001-12-28

实施时间：2003-01-01

1.10 城镇污水处理厂污染物排放标准（GB 18918—2002）

标准名称：城镇污水处理厂污染物排放标准

英文名称：Discharge standard of pollutants for municipal wastewater treatment plant

标准编号：GB 18918—2002

适用范围：本标准规定了城镇污水处理厂出水、废气排放和污泥处置（控制）的污染物限值。

本标准适用于城镇污水处理厂出水、废气排放和污泥处置（控制）的管理。

居民小区和工业企业内独立的生活污水处理设施污染物的排放管理，也按本标准执行。

替代情况：/

发布时间：2002-11-19

实施时间：2003-07-01

1.10.1 《城镇污水处理厂污染物排放标准》（GB 18918—2002）修改单

修改单内容：4.1.2.2 修改为：城镇污水处理厂出水排入国家和省确定的重点流域及湖泊、水库等封闭、半封闭水域时,执行一级标准的 A 标准，排入 GB 3838 地表水III类功能水域（划定的饮用水源保护区和游泳区除外）、GB 3097 海水二类功能水域时，执行一级标准的 B 标准。

修改单发布日期：2006-05-08

1.11 兵器工业水污染物排放标准 火炸药（GB 14470.1—2002）

标准名称：兵器工业水污染物排放标准 火炸药

英文名称：Discharge standard for water pollutants from ordnance industry - Powder and explosive

标准编号：GB 14470.1—2002

适用范围：本标准按火炸药生产规模、生产工艺和产品种类，分时段规定了火炸药工业水污染物最高允许日均排放浓度和吨产品最高允许排水量。

本标准适用于全国火炸药生产企业水污染物的排放管理，以及火炸药生产企业建设项目的环境影响评价、建设项目环境保护设施设计、竣工验收及其建成后的污染控制与监督管理。

替代情况：本标准代替 GB 14470.1—1993、GB 4274—1984、GB 4275—1984 和 GB 4276—1984。

本标准是对《兵器工业水污染物排放标准 火炸药》（GB 14470.1—1993）、《梯恩梯工业水污染物排放标准》（GB 4274—1984）、《黑索今工业水污染物排放标准》（GB 4275—1984）、《火炸药工业硫酸浓缩污染物排放标准》（GB 4276—1984）的修订。

发布时间： 2002-11-18

实施时间： 2003-07-01

1.12 兵器工业水污染物排放标准 火工药剂（GB 14470.2—2002）

标准名称： 兵器工业水污染物排放标准 火工药剂

英文名称： Discharge standard for water pollutants from ordnance industry - Initiating explosive material and relative composition

标准编号： GB 14470.2—2002

适用范围： 本标准规定了二硝基重氮酚、叠氮化铅、三硝基间苯二酚铅、D・S 共沉淀起爆药、K・D 复盐起爆药、硫氰酸铅、亚铁氰化铅、叠氮化钠、三硝基间苯二酚等工业水污染物最高允许日均排放浓度和单位产品最高允许排水量。

本标准适用于全国火工药剂生产企业水污染物的排放管理，以及这些产品生产企业建设项目的环境影响评价、设计、施工、竣工验收及建成后的污染控制与监督管理。

替代情况： 本标准代替 GB 4277—1984、GB 4278—1984、GB 4279—1984 和 GB 14470.2—1993。本标准是对《雷汞工业水污染物排放标准》（GB 4277—1984）、《二硝基重氮酚工业水污染物排放标准》（GB 4278—1984）、《叠氮化铅、三硝基间苯二酚铅、D・S 共晶工业水污染物排放标准》（GB 4279 —1984）、《兵器工业水污染物排放标准 火工品》（GB 14470.2—1993）的修订。

修订的主要内容有：

—— 鉴于雷汞已停止生产，删除了对雷汞工业水污染物的排放控制；

—— 增加了对 K・D 复盐起爆药和三硝基间苯二酚工业水污染物的排放控制；

—— 取消了标准分级，以本标准实施之日为界限，分时段规定标准值。

发布时间： 2002-11-18

实施时间： 2003-07-01

1.13 弹药装药行业水污染物排放标准（GB 14470.3—2011）

标准名称： 弹药装药行业水污染物排放标准

英文名称： Effluent standads of water pollutants for ammunition loading industry

标准编号： GB 14470.3—2011

适用范围： 本标准规定了弹药装药企业的水污染物排放限值、监测和监控要求，以及标准的实施与监督相关规定。

本标准适用于各类现有弹药装药企业的水污染物排放管理。

本标准适用于对各类弹药装药企业建设项目的环境影响评价、环境保护设施设计、竣工环境保护验收及其投产后的水污染物排放管理。

本标准适用于法律允许的污染物排放行为；新设立污染源的选址和特殊保护区域内现有污染源的管理，按照《中华人民共和国大气污染防治法》、《中华人民共和国水污染防治法》、《中华人民共和国海洋环境保护法》、《中华人民共和国固体废物污染环境防治法》、《中华人民共和国环境影响评价法》等法律、法规、规章的相关规定执行。

本标准规定的水污染物排放控制要求适用于企业直接或间接向其法定边界外排放水污染物的行为。

替代情况：本标准代替 GB 14470.3—2002。本标准是对《兵器工业水污染物排放标准　弹药装药》（GB 14470.3—2002）的修订。本次修订的主要内容如下：

—— 标准名称修改为“弹药装药行业水污染物排放标准”；

—— 在“适用范围”章节增加了污染物排放行为的控制要求；

—— 在“术语和定义”章节增加了现有企业、新建企业、排水量、基准排水量、直接排放、间接排放、公共污水处理系统的定义；

—— 将 GB 14470.3—2002 中的“4 技术要求”和“5 其他要求”章节内容修改为“水污染物排放控制要求”；污染物排放控制项目增加了“总磷、总氮、氨氮、阴离子表面活性剂和基准排水量”；使控制项目由原来的 9 项增加到 14 项；增加直接排放和间接排放的浓度限制要求；增加了水污染物特别排放限值；

—— 将 GB 14470.3—2002 中“6 监测”修改为“水污染物监测要求”的内容；

—— 在“实施与监督”章节中增加了新的内容。

发布时间：2011-04-29

实施时间：2012-01-01

1.14　味精工业污染物排放标准（GB 19431—2004）

标准名称：味精工业污染物排放标准

英文名称：The discharge standard of pollutants for monosodium glutamate industry

标准编号：GB 19431—2004

适用范围：本标准规定了味精工业企业水污染物、恶臭污染物排放标准值，明确了味精工业企业执行的大气污染物排放标准、厂界噪声标准和固体废物处理处置标准。水污染物排放标准值分年限规定了水污染物日均最高允许排放浓度、吨产品污染物排放量以及日均最高吨产品排水量。

本标准适用于味精生产企业以及利用半成品生产谷氨酸企业的水污染物、大气污染物排放管理、厂界噪声污染控制和固体废物处理处置管理，以及味精工业建设项目环境影响评价、建设项目环境保护设施设计、竣工验收及其投产后的污染控制与管理。

替代情况：本标准代替《污水综合排放标准》（GB 8978—1996）中味精工业水污染物排放标准部分。

发布时间：2004-01-18

实施时间：2004-04-01

1.15　啤酒工业污染物排放标准（GB 19821—2005）

标准名称：啤酒工业污染物排放标准

英文名称：Discharge standard of pollutants for beer industry

标准编号：GB 19821—2005

适用范围：本标准规定了啤酒工业污染物排放浓度限值和单位产品污染物排放量。

本标准适用于现有啤酒工业的污染物排放管理，以及新、扩、改建啤酒工业建设项目环境影响评价、环境保护设施设计、竣工验收及其投产后的污染控制与管理。

本标准适用于范围为啤酒与麦芽生产过程中产生的污染物控制与管理。

替代情况：本标准部分代替 GB 8978—1996 中相关规定。

发布时间：2005-07-18

实施时间：2006-01-01

1.16 医疗机构水污染物排放标准（GB 18466—2005）

标准名称：医疗机构水污染物排放标准

英文名称：Discharge standard of water pollutants for medical organization

标准编号：GB 18466—2005

适用范围：本标准规定了医疗机构污水、污水处理站产生的废气、污泥的污染物控制项目及其排放和控制限值、处理工艺和消毒要求、取样与监测和标准的实施与监督。

本标准适用于医疗机构污水、污水处理站产生污泥及废气排放的控制，医疗机构建设项目的环境影响评价、环境保护设施设计、竣工验收及验收后的排放管理。当医疗机构的办公区、非医疗生活区等污水与病区污水合流收集时，其综合污水排放均执行本标准。建有分流污水收集系统的医疗机构，其非病区生活区污水排放执行 GB 8978 的相关规定。

替代情况：本标准部分代替 GB 8978—1996 和代替 GB 18466—2001。代替《污水综合排放标准》（GB 8978—1996）中有关医疗机构水污染物排放标准部分，并取代《医疗机构水污染物排放要求》（GB 18466—2001）。

发布时间：2005-07-27

实施时间：2006-01-01

1.17 煤炭工业污染物排放标准（GB 20426—2006）

标准名称：煤炭工业污染物排放标准

英文名称：Emission standard for pollutants from coal industry

标准编号：GB 20426—2006

适用范围：本标准规定了原煤开采、选煤水污染物排放限值，煤炭地面生产系统大气污染物排放限值，以及煤炭采选企业所属煤矸石堆置场、煤炭贮存、装卸场所污染物控制技术要求。

本标准适用于现有煤矿（含露天煤矿）、选煤厂及其所属煤矸石堆置场、煤炭贮存、装卸场所污染防治与管理，以及煤炭工业建设项目环境影响评价、环境保护设施设计、竣工环境保护验收及其投产后的污染防治与管理。

本标准适用于法律允许的污染物排放行为，新设立生产线的选址和特殊保护区域内现有生产线的管理，按《中华人民共和国大气污染防治法》第十六条、《中华人民共和国水污染防治法》第二十条和第二十七条、《中华人民共和国海洋环境保护法》第三十条、《饮用水水源保护区污染防治管理规定》的相关规定执行。

替代情况：本标准部分代替 GB 8978—1996 和 GB 16297—1996。本标准主要包括如下内容：

—— 规定了采煤废水和选煤废水污染物排放限值；

—— 规定了煤炭工业地面生产系统大气污染物排放限值和无组织排放限值；

—— 规定了煤矸石堆置场管理技术要求；

—— 规定了煤炭矿井水资源化利用指导性技术要求。

新建生产线自 2006 年 1 月 1 日起，现有生产线自 2007 年 10 月 1 日起，煤炭工业水污染物排放按本标准执行，不再执行《污水综合排放标准》(GB 8978—1996)；煤炭工业大气污染物排放按照本标准执行，不再执行《大气污染物综合排放标准》(GB 16297—1996)。

发布时间：2006-09-01

实施时间：2006-10-01

1.18 皂素工业水污染物排放标准（GB 20425—2006）

标准名称：皂素工业水污染物排放标准

英文名称：The discharge standard of water pollutants for sapogenin industry

标准编号：GB 20425—2006

适用范围：本标准分两个时间段规定了皂素工业企业吨产品日均最高允许排水量，水污染控制指标日均浓度限值和吨产品最高水污染物允许排放量。

本标准适用于生产皂素和只生产皂素水解物的工业企业的水污染物排放管理，以及皂素工业建设项目环境影响评价、建设项目环境保护设施设计、竣工验收及其投产后的水污染控制与管理。

本标准适用于法律允许的污染物排放行为，新设立生产线的选址和特殊保护区域内现有生产线的管理，按《中华人民共和国水污染防治法》第二十条和第二十七条、《中华人民共和国海洋环境保护法》第三十条、《饮用水水源保护区污染防治管理规定》的相关规定执行。

替代情况：部分代替 GB 8978—1996

发布时间：2006-09-01

实施时间：2007-01-01

1.19 杂环类农药工业水污染物排放标准（GB 21523—2008）

标准名称：杂环类农药工业水污染物排放标准

英文名称：Effluent standards of pollutants for heterocyclic pesticides industry

标准编号：GB 21523—2008

适用范围：本标准规定了杂环类农药吡虫啉、三唑酮、多菌灵、百草枯、莠去津、氟虫腈原药生产过程中水污染物排放限值。

本标准适用于吡虫啉、三唑酮、多菌灵、百草枯、莠去津、氟虫腈原药生产企业的污染物排放控制和管理，以及建设项目的环境影响评价、建设项目环境保护设施设计、竣工验收及其运营期的排放管理。

本标准同时适用于环保行政主管部门对生产企业的污染物排放进行监督管理。

本标准只适用于法律允许的水污染物排放行为。新设立的杂环类农药工业企业的选址和特殊保护区域内现有污染源的管理，按照《中华人民共和国水污染防治法》、《中华人民共和国海洋环境保护法》和《中华人民共和国环境影响评价法》等法律的相关规定执行。

本标准规定的水污染物排放控制要求适用于企业向地表水体的排放行为。莠去津、氟虫腈排放浓度限值也适用于向设置污水处理厂的城镇排水系统排放；现有企业向设置污水处理厂的城镇排水系统排放其他水污染物时，其排放控制要求由杂环类农药工业企业与城镇污水处理厂根据其污水处理能力商定或执行相关标准，并报当地环境保护主管部门备案；建设项目拟向设置污水处理厂的城镇污水排水系统排放水污染物时，其排放控制要求由建设单位与城镇污水处理厂商定或执行相关标准，由依法具有审批权的环境保护主管部门批准。

替代情况：/

发布时间：2008-04-02

实施时间：2008-07-01

1.20 制浆造纸工业水污染物排放标准（GB 3544—2008）

标准名称：制浆造纸工业水污染物排放标准

英文名称：Discharge standard of water pollutants for pulp and paper industry

标准编号：GB 3544—2008

适用范围：本标准规定了制浆造纸企业或生产设施水污染物排放限值。

本标准适用于现有制浆造纸企业或生产设施的水污染物排放管理。

本标准适用于对制浆造纸工业建设项目的环境影响评价、环境保护设施设计、竣工环境保护验收及其投产后的水污染物排放管理。

本标准适用于法律允许的污染物排放行为。新设立污染源的选址和特殊保护区域内现有污染源的管理，按照《中华人民共和国大气污染防治法》、《中华人民共和国水污染防治法》、《中华人民共和国海洋环境保护法》、《中华人民共和国固体废物污染环境防治法》、《中华人民共和国放射性污染防治法》、《中华人民共和国环境影响评价法》等法律、法规、规章的相关规定执行。

本标准规定的水污染物排放控制要求适用于企业向环境水体的排放行为。

企业向设置污水处理厂的城镇排水系统排放废水时，有毒污染物可吸附有机卤素（AOX）、二噁英在本标准规定的监控位置执行相应的排放限值；其他污染物的排放控制要求由企业与城镇污水处理厂根据其污水处理能力商定或执行相关标准，并报当地环境保护主管部门备案；城镇污水处理厂应保证排放污染物达到相关排放标准要求。

建设项目拟向设置污水处理厂的城镇排水系统排放废水时，由建设单位和城镇污水处理厂按前款的规定执行。

替代情况：本标准代替 GB 3544—2001。本标准是对《制浆造纸工业水污染物排放标准》（GB 3544 —2001）的修订，修订的主要内容如下：

——根据落实国家环境保护规划、履行国际公约、环境保护管理和执行工作的需要，调整了排放标准体系，增加了控制污染物的排放项目，提高了污染物排放的控制要求；

——规定了污染物排放监控要求和水污染物排放基准排水量；

——将可吸附有机卤素指标调整为强制执行项目。

发布时间：2008-06-25

实施时间：2008-08-01

1.21 电镀污染物排放标准（GB 21900—2008）

标准名称：电镀污染物排放标准

英文名称：Emission standard of pollutants for electroplating

标准编号：GB 21900—2008

适用范围：本标准规定了电镀企业和拥有电镀设施的企业的电镀水污染物和大气污染物的排放

限值等内容。

本标准适用于现有电镀企业的水污染物排放管理、大气污染物排放管理。

本标准适用于对电镀企业建设项目的环境影响评价、环境保护设施设计、竣工环境保护验收及其投产后的水、大气污染物排放管理。

本标准也适用于阳极氧化表面处理工艺设施。

本标准适用于法律允许的污染物排放行为；新设立污染源的选址和特殊保护区域内现有污染源的管理，按照《中华人民共和国大气污染防治法》、《中华人民共和国水污染防治法》、《中华人民共和国海洋环境保护法》、《中华人民共和国固体废物污染环境防治法》、《中华人民共和国放射性污染防治法》、《中华人民共和国环境影响评价法》等法律、法规、规章的相关规定执行。

本标准规定的水污染物排放控制要求适用于企业向环境水体的排放行为。

企业向设置污水处理厂的城镇排水系统排放废水时，有毒污染物总铬、六价铬、总镍、总镉、总银、总铅、总汞在本标准规定的监控位置执行相应的排放限值；其他污染物的排放控制要求由企业与城镇污水处理厂根据其污水处理能力商定或执行相关标准，并报当地环境保护主管部门备案；城镇污水处理厂应保证排放污染物达到相关排放标准要求。

建设项目拟向设置污水处理厂的城镇排水系统排放废水时，由建设单位和城镇污水处理厂按前款的规定执行。

替代情况：/

发布时间：2008-06-25

实施时间：2008-08-01

1.22 羽绒工业水污染物排放标准（GB 21901—2008）

标准名称：羽绒工业水污染物排放标准

英文名称：Discharge standard of water pollutants for down industry

标准编号：GB 21901—2008

适用范围：本标准规定了羽绒企业或生产设施水污染物排放限值。

本标准适用于现有羽绒企业或生产设施的水污染物排放管理。

本标准适用于对羽绒工业建设项目的环境影响评价、环境保护设施设计、竣工环境保护验收及其投产后的水污染物排放管理。

本标准适用于法律允许的污染物排放行为。新设立污染源的选址和特殊保护区域内现有污染源的管理，按照《中华人民共和国大气污染防治法》、《中华人民共和国水污染防治法》、《中华人民共和国海洋环境保护法》、《中华人民共和国固体废物污染环境防治法》、《中华人民共和国放射性污染防治法》、《中华人民共和国环境影响评价法》等法律、法规、规章的相关规定执行。

本标准规定的水污染物排放控制要求适用于企业向环境水体的排放行为。

企业向设置污水处理厂的城镇排水系统排放废水时，其污染物的排放控制要求由企业与城镇污水处理厂根据其污水处理能力商定或执行相关标准，并报当地环境保护主管部门备案；城镇污水处理厂应保证排放污染物达到相关排放标准要求。

建设项目拟向设置污水处理厂的城镇排水系统排放废水时，由建设单位和城镇污水处理厂按前款的规定执行。

替代情况：/

发布时间：2008-06-25

实施时间：2008-08-01

1.23 合成革与人造革工业污染物排放标准（GB 21902—2008）

标准名称：合成革与人造革工业污染物排放标准

英文名称：Emission standard of pollutants for synthetic leather and artificial leather industry

标准编号：GB 21902—2008

适用范围：本标准规定了合成革与人造革工业企业特征生产工艺和装置水和大气污染物排放限值。

本标准适用于现有合成革与人造革工业企业特征生产工艺和装置的水和大气污染物排放管理。

本标准适用于对合成革与人造革工业建设项目的环境影响评价、环境保护设施设计、竣工环境保护验收及其投产后的水和大气污染物排放管理。

本标准适用于法律允许的污染物排放行为。新设立污染源的选址和特殊保护区域内现有污染源的管理，按照《中华人民共和国大气污染防治法》、《中华人民共和国水污染防治法》、《中华人民共和国海洋环境保护法》、《中华人民共和国固体废物污染环境防治法》、《中华人民共和国放射性污染防治法》、《中华人民共和国环境影响评价法》等法律、法规、规章的相关规定执行。

本标准规定的水污染物排放控制要求适用于企业向环境水体的排放行为。

企业向设置污水处理厂的城镇排水系统排放废水时，其污染物的排放控制要求由企业与城镇污水处理厂根据其污水处理能力商定或执行相关标准，并报当地环境保护主管部门备案；城镇污水处理厂应保证排放污染物达到相关排放标准要求。

建设项目拟向设置污水处理厂的城镇排水系统排放废水时，由建设单位和城镇污水处理厂按前款的规定执行。

替代情况：/

发布时间：2008-06-25

实施时间：2008-08-01

1.24 发酵类制药工业水污染物排放标准（GB 21903—2008）

标准名称：发酵类制药工业水污染物排放标准

英文名称：Discharge standards of water pollutants for pharmaceutical industry fermentation products category

标准编号：GB 21903—2008

适用范围：本标准规定了发酵类制药企业或生产设施水污染物的排放限值。

本标准适用于现有发酵类制药企业或生产设施的水污染物排放管理。

本标准适用于对发酵类制药工业建设项目的环境影响评价、环境保护设施设计、竣工环境保护验收及其投产后的水污染管理。

与发酵类药物结构相似的兽药生产企业的水污染防治与管理也适用于本标准。

本标准适用于法律允许的污染物排放行为。新设立污染源的选址和特殊保护区域内现有污染源的管理，按照《中华人民共和国大气污染防治法》、《中华人民共和国水污染防治法》、《中华人民共和国海洋环境保护法》、《中华人民共和国固体废物污染环境防治法》、《中华人民共和国放射性污染防治法》、《中华人民共和国环境影响评价法》等法律、法规、规章的相关规定执行。

本标准规定的水污染物排放控制要求适用于企业向环境水体的排放行为。

企业向设置污水处理厂的城镇排水系统排放废水时，其污染物的排放控制要求由企业与城镇污水处理厂根据其污水处理能力商定或执行相关标准，并报当地环境保护主管部门备案；城镇污水处理厂应保证排放污染物达到相关排放标准要求。

建设项目拟向设置污水处理厂的城镇排水系统排放废水时，由建设单位和城镇污水处理厂按前款的规定执行。

替代情况：/

发布时间：2008-06-25

实施时间：2008-08-01

1.25　化学合成类制药工业水污染物排放标准（GB 21904—2008）

标准名称：化学合成类制药工业水污染物排放标准

英文名称：Discharge standards of water pollutants for pharmaceutical industry Chemical synthesis products category

标准编号：GB 21904—2008

适用范围：本标准规定了化学合成类制药企业或生产设施水污染物的排放限值。

本标准适用于现有化学合成类制药企业或生产设施的水污染物排放管理。

本标准适用于对化学合成类制药工业建设项目的环境影响评价、环境保护设施设计、竣工环境保护验收及其投产后的水污染物排放管理。

本标准也适用于专供药物生产的医药中间体工厂（如精细化工厂）。与化学合成类药物结构相似的兽药生产企业的水污染防治与管理也适用于本标准。

本标准适用于法律允许的污染物排放行为。新设立污染源的选址和特殊保护区域内现有污染源的管理，按照《中华人民共和国大气污染防治法》、《中华人民共和国水污染防治法》、《中华人民共和国海洋环境保护法》、《中华人民共和国固体废物污染环境防治法》、《中华人民共和国放射性污染防治法》、《中华人民共和国环境影响评价法》等法律、法规、规章的相关规定执行。

本标准规定的水污染物排放控制要求适用于企业向环境水体的排放行为。

企业向设置污水处理厂的城镇排水系统排放废水时，有毒污染物总镉、烷基汞、六价铬、总砷、总铅、总镍、总汞在本标准规定的监控位置执行相应的排放限值；其他污染物的排放控制要求由企业与城镇污水处理厂根据其污水处理能力商定或执行相关标准，并报当地环境保护主管部门备案；城镇污水处理厂应保证排放污染物达到相关排放标准要求。

建设项目拟向设置污水处理厂的城镇排水系统排放废水时，由建设单位和城镇污水处理厂按前款的规定执行。

替代情况：/

发布时间：2008-06-25

实施时间：2008-08-01

1.26　提取类制药工业水污染物排放标准（GB 21905—2008）

标准名称：提取类制药工业水污染物排放标准

英文名称：Discharge standard of water pollutants for pharmaceutical industry extraction products category

标准编号：GB 21905—2008

适用范围：本标准规定了提取类制药（不含中药）企业或生产设施水污染物的排放限值。

本标准适用于现有提取类制药企业或生产设施的水污染物排放管理。

本标准适用于对提取类制药工业建设项目的环境影响评价、环境保护设施设计、竣工环境保护验收及其投产后的水污染物排放管理。

与提取类制药生产企业生产药物结构相似的兽药生产企业的水污染防治和管理也适用于本标准。

本标准适用于不经过化学修饰或人工合成提取的生化药物、以动植物提取为主的天然药物和海洋生物提取药物生产企业。本标准不适用于用化学合成、半合成等方法制得的生化基本物质的衍生物或类似物、菌体及其提取物、动物器官或组织及小动物制剂类药物的生产企业。

本标准适用于法律允许的污染物排放行为。新设立污染源的选址和特殊保护区域内现有污染源的管理，按照《中华人民共和国大气污染防治法》、《中华人民共和国水污染防治法》、《中华人民共和国海洋环境保护法》、《中华人民共和国固体废物污染环境防治法》、《中华人民共和国放射性污染防治法》、《中华人民共和国环境影响评价法》等法律的相关规定执行。

本标准规定的水污染物排放控制要求适用于企业向环境水体的排放行为。

企业向设置污水处理厂的城镇排水系统排放废水时，其污染物的排放控制要求由企业与城镇污水处理厂根据其污水处理能力商定或执行相关标准，并报当地环境保护主管部门备案；城镇污水处理厂应保证排放污染物达到相关排放标准要求。

建设项目拟向设置污水处理厂的城镇排水系统排放废水时，由建设单位和城镇污水处理厂按前款的规定执行。

替代情况：/

发布时间：2008-06-25

实施时间：2008-08-01

1.27 中药类制药工业水污染物排放标准（GB 21906—2008）

标准名称：中药类制药工业水污染物排放标准

英文名称：Discharge standard of water pollutants for pharmaceutical industry Chinese traditional medicine category

标准编号：GB 21906—2008

适用范围：本标准规定了中药类制药企业或生产设施水污染物排放限值。

本标准适用于现有中药类制药企业或生产设施的水污染物排放管理。

本标准适用于对中药类制药工业建设项目的环境影响评价、环境保护设施设计、竣工环境保护验收及其投产后的水污染物排放管理。

本标准适用于以药用植物和药用动物为主要原料，按照国家药典，生产中药饮片和中成药各种剂型产品的制药工业企业，藏药、蒙药等民族传统医药制药工业企业以及与中药类药物相似的兽药生产企业的水污染防治与管理也适用于本标准。当中药类制药工业企业提取某种特定药物成分时，应执行提取类制药工业水污染物排放标准。

本标准适用于法律允许的污染物排放行为。新设立污染源的选址和特殊保护区域内现有污染源的管理，按照《中华人民共和国大气污染防治法》、《中华人民共和国水污染防治法》、《中华人民共和国海洋环境保护法》、《中华人民共和国固体废物污染环境防治法》、《中华人民共和国放射性污染防治法》、《中华人民共和国环境影响评价法》等法律、法规、规章的相关规定执行。

本标准规定的水污染物排放控制要求适用于企业向环境水体的排放行为。

企业向设置污水处理厂的城镇排水系统排放废水时，有毒污染物总汞、总砷在本标准规定的监控位置执行相应的排放限值；其他污染物的排放控制要求由企业与城镇污水处理厂根据其污水处理能力商定或执行相关标准，并报当地环境保护主管部门备案；城镇污水处理厂应保证排放污染物达到相关排放标准要求。

建设项目拟向设置污水处理厂的城镇排水系统排放废水时，由建设单位和城镇污水处理厂按前款的规定执行。

替代情况：/

发布时间：2008-06-25

实施时间：2008-08-01

1.28　生物工程类制药工业水污染物排放标准（GB 21907—2008）

标准名称：生物工程类制药工业水污染物排放标准

英文名称：Discharge standards of water pollutants for pharmaceutical industry Bio - pharmaceutical category

标准编号：GB 21907—2008

适用范围：本标准规定了生物工程类制药企业或生产设施水污染物排放限值。

本标准适用于现有生物工程类制药企业或生产设施的水污染物排放管理。

本标准适用于对生物工程类制药工业建设项目的环境影响评价、环境保护设施设计、竣工环境保护验收及其投产后的水污染物排放管理。

本标准适用于采用现代生物技术方法（主要是基因工程技术等）制备作为治疗、诊断等用途的多肽和蛋白质类药物、疫苗等药品的企业。本标准不适用于利用传统微生物发酵技术制备抗生素、维生素等药物的生产企业。生物工程类制药的研发机构可参照本标准执行。利用相似生物工程技术制备兽用药物的企业的水污染物防治与管理也适用于本标准。

本标准适用于法律允许的污染物排放行为。新设立污染源的选址和特殊保护区域内现有污染源的管理，按照《中华人民共和国大气污染防治法》、《中华人民共和国水污染防治法》、《中华人民共和国海洋环境保护法》、《中华人民共和国固体废物污染环境防治法》、《中华人民共和国放射性污染防治法》、《中华人民共和国环境影响评价法》等法律的相关规定执行。

本标准规定的水污染物排放控制要求适用于企业向环境水体的排放行为。

企业向设置污水处理厂的城镇排水系统排放废水时，其污染物的排放控制要求由企业与城镇污水处理厂根据其污水处理能力商定或执行相关标准，并报当地环境保护主管部门备案；城镇污水处理厂应保证排放污染物达到相关排放标准要求。

建设项目拟向设置污水处理厂的城镇排水系统排放废水时，由建设单位和城镇污水处理厂按前款的规定执行。

替代情况：/

发布时间： 2008-06-25

实施时间： 2008-08-01

1.29 混装制剂类制药工业水污染物排放标准（GB 21908—2008）

标准名称： 混装制剂类制药工业水污染物排放标准

英文名称： Discharge standard of water pollutants for pharmaceutical industry Mixing/Compounding and formulation category

标准编号： GB 21908—2008

适用范围： 本标准规定了混装制剂类制药企业或生产设施水污染物排放限值。

本标准适用于现有混装制剂类制药企业或生产设施的水污染物排放管理。

本标准适用于对混装制剂类制药工业建设项目的环境影响评价、环境保护设施设计、竣工环境保护验收和建成投产后的水污染物排放管理。

通过混合、加工和配制，将药物活性成分制成兽药的生产企业的水污染防治和管理也适用于本标准。

本标准不适用于中成药制药企业。

本标准适用于法律允许的污染物排放行为。新设立的污染源的选址和特殊保护区域内现有污染源的管理，按照《中华人民共和国大气污染防治法》、《中华人民共和国水污染防治法》、《中华人民共和国海洋环境保护法》、《中华人民共和国固体废物污染环境防治法》、《中华人民共和国放射性污染防治法》、《中华人民共和国环境影响评价法》等法律的相关规定执行。

本标准规定的水污染物排放控制要求适用于企业向环境水体的排放行为。

企业向设置污水处理厂的城镇排水系统排放废水时，其污染物的排放控制要求由企业与城镇污水处理厂根据其污水处理能力商定或执行相关标准，并报当地环境保护主管部门备案；城镇污水处理厂应保证排放污染物达到相关排放标准要求。

建设项目拟向设置污水处理厂的城镇排水系统排放废水时，由建设单位和城镇污水处理厂按前款的规定执行。

替代情况： /

发布时间： 2008-06-25

实施时间： 2008-08-01

1.30 制糖工业水污染物排放标准（GB 21909—2008）

标准名称： 制糖工业水污染物排放标准

英文名称： Discharge standard of water pollutants for sugar industry

标准编号： GB 21909—2008

适用范围： 本标准规定了制糖企业或生产设施水污染物排放限值。

本标准适用于现有制糖企业或生产设施的水污染物排放管理。

本标准适用于对制糖工业建设项目的环境影响评价、环境保护设施设计、竣工环境保护验收及其投产后的水污染物排放管理。

本标准适用于法律允许的污染物排放行为。新设立污染源的选址和特殊保护区域内现有污染源的管理，按照《中华人民共和国大气污染防治法》、《中华人民共和国水污染防治法》、《中华人民共和国海洋环境保护法》、《中华人民共和国固体废物污染环境防治法》、《中华人民共和国放射性污染防治法》、《中华人民共和国环境影响评价法》等法律、法规、规章的相关规定执行。

本标准规定的水污染物排放控制要求适用于企业向环境水体的排放行为。

企业向设置污水处理厂的城镇排水系统排放废水时，其污染物的排放控制要求由企业与城镇污水处理厂根据其污水处理能力商定或执行相关标准，并报当地环境保护主管部门备案；城镇污水处理厂应保证排放污染物达到相关排放标准要求。

建设项目拟向设置污水处理厂的城镇排水系统排放废水时，由建设单位和城镇污水处理厂按前款的规定执行。

替代情况：/

发布时间：2008-06-25

实施时间：2008-08-01

1.31 生活垃圾填埋场污染控制标准（GB 16889—2008）

标准名称：生活垃圾填埋场污染控制标准

英文名称：Standard for pollution control on the landfill site of municipal solid waste

标准编号：GB 16889—2008

适用范围：本标准规定了生活垃圾填埋场选址、设计与施工、填埋废物的入场条件、运行、封场、后期维护与管理的污染控制和监测等方面的要求。

本标准适用于生活垃圾填埋场建设、运行和封场后的维护与管理过程中的污染控制和监督管理。本标准的部分规定也适用于与生活垃圾填埋场配套建设的生活垃圾转运站的建设、运行。

本标准只适用于法律允许的污染物排放行为；新设立污染源的选址和特殊保护区域内现有污染源的管理，按照《中华人民共和国大气污染防治法》、《中华人民共和国水污染防治法》、《中华人民共和国海洋环境保护法》、《中华人民共和国固体废物污染环境防治法》、《中华人民共和国放射性污染防治法》、《中华人民共和国环境影响评价法》等法律、法规、规章的相关规定执行。

替代情况：本标准替代 GB 16889—1997；此次修订的主要内容如下：

—— 修改本标准的名称；

—— 补充了生活垃圾填埋场选址要求；

—— 细化了生活垃圾填埋场基本设施的设计与施工要求；

—— 增加了进入生活垃圾填埋场共处置的生活垃圾焚烧飞灰、医疗废物、一般工业固体废物、厌氧产沼等生物处理后的固态残余物、粪便经处理后的固态残余物和生活污水处理污泥的入场要求；

—— 增加了生活垃圾填埋场运行、封场所及后期维护与管理期间的污染控制要求；

—— 增加了生活垃圾填埋场污染物控制项目数量。

发布时间：2008-04-02

实施时间：2008-07-01

1.32 淀粉工业水污染物排放标准（GB 25461—2010）

标准名称：淀粉工业水污染物排放标准

英文名称：Discharge standard of water pollutants for starch industry

标准编号：GB 25461—2010

适用范围： 本标准规定了淀粉企业或生产设施水污染物排放限值、监测和监控要求，以及标准的实施与监督等相关规定。

本标准适用于现有淀粉企业或生产设施的水污染物排放管理。

本标准适用于对淀粉工业建设项目的环境影响评价、环境保护设施设计、竣工环境保护验收及其投产后的水污染物排放管理。

本标准适用于法律允许的污染物排放行为。新设立污染源的选址和特殊保护区域内现有污染源的管理，按照《中华人民共和国大气污染防治法》、《中华人民共和国水污染防治法》、《中华人民共和国海洋环境保护法》、《中华人民共和国固体废物污染环境防治法》、《中华人民共和国环境影响评价法》等法律、法规、规章的相关规定执行。

本标准规定的水污染物排放控制要求适用于企业直接或间接向其法定边界外排放水污染物的行为。

替代情况： /

发布时间： 2010-09-27

实施时间： 2010-10-01

1.33 酵母工业水污染物排放标准（GB 25462—2010）

标准名称： 酵母工业水污染物排放标准

英文名称： Discharge standard of water pollutants for yeast industry

标准编号： GB 25462—2010

适用范围： 本标准规定了酵母企业或生产设施水污染物排放限值、监测和监控要求，以及标准的实施与监督等相关规定。

本标准适用于现有酵母企业或生产设施的水污染物排放管理。

本标准适用于对酵母工业建设项目的环境影响评价、环境保护设施设计、竣工环境保护验收及其投产后的水污染物排放管理。

本标准适用于法律允许的污染物排放行为。新设立污染源的选址和特殊保护区域内现有污染源的管理，按照《中华人民共和国大气污染防治法》、《中华人民共和国水污染防治法》、《中华人民共和国海洋环境保护法》、《中华人民共和国固体废物污染环境防治法》、《中华人民共和国环境影响评价法》等法律、法规、规章的相关规定执行。

本标准规定的水污染物排放控制要求适用于企业直接或间接向其法定边界外排放水污染物的行为。

替代情况： /

发布时间： 2010-09-27

实施时间： 2010-10-01

1.34 油墨工业水污染物排放标准（GB 25463—2010）

标准名称： 油墨工业水污染物排放标准

英文名称： Discharge standard of water pollutants for printing ink industry

标准编号： GB 25463—2010

适用范围： 本标准规定了油墨工业企业水污染物排放限值、监测和监控要求，以及标准的实施与监督等相关规定。

本标准适用于油墨工业企业的水污染物排放管理，以及油墨工业企业建设项目的环境影响评价、环境保护设施设计、竣工环境保护验收及其投产后的水污染物排放管理。

本标准适用于法律允许的污染物排放行为。新设立污染源的选址和特殊保护区域内现有污染源的管理，按照《中华人民共和国大气污染防治法》、《中华人民共和国水污染防治法》、《中华人民共和国海洋环境保护法》、《中华人民共和国固体废物污染环境防治法》、《中华人民共和国环境影响评价法》等法律、法规、规章的相关规定执行。

本标准规定的水污染物排放控制要求适用于企业直接或间接向其法定边界外排放水污染物的行为。

替代情况：/

发布时间：2010-09-27

实施时间：2010-10-01

1.35 陶瓷工业污染物排放标准（GB 25464—2010）

标准名称：陶瓷工业污染物排放标准

英文名称：Emission standard of pollutants for ceramics industry

标准编号：GB 25464—2010

适用范围：本标准规定了陶瓷工业企业水污染物和大气污染物排放限值、监测和监控要求，以及标准的实施与监督等相关规定。

本标准适用于陶瓷工业企业的水污染物和大气污染物排放管理，以及对陶瓷工业企业建设项目的环境影响评价、环境保护设施设计、竣工环境保护验收及其投产后的水污染物和大气污染物排放管理。

本标准不适用于陶瓷原辅材料的开采及初加工过程的水污染物和大气污染物排放管理。

本标准适用于法律允许的污染物排放行为；新设立污染源的选址和特殊保护区域内现有污染源的管理，按照《中华人民共和国大气污染防治法》、《中华人民共和国水污染防治法》、《中华人民共和国海洋环境保护法》、《中华人民共和国固体废物污染环境防治法》、《中华人民共和国环境影响评价法》等法律、法规、规章的相关规定执行。

本标准规定的水污染物排放控制要求适用于企业直接或间接向其法定边界外排放水污染物的行为。

替代情况：/

发布时间：2010-09-27

实施时间：2010-10-01

1.36 铝工业污染物排放标准（GB 25465—2010）

标准名称：铝工业污染物排放标准

英文名称：Emission standard of pollutants for aluminum industry

标准编号：GB 25465—2010

适用范围：本标准规定了铝工业企业水污染物和大气污染物排放限值、监测和监控要求，以及标准的实施与监督等相关规定。

本标准适用于铝工业企业的水污染物和大气污染物排放管理，以及对铝工业企业建设项目的环境影响评价、环境保护设施设计、竣工环境保护验收及其投产后的水污染物和大气污染物排放管理。

本标准不适用于再生铝和铝材压延加工企业（或生产系统）的水污染物和大气污染物排放管理；也不适用于附属于铝工业企业的非特征生产工艺和装置的水污染物和大气污染物排放管理。

本标准适用于法律允许的污染物排放行为；新设立污染源的选址和特殊保护区域内现有污染源的管理，按照《中华人民共和国大气污染防治法》、《中华人民共和国水污染防治法》、《中华人民共和国海洋环境保护法》、《中华人民共和国固体废物污染环境防治法》、《中华人民共和国环境影响评价法》等法律、法规、规章的相关规定执行。

本标准规定的水污染物排放控制要求适用于企业直接或间接向其法定边界外排放水污染物的行为。

替代情况：/

发布时间：2010-09-27

实施时间：2010-10-01

1.37 铅、锌工业污染物排放标准（GB 25466—2010）

标准名称：铅、锌工业污染物排放标准

英文名称：Emission standard of pollutants for lead and zinc industry

标准编号：GB 25466—2010

适用范围：本标准规定了铅、锌工业企业水污染物和大气污染物排放限值、监测和监控要求，以及标准的实施与监督等相关规定。

本标准适用于铅、锌工业企业的水污染物和大气污染物排放管理，以及铅、锌工业企业建设项目的环境影响评价、环境保护设施设计、竣工环境保护验收及其投产后的水污染物和大气污染物排放管理。

本标准不适用于再生铅、锌及铅、锌材压延加工等工业的水污染物和大气污染物排放管理，也不适用于附属于铅、锌工业企业的非特征生产工艺和装置的水污染物和大气污染物排放管理。

本标准适用于法律允许的污染物排放行为；新设立存在的污染源的选址和特殊保护区域内现有污染源的管理，除执行本标准外，还应符合《中华人民共和国大气污染防治法》、《中华人民共和国水污染防治法》、《中华人民共和国海洋环境保护法》、《中华人民共和国固体废物污染环境防治法》、《中华人民共和国环境影响评价法》等法律、法规、规章的相关规定。

本标准规定的水污染物排放控制要求适用于企业直接或间接向其法定边界外排放水污染物的行为。

替代情况：/

发布时间：2010-09-27

实施时间：2010-10-01

1.38 铜、镍、钴工业污染物排放标准（GB 25467—2010）

标准名称：铜、镍、钴工业污染物排放标准

英文名称：Emission standard of pollutants for copper，nickel，cobalt industry

标准编号：GB 25467—2010

适用范围：本标准规定了铜、镍、钴工业企业水污染物和大气污染物排放限值、监测和监控要求，以及标准的实施与监督等相关规定。

本标准适用于铜、镍、钴工业企业的水污染物和大气污染物排放管理，以及铜、镍、钴工业企业建设项目的环境影响评价、环境保护设施设计、竣工环境保护验收及其投产后的水污染物和大气污染物排放管理。

本标准不适用于铜、镍、钴再生及压延加工等工业的水污染物和大气污染物排放管理，也不适用于附属于铜、镍、钴工业的非特征生产工艺和装置产生的水污染物和大气污染物排放管理。

本标准适用于法律允许的污染物排放行为；新设立污染源的选址和特殊保护区域内现有污染源的管理，按照《中华人民共和国大气污染防治法》、《中华人民共和国水污染防治法》、《中华人民共和国海洋环境保护法》、《中华人民共和国固体废物污染环境防治法》、《中华人民共和国环境影响评价法》等法律、法规、规章的相关规定执行。

本标准规定的水污染物排放控制要求适用于企业直接或间接向其法定边界外排放水污染物的行为。

替代情况：/

发布时间：2010-09-27

实施时间：2010-10-01

1.39 镁、钛工业污染物排放标准（GB 25468—2010）

标准名称：镁、钛工业污染物排放标准

英文名称：Emission standard of pollutants for magnesium and titanium industry

标准编号：GB 25468—2010

适用范围：本标准规定了镁、钛工业企业水污染物和大气污染物排放限值、监测和监控要求，以及标准的实施与监督等相关规定。

本标准适用于镁、钛工业企业的水污染物和大气污染物排放管理，以及镁、钛工业企业建设项目的环境影响评价、环境保护设施设计、竣工环境保护验收及其投产后的水污染物和大气污染物排放管理。

本标准不适用于镁、钛再生及压延加工等工业的水污染物和大气污染物排放管理，也不适用于附属于镁、钛企业的非特征生产工艺和装置的水污染物和大气污染物排放管理。

本标准适用于法律允许的污染物排放行为；新设立污染源的选址和特殊保护区域内现有污染源的管理，按照《中华人民共和国大气污染防治法》、《中华人民共和国水污染防治法》、《中华人民共和国海洋环境保护法》、《中华人民共和国固体废物污染环境防治法》、《中华人民共和国环境影响评价法》等法律、法规、规章的相关规定执行。

本标准规定的水污染物排放控制要求适用于企业直接或间接向其法定边界外排放水污染物的行为。

替代情况：/

发布时间：2010-9-27

实施时间：2010-10-1

1.40　硝酸工业污染物排放标准（GB 26131—2010）

标准名称：硝酸工业污染物排放标准

英文名称：Emission standard of pollutants for nitric acid industry

标准编号：GB 26131—2010

适用范围：本标准规定了硝酸工业企业或生产设施水和大气污染物的排放限值、监测和监控要求，以及标准的实施与监督等相关规定。

本标准适用于现有硝酸工业企业水和大气污染物排放管理。

本标准适用于对硝酸工业企业建设项目的环境影响评价、环境保护设施设计、竣工环境保护验收及其投产后的水、大气污染物排放管理。

本标准适用于以氨和空气（或纯氧）为原料采用氨氧化法生产硝酸和硝酸盐的企业。本标准不适用于以硝酸为原料生产硝酸盐和其他产品的生产企业。

本标准适用于法律允许的污染物排放行为。新设立污染源的选址和特殊保护区域内现有污染源的管理，按照《中华人民共和国水污染防治法》、《中华人民共和国大气污染防治法》、《中华人民共和国海洋环境保护法》、《中华人民共和国固体废物污染环境防治法》、《中华人民共和国放射性污染防治法》、《中华人民共和国环境影响评价法》等法律、法规、规章的相关规定执行。

本标准规定的水污染物排放控制要求适用于企业直接或间接向其法定边界外排放水污染物的行为。

替代情况：/

发布时间：2010-12-30

实施时间：2011-03-01

1.41　硫酸工业污染物排放标准（GB 26132—2010）

标准名称：硫酸工业污染物排放标准

英文名称：Emission standard of pollutants for sulfuric acid industry

标准编号：GB 26132—2010

适用范围：本标准规定了硫酸工业企业或生产设施水和大气污染物的排放限值、监测和监控要求，以及标准的实施与监督等相关规定。

本标准适用于现有硫酸工业企业水和大气污染物排放管理。

本标准适用于对硫酸工业企业建设项目的环境影响评价、环境保护设施设计、竣工环境保护验收及其投产后的水、大气污染物排放管理。

本标准不适用于冶炼尾气制酸和硫化氢制酸工业企业的水和大气污染物排放管理。

本标准适用于法律允许的污染物排放行为。新设立污染源的选址和特殊保护区域内现有污染源的管理，按照《中华人民共和国水污染防治法》、《中华人民共和国大气污染防治法》、《中华人民共和国海洋环境保护法》、《中华人民共和国固体废物污染环境防治法》、《中华人民共和国放射性污染防治法》、《中华人民共和国环境影响评价法》等法律、法规、规章的相关规定执行。

本标准规定的水污染物排放控制要求适用于企业直接或间接向其法定边界外排放水污染物的行为。

替代情况：/

发布时间：2010-12-30

实施时间：2011-03-01

1.42 稀土工业污染物排放标准（GB 26451—2011）

标准名称：稀土工业污染物排放标准

英文名称：Emission standards of pollutants from rare earths industry

标准编号：GB 26451—2011

适用范围：本标准规定了稀土工业企业或生产设施水污染物和大气污染物排放限值、监测和监控要求，以及标准的实施与监督等相关规定。

本标准适用于现有稀土工业企业的水污染物和大气污染物排放管理，以及稀土工业企业建设项目的环境影响评价、环境保护设施设计、竣工环境保护验收及其投产后的水污染物和大气污染物排放管理。

本标准不适用于稀土材料加工企业（或车间、系统）及附属于稀土工业企业的非特征生产工艺和装置。

本标准适用于法律允许的污染物排放行为。新设立污染源的选址和特殊保护区域内现有污染源的管理，按照《中华人民共和国大气污染防治法》、《中华人民共和国水污染防治法》、《中华人民共和国海洋环境保护法》、《中华人民共和国固体废物污染环境防治法》、《中华人民共和国放射性污染防治法》、《中华人民共和国环境影响评价法》等法律、法规、规章的相关规定执行。

本标准规定的水污染物排放控制要求适用于企业直接或间接向其法定边界外排放水污染物的行为。

替代情况：/

发布时间：2011-01-24

实施时间：2011-10-01

1.43 磷肥工业水污染物排放标准（GB 15580—2011）

标准名称：磷肥工业水污染物排放标准

英文名称：Discharge standard of water pollutants for phosphate fertilizer industry

标准编号：GB 15580—2011

适用范围：

（1）主题内容：本标准按照生产工艺和废水排放去向，分年限规定了磷肥工业水污染物最高允许排放浓度和吨产品最高允许排水量。

（2）适用范围：本标准适用于磷肥工业（包括磷铵和硝酸磷肥）企业。

替代情况：本标准代替 GB 15580—1995；本次修订内容如下：

—— 根据落实国家环境保护规划、国家环境管理和执法工作的需要，调整了控制排放的污染项目，提高了污染物排放控制要求；

—— 增加了水污染物特别排放限值和间接排放限值；

—— 取消了按污水去向分级管理的规定；

—— 不再按企业规模规定污染物排放限值。

发布时间：2011-04-02

实施时间：2011-10-01

1.44 钒工业污染物排放标准（GB 26452—2011）

标准名称：钒工业污染物排放标准

英文名称：Discharge standard of pollutants for vanadium industry

标准编号：GB 26452—2011

适用范围：本标准规定了钒工业企业特征生产工艺和装置水污染物和大气污染物的排放限值、监测和监控要求，以及标准的实施与监督等相关规定。

本标准适用于现有钒工业企业水和大气污染物排放管理，以及钒工业企业建设项目的环境影响评价、环境保护设施设计、竣工环境保护验收及其投产后的水、大气污染物排放管理。

本标准适用于法律允许的污染物排放行为；新设立污染源的选址和特殊保护区域内现有污染源的管理，按照《中华人民共和国水污染防治法》、《中华人民共和国大气污染防治法》、《中华人民共和国海洋环境保护法》、《中华人民共和国固体废物污染环境防治法》、《中华人民共和国放射性污染防治法》、《中华人民共和国环境影响评价法》等法律、法规、规章的相关规定执行。

本标准规定的水污染物排放控制要求适用于企业直接或间接向其法定边界外排放水污染物的行为。

替代情况：/

发布时间：2011-04-02

实施时间：2011-10-01

1.45 汽车维修业水污染物排放标准（GB 26877—2011）

标准名称：汽车维修业水污染物排放标准

英文名称：Discharge standard of water pollutants for motor vehicle maintenance and repair

标准编号：GB 26877—2011

适用范围：本标准规定了汽车维修企业水污染物排放限值、监测和监控要求，以及标准的实施与监督等相关规定。

本标准适用于现有一类和二类汽车维修企业的水污染物排放管理。

本标准适用于对一类和二类汽车维修企业建设项目的环境影响评价、环境保护设施设计、竣工环境保护验收及其投产后的水污染物排放管理。

本标准适用于法律允许的污染物排放行为。新设立污染源的选址和特殊保护区域内现有污染源的管理，按照《中华人民共和国大气污染防治法》、《中华人民共和国水污染防治法》、《中华人民共和国海洋环境保护法》、《中华人民共和国固体废物污染环境防治法》、《中华人民共和国环境影响评价法》等法律、法规、规章的相关规定执行。

本标准规定的水污染物排放控制要求适用于企业直接或间接向其法定边界外排放水污染物的行为。

替代情况：/

发布时间：2011-07-29

实施时间：2012-01-01

1.46 发酵酒精和白酒工业水污染物排放标准（GB 27631—2011）

标准名称：发酵酒精和白酒工业水污染物排放标准

英文名称：Discharge standard of water pollutants for fermentation alcohol and distilled spirits industry

标准编号：GB 27631—2011

适用范围：本标准规定了发酵酒精和白酒工业企业或生产设施水污染物排放限值、监测和监控要求，以及标准的实施与监督等相关规定。

本标准适用于现有发酵酒精和白酒工业企业或生产设施的水污染物排放管理。

本标准适用于对发酵酒精和白酒工业建设项目的环境影响评价、环境保护设施设计、竣工环境保护验收及其投产后的水污染物排放管理。

本标准适用于法律允许的污染物排放行为。新设立污染源的选址和特殊保护区域内现有污染源的管理，按照《中华人民共和国环境影响评价法》、《中华人民共和国水污染防治法》、《中华人民共和国海洋环境保护法》、《中华人民共和国大气污染防治法》、《中华人民共和国固体废物污染环境防治法》等法律、法规、规章的相关规定执行。

本标准规定的水污染物排放控制要求适用于企业直接或间接向其法定边界外排放水污染物的行为。

替代情况：/

发布时间：2011-10-27

实施时间：2012-01-01

1.47 橡胶制品工业污染物排放标准（GB 27632—2011）

标准名称：橡胶制品工业污染物排放标准

英文名称：Emission standard of pollutants for rubber products industry

标准编号：GB 27632—2011

适用范围：本标准规定了橡胶制品工业企业或生产设施水污染物和大气污染物的排放限值、监测和监控要求，以及标准实施与监督等相关规定。

本标准适用于现有橡胶制品生产企业或生产设施的水污染物和大气污染物排放管理，以及橡胶制品工业企业建设项目的环境影响评价、环境保护设施设计、竣工环境保护验收及其投产后的水污染物和大气污染物排放管理。

本标准适用于法律允许的污染物排放行为。新设立污染源的选址和特殊保护区域内现有污染源的管理，按照《中华人民共和国大气污染防治法》、《中华人民共和国水污染防治法》、《中华人民共和国海洋环境保护法》、《中华人民共和国固体废物污染环境防治法》、《中华人民共和国环境影响评价法》等法律、法规、规章的相关规定执行。

本标准规定的水污染物排放控制要求适用于企业直接或间接向其法定边界外排放水污染物的行为。

替代情况：/

发布时间：2011-10-27

实施时间：2012-01-01

1.48 钢铁工业水污染物排放标准（GB 13456—2012）

标准名称：钢铁工业水污染物排放标准

英文名称：Discharge standard of water pollutants for iron and steel industry

标准编号：GB 13456—2012

适用范围：本标准规定了钢铁生产企业或生产设施水污染物排放限值、监测和监控要求，以及标准的实施与监督等相关规定。

本标准适用于现有钢铁生产企业或生产设施的水污染物排放管理。

本标准适用于对钢铁工业建设项目的环境影响评价、环境保护设施设计、竣工环境保护验收及其投产后的水污染物排放管理。

本标准不适用于钢铁生产企业中铁矿采选废水、焦化废水和铁合金废水的排放管理。

本标准适用于法律允许的污染物排放行为。新设立污染源的选址和特殊保护区域内现有污染源的管理，按照《中华人民共和国大气污染防治法》、《中华人民共和国水污染防治法》、《中华人民共和国海洋环境保护法》、《中华人民共和国固体废物污染环境防治法》、《中华人民共和国环境影响评价法》等法律、法规、规章的相关规定执行。

本标准规定的水污染物排放控制要求适用于企业直接或间接向其法定边界外排放水污染物的行为。

替代情况：本标准代替 GB 13456—1992，钢铁工业部分，本次修订的主要内容如下：

—— 规定了现有企业、新建企业水污染物排放限值，取消了按污水去向分级管理的规定；

—— 为促进地区经济与环境协调发展，推动经济结构的调整和经济增长方式的转变，引导工业生产工艺和污染治理技术的发展方向，本标准规定了水污染物特别排放限值。

钢铁生产企业排放的大气污染物（含恶臭污染物）、环境噪声适用相应的国家污染物排放标准；产生固体废物的鉴别、处理和处置，适用相应的国家固体废物污染控制标准。

发布时间：2012-06-27

实施时间：2012-10-01

1.49 铁矿采选工业污染物排放标准（GB 28661—2012）

标准名称：铁矿采选工业污染物排放标准

英文名称：Emission standard of pollutants for mining and mineral processing industry

标准编号：GB 28661—2012

适用范围：本标准规定了铁矿采选生产企业或生产设施的水污染物和大气污染物排放限值、监测和监控要求，以及标准的实施与监督等相关规定。

本标准适用于现有铁矿采选生产企业或生产设施的水污染物和大气污染物排放管理，以及铁矿采选工业建设项目的环境影响评价、环境保护设施设计、环境保护工程竣工验收及其投产后的水污染物和大气污染物排放管理。

本标准适用于法律允许的污染物排放行为；新设立污染源的选址和特殊保护区域内现有污染源的管理，按照《中华人民共和国大气污染防治法》、《中华人民共和国水污染防治法》、《中华人民共和国海洋环境保护法》、《中华人民共和国固体废物污染环境防治法》、《中华人民共和国环境影响评价法》等法律、法规、规章的相关规定执行。

本标准规定的水污染物排放控制要求适用于企业直接或间接向其法定边界外排放水污染物的行为。

替代情况：/

发布时间：2012-06-27

实施时间：2012-10-01

1.50 铁合金工业污染物排放标准（GB 28666—2012）

标准名称：铁合金工业污染物排放标准

英文名称：Emission standard of pollutants for ferroalloy smelt industry

标准编号：GB 28666—2012

适用范围：本标准规定了铁合金生产企业或生产设施水污染物和大气污染物排放限值、监测和监控要求，以及标准的实施与监督等相关规定。

本标准适用于电炉法铁合金生产企业或生产设施的水污染物和大气污染物排放管理，以及电炉法铁合金工业建设项目的环境影响评价、环境保护设施设计、竣工环境保护验收及其投产后的水污染物和大气污染物排放管理。

本标准适用于法律允许的污染物排放行为；新设立污染源的选址和特殊保护区域内现有污染源的管理，按照《中华人民共和国大气污染防治法》、《中华人民共和国水污染防治法》、《中华人民共和国海洋环境保护法》、《中华人民共和国固体废物污染环境防治法》、《中华人民共和国环境影响评价法》等法律、法规、规章的相关规定执行。

本标准规定的水污染物排放控制要求适用于企业直接或间接向其法定边界外排放水污染物的行为。

替代情况：/

发布时间：2012-06-27

实施时间：2012-10-01

1.51 炼焦化学工业污染物排放标准（GB 16171—2012）

标准名称：炼焦化学工业污染物排放标准

英文名称：Emission standard of pollutants for coking chemical industry

标准编号：GB 16171—2012

适用范围：本标准规定了炼焦化学工业企业水污染物和大气污染物排放限值、监测和监控要求，以及标准的实施与监督等相关规定。

本标准适用于现有和新建焦炉生产过程备煤、炼焦、煤气净化、炼焦化学产品回收和热能利用等工序水污染物和大气污染物的排放管理，以及炼焦化学工业企业建设项目的环境影响评价、环境保护设施设计、竣工环境保护验收及其投产后的水污染物和大气污染物的排放管理。

钢铁等工业企业炼焦分厂污染物排放管理执行本标准。

本标准适用于法律允许的污染物排放行为；新设立污染源的选址和特殊保护区域内现有污染源的管理，除执行本标准外，还应符合《中华人民共和国大气污染防治法》、《中华人民共和国水污染防治法》、《中华人民共和国海洋环境保护法》、《中华人民共和国固体废物污染环境防治法》、《中华人民共和国环境影响评价法》等法律、法规、规章的相关规定。

本标准规定的水污染物排放控制要求适用于企业直接或间接向其法定边界外排放水污染物的行为。

替代情况：本标准代替 GB 16171—1996，本次修订的主要内容如下：

—— 扩大了标准的适用范围，涵盖了国内所有焦炉及生产过程的排污环节；

—— 增加了水污染物排放控制要求；

—— 增加了机械化焦炉大气污染物有组织排放源的控制要求，取消了非机械化焦炉污染物排放限值；

—— 增加了厂界无组织排放大气污染物的排放限值；

—— 增加了大气污染物、水污染物排放管理规定和监测要求。

本标准的污染物排放浓度均为质量浓度。炼焦化学工业企业排放恶臭污染物、环境噪声适用相应的国家污染物排放标准，产生固体废物的鉴别、处理和处置适用国家固体废物污染控制标准。

自本标准实施之日起，炼焦化学工业企业的水和大气污染物排放控制按本标准的规定执行，不再执行《钢铁工业水污染物排放标准》（GB 13456—1992）和《炼焦炉大气污染物排放标准》（GB 16171 —1996）中的相关规定。

发布时间：2012-06-27

实施时间：2012-10-01

1.52 缫丝工业水污染物排放标准（GB 28936—2012）

标准名称：缫丝工业水污染物排放标准

英文名称：Discharge standards of water pollutants for reeling industry

标准编号：GB 28936—2012

适用范围：本标准规定了缫丝工业企业或生产设施水污染物排放限值、监测和监控要求，以及标准的实施与监督等相关规定。

本标准适用于现有缫丝工业企业或生产设施的水污染物排放管理。

本标准适用于对缫丝工业企业建设项目的环境影响评价、环境保护设施设计、竣工环境保护验收及其投产后的水污染物排放管理。

本标准适用于法律允许的污染物排放行为。新设立污染源的选址和特殊保护区域内现有污染源的管理，按照《中华人民共和国水污染防治法》、《中华人民共和国海洋环境保护法》、《中华人民共和国环境影响评价法》等法律、法规、规章的相关规定执行。

本标准规定的水污染物排放控制要求适用于企业直接或间接向其法定边界外排放水污染物的行为。

替代情况：/

发布时间：2012-10-19

实施时间：2013-01-01

1.53 毛纺工业水污染物排放标准（GB 28937—2012）

标准名称：毛纺工业水污染物排放标准

英文名称：Discharge standards of water pollutants for woolen textile industry

标准编号：GB 28937—2012

适用范围：本标准规定了毛纺企业和拥有毛纺设施的企业的洗毛水污染物的排放限值、监测和监控要求，以及标准的实施与监督等相关规定。

本标准适用于现有毛纺企业的洗毛水污染物排放管理。

本标准适用于毛纺企业建设项目的环境影响评价、环境保护设施设计、竣工环境保护验收及其投产后的水污染物排放管理。

本标准适用于法律允许的水污染物排放行为。新设立污染源的选址和特殊保护区域内现有污染源的管理，按照《中华人民共和国水污染防治法》、《中华人民共和国海洋环境保护法》、《中华人民共和国环境影响评价法》等法律、法规、规章的相关规定执行。

本标准不适用于毛纺企业染整废水的排放控制。

本标准规定的水污染物排放控制要求适用于企业直接或间接向其法定边界外排放水污染物的行为。

替代情况：/

发布时间：2012-10-19

实施时间：2013-01-01

1.54 麻纺工业水污染物排放标准（GB 28938—2012）

标准名称：麻纺工业水污染物排放标准

英文名称：Discharge standards of water pollutants for bast and leaf fibres textile industry

标准编号：GB 28938—2012

适用范围：本标准规定了麻纺企业和拥有麻纺设施的企业的脱胶水污染物的排放限值、监测和监控要求，以及标准的实施与监督等相关规定。

本标准适用于现有麻纺企业和拥有麻纺设施的企业（包括亚麻温水沤麻企业或场所）的水污染物排放管理。

本标准适用于对麻纺企业建设项目的环境影响评价、环境保护设施设计、竣工环境保护验收及其投产后的水污染物排放管理。

本标准适用于法律允许的水污染物排放行为。新设立污染源的选址和特殊保护区域内现有污染源的管理，按照《中华人民共和国水污染防治法》、《中华人民共和国海洋环境保护法》、《中华人民共和国环境影响评价法》等法律的相关规定执行。

本标准不适用于麻纺企业染整废水的排放控制。

本标准规定的水污染物排放控制要求适用于企业直接或间接向其法定边界外排放水污染物的行为。

替代情况：/

发布时间：2012-10-19

实施时间：2013-01-01

1.55 纺织染整工业水污染物排放标准（GB 4287—2012）

标准名称：纺织染整工业水污染物排放标准

英文名称：Discharge standards of water pollutants for dyeing and finishing oftextile industry

标准编号：GB 4287—2012

适用范围：本标准规定了纺织染整工业企业或生产设施水污染物排放限值、监测和监控要求，以及标准的实施与监督等相关规定。

本标准适用于现有纺织染整工业企业或生产设施的水污染物排放管理。

本标准适用于对纺织染整工业企业建设项目的环境影响评价、环境保护设施设计、竣工环境保护验收及其投产后的水污染物排放管理。

本标准适用于法律允许的污染物排放行为。新设立污染源的选址和特殊保护区域内现有污染源的管理，按照《中华人民共和国水污染防治法》、《中华人民共和国海洋环境保护法》、《中华人民共和国环境影响评价法》等法律、法规、规章的相关规定执行。

本标准不适用于洗毛、麻脱胶、煮茧和化纤等纺织用原料的生产工艺水污染物排放管理。

本标准规定的水污染物排放控制要求适用于企业直接或间接向其法定边界外排放水污染物的行为。

替代情况：本标准替代 GB 4287—1992，此次修订主要内容：

—— 根据落实国家环境保护规划、环境保护管理和执法工作的需要，调整了控制排放的污染物项目，提高了污染物排放控制要求；

—— 为促进地区经济与环境协调发展，推动经济结构的调整和经济增长方式的转变，引导纺织染整生产工艺和污染治理技术的发展方向，本标准规定了水污染物特别排放限值。

发布时间：2012-10-19

实施时间：2013-01-01

1.56 合成氨工业水污染物排放标准（GB 13458—2013）

标准名称：合成氨工业水污染物排放标准

英文名称：Discharge standard of water pollutants for ammonia industry

标准编号：GB 13458—2013

适用范围：

（1）本标准规定了合成氨工业企业或生产设施水污染物排放限值、监测和监控要求，以及标准的实施与监督等相关规定。

（2）本标准适用于现有合成氨工业企业或生产设施的水污染物排放管理。本标准适用于对合成氨工业企业建设项目的环境影响评价、环境保护设施设计、竣工环境保护验收及其投产后的水污染物排放管理。

（3）本标准不适用于硝酸、复混肥以及联碱法纯碱生产的水污染物排放管理。本标准适用于法律允许的水污染物排放行为。新设立污染源的选址和特殊保护区域内现有污染源的管理，按照《中华人民共和国水污染防治法》、《中华人民共和国海洋环境保护法》、《中华人民共和国环境影响评价法》等法律的相关规定执行。

（4）本标准规定的水污染物排放控制要求适用于企业直接或间接向其法定边界外排放水污染物的行为。

替代情况：本标准代替 GB 13458—2001；本标准是对《合成氨工业水污染物排放标准》（GB 13458—2001）的修订。本次修订的主要内容：

—根据落实国家环境保护规划、环境保护管理和执法工作的需要，调整了控制排放的污染物项目，提高了污染物排放控制要求；

—取消了按污水去向分级控制的规定；

—为促进地区经济与环境协调发展，推动经济结构的调整和经济增长方式的转变，引导合成氨工业生产工艺和污染治理技术的发展方向，规定了水污染物特别排放限值；

—为完善国家环境保护标准体系，规范水污染物排放行为，适应国家水污染防治工作的需要，增加了水污染物间接排放限值。

发布时间：2013-03-14

实施时间：2013-07-01

1.57 柠檬酸工业污染物排放标准（GB 19430—2013）

标准名称：柠檬酸工业污染物排放标准

英文名称：Effluent standards of water pollutants for citric acid industry

标准编号：GB 19430—2013

适用范围：本标准规定了柠檬酸工业企业的水污染物排放限值、监测和监控要求，以及标准的实施与监督相关规定；适用于现有柠檬酸工业企业的水污染物排放管理；适用于对柠檬酸工业企业建设项目的环境影响评价、环境保护设施设计、竣工环境保护验收及其投产后的水污染物排放管理；本标准适用于法律允许的污染物排放行为；新设立污染源的选址和特殊保护区域内现有污染源的管理，按照《中华人民共和国大气污染防治法》、《中华人民共和国水污染防治法》、《中华人民共和国海洋环境保护法》、《中华人民共和国固体废物污染环境防治法》、《中华人民共和国环境影响评价法》等法律、法规、规章的相关规定执行。本标准规定的水污染物排放控制要求适用于企业直接或间接向其法定边界外排放水污染物的行为。

替代情况：本标准代替 GB 19430—2004；本标准是对《柠檬酸工业水污染物排放标准》（GB 19430—2004）的修订。此次修订的主要内容：

—调整了排放标准体系和标准名称；

—根据落实国家环境保护规划、环境保护管理和执法工作的需要，增加了水污染物控制项目，提高了排放控制要求；

—增加了适用于特定地区的水污染物特别排放限值规定。

发布时间：2013-03-14

实施时间：2013-07-01

1.58 制革及毛皮加工工业水污染物排放标准（GB 30486—2013）

标准名称：制革及毛皮加工工业水污染物排放标准

英文名称：Discharge standard of water pollutants for leather and fur making industry

标准编号：GB 30486—2013

适用范围：本标准规定了制革及毛皮加工企业水污染物排放限值、监测和监控要求，以及标准的实施与监督等相关规定。

本标准适用于现有制革及毛皮加工企业的水污染物排放管理。

本标准适用于对制革及毛皮加工企业建设项目的环境影响评价、环境保护设施设计、竣工环境保护验收及其投产后的水污染物排放管理。

本标准适用于法律允许的水污染物排放行为；新设立污染源的选址和特殊保护区域内现有污染

源的管理，按照《中华人民共和国水污染防治法》、《中华人民共和国海洋环境保护法》、《中华人民共和国环境影响评价法》等法律、法规、规章的相关规定执行。

本标准规定的水污染物排放控制要求适用于企业直接或间接向其法定边界外排放水污染物的行为。

替代情况： 制革及毛皮加工企业新建企业自 2014 年 3 月 1 日起，现有企业自 2014 年 7 月 1 日起，其水污染物排放控制按本标准的规定执行，不再执行《污水综合排放标准》（GB 8978—1996）中的相关规定。

发布时间： 2013-12-27

实施时间： 2014-03-01

1.59 电池工业污染物排放标准（GB 30484—2013）

标准名称： 电池工业污染物排放标准

英文名称： Emission standard of pollutants for battery industry

标准编号： GB 30484—2013

适用范围： 本标准规定了电池（包括锌锰电池（糊式电池、纸板电池、叠层电池、碱性锌锰电池）、锌空气电池、锌银电池、铅蓄电池、镉镍电池、氢镍电池、锂离子电池、锂电池、太阳电池）工业企业水污染物和大气污染物排放限值、监测和监控要求，以及标准的实施与监督等相关规定。

本标准适用于电池工业企业或生产设施的水污染物和大气污染物排放管理，以及电池工业企业建设项目的环境影响评价、环境保护设施设计、竣工环境保护验收及其投产后的水污染物和大气污染物排放管理。

本标准适用于法律允许的污染物排放行为。新设立污染源的选址和特殊保护区域内现有污染源的管理，按照《中华人民共和国大气污染防治法》、《中华人民共和国水污染防治法》、《中华人民共和国海洋环境保护法》、《中华人民共和国固体废物污染环境防治法》、《中华人民共和国环境影响评价法》等法律、法规、规章的相关规定执行。

本标准规定的水污染物排放控制要求适用于企业直接或间接向其法定边界外排放水污染物的行为。

替代情况： 电池工业新建企业自 2014 年 3 月 1 日起，现有企业自 2014 年 7 月 1 日起，其水和大气污染物排放控制按本标准的规定执行，不再执行《污水综合排放标准》（GB 8978—1996）和《大气污染物综合排放标准》（GB 16297—1996）中的相关规定。

发布时间： 2013-12-27

实施时间： 2014-03-01

2 监测规范

2.1 地表水和污水监测技术规范（HJ/T 91—2002）

详见第一章 2.1

2.2　水污染物排放总量监测技术规范（HJ/T 92—2002）

标准名称： 水污染物排放总量监测技术规范

英文名称： Technical requirements for monitoring of total amount of pollutants in waste water

标准编号： HJ/T 92—2002

适用范围： 本规范适用于企事业单位水污染物排放总量的监测，还适用于建设项目“三同时”竣工验收、市政污水排放口以及排污许可证制度实施过程中的水污染物排放总量监测。

替代情况： /

发布时间： 2002-12-25

实施时间： 2003-01-01

2.3　固定污染源监测质量保证与质量控制技术规范（试行）（HJ/T 373—2007）

标准名称： 固定污染源监测质量保证与质量控制技术规范（试行）

英文名称： Technical specifications of quality assurance and quality control for monitoring of stationary pollution source（on trial）

标准编号： HJ/T 373—2007

适用范围：

（1）本标准规定了固定污染源废水排放、废气排放手工监测和比对监测过程中采样及测定的质量保证和质量控制的技术要求。

（2）本标准适用于固定污染源废水、废气污染物排放的环境监测工作。

替代情况： /

发布时间： 2007-11-12

实施时间： 2008-01-01

2.4　水污染源在线监测系统安装技术规范（试行）（HJ/T 353—2007）

标准名称： 水污染源在线监测系统安装技术规范（试行）

英文名称： Technical guidelines of wastewater on - line monitoring equipments and installation（on trial）

标准编号： HJ/T 353—2007

适用范围：

（1）本标准规定了水污染源在线监测系统中仪器设备的主要技术指标和安装技术要求，监测站房建设的技术要求，仪器设备的调试和试运行技术要求。

（2）本标准适用于安装于水污染源的化学需氧量（COD_{Cr}）水质在线自动监测仪、总有机碳（TOC）水质自动分析仪、紫外（UV）吸收水质自动在线监测仪、氨氮水质自动分析仪、总磷水质自动分析仪、pH 水质自动分析仪、温度计、流量计、水质自动采样器、数据采集传输仪的设备选型、安装、调试、试运行和监测站房的建设。

替代情况： /

发布时间： 2007-07-12

实施时间： 2007-08-01

2.5 水污染源在线监测系统验收技术规范（试行）（HJ/T 354—2007）

标准名称：水污染源在线监测系统验收技术规范（试行）

英文名称：Technical for check and acceptance of specifications wastewater on - line monitoring system（on trial）

标准编号：HJ/T 354—2007

适用范围：

（1）本标准规定了水污染源在线监测系统的验收方法和验收技术指标。

（2）本标准适用于已安装于水污染源的化学需氧量（COD_{Cr}）在线自动监测仪、总有机碳（TOC）水质自动分析仪、紫外（UV）吸收水质自动在线监测仪、pH 水质自动分析仪、氨氮水质自动分析仪、总磷水质自动分析仪、超声波明渠污水流量计、电磁流量计、水质自动采样器、数据采集传输仪等仪器的验收监测。

替代情况：/

发布时间：2007-07-12

实施时间：2007-08-01

2.6 水污染源在线监测系统运行与考核技术规范（试行）（HJ/T 355—2007）

标准名称：水污染源在线监测系统运行与考核技术规范（试行）

英文名称：Technical specificartions for the operation and assessment of wastewater on - line monitoring system（on trial）

标准编号：HJ/T 355—2007

适用范围：

（1）本标准规定了运行单位为保障水污染源在线监测设备稳定运行所要达到的日常维护、校验、仪器检修、质量保证与质量控制、仪器档案管理等方面的要求，规定了运行的监督核查和技术考核的具体内容。

（2）本标准适用于水污染源在线监测系统中的化学需氧量（COD_{Cr}）在线自动监测仪、总有机碳（TOC）水质自动分析仪、氨氮水质自动分析仪、总磷水质自动分析仪、紫外（UV）吸收水质自动在线监测仪、pH 水质自动分析仪、温度计、流量计等仪器设备运行和考核的技术要求。

替代情况：/

发布时间：2007-07-12

实施时间：2007-08-01

2.7 水污染源在线监测系统数据有效性判别技术规范（试行）（HJ/T 356—2007）

标准名称：水污染源在线监测系统数据有效性判别技术规范（试行）

英文名称：Technical specificartions for validity of wastewater on - line monitoring data（on trial）

标准编号：HJ/T 356—2007

适用范围：

（1）本标准规定了水污染源排水中化学需氧量（COD_{Cr}）、氨氮（NH_3-N）、总磷（TP）、pH 值、温度和流量等监测数据的质量要求，数据有效性判别方法和缺失数据的处理方法。

（2）本标准适用于水污染源排水中化学需氧量（COD_{Cr}）、氨氮（NH_3-N）、总磷（TP）、pH 值、温度和流量等监测数据的有效性判别。

替代情况：/

发布时间：2007-07-12

实施时间：2007-08-01

2.8 陆域直排海污染源监测技术要求（试行）（中国环境监测总站海字 [2007]152 号）

标准名称：陆域直排海污染源监测技术要求（试行）

英文名称：/

标准编号：中国环境监测总站海字 [2007]152 号

适用范围：为加强近岸海域环境监督与管理，掌握陆域直排海污染源情况，有效控制陆源污染物入海总量，防止陆源污染物损害海洋环境，特制定本技术要求。

本技术要求规定了陆域污染源监测的范围、内容、采样和分析方法、质量保证与质量控制，总量计算和数据整理等一般要求。

替代情况：/

发布时间：2007-09-29

实施时间：2007-09-29

2.9 国控污染源排放口污染物排放量计算方法（环保部环办 [2011]8 号）

标准名称：国控污染源排放口污染物排放量计算方法

英文名称：/

标准编号：环保部环办 [2011]8 号

适用范围：为进一步规范使用自动监测和监督性监测数据计算工业污染源排放口污染物排放量的方法，特制定本计算方法。

替代情况：/

发布时间：2011-01-25

实施时间：2011-01-25

3 监测方法

3.1 样品采集、运输与保存

3.1.1 水质采样 样品的保存和管理技术规定（HJ 493—2009）

详见第一章 3.1.1

3.1.2 水质 采样技术指导（HJ 494—2009）

详见第一章 3.1.2

3.1.3 水质 采样方案设计技术规定（HJ 495—2009）

详见第一章 3.1.3

3.1.4 环境中有机污染物遗传毒性检测的样品前处理规范（GB/T 15440—1995）

详见第一章 3.1.6

3.1.5 水质 金属总量的消解 硝酸消解法（HJ 677—2013）

详见第一章 3.1.7

3.1.6 水质 金属总量的消解 微波消解法（HJ 678—2013）

详见第一章 3.1.8

3.2 检测方法

3.2.1 总汞

3.2.1.1 水质 总汞的测定 冷原子吸收分光光度法（HJ 597—2011）

详见第一章 3.2.15.1

3.2.1.2 水质 总汞的测定 高锰酸钾-过硫酸钾消解法 双硫腙分光光度法（GB/T 7469—1987）

标准名称：水质 总汞的测定 高锰酸钾-过硫酸钾消解法 双硫腙分光光度法

英文名称：Water quality - Determination of total mercury - potassium permanganats - potassium persaifate decomposed method - Dithizonc spectrophotometric method

标准编号：GB/T 7469—1987

适用范围：本标准适用于生活污水、工业废水和受汞污染的地面水。

用双硫腙分光光度法测定汞含量，在酸性条件下，干扰物主要是铜离子。在双硫腙（二苯硫代偕肼腙）洗脱液中加入 10 g/L EDTA 二钠（乙二胺四乙酸二钠），至少可掩蔽 300 μg 铜离子的干扰。

本方法的摩尔吸光系数$\varepsilon=7.1\times10^4$ L・mol^{-1}・cm^{-1}。

取 250 mL 水样测定，汞的最低检出浓度为 2 μg/L，测定上限为 40 μg/L。

替代情况：/

发布时间：1987-03-14

实施时间：1987-08-01

3.2.1.3 水质 汞的测定 冷原子荧光法（HJ/T 341—2007）

详见第一章 3.2.15.2

3.2.2 烷基汞

3.2.2.1 水质 烷基汞的测定 气相色谱法（GB/T 14204—1993）

详见第一章 3.2.117.1

3.2.3 总镉

3.2.3.1 水质 铜、锌、铅、镉的测定 原子吸收分光光度法（GB/T 7475—1987）

详见第一章 3.2.10.3

3.2.3.2 水质 镉的测定 双硫腙分光光度法（GB/T 7471—1987）

详见第一章 3.2.16.2

3.2.4 总铬

3.2.4.1 水质 总铬的测定（GB/T 7466—1987）

详见第一章 3.2.107.1

3.2.5 六价铬

3.2.5.1 水质 六价铬的测定 二苯碳酰二肼分光光度法（GB/T 7467—1987）

详见第一章 3.2.17.1

3.2.5.2 水质 氰化物等的测定 真空检测管-电子比色法（HJ 659-2013）

详见第一章 3.2.5.3

3.2.6 总砷

3.2.6.1 水质 总砷的测定 二乙基二硫代氨基甲酸银分光光度法（GB/T 7485—1987）

详见第一章 3.2.14.1

3.2.7 总铅

3.2.7.1 水质 铜、锌、铅、镉的测定 原子吸收分光光度法（GB/T 7475—1987）

详见第一章 3.2.10.3

3.2.7.2 水质 铅的测定 双硫腙分光光度法（GB/T 7470—1987）

详见第一章 3.2.18.2

3.2.7.3 水质 铅的测定 示波极谱法（GB/T 13896—1992）

标准名称：水质 铅的测定 示波极谱法

英文名称：Water quality - Determination of lead - Oscillopolarography

标准编号：GB/T 13896—1992

适用范围：

（1）主题内容：本标准规定了铅含量的示波极谱测定方法。

（2）适用范围：本标准适用于硝化甘油系列火炸药工业废水中铅含量的测定。

本方法测定范围 0.10～10.0 mg/L；最低检测浓度为 0.02 mg/L。

硝化甘油系列火炸药废水中含有的二硝基甲苯影响铅还原峰的测定，本方法采用铅的氧化峰进行测定。在测定其他工业废水时，可根据水质情况选用还原峰或氧化峰进行测定。

替代情况：/

发布时间：1992-12-02

实施时间：1993-09-01

3.2.8 总镍

3.2.8.1 水质 镍的测定 火焰原子吸收分光光度法（GB/T 11912—1989）

详见第一章 3.2.102.2

3.2.8.2 水质 镍的测定 丁二酮肟分光光度法（GB/T 11910—1989）

详见第一章 3.2.102.1

3.2.8.3 水质 氰化物等的测定 真空检测管-电子比色法（HJ 659—2013）

详见第一章 3.2.5.3

3.2.9 苯并芘

3.2.9.1 水质 苯并[*a*]芘的测定 乙酰化滤纸层析荧光分光光度法（GB/T 11895—1989）

详见第一章 3.2.93.1

3.2.9.2 水质 多环芳烃的测定 液液萃取和固相萃取高效液相色谱法（HJ 478—2009）

详见第一章 3.2.93.2

3.2.10 总铍

3.2.10.1 水质 铍的测定 铬菁 R 分光光度法（HJ/T 58—2000）

详见第一章 3.2.99.2

3.2.10.2 水质 铍的测定 石墨炉原子吸收分光光度法（HJ/T 59—2000）

详见第一章 3.2.99.3

3.2.11 总银

3.2.11.1 水质 银的测定 火焰原子吸收分光光度法（GB/T 11907—1989）

标准名称：水质 银的测定 火焰原子吸收分光光度法

英文名称：Water quality - Determination of silver - Flame atomic absorption spectrophotometric method

标准编号：GB/T 11907—1989

适用范围：

（1）本标准规定了测定废水中银的原子吸收分光光度法；

（2）本标准适用于感光材料生产、胶片洗印、镀银、冶炼等行业排放废水及受银污染的地面水中银的测定；

（3）本标准的最低检出浓度为 0.03 mg/L，测定上限为 5.0 mg/L。经稀释或浓缩测定范围可以扩展；

（4）大量氯化物、溴化物、碘化物、硫代硫酸盐对银的测定有干扰，但试样经消解处理后，干扰可被消除。

替代情况：/

发布时间：1989-12-25

实施时间：1990-07-01

3.2.11.2　水质　银的测定　3,5-Br_2-PADAP 分光光度法（HJ 489—2009）

详见第一章 3.2.112.1

3.2.11.3　水质　银的测定　镉试剂 2B 分光光度法（HJ 490—2009）

详见第一章 3.2.112.2

3.2.12　pH

3.2.12.1　水质　pH 值的测定　玻璃电极法（GB/T 6920—1986）

详见第一章 3.2.2.1

3.2.13　色度

3.2.13.1　水质　色度的测定（GB/T 11903—1989）

详见第一章 3.2.134.1

3.2.14　悬浮物

3.2.14.1　水质　悬浮物的测定　重量法（GB/T 11901—1989）

详见第一章 3.2.111.1

3.2.15　生化需氧量

3.2.15.1　水质　五日生化需氧量（BOD_5）的测定　稀释与接种法（HJ 505—2009）

详见第一章 3.2.6.1

3.2.15.2　水质　生化需氧量（BOD）的测定　微生物传感器快速测定法（HJ/T 86—2002）

详见第一章 3.2.6.2

3.2.16　化学需氧量（COD）

3.2.16.1　水质　化学需氧量的测定　重铬酸盐法（GB/T 11914—1989）

详见第一章 3.2.5.1

3.2.16.2　水质　化学需氧量的测定　快速消解分光光度法（HJ/T 399—2007）

详见第一章 3.2.5.2

3.2.16.3　高氯废水　化学需氧量的测定　碘化钾碱性高锰酸钾法（HJ/T 132—2003）

标准名称：高氯废水　化学需氧量的测定　碘化钾碱性高锰酸钾法

英文名称：High - chlorine wastewater - Determination of chemical oxygen demand - Potassium iodide alkaline permanganate method

标准编号：HJ/T 132—2003

适用范围：本标准规定了高氯废水化学需氧量的测定方法，本方法适用于油气田和炼化企业氯离子含最高达几万至十几万毫克每升高氯废水化学需氧量（COD）的测定。方法的最低检出限为 0.20 mg/L，测定上限为 62.5 mg/L。

替代情况：/

发布时间：2003-09-30

实施时间：2004-01-01

3.2.16.4 高氯废水 化学需氧量的测定 氯气校正法（HJ/T 70—2001）

标准名称：高氯废水 化学需氧量的测定 氯气校正法

英文名称：High - chlorine wastewater Determination of chemical oxygen demand Chlorine emendation method

标准编号：HJ/T 70—2001

适用范围：本方法适用于氯离子含量小于 20 000 mg/L 的高氯废水中化学需氧量（COD）的测定。方法检出限为 30 mg/L。适用于油田、沿海炼油厂、油库、氯碱厂、废水深海排放等废水中 COD 的测定。

替代情况：/

发布时间：2001-09-11

实施时间：2001-12-01

3.2.16.5 水质 氰化物等的测定 真空检测管-电子比色法（HJ 659—2013）

详见第一章 3.2.5.3

3.2.17 石油类

3.2.17.1 水质 石油类和动植物油类的测定 红外分光光度法（HJ 637—2012）

详见第一章 3.2.21.1

3.2.18 动植物油

3.2.18.1 水质 石油类和动植物油类的测定 红外分光光度法（HJ 637—2012）

详见第一章 3.2.21.1

3.2.19 挥发酚

3.2.19.1 水质 挥发酚的测定 溴化容量法（HJ 502—2009）

标准名称：水质 挥发酚的测定 溴化容量法

英文名称：Water quality - Determination of volatile phenolic compounds - bromine method

标准编号：HJ 502—2009

适用范围：本标准规定了测定工业废水中挥发酚的溴化容量法。

本标准适用于含高浓度挥发酚工业废水中挥发酚的测定。

本标准检出限为 0.1 mg/L，测定下限为 0.4 mg/L，测定上限为 45.0 mg/L。对于质量浓度高于标准测定上限的样品，可适当稀释后进行测定。

替代情况：本标准代替 GB/T 7491—1987。本标准是对《水质 挥发酚的测定 蒸馏后溴化容量法》（GB/T 7491—1987）的修订。修订的主要内容如下：

—— 明确了标准的测定范围；

—— 简化了溴化容量法的分析步骤；

—— 增加了精密度和准确度条款。

发布时间：2009-10-20

实施时间：2009-12-01

3.2.19.2 水质 挥发酚的测定 4-氨基安替比林分光光度法（HJ 503—2009）

详见第一章 3.2.20.1

3.2.20 总氰化物

3.2.20.1 水质 氰化物的测定 容量法和分光光度法（HJ 484—2009）

详见第一章 3.2.19.1

3.2.20.2 水质 氰化物等的测定 真空检测管-电子比色法（HJ 659—2013）

详见第一章 3.2.5.3

3.2.21 硫化物

3.2.21.1 水质 硫化物的测定 亚甲基蓝分光光度法（GB/T 16489—1996）

详见第一章 3.2.23.1

3.2.21.2 水质 硫化物的测定 直接显色分光光度法（GB/T 17133—1997）

详见第一章 3.2.23.2

3.2.21.3 水质 硫化物的测定 碘量法（HJ/T 60—2000）

详见第一章 3.2.23.3

3.2.21.4 水质 硫化物的测定 气相分子吸收光谱法（HJ/T 200—2005）

详见第一章 3.2.23.4

3.2.21.5 水质 氰化物等的测定 真空检测管-电子比色法（HJ 659—2013）

详见第一章 3.2.5.3

3.2.22 氨氮

3.2.22.1 水质 氨氮的测定 纳氏试剂分光光度法（HJ 535—2009）

详见第一章 3.2.7.1

3.2.22.2 水质 氨氮的测定 水杨酸分光光度法（HJ 536—2009）

详见第一章 3.2.7.2

3.2.22.3 水质 氨氮的测定 蒸馏-中和滴定法（HJ 537—2009）

标准名称：水质 氨氮的测定 蒸馏-中和滴定法

英文名称：Water quality - Determination of ammonia nitrogen - Distillation - neutralization titration

标准编号：HJ 537—2009

适用范围：本标准规定了测定水中氨氮的蒸馏-中和滴定法。

本标准适用于生活污水和工业废水中氨氮的测定。

当试样体积为 250 mL 时，方法的检出限为 0.05 mg/L（均以 N 计）。

替代情况：本标准代替 GB/T 7478—1987。本标准是对《水质 铵的测定 蒸馏和滴定法》（GB/T 7478—1987）的修订。修订的主要内容如下：

——修改了标准的名称，由《水质 铵的测定 蒸馏和滴定法》修改为《水质 氨氮的测定 蒸馏-中和滴定法》；

——在适用范围中，取消了灵敏度；明确了方法检出限；

——增加了盐酸标准溶液的标定方法；

——修改了混合指示剂的配制方法；
——取消了各种形态氮的质量浓度的换算系数表；
——增加了质量保证和质量控制条款。

发布时间：2009-12-31

实施时间：2010-04-01

3.2.22.4 水质 氨氮的测定 气相分子吸收光谱法（HJ/T 195—2005）

详见第一章 3.2.7.3

3.2.22.5 水质 氰化物等的测定 真空检测管-电子比色法（HJ 659—2013）

详见第一章 3.2.5.3

3.2.22.6 水质 氨氮的测定 连续流动-水杨酸分光光度法（HJ 665—2013）

详见第一章 3.2.7.5

3.2.22.7 水质 氨氮的测定 流动注射-水杨酸分光光度法（HJ 666—2013）

详见第一章 3.2.7.6

3.2.23 氟化物

3.2.23.1 水质 氟化物的测定 离子选择电极法（GB/T 7484—1987）

详见第一章 3.2.12.3

3.2.23.2 水质 氟化物的测定 茜素磺酸锆目视比色法（HJ 487—2009）

详见第一章 3.2.12.1

3.2.23.3 水质 氟化物的测定 氟试剂分光光度法（HJ 488—2009）

详见第一章 3.2.12.2

3.2.23.4 水质 无机阴离子的测定 离子色谱法（HJ/T 84—2001）

详见第一章 3.2.12.4

3.2.23.5 水质 氰化物等的测定 真空检测管-电子比色法（HJ 659—2013）

详见第一章 3.2.5.3

3.2.24 磷酸盐（以 P 计）

3.2.24.1 水质 总磷的测定 钼酸铵分光光度法（GB/T 11893—1989）

详见第一章 3.2.8.1

3.2.24.2 水质 氰化物等的测定 真空检测管-电子比色法（HJ 659—2013）

详见第一章 3.2.5.3

3.2.24.3 水质 磷酸盐和总磷的测定 连续流动-钼酸铵分光光度法（HJ 670—2013）

详见第一章 3.2.8.2

3.2.24.4 水质 磷酸盐和总磷的测定 流动注射-钼酸铵分光光度法（HJ 671—2013）

详见第一章 3.2.8.3

3.2.25 甲醛

3.2.25.1 水质 甲醛的测定 乙酰丙酮分光光度法（HJ 601 —2011）

详见第一章 3.2.44.1

3.2.26 苯胺类

3.2.26.1 水质 苯胺类化合物的测定 *N*-（1-萘基）乙二胺偶氮分光光度法（GB/T 11889—1989）

标准名称： 水质 苯胺类化合物的测定 N-（1-萘基）乙二胺偶氮分光光度法

英文名称： Water quality-Determination of aniline compounds-Spectrophotometric method with N-(1-naphthyl) ethylenediamine

标准编号： GB/T 11889—1989

适用范围： 本标准规定了测定水中苯胺类化合物的 N-（1-萘基）乙二胺重氮偶合比色法。

本标准适用于地面水、染料、制药等废水中芳香族伯胺类化合物的测定。试料体积为 25ml，使用光程为 10mm 的比色皿，本方法的最低检出浓度为含苯胺 0.03 mg/L，测定上限浓度为 1.6 mg/L。在酸性条件下测定，苯酚含量高于 200 mg/L 时，对本方法有正干扰。

替代情况：

发布时间： 1989-12-25

实施时间： 1990-07-01

3.2.26.2 水质 氰化物等的测定 真空检测管-电子比色法（HJ 659—2013）

详见第一章 3.2.5.3

3.2.27 硝基苯类

3.2.27.1 水质 硝基苯类化合物的测定 气相色谱法（HJ 592—2010）

标准名称： 水质 硝基苯类化合物的测定 气相色谱法

英文名称： Water quality - Determination of nitrobenzene - compounds by Gas chromatography

标准编号： HJ 592—2010

适用范围： 本标准规定了水中硝基苯类化合物的气相色谱法。

本标准适用于工业废水和生活污水中硝基苯类化合物的测定。

当样品体积为 500 mL 时，本方法的检出限、测定下限和测定上限，见表 4.3。

表 4.3 方法检出限及测定下限 单位：mg/L

化合物名称	检出限	测定下限	测定上限
硝基苯	0.002	0.008	2.8
邻-硝基甲苯	0.002	0.008	2.4
间-硝基甲苯	0.002	0.008	2.4
对-硝基甲苯	0.002	0.008	2.0
2,4-二硝基甲苯	0.002	0.008	2.8
2,6-二硝基甲苯	0.002	0.008	2.0
2,4,6-三硝基甲苯	0.003	0.012	2.0
1,3,5-三硝基苯	0.003	0.012	2.4
2,4,6-三硝基苯甲酸	0.003	0.012	2.0

替代情况： 本标准代替 GB/T 4919—1985。本标准是对《工业废水 总硝基化合物的测定 气相色谱法》（GB/T 4919—1985）的修订。修订的主要内容如下：

—— 将标准名称修改为《水质 硝基苯类化合物的测定 气相色谱法》；

—— 用毛细管柱替代了填充柱；

—— 改变了萃取溶剂和用量；

—— 修改了硝基苯类化合物的定量方法；

—— 修改了 2,4,6-三硝基苯甲酸的测定方法；

—— 增加了质量保证和质量控制条款。

发布时间： 2010-10-21

实施时间： 2011-01-01

3.2.27.2 水质 硝基苯类化合物的测定 液液萃取/固相萃取-气相色谱法（HJ 648—2013）

详见第一章 3.2.59.1

3.2.28 阴离子表面活性剂（LAS）

3.2.28.1 水质 阴离子表面活性剂的测定 亚甲蓝分光光度法（GB/T 7494—1987）

详见第一章 3.2.22.1

3.2.28.2 水质 阴离子洗涤剂的测定 电位滴定法（GB/T 13199—1991）

标准名称： 水质 阴离子洗涤剂的测定 电位滴定法

英文名称： Water quality - Determination of anionic detergent - Potentiometric method

标准编号： GB/T 13199—1991

适用范围：

（1）主题内容与适用范围：本标准规定了测定污染水体中阴离子洗涤剂的电位滴定法。

本标准采用直链烷基苯磺酸钠（以下简称 LAS）作标准物，其烷基碳链的平均数为 12，平均分子量为 344.4。

（2）本标准适用于测定污染水体中的阴离子洗涤剂。

（3）本标准的测定下限和测定上限，当滴定剂十六烷基溴化吡啶（以下简称 CPB）的滴定度为 0.12 mg/L 时，其测定下限为 5 mg/L，其测定上限为 24 mg/L，水样适当稀释，测定上限可以扩大。

（4）干扰：试样中存在的，能与 LAS 生成比离子缔合物 CPB、LAS 更稳定的离子缔合物的阳离子干扰测定，产生负误差；能与 CPB 生成比 LAS 更稳定的离子缔合物的阴离子干扰测定，产生正误差。

在 PVC-AD 电极的能斯特响应区（$3\times10^{-6}\sim\times10^{-3}$ mol/L LAS）内，一些无机和有机离子产生 1%干扰的允许量见表 4.4。

表 4.4 干扰物允许量

干扰物	Cl^-	NO_3^-	NO_2^-	$H_2PO_4^-$	SO_4^-	HCO_3^-	SCN^-	对甲基苯磺酸根	氨基磺酸铵	苯酚	苯胺
干扰物浓度/LAS 浓度（倍）	278	182	167	128	104	63	40	263	83	20	14

替代情况： /

发布时间： 1991-08-31

实施时间： 1992-06-01

3.2.29　总铜

3.2.29.1　水质　铜、锌、铅、镉的测定　原子吸收分光光度法（GB/T 7475—1987）

详见第一章 3.2.10.3

3.2.29.2　水质　铜的测定　二乙基二硫代氨基甲酸钠分光光度法（HJ 485—2009）

详见第一章 3.2.10.2

3.2.29.3　水质　铜的测定　2,9-二甲基-1,10-菲啰啉分光光度法（HJ 486—2009）

详见第一章 3.2.10.1

3.2.30　总锌

3.2.30.1　水质　铜、锌、铅、镉的测定　原子吸收分光光度法（GB/T 7475—1987）

详见第一章 3.2.10.3

3.2.30.2　水质　锌的测定　双硫腙分光光度法（GB/T 7472—1987）

详见第一章 3.2.11.2

3.2.31　总锰

3.2.31.1　水质　铁、锰的测定　火焰原子吸收分光光度法（GB/T 11911—1989）

详见第一章 3.2.28.1

3.2.31.2　水质　锰的测定　高碘酸钾分光光度法（GB/T 11906—1989）

详见第一章 3.2.29.1

3.2.31.3　水质　锰的测定　甲醛肟分光光度法（试行）（HJ/T 344—2007）

详见第一章 3.2.29.3

3.2.31.4　水质　氰化物等的测定　真空检测管-电子比色法（HJ 659—2013）

详见第一章 3.2.5.3

3.2.32　彩色显影剂

3.2.32.1　水质　彩色显影剂总量的测定　169 成色剂分光光度法（暂行）（HJ 595—2010）

标准名称：水质　彩色显影剂总量的测定　169 成色剂分光光度法（暂行）

英文名称：Water quality - Determination of the total amount of the color developing agent - 169 Coupler spectrophotometry

标准编号：HJ 595—2010

适用范围：本标准规定了测定水中彩色显影剂总量 169 成色剂分光光度法。

本标准适用于洗印废水中彩色显影剂总量的测定。

当使用 20 mm 比色皿，取样体积为 20.0 mL 时，方法检出限为 1.03×10^{-6} mol/L，相当于对氨基二乙苯胺盐酸盐（TSS）0.27 mg/L；测定下限为 4.12×10^{-6} mol/L，相当于对氨基二乙苯胺盐酸盐（TSS）1.08 mg/L；测定上限为 8.55×10^{-5} mol/L，相当于对氨基二乙苯胺盐酸盐（TSS）25.0 mg/L。

替代情况：/

发布时间：2010-10-21

实施时间：2011-01-01

3.2.32.2 彩色显影剂总量的测定 169 成色剂法（GB 8978—1996 附录 D1）

标准名称：彩色显影剂总量的测定 169 成色剂法

英文名称：/

标准编号：污水综合排放标准 GB 8978—1996 D1

适用范围：/

替代情况：本标准代替 GB 8978—1988

发布时间：1996-10-04

实施时间：1998-01-01

3.2.33 显影剂及氧化物总量

3.2.33.1 水质 显影剂及其氧化物总量的测定 碘-淀粉分光光度法（暂行）（HJ 594—2010）

标准名称：水质 显影剂及其氧化物总量的测定 碘-淀粉分光光度法（暂行）

英文名称：Water quality - Determination of the total amount of the developing agent and their oxides - Iodine - starch spectrophotometry

标准编号：HJ 594—2010

适用范围：本标准规定了测定废水中显影剂及其氧化物总量的碘-淀粉分光光度法。

本标准适用于彩色和黑白片洗片排放废水中显影剂及其氧化物总量的测定。

当使 20 mm 比色皿，取样体积为 20.0 mL 时，最低检出限为 1×10^{-6} mol/L，相当于对苯二酚 0.11 mg/L；测定下限为 4×10^{-6} mol/L，相当于对苯二酚 0.44 mg/L；测定上限为 2.50×10^{-5} mol/L，相当于对苯二酚 2.75 mg/L。

替代情况：/

发布时间：2010-10-21

实施时间：2011-01-01

3.2.33.2 显影剂及其氧化物总量的测定（GB 8978—1996 附录 D2）

标准名称：显影剂及其氧化物总量的测定

英文名称：/

标准编号：污水综合排放标准 GB 8978—1996 D2

适用范围：/

替代情况：本标准代替 GB 8978—1988

发布时间：1996-10-04

实施时间：1998-01-01

3.2.34 元素磷

3.2.34.1 水质 单质磷的测定 磷钼蓝分光光度法（暂行）（HJ 593—2010）

详见第一章 3.2.96.1

3.2.34.2 元素磷的测定 磷钼蓝比色法（GB 8978—1996 附录 D3）

标准名称：元素磷的测定 磷钼蓝比色法

英文名称：/

标准编号：污水综合排放标准 GB 8978—1996 D3

适用范围：/

替代情况：本标准代替 GB 8978—1988

发布时间：1996-10-04

实施时间：1998-01-01

3.2.35 有机磷农药（以 P 计）

3.2.35.1 水质 有机磷农药的测定 气相色谱法（GB/T 13192—1991）

详见第一章 3.2.82.1

3.2.36 乐果

3.2.36.1 水质 有机磷农药的测定 气相色谱法（GB/T 13192—1991）

详见第一章 3.2.82.1

3.2.37 对硫磷

3.2.37.1 水质 有机磷农药的测定 气相色谱法（GB/T 13192—1991）

详见第一章 3.2.82.1

3.2.38 甲基对硫磷

3.2.38.1 水质 有机磷农药的测定 气相色谱法（GB/T 13192—1991）

详见第一章 3.2.82.1

3.2.39 马拉硫磷

3.2.39.1 水质 有机磷农药的测定 气相色谱法（GB/T 13192—1991）

详见第一章 3.2.82.1

3.2.40 五氯酚及五氯酚钠（以五氯酚计）

3.2.40.1 水质 五氯酚的测定 气相色谱法（HJ 591—2010）

详见第一章 3.2.67.1

3.2.40.2 水质 五氯酚的测定 藏红 T 分光光度法（GB/T 9803—1988）

标准名称：水质 五氯酚的测定 藏红 T 分光光度法

英文名称：Water quality - Determination of pentachlorophenol by safranine - T spectrophotometric method

标准编号：GB/T 9803—1988

适用范围：本标准适用于含五氯酚工业废水以及被五氯酚污染的水体中五氯酚的测定。其测定浓度范围为 0.01～0.5 mg/L；挥发酚类化合物（以苯酚计）低于 150 mg/L 对测定无干扰。最低检出浓度为 0.01 mg/L。

替代情况：/

发布时间：1988-08-15

实施时间：1988-12-01

3.2.40.3　水质　酚类化合物的测定　液液萃取/气相色谱法（HJ 676—2013）

详见第一章 3.2.65.2

3.2.41　可吸附有机卤化物（AOX）（以 Cl 计）

3.2.41.1　水质　可吸附有机卤素（AOX）的测定　微库仑法（GB/T 15959—1995）

详见第一章 3.2.123.1

3.2.41.2　水质　可吸附有机卤素（AOX）的测定　离子色谱法（HJ/T 83—2001）

详见第一章 3.2.123.2

3.2.42　三氯甲烷

3.2.42.1　水质　挥发性卤代烃的测定　顶空气相色谱法（HJ 620—2011）

详见第一章 3.2.30.1

3.2.42.2　水质　挥发性有机物的测定　吹扫捕集/气相色谱-质谱法（HJ 639—2012）

详见第一章 3.2.30.4

3.2.43　四氯化碳

3.2.43.1　水质　挥发性卤代烃的测定　顶空气相色谱法（HJ 620—2011）

详见第一章 3.2.30.1

3.2.43.2　水质　挥发性有机物的测定　吹扫捕集/气相色谱-质谱法（HJ 639—2012）

详见第一章 3.2.30.4

3.2.44　三氯乙烯

3.2.44.1　水质　挥发性卤代烃的测定　顶空气相色谱法（HJ 620—2011）

详见第一章 3.2.30.1

3.2.44.2　水质　挥发性有机物的测定　吹扫捕集/气相色谱-质谱法（HJ 639—2012）

详见第一章 3.2.30.4

3.2.45　四氯乙烯

3.2.45.1　水质　挥发性卤代烃的测定　顶空气相色谱法（HJ 620—2011）

详见第一章 3.2.30.1

3.2.45.2　水质　挥发性有机物的测定　吹扫捕集/气相色谱-质谱法（HJ 639—2012）

详见第一章 3.2.30.4

3.2.46　苯

3.2.46.1　水质　苯系物的测定　气相色谱法（GB/T 11890—1989）

详见第一章 3.2.43.1

3.2.46.2　水质　挥发性有机物的测定　吹扫捕集/气相色谱-质谱法（HJ 639—2012）

详见第一章 3.2.30.4

3.2.47 甲苯

3.2.47.1 水质 苯系物的测定 气相色谱法（GB/T 11890—1989）

详见第一章 3.2.43.1

3.2.47.2 水质 挥发性有机物的测定 吹扫捕集/气相色谱-质谱法（HJ 639—2012）

详见第一章 3.2.30.4

3.2.48 乙苯

3.2.48.1 水质 苯系物的测定 气相色谱法（GB/T 11890—1989）

详见第一章 3.2.43.1

3.2.48.2 水质 挥发性有机物的测定 吹扫捕集/气相色谱-质谱法（HJ 639—2012）

详见第一章 3.2.30.4

3.2.49 邻-二甲苯

3.2.49.1 水质 苯系物的测定 气相色谱法（GB/T 11890—1989）

详见第一章 3.2.43.1

3.2.49.2 水质 挥发性有机物的测定 吹扫捕集/气相色谱-质谱法（HJ 639—2012）

详见第一章 3.2.30.4

3.2.50 对-二甲苯

3.2.50.1 水质 苯系物的测定 气相色谱法（GB/T 11890—1989）

详见第一章 3.2.43.1

3.2.50.2 水质 挥发性有机物的测定 吹扫捕集/气相色谱-质谱法（HJ 639—2012）

详见第一章 3.2.30.4

3.2.51 间-二甲苯

3.2.51.1 水质 苯系物的测定 气相色谱法（GB/T 11890—1989）

详见第一章 3.2.43.1

3.2.51.2 水质 挥发性有机物的测定 吹扫捕集/气相色谱-质谱法（HJ 639—2012）

详见第一章 3.2.30.4

3.2.52 氯苯

3.2.52.1 水质 氯苯类化合物的测定 气相色谱法（HJ 621—2011）

详见第一章 3.2.53.1

3.2.52.2 水质 氯苯的测定 气相色谱法（HJ/T 74—2001）

详见第一章 3.2.53.2

3.2.52.3 水质 挥发性有机物的测定 吹扫捕集/气相色谱-质谱法（HJ 639—2012）

详见第一章 3.2.30.4

3.2.53 邻-二氯苯（1,2 二氯苯）

3.2.53.1 水质 氯苯类化合物的测定 气相色谱法（HJ 621—2011）

详见第一章 3.2.53.1

3.2.53.2 水质 挥发性有机物的测定 吹扫捕集/气相色谱-质谱法（HJ 639—2012）

详见第一章 3.2.30.4

3.2.54 对-二氯苯（1,4 二氯苯）

3.2.54.1 水质 氯苯类化合物的测定 气相色谱法（HJ 621—2011）

详见第一章 3.2.53.1

3.2.54.2 水质 挥发性有机物的测定 吹扫捕集/气相色谱-质谱法（HJ 639—2012）

详见第一章 3.2.30.4

3.2.55 对-硝基氯苯

3.2.55.1 水质 硝基苯类化合物的测定 液液萃取/固相萃取-气相色谱法（HJ 648—2013）

详见第一章 3.2.59.1

3.2.56 2,4-二硝基氯苯

3.2.56.1 水质 硝基苯类化合物的测定 液液萃取/固相萃取-气相色谱法（HJ 648—2013）

详见第一章 3.2.59.1

3.2.57 二硝基甲苯

3.2.57.1 水质 硝基苯类化合物的测定 气相色谱法（HJ 592—2010）

详见本章 3.2.27.1

3.2.57.2 水质 硝基苯类化合物的测定 液液萃取/固相萃取-气相色谱法（HJ 648—2013）

详见第一章 3.2.59.1

3.2.57.3 水质 二硝基甲苯的测定 示波极谱法（GB/T 13901—1992）

标准名称：水质　二硝基甲苯的测定　示波极谱法

英文名称：Water quality - Determination of dinitrotolucnc - Oscillopolarography

标准编号：GB/T 13901—1992

适用范围：

（1）主题内容：本标准规定了二硝基甲苯含量的示波极谱测定方法。

（2）适用范围：本方法适用于硝化甘油系列火炸药工业废水中二硝基甲苯的测定。

本方法测定范围为 0.10～5.00 mg/L；最低检测浓度为 0.05 mg/L。

替代情况：/

发布时间：1992-12-02

实施时间：1993-09-01

3.2.58 邻苯二甲二丁酯

3.2.58.1 水质 邻苯二甲酸二甲（二丁、二辛）酯的测定 液相色谱法（HJ/T 72—2001）

详见第一章 3.2.71.1

3.2.59 邻苯二甲酸二辛酯

3.2.59.1 水质 邻苯二甲酸二甲（二丁、二辛）酯的测定 液相色谱法（HJ/T 72—2001）

详见第一章 3.2.71.1

3.2.60 丙烯腈

3.2.60.1 水质 丙烯腈的测定 气相色谱法（HJ/T 73—2001）

标准名称：水质 丙烯腈的测定 气相色谱法

英文名称：Water quality - Determination of Acrylonitrile - Gas chromatography

标准编号：HJ/T 73—2001

适用范围：本标准规定了测定废水中丙烯腈的直接进样气相色谱法。

本标准适用于废水中丙烯腈的测定。

本方法最低检出限为 0.6 mg/L。

替代情况：/

发布时间：2001-09-29

实施时间：2002-01-01

3.2.61 总硒

3.2.61.1 水质 硒的测定 2,3-二氨基萘荧光法（GB/T 11902—1989）

详见第一章 3.2.13.1

3.2.61.2 水质 硒的测定 石墨炉原子吸收分光光度法（GB/T 15505—1995）

详见第一章 3.2.13.2

3.2.62 粪大肠菌群

3.2.62.1 水质 粪大肠菌群的测定 多管发酵法和滤膜法（试行）（HJ/T 347—2007）

详见第一章 3.2.24.1

3.2.62.2 医疗机构污水和污泥中粪大肠菌群的检验方法（GB 18466—2005 附录 A）

标准名称：医疗机构污水和污泥中粪大肠菌群的检验方法

英文名称：Discharge standard of water pollutants for medical organization

标准编号：GB 18466—2005 附录 A

适用范围：/

替代情况：/

发布时间：2005-07-27

实施时间：2006-01-01

3.2.63 游离氯和总氯

3.2.63.1 水质 游离氯和总氯的测定 *N,N*-二乙基-1,4-苯二胺滴定法（HJ 585—2010）

标准名称：水质 游离氯和总氯的测定 *N,N*-二乙基-1,4-苯二胺滴定法

英文名称：Water quality - Determination of free chlorine and total chlorine - Titrimetric method using *N,N* - diethyl - 1,4-phenylenediamine

标准编号：HJ 585—2010

适用范围：本标准规定了测定水中游离氯和总氯的滴定法。

本标准适用于工业废水、医疗废水、生活污水、中水和污水再生的景观用水中游离氯和总氯的测定。

本标准的检出限（以 Cl_2 计）为 0.02 mg/L，测定范围（以 Cl_2 计）为 0.08～5.0 mg/L。对于游离氯和总氯浓度超过方法测定上限的样品，可适当稀释后进行测定。

替代情况：本标准代替 GB/T 11897—1989。本标准是对《水质 游离氯和总氯的测定 *N,N*-二乙基-1,4-苯二胺滴定法》（GB/T 11897—1989）的修订。修订的主要内容如下：

—— 修改了标准的适用范围；

—— 增加了样品的保存方法；

—— 增加了干扰和消除条款；

—— 修改了缓冲溶液添加量；

—— 增加了注意事项条款。

发布时间：2010-09-20

实施时间：2010-12-01

3.2.63.2 水质 游离氯和总氯的测定 *N,N*-二乙基-1,4-苯二胺分光光度法（HJ 586—2010）

详见第一章 3.2.124.1

3.2.64 总有机碳（TOC）

3.2.64.1 水质 总有机碳的测定 燃烧氧化-非分散红外吸收法（HJ 501—2009）

详见第一章 3.2.113.1

3.2.65 二氧化氯

3.2.65.1 水质 二氧化氯的测定 碘量法（暂行）（HJ 551—2009）

标准名称：水质 二氧化氯的测定 碘量法（暂行）

英文名称：Water quality - Determination of chlorin dioxide - Iodometric method

标准编号：HJ 551—2009

适用范围：本标准规定了测定纺织染整工业废水中二氧化氯和亚氯酸盐的连续滴定碘量法。

本方法适用于纺织染整工业亚漂工艺及含有大量亚氯酸盐废水中二氧化氯和亚氯酸盐的测定。

当取样量为 100 mL 时，二氧化氯检出限为 0.27 mg/L。

替代情况：/

发布时间：2009-12-30

实施时间：2010-04-01

3.2.66 总氮

3.2.66.1 水质 总氮的测定 碱性过硫酸钾消解紫外分光光度法（HJ 636—2012）

详见第一章 3.2.9.1

3.2.66.2 水质 总氮的测定 气相分子吸收光谱法（HJ/T 199—2005）

详见第一章 3.2.9.2

3.2.66.3 水质 总氮的测定 连续流动-盐酸萘乙二胺分光光度法（HJ 667—2013）

详见第一章 3.2.9.3

3.2.66.4 水质 总氮的测定 流动注射-盐酸萘乙二胺分光光度法（HJ 668—2013）

详见第一章 3.2.9.4

3.2.67 总钒

3.2.67.1 水质 钒的测定 石墨炉原子吸收分光光度法（HJ 673—2013）

详见第一章 3.2.104.3

3.2.67.2 水质 钒的测定 钽试剂（BPHA）萃取分光光度法（GB/T 15503—1995）

详见第一章 3.2.104.1

3.2.68 梯恩梯（TNT）

3.2.68.1 水质 梯恩梯的测定 亚硫酸钠分光光度法（HJ 598—2011）

标准名称：水质 梯恩梯的测定 亚硫酸钠分光光度法

英文名称：Water quality - Determination of TNT - Sodium sulfite spectrophotometric method

标准编号：HJ 598—2011

适用范围：本标准规定了测定水中梯恩梯的亚硫酸钠分光光度法。

本标准适用于生产和使用粉状铵梯炸药过程中排放的工业废水中梯恩梯的测定。

当试样体积为10.0 mL，使用30 mm比色皿时，方法检出限为0.1 mg/L，测定范围为0.4～10 mg/L。

对于梯恩梯浓度高于方法测定上限的样品，可适当稀释后进行测定。

替代情况：本标准代替 GB/T 13905—1992。本标准是对《水质 梯恩梯的测定 亚硫酸钠分光光度法》（GB/T 13905—1992）的修订。主要修订内容如下：

—— 增加了干扰和消除条款；

—— 增加了试样的制备内容；

—— 增加了质量保证和质量控制规定；

—— 增加了废物处理条款。

发布时间：2011-02-10

实施时间：2011-06-01

3.2.68.2 水质 梯恩梯的测定 *N*-氯代十六烷基吡啶-亚硫酸钠分光光度法（HJ 599—2011）

标准名称：水质 梯恩梯的测定 *N*-氯代十六烷基吡啶-亚硫酸钠分光光度法

英文名称：Water quality - Determination of TNT - *N* - cetyl pridinium chloride - sodium sulfite Spectrophotometric method

标准编号：HJ 599—2011

适用范围：本标准规定了测定水中梯恩梯的 *N*-氯代十六烷基吡啶-亚硫酸钠分光光度法。

本标准适用于弹药装药工业废水中梯恩梯的测定。

使用 30 mm 比色皿时，方法检出限为 0.05 mg/L，测定范围为 0.2～4 mg/L。

对于梯恩梯浓度高于方法测定上限的样品，可适当稀释后进行测定。

替代情况：本标准代替 GB/T 13903—1992。本标准是对《水质　梯恩梯的测定分光光度法》（GB/T 13903—1992）的修订。主要修订内容如下：

—— 标准名称修改为《水质　梯恩梯的测定　*N*- 氯代十六烷基吡啶-亚硫酸钠分光光度法》；

—— 增加了干扰和消除条款；

—— 增加了空白试验内容；

—— 增加了质量保证和质量控制规定；

—— 增加了废物处理和注意事项条款。

发布时间：2011-02-10

实施时间：2011-06-01

3.2.68.3　水质　梯恩梯、黑索今、地恩梯的测定　气相色谱法（HJ 600—2011）

标准名称：水质　梯恩梯、黑索今、地恩梯的测定　气相色谱法

英文名称：Water quality - Determination of TNT、RDX、DNT - Gas chromatography

标准编号：HJ 600—2011

适用范围：本标准规定了测定水中梯恩梯、黑索今和地恩梯的气相色谱法。

本标准适用于弹药装药工业废水中梯恩梯、黑索今和地恩梯的测定。

当取样体积为 10.0 mL 时，使用填充柱，方法检出限为：梯恩梯 0.02 mg/L，黑索今 0.1 mg/L，地恩梯 0.01 mg/L；测定下限为：梯恩梯 0.08 mg/L，黑索今 0.4 mg/L，地恩梯 0.04 mg/L。

当取样体积为 10.0 mL 时，使用毛细管柱，方法检出限为：梯恩梯 0.02 mg/L，黑索今 0.05 mg/L，地恩梯 0.01 mg/L；测定下限为：梯恩梯 0.08 mg/L，黑索今 0.2 mg/L，地恩梯 0.04 mg/L。

替代情况：本标准代替 GB/T 13904—1992。本标准是对《水质　梯恩梯、黑索今、地恩梯的测定　气相色谱法》（GB/T 13904—1992）的修订。主要修订内容如下：

—— 增加了方法原理；

—— 增加了毛细管柱内容；

—— 增加了空白试验内容；

—— 增加了质量保证和质量控制规定；

—— 增加了废物处理和注意事项规定。

发布时间：2011-02-10

实施时间：2011-06-01

3.2.69　地恩梯（DNT）

3.2.69.1　水质　梯恩梯、黑索今、地恩梯的测定　气相色谱法（HJ 600—2011）

详见本章 3.2.68.3

3.2.70　黑索今（RDX）

3.2.70.1　水质　黑索今的测定　分光光度法（GB/T 13900—1992）

标准名称：水质　黑索今的测定　分光光度法

英文名称：Water quality - Determination of RDX - Spectrophotometry

标准编号：GB/T 13900—1992

适用范围：

（1）主题内容：本标准规定了测定水质中黑索今的分光光度法。

（2）适用范围：本标准适用于弹药装药工业废水中黑索今含量的测定。

对 50 mL 试料，比色皿光程 10 mm，黑索今的最低检出浓度为 0.05 mg/L，测定范围为 0.1～10.0 mg/L。

在被测溶液中如有环四甲撑四硝胺（奥托今），对黑索今测定有干扰。

替代情况：/

发布时间：1992-12-02

实施时间：1993-09-01

3.2.70.2　水质　梯恩梯、黑索今、地恩梯的测定　气相色谱法（HJ 600—2011）

详见本章 3.2.68.3

3.2.71　硝化甘油

3.2.71.1　水质　硝化甘油的测定　示波极谱法（GB/T 13902—1992）

标准名称：水质　硝化甘油的测定　示波极谱法

英文名称：Water quality - Determination of nitroglycerine - Oscillopolarography

标准编号：GB/T 13902—1992

适用范围：

（1）主题内容：本标准规定了硝化甘油含量的示波极谱测定方法。

（2）适用范围：本标准适用于生产硝化甘油、双基发射药、固体火箭推进剂及硝化甘油类炸药工业废水的测定。

本方法测定范围为 0.10～10.0 mg/L；最低检测浓度 0.02 mg/L。

当废水三硝基甲苯（TNT）为硝化甘油含量的 5 倍以上时，会干扰硝化甘油的测定。

替代情况：/

发布时间：1992-12-02

实施时间：1993-09-01

3.2.72　二甲苯

3.2.72.1　水质　苯系物的测定　气相色谱法（GB/T 11890—1989）

详见第一章 3.2.43.1

3.2.72.2　水质　挥发性有机物的测定　吹扫捕集/气相色谱-质谱法（HJ 639—2012）

详见第一章 3.2.30.4

3.2.73 总钴

3.2.73.1 水质 总钴的测定 5-氯-2-（吡啶偶氮）-1,3-二氨基苯分光光度法（暂行）（HJ 550—2009）

详见第一章 3.2.98.1

3.2.74 总钡

3.2.74.1 水质 钡的测定 电位滴定法（GB/T 14671—1993）

标准名称：水质 钡的测定 电位滴定法

英文名称：Water quality - Determination of barium - Potentiometric titration method

标准编号：GB/T 14671—1993

适用范围：/

替代情况：本标准规定了测定废水中钡的电位滴定法。

本标准适用于化工、机械制造、颜料等行业工业废水中可溶性钡的测定。

本方法的测量范围为 47.1～1 180 μg，最低检出限为 28 μg。

锶离子含量超过钡含量 2 倍时，钙离子含量超过钡含量 150 倍时，对测定有干扰，且使终点电位突跃不明显。锂、钾、铵离子含量超过钡含量 50 倍时，产生干扰。

发布时间：1993-10-27

实施时间：1994-05-01

3.2.74.2 水质 钡的测定 石墨炉原子吸收分光光度法（HJ 602—2011）

详见第一章 3.2.103.1

3.2.74.3 水质 钡的测定 火焰原子吸收分光光度法（HJ 603—2011）

标准名称：水质 钡的测定 火焰原子吸收分光光度法

英文名称：Water quality - Determination of barium - Flame atomic absorption spectrophotometry

标准编号：HJ 603—2011

适用范围：本标准规定了测定水中钡的火焰原子吸收分光光度法。

本标准适用于高浓度废水中可溶性钡和总钡的测定。

本方法的检出限为 1.7 mg/L，测定范围为 6.8～ 500 mg/L。

替代情况：本标准代替 GB/T 15506—1995。本标准是对《水质 钡的测定 原子吸收分光光度法》（GB/T 15506—1995）的修订。本次修订的主要内容如下：

—— 增加了总钡的测定；

—— 增加了规范性引用文件；

—— 增加了干扰和消除条款；

—— 增加了微波消解预处理方法；

—— 增加了质量保证和质量控制的规定。

发布时间：2011-02-10

实施时间：2011-06-01

3.2.75 吡虫啉

3.2.75.1 废水中吡虫啉农药的测定 液相色谱法（GB 21523—2008 附录 A）

标准名称：废水中吡虫啉农药的测定 液相色谱法

英文名称：/

标准编号：杂环类农药工业水污染物排放标准 GB 21523—2008 附录 A

适用范围：本方法可用于工业废水中吡虫啉含量测定。仪器最小检出量（以 S/N=3 计）为 5.0×10^{-10} g，方法最低测定质量浓度为 0.1 mg/L。

替代情况：/

发布时间：2008-04-02

实施时间：2008-07-01

3.2.76 咪唑烷

3.2.76.1 废水中咪唑烷的测定 气相色谱法（GB 21523—2008 附录 B）

标准名称：废水中咪唑烷的测定 气相色谱法

英文名称：/

标准编号：杂环类农药工业水污染物排放标准 GB 21523—2008 附录 B

适用范围：本方法可用于工业废水中咪唑烷含量的测定。仪器最小检出量（以 S/N=3 计）2.0×10^{-10} g，方法最低测定质量浓度为 0.2 mg/L。

替代情况：/

发布时间：2008-04-02

实施时间：2008-07-01

3.2.77 三唑酮

3.2.77.1 废水中三唑酮的测定 气相色谱法（GB 21523—2008 附录 C）

标准名称：废水中三唑酮的测定 气相色谱法

英文名称：/

标准编号：杂环类农药工业水污染物排放标准 GB 21523—2008 附录 C

适用范围：本方法可用于工业废水和地表水中三唑酮含量的测定。仪器最小检出量（以 S/N=3 计）为 1.0×10^{-10} g，方法最低测定质量浓度为 0.001 mg/L。

替代情况：/

发布时间：2008-04-02

实施时间：2008-07-01

3.2.78 对氯苯酚

3.2.78.1 废水中对氯苯酚的测定 液相色谱法（GB 21523—2008 附录 H）

标准名称：废水中对氯苯酚的测定 液相色谱法

英文名称：/

标准编号：杂环类农药工业水污染物排放标准 GB 21523—2008 附录 H

适用范围：本方法可用于工业废水和地表水中对氯苯酚的测定。仪器最小检出量（以 S/N=3 计）为 2.0×10^{-10} g，方法最低测定质量浓度为 0.01 mg/L。

替代情况：/

发布时间：2008-04-02

实施时间：2008-07-01

3.2.79 多菌灵

3.2.79.1 废水中多菌灵的测定　气相色谱法（GB 21523—2008 附录 D）

标准名称：废水中多菌灵的测定　气相色谱法

英文名称：/

标准编号：杂环类农药工业水污染物排放标准 GB 21523—2008 附录 D

适用范围：本方法可用于工业废水和地表水中多菌灵的测定。仪器最小检出量（以 S/N=3 计）为 1.0×10^{-9} g，方法最低测定质量浓度为 0.01 mg/L。

替代情况：/

发布时间：2008-04-02

实施时间：2008-07-01

3.2.80 吡啶

3.2.80.1 水质　吡啶的测定　气相色谱法（GB/T 14672—1993）

详见第一章 3.2.75.1

3.2.81 百草枯离子

3.2.81.1 废水中百草枯离子的测定　液相色谱法（GB 21523—2008 附录 E）

标准名称：废水中百草枯离子的测定　液相色谱法

英文名称：/

标准编号：杂环类农药工业水污染物排放标准 GB 21523—2008 附录 E

适用范围：本方法适用于工业废水和地面水中百草枯离子的测定，仪器最小检出量（以 S/N=3 计）为 10^{-12} g，方法最低测定质量浓度为 10 μg/L。

替代情况：/

发布时间：2008-04-02

实施时间：2008-07-01

3.2.82 2,2′,6′,2″-三联吡啶

3.2.82.1 废水中 2,2′,6′,2″-三联吡啶的测定　气相色谱-质谱法（GB 21523—2008 附录 F）

标准名称：废水中 2,2′,6′,2″-三联吡啶的测定　气相色谱-质谱法

英文名称：/

标准编号：杂环类农药工业水污染物排放标准 GB 21523—2008 附录 F

适用范围：本方法适用于工业废水和地面水中 2,2′,6′,2″-三联吡啶的测定，仪器最小检出量（以 S/N=3 计）为 8×10^{-11} g，方法的检出限为 0.08 mg/L。

替代情况：/

发布时间：2008-04-02

实施时间：2008-07-01

3.2.83 莠去津

3.2.83.1 废水中莠去津的测定 气相色谱法（GB 21523—2008 附录 G）

标准名称：废水中莠去津的测定 气相色谱法

英文名称：/

标准编号：杂环类农药工业水污染物排放标准 GB 21523—2008 附录 G

适用范围：本方法适用于工业废水和地面水中莠去津的测定，仪器最小检出量为 10^{-12} g（以 S/N =3 计），方法最低测定质量浓度为 0.25 μg/L。

替代情况：/

发布时间：2008-04-02

实施时间：2008-07-01

3.2.84 氟虫腈

3.2.84.1 废水中氟虫腈的测定 气相色谱法（GB 21523—2008 附录 I）

标准名称：废水中氟虫腈的测定 气相色谱法

英文名称：/

标准编号：杂环类农药工业水污染物排放标准 GB 21523—2008 附录 I

适用范围：本方法适用于工业废水和地面水中氟虫腈的测定。仪器最小检出量为 5×10^{-13} g（以 S/N=3 计），最低测定质量浓度为 0.002 5 μg/L，适用质量浓度为 12～120 μg/L。

替代情况：/

发布时间：2008-04-02

实施时间：2008-07-01

3.2.85 二噁英

3.2.85.1 水质 二噁英类的测定 同位素稀释高分辨气相色谱-高分辨质谱法（HJ 77.1—2008）

详见第一章 3.2.133.1

3.2.86 总铁

3.2.86.1 水质 铁、锰的测定 火焰原子吸收分光光度法（GB/T 11911—1989）

详见第一章 3.2.28.1

3.2.86.2 水质 铁的测定 邻菲啰啉分光光度法（试行）（HJ/T 345—2007）

详见第一章 3.2.28.2

3.2.87 总铝

3.2.87.1 水质 铝的测定 间接火焰原子吸收法（GB 21900—2008 附录 A）

标准名称：水质 铝的测定 间接火焰原子吸收法

英文名称：/

标准编号：电镀污染物排放标准 GB 21900—2008 附录 A

适用范围：本方法测定范围为 0.1～0.8 mg/L，可用于地表水、地下水、饮用水及污染较轻的废水中铝的测定。

替代情况：/

发布时间：2008-07-25

实施时间：2008-08-01

3.2.87.2 水质　铝的测定　电感耦合等离子发射光谱法（ICP - AES）（GB 21900—2008 附录 B）

标准名称：水质　铝的测定　电感耦合等离子发射光谱法（ICP - AES）

英文名称：/

标准编号：电镀污染物排放标准 GB 21900—2008 附录 B

适用范围：本方法适用于地表水和污水中 Al 元素溶解态及元素总量的测定。

① 溶解态元素：未经酸化的样品中，能通过 0.45 μm 滤膜的元素成分。

② 元素总量：未经过滤的样品，经消解后测得的元素浓度。即样品中溶解态和悬浮态两部分元素浓度的总和。

ICP - AES 法一般地把元素检出限的 5 倍作为方法定量浓度的下限，其校准曲线有较大的线性范围，在多数情况下可达 3～4 个数量级，这就可以用同一条校准曲线同时分析样品中从痕量到较高浓度的各种元素。表 4.5 给出了一般仪器宜采用的元素特征谱线波长及检出限。

表 4.5　测定元素推荐波长及检出限

测定元素	波长/nm	检出限/（mg/L）
Al	308.21	0.1
	396.15	0.09

替代情况：/

发布时间：2008-07-25

实施时间：2008-08-01

3.2.88 急性毒性

3.2.88.1 水质　急性毒性的测定　发光细菌法（GB/T 15441—1995）

标准名称：水质　急性毒性的测定　发光细菌法

英文名称：Water quality - Determination of the acute toxicity - Luminescent bacteria test

标准编号：GB/T 15441—1995

适用范围：

（1）主题内容：本标准规定了测定水环境急性毒性的发光细菌法。

（2）适用范围：本标准适用于工业废水、纳污水体及实验室条件下可溶性化学物质的水质急性毒性监测。

替代情况：/

发布时间：1995-03-25

实施时间：1995-08-01

3.2.88.2　水质　物质对蚤类（大型蚤）急性毒性测定方法（GB/T 13266—1991）

详见第一章 3.2.116.1

3.2.88.3　水质　物质对淡水鱼（斑马鱼）急性毒性测定方法（GB/T 13267—1991）

详见第一章 3.2.116.2

3.2.89　二氯甲烷

3.2.89.1　水质　挥发性卤代烃的测定　顶空气相色谱法（HJ 620—2011）

详见第一章 3.2.30.1

3.2.89.2　水质　挥发性有机物的测定　吹扫捕集/气相色谱-质谱法（HJ 639—2012）

详见第一章 3.2.30.4

3.2.90　乙腈

3.2.90.1　乙腈的测定　吹脱捕集气相色谱法（P&T - GC - FID）（GB 21907—2008 附录 A）

标准名称：乙腈的测定　吹脱捕集气相色谱法（P&T - GC - FID）

英文名称：/

标准编号：生物工程类制药工业水污染物排放标准 GB 21907—2008 附录 A

适用范围：本方法用于江、河、湖等地表水中的挥发性有机物的测定，也适用于污水中挥发性有机物的测定，但样品要做适当的稀释。乙腈的最低检出限为 0.02 μg/L。

替代情况：/

发布时间：2008-07-25

实施时间：2008-08-01

3.2.91　氯化物

3.2.91.1　水质　氯化物的测定　硝酸银滴定法（GB/T 11896—1989）

详见第一章 3.2.26.1

3.2.91.2　水质　无机阴离子的测定　离子色谱法（HJ/T 84—2001）

详见第一章 3.2.12.4

3.2.92　沙门氏菌

3.2.92.1　医疗机构污水和污泥中沙门氏菌的检验方法（GB 18466—2005 附录 B）

标准名称：医疗机构污水和污泥中沙门氏菌的检验方法

英文名称：/

标准编号：医疗机构水污染物排放标准 GB 18466—2005 附录 B

适用范围：/

替代情况：/

发布时间：2005-07-27

实施时间：2006-01-01

3.2.93 志贺氏菌

3.2.93.1 医疗机构污水及污泥中志贺氏菌的检验方法（GB 18466—2005 附录 C）

标准名称：医疗机构污水及污泥中志贺氏菌的检验方法

英文名称：Discharge standard of water pollutants for medical organization

标准编号：医疗机构水污染物排放标准 GB 18466—2005 附录 C

适用范围：/

替代情况：/

发布时间：2005-07-27

实施时间：2006-01-01

3.2.94 结核杆菌

3.2.94.1 医疗机构污水和污泥中结核杆菌的检验方法（GB 18466—2005 附录 E）

标准名称：医疗机构污水和污泥中结核杆菌的检验方法

英文名称：/

标准编号：医疗机构水污染物排放标准 GB 18466—2005 附录 E

适用范围：/

替代情况：/

发布时间：2005-07-27

实施时间：2006-01-01

3.2.95 硫氰酸盐

3.2.95.1 水质 硫氰酸盐的测定 异烟酸-吡唑啉酮分光光度法（GB/T 13897—1992）

标准名称：水质 硫氰酸盐的测定 异烟酸-吡唑啉酮分光光度法

英文名称：Water quality - Determination of thiocyanate - isonicotinic acid - pyrazolone spectrophotometry

标准编号：GB/T 13897—1992

适用范围：

（1）主题内容：本标准规定了测定火工品工业废水中硫氰酸盐的异烟酸-吡唑啉酮分光光度法。

（2）适用范围：本标准适用于火工品生产厂工厂排出口废水中硫氰酸盐含量的测定。

当取样体积为 100 mL，比色皿厚度为 10 mm 时，硫氰酸根的最低检出浓度为 0.04 mg/L；测定范围为 0.15～1.5 mg/L。

汞氰络合物的含量超过 1 mg/L 时，对测定有一定干扰。

替代情况：/

发布时间：1992-12-02

实施时间：1993-09-01

3.2.96 铁（II、III）氰络合物

3.2.96.1 水质 铁（II、III）氰络合物的测定 原子吸收分光光度法（GB/T 13898—1992）

标准名称：水质 铁（II、III）氰络合物的测定 原子吸收分光光度法

英文名称：Water quality - Determination of ferro and ferric cyanic complex - Atom absorption spectrophotometry

标准编号：GB/T 13898—1992

适用范围：

（1）主题内容：本标准规定了测定火工品工业废水中铁（II、III）氰络合物的原子吸收分光光度法。

（2）适用范围：本标准适用于火工品生产厂工厂排出口废水中铁（II、III）氰络合物含量的测定。

当取样体积为 25 mL 时，铁（II、III）氰络合物的最低检出浓度为 0.5 mg/L；测定浓度范围为 2～10 mg/L。

替代情况：/

发布时间：1992-12-02

实施时间：1993-09-01

3.2.96.2 水质 铁（II、III）氰络合物的测定 三氯化铁分光光度法（GB/T 13899—1992）

标准名称：水质 铁（II、III）氰络合物的测定 三氯化铁分光光度法

英文名称：Water quality - Determination of ferro and ferric cyanic complex - Ferric trichloride spectrophotometry

标准编号：GB/T 13899—1992

适用范围：

（1）主题内容：本标准规定了测定火工品工业废水中铁（II、III）氰络合物的三氯化铁分光光度法。

（2）适用范围：本标准适用于火工品生产厂工厂排出口废水中铁（II、III）氰络合物含量的测定。

当取样体积为 25 mL 时，铁（II、III）氰络合物的最低检出浓度为 0.4 mg/L；测定浓度范围为 2～10 mg/L。

替代情况：/

发布时间：1992-12-02

实施时间：1993-09-01

3.2.97 肼

3.2.97.1 水质 肼和甲基肼的测定 对二甲氨基苯甲醛分光光度法（HJ 674—2013）

详见第一章 3.2.118.1

3.2.98 硝基酚类

3.2.98.1 火工药剂废水中硝基酚类的分析方法（GB 14470.2—2002 附录 A）

标准名称：火工药剂废水中硝基酚类的分析方法

英文名称：/

标准编号：兵器工业水污染物排放标准　火工药剂 GB 14470.2—2002 附录 A
适用范围：本附录所规定的分析方法用于火工药剂生产工厂排出口废水中硝基酚类含量的测定。
替代情况：/
发布时间：2002-11-18
实施时间：2003-07-01

3.2.99　总硝基化合物

3.2.99.1　水质　硝基苯类化合物的测定　气相色谱法（HJ 592—2010）

详见本章 3.2.27.1

3.2.100　氯乙烯

3.2.100.1　水质　挥发性卤代烃的测定　顶空气相色谱法（HJ 620—2011）

详见第一章 3.2.30.1

3.2.100.2　水质　挥发性有机物的测定　吹扫捕集/气相色谱-质谱法（HJ 639—2012）

详见第一章 3.2.30.4

3.2.101　一甲基肼

3.2.101.1 水质　肼和甲基肼的测定　对二甲氨基苯甲醛分光光度法（HJ 674—2013）

详见第一章 3.2.118.1

3.2.102　偏二甲基肼

3.2.102.1　水质　偏二甲基肼的测定　氨基亚铁氰化钠分光光度法（GB/T 14376—1993）

详见第一章 3.2.119.1

3.2.103　三乙胺

3.2.103.1　水质　三乙胺的测定　溴酚蓝分光光度法（GB/T 14377—1993）

详见第一章 3.2.120.1

3.2.104　二乙烯三胺

3.2.104.1　水质　二乙烯三胺的测定　水杨醛分光光度法（GB/T 14378—1993）

详见第一章 3.2.121.1

3.2.105　浊度

3.2.105.1　水质　浊度的测定（GB/T 13200—1991）

详见第一章 3.2.115.1

3.2.106　甲基汞

3.2.106.1　环境 甲基汞的测定　气相色谱法（GB/T 17132—1997）

详见第一章 3.2.94.1

3.2.107　阿特拉津

3.2.107.1　水质　阿特拉津的测定　高效液相色谱法（HJ 587—2010）

详见第一章 3.2.92.1

3.2.108　溶解氧

3.2.108.1　水质　溶解氧的测定　碘量法（GB/T 7489—1987）

详见第一章 3.2.3.1

3.2.108.2　水质　溶解氧的测定　电化学探头法（HJ 506—2009）

详见第一章 3.2.3.2

3.2.109　亚硝酸盐氮

3.2.109.1　水质　亚硝酸盐氮的测定　分光光度法（GB/T 7493—1987）

详见第一章 3.2.128.1

3.2.109.2　水质　无机阴离子的测定　离子色谱法（HJ/T 84—2001）

详见第一章 3.2.12.4

3.2.109.3　水质　亚硝酸盐氮的测定　气相分子吸收光谱法（HJ/T 197—2005）

详见第一章 3.2.128.2

3.2.109.4　水质　氰化物等的测定　真空检测管-电子比色法（HJ 659—2013）

详见第一章 3.2.5.3

3.2.110　硝酸盐氮

3.2.110.1　水质　无机阴离子的测定　离子色谱法（HJ/T 84—2001）

详见第一章 3.2.12.4

3.2.110.2　水质　硝酸盐氮的测定　气相分子吸收光谱法（HJ/T 198—2005）

详见第一章 3.2.27.4

3.2.110.3　水质　氰化物等的测定　真空检测管-电子比色法（HJ 659—2013）

详见第一章 3.2.5.3

3.2.111　硼

3.2.111.1　水质　硼的测定　姜黄素分光光度法（HJ/T 49—1999）

详见第一章 3.2.100.1

3.2.112　三氯乙醛

3.2.112.1　水质　三氯乙醛的测定　吡啶啉酮分光光度法（HJ/T 50—1999）

详见第一章 3.2.47.2

3.2.113 全盐量

3.2.113.1 水质 全盐量的测定 重量法（HJ/T 51—1999）

详见第一章 3.2.126.1

3.2.114 二硫化碳

3.2.114.1 水质 二硫化碳的测定 二乙胺乙酸铜分光光度法（GB/T 15504—1995）

标准名称：水质 二硫化碳的测定 二乙胺乙酸铜分光光度法

英文名称：Water quality - Determination of carbon disulfide - Diethylamine cupric acetate spectrophotometric method

标准编号：GB/T 15504—1995

适用范围：

（1）主题内容：本标准规定了测定工业废水中二硫化碳的二乙胺乙酸铜分光光度法。

（2）适用范围：本方法适用于橡胶、化纤、化工原料等行业排放废水中二硫化碳的测定。

测定范围：当取样 100 mL，采用 1 cm 比色皿时，测定范围为 0.045 ～1.46 mg/L。

干扰和消除：采用曝气法将二硫化碳从水样中分离出来，如水样中存在硫化氢，可用乙酸铅溶液吸收，除去干扰。

替代情况：/

发布时间：1995-03-25

实施时间：1995-08-01

3.2.115 钙

3.2.115.1 水质 钙和镁的测定 原子吸收分光光度法（GB/T 11905—1989）

详见第一章 3.2.108.2

3.2.116 凯氏氮

3.2.116.1 水质 凯氏氮的测定（GB/T 11891—1989）

详见第一章 3.2.110.1

3.2.117 硫酸盐

3.2.117.1 水质 硫酸盐的测定 重量法（GB/T 11899—1989）

详见第一章 3.2.25.1

3.2.117.2 水质 无机阴离子的测定 离子色谱法（HJ/T 84—2001）

详见第一章 3.2.12.4

3.2.118 镁

3.2.118.1 水质 钙和镁的测定 原子吸收分光光度法（GB/T 11905—1989）

详见第一章 3.2.108.2

3.2.119　滴滴涕

3.2.119.1　水质　六六六、滴滴涕的测定　气相色谱法（GB/T 7492—1987）

详见第一章 3.2.79.1

3.2.120　六六六

3.2.120.1　水质　六六六、滴滴涕的测定　气相色谱法（GB/T 7492—1987）

详见第一章 3.2.79.1

3.2.121　多环芳烃

3.2.121.1　水质　多环芳烃的测定　液液萃取和固相萃取高效液相色谱法（HJ 478—2009）

详见本章 3.2.9.2

3.2.122　挥发性有机物

3.2.122.1　水质　挥发性有机物的测定　吹扫捕集/气相色谱-质谱法（HJ 639—2012）

详见第一章 3.2.30.4

3.2.123　酚类化合物

3.2.123.1　水质　酚类化合物的测定　液液萃取/气相色谱法（HJ 676—2013）

详见第一章 3.2.65.2

编写人：姜　薇

第五章

环境空气

1　环境质量标准

1.1　环境空气质量标准（GB 3095—2012）

标准名称：环境空气质量标准

英文名称：Ambient air quality standard

标准编号：GB 3095—2012

适用范围：本标准规定了环境空气功能区分类、标准分级、污染物项目、平均时间及浓度限值、监测方法、数据统计的有效性规定及实施与监督等内容。

本标准适用于环境空气质量评价与管理。

替代情况：本标准代替 GB 3095—1996 和 GB 9137—1988。本标准是对《环境空气质量标准》（GB 3095—1996）、《〈环境空气质量标准〉（GB 3095—1996）修改单》（环发 [2000]1 号）和《保护农作物的大气污染物最高允许浓度》（GB 9137—1988）的修订。本次修订的主要内容如下：

—— 调整了环境空气功能区分类，将三类区并入二类区；

—— 增设了颗粒物（粒径小于 2.5 μm）浓度限值和臭氧 8 小时平均浓度限值；

—— 增设了颗粒物（粒径小于 10 μm）、二氧化氮、铅和苯并[*a*]芘等的浓度限值；

—— 调整了数据统计的有效性规定。

发布时间：2012-02-09

实施时间：2016-01-01

1.2　环境空气质量标准（GB 3095—1996）

标准名称：环境空气质量标准

英文名称：Ambient air quality standard

标准编号：GB 3095—1996

适用范围：本标准规定了环境空气功能区分类、标准分级、污染物项目、平均时间及浓度限值、监测方法、数据统计的有效性规定及实施与监督等内容。

本标准适用于全国范围的环境空气质量评价。

替代情况：本标准代替 GB 3095—1982。本次修订的主要内容如下：

—— 标准名称；

—— 增加了 14 个术语定义；

—— 调整和分区和分级的有关内容；

—— 补充和调整了污染物项目、取值时间和浓度限值；

—— 增加了数据统计的有效性规定。

发布时间：1996-01-18

实施时间：1996-10-01

1.3 食用农产品产地环境质量评价标准（HJ 332—2006）

详见第一章 1.2

1.4 温室蔬菜产地环境质量评价标准（HJ 333—2006）

详见第一章 1.3

2 监测规范

2.1 环境空气质量手工监测技术规范（HJ/T 194—2005）

标准名称：环境空气质量手工监测技术规范

英文名称：Manual methods for ambient air quality monitoring

标准编号：HJ/T 194—2005

适用范围：本标准规定了环境空气质量手工监测的技术要求，适用于各级环境监测站及其他环境监测机构采用手工方法对环境空气质量进行监测的活动。

替代情况：/

发布时间：2005-11-09

实施时间：2006-01-01

2.2 环境空气质量指数（AQI）技术规定（试行）（HJ 633—2012）

标准名称：环境空气质量指数（AQI）技术规定（试行）

英文名称：Technical regulation on ambient air quality index（on trial）

标准编号：HJ 633—2012

适用范围：本标准规定了环境空气质量指数的分级方案、计算方法和环境空气质量级别与类别，以及空气质量指数日报和实时报的发布内容、发布格式和其他相关要求。

本标准适用于环境空气质量指数日报、实时报和预报工作，用于向公众提供健康指引。

替代情况：/

发布时间：2012-02-09

实施时间：2016-01-01

2.3 环境空气气态污染物（SO_2、NO_2、O_3、CO）连续自动监测系统安装验收技术规范（HJ 193—2013）

标准名称：环境空气气态污染物（SO_2、NO_2、O_3、CO）连续自动监测系统安装验收技术规范

英文名称：Technical Specifications for Installation and Acceptance of Ambient air Quality Continuous Automated Monitoring System for SO_2, NO_2, O_3 and CO

标准编号：HJ 193—2013

适用范围：本标准规定了环境空气气态污染物（SO_2、NO_2、O_3、CO）连续自动监测系统的安

装、调试、试运行和验收的技术要求。适用于环境空气气态污染物（SO_2、NO_2、O_3、CO）连续自动监测系统的安装和验收活动。

替代情况：部分代替 HJ/T193-2005，本标准是对《环境空气质量自动监测技术规范》（HJ/T 193—2005）部分内容的修订。修订的主要内容如下：

——明确了气态污染物（SO_2、NO_2、O_3、CO）连续自动监测系统的安装和验收技术要求。

发布时间：2013-07-30

实施时间：2014-08-01

2.4 环境空气颗粒物（PM_{10}和$PM_{2.5}$）连续自动监测系统安装和验收技术规范（HJ 655—2013）

标准名称：环境空气颗粒物（PM_{10}和$PM_{2.5}$）连续自动监测系统安装和验收技术规范

英文名称：Technical Specifications for Installation and Acceptance of Ambient Air Quality Continuous Automated Monitoring System for PM_{10} and $PM_{2.5}$

标准编号：HJ 655—2013

适用范围：本标准规定了环境空气颗粒物（PM_{10}和 $PM_{2.5}$）连续自动监测系统的技术要求、性能指标和检测方法。本标准适用于环境空气颗粒物（PM_{10}和 $PM_{2.5}$）连续自动监测系统的设计、生产和检测。

替代情况：部分代替 HJ/T 193—2005，本标准是对《环境空气质量自动监测技术规范》（HJ/T193-2005）部分内容的修订。修订的主要内容如下：

——明确了 PM_{10} 连续监测系统的安装和验收技术要求；

——增加了 $PM_{2.5}$ 连续监测系统的安装和验收技术要求。

发布时间：2013-07-30

实施时间：2014-08-01

2.5 环境空气颗粒物（$PM_{2.5}$）手工监测方法（重量法）技术规范（HJ 656—2013）

标准名称：环境空气颗粒物（$PM_{2.5}$）手工监测方法（重量法）技术规范

英文名称：Technical Specifications for gravimetric measurement methods for $PM_{2.5}$ in ambient air

标准编号：HJ 656—2013

适用范围：本标准规定了环境空气颗粒物（$PM_{2.5}$）手工监测方法（重量法）的采样、分析、数据处理、质量控制和质量保证等方面的技术要求。本标准适用于手工监测方法（重量法）对环境空气颗粒物（$PM_{2.5}$）进行监测的活动。

替代情况：/

发布时间：2013-07-30

实施时间：2014-08-01

2.6 环境空气质量评价技术规范（试行）（HJ 663—2013）

标准名称：环境空气质量评价技术规范（试行）

英文名称：Technical regulation for ambient air quality assessment (on trial)

标准编号：HJ 663—2013

适用范围：本标准规定了环境空气质量评价的范围、评价时段、评价项目、评价方法及数据统计方法等内容。适用于全国范围内的环境空气质量评价与管理。

替代情况：/

发布时间：2013-09-22

实施时间：2013-10-01

2.7 环境空气质量监测点位布设技术规范（试行）（HJ 664—2013）

标准名称：环境空气质量监测点位布设技术规范（试行）

英文名称：Technical regulation for selection of ambient air quality monitoringstations（on trial）

标准编号：HJ 664—2013

适用范围：本标准适用于国家和地方各级环境保护行政主管部门对环境空气质量监测点位的规划、设立、建设与维护等管理。

替代情况：/

发布时间：2013-09-22

实施时间：2013-10-01

2.8 环境中有机污染物遗传毒性检测的样品前处理规范（GB/T 15440—1995）

详见第一章 3.1.6

2.9 环境空气质量监测规范（试行）

标准名称：环境空气质量监测规范（试行）

英文名称：Methods for ambient air quality monitoring

标准编号：国家环保总局公告 2007 年第 4 号

适用范围：本规范规定了环境空气质量监测网的设计和监测点位设置要求、环境空气质量手工监测和自动监测的方法和技术要求以及环境空气质量监测数据的管理和处理要求。

本规范适用于国家和地方各级环境保护行政主管部门为确定环境空气质量状况，防治空气污染所进行的常规例行环境空气质量监测活动。

替代情况：/

发布时间：2007-01-19

实施时间：2007-01-19

3 监测方法

3.1 一氧化碳

3.1.1 空气质量 一氧化碳的测定 非分散红外法（GB/T 9801—1988）

标准名称：空气质量 一氧化碳的测定 非分散红外法

英文名称： Air quality - Determination of carbon monoxide - Non - disperisive infrared spectrometry

标准编号： GB /T 9801—1988

适用范围： 本标准适用于测定空气质量中的一氧化碳。测定范围为 0～62.5 mg/m^3，最低检出浓度为 0.3 mg/m^3。

替代情况： /

发布时间： 1988-08-15

实施时间： 1988-12-01

3.2　总悬浮颗粒物

3.2.1　环境空气　总悬浮颗粒物的测定　重量法（GB/T 15432—1995）

标准名称： 环境空气　总悬浮颗粒物的测定　重量法

英文名称： Ambient air - Determination of total suspended particulates - Gravimetric method

标准编号： GB/T 15432—1995

适用范围： 本标准适合于用大流量或中流量总悬浮颗粒物采样器（简称采样器）进行空气中总悬浮颗粒物的测定。方法的检出限为 0.001 mg/m^3。总悬浮颗粒物含量过高或雾天采样使滤膜阻力大于 10 kPa 时，本方法不适用。

替代情况： /

发布时间： 1995-03-25

实施时间： 1995-08-01

3.3　苯并[*a*]芘

3.3.1　环境空气　苯并[*a*]芘的测定　高效液相色谱法（GB/T 15439—1995）

标准名称： 环境空气　苯并[*a*]芘的测定　高效液相色谱法

英文名称： Air quality - Determination of benz[*a*]pyrene in ambient air - High performance liquid chromatography

标准编号： GB/T 15439—1995

适用范围： 本标准适用于环境空气可吸入颗粒物中 苯并[*a*]芘（简称 B[*a*]P）含量的测定。

替代情况： /

发布时间： 1995-03-25

实施时间： 1995-08-01

3.3.2　空气质量　飘尘中苯并[*a*]芘的测定　乙酰化滤纸层析荧光分光光度法（GB/T 8971—1988）

标准名称： 空气质量　飘尘中苯并[*a*]芘的测定　乙酰化滤纸层析荧光分光光度法

英文名称： Air quality - Determination of benzo[*a*] pyrene in flying dust - Acetylated paper chromatography fluorescence spectrophotometric method

标准编号： GB /T 8971—1988

适用范围：本方法适用于大气飘尘中苯并[*a*]芘 [简称 B[*a*]P]的测定。当采样体积为 40 m^3 时，最低检出浓度为 0.002 μg/ 100 m^3。

替代情况：/

发布时间：1988-03-26

实施时间：1988-08-01

3.3.3 环境空气和废气 气相和颗粒物中多环芳烃的测定 气相色谱-质谱法（HJ 646—2013）

标准名称：环境空气和废气 气相和颗粒物中多环芳烃的测定 气相色谱-质谱法

英文名称：Ambient air and stationary source emissions — Determination of gas andparticle-phase polycyclic aromatic hydrocarbons with gas chromatography/mass spectrometry

标准编号：HJ 646—2013

适用范围：

（1）本标准规定了测定环境空气和废气中十六种多环芳烃的气相色谱-质谱法。

（2）本标准适用于环境空气、固定污染源排气和无组织排放空气中气相和颗粒物中十六种多环芳烃（PAHs）的测定。十六种多环芳烃包括萘、苊烯、苊、芴、菲、蒽、荧蒽、芘、苯并[a]蒽、苯并[b]荧蒽、苯并[k]荧蒽、苯并[a]芘、茚并[1,2,3-c,d]芘、二苯并[a,h]蒽、苯并[g,h,i]苝。若通过验证，本标准也适用于其他多环芳烃的测定。

（3）当以 100 L/min 采集环境空气 24 h 时，采用全扫描方式测定，方法的检出限为 0.0004～0.000 9 μg/m^3，测定下限 0.001 6～0.003 6 μg/m^3；当以 225 L/min 采集环境空气 24 h 时，采用全扫描方式测定，方法的检出限为 0.000 2～0.000 4 μg/m^3，测定下限 0.000 8～0.001 6 μg/m^3；当采集固定源废气 1 m^3 时，采用全扫描方式测定，方法的检出限为 0.05～0.12 μg/m^3，测定下限 0.20～0.48 μg/m^3。详见附表 A。

替代情况：/

发布时间：2013-06-03

实施时间：2013-09-01

3.3.4 环境空气和废气 气相和颗粒物中多环芳烃的测定 高效液相色谱法（HJ 647—2013）

标准名称：环境空气和废气 气相和颗粒物中多环芳烃的测定 高效液相色谱法

英文名称：Ambient air and stationary source emissions — Determination of gas and particle-phase polycyclic aromatic hydrocarbons — High performance liquid chromatography

标准编号：HJ 647—2013

适用范围：

（1）本标准规定了测定环境空气和废气中十六种多环芳烃的高效液相色谱法。

（2）本标准适用于环境空气、固定污染源排气和无组织排放空气中气相和颗粒物中十六种多环芳烃的测定。十六种多环芳烃（PAHs）包括：萘、苊烯、苊、芴、菲、蒽、荧蒽、芘、苯并[a]蒽、苯并[b]荧蒽、苯并[k]荧蒽、苯并[a]芘、茚并[1,2,3-c,d]芘、二苯并[a,h]蒽、苯并[g,h,i]苝。若通过验证本标准也适用于其他多环芳烃的测定。

（3）当以 100 L/min 采集环境空气 24 h 时，方法的检出限为 0.04～0.26 ng/m^3，测定下限为 0.16～1.04 ng/m^3；当采集固定源废气 1 m^3 时，方法的检出限为 0.01～0.04 μg/m^3，测定下限为 0.04～

0.16 μg/m³。详见附录 A。

替代情况：/

发布时间：2013-06-03

实施时间：2013-09-01

3.4 二氧化硫

3.4.1 环境空气 二氧化硫的测定 甲醛吸收-副玫瑰苯胺分光光度法（HJ 482—2009）

标准名称：环境空气 二氧化硫的测定 甲醛吸收-副玫瑰苯胺分光光度法

英文名称：Ambient air - Determination of sulfur dioxide - Formaldehyde absorbing - pararosaniline spectrophotometry

标准编号：HJ 482—2009

适用范围：本标准规定了测定环境空气中二氧化硫的甲醛吸收-副玫瑰苯胺分光光度法。本标准适用于环境空气中二氧化硫的测定。当使用 10 mL 吸收液，采样体积为 30 L 时，测定空气中二氧化硫的检出限为 0.007 mg/m³，测定下限为 0.028 mg/m³，测定上限为 0.667 mg/m³。当使用 50 mL 吸收液，采样体积为 288 L，试份为 10 mL 时，测定空气中二氧化硫的检出限为 0.004 mg/m³，测定下限为 0.014 mg/m³，测定上限为 0.347 mg/m³。

替代情况：本标准代替 GB/T 15262—1994，本标准是对《环境空气 二氧化硫的测定 甲醛吸收 -副玫瑰苯胺分光光度法》（GB/T 15262—1994）的修订。主要修订内容如下：

—— 明确了标准的检出限和测定范围；

—— 修改了标定二氧化硫标准溶液时所用碘溶液和硫代硫酸钠溶液的浓度；

—— 增加了现场空白试验；

—— 完善了结果的计算公式；

—— 增加了质量保证和质量控制条款。增加了对多孔玻板吸收管质量的要求；强调了温度对采样效率的影响；放宽了对校准曲线斜率的要求等。

发布时间：2009-09-27

实施时间：2009-11-01

3.4.2 环境空气 二氧化硫的测定 四氯汞盐吸收-副玫瑰苯胺分光光度法（HJ 483—2009）

标准名称：环境空气 二氧化硫的测定 四氯汞盐吸收-副玫瑰苯胺分光光度法

英文名称：Ambient air - Determination of sulfur dioxide in ambient air - Tetrachloromercurate（TCM）-pararosaniline method

标准编号：HJ 483—2009

适用范围：本标准规定了测定空气中二氧化硫的四氯汞盐吸收-副玫瑰苯胺分光光度法。本标准适用于环境空气中二氧化硫的测定。当使用 5 mL 吸收液，采样体积为 30 L 时，测定空气中二氧化硫的检出限为 0.005 mg/m³，测定下限为 0.020 mg/m³，测定上限为 0.18 mg/m³。当使用 50 mL 吸收液，采样体积为 288 L 时，测定空气中二氧化硫的检出限为 0.005 mg/m³，测定下限为 0.020 mg/m³，测定上限为 0.19 mg/m³。

替代情况：本标准代替 GB/T 8970—1988。本标准是对《空气质量 二氧化硫的测定 四氯汞盐-盐酸副玫瑰苯胺比色法》（GB/T 8970—1988）的修订。主要修订内容如下：

—— 将标准的名称改为《环境空气　二氧化硫的测定　四氯汞盐吸收-副玫瑰苯胺分光光度法》；

—— 增加了警告的内容；

—— 明确了标准的检出限和测定范围；

—— 增加了标准溶液标定时平行滴定的次数；

—— 增加了现场空白试验；

—— 完善了硫代硫酸钠溶液浓度和空气中二氧化硫测定结果的计算公式；

—— 增加了质量保证和质量控制条款，规定了对多孔玻板吸收管质量的要求；强调了温度对采样效率的影响；放宽了对校准曲线斜率的要求等；

—— 增加了废物处理条款。

发布时间：2009-09-27

实施时间：2009-11-01

3.5　降尘

3.5.1　环境空气　降尘的测定　重量法（GB/T 15265—1994）

标准名称：环境空气　降尘的测定　重量法

英文名称：Ambient - Determination of dustfall - Gravimetric method

标准编号：GB/T 15265—1994

适用范围：本标准适用于测定环境空气中可沉降的颗粒物。方法的检测限为 $0.2 t/km^2 \cdot 30d$。

替代情况：/

发布时间：1994-10-26

实施时间：1995-06-01

3.6　可吸入颗粒物

3.6.1　环境空气　PM_{10} 和 $PM_{2.5}$ 的测定　重量法（HJ 618—2011）

标准名称：环境空气　PM_{10} 和 $PM_{2.5}$ 的测定　重量法

英文名称：Determination of atmospheric articles PM_{10} and $PM_{2.5}$ in ambient air by gravimetric method

标准编号：HJ 618—2011

适用范围：本标准规定了测定环境空气中 PM_{10} 和 $PM_{2.5}$ 的重量法。本标准适用于环境空气中 PM_{10} 和 $PM_{2.5}$ 浓度的手工测定。本标准的检出限为 0.010 mg/m^3（以感量 0.1 mg 分析天平，样品负载量为 1.0 mg，采集 108 m^3。空气样品计）。

替代情况：本标准代替 GB/T 6921—1986。本标准是对《大气飘尘浓度测定方法》（GB/T 6921—1986）的修订。修订的主要内容如下：

—— 将飘尘改为可吸入颗粒物（PM_{10}）；

—— 增加了规范性引用文件、术语和定义、质量控制与质量保证三章内容；

—— 增加了 PM_{10} 和 $PM_{2.5}$ 的术语和定义；

—— 对 PM_{10} 采样器性能指标进行了修改，将切割粒径 Da_{50}=（10±1）μm 改为 Da_{50}=（10±0.5）μm；捕集效率的几何标准差 σ_g≤1.5 改为 σ_g =（1.5±0.1）μm。全部性能指标要求符合《PM_{10} 采样器技术要求及检测方法》（HJ/T 93—2003）中的规定；

—— 增加了 $PM_{2.5}$ 采样器性能指标，切割粒径 Da_{50}=（2.5±0.2）μm；捕集效率的几何标准差为 σ_g=（1.2±0.1）μm；其他性能指标要求符合《PM_{10} 采样器技术要求及检测方法》（HJ/T 93—2003）中的规定。

发布时间：2011-09-08

实施时间：2011-11-01

3.7 氮氧化物

3.7.1 环境空气 氮氧化物（一氧化氮和二氧化氮）的测定 盐酸萘乙二胺分光光度法（HJ 479 —2009）

标准名称：环境空气 氮氧化物（一氧化氮和二氧化氮）的测定 盐酸萘乙二胺分光光度法

英文名称：Ambient air - Determination of nitrogen oxides - *N* -（1-naphthyl）ethylene diamine dihydrochloride spectrophotometric method

标准编号：HJ 479—2009

适用范围：本标准规定了测定环境空气中氮氧化物的分光光度法。本标准适用于环境空气中氮氧化物、二氧化氮、一氧化氮的测定。本标准的方法检出限为 0.12 μg/10 mL 吸收液。当吸收液总体积为 10 mL，采样体积为 24 L 时，空气中氮氧化物的检出限为 0.005 mg/m^3。当吸收液总体积为 50 mL，采样体积 288 L 时，空气中氮氧化物的检出限为 0.003 mg/m^3。当吸收液总体积为 10 mL，采样体积为 12～24 L 时，环境空气中氮氧化物的测定范围为 0.020 ～2.5 mg/m^3。

替代情况：本标准代替 GB/T 15436—1995 和 GB/T 8969—1988。本标准是对《空气质量 氮氧化物的测定 盐酸萘乙二胺比色法》（GB/T 8969—1988）和《环境空气 氮氧化物的测定 Saltzman 法》（GB/T 15436—1995）进行了整合修订。主要修订内容如下：

—— 修改了标准的名称、适用范围；

—— 完善了标准方法原理的文字内容；

—— 明确了实验用水制备中高锰酸钾和氢氧化钡的用量；

—— 增加了干扰及消除条款和样品保存条款；

—— 细化了分析步骤，增加了空白试验要求；

—— 取消了《环境空气 氮氧化物的测定 Saltzman 法》（GB/T 15436—1995）中第二篇 “三氧化铬-石英砂氧化法”。

发布时间：2009-09-27

实施时间：2009-11-01

3.8 二氧化氮

3.8.1 环境空气 氮氧化物（一氧化氮和二氧化氮）的测定 盐酸萘乙二胺分光光度法（HJ 479 —2009）

详见本章 3.2.7.1

3.8.2 环境空气 二氧化氮的测定 Saltzman 法（GB/T 15435—1995）

标准名称：环境空气 二氧化氮的测定 Saltzman 法

英文名称：Ambient air - Determination of nitrogen dioxide - Saltzman method

标准编号：GB/T 15435—1995

适用范围：本标准规定了测定环境空气中二氧化氮的分光光度法。当采样体积为 4～24 L 时，本标准适用于测定空气中二氧化氮的浓度范围为 0.015 ～2.0 mg/m^3。

替代情况：/

发布时间：1995-03-25

实施时间：1995-08-01

3.9 臭氧

3.9.1 环境空气 臭氧的测定 紫外光度法（HJ 590—2010）

标准名称：环境空气 臭氧的测定 紫外光度法

英文名称：Ambient air - Determination of ozone - Ultraviolet photometric method

标准编号：HJ 590—2010

适用范围：

（1）本标准规定了测定环境空气中臭氧的紫外光度法。

（2）本标准适用于环境空气中臭氧的瞬时测定，也适用于环境空气中臭氧的连续自动监测。本标准适用于测定环境空气中臭氧的浓度范围是 0.003～2 mg/m^3。

替代情况：本标准代替 GB/T 15438—1995。本标准是对《环境空气 臭氧的测定 紫外分光光度法》（GB/T 15438—1995）的修订。修订的主要内容如下：

—— 修订了空气中臭氧测定的适用范围及其参考条件；

—— 修订了“干扰及其消除”条款；

—— 明确规定了公式 ln（I/I_0）= －aCd 中各项代表的物理意义。增加了臭氧浓度的计算公式；

—— 增加了术语和定义条款；

—— 增加了质量保证和质量控制条款；

—— 补充完善了检测的技术条件和注意事项；

—— 增加了对零空气质量的要求和确认步骤；

—— 增加了附录 B、附录 C 和附录 D。

发布时间：2010-10-21

实施时间：2011-01-01

3.9.2　环境空气　臭氧的测定　靛蓝二磺酸钠分光光度法（HJ 504—2009）

标准名称：环境空气　臭氧的测定　靛蓝二磺酸钠分光光度法

英文名称：Ambient air - Determination of ozone - Indigo disulphonate spectrophotometry

标准编号：HJ 504—2009

适用范围：本标准规定了测定环境空气中臭氧的靛蓝二磺酸钠分光光度法。

本标准适用于环境空气中臭氧的测定。相对封闭环境（如室内、车内等）空气中臭氧的测定也可参照本标准。

当采样体积为 30 L 时，本标准测定空气中臭氧的检出限为 0.010 mg/m^3，测定下限为 0.040 mg/m^3。当采样体积为 30 L 时，吸收液质量浓度为 2.5 μg/mL 或 5.0 μg/mL 时，测定上限分别为 0.50 mg/m^3 或 1.00 mg/m^3。当空气中臭氧质量浓度超过该上限时，可适当减少采样体积。

替代情况：本标准代替 GB/T 15437—1995。本标准是对《环境空气　臭氧的测定　靛蓝二磺酸钠分光光度法》（GB/T 15437—1995）的修订。本次修订的主要内容如下：

—— 修改了标准的适用范围，增加了测定上限和测定下限；

—— 修改了靛蓝二磺酸钠（IDS）吸收液的浓度；

—— 改串联两支多孔玻板吸收管采样为单支多孔玻板吸收管采样；

—— 在采样部分增加了“现场空白”；

—— 增加了“注意事项”条款；

—— 将“用已知质量浓度臭氧标准气体绘制工作曲线”，由标准正文移到附录中。

发布时间：2009-10-20

实施时间：2009-12-01

3.10　铅

3.10.1　环境空气　铅的测定　石墨炉原子吸收分光光度法（暂行）（HJ 539—2009）

标准名称：环境空气　铅的测定　石墨炉原子吸收分光光度法（暂行）

英文名称：Ambient air - Determination of lead - Graphite furnace atomic absorption spectrometry

标准编号：HJ 539—2009

适用范围：

（1）本标准规定了测定环境空气中铅的石墨炉原子吸收分光光度法。

（2）本标准适用于环境空气中铅的测定。方法检出限为 0.05 μg/50 mL 试样溶液，当采样体积为 10 m^3 时，检出限为 0.005 μg/m^3，测定下限为 0.020 μg/m^3。

替代情况：/

发布时间：2009-12-30

实施时间：2010-04-01

3.10.2　环境空气　铅的测定　火焰原子吸收分光光度法（GB/T 15264—1994）

标准名称：环境空气　铅的测定　火焰原子吸收分光光度法

英文名称：Ambient air - Determination of lead - Flame atomic absorption spectrophotometric method

标准编号：GB/T 15264—1994

适用范围：本方法适用于环境空气中颗粒物铅的测定。方法检出限为 0.5 μg/mL（1%吸收），当采样体积为 50 m^3 进行测定时，最低检出浓度为 5×10^4 mg/m^3。

替代情况：/

发布时间：1994-10-26

实施时间：1995-06-01

3.10.3 空气和废气 颗粒物中铅等金属元素的测定 电感耦合等离子体质谱法（HJ 657—2013）

标准名称：空气和废气 颗粒物中铅等金属元素的测定 电感耦合等离子体质谱法

英文名称：Ambient air and stationary source emission - Determination of metals in ambient particulate matter – Inductively coupled plasma/mass spectrometry (ICP-MS)

标准编号：HJ 657—2013

适用范围：本标准规定了测定锑（Sb），铝（Al），砷（As），钡（Ba），铍（Be），镉（Cd），铬（Cr），钴（Co），铜（Cu），铅（Pb），锰（Mn），钼（Mo），镍（Ni），硒（Se），银（Ag），铊（Tl），钍（Th），铀（U），钒（V），锌（Zn），铋（Bi），锶（Sr），锡（Sn），锂（Li）等金属元素的电感耦合等离子体质谱法。

本标准适用于环境空气 $PM_{2.5}$、PM_{10}、TSP 以及无组织排放和污染源废气颗粒物中的锑（Sb），铝（Al），砷（As），钡（Ba），铍（Be），镉（Cd），铬（Cr），钴（Co），铜（Cu），铅（Pb），锰（Mn），钼（Mo），镍（Ni），硒（Se），银（Ag），铊（Tl），钍（Th），铀（U），钒（V），锌（Zn），铋（Bi），锶（Sr），锡（Sn），锂（Li）等金属元素的测定。当空气采样量为 150 m^3（标准状态），污染源废气采样量为 0.600 m^3（标准状态干烟气）时，各金属元素的方法检出限见附录 A。

替代情况：/

发布时间：2013-08-16

实施时间：2013-09-01

3.11 氟化物（以 F^-计）

3.11.1 环境空气 氟化物的测定 滤膜采样氟离子选择电极法（HJ 480—2009）

标准名称：环境空气 氟化物的测定 滤膜采样氟离子选择电极法

英文名称：Ambient air - Determination of the fluoride - Filter sampling followed byfluorine ion - selective electrode method

标准编号：HJ 480—2009

适用范围：本标准规定了测定环境空气中氟化物的滤膜采集、氟离子选择电极法。本标准适用于环境空气中氟化物的小时浓度和日平均浓度的测定。当采样体积为 6 m^3 时，测定下限为 0.9 $\mu g/m^3$。

替代情况：本标准代替 GB/T 15434—1995。本标准对《环境空气 氟化物质量浓度的测定 滤膜・氟离子选择电极法》（GB/T 15434—1995）进行了修订。主要修订内容如下：

—— 修改了标准的名称；

—— 补充完善了方法的适用范围；

——在试剂和材料中，修改了所用试剂的纯度，并增加了盐酸、氢氧化钠的详细配制过程；增加了总离子强度调节缓冲液的配制方法；简化标准溶液的配制过程；

——规定了氟离子选择电极的工作条件；

——增加了样品的现场空白；

——在注意事项中增加了电极的清洗方法。

发布时间：2009-09-27

实施时间：2009-11-01

3.11.2 环境空气 氟化物的测定 石灰滤纸采样氟离子选择电极法（HJ 481—2009）

标准名称：环境空气 氟化物的测定 石灰滤纸采样氟离子选择电极法

英文名称：Ambient air - Determination of the fluoride - Method by lime - paper sampling and fluorine ion - selective electrode analysis

标准编号：HJ 481—2009

适用范围：本标准规定了测定环境空气中氟化物的石灰滤纸采集氟离子选择电极法（简称 LTP 法）。本标准适用于环境空气中氟化物长期平均污染水平的测定。当采样时间为一个月时，方法的测定下限为 0.18 μg/（dm^2 • d）。

替代情况：本标准代替 GB/T 15433—1995。本标准对《环境空气 氟化物的测定 石灰滤纸•氟离子选择电极法》（GB/T 15433—1995）进行了修订。主要修订内容如下：

——修改了标准的名称；

——在试剂和材料中，规定了所用试剂的纯度，并增加了氢氧化钠的详细配制过程；增加了总离子强度调节缓冲液的配制方法；简化标准溶液的配制过程；

——规定了氟离子选择电极的工作条件；

——在注意事项中增加了电极的清洗方法。

发布时间：2009-09-27

实施时间：2009-11-01

3.12 总烃

3.12.1 环境空气 总烃的测定 气相色谱法（HJ 604—2011）

标准名称：环境空气 总烃的测定 气相色谱法

英文名称：Ambient air - Determination of total hydrocarbons - Gas chromatographic method

标准编号：HJ 604—2011

适用范围：本标准规定了测定环境空气中总烃的气相色谱法。本标准适用于环境空气中总烃的测定。当进样体积为 1.0 mL 时，本方法的检出限为 0.04 mg/m^3，测定下限为 0.16 mg/m^3。

替代情况：本标准代替 GB/T 15263—1994。本标准是对《环境空气 总烃的测定 气相色谱法》（GB/T 15263—1994）的修订。修订的主要内容如下：

——修改了总烃的定义；

——增加了方法原理；

——增加了毛细管空柱测定总烃的方法；

—— 增加了标准曲线定量计算方法；

—— 增加了质量保证和质量控制条款。

发布时间：2011-02-10

实施时间：2011-06-01

3.13 苯系物

3.13.1 环境空气 苯系物的测定 固体吸附/热脱附-气相色谱法（HJ 583—2010）

标准名称：环境空气 苯系物的测定 固体吸附/热脱附-气相色谱法

英文名称：Ambient air - Determination of benzene and its analogies using sorbent adsorption thermal desorption and Gas Chromatography

标准编号：HJ 583—2010

适用范围：本标准规定了测定空气中苯系物的固体吸附/热脱附-气相色谱法。本标准适用于环境空气及室内空气中苯、甲苯、乙苯、邻二甲苯、间二甲苯、对二甲苯、异丙苯和苯乙烯的测定。本标准也适用于常温下低浓度废气中苯系物的测定。

替代情况：本标准代替 GB/T 14677—1993。本标准是对《空气质量 甲苯、二甲苯和苯乙烯的测定 气相色谱法》（GB/T 14677—1993）的修订。修订的主要技术内容有：

—— 目标组分增加为八种；

—— 增加了毛细管柱分离方法；

—— 修订了校准曲线绘制方法；

—— 修订了结果的计算方法；

—— 增加了质量保证和质量控制内容。

发布时间：2010-09-20

实施时间：2010-12-01

3.13.2 环境空气 苯系物的测定 活性炭吸附/二硫化碳解吸-气相色谱法（HJ 584—2010）

标准名称：环境空气 苯系物的测定 活性炭吸附/二硫化碳解吸-气相色谱法

英文名称：Ambient air - Determination of benzene and its analogies by activated charcoal adsorption carbon disulfide desorption and gas chromatography

标准编号：HJ 584—2010

适用范围：本标准规定了测定空气中苯系物的活性炭吸附/二硫化碳解吸-气相色谱法。

本标准适用于环境空气和室内空气中苯、甲苯、乙苯、邻二甲苯、间二甲苯、对二甲苯、异丙苯和苯乙烯的测定。本标准也适用于常温下低湿度废气中苯系物的测定。

当采样体积为 10 L 时，苯、甲苯、乙苯、邻二甲苯、间二甲苯、对二甲苯、异丙苯和苯乙烯的方法检出限均为 1.5×10^{-3} mg/m^3，测定下限均为 6.0×10^{-3} mg/m^3。

替代情况：本标准代替 GB/T 14670—1993。本标准是对《空气质量 苯乙烯的测定 气相色谱法》（GB/T 14670—1993）的修订。修订的主要内容如下：

—— 将标准名称修订为《环境空气 苯系物的测定 活性炭吸附/二硫化碳解吸-气相色谱法》；

—— 目标组分由一种增加为八种；

—— 修订了方法检出限；

—— 增加了毛细管柱分离方法；

—— 修订了目标组分的定量方式；

—— 增加了质量保证和质量控制条款。

发布时间：2010-09-20

实施时间：2010-12-01

3.14 氨

3.14.1 环境空气和废气 氨的测定 纳氏试剂分光光度法（HJ 533—2009）

标准名称：环境空气和废气 氨的测定 纳氏试剂分光光度法

英文名称：Air and exhaust gas - Determination of ammonia - Nessler’s reagent spetcrophotometry

标准编号：HJ 533—2009

适用范围：本标准规定了测定环境空气和工业废气中氨的纳氏试剂分光光度法。

本标准适用于环境空气中氨的测定，也适用于制药、化工、炼焦等工业行业废气中氨的测定。

本标准的方法检出限为 0.5 μg/10 mL 吸收液。当吸收液体积为 50 mL，采气 10 L 时，氨的检出限为 0.25 mg/m^3，测定下限为 1.0 mg/m^3，测定上限为 20 mg/m^3。当吸收液体积为 10 mL，采气 45 L 时，氨的检出限为 0.01 mg/m^3，测定下限 0.04 mg/m^3，测定上限 0.88 mg/m^3。

替代情况：本标准代替 GB/T 14668—1993。本标准对《空气质量 氨的测定 纳氏试剂比色法》（GB/T 14668—1993）进行了修订。本次修订的主要内容如下：

—— 增加了警告；

—— 增加了吸收液体积为 10 mL 的采样方式及其检出限；

—— 增加了质量保证和质量控制条款，其中包括：无氨水的检查、采样全程空白、试剂配制和采样的注意事项等；

—— 合并了结果的计算公式。

发布时间：2009-12-31

实施时间：2010-04-01

3.14.2 环境空气 氨的测定 次氯酸钠-水杨酸分光光度法（HJ 534—2009）

标准名称：环境空气 氨的测定 次氯酸钠-水杨酸分光光度法

英文名称：Ambient air - Determination of ammonia - Sodium hypochlorite - salicylic acid spectrophotometry

标准编号：HJ 534—2009

适用范围：

（1）本标准规定了测定环境空气中氨的次氯酸钠-水杨酸分光光度法；

（2）本标准适用于环境空气中氨的测定，也适用于恶臭源厂界空气中氨的测定；

（3）本标准的方法检出限为 0.1 μg/10 mL 吸收液。当吸收液总体积为 10 mL，采样体积为 1～4 L 时，氨的检出限为 0.025 mg/m^3，测定下限为 0.10 mg/m^3，测定上限为 12 mg/m^3。当吸收液总体积为 10 mL，采样体积为 25 L 时，氨的检出限为 0.004 mg/m^3，测定下限为 0.016 mg/m^3。

替代情况：本标准代替 GB/T 14679—1993。本标准对《空气质量　氨的测定　次氯酸钠-水杨酸分光光度法》（GB/T 14679—1993）进行了修订。本次修订的主要内容如下：

—— 增加了环境空气的采样方式；

—— 明确了方法的检出限和测定下限；

—— 增加了采样全程空白；

—— 合并了计算公式；

—— 增加了规范性附录。

发布时间：2009-12-31

实施时间：2010-04-01

3.14.3　空气质量　氨的测定　离子选择电极法（GB/T 14669—1993）

标准名称：空气质量　氨的测定　离子选择电极法

英文名称：Air quality - Determination of ammonia - Ion selective electrode method

标准编号：GB/T 14669—1993

适用范围：

（1）本标准规定了测定工业废气中氨的氨气敏电极法；

（2）本标准适用于测定空气和工业废气中的氨；

（3）本方法检测限为 10 mL 吸收溶液中 0.7 g 氨。当样品溶液总体积为 10 mL，采样体积 60 L 时，最低检测浓度为 0.014 mg/m^3；

（4）按 Nernst 公式，氨浓度每变化十倍，电极电位变化约 60 mV。

替代情况：/

发布时间：1993-10-27

实施时间：1994-05-01

3.15　汞

3.15.1　环境空气　汞的测定　巯基棉富集-冷原子荧光分光光度法（暂行）（HJ 542—2009）

标准名称：环境空气　汞的测定　巯基棉富集-冷原子荧光分光光度法（暂行）

英文名称：Ambient air - Determination of mercury and its compounds - Cold atomic fluorescent spectrophotometry after sulfhydryl cotton preconcentraction

标准编号：HJ 542—2009

适用范围：

（1）本标准规定了测定环境空气中汞及其化合物的巯基棉富集-冷原子荧光分光光度法；

（2）本标准适用于环境空气中汞及其化合物的测定；

（3）本标准方法检出限为 0.1 ng/10 mL 试样溶液。当采样体积为 15 L 时，检出限为 6.6×10^{-6} mg/m^3，测定下限为 2.6×10^{-5} mg/m^3。

替代情况：/

发布时间：2009-12-30

实施时间：2010-04-01

3.16　五氧化二磷

3.16.1　环境空气　五氧化二磷的测定　抗坏血酸还原-钼蓝分光光度法（暂行）（HJ 546—2009）

标准名称：环境空气　五氧化二磷的测定　抗坏血酸还原-钼蓝分光光度法（暂行）

英文名称：Ambient air - Determination of phosphorus pentoxide - Molybdenum blue ascorbiaccid to deoxidize spectrophotometric method

标准编号：HJ 546—2009

适用范围：本标准规定了测定空气中五氧化二磷的抗坏血酸还原-钼蓝分光光度法。本标准适用于空气中五氧化二磷的测定。本标准的检出限为 0.8 μg/50 mL，当采样体积为 5 m^3 时，检出限为 0.2 μg/m^3，测定下限为 0.8 μg/m^3；当采样体积为 300 L 时，检出限为 0.003 mg/m^3，测定下限为 0.012 mg/m^3。

替代情况：/

发布时间：2009-12-30

实施时间：2010-04-01

3.17　酚类化合物

3.17.1　环境空气　酚类化合物的测定高效液相色谱法（HJ 638—2012）

标准名称：环境空气　酚类化合物的测定高效液相色谱法

英文名称：Ambient air - Determination of phenolic compounds by high performance liquid chromatography

标准编号：HJ 638—2012

适用范围：

（1）本标准规定了测定环境空气中酚类化合物的高效液相色谱法；

（2）本标准适用于环境空气中 12 种酚类化合物的测定（具体测定组分见标准原文附录 A）；

（3）本标准不适用于颗粒物中酚类化合物的测定；

（4）当采样体积为 25 L 时，本方法检出限为 0.006～0.039 mg/m^3，测定下限为 0.024～0.156 mg/m^3；当采样体积为 75 L 时，本方法检出限为 0.002～0.013 mg/m^3，测定下限为 0.008～0.052 mg/m^3。详见标准原文附录 A。

替代情况：/

发布时间：2012-02-29

实施时间：2012-06-01

3.18　氯化氢

3.18.1　环境空气和废气　氯化氢的测定　离子色谱法（暂行）（HJ 549—2009）

标准名称：环境空气和废气　氯化氢的测定　离子色谱法（暂行）

英文名称：Ambient air and waste gas - Determination of hydrogen chloride - Ion chromatography

标准编号：HJ 549—2009

适用范围：

（1）本标准规定了测定环境空气和废气中氯化氢的离子色谱法；

（2）本标准适用于环境空气和废气中氯化氢的测定；

（3）对于有组织排放废气，本方法检出限为 1 μg/50 mL，当采样体积为 10 L 时，检出限为 0.5 mg/m^3，测定下限为 2 mg/m^3；

（4）对于环境空气，本方法检出限为 0.2 μg/10 mL，当采样体积为 60 L 时，检出限为 0.003 mg/m^3，测定下限为 0.012 mg/m^3。

替代情况：/

发布时间：2009-12-30

实施时间：2010-04-01

3.19 砷

3.19.1 环境空气和废气 砷的测定 二乙基二硫代氨基甲酸银分光光度法（暂行）（HJ 540—2009）

标准名称：环境空气和废气 砷的测定 二乙基二硫代氨基甲酸银分光光度法（暂行）

英文名称：Ambient air and waste gas - Determination of arsenic - Silver diethyldithiocarbamate spectrophotometric method

标准编号：HJ 540—2009

适用范围：

（1）本标准规定了测定空气和废气中以颗粒物形态存在的砷及其化合物的二乙基二硫代氨基甲酸银分光光度法；

（2）本标准适用于空气和废气中以颗粒物形态存在的砷及其化合物的测定；

（3）本方法将滤筒或滤膜制备成 50 mL 试样时，检出限为 0.35 μg/50 mL（以 As 计）；

（4）对于有组织排放废气，当采集 400 L 气体时，检出限为 0.9 μg/m^3，测定下限为 3.5 μg/m^3（均以 As 计）；

（5）对于空气样品，当采集 6 m^3 气体时，检出限为 0.06 μg/m^3，测定下限为 0.24 μg/m^3（均以 As 计）。

替代情况：/

发布时间：2009-12-30

实施时间：2010-04-01

3.19.2 空气和废气 颗粒物中铅等金属元素的测定 电感耦合等离子体质谱法（HJ 657—2013）

详见本章 3.10.3

3.20 二噁英类

3.20.1 环境空气和废气 二噁英类的测定 同位素稀释高分辨气相色谱-高分辨质谱法（HJ/T 77.2—2008）

标准名称：环境空气和废气 二噁英类的测定 同位素稀释高分辨气相色谱-高分辨质谱法

英文名称：Ambient air and flue gas Determination of polychlorinated dibenzo - *p* - dioxins（PCDDs）and polychlorinated dibenzofurans（PCDFs）Isotope dilution HRGC - HRMS

标准编号：HJ/T 77.2—2008

适用范围：

（1）本标准规定了采用同位素稀释高分辨气相色谱-高分辨质谱法（HRGC - HRMS）对 2,3,7,8-氯代二噁英类、四氯～八氯取代的多氯代二苯并-对-二噁英（PCDDs）和多氯代二苯并呋喃（PCDFs）进行定性和定量分析的方法；

（2）本标准适用于环境空气中二噁英类污染物的采样、样品处理及其定性和定量分析；

（3）本标准适用于固定源排放废气中二噁英类污染物的采样、样品处理及其定性和定量分析；

（4）方法检出限取决于所使用的分析仪器的灵敏度、样品中的二噁英类质量浓度以及干扰水平等多种因素。2,3,7,8-T_4CDD 仪器检出限应低于 0.1 pg，当废气采样量为 4 m^3（标准状态）时，本方法对 2,3,7,8-T_4CDD 的最低检出限应低于 1 pg/m^3；当环境空气采样量为 1 000 m^3（标准状态）时，本方法对 2,3,7,8-T_4CDD 的最低检出限应低于 0.005 pg/m^3。

替代情况：本标准代替 HJ/T 77—2001。本标准是对《多氯代二苯并二噁英和多氯代二苯并呋喃的测定同位素稀释高分辨毛细管气相色谱/高分辨质谱法》（HJ/T 77—2001）的修订。自本标准实施之日起，替代 HJ/T 77—2001 中气态样品测定部分。

发布时间：2008-12-31

实施时间：2009-04-01

3.21 恶臭

3.21.1 空气质量 恶臭的测定 三点比较式臭袋法（GB/T 14675—1993）

标准名称：空气质量 恶臭的测定 三点比较式臭袋法

英文名称：Air quality - Determination of odor - Triangle odor bag method

标准编号：GB/T 14675—1993

适用范围：

（1）本标准规定了恶臭污染源排气及环境空气样品臭气浓度的人的嗅觉器官测定法；

（2）本标准适用于各类恶臭源以不同形式排放的气体样品和环境空气样品臭气浓度的测定。样品包括仅含一种恶臭物质的样品和两种以上恶臭物质的复合臭气样品；

（3）本标准测定方法不受恶臭物质种类、种类数目、浓度范围及所含成分浓度比例的限制。

替代情况：/

发布时间：1993-10-27

实施时间：1994-03-15

3.22 三甲胺

3.22.1 空气质量 三甲胺的测定 气相色谱法（GB/T 14676—1993）

标准名称：空气质量 三甲胺的测定 气相色谱法

英文名称：Air quality - Determination of trimethylamine - Gas chromatography

标准编号：GB/T 14676—1993

适用范围：

（1）本标准规定了测定空气中三甲胺的气相色谱法。本标准适用于恶臭污染源排气及厂界环境空气中三甲胺的测定。当采样体积为 10 L 时，方法最低检出浓度为 2.5×10^{-3} mg/m^3；

（2）本标准测定以气体状态存在的三甲胺；

（3）样品中的胺、甲胺、乙胺、二甲胺等胺类化合物在本方法选定的色谱条件下，均不干扰三甲胺的测定。

替代情况：/

发布时间：1993-10-27

实施时间：1994-03-15

3.23 硫化氢

3.23.1 空气质量 硫化氢、甲硫醇、甲硫醚和二甲二硫的测定 气相色谱法（GB/T 14678—1993）

标准名称：空气质量 硫化氢、甲硫醇、甲硫醚和二甲二硫的测定 气相色谱法

英文名称：Air quality - Determination of sulfuretted hydrogen，methyl sulfhydryl，dimethyl sulfide and dimethyl disulfide - Gas chromatography

标准编号：GB/T 14678—1993

适用范围：本方法适用于恶臭污染源排气和环境空气中硫化氢、甲硫醇、甲硫醚和二甲二硫的同时测定。气相色谱仪的火焰光度检测器（GC - FPD）对四种成分的检出限为 0.2×10^{-3}～1.0×10^{-3} g，当气体样品中四种成分浓度高于 1.0 mg/m^3 时，可取 1～2 mL 气体样品直接注入气相色谱仪分析。对 1 L 气体样品进行浓缩，四种成分的方法检出限分别为 0.2×10^{-3}～1.0×10^{-3} mg/m^3。

替代情况：/

发布时间：1993-10-27

实施时间：1994-03-15

3.24 甲硫醇

3.24.1 空气质量 硫化氢、甲硫醇、甲硫醚和二甲二硫的测定 气相色谱法（GB/T 14678—1993）

详见本章 3.23.1

3.25　甲硫醚

3.25.1　空气质量　硫化氢、甲硫醇、甲硫醚和二甲二硫的测定　气相色谱法（GB/T 14678—1993）

详见本章 3.23.1

3.26　二甲二硫

3.26.1　空气质量　硫化氢、甲硫醇、甲硫醚和二甲二硫的测定　气相色谱法（GB/T 14678—1993）

详见本章 3.23.1

3.27　二硫化碳

3.27.1　空气质量　二硫化碳的测定　二乙胺分光光度法（GB/T 14680—1993）

标准名称：空气质量　二硫化碳的测定　二乙胺分光光度法

英文名称：Air quality - Determination of carbon disulfide - Diethylamine spectrophometric method

标准编号：GB/T 14680—1993

适用范围：

（1）本标准规定了恶臭源厂界环境及空气环境中二硫化碳的二乙胺分光光度测定法；

（2）本标准适用于恶臭源厂界环境及环境空气中二硫化碳的测定；

（3）本方法检出限为 0.3 μg/10 mL，当在采样体积为 10～30 L 时，最低检出浓度为 0.03 mg/m^3；

（4）硫化氢与二硫化碳共存时干扰测定，可在采样时用乙酸铅棉过滤管排除。

替代情况：/

发布时间：1993-10-27

实施时间：1994-03-15

3.28　硝基苯类

3.28.1　空气质量　硝基苯类（一硝基和二硝基化合物）的测定　锌还原-盐酸萘乙二胺分光光度法（GB/T 15501—1995）

标准名称：空气质量　硝基苯类（一硝基和二硝基化合物）的测定　锌还原-盐酸萘乙二胺分光光度法

英文名称：Air quality - Determination of nitrobenzene（mononitro - and dinitro - compound）- Reduction by zine - *N* -（1-Naphthyl）ethylene diamine dihydrochloride spectrophotometric method

标准编号：GB/T 15501—1995

适用范围：

（1）本标准规定了测定工业废气和环境空气中硝基苯类化合物的锌还原-盐酸萘乙二胺分光光

度法；

（2）本标准适用于制药、染料、香料等行业排放废气中能还原为苯胺（芳香伯胺）类化合物的一硝基和二硝基苯类化合物的测定。

在采样体积为 0.5～10.0 L 时，测定范围为 6～1 000 mg/m^3。

替代情况：/

发布时间：1995-03-25

实施时间：1995-08-01

3.29 苯胺类

3.29.1 空气质量 苯胺类的测定 盐酸萘乙二胺分光光度法（GB/T 15502—1995）

标准名称：空气质量 苯胺类的测定 盐酸萘乙二胺分光光度法

英文名称：Air quality - Determination of aniline - *N* -（1-naphthyl）ethylene diamine dihydrochloride spectrophotometric method

标准编号：GB/T 15502—1995

适用范围：

（1）本标准规定了测定工业废气和环境空气中苯胺（芳香伯胺）类化合物的盐酸萘乙二胺分光光度法；

（2）本标准适用于制药、染料等行业排放废气中苯胺（芳香伯胺）类化合物的测定。在采样体积为 0.5～10.0 L 时，吸收效率达 99%，测定范围为 0.5～ 600 mg/m^3。当苯胺浓度为 10 μg/mL 时，共存 NH_4^+的含量不大于 400 mg，NO_x 含量不大于 3 mg 时，无明显干扰。

替代情况：/

发布时间：1995-03-25

实施时间：1995-08-01

3.30 甲醛

3.30.1 空气质量 甲醛的测定 乙酰丙酮分光光度法（GB/T 15516—1995）

标准名称：空气质量 甲醛的测定 乙酰丙酮分光光度法

英文名称：Air quality - Determination of formaldehyde - Acetylacetone spectrophotometric method

标准编号：GB/T 15516—1995

适用范围：

（1）主题内容：本标准规定了测定工业废气和环境空气中甲醛的乙酰丙酮分光光度法。

（2）适用范围：本方法适用于树脂制造、涂料、人造纤维、塑料、橡胶、染料、制药、油漆、制革等行业的排放废气，以及作医药消毒、防腐、熏蒸时产生的甲醛蒸气测定。在采样体积为 0.5～10.0 L 时，测定范围为 0.5～ 800 mg/m^3。当甲醛浓度为 20 μg /10 mL 时，共存 8 mg 苯酚（400 倍），10 mg 乙醛（500 倍），600 mg 铵离子（30 000 倍）无干扰影响；共存 SO_2，小于 20 μg，NO_x 小于 50 μg，甲醛回收率不小于 95%。

替代情况：/

发布时间：1995-03-25

实施时间：1995-08-01

3.31　颗粒物（粒径小于 10 μm）

3.31.1　环境空气　PM_{10}和 $PM_{2.5}$的测定　重量法（HJ 618—2011）

详见本章 3.6.1

3.32　颗粒物（粒径小于 2.5 μm）

3.32.1　环境空气　PM_{10}和 $PM_{2.5}$的测定　重量法（HJ 618—2011）

详见本章 3.6.1

3.33　挥发性有机物

3.33.1　环境空气　挥发性有机物的测定 吸附管采样-热脱附/气相色谱-质谱法（HJ 644—2013）

标准名称：环境空气　挥发性有机物的测定　吸附管采样-热脱附/气相色谱-质谱法

英文名称：Ambient air - Determination of volatile organic compounds - Sorbent adsorption and thermal desorption / gas chromatography mass spectrometry method

标准编号：HJ 644—2013

适用范围：本标准规定了测定环境空气中挥发性有机物（VOCs）的吸附管采样-热脱附/气相色谱-质谱法。

本标准适用于环境空气中 35 种挥发性有机物的测定。若通过验证本标准也可适用于其他非极性或弱极性挥发性有机物的测定。

当采样体积为 2 L 时，本标准的方法检出限为 0.3～1.0 $\mu g/m^3$，测定下限为 1.2～4.0 $\mu g/m^3$，详见标准原文附录 A。

替代情况：/

发布时间：2013-02-17

实施时间：2013-07-01

3.34　挥发性卤代烃

3.34.1　环境空气　挥发性卤代烃的测定　活性炭吸附-二硫化碳解吸/气相色谱法（HJ 645—2013）

标准名称：环境空气　挥发性卤代烃的测定　活性炭吸附-二硫化碳解吸/气相色谱法

英文名称：Ambient air - Determination of volatile halogenated hydrocarbons -Activated charcoal adsorption and carbon disulfide desorption/gas chromatographic method

标准编号：HJ 645—2013

适用范围：本标准规定了测定环境空气中挥发性卤代烃的活性炭吸附-二硫化碳解吸/气相色谱

法。

本标准适用于环境空气中氯苯、苄基氯、1,1-二氯乙烷、1,2-二氯乙烷、反式-1,2-二氯乙烯、顺式-1,2-二氯乙烯、1,2-二氯丙烷、1,2-二氯苯、1,3-二氯苯、1,4-二氯苯、1,1,1-三氯乙烷、1,1,2-三氯乙烷、三氯乙烯、三氯甲烷、三溴甲烷、1-溴-2-氯乙烷、1,2,3-三氯丙烷、1,1,2,2-四氯乙烷、四氯乙烯、四氯化碳、六氯乙烷等 21 种挥发性卤代烃的测定。若通过验证，本标准也可适用于其他挥发性卤代烃的测定。

当采样体积为 10 L 时，本标准的方法检出限为 0.03～10 $\mu g/m^3$，测定下限为 0.12～40 $\mu g/m^3$，详见标准原文附录 A。

替代情况：/

发布时间：2013-02-17

实施时间：2013-07-01

3.35 多环芳烃

3.35.1 环境空气和废气 气相和颗粒物中多环芳烃的测定 气相色谱-质谱法（HJ 646—2013）

详见本章 3.3.3

3.35.2 环境空气和废气 气相和颗粒物中多环芳烃的测定 高效液相色谱法（HJ 647—2013）

详见本章 3.3.4

3.36 重金属元素

3.36.1 空气和废气 颗粒物中铅等金属元素的测定 电感耦合等离子体质谱法（HJ 657—2013）

详见本章 3.10.3

编写人：邢巍巍

第六章

室内空气

1　环境质量标准

1.1　室内空气质量标准（GB/T 18883—2002）

标准名称：室内空气质量标准

英文名称：Indoor air quality standard

标准编号：GB/T 18883—2002

适用范围：本标准规定了室内空气质量参数及检验方法。

本标准适用于住宅和办公建筑物，其他室内环境可参照本标准执行。

替代情况：/

发布时间：2002-11-19

实施时间：2003-03-01

2　监测规范

2.1　室内环境空气质量监测技术规范（HJ/T 167—2004）

标准名称：室内环境空气质量监测技术规范

英文名称：Technical Specifications for Monitoring of Indoor Air Quality

标准编号：HJ/T 167—2004

适用范围：本标准适用于室内环境空气质量监测。

替代情况：/

发布时间：2004-12-09

实施时间：2004-12-09

3　监测方法

3.1　温度

3.1.1　公共场所空气温度测定方法（GB/T 18204.13—2000）

标准名称：公共场所空气温度测定方法

英文名称：Methods for determination of air temperature in public places

标准编号：GB/T 18204.13—2000

适用范围：本标准规定了空气温度（简称气温）的测定方法。

本标准适用于各类公共场所气温的测定，也适用室内场所气温的测定。

替代情况：/

发布时间：2000-09-30

实施时间：2001-01-01

3.2 相对湿度

3.2.1 公共场所空气湿度测定方法（GB/T 18204.14—2000）

标准名称：公共场所空气湿度测定方法

英文名称：Methods for determination of air humidity in public places

标准编号：GB/T 18204.14—2000

适用范围：本标准规定了空气湿度（简称气湿）的测定方法。

本标准适用于各类公共场所气湿的测定，也适用室内场所气湿的测定。

替代情况：/

发布时间：2000-09-30

实施时间：2001-01-01

3.3 空气流速

3.3.1 公共场所风速测定方法（GB/T 18204.15—2000）

标准名称：公共场所风速测定方法

英文名称：Methods for determination of wind speed in public places

标准编号：GB/T 18204.15—2000

适用范围：本标准规定了公共场所风速的测定方法。

本标准中的热球式电风速计法适用于风速为 0.05～5 m/s 的公共场所风速测定；数字风速表法适用于风速为 0.7～30 m/s 的公共场所通风管道、通风口、通风过道风速的测定，也适用于室外风速的测定。

替代情况：/

发布时间：2000-09-30

实施时间：2001-01-01

3.4 新风量

3.4.1 公共场所室内新风量测定方法（GB/T 18204.18—2000）

标准名称：公共场所室内新风量测定方法

英文名称：Methods for determination of air change flow of indoor air in public places

标准编号：GB/T 18204.18—2000

适用范围：本标准规定了有空调的公共场所室内新风量的测定方法。

本标准适用于有空调的公共场所室内新风量的测定，也可用于有空调的居室内及办公场所室内新风量的测定。

替代情况：/

发布时间：2000-09-30

实施时间：2001-01-01

3.5　二氧化硫（SO_2）

3.5.1　居住区大气中二氧化硫卫生检验标准方法　甲醛溶液吸收-盐酸副玫瑰苯胺分光光度法（GB/T 16128—1995）

标准名称：居住区大气中二氧化硫卫生检验标准方法　甲醛溶液吸收-盐酸副玫瑰苯胺分光光度法

英文名称：Standard method for hygienic examination of formaldehyde in air of residential areas - Formaldehyde absorbing - pararosaniline spectrophotometry

标准编号：GB/T 16128—1995

适用范围：本标准规定了用甲醛溶液吸收-盐酸副玫瑰苯胺分光光度法测定居住区大气中二氧化硫的浓度。

本标准适用于居住区大气中二氧化硫浓度的测定，也适用于室内和公共场所空气中二氧化硫浓度的测定。

替代情况：/

发布时间：1995-12-15

实施时间：1996-07-01

3.5.2　环境空气　二氧化硫的测定　甲醛吸收-副玫瑰苯胺分光光度法（HJ 482—2009）

详见第五章 3.4.1

3.6　二氧化氮（NO_2）

3.6.1　居住区大气中二氧化氮检验标准方法　改进的 Saltzman 法（GB/T 12372—1990）

标准名称：居住区大气中二氧化氮检验标准方法　改进的 Saltzman 法

英文名称：Standard method for examination of nitrogen dioxide in air of residential areas - Modified Saltzman method

标准编号：GB/T 12372—1990

适用范围：本标准规定了用分光光度法测定居住区大气中二氧化氮的浓度。

本标准适用于居住区大气中二氧化氮浓度的测定，也适用于室内和公共场所空气中二氧化氮浓度的测定。

（1）灵敏度：1 mL 中含 1 μgNO_2^-应有 1.004±0.012 吸光度。

（2）检出下限：检出下限为 0.015 μgNO_2^-/mL 吸收液，若采样体积 5 L，最低检出浓度 0.03 μg/m^3。

（3）测定范围：对于短时间采样（60 min 以内），测定范围为 10 mL 样品溶液中含 0.15～7.5 mg NO_2^-。若以采样流量 0.4 L/min 采气时，可测浓度范围为 0.03～1.7 mg/m^3；对于 24h 采样，测定范围为 50 mL 样品溶液中含 0.75～37.5 μg NO_2^-。若采样流量 0.2 L/min，采气 288 L 时，可测浓度范围为 0.003～0.15 mg/m^3。

（4）干扰及排出：大气中的一氧化氮、二氧化硫、硫化氢和氟化物对本方法均无干扰，臭氧浓度大于 0.25 mg/m^3 时对本方法有正干扰。过氧乙酰硝酸酯（PAN）可增加 15%～35%的读数。然而，在一般情况下，大气中的 PAN 浓度较低，不致产生明显的误差。

替代情况：/

发布时间：1990-03-22

实施时间：1991-03-01

3.6.2 环境空气　二氧化氮的测定　Saltzman 法（GB/T 15435—1995）

详见第五章 3.8.2

3.6.3 化学发光法（HJ/T 167—2004 附录 C.2）

标准名称：化学发光法

英文名称：/

标准编号：室内环境空气质量监测技术规范 HJ/T 167—2004 附录 C.2

适用范围：本标准适用于室内环境空气质量监测。

替代情况：/

发布时间：2004-12-09

实施时间：2004-12-09

3.7 一氧化碳（CO）

3.7.1 空气质量　一氧化碳的测定　非分散红外法（GB/T 9801—1988）

详见第五章 3.1.1

3.7.2 公共场所空气中一氧化碳测定方法（GB/T 18204.23—2000）

标准名称：公共场所空气中一氧化碳测定方法

英文名称：Methods for determination of carbon monoxide in air of public places

标准编号：GB/T 18204.23—2000

适用范围：本标准规定了公共场所空气中一氧化碳浓度的测定方法。

本标准适用于公共场所空气中一氧化碳浓度的测定。

替代情况：/

发布时间：2000-09-30

实施时间：2001-01-01

3.7.3 电化学法（HJ/T 167—2004 附录 D.3）

标准名称：电化学法

英文名称：/

标准编号： 室内环境空气质量监测技术规范 HJ/T 167—2004 附录 D.3

适用范围： 本标准适用于室内环境空气质量监测。

替代情况： /

发布时间： 2004-12-09

实施时间： 2004-12-09

3.8　二氧化碳（CO_2）

3.8.1　公共场所空气中二氧化碳测定方法（GB/T 18204.24—2000）

标准名称： 公共场所空气中二氧化碳测定方法

英文名称： Methods for determination of carbon dioxide in air of public places

标准编号： GB/T 18204.24—2000

适用范围： 本标准规定了公共场所空气中二氧化碳浓度的测定方法。

本标准适用于公共场所空气中二氧化碳浓度的测定。

替代情况： /

发布时间： 2000-09-30

实施时间： 2001-01-01

3.9　氨（NH_3）

3.9.1　公共场所空气中氨测定方法（GB/T 18204.25—2000）

标准名称： 公共场所空气中氨测定方法

英文名称： Methods for determination of ammonia in air of　public places

标准编号： GB/T 18204.25—2000

适用范围： 本标准规定了公共场所空气中氨浓度的测定方法。

本标准适用于公共场所空气中氨浓度的测定，也适用于居住区大气和室内空气中氨浓度的测定。

替代情况： /

发布时间： 2000-09-30

实施时间： 2001-01-01

3.9.2　环境空气和废气　氨的测定　纳氏试剂分光光度法（HJ 533—2009）

详见第五章 3.14.1

3.9.3　空气质量　氨的测定　离子选择电极法（GB/T 14669—1993）

详见第五章 3.14.3

3.9.4　环境空气　氨的测定　次氯酸钠-水杨酸分光光度法（HJ 534—2009）

详见第五章 3.14.2

3.9.5 光离子化气相色谱法（HJ/T 167—2004 附录 F.4）

标准名称：光离子化气相色谱法

英文名称：/

标准编号：室内环境空气质量监测技术规范 HJ/T 167—2004 附录 F.4

适用范围：本标准适用于室内环境空气质量监测。

替代情况：/

发布时间：2004-12-09

实施时间：2004-12-09

3.10 臭氧（O_3）

3.10.1 环境空气 臭氧的测定 紫外光度法（HJ 590—2010）

详见第五章 3.9.1

3.10.2 公共场所空气中臭氧测定方法（GB/T 18204.27—2000）

标准名称：公共场所空气中臭氧测定方法

英文名称：Method of examination of ozone in air of public places

标准编号：GB/T 18204.27—2000

适用范围：本标准规定了用靛蓝二磺酸钠分光光度法测定空气中臭氧的浓度。本标准适用于公共场所和室内空气中臭氧的测定。

替代情况：/

发布时间：2000-09-30

实施时间：2001-01-01

3.10.3 环境空气 臭氧的测定 靛蓝二磺酸钠分光光度法（HJ 504—2009）

详见第五章 3.9.2

3.10.4 化学发光法（HJ/T 167—2004 附录 G.3）

标准名称：化学发光法

英文名称：/

标准编号：室内环境空气质量监测技术规范 HJ/T 167—2004 附录 G.3

适用范围：本标准适用于室内环境空气质量监测。

替代情况：/

发布时间：2004-12-09

实施时间：2004-12-09

3.11 甲醛（HCHO）

3.11.1 居住区大气中甲醛卫生检验标准方法 分光光度法（GB/T 16129—1995）

标准名称：居住区大气中甲醛卫生检验标准方法 分光光度法

英文名称：Standard method for hygienic examination of formaldehyde in air of residential areas - Spectrophotometric method

标准编号：GB/T 16129—1995

适用范围：本标准规定了用分光光度法测定居住区大气中甲醛浓度的方法，也适用于公共场所空气中甲醛浓度的测定。

本标准测定范围为 2 mL 样品溶液中含 0.2～3.2 μg 甲醛污染物。若采样流量为 1 L/min，采样体积为 20 L，则测定浓度范围为 0.01～0.16 mg/m^3。

乙醛、丙醛、正丁醛、丙烯醛、丁烯醛、乙二醛、苯（甲）醛、甲醇、乙醇、正丙醇、正丁醇、仲丁醇、异丁醇、异戊醇、乙酸乙酯对本方法无影响；大气中共存的二氧化氮和二氧化硫对测定无干扰。

替代情况：/

发布时间：1995-12-15

实施时间：1996-07-01

3.11.2 公共场所空气中甲醛测定方法（GB/T 18204.26—2000）

标准名称：公共场所空气中甲醛测定方法

英文名称：Methods for determination of formaldehyde in air of public places

标准编号：GB/T 18204.26—2000

适用范围：本标准规定了公共场所空气中甲醛浓度的测定方法。

本标准适用于公共场所空气中甲醛浓度的测定。

替代情况：/

发布时间：2000-09-30

实施时间：2001-01-01

3.11.3 空气质量 甲醛的测定 乙酰丙酮分光光度法（GB/T 15516—1995）

详见第五章 3.30.1

3.11.4 电化学传感器法（HJ/T 167—2004 附录 H.5）

标准名称：电化学传感器法

英文名称：/

标准编号：室内环境空气质量监测技术规范 HJ/T 167—2004 附录 H.5

适用范围：本标准适用于室内环境空气质量监测。

替代情况：/

发布时间：2004-12-09

实施时间：2004-12-09

3.12 苯（C_6H_6）

3.12.1 环境空气 苯系物的测定 固体吸附/热脱附-气相色谱法（HJ 583—2010）

详见第五章 3.13.1

3.12.2 居住区大气中苯、甲苯和二甲苯卫生检验标准方法 气相色谱法（GB/T 11737—1989）

标准名称：居住区大气中苯、甲苯和二甲苯卫生检验标准方法 气相色谱法

英文名称：Standard method for hygienic examination of benzene，toluene and xylene in air of residential areas - Gas chromatography

标准编号：GB/T 11737—1989

适用范围：本标准规定了用气相色谱法测定居住区大气中苯、甲苯和二甲苯的浓度。

本标准适用于居住区大气中苯、甲苯和二甲苯浓度的测定，也适用于室内空气中苯、甲苯和二甲苯浓度的测定。

（1）检出下限：当采样量为 10 L，热解吸为 100 mL 气体样品，进样 1 mL 时，苯、甲苯和二甲苯的检出下限分别为 0.005 mg/m^3、0.01 mg/m^3 和 0.02 mg/m^3；若用 1 mL 二硫化碳提取的液体样品，进样 1 μL 时，苯、甲苯和二甲苯的检出下限分别为 0.025 mg/m^3、0.05 mg/m^3 和 0.1 mg/m^3。

（2）测定范围：当用活性炭管采气样 10 L，热解吸时，苯的测量范围为 0.005 ～10 mg/m^3，甲苯为 0.01～10 mg/m^3，二甲苯为 0.02～10 mg/m^3；二硫化碳提取时，苯的测量范围为 0.025 ～20 mg/m^3，甲苯为 0.05～20 mg/m^3，二甲苯为 0.1～20 mg/m^3。

（3）干扰与排除：当空气中水蒸气或水雾量太大，以致在炭管中凝结时，严重影响活性炭管的穿透容量及采样效率，空气湿度在 90%时，活性炭管的采样效率仍然符合要求，空气中的其他污染物的干扰由于采用了气相色谱分离技术，选择合适的色谱分离条件已予以消除。

替代情况：/

发布时间：1989-09-21

实施时间：1990-07-01

3.12.3 环境空气 苯系物的测定 活性炭吸附/二硫化碳解吸-气相色谱法（HJ 584—2010）

详见第五章 3.13.2

3.12.4 室内空气中苯的检验方法（毛细管气相色谱法）（GB/T 18883—2002 附录 B）

标准名称：室内空气中苯的检验方法（毛细管气相色谱法）

英文名称：/

标准编号：室内空气质量标准 GB/T 18883—2002 附录 B

适用范围：

（1）测定范围：采样量为 20 L 时，用 1 mL 二硫化碳提取，进样 1 μL，测定范围为 0.05～10 mg/m^3。

（2）适用场所：本方法适用于室内空气和居住区大气中苯浓度的测定。

替代情况：/

发布时间：2002-11-19

实施时间：2003-03-01

3.12.5 光离子化气相色谱法（HJ/T 167—2004 附录 I.3）

标准名称：光离子化气相色谱法

英文名称：/

标准编号：室内环境空气质量监测技术规范 HJ/T 167—2004 附录 I.3

适用范围：本标准适用于室内环境空气质量监测。

替代情况：/

发布时间：2004-12-09

实施时间：2004-12-09

3.13 甲苯（C_7H_8）、

3.13.1 环境空气 苯系物的测定 固体吸附/热脱附-气相色谱法（HJ 583—2010）

详见第五章 3.13.1

3.13.2 居住区大气中苯、甲苯和二甲苯卫生检验标准方法 气相色谱法（GB/T 11737—1989）

详见本章 3.12.2

3.13.3 环境空气 苯系物的测定 活性炭吸附/二硫化碳解吸-气相色谱法（HJ 584—2010）

详见第五章 3.13.2

3.13.4 光离子化气相色谱法（HJ/T 167—2004 附录 I.3）

详见本章 3.12.5

3.14 二甲苯（C_8H_{10}）

3.14.1 环境空气 苯系物的测定 固体吸附/热脱附-气相色谱法（HJ 583—2010）

详见第五章 3.13.1

3.14.2 居住区大气中苯、甲苯和二甲苯卫生检验标准方法 气相色谱法（GB/T 11737—1989）

详见本章 3.12.2

3.14.3 环境空气 苯系物的测定 活性炭吸附/二硫化碳解吸-气相色谱法（HJ 584—2010）

详见第五章 3.13.2

3.14.4 光离子化气相色谱法（HJ/T 167—2004 附录 I.3）

详见本章 3.12.5

3.15　可吸入颗粒物（PM_{10}）

3.15.1　室内空气中可吸入颗粒物的测定方法　撞击式称重法（GB/T 17095—1997 附录 A）

标准名称：室内空气中可吸入颗粒物的测定方法　撞击式称重法

英文名称：/

标准编号：室内空气中可吸入颗粒物卫生标准 GB/T 17095—1997 附录 A

适用范围：本标准规定了室内空气中可吸入颗粒物日平均最高容许浓度及采样器的要求。本标准适用于室内空气监测和评价，不适用于生产性场所的室内环境。

替代情况：/

发布时间：1997-11-11

实施时间：1998-12-01

3.16　总挥发性有机化合物

3.16.1　室内空气中总挥发性有机物（TVOC）的检验方法（热解吸/毛细管气相色谱法）（GB/T 18883—2002 附录 C）

标准名称：室内空气中总挥发性有机物（TVOC）的检验方法（热解吸/毛细管气相色谱法）

英文名称：/

标准编号：室内空气质量标准　GB/T 18883—2002 附录 C

适用范围：

（1）测定范围：本方法适用于浓度范围为 0.5 μg/m^3～ 100 mg/m^3 之间的空气中 VOCs 的测定。

（2）适用场所：本方法适用于室内、环境和工作场所空气，也适用于评价小型或大型测试舱室内材料的释放。

替代情况：/

发布时间：2002-11-19

实施时间：2003-03-01

编写人：姜　薇

第七章

废　气

1 排放标准

1.1 大气污染物综合排放标准（GB 16297—1996）

标准名称：大气污染物综合排放标准

英文名称：Integrated emission standard of air pollutants

标准编号：GB 16297—1996

适用范围：

（1）主题内容：本标准规定了33种大气污染物的排放限值，同时规定了标准执行中的各种要求。

（2）适用范围：在我国现有的国家大气污染物排放标准体系，按照综合性排放标准与行业性排放标准不交叉执行的原则，锅炉执行《锅炉大气污染物排放标准》（GB 13271—1991）、工业炉窑执行《工业炉窑大气污染物排放标准》（GB 9078—1996）、火电厂执行《火电厂大气污染物排放标准》（GB 13223—1996）、炼焦炉执行《炼焦炉大气污染物排放标准》（GB 16171—1996）、水泥厂执行《水泥厂大气污染物排放标准》（GB 4915 —1996）、恶臭物质排放执行《恶臭污染物排放标准》（GB 14554—1993）、汽车排放执行《汽车大气污染物排放标准》（GB 14761.1～14761.7—1993）、摩托车排气执行《摩托车排气污染物排放标准》（GB 14621 —1993），其他大气污染物排放均执行本标准。

本标准实施后再行发布的行业性国家大气污染物排放标准，按其适用范围规定的污染源不再执行本标准。

本标准适用于现有污染源大气污染物排放管理，以及建设项目的环境影响评价、设计、环境保护设施竣工验收及其投产后的大气污染物排放管理。

替代情况：代替GB 3548—1983、GB 4276—1984、GB 4277—1984、GB 4282—1984、GB 4286 —1984、GB 4911—1985、GB 4912—1985、GB 4913—1985、GB 4916—1985、GB 4917—1985、GBJ 4 —1973各标准中的废气部分。

发布时间：1996-04-12

实施时间：1997-01-01

1.2 船舶工业污染物排放标准（GB 4286—1984）

详见第四章1.3

1.3 恶臭污染物排放标准（GB 14554—1993）

标准名称：恶臭污染物排放标准

英文名称：Emission standards for odor pollutants

标准编号：GB 14554—1993

适用范围：本标准分年限规定了八种恶臭污染物的一次最大排放限值、复合恶臭物质的臭气浓度限值及无组织排放源的厂界浓度限值。

本标准适用于全国所有向大气排放恶臭气体单位及垃圾堆放场的管理以及建设项目的环境影响

评价、设计、竣工验收及其建成后的排放管理。

替代情况：本标准替代 GBJ 4—1973 各标准中的硫化氢、二硫化碳指标部分。

发布时间：1993-08-06

实施时间：1994-01-15

1.4 工业炉窑大气污染物排放标准（GB 9078—1996）

标准名称：工业炉窑大气污染物排放标准

英文名称：Emission standard of air pollutants for industrial kiln and furnace

标准编号：GB 9078—1996

适用范围：本标准按年限规定了工业炉窑烟尘、生产性粉尘、有害污染物的最高允许排放浓度、烟尘黑度的排放限值。

本标准适用于除炼焦炉、焚烧炉、水泥厂以外使用固体、液体、气体燃料和电加热的工业炉窑的管理，以及工业炉窑建设项目环境影响评价、设计、竣工验收及其建成后的排放管理。

替代情况：代替 GB 4286—1984、GB 4911—1985、GB 4912—1985、GB 4913—1985、GB 4916—1985 等 5 项标准中的工业窑炉部分和 GB 9078—1988。

发布时间：1996-03-07

实施时间：1997-01-01

1.5 锅炉大气污染物排放标准（GB 13271—2001）

标准名称：锅炉大气污染物排放标准

英文名称：Emission standard of air pollutants for coal - burning oil - burnig gas - fired boilers

标准编号：GB 13271—2001

适用范围：本标准分年限规定了锅炉烟气中烟尘、二氧化硫和氮氧化物的最高允许排放浓度和烟气黑度的排放限值。

本标准适用于除煤粉发电锅炉和单台出力大于 45.5 MW（65t/h）发电锅炉以外的各种容量和用途的燃煤、燃油和燃气锅炉排放大气污染物的管理，以及建设项目环境影响评价、设计、竣工验收和建成后的排污管理。

使用甘蔗渣、锯末、稻壳、树皮等燃料的锅炉，参照本标准中燃煤锅炉大气污染物最高允许排放浓度执行。

替代情况：本标准代替 GB 13271—1991 和 GWPB 3—1999。本标准是对《锅炉大气污染物排放标准》（GB 13271—1991）的修订，本次修订的主要内容如下：

—— 进一步明确了标准的适用范围，增加了容量＜0.7 MW（1t/h）自然通风燃煤锅炉烟尘、烟气黑度、二氧化硫的最高允许排放浓度限值；

—— 增加了燃油、燃气锅炉烟尘、烟气黑度、二氧化硫、氮氧化物的最高允许排放浓度限值。

发布时间：2001-11-12

实施时间：2002-01-01

1.6 饮食业油烟排放标准（试行）（GB 18483—2001）

标准名称：饮食业油烟排放标准（试行）

英文名称： Emission standard of cooking fume

标准编号： GB 18483—2001

适用范围：

（1）主题内容：本标准规定了饮食业单位油烟的最高允许排放浓度和油烟净化设施的最低去除效率。

（2）适用范围：本标准适用于城市建成区。

本标准适用于现有饮食业单位的油烟排放管理，以及新设立饮食业单位的设计、环境影响评价、环境保护设施竣工验收及其经营期间的油烟排放管理；排放油烟的食品加工单位和非经营性单位内部职工食堂，参照本标准执行。

本标准不适用于居民家庭油烟排放。

替代情况： /

发布时间： 2001-11-12

实施时间： 2002-01-01

1.7　畜禽养殖业污染物排放标准（GB 18596—2001）

详见第四章 1.9

1.8　危险废物焚烧污染控制标准（GB 18484—2001）

标准名称： 危险废物焚烧污染控制标准

英文名称： Pollution control standard for hazardous wastes incineration

标准编号： GB 18484—2001

适用范围： 本标准从危险废物处理过程中环境污染防治的需要出发，规定了危险废物焚烧设施场所的选址原则、焚烧基本技术性能指标、焚烧排放大气污染物的最高允许排放限值、焚烧残余物的处置原则和相应的环境监测等。

本标准适用于除易爆和具有放射性以外的危险废物焚烧设施的设计、环境影响评价、竣工验收以及运行过程中的污染控制管理。

替代情况： 本标准代替 GWKB 2—1999。本标准内容等同于《危险废物焚烧污染控制标准》（GWKB 2—1999）。

发布时间： 2001-11-12

实施时间： 2002-01-01

1.9　生活垃圾焚烧污染控制标准（GB 18485—2001）

标准名称： 生活垃圾焚烧污染控制标准

英文名称： Standards for pollution control un the municipal solid waste incineration

标准编号： GB 18485—2001

适用范围： 本标准规定了生活垃圾焚烧厂选址原则、生活垃圾入厂要求、焚烧炉基本技术性能指标、焚烧厂污染物排放限值等要求。

本标准适用于生活垃圾焚烧设施的设计、环境影响评价、竣工验收以及运行过程中污染控制及监督管理。

替代情况： 本标准代替 HJ/T 18—1998 和 GWKB 3—2000。本标准内容等同于《生活垃圾焚烧污染控制标准》（GWKB 3—2000）。

发布时间： 2001-11-12

实施时间： 2002-01-01

1.10 城镇污水处理厂污染物排放标准（GB 18918—2002）

详见第四章 1.10

1.11 水泥工业大气污染物排放标准（GB 4915—2013）

标准名称： 水泥工业大气污染物排放标准

英文名称： Emission standard of air pollutants for cement industry

标准编号： GB 4915—2013

适用范围： 本标准规定了水泥制造企业（含独立粉磨站）、水泥原料矿山、散装水泥中转站、水泥制品企业及其生产设施的大气污染物排放限值、监测和监督管理要求。

本标准适用于现有水泥工业企业或生产设施的大气污染物排放管理，以及水泥工业建设项目的环境影响评价、环境保护设施设计、竣工环境保护验收及其投产后的大气污染物排放管理。

利用水泥窑协同处置固体废物，除执行本标准外，还应执行国家相应的污染控制标准的规定。

本标准适用于法律允许的污染物排放行为。新设立污染源的选址和特殊保护区域内现有污染源的管理，按照《中华人民共和国大气污染防治法》、《中华人民共和国水污染防治法》、《中华人民共和国海洋环境保护法》、《中华人民共和国固体废物污染环境防治法》、《中华人民共和国环境影响评价法》等法律、法规和规章的相关规定执行。

替代情况： 代替 GB 4915－2004。本次修订的主要内容有：——适用范围增加散装水泥中转站；——调整现有企业、新建企业大气污染物排放限值，增加适用于重点地区的大气污染物特别排放限值；——取消水泥窑焚烧危险废物的相关规定。

新建企业自 2014 年 3 月 1 日起，现有企业自 2015 年 7 月 1 日起，其大气污染物排放控制按本标准的规定执行，不再执行《水泥工业大气污染物排放标准》（GB 4915-2004）中的相关规定。

发布时间： 2013-12-27

实施时间： 2014-03-01

1.12 味精工业污染物排放标准（GB 19431—2004）

详见第四章 1.14

1.13 啤酒工业污染物排放标准（GB 19821—2005）

详见第四章 1.15

1.14 煤炭工业污染物排放标准（GB 20426—2006）

详见第四章 1.17

1.15 汽油运输大气污染物排放标准（GB 20951—2007）

标准名称：汽油运输大气污染物排放标准

英文名称：Emission standard of air pollutant for gasoline transport

标准编号：GB 20951—2007

适用范围：本标准规定了油罐车在汽油运输过程中的油气排放限值、控制技术要求和检测方法。

本标准适用于油罐车在汽油运输过程中的油气排放管理。

替代情况：/

发布时间：2007-06-22

实施时间：2007-08-01

1.16 储油库大气污染物排放标准（GB 20950—2007）

标准名称：储油库大气污染物排放标准

英文名称：Emission standard of air pollutant for bulk gasoline terminals

标准编号：GB 20950—2007

适用范围：本标准规定了储油库在储存、收发汽油过程中油气排放限值、控制技术要求和检测方法。

本标准适用于现有储油库汽油油气排放管理，以及储油库新、改、扩建项目的环境影响评价、设计、竣工验收和建成后的汽油油气排放管理。按照有关法律规定，本标准具有强制执行的效力。

替代情况：/

发布时间：2007-06-22

实施时间：2007-08-01

1.17 加油站大气污染物排放标准（GB 20952—2007）

标准名称：加油站大气污染物排放标准

英文名称：Emission standard of air pollutant for gasoline filling stations

标准编号：GB 20952—2007

适用范围：本标准规定了加油站汽油油气排放限值、控制技术要求和检测方法。

本标准适用于现有加油站汽油油气排放管理，以及新、改、扩建加油站项目的环境影响评价、设计、竣工验收及其建成后的汽油油气排放管理。

替代情况：/

发布时间：2007-06-22

实施时间：2007-08-01

1.18 煤层气（煤矿瓦斯）排放标准（暂行）（GB 21522—2008）

标准名称：煤层气（煤矿瓦斯）排放标准（暂行）

英文名称：Emission standard of coalbed methane/coal mine gas（on trial）

标准编号：GB 21522—2008

适用范围：本标准规定了煤矿瓦斯排放限值以及煤层气地面开发系统煤层气排放限值。

本标准适用于现有矿井、煤层气地面开发系统瓦斯排放控制管理以及新建、改建、扩建矿井以及煤层气地面开发系统项目的环境影响评价、设计、竣工验收及其建成后的瓦斯排放控制管理。

本标准适用于法律允许的污染物排放行为，新建矿井或煤层气地面开发系统的选址和特殊保护区域内现有矿井或煤层气地面开发系统的管理，按《中华人民共和国大气污染防治法》第十六条的相关规定执行。

替代情况：/

发布时间：2008-04-02

实施时间：2008-07-01

1.19 电镀污染物排放标准（GB 21900—2008）

详见第四章 1.21

1.20 合成革与人造革工业污染物排放标准（GB 21902—2008）

详见第四章 1.23

1.21 陶瓷工业污染物排放标准（GB 25464—2010）

详见第四章 1.35

1.22 铝工业污染物排放标准（GB 25465—2010）

详见第四章 1.36

1.22.1 《铝工业污染物排放标准》（GB 25465—2010）修改单

修改单内容：根据国家环境保护工作的要求，在国土开发密度较高、环境承载能力开始减弱，或大气环境容量较小、生态环境脆弱，容易发生严重大气环境污染问题而需要采取特别保护措施的地区，应严格控制企业的污染物排放行为，在上述地区的企业执行修改单中表 1 规定的大气污染物特别排放限值。新增加的氮氧化物浓度的测定采用修改单中表 2 所列的方法标准。执行大气污染物特别排放限值的地域范围、时间，由国务院环境保护行政主管部门或省级人民政府规定。

公告：2013 年　第 79 号

修改日期：2013-12-27

1.23 铅、锌工业污染物排放标准（GB 25466—2010）

详见第四章 1.37

1.23.1 《铅、锌工业污染物排放标准》（GB 25466—2010）修改单

修改单内容：根据国家环境保护工作的要求，在国土开发密度较高、环境承载能力开始减弱，或大气环境容量较小、生态环境脆弱，容易发生严重大气环境污染问题而需要采取特别保护措施的地区，应严格控制企业的污染物排放行为，在上述地区的企业执行修改单中表 1 规定的大气污染物特别排放限值。新增加的氮氧化物浓度的测定采用修改单中表 2 所列的方法标准。执行大气污染物特别排放限值的地域范围、时间，由国务院环境保护行政主管部门或省级人民政府规定。

公告：2013 年 第 79 号

修改日期：2013-12-27

1.24 铜、镍、钴工业污染物排放标准（GB 25467—2010）

详见第四章 1.38

1.24.1 《铜、镍、钴工业污染物排放标准》（GB 25467—2010）修改单

修改单内容：根据国家环境保护工作的要求，在国土开发密度较高、环境承载能力开始减弱，或大气环境容量较小、生态环境脆弱，容易发生严重大气环境污染问题而需要采取特别保护措施的地区，应严格控制企业的污染物排放行为，在上述地区的企业执行修改单中表 1 规定的大气污染物特别排放限值。新增加的氮氧化物浓度的测定采用修改单中表 2 所列的方法标准。执行大气污染物特别排放限值的地域范围、时间，由国务院环境保护行政主管部门或省级人民政府规定。

公告：2013 年 第 79 号

修改日期：2013-12-27

1.25 镁、钛工业污染物排放标准（GB 25468—2010）

详见第四章 1.39

1.25.1 《镁、钛工业污染物排放标准》（GB 25468—2010）修改单

修改单内容：根据国家环境保护工作的要求，在国土开发密度较高、环境承载能力开始减弱，或大气环境容量较小、生态环境脆弱，容易发生严重大气环境污染问题而需要采取特别保护措施的地区，应严格控制企业的污染物排放行为，在上述地区的企业执行修改单中表 1 规定的大气污染物特别排放限值。新增加的氮氧化物浓度的测定采用修改单中表 2 所列的方法标准。执行大气污染物特别排放限值的地域范围、时间，由国务院环境保护行政主管部门或省级人民政府规定。

公告：2013 年 第 79 号

修改日期：2013-12-27

1.26 硝酸工业污染物排放标准（GB 26131—2010）

详见第四章 1.40

1.27 硫酸工业污染物排放标准（GB 26132—2010）

详见第四章 1.41

1.28 稀土工业污染物排放标准（GB 26451—2011）

详见第四章 1.42

1.28.1 《稀土工业污染物排放标准》（GB 26451—2011）修改单

修改单内容：根据国家环境保护工作的要求，在国土开发密度较高、环境承载能力开始减弱，或大气环境容量较小、生态环境脆弱，容易发生严重大气环境污染问题而需要采取特别保护措施的

地区，应严格控制企业的污染物排放行为，在上述地区的企业执行修改单中表 1 规定的大气污染物特别排放限值。执行大气污染物特别排放限值的地域范围、时间，由国务院环境保护行政主管部门或省级人民政府规定。

公告：2013 年　第 79 号

修改日期：2013-12-27

1.29　钒工业污染物排放标准（GB 26452—2011）

详见第四章 1.44

1.29.1　《钒工业污染物排放标准》（GB 26452—2011）修改单

修改单内容：根据国家环境保护工作的要求，在国土开发密度较高、环境承载能力开始减弱，或大气环境容量较小、生态环境脆弱，容易发生严重大气环境污染问题而需要采取特别保护措施的地区，应严格控制企业的污染物排放行为，在上述地区的企业执行修改单中表 1 规定的大气污染物特别排放限值。新增加的氮氧化物浓度的测定采用修改单中表 2 所列的方法标准。执行大气污染物特别排放限值的地域范围、时间，由国务院环境保护行政主管部门或省级人民政府规定。

公告：2013 年　第 79 号

修改日期：2013-12-27

1.30　平板玻璃工业大气污染物排放标准（GB 26453—2011）

标准名称：平板玻璃工业大气污染物排放标准

英文名称：Emission standard of air pollutants for flat glass industry

标准编号：GB 26453—2011

适用范围：本标准规定了平板玻璃制造企业或生产设施的大气污染物排放限值、监测和监控要求，以及标准实施与监督等相关规定。

本标准适用于现有平板玻璃制造企业或生产设施的大气污染物排放管理。

本标准适用于对平板玻璃工业建设项目的环境影响评价、环境保护设施设计、竣工环境保护验收及其投产后的大气污染物排放管理。

电子玻璃工业太阳能电池玻璃（薄膜太阳能电池用基板玻璃、晶体硅太阳能电池用封装玻璃等）生产中的大气污染物控制适用本标准。

本标准适用于法律允许的污染物排放行为。新设立污染源的选址和特殊保护区域内现有污染源的管理，按照《中华人民共和国大气污染防治法》、《中华人民共和国水污染防治法》、《中华人民共和国海洋环境保护法》、《中华人民共和国固体废物污染环境防治法》、《中华人民共和国环境影响评价法》等法律、法规、规章的相关规定执行。

替代情况：/

发布时间：2011-04-02

实施时间：2011-10-01

1.31　橡胶制品工业污染物排放标准（GB 27632—2011）

详见第四章 1.47

1.32 火电厂大气污染物排放标准（GB 13223—2011）

标准名称：火电厂大气污染物排放标准

英文名称：Emission standard of air pollutants for thermal power plants

标准编号：GB 13223—2011

适用范围：本标准规定了火电厂大气污染物排放浓度限值、监测和监控要求，以及标准的实施与监督等相关规定。

本标准适用于现有火电厂的大气污染物排放管理以及火电厂建设项目的环境影响评价、环境保护工程设计、竣工环境保护验收及其投产后的大气污染物排放管理。

本标准不适用于各种容量的以生活垃圾、危险废物为燃料的火电厂。

本标准适用于法律允许的污染物排放行为。新设立污染源的选址和特殊保护区域内现有污染源的管理，按照《中华人民共和国大气污染防治法》、《中华人民共和国水污染防治法》、《中华人民共和国海洋环境保护法》、《中华人民共和国固体废物污染环境防治法》、《中华人民共和国环境影响评价法》等法律、法规和规章的相关规定执行。

本标准首次发布于1991年，1996年第一次修订，2003年第二次修订。火电厂排放的水污染物、恶臭污染物和环境噪声适用相应的国家污染物排放标准，产生固体废物的鉴别、处理和处置适用国家固体废物污染控制标准。自本标准实施之日起，火电厂大气污染物排放控制按本标准的规定执行，不再执行国家污染物排放标准《火电厂大气污染物排放标准》（GB 13223—2003）中的相关规定。

替代情况：本标准代替GB 13223—2003。本次修订的主要内容如下：

—— 调整了大气污染物排放浓度限值；

—— 规定了现有火电锅炉达到更加严格的排放浓度限值的时限；

—— 取消了全厂二氧化氯最高允许排放速率的限值；

—— 增设了燃气锅炉大气污染物排放浓度限值；

—— 增设了大气污染物特别排放限值。

发布时间：2011-07-29

实施时间：2012-01-01

1.33 炼焦化学工业污染物排放标准（GB 16171—2012）

详见第四章1.51

1.34 铁矿采选工业污染物排放标准（GB 28661—2012）

详见第四章1.49

1.35 钢铁烧结、球团工业大气污染物排放标准（GB 28662—2012）

标准名称：钢铁烧结、球团工业大气污染物排放标准

英文名称：Emission standard of air pollutants for sintering and pelletizing of iron and steel industry

标准编号：GB 28662—2012

适用范围：本标准规定了钢铁烧结及球团生产企业或生产设施的大气污染物排放限值、监测和监控要求，以及标准的实施与监督等相关规定。

本标准适用于现有钢铁烧结及球团生产企业或生产设施的大气污染物排放管理，以及钢铁烧结及球团工业建设项目的环境影响评价、环境保护设施设计、竣工环境保护验收及其投产后的大气污染物排放管理。

本标准适用于法律允许的污染物排放行为。新设立污染源的选址和特殊保护区域内现有污染源的管理，按照《中华人民共和国大气污染防治法》、《中华人民共和国水污染防治法》、《中华人民共和国海洋环境保护法》、《中华人民共和国固体废物污染环境防治法》、《中华人民共和国环境影响评价法》等法律、法规、规章的相关规定执行。

替代情况：/

发布时间：2012-06-27

实施时间：2012-10-01

1.36 炼铁工业大气污染物排放标准（GB 28663—2012）

标准名称：炼铁工业大气污染物排放标准

英文名称：Emission standard of air pollutants for iron smelt industry

标准编号：GB 28663—2012

适用范围：本标准规定了炼铁生产企业或生产设施大气污染物排放限值、监测和监控要求，以及标准的实施与监督等相关规定。

本标准适用于现有炼铁生产企业或生产设施大气污染物排放管理，以及炼铁工业建设项目的环境影响评价、环境保护设施设计、竣工环境保护验收及其投产后的大气污染物排放管理。

本标准适用于法律允许的污染物排放行为；新设立污染源的选址和特殊保护区域内现有污染源的管理，按照《中华人民共和国大气污染防治法》、《中华人民共和国水污染防治法》、《中华人民共和国海洋环境保护法》、《中华人民共和国固体废物污染环境防治法》、《中华人民共和国环境影响评价法》等法律、法规、规章的相关规定执行。

替代情况：/

发布时间：2012-06-27

实施时间：2012-10-01

1.37 炼钢工业大气污染物排放标准（GB 28664—2012）

标准名称：炼钢工业大气污染物排放标准

英文名称：Emission standard of air pollutants for steel smelt industry

标准编号：GB 28664—2012

适用范围：本标准规定了炼钢生产企业或生产设施大气污染物排放限值、监测和监控要求，以及标准的实施与监督等相关规定。

本标准适用于现有炼钢生产企业或生产设施大气污染物排放管理，以及炼钢工业建设项目的环境影响评价、环境保护设施设计、竣工环境保护验收及其投产后的大气污染物排放管理。

本标准只适用于法律允许的污染物排放行为；新设立污染源的选址和特殊保护区域内现有污染源的管理，按照《中华人民共和国大气污染防治法》、《中华人民共和国水污染防治法》、《中华人民共和国海洋环境保护法》、《中华人民共和国固体废物污染环境防治法》、《中华人民共和国放射性污染防治法》、《中华人民共和国环境影响评价法》等法律、法规、规章的相关规定执行。

替代情况：/

发布时间：2012-06-27

实施时间：2012-10-01

1.38 轧钢工业大气污染物排放标准（GB 28665—2012）

标准名称：轧钢工业大气污染物排放标准

英文名称：Emission standard of air pollutants for steel rolling industry

标准编号：GB 28665—2012

适用范围：本标准规定了轧钢生产企业或生产设施的大气污染物排放限值、监测和监控要求，以及标准的实施与监督等相关规定。

本标准适用于现有轧钢生产企业或生产设施大气污染物排放管理，以及轧钢工业建设项目的环境影响评价、环境保护设施设计、竣工环境保护验收及其投产后的大气污染物排放管理。

本标准适用于法律允许的污染物排放行为；新设立污染源的选址和特殊保护区域内现有污染源的管理，按照《中华人民共和国大气污染防治法》、《中华人民共和国水污染防治法》、《中华人民共和国海洋环境保护法》、《中华人民共和国固体废物污染环境防治法》、《中华人民共和国环境影响评价法》等法律、法规、规章的相关规定执行。

替代情况：/

发布时间：2012-06-27

实施时间：2012-10-01

1.39 铁合金工业大气污染物排放标准（GB 28666—2012）

详见第四章 1.50

1.40 电子玻璃工业大气污染物排放标准（GB 29495—2013）

标准名称：电子玻璃工业大气污染物排放标准

英文名称：Emission standard of air pollutants for electronic glass industry

标准编号：GB 29495—2013

适用范围：本标准规定了电子玻璃企业或生产设施的大气污染物排放限值、监测和监控要求，以及标准实施与监督等相关规定。适用于现有电子玻璃企业或生产设施的大气污染物排放管理。适用于对电子玻璃工业建设项目的环境影响评价、环境保护设施设计、竣工环境保护验收及其投产后的大气污染物排放管理。电子玻璃工业太阳能电池玻璃（薄膜太阳能电池用基板玻璃、晶体硅太阳能电池用封装玻璃等）生产中的大气污染物排放控制不适用本标准。本标准适用于法律允许的污染物排放行为，新设立污染源的选址和特殊保护区域内现有污染源的管理，按照《中华人民共和国大气污染防治法》、《中华人民共和国水污染防治法》、《中华人民共和国海洋环境保护法》、《中华人民共和国固体废物污染环境防治法》、《中华人民共和国环境影响评价法》等法律、法规、规章的相关规定执行。

替代情况：/

发布时间：2013-03-14

实施时间：2013-07-01

1.41 砖瓦工业大气污染物排放标准（GB 29620—2013）

标准名称：砖瓦工业大气污染物排放标准

英文名称：Emission standard of air pollutants for brick and tile industry

标准编号：GB 29620—2013

适用范围：本标准规定了砖瓦工业生产过程的大气污染物排放限值、监测和监控要求，以及标准的实施与监督等相关规定。适用于现有砖瓦工业企业或生产设施的大气污染物排放管理，以及砖瓦工业建设项目的环境影响评价、环境保护设施设计、竣工环境保护验收及其投产后的大气污染物排放管理。适用于以粘土、页岩、煤矸石、粉煤灰为主要原料的砖瓦烧结制品生产过程和以砂石、粉煤灰、石灰及水泥为主要原料的砖瓦非烧结制品生产过程。本标准不适用于利用污泥、垃圾、其他工业尾矿等为原料的砖瓦生产过程。适用于法律允许的污染物排放行为。新设立污染源的选址和特殊保护区域内现有污染源的管理，按照《中华人民共和国大气污染防治法》、《中华人民共和国环境影响评价法》等法律、法规和规章的相关规定执行。

替代情况：/

发布时间：2013-09-17

实施时间：2014-01-01

1.42 医疗机构水污染物排放标准（GB 18466—2005）

详见第四章 1.16

1.43 电池工业污染物排放标准（GB 30484—2013）

标准名称：电池工业污染物排放标准

英文名称：Emission standard of pollutants for battery industry

标准编号：GB 30484-2013

适用范围：本标准规定了电池（包括锌锰电池（糊式电池、纸板电池、叠层电池、碱性锌锰电池）、锌空气电池、锌银电池、铅蓄电池、镉镍电池、氢镍电池、锂离子电池、锂电池、太阳电池）工业企业水污染物和大气污染物排放限值、监测和监控要求，以及标准的实施与监督等相关规定。

本标准适用于电池工业企业或生产设施的水污染物和大气污染物排放管理，以及电池工业企业建设项目的环境影响评价、环境保护设施设计、竣工环境保护验收及其投产后的水污染物和大气污染物排放管理。

本标准适用于法律允许的污染物排放行为。新设立污染源的选址和特殊保护区域内现有污染源的管理，按照《中华人民共和国大气污染防治法》、《中华人民共和国水污染防治法》、《中华人民共和国海洋环境保护法》、《中华人民共和国固体废物污染环境防治法》、《中华人民共和国环境影响评价法》等法律、法规、规章的相关规定执行。

本标准规定的水污染物排放控制要求适用于企业直接或间接向其法定边界外排放水污染物的行为。

替代情况：电池工业新建企业自 2014 年 3 月 1 日起，现有企业自 2014 年 7 月 1 日起，其水和大气污染物排放控制按本标准的规定执行，不再执行《污水综合排放标准》（GB 8978—1996）和《大气污染物综合排放标准》（GB 16297—1996）中的相关规定。

发布时间： 2013-12-27

实施时间： 2014-03-01

1.44 水泥窑协同处置固体废物污染控制标准（GB 30485—2013）

标准名称： 水泥窑协同处置固体废物污染控制标准

英文名称： Standard for pollution control on co-processing of solid wastes inCement kiln

标准编号： GB 30485—2013

适用范围： 本标准规定了协同处置固体废物水泥窑的设施技术要求、入窑废物特性要求、运行操作要求、污染物排放限值、生产的水泥产品污染物控制要求、监测和监督管理要求。

本标准适用于利用水泥窑协同处置危险废物、生活垃圾（包括废塑料、废橡胶、废纸、废轮胎等）、城市和工业污水处理污泥、动植物加工废物、受污染土壤、应急事件废物等固体废物过程的污染控制和监督管理。当水泥窑协同处置生活垃圾时，若掺加生活垃圾的质量超过入窑（炉）物料总质量的 30%，应执行《生活垃圾焚烧污染控制标准》。

本标准适用于法律允许的污染物排放行为。新设立污染源的选址和特殊保护区域内现有污染源的管理，按照《中华人民共和国大气污染防治法》、《中华人民共和国水污染防治法》、《中华人民共和国海洋环境保护法》、《中华人民共和国固体废物污染环境防治法》、《中华人民共和国放射性污染防治法》、《中华人民共和国环境影响评价法》等法律、法规和规章的相关规定执行。

替代情况： /

发布时间： 2013-12-16

实施时间： 2014-03-01

2 监测规范

2.1 大气污染物无组织排放监测技术导则（HJ/T 55—2000）

标准名称： 大气污染物无组织排放监测技术导则

英文名称： Technical guidelines for fugitive emission monitoring of air pollutants

标准编号： HJ/T 55—2000

适用范围：

（1）主题内容：本标准对大气污染物无组织排放监控点设置方法、监测气象条件的判定和选择、监测结果的计算等作出规定和指导，是《大气污染物综合排放标准》（GB 16297—1996）附录 C 的补充和具体化。

（2）适用范围：本标准适用于环境监测部门为实施 GB 16297—1996 附录 C，对大气污染物无组织排放进行的监测，亦适用于各污染源单位为实行自我管理而进行的同类监测。

本标准为技术指导性文件，环境监测部门应按照 GB 16297—1996 附录 C 的规定和原则要求，参照具体情况和需要，执行标准相应的规定和要求。

工业炉窑、炼焦炉、水泥厂的大气污染物无组织排放监测点设置，仍按其相应大气污染物排放标准 GB 9078—1996、GB 16171—1996、GB 4915—1996 中的有关规定执行，其余有关问题参照本标准的规定执行。

替代情况：/

发布时间：2000-12-07

实施时间：2001-03-01

2.2 燃煤锅炉烟尘和二氧化硫排放总量核定技术方法——物料衡算法（试行）（HJ/T 69 —2001）

标准名称：燃煤锅炉烟尘和二氧化硫排放总量核定技术方法——物料衡算法（试行）

英文名称：Technical method for checking and ratifying the emission gross of soot and SO_2 for coal - burning boiler - Method of balanced calculation between materials and products

标准编号：HJ/T 69—2001

适用范围：本标准适用于《锅炉大气污染物排放标准》（GWPB 3—1999）规定的、单台容量≤14 MW（20 t/h）的各种用途的燃煤锅炉烟尘和二氧化硫排放总量的污染管理。

本方法规定了燃煤锅炉煤耗量核定系数计算方法，煤耗量核定计量方法，烟尘和二氧化硫排污系数及其排放总量的计算方法。

替代情况：/

发布时间：2001-7-27

实施时间：2001-11-1

2.3 固定污染源烟气排放连续监测技术规范（试行）（HJ/T 75—2007）

标准名称：固定污染源烟气排放连续监测技术规范（试行）

英文名称：Specifications for continuous emissions monitoring of flue gas emitted from stationary sources（on trial）

标准编号：HJ/T 75—2007

适用范围：

（1）本标准规定了固定污染源烟气排放连续监测系统（Continuous Emissions Monitoring Systems，CEMS）中的颗粒物 CEMS、气态污染物（含 SO_2、NO_x 等）CEMS 和有关排气参数（含氧量等）连续监测系统（Continuous Monitoring Systems，CMS）的主要技术指标、检测项目、安装位置、调试检测方法、验收方法、日常运行管理、日常运行质量保证、数据审核和上报数据的格式。

（2）本标准适用于以固体、液体为燃料或原料的火电厂锅炉、工业/民用锅炉以及工业炉窑等固定污染源的烟气 CEMS。

（3）生活垃圾焚烧炉、危险废物焚烧炉及以气体为燃料或原料的固定污染源烟气 CEMS 可参照本标准执行。

替代情况：本标准代替 HJ/T 75—2001，本标准对《火电厂烟气排放连续监测技术规范》（HJ/T 75 —2001）主要做了如下修改：

—— 扩大了原规范的适用范围，覆盖了工业固定污染源；

—— 细化了固定污染源烟气排放连续监测系统的安装位置要求以及经验收合格后的烟气排放连续监测系统数据传输到污染源自动监控网络后的数据审核和处理要求；

—— 规定了固定污染源烟气排放连续监测系统的运行管理和质量保证要求；

—— 简化了各种固定污染源烟气排放连续监测方法和监测仪器结构的介绍；

—— 补充了固定污染源烟气排放连续监测系统的调试检测和比对监测的方法、技术要求和相关记录表格。

发布时间：2007-07-12

实施时间：2007-08-01

2.4 固定污染源监测质量保证与质量控制技术规范（试行）（HJ/T 373—2007）

详见第四章 2.3

2.5 固定源废气监测技术规范（HJ/T 397—2007）

标准名称：固定源废气监测技术规范

英文名称：Technical specifications for emission monitoring of stationary source

标准编号：HJ/T 397—2007

适用范围：本标准规定了在烟道、烟囱及排气筒等固定污染源排放废气中，颗粒物与气态污染物监测的手工采样和测定技术方法，以及便携式仪器监测方法。对固定源废气监测的准备、废气排放参数的测定、排气中颗粒物和气态污染物采样与测定方法、监测的质量保证等作了相应的规定。

本标准适用于各级环境监测站，工业、企业环境监测专业机构及环境科学研究部门等开展固定污染源废气污染物排放监测，建设项目竣工环保验收监测，污染防治设施治理效果监测，烟气连续排放监测系统验证监测，清洁生产工艺及污染防治技术研究性监测等。

替代情况：/

发布时间：2007-12-07

实施时间：2008-03-01

2.6 城市机动车排放空气污染测算方法（HJ/T 180—2005）

标准名称：城市机动车排放空气污染测算方法

英文名称：Method for estimation kr air pollution from vehicular emission in urban area

标准编号：HJ/T 180—2005

适用范围：本标准适用于城市区域机动车污染物排放量和污染物排放浓度贡献及机动车排放分担率和浓度分担率的测算。

替代情况：/

发布时间：2005-07-27

实施时间：2005-10-01

3 监测方法

3.1 样品采集

3.1.1 固定污染源排气中颗粒物测定与气态污染物采样方法（GB/T 16157—1996）

标准名称：固定污染源排气中颗粒物测定与气态污染物采样方法

英文名称：The determination of particulates and sampling methods of gaseous pollutants from exnaust gas of stationary source

标准编号：GB/T 16157—1996

适用范围：

（1）本标准规定了在烟道、烟囱及排气筒（以下简称烟道）等固定污染源排气中颗粒物的测定方法和气态污染物的采样方法。

（2）本标准适用于各种锅炉、工业炉窑及其他固定污染源排气中颗粒物的测定和气态污染物的采样。

替代情况：/

发布时间：1996-03-06

实施时间：1996-03-06

3.1.2 金属滤筒吸收和红外分光光度法测定油烟的采样及分析方法（GB 18483—2001 附录 A）

标准名称：金属滤筒吸收和红外分光光度法测定油烟的采样及分析方法

英文名称：/

标准编号：饮食业油烟排放标准 GB 18483—2001 附录 A

适用范围：/

替代情况：/

发布时间：2001-11-12

实施时间：2002-01-01

3.2 检测方法

3.2.1 氮氧化物

3.2.1.1 空气质量 氮氧化物的测定（GB/T 13906—1992）

标准名称：空气质量 氮氧化物的测定

英文名称：Air quality - Determination of nitrogen oxides

标准编号：GB/T 13906—1992

适用范围：本标准规定了测定火炸药生产过程中，排出的硝烟尾气中所含的一氧化氮和二氧化氮以及其他氮的氧化物的方法。

替代情况：/

发布时间：1992-12-02

实施时间：1993-09-01

3.2.1.2 固定污染源排气中氮氧化物的测定 紫外分光光度法（HJ/T 42—1999）

标准名称：固定污染源排气中氮氧化物的测定 紫外分光光度法

英文名称：Stationary source emission - Determination of nitrogen oxide - Ultraviolet spectrophotometric method

标准编号：HJ/T 42—1999

适用范围：

（1）本标准适用于固定污染源有组织排放的氮氧化物测定。

（2）当采样条件为 1 L 时，本方法的氮氧化物检出限为 10 mg/m^3；定量测定的浓度下限为 34 mg/m^3；在不作稀释的情况下，测定的浓度上限为 1 730 mg/m^3。

替代情况：/

发布时间：1999-08-18

实施时间：2000-01-01

3.2.1.3 固定污染源排气中氮氧化物的测定 盐酸萘乙二胺分光光度法（HJ/T 43—1999）

标准名称：固定污染源排气中氮氧化物的测定 盐酸萘乙二胺分光光度法

英文名称：Stationary source emission - Determination of nitrogen oxide - *N* -（1-naphthyl）- ethylenediamine dihydrochloride spectrophotometric method

标准编号：HJ/T 43—1999

适用范围：

（1）本标准适用于固定污染源有组织排放的氮氧化物测定。

（2）当采样条件为 1 L 时，本方法的定性检出浓度为 0.7 mg/m^3，定量测定的浓度范围为 2.4～208 mg/m^3。更高浓度的样品，可以用稀释的方法进行测定。

（3）在臭氧浓度大于氮氧化物浓度 5 倍，二氧化硫浓度大于氮氧化物浓度 100 倍条件下，对氮氧化物测定有干扰。

替代情况：/

发布时间：1999-08-18

实施时间：2000-01-01

3.2.2 硝基苯类

3.2.2.1 空气质量 硝基苯类（一硝基和二硝基化合物）的测定 锌还原-盐酸萘乙二胺分光光度法（GB/T 15501—1995）

详见第五章 3.28.1

3.2.3 苯胺类

3.2.3.1 空气质量 苯胺类的测定 盐酸萘乙二胺分光光度法（GB/T 15502—1995）

详见第五章 3.29.1

3.2.3.2 大气固定污染源 苯胺类的测定 气相色谱法（HJ/T 68—2001）

标准名称： 大气固定污染源 苯胺类的测定 气相色谱法

英文名称： Stationary source emission - Determination of exhauster anilines - Gas chromatography

标准编号： HJ/T 68—2001

适用范围：

（1）本标准适用于大气固定污染源有组织和无组织排放中气态苯胺类的测定。

（2）方法检出限和线性范围

当采样体积为 12 L，用 1.00 mL 解吸液解析，取 2 μL 色谱进样时，方法的检出限见表 7.1，本方法的线性范围达 10^3。

表 7.1 方法的检出限 单位：mg/m^3

苯胺	0.05
N,N- 二甲基苯胺	0.05
2,5-二甲基苯胺	0.08
σ- 硝基苯胺	0.06
m- 硝基苯胺	0.08
ρ- 硝基苯胺	0.2

当所用仪器不同时，方法的检出限有所不同。

替代情况： /

发布时间： 2001-07-27

实施时间： 2001-11-01

3.2.4 甲醛

3.2.4.1 空气质量 甲醛的测定 乙酰丙酮分光光度法（GB/T 15516—1995）

详见第五章 3.30.1

3.2.5 氨

3.2.5.1 环境空气和废气 氨的测定 纳氏试剂分光光度法（HJ 533—2009）

详见第五章 3.14.1

3.2.5.2 空气质量 氨的测定 离子选择电极法（GB/T 14669—1993）

详见第五章 3.14.3

3.2.6 恶臭

3.2.6.1 空气质量 恶臭的测定 三点比较式臭袋法（GB/T 14675—1993）

详见第五章 3.21.1

3.2.7 三甲胺

3.2.7.1 空气质量 三甲胺的测定 气相色谱法（GB/T 14676—1993）

详见第五章 3.22.1

3.2.8 硫化氢

3.2.8.1 空气质量 硫化氢、甲硫醇、甲硫醚和二甲二硫的测定 气相色谱法（GB/T 14678—1993）

详见第五章 3.23.1

3.2.9 甲硫醇

3.2.9.1 空气质量 硫化氢、甲硫醇、甲硫醚和二甲二硫的测定 气相色谱法（GB/T 14678—1993）

详见第五章 3.23.1

3.2.10 甲硫醚

3.2.10.1 空气质量 硫化氢、甲硫醇、甲硫醚和二甲二硫的测定 气相色谱法（GB/T 14678—1993）

详见第五章 3.23.1

3.2.11 二甲二硫

3.2.11.1 空气质量 硫化氢、甲硫醇、甲硫醚和二甲二硫的测定 气相色谱法（GB/T 14678—1993）

详见第五章 3.23.1

3.2.12 二硫化碳

3.2.12.1 空气质量 二硫化碳的测定 二乙胺分光光度法（GB/T 14680—1993）

详见第五章 3.27.1

3.2.13 硫酸雾

3.2.13.1 硫酸浓缩尾气硫酸雾的测定 铬酸钡比色法（GB/T 4920—1985）

标准名称：硫酸浓缩尾气硫酸雾的测定 铬酸钡比色法

英文名称：Determination of sulphuric acid mist in tail gas in sulphuric acid concentration process - Barium chromate colorimetric method

标准编号：GB/T 4920—1985

适用范围：本标准适用于火炸药厂硫酸浓缩尾气中硫酸雾的分析，测试范围 100 ～ 30 000 mg/m^3。

替代情况：/

发布时间：1985-01-18

实施时间：1985-08-01

3.2.13.2 固定污染源废气 硫酸雾的测定 离子色谱法（暂行）（HJ 544—2009）

标准名称：固定污染源废气 硫酸雾的测定 离子色谱法（暂行）

英文名称：Stationary source emission - Determination of sulfuric acid mist - Ion chromatography

标准编号：HJ 544—2009

适用范围：本标准规定了测定固定污染源废气中硫酸雾的离子色谱法。

本标准适用于固定污染源废气中硫酸雾的测定。

对于有组织排放废气，将滤筒制备成 250 mL 试样时，本方法检出限为 0.12 μg/mL，当采样体积为 400 L，检出限为 0.08 mg/m^3，测定下限为 0.3 mg/m^3，测定上限为 500 mg/m^3。

对于无组织排放废气，将滤膜制备成 250 mL 试样时，本方法检出限为 0.12 μg/mL，当采样体积为 3 m^3，检出限为 0.01 mg/m^3，测定下限为 0.04 mg/m^3。

替代情况：/

发布时间：2009-12-30

实施时间：2010-04-01

3.2.13.3 废气中硫酸雾的测定 铬酸钡分光光度法（GB 21900—2008 附录 C）

标准名称：废气中硫酸雾的测定 铬酸钡分光光度法

英文名称：/

标准编号：电镀污染物排放标准 GB 21900—2008 附录 C

适用范围：/

替代情况：/

发布时间：2008-06-25

实施时间：2008-08-01

3.2.13.4 废气中硫酸雾的测定 离子色谱法（GB 21900—2008 附录 D）

标准名称：废气中硫酸雾的测定 离子色谱法

英文名称：/

标准编号：电镀污染物排放标准 GB 21900—2008 附录 D

适用范围：/

替代情况：/

发布时间：2008-06-25

实施时间：2008-08-01

3.2.14 耗氧值和氧化氮

3.2.14.1 工业废气 耗氧值和氧化氮的测定 重铬酸钾氧化、萘乙二胺比色法（GB/T 4921—1985）

标准名称：工业废气 耗氧值和氧化氮的测定 重铬酸钾氧化、萘乙二胺比色法

英文名称：Waste gas from manufacturing process - Determination of chemical oxygendemand and nitrogen oxide - Potassium dichromate oxidation and naphthylethylene diamine colorimetric method

标准编号：GB/T 4921—1985

适用范围：本标准适用于经过处理或初步处理后的雷汞废气中的耗氧值和氧化氮的测定。适用范围耗氧值 2～ 200 mg/L，氧化氮 1～ 100 mg/m^3。

本标准中耗氧值系指在特定条件下，废气中能使重铬酸钾还原的某些有机气体和还原性气体的含量，以氧的消耗值计。

本标准中氧化氮系指一氧化氮、二氧化氮等氮氧化合物的总和，以二氧化氮计。

替代情况：/

发布时间：1985-01-18

实施时间：1985-08-01

3.2.15 二氧化硫

3.2.15.1 固定污染源废气 二氧化硫的测定 非分散红外吸收法（HJ 629—2011）

标准名称：固定污染源废气 二氧化硫的测定 非分散红外吸收法

英文名称：Stationary source emission - determination of sulphur dioxide - Non - dispersive infrared absorption method

标准编号：HJ 629—2011

适用范围：本标准规定了测定固定污染源有组织排放废气中二氧化硫的非分散红外法。

本标准适用固定污染源有组织排放废气中二氧化硫的瞬时监测和连续监测，本方法的检出限为3 mg/m^3，测定下限为10 mg/m^3。

替代情况：/

发布时间：2011-09-08

实施时间：2011-11-01

3.2.15.2 固定污染源排气中二氧化硫的测定 碘量法（HJ/T 56—2000）

标准名称：固定污染源排气中二氧化硫的测定 碘量法

英文名称：Determination of sulphur dioxide from exhausted gas of stationary source - Iodine titration method

标准编号：HJ/T 56—2000

适用范围：本标准规定了碘量法测定固定污染源排气中二氧化硫浓度以及测定二氧化硫排放速率的方法。

替代情况：/

发布时间：2000-12-07

实施时间：2001-03-01

3.2.15.3 固定污染源排气中二氧化硫的测定 定电位电解法（HJ/T 57—2000）

标准名称：固定污染源排气中二氧化硫的测定 定电位电解法

英文名称：Determination of sulphur dioxide from exhausted gas of stationary source Fixed - potential electrolysis method

标准编号：HJ/T 57—2000

适用范围：本标准规定了定电位电解法测定固定污染源排气中测定二氧化硫浓度以及测定二氧化硫排放总量的方法。

替代情况：/

发布时间：2000-12-07

实施时间：2001-03-01

3.2.16 铅

3.2.16.1 固定污染源废气 铅的测定 火焰原子吸收分光光度法（暂行）（HJ 538—2009）

标准名称：固定污染源废气 铅的测定 火焰原子吸收分光光度法（暂行）

英文名称：Stationary source emission - Determination of lead - Flame atomic absorption spectrometry

标准编号：HJ 538—2009

适用范围：本标准规定了测定固定污染源废气中铅的火焰原子吸收分光光度法。

本标准适用于固定污染源废气中铅的测定。

方法检出限为 5 μg/50 mL 试样溶液，当采样体积为 400 L 时，检出限为 0.013 mg/m³，测定下限为 0.052 mg/m³。

替代情况：/

发布时间：2009-12-30

实施时间：2010-04-01

3.2.17 砷

3.2.17.1 环境空气和废气的测定 二乙基二硫代氨基甲酸银分光光度法（暂行）（HJ 540—2009）

详见第五章 3.19.1

3.2.17.2 黄磷生产废气 气态砷的测定 二乙基二硫代氨基甲酸银分光光度法（暂行）（HJ 541—2009）

标准名称：黄磷生产废气 气态砷的测定 二乙基二硫代氨基甲酸银分光光度法（暂行）

英文名称：Yellow phosphorus production emission - Determination of gaseous arsenic - Silver

标准编号：HJ 541—2009

适用范围：本标准规定了测定黄磷生产废气中气态砷及其化合物的二乙基二硫代氨基甲酸银分光光度法。

本标准适用于黄磷生产废气中以气态形式存在的砷及其化合物的测定。

本方法检出限为 1.25 μg/5 mL 二乙氨基二硫代甲酸银吸收液，当采气体积 15 L 时，砷的检出限为 0.08 mg/m³，测定下限为 0.32 mg/m³（均以 As 计）。

替代情况：/

发布时间：2009-12-30

实施时间：2010-04-01

3.2.18 汞

3.2.18.1 固定污染源废气 汞的测定 冷原子吸收分光光度法（暂行）（HJ 543—2009）

标准名称：固定污染源废气 汞的测定 冷原子吸收分光光度法（暂行）

英文名称：Stationary source emission - Determination of mercury - Cold atomic absorption spectrophotometry

标准编号：HJ 543—2009

适用范围：本标准规定了测定固定污染源废气中汞的冷原子吸收分光光度法。

本标准适用于固定污染源废气中汞的测定。

方法检出限为 0.025 μg/25 mL 试样溶液，当采样体积为 10 L 时，检出限为 0.002 5 mg/m³，测定下限为 0.01 mg/m³。

替代情况：/

发布时间：2009-12-30

实施时间：2010-04-01

3.2.19 气态总磷

3.2.19.1 固定污染源废气 气态总磷的测定 喹钼柠酮容量法（暂行）（HJ 545—2009）

标准名称：固定污染源废气 气态总磷的测定 喹钼柠酮容量法（暂行）

英文名称：Stationary source emission - Determination of total gaseous phosphorus - Quimociac volumetric

标准编号：HJ 545—2009

适用范围：本标准规定了固定污染源废气中测定气态总磷的喹钼柠酮容量法。

本标准适用于固定污染源废气中气态总磷的测定。

本标准的检出限为 10 μg，当采样体积为 10 L 时，气态总磷的检出限为 1 mg/m^3。

替代情况：/

发布时间：2009-12-30

实施时间：2010-04-01

3.2.20 氯气

3.2.20.1 固定污染源排气中氯气的测定 甲基橙分光光度法（HJ/T 30—1999）

标准名称：固定污染源排气中氯气的测定 甲基橙分光光度法

英文名称：Stationary source emission - Determination of chlorine - Methyl orange spectrophotometric method

标准编号：HJ/T 30—1999

适用范围：

（1）本标准适用于固定污染源有组织排放和无组织排放的氯气测定。

（2）当采集无组织排放样品体积为 30 L 时，方法的检出限为 0.03 mg/m^3，定量测定的浓度范围为 0.086 ～3.3 mg/m^3。当采集有组织排气样品体积为 5.0 L 时，方法的检出限为 0.2 mg/m^3，定量测定的浓度范围为 0.52～20 mg/m^3。

（3）游离溴有和氯相同的反应而产生正干扰，微量二氧化硫对测定有明显负干扰。

替代情况：/

发布时间：1999-08-18

实施时间：2000-01-01

3.2.20.2 固定污染源废气 氯气的测定 碘量法（暂行）（HJ 547—2009）

标准名称：固定污染源废气 氯气的测定 碘量法（暂行）

英文名称：Stationary source emission - Determination of chlorine - Iodometric method

标准编号：HJ 547—2009

适用范围：本标准规定了测定固定污染源废气中氯气的碘量法。

本标准适用于固定污染源废气中氯气的测定。

本方法检出限为 0.03 μg；采样体积为 10 L 时，检出限为 12 mg/m^3。

替代情况：/

发布时间：2009-12-30

实施时间：2010-04-01

3.2.21 氯化氢

3.2.21.1 固定污染源废气 氯化氢的测定 硝酸银容量法（暂行）（HJ 548—2009）

标准名称：固定污染源废气 氯化氢的测定 硝酸银容量法（暂行）

英文名称：Stationary source emissions - Determination of hydrogen chloride - Silver nitrate titration

标准编号：HJ 548—2009

适用范围：本标准规定了测定固定污染源废气中氯化氢的硝酸银容量法。

本标准适用于固定污染源废气中氯化氢的测定。

本标准的方法检出限为 0.03 mg。当采样体积为 15 L 时，检出限为 2 mg/m^3。

替代情况：/

发布时间：2009-12-30

实施时间：2010-04-01

3.2.21.2 环境空气和废气 氯化氢的测定 离子色谱法（暂行）（HJ 549—2009）

详见第五章 3.18.1

3.2.21.3 固定污染源排气中氯化氢的测定 硫氰酸汞分光光度法（HJ/T 27—1999）

标准名称：固定污染源排气中氯化氢的测定 硫氰酸汞分光光度法

英文名称：Stationary source emissions - Determination of hydrogen chloride - Mercuric thiocyanate spectrophotometric method

标准编号：HJ/T 27—1999

适用范围：

（1）本标准适用于固定污染源有组织排放和无组织排放的氯化氢测定。

（2）在无组织排放样品分析中，当采气体积为 60 L 时，氯化氢的检出限为 0.05 mg/m^3，定量测定的浓度范围为 0.16～0.80 mg/m^3；在有组织排放样品分析中，当采气体积为 10 L 时，氯化氢的检出限为 0.9 mg/m^3，定量测定的浓度范围为 3.0～24 mg/m^3。

（3）在本标准规定的显色条件下，当采气体积为 100 L 时，氟化氢（HF）浓度高于 0.2 mg/m^3，硫化氢（H_2S）浓度高于 0.1 mg/m^3，以及氰化氢（HCN）浓度高于 0.1 mg/m^3 时，将对氯化氢的测定产生干扰。

替代情况：/

发布时间：1999-08-18

实施时间：2000-01-01

3.2.22 二噁英类

3.2.22.1 环境空气和废气 二噁英类的测定 同位素稀释高分辨气相色谱-高分辨质谱法（HJ 77.2 —2008）

详见第五章 3.20.1

3.2.23 烟气黑度

3.2.23.1 固定污染源排放 烟气黑度的测定 林格曼烟气黑度图法（HJ/T 398—2007）

标准名称：固定污染源排放 烟气黑度的测定 林格曼烟气黑度图法

英文名称： Stationary source emission - Determination of blackness of smoke plumes - Ringelmann smoke chart

标准编号： HJ/T 398—2007

适用范围：

（1）本标准规定了测定烟气黑度的林格曼烟气黑度图法，包括观测位置和条件，观测方法，计算方法以及标准林格曼烟气黑度图的规格。

（2）本标准适用于固定污染源排放的灰色或黑色烟气在排放口处黑度的监测，不适用于其他颜色烟气的监测。

替代情况： /

发布时间： 2007-12-07

实施时间： 2008-03-01

3.2.23.2 锅炉烟尘测试方法（GB/T 5468—1991）

标准名称： 锅炉烟尘测试方法

英文名称： Measurement method of smoke and dust emission from boilers

标准编号： GB/T 5468—1991

适用范围： 本标准规定了锅炉出口烟尘浓度、锅炉烟尘排放浓度、烟气黑度及有关参数的测试方法。

本标准适用于 GB 13271 有关参数的测试。

替代情况： 代替 GB/T 5468—1985

发布时间： 1991-09-14

实施时间： 1992-08-01

3.2.24 镍

3.2.24.1 大气固定污染源 镍的测定 火焰原子吸收分光光度法（HJ/T 63.1—2001）

标准名称： 大气固定污染源 镍的测定 火焰原子吸收分光光度法

英文名称： Stationary source emission - Determination of nickel - Flame absorption spectrophotometric method

标准编号： HJ/T 63.1—2001

适用范围：

（1）适用范围：本标准适用于大气固定污染源有组织和无组织排放中镍及其化合物的测定。

（2）测定范围：当采样体积为 10 m^3 时，将滤膜制备成 10 mL 样品进行测定，检出限为 3×10^{-3} mg/m^3，测定范围 10～500 $\mu g/m^3$。

替代情况： /

发布时间： 2001-07-27

实施时间： 2001-11-01

3.2.24.2 大气固定污染源 镍的测定 石墨炉原子吸收分光光度法（HJ/T 63.2—2001）

标准名称： 大气固定污染源 镍的测定 石墨炉原子吸收分光光度法

英文名称： Stationary source emission - Determination of nickel - Graphitic furnace atomic absorption spectrophotometric method

标准编号： HJ/T 63.2—2001

适用范围：

（1）适用范围：本标准适用于大气固定污染源有组织和无组织排放中镍及其化合物的测定。

（2）测定范围：当采样体积为 10 m^3 时，将滤膜制备成 10 mL 样品进行测定，检出限为 $3×10^{-6}$ mg/m^3，测定范围 5～200 $\mu g/m^3$。

替代情况： /

发布时间： 2001-07-27

实施时间： 2001-11-01

3.2.24.3 大气固定污染源 镍的测定 丁二酮肟-正丁醇萃取分光光度法（HJ/T 63.3—2001）

标准名称： 大气固定污染源 镍的测定 丁二酮肟-正丁醇萃取分光光度法

英文名称： Stationary source emission - Determination of nickel - Dimethylglyoxime with *n* - Butanol by spectrophotometry

标准编号： HJ/T 63.3—2001

适用范围：

（1）适用范围：本标准适用于大气固定污染源有组织和无组织排放中镍及其化合物的测定。

（2）测定范围：当采样体积为 50 L 时，将滤膜制备成 25 mL 样品进行测定，检出限为 0.002 mg/L，测定范围 0.4～1.6 mg/L。

替代情况： /

发布时间： 2001-07-27

实施时间： 2001-11-01

3.2.25 镉

3.2.25.1 大气固定污染源 镉的测定 火焰原子吸收分光光度法（HJ/T 64.1—2001）

标准名称： 大气固定污染源 镉的测定 火焰原子吸收分光光度法

英文名称： Stationary source emission - Determination of cadmiun - Flame atomic absorption spectrophotometric method

标准编号： HJ/T 64.1—2001

适用范围：

（1）适用范围：本标准适用于大气固定污染源有组织和无组织排放中镉及其化合物的测定。

（2）测定范围：当采样体积为 10 m^3 气体的滤膜制备成 10 mL 样品时，最低检出限为 $3×10^{-6}$ mg/m^3，测定范围 0.05～1.0 mg/m^3。

（3）干扰：当钙的浓度高于 1 000 mg/L 时，抑制镉的吸收。

替代情况： /

发布时间： 2001-07-27

实施时间： 2001-11-01

3.2.25.2 大气固定污染源 镉的测定 石墨炉原子吸收分光光度法（HJ/T 64.2—2001）

标准名称： 大气固定污染源 镉的测定 石墨炉原子吸收分光光度法

英文名称： Stationary source emission - Determination of cadmiun - Graphitic furnace atomic absorption spectrophotometric method

标准编号： HJ/T 64.2—2001

适用范围：

（1）适用范围：本标准适用于大气固定污染源有组织和无组织排放中镉及其化合物的测定。

（2）测定范围：当采样体积为 10 m^3 时，将滤膜制备成 10 mL 样品进行测定，检出限为 3×10^{-8} mg/m^3，测定范围 0.5～10 ng/m^3。

替代情况： /

发布时间： 2001-07-27

实施时间： 2001-11-01

3.2.25.3 大气固定污染源 镉的测定 对-偶氮苯重氮氨基偶氮苯磺酸分光光度法（HJ/T 64.3—2001）

标准名称： 大气固定污染源 镉的测定 对-偶氮苯重氮氨基偶氮苯磺酸分光光度法

英文名称： Stationary source emission - Determination of cadmiun - *p* - Azobenzenediazoaminazo benzene sulfonic acid spectrophotometric method

标准编号： HJ/T 64.3—2001

适用范围：

（1）适用范围：本标准适用于大气固定污染源有组织和无组织排放中镉及其化合物的测定。

（2）测定范围：当采样体积为 2 m^3 时，定容体积为 25.0 mL，使用光程 10 mm 比色皿，本方法最低检出限为 1.0×10^{-4} mg/m^3。

替代情况： /

发布时间： 2001-07-27

实施时间： 2001-11-01

3.2.26 锡

3.2.26.1 大气固定污染源 锡的测定 石墨炉原子吸收分光光度法（HJ/T 65—2001）

标准名称： 大气固定污染源 锡的测定 石墨炉原子吸收分光光度法

英文名称： Stationary source emission - Determination of tin - Graphite furnace atomic absorption spectrophotometric method

标准编号： HJ/T 65—2001

适用范围：

（1）适用范围：本标准适用于大气固定污染源有组织和无组织排放中锡及其化合物的测定。

（2）测定范围：当采样体积为 2 m^3 时，定容体积为 25.0 mL，使用光程 10 mm 比色皿，本方法最低检出限为 1.0×10^{-4} mg/m^3。

当采样体积为 10 m^3 时气体的滤膜制备成 10 mL 样品时，最低检出限为 3×10^{-3} $\mu g/m^3$，测定范围 5×10^{-3}～10×10^{-3} $\mu g/m^3$。

替代情况： /

发布时间： 2001-07-27

实施时间： 2001-11-01

3.2.27 氯苯类化合物

3.2.27.1 大气固定污染源 氯苯类化合物的测定 气相色谱法（HJ/T 66—2001）

标准名称：大气固定污染源 氯苯类化合物的测定 气相色谱法

英文名称：Stationary source emission - Determination of chlorobenzenes - Gas chromatography

标准编号：HJ/T 66—2001

适用范围：

（1）本标准适用于大气固定污染源有组织和无组织排放中氯苯类化合物的测定。

（2）当采样体积为 30 L，解吸液体积为 3 mL，色谱进样为 1 μL 时，方法的检出限见表 7.2。

表 7.2 方法的检出限 单位：mg/m^3

氯代苯	0.04
1,4-二氯苯	0.11
1,2,4-三氯苯	0.36

当所用仪器不同时，方法的检出限有所不同。

替代情况：/

发布时间：2001-07-27

实施时间：2001-11-01

3.2.27.2 固定污染源排气中氯苯类的测定 气相色谱法（HJ/T 39—1999）

标准名称：固定污染源排气中氯苯类的测定 气相色谱法

英文名称：Stationary source emission - Determination of chlorobenzenes - Gas chromatography

标准编号：HJ/T 39—1999

适用范围：

（1）本标准适用于固定污染源有组织排放和无组织排放的氯苯类测定。

（2）在有组织排放和无组织排放样品分析中，当取样体积分别为：120 L 和 10 L，洗脱剂为 3.0 mL，色谱进样量为 2 μL 时，方法的检出限和定量测定的浓度下限见表 7.3。

表 7.3 检出限和定量测定浓度下限 单位：mg/m^3

指标 化合物	无组织排放样品分析		有组织排放样品分析	
	检出限	定量测定浓度下限	检出限	定量测定浓度下限
氯苯	0.02	0.05	0.2	0.60
1,4-二氯苯	0.03	0.10	0.4	1.2
1,2,4-三氯苯	0.03	0.11	0.4	1.4

替代情况：/

发布时间：1999-08-18

实施时间：2000-01-01

3.2.28　氟化物

3.2.28.1　大气固定污染源　氟化物的测定　离子选择电极法（HJ/T 67—2001）

标准名称：大气固定污染源　氟化物的测定　离子选择电极法

英文名称：Stationary source emission - Determination of fluoride - Ion selective electrode method

标准编号：HJ/T 67—2001

适用范围：

（1）适用范围：本标准适用于大气固定污染源有组织排放中氟化物的测定。不能测定碳氟化物，如氟利昂。

（2）测定范围：当采样体积为 150 L 时，检出限为 6×10^{-2} mg/m^3，测定范围 1～1 000 mg/m^3。

替代情况：/

发布时间：2001-07-27

实施时间：2001-11-01

3.2.29　氰化氢

3.2.29.1　固定污染源排气中氰化氢的测定　异烟酸-吡唑啉酮分光光度法（HJ/T 28—1999）

标准名称：固定污染源排气中氰化氢的测定　异烟酸-吡唑啉酮分光光度法

英文名称：Stationary source emission - Determination of hydrogen cyanide - Iso - nicotinic - acid - 3-methyl - 1-phenyl - 5-pyrazolone spectrophotometric method

标准编号：HJ/T 28—1999

适用范围：

（1）本标准适用于固定污染源有组织排放和无组织排放的氰化氢测定。

（2）在氰化氢无组织排放的空气样品分析中，当采用体积为 30 L 时，方法的检出限为 2×10^{-3} mg/m^3，定量测定的浓度范围为 0.005 0～0.17 mg/m^3。在有组织排气样品分析中，当采样体积为 5 L 时，方法的检出限为 0.09 mg/m^3，定量测定浓度范围为 0.29～8.8 mg/m^3。

（3）硫化氢和氧化剂（如 Cl_2）存在对测定有干扰。

替代情况：/

发布时间：1999-08-18

实施时间：2000-01-01

3.2.30　铬酸雾

3.2.30.1　固定污染源排气中铬酸雾的测定　二苯基碳酰二肼分光光度法（HJ/T 29—1999）

标准名称：固定污染源排气中铬酸雾的测定　二苯基碳酰二肼分光光度法

英文名称：Stationary source emission - Determination of chromate fog - Diphenyl carbazide spectrophotometric method

标准编号：HJ/T 29—1999

适用范围：

（1）本标准适用于固定污染源有组织排放和无组织排放的铬酸雾测定。

（2）在无组织排放样品分析中，当采样体积为 60 L 时，方法的检出限为 5×10^{-4} mg/m^3，方法的定量测定浓度范围为 1.8×10^{-3}～30.3 mg/m^3；在有组织排放样品分析中，当采样体积为 30 L 时，方法的检出限为 5×10^{-3} mg/m^3，方法的定量测定浓度范围为 1.8×10^{-2}～12 mg/m^3。

（3）在有还原性物质存在的条件下，铬酸雾的测定受到明显干扰。

替代情况：/

发布时间：1999-08-18

实施时间：2000-01-01

3.2.31 沥青烟

3.2.31.1 固定污染源排气中沥青烟的测定 重量法（HJ/T 45—1999）

标准名称：固定污染源排气中沥青烟的测定 重量法

英文名称：Stationary source emission - Determination of asphaltic smoke - Gravimetric method

标准编号：HJ/T 45—1999

适用范围：

（1）本标准适用于固定污染源有组织排放的沥青烟测定。

（2）沥青烟的检出限为 5.1 mg，定量测定范围为 17.0～2 000 mg。

替代情况：/

发布时间：1999-08-18

实施时间：2000-01-01

3.2.32 光气

3.2.32.1 固定污染源排气中光气的测定 苯胺紫外分光光度法（HJ/T 31—1999）

标准名称：固定污染源排气中光气的测定 苯胺紫外分光光度法

英文名称：Stationary source emission - Determination of phosgene - Aniline ultraviolet spectrophotometric method

标准编号：HJ/T 31—1999

适用范围：

（1）本标准适用于固定污染源有组织排放和无组织排放的光气测定。

（2）在无组织排放样品分析中，当采样体积为 60 L 时，光气的检出限为 0.02 mg/m^3，定量测定的浓度范围为 0.06～1.0 mg/m^3，在有组织排放样品分析中，当采样体积为 15 L 时，光气的检出限为 0.4 mg/m^3，定量测定的浓度范围为 1.2～20 mg/m^3。

（3）在本标准规定的条件下，氯气浓度大于 1 600 mg/m^3 时对光气测定有干扰。

替代情况：/

发布时间：1999-08-18

实施时间：2000-01-01

3.2.33 酚类化合物

3.2.33.1 固定污染源排气中酚类化合物的测定 4-氨基安替比林分光光度法（HJ/T 32—1999）

标准名称：固定污染源排气中酚类化合物的测定 4-氨基安替比林分光光度法

英文名称：Stationary source emission - Determination of phenols - 4-Amino - antipyrine spectrophotometric method

标准编号： HJ/T 32—1999

适用范围：

（1）本标准适用于固定污染源有组织排放和无组织排放的酚类化合物测定。

（2）在无组织排放样品分析中，当采样体积为 60 L、吸收液体积为 20 mL 时，直接比色法测定酚类化合物的检出限为 0.03 mg/m^3，定量测定的浓度范围为 0.83～6.0 mg/m^3；萃取比色法测定酚类化合物的检出限为 0.003 mg/m^3，定量测定的浓度范围为 0.008 3～0.17 mg/m^3。

在有组织排放样品分析中，当采样体积为 10 L、吸收液体积为 50 mL，用蒸馏直接比色法测定酚类化合物的检出限为 0.3 mg/m^3，定量测定的浓度范围为 1.0～80 mg/m^3。

（3）用本方法测定酚类化合物的主要干扰为高浓度的二氧化硫、硫化物等还原性物质和氯、溴等酸性气体，详见标准原文 11.1、11.2。

替代情况： /

发布时间： 1999-08-18

实施时间： 2000-01-01

3.2.34　甲醇

3.2.34.1　固定污染源排气中甲醇的测定　气相色谱法（HJ/T 33—1999）

标准名称： 固定污染源排气中甲醇的测定　气相色谱法

英文名称： Stationary source emission - Determination of methanol - Gas chromatography

标准编号： HJ/T 33—1999

适用范围：

（1）本标准适用于固定污染源有组织排放和无组织排放的甲醇测定。

（2）以 3 倍噪声色谱峰高值计算，当色谱进样量为 1.0 mL 时，方法的检出限为 2 mg/m^3；定量测定的浓度范围为 5.0～ 10^4 mg/m^3。

替代情况： /

发布时间： 1999-08-18

实施时间： 2000-01-01

3.2.35　氯乙烯

3.2.35.1　固定污染源排气中氯乙烯的测定　气相色谱法（HJ/T 34—1999）

标准名称： 固定污染源排气中氯乙烯的测定　气相色谱法

英文名称： Stationary source emission - Determination of vinyl chloride - Gas chromatography

标准编号： HJ/T 34—1999

适用范围：

（1）本标准适用于固定污染源有组织排放和无组织排放的氯乙烯测定。

（2）当色谱进样量为 3 mL 时，方法的检出限为 0.48 mg /m^3，定量测定的浓度下限为 0.26 mg/m^3，上限可达 1×10^4 mg/m^3 浓度范围。

替代情况： /

发布时间： 1999-08-18

实施时间：2000-01-01

3.2.36 乙醛

3.2.36.1 固定污染源排气中乙醛的测定 气相色谱法（HJ/T 35—1999）

标准名称：固定污染源排气中乙醛的测定 气相色谱法

英文名称：Stationary source emission - Determination of acetaldehyde - Gas chromatography

标准编号：HJ/T 35—1999

适用范围：

（1）本标准适用于固定污染源有组织排放和无组织排放的乙醛测定。

（2）当采样条件为 100 L，进样条件为 1 μL 时，乙醛的检出限为 4×10^{-2} mg/m^3，乙醛的定量测定浓度范围为 0.14～30 mg/m^3。

替代情况：/

发布时间：1999-08-18

实施时间：2000-01-01

3.2.37 丙烯醛

3.2.37.1 固定污染源排气中丙烯醛的测定 气相色谱法（HJ/T 36—1999）

标准名称：固定污染源排气中丙烯醛的测定 气相色谱法

英文名称：Stationary source emission - Determination of acrolein - Gas chromatography

标准编号：HJ/T 36—1999

适用范围：

（1）本标准适用于固定污染源有组织排放和无组织排放的丙烯醛测定。

（2）本标准的检出限为 0.1 mg/m^3，当进样量为 1 mL 时，定量测定的浓度范围为 0.31～1.0×10^2 mg/m^3。

替代情况：/

发布时间：1999-08-18

实施时间：2000-01-01

3.2.38 丙烯腈

3.2.38.1 固定污染源排气中丙烯腈的测定 气相色谱法（HJ/T 37—1999）

标准名称：固定污染源排气中丙烯腈的测定 气相色谱法

英文名称：Stationary source emission - Determination of acrylonitrile - Gas chromatography

标准编号：HJ/T 37—1999

适用范围：

（1）本标准适用于固定污染源有组织排放和无组织排放的丙烯腈测定。

（2）当采样体积为 30 L 时，方法的检出限为 0.2 mg/m^3。方法的定量测定浓度范围为 0.26～33.0 mg/m^3。

替代情况：/

发布时间：1999-08-18

实施时间： 2000-01-01

3.2.39 非甲烷总烃

3.2.39.1 固定污染源排气中非甲烷总烃的测定 气相色谱法（HJ/T 38—1999）

标准名称： 固定污染源排气中非甲烷总烃的测定 气相色谱法

英文名称： Stationary source emission - Determination of nonmethane hydrocarbons - Gas chromatography

标准编号： HJ/T 38—1999

适用范围：

（1）本标准适用于固定污染源有组织排放和无组织排放的非甲烷总烃（NMHC）测定。

（2）NMHC 的检出限为 4×10^{-2} ng。当色谱进样量为 1.0 mL 时，方法的检出浓度为 4×10^{-2} mg/m³，方法的定量测定浓度范围为 0.12～32 mg/m³。

替代情况： /

发布时间： 1999-08-18

实施时间： 2000-01-01

3.2.40 苯并[*a*]芘

3.2.40.1 固定污染源排气中苯并[*a*]芘的测定 高效液相色谱法（HJ/T 40—1999）

标准名称： 固定污染源排气中苯并[*a*]芘的测定 高效液相色谱法

英文名称： Stationary source emission - Determination of benzo[*a*]pyrene - High performance liquid chromatography

标准编号： HJ/T 40—1999

适用范围：

（1）本标准适用于固定污染源有组织排放的苯并[*a*]芘测定。

（2）当采气体积为 1.0 m³，样品定容 1.0 mL，色谱进样量为 10 μL 时，苯并[*a*]芘的检出限为 2 ng/m³，定量测定的浓度范围为 7.6 ng/m³～4.0 μg/m³。

替代情况： /

发布时间： 1999-08-18

实施时间： 2000-01-01

3.2.40.2 环境空气和废气 气相和颗粒物中多环芳烃的测定 气相色谱-质谱法（HJ 646—2013）

详见第五章 3.3.3

3.2.40.3 环境空气和废气 气相和颗粒物中多环芳烃的测定 高效液相色谱法（HJ 647—2013）

详见第五章 3.3.4

3.2.41 石棉尘

3.2.41.1 固定污染源排气中石棉尘的测定 镜检法（HJ/T 41—1999）

标准名称： 固定污染源排气中石棉尘的测定 镜检法

英文名称： Stationary source emission - Determination of asbestos dust - Microscopic count

标准编号： HJ/T 41—1999

适用范围：

（1）本标准适用于固定污染源有组织排放的石棉尘测定。

（2）本标准允许的滤膜石棉纤维负荷量范围为 100～600 根/mm^2。

替代情况：/

发布时间：1999-08-18

实施时间：2000-01-01

3.2.42 一氧化碳

3.2.42.1 固定污染源排气中一氧化碳的测定 非色散红外吸收法（HJ/T 44—1999）

标准名称：固定污染源排气中一氧化碳的测定 非色散红外吸收法

英文名称：Stationary source emission - Determination of carbon monoxide - Non - dispersive infrared absorption method

标准编号：HJ/T 44—1999

适用范围：

（1）本标准适用于固定污染源有组织排放的一氧化碳测定。

（2）本标准检出限为 20 mg/m^3，定量测定的浓度范围为 60～15× 10^4 mg/m^3。

替代情况：/

发布时间：1999-08-18

实施时间：2000-01-01

3.2.42.2 空气质量 一氧化碳的测定 非分散红外法（GB/T 9801—1988）

详见第五章 3.1.1

3.2.43 烟尘

3.2.43.1 锅炉烟尘测试方法（GB/T 5468—1991）

详见本章 3.2.23.2

3.2.44 颗粒物

3.2.44.1 固定污染源排气中颗粒物测定与气态污染物采样方法（GB/T 16157—1996）

详见本章 3.1.1

3.2.44.2 排气中颗粒物的监测方法（GB 21902—2008 附录 B）

标准名称：排气中颗粒物的监测方法

英文名称：/

标准编号：合成革与人造革工业污染物排放标准 GB 21902—2008 附录 B

适用范围：本附录规定了合成革工业聚乙烯工艺有组织排放废气中颗粒物的监测方法。

替代情况：/

发布时间：2008-06-25

实施时间：2008-08-01

3.2.45　五氧化二磷

3.2.45.1　环境空气　五氧化二磷的测定　抗坏血酸还原-钼蓝分光光度法（暂行）（HJ 546—2009）

详见第五章 3.16.1

3.2.46　密闭性

3.2.46.1　油罐汽车油气回收系统密闭性检测方法（GB 20951—2007 附录 A）

标准名称：油罐汽车油气回收系统密闭性检测方法

英文名称：/

标准编号：汽油运输大气污染物排放标准 GB 20951—2007 附录 A

适用范围：本附录适用于油罐汽车油气回收系统的密闭性检测。

替代情况：/

发布时间：2007-06-22

实施时间：2007-08-01

3.2.46.2　密闭性检测方法（GB 20952—2007 附录 B）

标准名称：密闭性检测方法

英文名称：/

标准编号：加油站大气污染物排放标准 GB 20952—2007 附录 B

适用范围：本附录适用于加油站油气回收系统的密闭性检测。特别注意：检测时应严格执行加油站有关安全生产的规定。

替代情况：/

发布时间：2007-06-22

实施时间：2007-08-01

3.2.47　油气浓度

3.2.47.1　收集系统泄漏浓度检测方法（GB 20950—2007 附录 A）

标准名称：收集系统泄漏浓度检测方法

英文名称：/

标准编号：储油库大气污染物排放标准 GB 20950—2007 附录 A

适用范围：/

替代情况：/

发布时间：2007-06-22

实施时间：2007-08-01

3.2.47.2　处理装置油气排放检测方法（GB 20950—2007 附录 B）

标准名称：处理装置油气排放检测方法

英文名称：/

标准编号：储油库大气污染物排放标准 GB 20950—2007 附录 B

适用范围：/

替代情况：/

发布时间：2007-06-22

实施时间：2007-08-01

3.2.47.3 处理装置油气排放检测方法（GB 20952—2007 附录 D）

标准名称：处理装置油气排放检测方法

英文名称：/

标准编号：加油站大气污染物排放标准 GB 20952—2007 附录 D

适用范围：本附录适用于处理装置油气排放浓度的检测。特别注意：检测时应严格执行加油站有关安全生产的规定。

替代情况：/

发布时间：2007-06-22

实施时间：2007-08-01

3.2.48 液阻

3.2.48.1 液阻检测方法（GB 20952—2007 附录 A）

标准名称：液阻检测方法

英文名称：/

标准编号：加油站大气污染物排放标准 GB 20952—2007 附录 A

适用范围：本附录适用于加油机至埋地油罐的地下油气回收管线液阻检测，并应对每台加油机至埋地油罐的地下油气回收管线进行液阻检测。特别注意：检测时应严格执行加油站有关安全生产的规定。

替代情况：/

发布时间：2007-06-22

实施时间：2007-08-01

3.2.49 气液比

3.2.49.1 气液比检测方法（GB 20952—2007 附录 C）

标准名称：气液比检测方法

英文名称：/

标准编号：加油站大气污染物排放标准 GB 20952—2007 附录 C

适用范围：本附录适用于加油站加油油气回收系统的气液比检测。特别注意：检测时应严格执行加油站有关安全生产的规定。

替代情况：/

发布时间：2007-06-22

实施时间：2007-08-01

3.2.50 饮食业油烟

3.2.50.1 金属滤筒吸收和红外分光光度法测定油烟的采样及分析方法（GB 18483—2001 附录 A）

详见本章 3.1.2

3.2.51 VOCs

3.2.51.1 VOCs 的监测（GB 21902—2008 附录 C.4）

标准名称：VOCs 的监测

英文名称：/

标准编号：合成革与人造革工业污染物排放标准 GB 21902—2008 附录 C.4

适用范围：本附录规定了有组织排放废气中 VOCs 的监测方法。环境空气中的 VOCs 和 DMF 监测也可参照本附录中的相关方法。

替代情况：/

发布时间：2008-06-25

实施时间：2008-08-01

3.2.52 苯系物

3.2.52.1 环境空气 苯系物的测定 固体吸附/热脱附-气相色谱法（HJ 583—2010）

详见第五章 3.13.1

3.2.52.2 环境空气 苯系物的测定 活性炭吸附/二硫化碳解吸-气相色谱法（HJ 584—2010）

详见第五章 3.13.2

3.2.53 硝酸雾

3.2.53.1 固定污染源排气中氮氧化物的测定 紫外分光光度法（HJ/T 42—1999）

详见本章 3.2.1.2

3.2.53.2 固定污染源排气中氮氧化物的测定 盐酸萘乙二胺分光光度法（HJ/T 43—1999）

详见本章 3.2.1.3

3.2.54 多环芳烃

3.2.54.1 环境空气和废气 气相和颗粒物中多环芳烃的测定 气相色谱-质谱法（HJ 646—2013）

详见第五章 3.3.3

3.2.54.2 环境空气和废气 气相和颗粒物中多环芳烃的测定 高效液相色谱法（HJ 647—2013）

详见第五章 3.3.4

3.2.55 重金属元素

3.2.55.1 空气和废气 颗粒物中铅等金属元素的测定 电感耦合等离子体质谱法（HJ 657—2013）

详见第五章 3.36.1

3.2.56 氟化氢

3.2.56.1 固定污染源废气 氟化氢的测定 离子色谱法（暂行）（HJ 688—2013）

标准名称：固定污染源废气 氟化氢的测定 离子色谱法（暂行）

英文名称：Stationary source emission-Determination of hydrogen fluoride-Ion chromatography

标准编号：HJ 688—2013

适用范围：本标准规定了测定固定污染源废气中氟化氢的离子色谱法。

本标准适用于固定污染源废气中气态氟化物的测定，以氟化氢浓度表示，不能测定碳氟化物，如氟利昂。当采样体积 120 L，定容体积 200 ml 时，检出限为 0.03 mg/m^3，测定下限为 0.12 mg/m^3；定容体积 500 ml 时，检出限为 0.08 mg/m^3，测定下限为 0.32 mg/m^3。

替代情况：/

发布时间：2013-12-26

实施时间：2014-03-01

编写人：邢巍巍　朱　明

第八章

机动车尾气

1　排放标准

1.1　农用运输车自由加速烟度排放限值及测量方法（GB 18322—2002）

标准名称： 农用运输车自由加速烟度排放限值及测量方法

英文名称： Limits and measurement methods for smoke at free acceleration from agricultural vehicles

标准编号： GB 18322—2002

适用范围： 本标准规定了农用运输车在自由加速工况下烟度排放限值及其测量方法。

本标准适用于农用运输车。

替代情况： 代替 GB 18322—2001

发布时间： 2002-01-04

实施时间： 2002-07-01

1.2　装用点燃式发动机重型汽车曲轴箱污染物排放（GB 11340—2005）

标准名称： 装用点燃式发动机重型汽车曲轴箱污染物排放

英文名称： Limits and measurement methods for crankcase pollutants From heavy - duty vehicles equipped with P.I engines

标准编号： GB 11340—2005

适用范围： 本标准规定了装用点燃式发动机重型汽车曲轴箱污染物排放的型式核准申请、型式核准试验方法及排放限值、生产一致性检查方法及排放限值。

本标准适用于装用点燃式发动机的重型汽车。

被测试发动机应包括已采取防漏措施的发动机，但不包括那些结构上即使存在微量的泄漏，也会引起工作不正常的发动机（例如卧式对置发动机）。

替代情况： 代替 GB 14761.4—1993 和 GB 11340—1989

发布时间： 2005-04-15

实施时间： 2005-07-01

1.3　装用点燃式发动机重型汽车燃油蒸发污染物排放限值（GB 14763—2005）

标准名称： 装用点燃式发动机重型汽车燃油蒸发污染物排放限值

英文名称： Limits and measurement methods for fuel evaporative Pollutants from heavy - duty vehicles equipped with P.I engines

标准编号： GB 14763—2005

适用范围： 本标准规定了装用点燃式发动机重型汽车燃油蒸发污染物排放的型式核准申请、型式核准试验及排放限值、型式核准的扩展以及生产一致性检查方法及排放限值。

本标准适用于装用以汽油和两用燃料为燃料的点燃式发动机重型汽车。

本标准不适用于单一燃料车辆和气体燃料车辆。

本标准不适用于已按《轻型汽车污染物排放限值及测量方法（Ⅱ）》（GB 18352.2—2001）规定

的密闭室法进行了燃油蒸发污染物排放型式核准的车辆。

替代情况：代替 GB 14761.3—1993 和 GB 147613—1993 中相应部分。

发布时间：2005-04-15

实施时间：2005-07-01

1.4 轻型汽车污染物排放限值及测量方法（中国 III、IV 阶段）（GB 18352.3—2005）

标准名称：轻型汽车污染物排放限值及测量方法（中国III、IV阶段）

英文名称：Limits and measurement methods for emissions from light - duty vehicles（III，IV）

标准编号：GB 18352.3—2005

适用范围：本标准规定了装用点燃式发动机的轻型汽车，在常温和低温下排气污染物、曲轴箱污染物、蒸发污染物的排放限值及测量方法，污染控制装置的耐久性要求，车载诊断（OBD）系统的技术要求及测量方法，以及双怠速的测量方法。

本标准规定了装用压燃式发动机的轻型汽车，在常温下排气污染物的排放限值及测量方法，污染控制装置的耐久性要求，以及车载诊断（OBD）系统的技术要求及测量方法。

本标准也规定了轻型汽车型式核准的要求，生产一致性和在用车符合性的检查与判定方法。

本标准也规定了燃用 LPG 或 NG 轻型汽车的特殊要求。

本标准也规定了作为独立技术总成、拟安装在轻型汽车上的替代用催化转化器，在污染物排放方面的型式核准要求。

本标准适用于以点燃式发动机或压燃式发动机为动力、最大设计车速大于或等于 50 km/h 的轻型汽车。

本标准不适用于已根据 GB 17691（第III阶段或第IV阶段）规定得到型式核准的N 1 类汽车。

替代情况：代替 GB 18352.2—2001

发布时间：2005-04-15

实施时间：2007-07-01

1.5 轻型汽车污染物排放限值及测量方法（中国第五阶段）（GB 18352.5—2013）

标准名称：轻轻型汽车污染物排放限值及测量方法（中国第五阶段）

英文名称：Limits and measurement methods for emissions from light-duty vehicles（CHINA 5）

标准编号：GB 18352.5—2013

适用范围：本标准规定了装用点燃式发动机的轻型汽车，在常温和低温下排气污染物、双怠速排气污染物、曲轴箱污染物、蒸发污染物的排放限值及测量方法，污染控制装置耐久性、车载诊断（OBD）系统（简称：OBD 系统）的技术要求及测量方法。本标准规定了装用压燃式发动机的轻型汽车，在常温下排气污染物、自由加速烟度的排放限值及测量方法，污染控制装置耐久性、OBD 系统的技术要求及测量方法。本标准规定了轻型汽车型式核准的要求，生产一致性和在用符合性的检查与判定方法。本标准也规定了燃用液化石油气（LPG）或天然气（NG）轻型汽车的特殊要求。本标准也规定了作为独立技术总成、拟安装在轻型汽车上的替代用污染控制装置，在污染物排放方面的型式核准规程。本标准也规定了排气后处理系统使用反应剂的汽车的技术要求，以及装有周期性再生系统汽车的排放试验规程。本标准适用于以点燃式发动机或压燃式发动机为动力、最大设计车速大于或等于 50 km/h 的轻型汽车（包括混合动力电动汽车）。在制造厂的要求下，最大总质量超过 3 500 kg 但基准质量不超过 2 610 kg 的 M_1、M_2 和 N_2 类汽车可按本标准进行型式核准；对已获得本标准型式核准的车型，在满足相应要求时可扩展至基准质量不超过 2 840 kg 的 M_1、M_2、N_1 和 N_2 类汽车。

本标准不适用于已根据 GB 17691—2005 的规定获得第Ⅴ阶段型式核准的汽车。

替代情况：代替（GB 18352.3—2005）；本标准代替《轻型汽车污染物排放限值及测量方法（中国第Ⅲ、Ⅳ阶段）》（GB 18352.3—2005）本标准与第四阶段相比主要变化如下：

— 标准的适用范围扩大到基准质量不超过 2 610 kg 的汽车，明确了轻型混合动力电动汽车应符合本标准要求；

— 提高了 Ⅰ 型试验排放控制要求，修订了颗粒物质量测量方法并增加了粒子数量测量要求；

— 将点燃式汽车的双怠速试验和压燃式汽车的自由加速烟度试验归为 Ⅱ 型试验；

— 提高了 Ⅴ 型试验的耐久性里程要求，增加了标准道路循环以及点燃式发动机的台架老化试验方法；

— 增加了炭罐有效容积和初始工作能力的试验要求；

— 增加了催化转化器载体体积和贵金属含量的试验要求；

— 对车载诊断（OBD）系统的监测项目、极限值、两用燃料车的车载诊断技术等要求进行了修订；

— 修订了获取汽车车载诊断（OBD）系统和汽车维护修理信息的相关要求；

— 修订了生产一致性检查的判定方法，增加了炭罐、催化转化器的生产一致性检查要求；

— 修订了在用符合性检查的相关要求，增加了车载诊断（OBD）系统、蒸发排放的检查要求；

— 增加了排气后处理系统使用反应剂的汽车的技术要求；

— 增加了装有周期性再生系统汽车的排放试验规程；

— 修订了试验用燃料的技术要求。

发布时间：2013-09-17

实施时间：2018-01-01

1.6　车用压燃式、气体燃料点燃式发动机与汽车排气污染物排放限值及测量方法（中国Ⅲ、Ⅳ、Ⅴ阶段）（GB 17691—2005）

标准名称：车用压燃式、气体燃料点燃式发动机与汽车排气污染物排放限值及测量方法（中国Ⅲ、Ⅳ、Ⅴ阶段）

英文名称：Limits and measurement methods for exhaust pollutants from compression ignition and gas fuelled positive ignition engines of vehicles（Ⅲ，Ⅳ，Ⅴ）

标准编号：GB 17691—2005

适用范围：本标准规定了装用压燃式发动机汽车及其压燃式发动机所排放的气态和颗粒污染物的排放限值及测试方法；以及装用以天然气（NG）或液化石油气（LPG）作为燃料的点燃式发动机汽车及其点燃式发动机所排放的气态污染物的排放限值及测量方法。

本标准适用于设计车速大于 25 km/h 的 M_2、M_3、N_1、N_2 和 N_3 类及总质量大于 3 500 kg 的 M_1 类机动车装用的压燃式（含气体燃料点燃式）发动机及其车辆的型式核准、生产一致性检查和在用车符合性检查。

若装备压燃式（含气体燃料点燃式）发动机的 N_1 和 M_2 类车辆已经按照《轻型汽车污染物排

放限值及测量方法（中国Ⅲ、Ⅳ阶段）》（GB 18352.3—2005）的规定进行了型式核准，则其发动机可不按本标准进行型式核准。

替代情况：替代 GB 17691—2001 和部分替代 GB 14762—2002

发布时间：2005-05-30

实施时间：2007-01-01

1.7 点燃式发动机汽车排气污染物排放限值及测量方法（双怠速法及简易工况法）（GB 18285—2005）

标准名称：点燃式发动机汽车排气污染物排放限值及测量方法（双怠速法及简易工况法）

英文名称：Limits and measurement methods for exhaust pollutants from vehicles equipped ignition engine under two - speed idle conditions and simple driving mode conditions

标准编号：GB 18285—2005

适用范围：本标准规定了点燃式发动机汽车怠速和高怠速工况下排气污染物排放限值及测量方法。

本标准也规定了点燃式发动机轻型汽车稳态工况法、瞬态工况法和简易瞬态工况法三种简易工况测量方法。

本标准适用于装用点燃式发动机的新生产和在用汽车。

替代情况：代替 GB 14761.5—1993、GB/T 3845—1993，部分代替 18285—2000

发布时间：2005-05-30

实施时间：2005-07-01

1.8 车用压燃式发动机和压燃式发动机汽车排气烟度排放限值及测量方法（GB 3847 —2005）

标准名称：车用压燃式发动机和压燃式发动机汽车排气烟度排放限值及测量方法

英文名称：Limits and measurement methods for exhaust smoke from C.I.E.（Compression Ignition Engine）and vehicle equipped with C.I.E.

标准编号：GB 3847—2005

适用范围：本标准规定了车用压燃式发动机和压燃式发动机汽车的排气烟度的排放限值及测量方法。

本标准适用于压燃式发动机排气烟度的排放，包括发动机型式核准和生产一致性检查。压燃式发动机汽车排气烟度的排放，包括新车型式核准和生产一致性检查、新生产汽车和在用汽车的检测。

本标准适用于按原《柴油车自由加速烟度排放标准》（GB 14761.6—1993）生产制造的在用汽车。

本标准也适用于污染物排放符合 GB 18352 的装用压燃式发动机的轻型汽车。

本标准不适用于低速载货汽车和三轮汽车。

替代情况：本标准代替 GB 3847—1999，GB 14761.6—1993，GB/T 3846—1993，GB 14761.7—1993，GB 3847—1983，部分代替 GB 18285—2000。本标准与 GB 3847—1999 相比，主要变化如下：

—— 修订了型式核准和生产一致性检查排放限值；

—— 增加了对车（机）型型式核准和生产一致性检查申请的要求；

—— 增加了对新生产汽车和在用汽车进行检测试验的要求；

—— 增加了加载减速工况法的测量方法内容；

—— 增加了规范性附录 I、附录 J、附录 K 和附录 F。

发布时间： 2005-05-30

实施时间： 2005-07-01

1.9 摩托车和轻便摩托车排气烟度排放限值及测量方法（GB 19758—2005）

标准名称： 摩托车和轻便摩托车排气烟度排放限值及测量方法

英文名称： Limits and measurement methods for exhaust smoke emissions from motorcycles and mopeds

标准编号： GB 19758—2005

适用范围： 本标准规定了摩托车和轻便摩托车型式核准、生产一致性检查和在用车的排气烟度排放限值及测量方法。

本标准适用于摩托车和轻便摩托车。

替代情况： /

发布时间： 2005-05-30

实施时间： 2005-07-01

1.10 三轮汽车和低速货车用柴油机排气污染物排放限值及测量方法（中国 I、II 阶段）（GB 19756—2005）

标准名称： 三轮汽车和低速货车用柴油机排气污染物排放限值及测量方法（中国 I 、II 阶段）

英文名称： Limits and measurement methods for exhaust pollutants from diesel engines of tri - wheel & low - speed goods vehicles

标准编号： GB 19756—2005

适用范围： 本标准规定了三轮汽车和低速货车用柴油机排气污染物的排放限值及测量方法。

本标准适用于三轮汽车和低速货车装用的柴油机及其车辆。

若三轮汽车和低速货车装用的柴油机已按《车用压燃式发动机排气污染物排放限值及测量方法》（GB 17691—2001）通过型式核准，则该车型装用的柴油机可不按本标准进行型式核准。

替代情况： /

发布时间： 2005-05-30

实施时间： 2006-01-01

1.11 摩托车污染物排放限值及测量方法（工况法，中国第III阶段）（GB 14622—2007）

标准名称： 摩托车污染物排放限值及测量方法（工况法，中国第III阶段）

英文名称： Limits and measurement methods for the emissions of pollutants from motorcycles on the running mode（CHINA stage III）

标准编号： GB 14622—2007

适用范围： 本标准规定了两轮或三轮摩托车工况法排气污染物的排放限值及测量方法、曲轴箱污染物排放要求、污染控制装置的耐久性要求。

本标准规定了两轮和三轮摩托车第III阶段型式核准的要求、生产一致性检查和判定方法。

本标准适用于整车整备质量不大于 400kg、发动机排量大于 50 mL 或最大设计车速大于 50km/h 的装有点燃式发动机的两轮或三轮摩托车。

替代情况：本标准代替 GB 14622—2002。本标准与 GB 14622—2002 相比主要变化如下：

—— 加严了工况法排放试验（Ⅰ型试验）的排放限值；

—— 改变了工况法排放试验中阻力曲线的设定规则和车辆行驶运行循环；

—— 增加了污染控制装置耐久性试验（Ⅴ型试验）的要求和试验方法；

—— 改变了稀释系数计算方法和排气污染物排放量计算公式中的标准条件和密度；

—— 明确了生产一致性检查规范；

—— 改变了基准燃料的技术要求。

发布时间：2007-04-03

实施时间：2008-07-01

1.12 轻便摩托车污染物排放限值及测量方法（工况法，中国第Ⅲ阶段）（GB 18176—2007）

标准名称：轻便摩托车污染物排放限值及测量方法（工况法，中国第Ⅲ阶段）

英文名称：Limits and measurement methods for emissions of pollutants from mopeds on the running mode（CHINA stage Ⅲ）

标准编号：GB 18176—2007

适用范围：本标准规定了两轮或三轮轻便摩托车工况法排气污染物的排放限值及测量方法、曲轴箱污染物排放要求、污染控制装置的耐久性要求。

本标准规定了两轮和三轮轻便摩托车第Ⅲ阶段型式核准的要求、生产一致性检查和判定方法。

本标准适用于整车整备质量不大于 400 kg、发动机排量不大于 50 mL、最大设计车速不大于 50 km/h 的装有点燃式发动机的两轮或三轮轻便摩托车。

替代情况：本标准代替 GB 18176—2002。本标准与 GB 18176—2002 相比，主要修改内容如下：

—— 增加了对使用气体燃料轻便摩托车的排放要求；

—— 增加了 4 个试验循环；

—— 删除型式核准试验中的双怠速试验；

—— 分析和测量过程；

—— 改变了稀释系数计算方法和排气污染物排放量计算公式中的标准条件和密度以及测量结果的计算方法；

—— 污染控制装置耐久性试验要求；

—— 明确了生产一致性检查规范；

—— 试验用基准燃料的技术要求。

发布时间：2007-04-03

实施时间：2008-07-01

1.13 非道路移动机械用柴油机排气污染物排放限值及测量方法（中国Ⅰ、Ⅱ阶段）（GB 20891—2007）

标准名称：非道路移动机械用柴油机排气污染物排放限值及测量方法（中国Ⅰ、Ⅱ阶段）

英文名称： Limits and measurement methods for exhaust pollutants from diesel engines of non - road mobile machinery（Ⅰ、Ⅱ）

标准编号： GB 20891—2007

适用范围： 本标准规定了非道路移动机械用柴油机排气污染物排放限值及测量方法。

本标准适用于以下（包括但不限于）非道路移动机械装用的额定净功率不超过 560 kW，在非恒定转速下工作的柴油机。

—— 工业钻探设备；

—— 工程机械（包括装载机、推土机、压路机、沥青摊铺机、非公路用卡车、挖掘机等）；

—— 农业机械（包括拖拉机、联合收割机等）；

—— 林业机械；

—— 材料装卸机械；

—— 叉车；

—— 雪犁装备；

—— 机场地勤设备。

本标准适用于以下（包括但不限于）非道路移动机械装用的额定净功率不超过 560 kW，在恒定转速下工作的柴油机。

—— 空气压缩机；

—— 发电机组；

—— 渔业机械（增氧机、池塘挖掘机等）；

—— 水泵。

本标准规定了在道路上用于载人（货）的车辆装用的第二台柴油机排气污染物排放限值及测量方法。若额定净功率不超过 37 kW 的非道路移动机械用柴油机用于船舶驱动，可参照本标准执行。以出口为目的制造的非道路移动机械用柴油机，适用进口国家或地区的污染物排放法规。

替代情况： /

发布时间： 2007-04-03

实施时间： 2007-10-01

1.14　摩托车和轻便摩托车燃油蒸发污染物排放限值及测量方法（GB 20998—2007）

标准名称： 摩托车和轻便摩托车燃油蒸发污染物排放限值及测量方法

英文名称： Limits and measurement methods for evaporative pollutants from motorcycles and mopeds

标准编号： GB 20998—2007

适用范围： 本标准规定了摩托车和轻便摩托车燃油蒸发污染物排放的限值及测量方法。

本标准规定了摩托车和轻便摩托车燃油蒸发污染物排放型式核准的要求、生产一致性检查和判定方法。

本标准适用于以汽油为燃料的摩托车和轻便摩托车（以下统称摩托车）。

替代情况： /

发布时间： 2007-07-19

实施时间： 2008-07-01

1.15 重型车用汽油发动机与汽车排气污染物排放限值及测量方法（中国 III、IV 阶段）（GB 14762—2008）

标准名称： 重型车用汽油发动机与汽车排气污染物排放限值及测量方法（中国III、IV阶段）

英文名称： Limits and measurement method for exhaust pollutants from gasoline engines of heavy - duty vehicles（III，IV）

标准编号： GB 14762—2008

适用范围： 本标准规定了重型车用汽油发动机与汽车排气污染物排放限值及测量方法、车载诊断（OBD）系统的技术要求及试验方法。

本标准适用于设计车速大于 25km/h 的 M_2、M_3、N_2 和 N_3 类及总质量大于 3 500 kg 的 M_1 类机动车装用的汽油发动机及其车辆的型式核准、生产一致性检查和在用车/发动机符合性检查。

若装备汽油发动机的 M_2 类车辆已按 GB 18352.3—2005 的规定进行了型式核准，则该车型发动机可不按本标准进行型式核准。

替代情况： 本标准代替 GB 14762—2002。本标准是对 GB 14762—2002 的修订，与 GB 14762—2002 相比，主要变化如下：

—— 提高了排气污染物的排放控制要求；

—— 调整了标准体系，将装用以天然气或液化石油气作为燃料的点燃式发动机汽车及其点燃式发动机的气态污染物的排放限值及测量方法纳入其他相关排放标准；

—— 改变了测量方法，试验工况由重型汽油机瞬态循环所构成；

—— 从第III阶段开始，增加了车载诊断（OBD）系统的要求；

—— 从第III阶段开始，增加了排放控制装置的耐久性要求；

—— 从第IV段开始，增加了在用车/发动机的符合性要求；

—— 增加了新型发动机和新型汽车的型式核准规程；

—— 改进了生产一致性检查及其判定方法。

发布时间： 2008-04-02

实施时间： 2009-07-01

1.16 非道路移动机械用小型点燃式发动机排气污染物排放限值与测量方法（中国第一、二阶段）（GB 26133—2010）

标准名称： 非道路移动机械用小型点燃式发动机排气污染物排放限值与测量方法（中国第一、二阶段）

英文名称： Limits and measurement methods for exhaust pollutants from small spark ignition engines of non - road mobile machinery（I，II）

标准编号： GB 26133—2010

适用范围： 本标准规定了非道路移动机械用小型点燃式发动机（以下简称发动机）排气污染物排放限值和测量方法。

（1）本标准适用于（但不限于）下列非道路移动机械用净功率不大于 19 kW 发动机的型式核准和生产一致性检查：

—— 草坪机；
—— 油锯；
—— 发电机；
—— 水泵；
—— 割灌机。

净功率大于 19 kW 但工作容积不大于 1 L 的发动机可参照本标准执行。

（2）本标准不适用于下列用途的发动机：

—— 用于驱动船舶行驶的发动机；
—— 用于地下采矿或地下采矿设备的发动机；
—— 应急救援设备用发动机；
—— 娱乐用车辆，例如：雪橇、越野摩托车和全地形车辆；
—— 为出口而制造的发动机。

替代情况：/

发布时间：2010-12-30

实施时间：2011-03-01

1.17 摩托车和轻便摩托车排气污染物排放限值及测量方法（双怠速法）（GB 14621—2011）

标准名称：摩托车和轻便摩托车排气污染物排放限值及测量方法（双怠速法）

英文名称：Limits and measurement methods for exhaust pollutants from motorcycles and mopeds under two - speed idle conditions

标准编号：GB 14621—2011

适用范围：本标准规定了摩托车、轻便摩托车怠速和高怠速工况下排气污染物的排放限值及测量方法。

本标准适用于装有点燃式发动机的摩托车和轻便摩托车的型式核准、生产一致性检查和在用车的排气污染物检查。

替代情况：本标准代替 GB 14621—2002。本标准是对《摩托车和轻便摩托车排气污染物排放限值及测量方法（双怠速法）》（GB 14621—2002）的修订。本次修订的主要内容如下：

—— 增加了高怠速的测量方法及排放限值。

发布时间：2011-05-12

实施时间：2011-10-01

1.18 车用汽油有害物质控制标准（第四、五阶段）（GWKB 1.1—2011）

标准名称：车用汽油有害物质控制标准（第四、五阶段）

英文名称：Hazardous materials control standard for motor vehicle gasoline（Ⅳ，Ⅴ）

标准编号：GWKB 1.1—2011

适用范围：本标准规定了车用汽油中对机动车排放控制性能、人体健康和生态环境有不利影响的有害物质含量和环保性能控制指标。

本标准适用于车用汽油和车用乙醇汽油（E10）。

替代情况：代替 GWKB 1—1999，本标准是对《车用汽油有害物质控制标准》(GWKB 1—1999）的修订。本次修订的主要内容如下：

——提出了与国家第四、五阶段机动车排放标准相应的车用汽油有害物质含量要求；

——增加了蒸气压限值；

——增加了清净性的定义并提出了汽油清净性要求。

发布时间：2011-02-14

实施时间：2011-05-01

1.19 车用柴油有害物质控制标准（第四、五阶段）（GWKB 1.2—2011）

标准名称：车用柴油有害物质控制标准（第四、五阶段）

英文名称：Hazardous materials control standard for motor vehicle diesel（Ⅳ，Ⅴ）

标准编号：GWKB 1.2—2011

适用范围：本标准规定了车用柴油中对机动车排放控制性能、人体健康和生态环境有不利影响的有害物质含量和环保性能的控制指标。

本标准适用于车用柴油。

替代情况：/

发布时间：2011-02-14

实施时间：2011-05-01

2 监测方法

2.1 烟度

2.1.1 烟度卡（HJ 553—2010）

标准名称：烟度卡

英文名称：Standard for smokemetric tablet

标准编号：HJ 553—2010

适用范围：本标准规定了滤纸式烟度计用标准烟度卡（以下简称烟度卡）的基本性能和技术要求。

该烟度卡适用于滤纸式烟度计的检定和校准。

替代情况：本标准代替 GB/T 9804—1996。本标准是对《烟度卡标准》(GB/T 9804—1996）进行的修订，主要修改内容如下：

——烟度的表示符号由烟度的表示单位由 FSN 改为 BSU；

——取消了 S_F 与 R_b 的对照表（原标准附录 A）。

发布时间：2010-01-05

实施时间：2010-05-01

2.1.2 全负荷稳定转速试验 不透光烟度法（GB 3847—2005 附录 C）

标准名称： 全负荷稳定转速试验 不透光烟度法

英文名称： /

标准编号： GB 3847—2005 附录 C

适用范围：

（1）本附录规定了在全负荷曲线上不同稳定转速下测定排气烟度排放的方法。

（2）本试验既可以在发动机上也可以在汽车上进行。

替代情况： 代替 GB 3847—1999，GB 14761.6—1993，GB/T 3846—1993，GB 14761.7—1993，GB 3847—1983，部分代替 GB 18285—2000

发布时间： 2005-05-30

实施时间： 2005-07-01

2.1.3 自由加速试验 不透光烟度法（GB 3847—2005 附录 D）

标准名称： 自由加速试验 不透光烟度法

英文名称： /

标准编号： GB 3847—2005 附录 D

适用范围： /

替代情况： 代替 GB 3847—1999，GB 14761.6—1993，GB/T 3846—1993，GB 14761.7—1993，GB 3847—1983，部分代替 GB 18285—2000

发布时间： 2005-05-30

实施时间： 2005-07-01

2.1.4 在用汽车自由加速试验 不透光烟度法（GB 3847—2005 附录 I）

标准名称： 在用汽车自由加速试验 不透光烟度法

英文名称： /

标准编号： GB 3847—2005 附录 I

适用范围： /

替代情况： 代替 GB 3847—1999，GB 14761.6—1993，GB/T 3846—1993，GB 14761.7—1993，GB 3847—1983，部分代替 GB 18285—2000

发布时间： 2005-05-30

实施时间： 2005-07-01

2.1.5 在用汽车加载减速试验 不透光烟度法（GB 3847—2005 附录 J）

标准名称： 在用汽车加载减速试验 不透光烟度法

英文名称： /

标准编号： GB 3847—2005 附录 J

适用范围： /

替代情况： 代替 GB 3847—1999，GB 14761.6—1993，GB/T 3846—1993，GB 14761.7—1993，

GB 3847—1983，部分代替 GB 18285—2000

发布时间：2005-05-30

实施时间：2005-07-01

2.1.6 试验规程（GB 17691—2005 附录 B）

标准名称：试验规程

英文名称：/

标准编号：GB 17691—2005 附录 B

适用范围：

（1）本附录阐述了发动机排气污染物的气态污染物、颗粒物和烟度的测量方法。阐述了本标准第 7.2 条要求应用的下列三种试验循环：

—— ESC，包含 13 个稳态工况的循环；

—— ELR，包含不同转速下的依次变化的负荷，构成一个整体试验循环并连续运行；

—— ETC，包含逐秒变化的瞬态工况。

（2）试验应在发动机测功机台架上进行。

替代情况：替代 GB 17691—2001 和部分替代 GB 14762—2002

发布时间：2005-05-30

实施时间：2007-01-01

2.1.7 摩托车和轻便摩托车急加速烟度排放测量方法（GB 19758—2005 附录 A）

标准名称：摩托车和轻便摩托车急加速烟度排放测量方法

英文名称：/

标准编号：GB 19758—2005 附录 A

适用范围：/

替代情况：/

发布时间：2005-05-30

实施时间：2005-07-01

2.1.8 试验方法（GB 18322—2002 附录 B）

标准名称：试验方法

英文名称：/

标准编号：GB 18322—2002 附录 B

适用范围：本附录规定了农用运输车自由加速烟度排放的试验方法。

替代情况：本标准替代 GB 18322—2001

发布时间：2002-01-04

实施时间：2002-07-01

2.2　一氧化碳

2.2.1　双怠速法测量方法（GB 14621—2011 附录 A）

标准名称：双怠速法测量方法

英文名称：/

标准编号：GB 14621—2011 附录 A

适用范围：/

替代情况：本标准代替 GB 14621—2002

发布时间：2011-05-12

实施时间：2011-10-01

2.2.2　试验规程（GB 26133—2010 附录 B）

标准名称：试验规程

英文名称：/

标准编号：GB 26133—2010 附录 B

适用范围：

（1）本附录描述了发动机排气污染物的试验规程。

（2）试验应在发动机测功机台架上进行。

替代情况：/

发布时间：2010-12-30

实施时间：2011-03-01

2.2.3　试验规程（GB 14762—2008 附录 B）

标准名称：试验规程

英文名称：/

标准编号：GB 14762—2008 附录 B

适用范围：

（1）本附录阐述发动机气态排放物测量方法。阐述了本标准第 7.2 条要求应用的包含逐秒变化的重型汽油机瞬态工况试验循环。

（2）试验应在发动机测功机台架上进行。

替代情况：本标准代替 GB 14762—2002

发布时间：2008-04-02

实施时间：2009-07-01

2.2.4　试验规程（GB 20891—2007 附录 B）

标准名称：试验规程

英文名称：/

标准编号：GB 20891—2007 附录 B

适用范围：

（1）本附录描述了柴油机排气污染物的测量方法。

（2）试验应在发动机测功机台架上进行。

替代情况：/

发布时间：2007-04-03

实施时间：2007-10-01

2.2.5 常温冷起动后排气污染物平均排放量的测量（Ⅰ型试验）（GB 18176—2007 附录 C）

标准名称：常温冷起动后排气污染物平均排放量的测量（Ⅰ型试验）

英文名称：/

标准编号：GB 18176—2007 附录 C

适用范围：

（1）轻便摩托车应置于装有功率吸收装置和惯量模拟装置的底盘测功机上。一次试验持续 896s、由八个连续运行的循环组成，其中前四个循环为冷态试验循环，后四个循环为热态试验循环。每个试验循环由七个阶段组成（怠速、加速、等速和减速等）。

（2）试验期间应用空气稀释排气，并使混合气的容积流量保持恒定。在试验过程中，连续的混合气取样气流被送入取样袋，以便依次确定一氧化碳、碳氢化合物、氮氧化物和二氧化碳的浓度（取试验平均值）。

替代情况：本标准代替 GB 18176—2002

发布时间：2007-04-03

实施时间：2008-07-01

2.2.6 稳态工况法测量方法（GB 18285—2005 附录 B）

标准名称：稳态工况法测量方法

英文名称：/

标准编号：GB 18285—2005 附录 B

适用范围：本附录规定了本标准 8.1 中规定的稳态工况法测量方法的测试规程。

替代情况：代替 GB 1476.5—1993、GB/T 3845—1993，部分代替 GB 18285—2000

发布时间：2005-05-30

实施时间：2005-07-01

2.2.7 瞬态工况法测量方法（GB 18285—2005 附录 C）

标准名称：瞬态工况法测量方法

英文名称：/

标准编号：GB 18285—2005 附录 C

适用范围：本附录规定了本标准 8.1 中规定的瞬态工况法测量方法的测试规程。

替代情况：代替 GB 1476.5—1993、GB/T 3845—1993，部分代替 GB 18285—2000

发布时间：2005-05-30

实施时间：2005-07-01

2.2.8 简易瞬态工况法测量方法（GB 18285—2005 附录 D）

标准名称：简易瞬态工况法测量方法

英文名称：/

标准编号：GB 18285—2005 附录 D

适用范围：本附录规定了本标准 8.1 中规定的简易瞬态工况法测量方法的测试规程。

替代情况：代替 GB 1476.5—1993、GB/T 3845—1993，部分代替 GB 18285—2000

发布时间：2005-05-30

实施时间：2005-07-01

2.2.9 试验规程（GB 17691—2005 附录 B）

详见本章 2.1.6

2.2.10 试验规程（GB 19756—2005 附录 B）

标准名称：试验规程

英文名称：/

标准编号：GB 19756—2005 附录 B

适用范围：

（1）本附录描述了柴油机排气污染物的测量方法。

（2）试验应在“安装在试验台架上并与测功机相连接的”柴油机上进行。

（3）测量柴油机排气中的气态污染物，包括：一氧化碳、总碳氢化合物、氮氧化物，以及颗粒物。此外，常常采用二氧化碳作为示踪气，来确定部分流或全流式稀释系统的稀释比。成熟的工程经验建议，通过全面测量二氧化碳来发现试验运行期间的测量问题。

在规定的每个试验循环的工况中，从经过预热的柴油机排气中直接取样，并连续测量。在每个工况运行中，测量每种气态污染物的浓度、发动机的排气流量和输出功率，并将测量值加权。

在整个试验过程中，将颗粒物的样气用经过处理的环境空气进行稀释。用适当的滤纸收集颗粒物。按照附件 BC 所述方法，计算每种污染物的克每千瓦时的比排放量。

替代情况：/

发布时间：2005-05-30

实施时间：2006-01-01

2.2.11 常温下冷启动后排气污染物排放试验（Ⅰ型试验）（GB 18352.3—2005 附录 C）

标准名称：常温下冷启动后排气污染物排放试验（Ⅰ型试验）

英文名称：/

标准编号：GB 18352.3—2005 附录 C

适用范围：本附录说明了 5.3.1 规定的Ⅰ型试验规程。对于燃用 LPG 和 NG 的汽车，还要应用附录 K 的条款。

替代情况：代替 GB 18352.2—2001

发布时间：2005-04-15

实施时间： 2007-07-01

2.2.12 测定双怠速的 CO、HC 和高怠速的λ值（双怠速试验）（GB 18352.3—2005 附录 D）

标准名称： 测定双怠速的 CO、HC 和高怠速的λ值（双怠速试验）

英文名称： /

标准编号： GB 18352.3—2005 附录 D

适用范围： 本附录描述了 5.3.2 规定的双怠速试验的程序。

替代情况： 代替 GB 18352.2—2001

发布时间： 2005-04-15

实施时间： 2007-07-01

2.2.13 低温下冷启动后排气中 CO 和 HC 的排放试验（Ⅵ型试验）（GB 18352.3—2005 附录 H）

标准名称： 低温下冷启动后排气中 CO 和 HC 的排放试验（Ⅵ型试验）

英文名称： /

标准编号： GB 18352.3—2005 附录 H

适用范围： 本附录仅适用于 5.3.6 规定的汽油车。其中描述了 5.3.6 中Ⅵ型试验所需要的设备和程序，以便确定低温下冷启动后一氧化碳和碳氢化合物的排放量。本附录包括以下内容：设备要求、试验条件、试验程序和数据要求。

替代情况： 代替 GB 18352.2—2001

发布时间： 2005-04-15

实施时间： 2007-07-01

2.2.14 常温下冷起动后排气污染物平均排放量的测量（Ⅰ型试验）（GB 14622—2007 附录 C）

标准名称： 常温下冷起动后排气污染物平均排放量的测量（Ⅰ型试验）

英文名称： /

标准编号： GB 14622—2007 附录 C

适用范围：

（1）摩托车应置于装有功率吸收装置和惯量模拟装置的底盘测功机上，按照附件 CA 规定的运行循环进行试验。对于三轮摩托车和发动机排量小于 150 mL 的两轮摩托车，试验由 6 个连续的市区循环构成，一次试验持续 1 170 s；对于发动机排量不小于 150 mL 的两轮摩托车，试验由 6 个连续的市区循环加一个市郊循环构成，持续时间为 1 570 s。

（2）试验期间应用空气稀释排气，并使混合气的容积流量保持恒定。在试验过程中，连续的混合气取样气流被送入取样袋，以便依次确定一氧化碳、碳氢化合物、氮氧化物和二氧化碳的浓度（取试验平均值）。

替代情况： 代替 GB 14622—2002

发布时间： 2007-04-03

实施时间： 2008-07-01

2.3　碳氢化合物

2.3.1　双怠速法测量方法（GB 14621—2011 附录 A）

详见本章 2.2.1

2.3.2　试验规程（GB 26133—2010 附录 B）

详见本章 2.2.2

2.3.3　试验规程（GB 14762—2008 附录 B）

详见本章 2.2.3

2.3.4　试验规程（GB 20891—2007 附录 B）

详见本章 2.2.4

2.3.5　常温冷起动后排气污染物平均排放量的测量（Ⅰ型试验）（GB 18176—2007 附录 C）

详见本章 2.2.5

2.3.6　燃油蒸发污染物排放试验（GB 20998—2007 附录 C）

标准名称：燃油蒸发污染物排放试验
英文名称：/
标准编号：GB 20998—2007 附录 C
适用范围：本附录规定了摩托车燃油蒸发污染物排放的测量方法。
替代情况：/
发布时间：2007-07-19
实施时间：2008-07-01

2.3.7　稳态工况法测量方法（GB 18285—2005 附录 B）

详见本章 2.2.6

2.3.8　瞬态工况法测量方法（GB 18285—2005 附录 C）

详见本章 2.2.7

2.3.9　简易瞬态工况法测量方法（GB 18285—2005 附录 D）

详见本章 2.2.8

2.3.10　试验规程（GB 17691—2005 附录 B）

详见本章 2.1.6

2.3.11 燃油蒸发污染物排放试验规程（GB 14763—2005 附录 B）

标准名称：燃油蒸发污染物排放试验规程
英文名称：/
标准编号：GB 14763—2005 附录 B
适用范围：/
替代情况：代替 GB 14761.3—1993 和 GB 14763—1993 中相应部分
发布时间：2005-04-15
实施时间：2005-07-01

2.3.12 试验规程（GB 19756—2005 附录 B）

详见本章 2.2.10

2.3.13 常温下冷启动后排气污染物排放试验（Ⅰ型试验）（GB 18352.3—2005 附录 C）

详见本章 2.2.11

2.3.14 测定双怠速的 CO、HC 和高怠速的λ值（双怠速试验）（GB 18352.3—2005 附录 D）

详见本章 2.2.12

2.3.15 低温下冷启动后排气中 CO 和 HC 的排放试验（Ⅵ型试验）（GB 18352.3—2005 附录 H）

详见本章 2.2.13

2.3.16 蒸发污染物排放试验（Ⅳ型试验）（GB 18352.3—2005 附录 F）

标准名称：蒸发污染物排放试验（Ⅳ型试验）
英文名称：/
标准编号：GB 18352.3—2005 附录 F
适用范围：本附录描述了 5.3.2 规定的双怠速试验的程序。
替代情况：代替 GB 18352.2—2001
发布时间：2005-04-15
实施时间：2007-07-01

2.3.17 常温下冷起动后排气污染物平均排放量的测量（Ⅰ型试验）（GB 14622—2007 附录 C）

详见本章 2.2.14

2.4 氮氮化物

2.4.1 常温下冷起动后排气污染物平均排放量的测量（Ⅰ型试验）（GB 14622—2011 附录 C）

详见本章 2.2.14

2.4.2　试验规程（GB 26133—2010 附录 B）

详见本章 2.2.2

2.4.3　试验规程（GB 14762—2008 附录 B）

详见本章 2.2.3

2.4.4　试验规程（GB 20891—2007 附录 B）

详见本章 2.2.4

2.4.5　常温冷起动后排气污染物平均排放量的测量（Ⅰ型试验）（GB 18176—2007 附录 C）

详见本章 2.2.5

2.4.6　试验规程（GB 17691—2005 附录 B）

详见本章 2.1.6

2.4.7　试验规程（GB 19756—2005 附录 B）

详见本章 2.2.10

2.4.8　常温下冷启动后排气污染物排放试验（Ⅰ型试验）（GB 18352.3—2005 附录 C）

详见本章 2.2.11

2.5　颗粒物（PM）

2.5.1　试验规程（GB 20891—2007 附录 B）

详见本章 2.2.4

2.5.2　常温下冷启动后排气污染物排放试验（Ⅰ型试验）（GB 18352.3—2005 附录 C）

详见本章 2.2.11

2.5.3　试验规程（GB 19756—2005 附录 B）

详见本章 2.2.10

2.5.4　试验规程（GB 17691—2005 附录 B）

详见本章 2.1.6

编写人：朱　明　邢巍巍

第九章

大气降水

1 监测规范

1.1 酸沉降监测技术规范（HJ/T 165—2004）

标准名称： 酸沉降监测技术规范

英文名称： Technical specifications for acid deposition monitoring

标准编号： HJ/T 165—2004

适用范围： 本规范规定了酸沉降监测的技术要求，适用于各级环境监测站及其他环境监测机构对酸沉降进行监测的活动。

替代情况： /

发布时间： 2004-12-09

实施时间： 2004-12-09

2 监测方法

2.1 样品采集

2.1.1 大气降水采样分析方法总则（GB/T 13580.1—1992）

标准名称： 大气降水采样分析方法总则

英文名称： General principles for analytical methods of the wet precipitation

标准编号： GB/T 13580.1—1992

适用范围：

（1）本标准规定了编写《大气降水采样和分析方法》的一般要求和原则。

（2）本标准适用于大气降水中无机离子采样和分析。

替代情况： /

发布时间： 1992-06-20

实施时间： 1993-03-01

2.1.2 大气降水样品的采集与保存（GB/T 13580.2—1992）

标准名称： 大气降水样品的采集与保存

英文名称： Collection and preservation of the wet precipitation sample

标准编号： GB/T 13580.2—1992

适用范围：

（1）本标准规定了大气降水采样布点的原则和要求，并规定了降水样品的采集方法和样品的保存方法及保存的有效期。

（2）本标准适用于大气降水样品的采样及保存。

替代情况：/

发布时间：1992-06-20

实施时间：1993-03-01

2.2 检测方法

2.2.1 电导率

2.2.1.1 大气降水电导率的测定方法（GB/T 13580.3—1992）

标准名称：大气降水电导率的测定方法

英文名称：Methods for determination of specific conductance in the wet precipitation

标准编号：GB/T 13580.3—1992

适用范围：

（1）本标准规定了测定大气降水电导率的电极法。

（2）本标准适用于大气降水的电导率测定。

替代情况：/

发布时间：1992-06-20

实施时间：1993-03-01

2.2.2 pH 值

2.2.2.1 大气降水 pH 值的测定　电极法（GB/T 13580.4—1992）

标准名称：大气降水 pH 值的测定　电极法

英文名称：Determination of pH value of the wet precipitation—Glass electrode method

标准编号：GB/T 13580.4—1992

适用范围：

（1）本标准规定了测定大气降水 pH 值的电极法。

（2）本标准适用于大气降水样品 pH 值的测定。测定可精确到 0.02pH 值单位。

替代情况：/

发布时间：1992-06-20

实施时间：1993-03-01

2.2.3 氟

2.2.3.1 大气降水中氟、氯、亚硝酸盐、硝酸盐、硫酸盐的测定　离子色谱法（GB/T 13580.5—1992）

标准名称：大气降水中氟、氯、亚硝酸盐、硝酸盐、硫酸盐的测定　离子色谱法

英文名称：Determination of fluoride，chloride，ntrite nitrate，salfate in the wet precipitation - Ion chromotography

标准编号：GB/T 13580.5—1992

适用范围：

（1）本标准规定了测定大气降水中氟、氯、亚硝酸盐、硝酸盐、硫酸盐的离子色谱法。

（2）本标准适用于大气降水样品中氟、氯、亚硝酸盐、硝酸盐、硫酸盐的测定。

（3）本标准进样品量为：50 μL，最低检出浓度分别为：F^-0.03 mg/L，Cl^-0.03 mg/L，NO_2^- 0.05 mg/L，NO_3^-0.10 mg/L，SO_4^{2-}0.10 mg/L。

替代情况：/

发布时间：1992-06-20

实施时间：1993-03-01

2.2.3.2　大气降水中氟化物的测定　新氟试剂光度法（GB/T 13580.10—1992）

标准名称：大气降水中氟化物的测定　新氟试剂光度法

英文名称：Determination of fluoride in the wet precipitation - Fluor reagent spectrophotometry

标准编号：GB/T 13580.10—1992

适用范围：

（1）本标准规定了测定大气降水中氟化物的氟试剂光度法。

（2）本标准适用于大气降水样品中氟化物的测定。

（3）本标准最低检出浓度为 0.05 mg/ L，测定范围为 0.06～1.5 mg/L。

替代情况：/

发布时间：1992-06-20

实施时间：1993-03-01

2.2.4　氯

2.2.4.1　大气降水中氟、氯、亚硝酸盐、硝酸盐、硫酸盐的测定　离子色谱法（GB/T 13580.5—1992）

详见本章 2.2.3.1

2.2.4.2　大气降水中氯化物的测定　硫氰酸汞高铁光度法（GB/T 13580.9—1992）

标准名称：大气降水中氯化物的测定　硫氰酸汞高铁光度法

英文名称：Determination of chloride in the wet precipitation - Ferrithiocyanate spectrophotometry

标准编号：GB/T 13580.9—1992

适用范围：

（1）本标准规定了测定大气降水中氯化物的硫氰酸汞高铁光度法。

（2）本标准适用于大气降水样品中氯化物的测定。

（3）本标准最低检出浓度为 0.03 mg/L，测定范围为 0.4～6.0 mg/L。

替代情况：/

发布时间：1992-06-20

实施时间：1993-03-01

2.2.5　亚硝酸盐

2.2.5.1　大气降水中氟、氯、亚硝酸盐、硝酸盐、硫酸盐的测定　离子色谱法（GB/T 13580.5—1992）

详见本章 2.2.3.1

2.2.5.2　大气降水中亚硝酸盐测定　*N*-（1-萘基）-乙二胺光度法（GB/T 13580.7—1992）

标准名称：大气降水中亚硝酸盐测定　*N*-（1-萘基）-乙二胺光度法

英文名称：Determination of nitrite in the wet precipitation - *N*-（1-naphthyl）-1,2-diaminoethane dihydrochioride spectrophotometry

标准编号：GB/T 13580.7—1992

适用范围：

（1）本标准规定了测定大气降水中亚硝酸盐的 *N*-（1-萘基）-乙二胺光度法。

（2）本标准适用于大气降水样品中亚硝酸盐的测定。

（3）本标准最低检出浓度为 0.04 mg/L，测定范围为 0.01～0.02 mg/L。

替代情况：/

发布时间：1992-06-20

实施时间：1993-03-01

2.2.6 硝酸盐

2.2.6.1 大气降水中氟、氯、亚硝酸盐、硝酸盐、硫酸盐的测定 离子色谱法（GB/T 13580.5—1992）

详见本章 2.2.3.1

2.2.6.2 大气降水中硝酸盐的测定（GB/T 13580.8—1992）

标准名称：大气降水中硝酸盐的测定

英文名称：Determination of nitrate in the wet precipitation

标准编号：GB/T 13580.8—1992

适用范围：

（1）本标准规定了测定大气降水中硝酸盐的紫外光度法和镉柱还原法。

（2）本标准适用于大气降水中硝酸盐的测定。

（3）本标准分两篇：第一篇紫外光度法，第二篇镉柱还原法。

紫外光度法最低检出浓度为 0.2 mg/L，测定范围为 0.4～10 mg/L。

镉柱还原法最低检出浓度为 0.004 mg/L，测定范围为 0.01～0.2 mg/L。

替代情况：/

发布时间：1992-06-20

实施时间：1993-03-01

2.2.7 硫酸盐

2.2.7.1 大气降水中氟、氯、亚硝酸盐、硝酸盐、硫酸盐的测定 离子色谱法（GB/T 13580.5—1992）

详见本章 2.2.3.1

2.2.7.2 大气降水中硫酸盐的测定（GB/T 13580.6—1992）

标准名称：大气降水中硫酸盐的测定

英文名称：Determination of sulfate in the wet precipitation

标准编号：GB/T 13580.6—1992

适用范围：

（1）本标准规定了测定大气降水中硫酸盐的硫酸钡浊度法和铬酸钡-二苯碳酰二肼光度法。

（2）本标准适用于大气降水样品中硫酸盐的测定。

（3）本标准分两篇。第一篇硫酸钡浊度法，第二篇铬酸钡-二苯碳酰二肼光度法。

硫酸钡浊度法最低检出浓度为 0.4 mg/L，测定范围为 1.0～70 mg/L。

铬酸钡-二苯碳酰二肼光度法最低检出浓度为 0.1 mg/L，测定范围为 0.5～10 mg/L。

替代情况：/

发布时间：1992-06-20

实施时间：1993-03-01

2.2.8　铵盐

2.2.8.1　大气降水中铵盐的测定（GB/T 13580.11—1992）

标准名称：大气降水中铵盐的测定

英文名称：Determination of ammonium in the wet precipitation

标准编号：GB/T 13580.11—1992

适用范围：

（1）本标准规定了测定大气降水中铵盐的钠氏试剂光度法和次氯酸钠-水杨酸光度法。

（2）本标准适用于大气降水样品中铵盐的测定。

（3）本标准分两篇：第一篇纳氏试剂光度法，第二篇次氯酸钠-水杨酸光度法。

纳氏试剂光度法最低检出浓度为 0.05 mg/L，测定范围为 0.06～1.5 mg/L。

次氯酸钠-水杨酸光度法最低检出浓度为 0.01 mg/L，测定范围为 0.02～1.2 mg/L。

替代情况：/

发布时间：1992-06-20

实施时间：1993-03-01

2.2.9　钠

2.2.9.1　大气降水中钠、钾的测定　原子吸收分光光度法（GB/T 13580.12—1992）

标准名称：大气降水中钠、钾的测定　原子吸收分光光度法

英文名称：Determination of sodium and potassium in the wet precipitation - Atomic absorption spectrophotometry

标准编号：GB/T 13580.12—1992

适用范围：

（1）本标准规定了测定大气降水中钾、钠的原子吸收分光光度法。

（2）本标准适用于大气降水样品中钾、钠的测定。

（3）本标准最低检出浓度钾为 0.013 mg/L，钠为 0.008 mg/L，测定范围钾为 0.08～4 mg/L，钠为 0.02～0.04 mg/L。

替代情况：/

发布时间：1992-06-20

实施时间：1993-03-01

2.2.10　钾

2.2.10.1　大气降水中钠、钾的测定　原子吸收分光光度法（GB/T 13580.12—1992）

详见本章 2.2.9.1

2.2.11 钙

2.2.11.1 大气降水中钙、镁的测定　原子吸收分光光度法（GB/T 13580.13—1992）

标准名称：大气降水中钙、镁的测定　原子吸收分光光度法

英文名称：Determination of calcium and magnesium in the wet precipitation - Atomic absorption spectrophotometry

标准编号：GB/T 13580.13—1992

适用范围：

（1）本标准规定了测定大气降水中钙、镁的原子吸收分光光度法。

（2）本标准适用于大气降水样品中钙、镁的测定。

（3）本标准最低检出浓度钙为 0.02 mg/L，镁为 0.002 5 mg/L，测定范围钙为 0.2～7 mg/L，镁为 0.02～0.5 mg/L。

替代情况：/

发布时间：1992-06-20

实施时间：1993-03-01

2.2.12 镁

2.2.12.1 大气降水中钙、镁的测定　原子吸收分光光度法（GB/T 13580.13—1992）

详见本章 2.2.11.1

2.2.13 磷酸盐

2.2.13.1 水质　磷酸盐的测定　离子色谱法（HJ 669—2013）

详见第一章 3.2.136.1

编写人：邢巍巍

第十章

海洋沉积物

1　环境质量标准

1.1　海洋沉积物质量（GB 18668—2002）

标准名称：海洋沉积物质量

英文名称：Marine sediment quality

标准编号：GB 18668—2002

适用范围：本标准规定了海域各类使用功能的沉积物质量要求。

本标准适用于中华人民共和国管辖的海域。

替代情况：/

发布时间：2002-03-10

实施时间：2002-10-01

2　监测规范

2.1　近岸海域环境监测规范（HJ 442—2008）

详见第三章 2.1

3　监测方法

3.1　样品采集、贮存与运输

3.1.1　海洋监测规范　第 3 部分：样品采集、贮存与运输（GB 17378.3—2007）

详见第三章 3.1.1

3.2　检测方法

3.2.1　粪大肠菌群

3.2.1.1　粪大肠菌群检测　发酵法 [GB 17378.7—2007 附录 E]

标准名称：粪大肠菌群检测　发酵法

英文名称：/

标准编号：GB 17378.7—2007（附录 E）

适用范围：本标准适用于近海环境污染的生物学调查、监测和评价，也适用于检测近岸海域沉积物中的大肠菌群。即以定量的沉积物经适当稀释并充分混匀后，吸取一定量水样代替，其他检测步骤与测水样相同。

替代情况：本标准代替 GB 17378.7—1998；本标准是对《海洋监测规范　第 7 部分：近海污染生态调查和生物监测》（GB 17378.7—1998）的修订。主要修订内容如下：

—— 增加了“沉积物粪大肠菌群数—— 发酵法”（见标准原文附录 E)。

发布时间：2007-10-18

实施时间：2008-05-01

3.2.2　总汞

3.2.2.1　总汞　原子荧光法 [GB 17378.5—2007（5.1）]

标准名称：总汞　原子荧光法

英文名称：/

标准编号：GB 17378.5—2007（5.1）

适用范围：本方法适用于淡水和海水水系沉积物中总汞的测定。本方法为仲裁方法。

替代情况：本标准代替 GB 17378.5—1998；与 GB 17378.5—1998 相比主要变化如下：

—— 增加了总汞的“原子荧光法”（见 5.1)；

—— 取消了总汞的“双硫腙分光光度法”（1998 年版的 6.2)。

发布时间：2007-10-18

实施时间：2008-05-01

3.2.2.2　总汞　冷原子吸收光度法 [GB 17378.5—2007（5.2）]

标准名称：总汞　冷原子吸收光度法

英文名称：/

标准编号：GB 17378.5—2007（5.2）

适用范围：本方法适用于河口、近岸、大洋沉积物中总汞的测定。

替代情况：本标准代替 GB 17378.5—1998。

发布时间：2007-10-18

实施时间：2008-05-01

3.2.2.3　土壤和沉积物　汞、砷、硒、铋、锑的测定　微波消解/原子荧光法（HJ 680—2013）

标准名称：土壤和沉积物　汞、砷、硒、铋、锑的测定　微波消解/原子荧光法

英文名称：Soil and sedimen — Determination of mercury,arsenic,selenium,bismuth,antimony — Microwave dissolution/Atomic Fluorescence Spectrometry

标准编号：HJ 680—2013

适用范围：本标准规定了测定土壤和沉积物中汞、砷、硒、铋、锑的微波消解/原子荧光法。本标准适用于土壤和沉积物中汞、砷、硒、铋、锑的测定。当取样品量为 0.5 g 时，本方法测定汞的检出限为 0.002 mg/kg，测定下限为 0.008 mg/kg；测定砷、硒、铋和锑的检出限为 0.01 mg/kg，测定下限为 0.04 mg/kg。

替代情况：/

发布时间：2013-11-21

实施时间：2014-02-01

3.2.3 镉

3.2.3.1 镉　无火焰原子吸收分光光度法（连续测定铜、铅和镉）[GB 17378.5—2007（8.1）]

标准名称：镉　无火焰原子吸收分光光度法（连续测定铜、铅和镉）

英文名称：/

标准编号：GB 17378.5—2007（8.1）

适用范围：本方法适用于海洋沉积物中铜、铅和镉的连续测定。本方法为仲裁方法。

替代情况：本标准代替 GB 17378.5—1998；与 GB 17378.5—1998 相比主要变化如下：

—— 修改了铜、铅和镉的无火焰原子吸收分光光度测定法，调整为“铜、铅和镉的连续测定法”（1998 年版的 7.1、8.1、9.1；本版的 6.1、7.1、8.1）。

发布时间：2007-10-18

实施时间：2008-05-01

3.2.3.2 镉　火焰原子吸收分光光度法（连续测定铜、铅和镉）[GB 17378.5 —2007（8.2）]

标准名称：镉　火焰原子吸收分光光度法（连续测定铜、铅和镉）

英文名称：/

标准编号：GB 17378.5—2007（8.2）

适用范围：本方法适用于海洋沉积物中铜、铅和镉的连续测定。

替代情况：本标准代替 GB 17378.5—1998；与 GB 17378.5—1998 相比主要变化如下：

—— 修改了铜、铅和镉的火焰原子吸收分光光度测定法，调整为“铜、铅和镉的连续测定法”（1998 年版的 7.2、8.2、9.2；本版的 6.2、7.2、8.2）；

—— 取消了镉的“双硫腙分光光度法”（1998 年版的 9.3）。

发布时间：2007-10-18

实施时间：2008-05-01

3.2.4 铅

3.2.4.1 铅 无火焰原子吸收分光光度法（连续测定铜、铅和镉）[GB 17378.5 —2007（7.1）]

标准名称：铅 无火焰原子吸收分光光度法（连续测定铜、铅和镉）

英文名称：/

标准编号：GB 17378.5—2007（7.1）

适用范围：本方法适用于海洋沉积物中铜、铅和镉的连续测定。本方法为仲裁方法。

替代情况：本标准代替 GB 17378.5—1998；与 GB 17378.5—1998 相比主要变化如下：

—— 修改了铜、铅和镉的无火焰原子吸收分光光度测定法，调整为“铜、铅和镉的连续测定法”（1998 年版的 7.1、8.1、9.1；本版的 6.1、7.1、8.1）。

发布时间：2007-10-18

实施时间：2008-05-01

3.2.4.2 铅　火焰原子吸收分光光度法（连续测定铜、铅和镉）[GB 17378.5 —2007（7.2）]

标准名称：铅　火焰原子吸收分光光度法（连续测定铜、铅和镉）

英文名称：/

标准编号：GB 17378.5—2007（7.2）

适用范围：本方法适用于海洋沉积物中铜、铅和镉的连续测定。

替代情况：本标准代替 GB 17378.5—1998；与 GB 17378.5—1998 相比主要变化如下：

—— 修改了铜、铅和镉的火焰原子吸收分光光度测定法，调整为“铜、铅和镉的连续测定法”（1998 年版的 7.2、8.2、9.2；本版的 6.2、7.2、8.2）；

—— 取消了铅的“双硫腙分光光度法”（1998 年版的 8.3）。

发布时间：2007-10-18

实施时间：2008-05-01

3.2.5 锌

3.2.5.1 锌 火焰原子吸收分光光度法 [GB 17378.5—2007（9）]

标准名称：锌 火焰原子吸收分光光度法

英文名称：/

标准编号：GB 17378.5—2007（9）

适用范围：本方法适用于海洋沉积物中锌的测定。本方法为仲裁方法。

替代情况：本标准代替 GB 17378.5—1998；与 GB 17378.5—1998 相比主要变化如下：

—— 取消了锌的“双硫腙分光光度法”（1998 年版的 10.2）。

发布时间：2007-10-18

实施时间：2008-05-01

3.2.6 铜

3.2.6.1 铜 无火焰原子吸收分光光度法（连续测定铜、铅和镉） [GB 17378.5—2007（6.1）]

标准名称：铜 无火焰原子吸收分光光度法（连续测定铜、铅和镉）

英文名称：/

标准编号：GB 17378.5—2007（6.1）

适用范围：本方法适用于海洋沉积物中铜、铅和镉的连续测定。

替代情况：本标准代替 GB 17378.5—1998；与 GB 17378.5—1998 相比主要变化如下：

—— 修改了铜、铅和镉的无火焰原子吸收分光光度测定法，调整为“铜、铅和镉的连续测定法”（1998 年版的 7.1、8.1、9.1；本版的 6.1、7.1、8.1）。

发布时间：2007-10-18

实施时间：2008-05-01

3.2.6.2 铜 火焰原子吸收分光光度法（连续测定铜、铅和镉） [GB 17378.5—2007（6.2）]

标准名称：铜 火焰原子吸收分光光度法（连续测定铜、铅和镉）

英文名称：/

标准编号：GB 17378.5—2007（6.2）

适用范围：本方法适用于海洋沉积物中铜、铅和镉的连续测定。

替代情况：本标准代替 GB 17378.5—1998；与 GB 17378.5—1998 相比主要变化如下：

—— 修改了铜、铅和镉的火焰原子吸收分光光度测定法，调整为“铜、铅和镉的连续测定法”（1998 年版的 7.2、8.2、9.2；本版的 6.2、7.2、8.2）；

—— 取消了铜的“二乙基二硫代氨基甲酸钠分光光度法”（1998 年版的 7.3）。

发布时间：2007-10-18

实施时间：2008-05-01

3.2.7 铬

3.2.7.1 铬 无火焰原子吸收分光光度法 [GB 17378.5—2007（10.1）]

标准名称：铬 无火焰原子吸收分光光度法

英文名称：/

标准编号：GB 17378.5—2007（10.1）

适用范围：本方法适用于海洋沉积物中铬的测定。本方法为仲裁方法。

替代情况：本标准代替 GB 17378.5—1998

发布时间：2007-10-18

实施时间：2008-05-01

3.2.7.2 铬 二苯碳酰二肼分光光度法 [GB 17378.5—2007（10.2）]

标准名称：铬 二苯碳酰二肼分光光度法

英文名称：/

标准编号：GB 17378.5—2007（10.2）

适用范围：本方法适用于海洋沉积物中铬的测定。

替代情况：本标准代替 GB 17378.5—1998

发布时间：2007-10-18

实施时间：2008-05-01

3.2.8 砷

3.2.8.1 砷 原子荧光法 [GB 17378.5—2007（11.1）]

标准名称：砷 原子荧光法

英文名称：/

标准编号：GB 17378.5—2007（11.1）

适用范围：本方法适用于海洋沉积物中砷的测定。本方法为仲裁方法。

替代情况：本标准代替 GB 17378.5—1998；与 GB 17378.5—1998 相比主要变化如下：

—— 增加了砷的“原子荧光测定法”（见标准原文 11.1）。

发布时间：2007-10-18

实施时间：2008-05-01

3.2.8.2 砷 砷钼酸-结晶紫分光光度法 [GB 17378.5—2007（11.2）]

标准名称：砷 砷钼酸-结晶紫分光光度法

英文名称：/

标准编号：GB 17378.5—2007（11.2）

适用范围：本方法适用于大洋、近岸、河口沉积物中砷的测定。

替代情况：本标准代替 GB 17378.5—1998

发布时间：2007-10-18

实施时间：2008-05-01

3.2.8.3 砷 氢化物-原子吸收分光光度法 [GB 17378.5—2007（11.3）]

标准名称：砷 氢化物-原子吸收分光光度法

英文名称：/

标准编号：GB 17378.5—2007（11.3）

适用范围：本方法适用于海洋和河流沉积物中砷的测定。采用本方法时，当硒的含量高出砷两倍及锑、铋、锡及汞的含量高出砷 10 倍时，对测定产生明显干扰。

替代情况：本标准代替 GB 17378.5—1998

发布时间：2007-10-18

实施时间：2008-05-01

3.2.8.4 砷 催化极谱法 [GB 17378.5—2007（11.4）]

标准名称：砷 催化极谱法

英文名称：/

标准编号：GB 17378.5—2007（11.4）

适用范围：本方法适用于海洋与陆地水系沉积物中砷的测定。

替代情况：本标准代替 GB 17378.5—1998

发布时间：2007-10-18

实施时间：2008-05-01

3.2.8.5 土壤和沉积物 汞、砷、硒、铋、锑的测定 微波消解/原子荧光法（HJ 680—2013）

详见本章 3.2.2.3

3.2.9 有机碳

3.2.9.1 有机碳 重铬酸钾氧化-还原容量法 [GB 17378.5—2007（18.1）]

标准名称：有机碳 重铬酸钾氧化-还原容量法

英文名称：/

标准编号：GB 17378.5—2007（18.1）

适用范围：本方法适用于沉积物中有机碳含量（质量分数）低于 15%的样品的测定。本方法为仲裁方法。

替代情况：本标准代替 GB 17378.5—1998

发布时间：2007-10-18

实施时间：2008-05-01

3.2.9.2 有机碳 热导法 [GB 17378.5—2007（18.2）]

标准名称：有机碳 热导法

英文名称：/

标准编号：GB 17378.5—2007（18.2）

适用范围：本方法适用于河口排污口、港湾、近岸及大洋沉积物和悬浮颗粒中有机碳的测定。本方法取样量小，精密度高；但当测定钙质沉积物时，因碳酸盐含量高，会产生正误差。通常，样品中碳酸盐（$CaCO_3$）的含量（质量分数）超过 10%时，正误差较为显著，尚需经过校正计算，使其结果更正确。此外，冶金、机械、原子工业及涂料、染料、铅笔等工厂排放的沉积物中，因其含有碳（如活性炭、炭粉及石墨等），会使测定结果偏高。所以在测定上述排污口沉积物中有机碳时，应考虑其影响。可选用重铬酸钾氧化-还原容量法进行测定。

替代情况：本标准代替 GB 17378.5—1998

发布时间：2007-10-18

实施时间：2008-05-01

3.2.10　硫化物

3.2.10.1　硫化物　亚甲基蓝分光光度法 [GB 17378.5—2007（17.1）]

标准名称：硫化物　亚甲基蓝分光光度法

英文名称：/

标准编号：GB 17378.5—2007（17.1）

适用范围：本方法适用于海洋、河流沉积物中硫化物的测定。本方法为仲裁方法。

替代情况：本标准代替 GB 17378.5—1998

发布时间：2007-10-18

实施时间：2008-05-01

3.2.10.2　硫化物　离子选择电极法 [GB 17378.5—2007（17.2）]

标准名称：硫化物　离子选择电极法

英文名称：/

标准编号：GB 17378.5—2007（17.2）

适用范围：本方法适用于海洋沉积物中硫化物的测定。可用于船上现场测定。

替代情况：本标准代替 GB 17378.5—1998

发布时间：2007-10-18

实施时间：2008-05-01

3.2.10.3　硫化物　碘量法 [GB 17378.5—2007（17.3）]

标准名称：硫化物　碘量法

英文名称：/

标准编号：GB 17378.5—2007（17.3）

适用范围：本方法适用于近海、河口、港湾污染较重的沉积物中硫化物的测定。

替代情况：本标准代替 GB 17378.5—1998

发布时间：2007-10-18

实施时间：2008-05-01

3.2.11　油类

3.2.11.1　油类　荧光分光光度法 [GB 17378.5—2007（13.1）]

标准名称：油类　荧光分光光度法

英文名称：/

标准编号：GB 17378.5—2007（13.1）

适用范围：本方法适用于沉积物中油类的测定。本方法为仲裁方法。

替代情况：本标准代替 GB 17378.5—1998；与 GB 17378.5—1998 相比主要变化如下：

—— 修改了油类的“荧光分光光度法”（1998 年版的 14.1；本版的 13.1）

发布时间：2007-10-18

实施时间：2008-05-01

3.2.11.2　油类　紫外分光光度法 [GB 17378.5—2007（13.2）]

标准名称：油类　紫外分光光度法

英文名称：/

标准编号：GB 17378.5—2007（13.2）

适用范围：本方法适用于近岸、河口沉积物中油类的测定。

替代情况：本标准代替 GB 17378.5—1998

发布时间：2007-10-18

实施时间：2008-05-01

3.2.11.3　油类　重量法 [GB 17378.5—2007（13.3）]

标准名称：油类　重量法

英文名称：/

标准编号：GB 17378.5—2007（13.3）

适用范围：本方法适用于油污较重海区沉积物中油类含量的测定。

替代情况：本标准代替 GB 17378.5—1998

发布时间：2007-10-18

实施时间：2008-05-01

3.2.12　六六六

3.2.12.1　六六六、DDT　气相色谱法 [GB 17378.5—2007（14）]

标准名称：六六六、DDT　气相色谱法

英文名称：/

标准编号：GB 17378.5—2007（14）

适用范围：本方法适用于沉积物样品中六六六、DDT 和狄氏剂的测定。本方法为仲裁方法。

替代情况：本标准代替 GB 17378.5—1998

发布时间：2007-10-18

实施时间：2008-05-01

3.2.12.2　有机氯农药　毛细管气相色谱测定法 [GB 17378.5—2007 附录 E]

标准名称：有机氯农药　毛细管气相色谱测定法

英文名称：/

标准编号：GB 17378.5—2007（附录 E）

适用范围：本方法适用于海洋沉积物中α - 六六六、β - 六六六、γ - 六六六、δ - 六六六、七氯、艾氏剂、环氧七氯、硫丹-Ⅰ、*p,p′*-DDE、狄氏剂、异狄氏剂、硫丹Ⅱ、*p,p′*-DDD、异狄氏剂乙醛、硫丹硫酸盐、*p,p′*-DDT 等有机氯农药（OCPs）的测定。

替代情况：本标准代替 GB 17378.5—1998；与 GB 17378.5—1998 相比主要变化如下：

—— 增加了有机氯农药的“毛细管气相色谱测定法”（见标准原文附录 E）。

发布时间：2007-10-18

实施时间：2008-05-01

3.2.13　滴滴涕

3.2.13.1　六六六、DDT　气相色谱法 [GB 17378.5—2007（14）]

详见本章 3.2.12.1

3.2.13.2　有机氯农药　毛细管气相色谱测定法 [GB 17378.5—2007 附录 E]

详见本章 3.2.12.2

3.2.14　多氯联苯

3.2.14.1　多氯联苯（PCBs）　气相色谱法 [GB 17378.5—2007（15）]

标准名称：多氯联苯（PCBs）　气相色谱法

英文名称：/

标准编号：GB 17378.5—2007（15）

适用范围：本方法适用于海洋、河流、湖泊沉积物中 PCBs 的测定。本方法为仲裁方法。

替代情况：本标准代替 GB 17378.5—1998

发布时间：2007-10-18

实施时间：2008-05-01

3.2.14.2　多氯联苯　毛细管气相色谱测定法 [GB 17378.5—2007 附录 F]

标准名称：多氯联苯　毛细管气相色谱测定法

英文名称：/

标准编号：GB 17378.5—2007（附录 F）

适用范围：本方法适用于海洋沉积物多氯联苯（PCBs）的测定。

替代情况：本标准代替 GB 17378.5—1998；与 GB 17378.5—1998 相比主要变化如下：

—— 增加了多氯联苯的“毛细管气相色谱测定方法”（见标准原文附录 F）。

发布时间：2007-10-18

实施时间：2008-05-01

3.2.15　硒

3.2.15.1　硒　荧光分光光度法 [GB 17378.5—2007（12.1）]

标准名称：硒　荧光分光光度法

英文名称：/

标准编号：GB 17378.5—2007（12.1）

适用范围：本方法适用于河流及海洋沉积物中硒的测定。本方法为仲裁方法。

替代情况：本标准代替 GB 17378.5—1998

发布时间：2007-10-18

实施时间：2008-05-01

3.2.15.2　硒　二氨基联苯胺四盐酸盐分光光度法 [GB 17378.5—2007（12.2）]

标准名称：硒　二氨基联苯胺四盐酸盐分光光度法

英文名称：/

标准编号：GB 17378.5—2007（12.2）

适用范围：本方法适用于河流及海洋沉积物中硒的测定。

替代情况：本标准代替 GB 17378.5—1998

发布时间：2007-10-18

实施时间：2008-05-01

3.2.15.3 硒　催化极谱法 [GB 17378.5—2007（12.3）]

标准名称：硒　催化极谱法

英文名称：/

标准编号：GB 17378.5—2007（12.3）

适用范围：本方法适用于河流及海洋沉积物中硒的测定。

替代情况：本标准代替 GB 17378.5—1998

发布时间：2007-10-18

实施时间：2008-05-01

3.2.15.4 土壤和沉积物　汞、砷、硒、铋、锑的测定　微波消解/原子荧光法（HJ 680—2013）

详见本章 3.2.2.3

3.2.16 狄氏剂

3.2.16.1 六六六、DDT　气相色谱法 [GB 17378.5—2007（14）]

详见本章 3.2.12.1

3.2.16.2 有机氯农药　毛细管气相色谱测定法 [GB 17378.5—2007 附录 E]

详见本章 3.2.12.2

3.2.17 含水率

3.2.17.1 含水率　重量法 [GB 17378.5—2007（19）]

标准名称：含水率　重量法

英文名称：/

标准编号：GB 17378.5—2007（19）

适用范围：本方法适用于潮间带、河口及海洋沉积物中含水率的测定。本方法为仲裁方法。

替代情况：本标准代替 GB 17378.5—1998

发布时间：2007-10-18

实施时间：2008-05-01

3.2.18 氧化还原电位

3.2.18.1 氧化还原电位　电位计法 [GB 17378.5—2007（20）]

标准名称：氧化还原电位　电位计法

英文名称：/

标准编号：GB 17378.5—2007（20）

适用范围：本方法适用于现场测定沉积物氧化还原电位。本方法为仲裁方法。

替代情况：本标准代替 GB 17378.5—1998

发布时间：2007-10-18

实施时间：2008-05-01

3.2.19 总磷

3.2.19.1 总磷 分光光度法 [GB 17378.5—2007 附录 C]

标准名称：总磷 分光光度法

英文名称：/

标准编号：GB 17378.5—2007（附录 C）

适用范围：本方法适用于海洋沉积物中总磷的测定。

替代情况：本标准代替 GB 17378.5—1998；与 GB 17378.5—1998 相比主要变化如下：

—— 增加了“总磷的测定法”（见标准原文附录 C）。

发布时间：2007-10-18

实施时间：2008-05-01

3.2.20 总氮

3.2.20.1 总氮 凯氏滴定法 [GB 17378.5—2007 附录 D]

标准名称：总氮 凯氏滴定法

英文名称：/

标准编号：GB 17378.5—2007（附录 D）

适用范围：本方法适用于海洋沉积物中总氮的测定。

替代情况：本标准代替 GB 17378.5—1998；与 GB 17378.5—1998 相比主要变化如下：

—— 增加了“总氮的测定法”（见标准原文附录 D）。

发布时间：2007-10-18

实施时间：2008-05-01

3.2.21 二噁英类

3.2.21.1 土壤和沉积物 二噁英类的测定 同位素稀释高分辨气相色谱-高分辨质谱法（HJ 77.4—2008）

标准名称：土壤和沉积物 二噁英类的测定 同位素稀释高分辨气相色谱-高分辨质谱法

英文名称：Soil and sediment Determination of polychlorinated dibenzo - *p* - dioxins（PCDDs）and polychlorinated dibenzofurans（PCDFs）Isotope dilution HRGC - HRMS

标准编号：HJ 77.4—2008

适用范围：本标准规定了采用同位素稀释高分辨气相色谱-高分辨质谱法（HRGC - HRMS）对 2,3,7,8-氯代二噁英类、四氯～八氯取代的多氯代二苯并-对-二噁英（PCDDs）和多氯代二苯并呋喃（PCDFs）进行定性和定量分析的方法。

本标准适用于全国区域土壤背景、农田土壤环境、建设项目土壤环境评价、土壤污染事故以及河流、湖泊与海洋沉积物的环境调查中的二噁英类分析。

方法检出限取决于所使用的分析仪器的灵敏度、样品中的二噁英类质量分数以及干扰水平等多种因素。2,3,7,8-T_4CDD 仪器检出限应低于 0.1 pg，当土壤及沉积物取样量为 100 g 时，本方法对 2,3,7,8-T_4CDD 的最低检出限应低于 0.05 ng/kg。

替代情况：本标准代替 HJ/T 77—2001 中土壤及沉积物样品测定部分。

发布时间：2008-12-31

实施时间：2009-04-01

3.2.21.2 土壤、沉积物 二噁英类的测定 同位素稀释/高分辨气相色谱－低分辨质谱法（HJ 650—2013）

标准名称：土壤、沉积物 二噁英类的测定 同位素稀释/高分辨气相色谱－低分辨质谱法

英文名称：Soil and sediment Determination of polychlorinated dibenzo-p-dioxins (PCDDs) and polychlorinated dibenzofurans (PCDFs)Isotope dilution HRGC-LRMS

标准编号：HJ 650—2013

适用范围：本标准规定了测定土壤及沉积物中的多氯二苯并二噁英和多氯二苯并呋喃同位素稀释/高分辨气相色谱-低分辨质谱方法。本标准适用于土壤和沉积物中二噁英类物质的初步筛查，主要包括从四氯到八氯的多氯二苯并二噁英、二苯并呋喃的高分辨气相色谱/低分辨质谱联用的测定方法。事故仲裁、建设项目评价及验收等建议采用 HJ 77.4 等高分辨质谱方法。本标准方法的检出限随仪器的灵敏度、样品中二噁英浓度及干扰水平等因素变化。当土壤取样量为 20 g 时，对 2,3,7,8-T_4CDD 的检出限应低于 1.0 ng/kg。

替代情况：/

发布时间：2013-06-03

实施时间：2013-09-01

3.2.22 挥发性有机物

3.2.22.1 土壤和沉积物 挥发性有机物的测定 吹扫捕集/气相色谱-质谱法（HJ 605—2011）

标准名称：土壤和沉积物 挥发性有机物的测定 吹扫捕集/气相色谱-质谱法

英文名称：Soil and sediment - determination of volatile organic compounds - purge and trap gas chromatography/mass spectrometry method

标准编号：HJ 605—2011

适用范围：本标准规定了测定土壤和沉积物中挥发性有机物的吹扫捕集/气相色谱-质谱法。

本标准适用于土壤和沉积物中 65 种挥发性有机物的测定。若通过验证本标准也可适用于其他挥发性有机物的测定。

当样品量为 5 g，用标准四级杆质谱进行全扫描分析时，目标物的方法检出限为 0.2～3.2 μg/kg，测定下限为 0.8～12.8 μg/kg，详见标准原文附录 A。

替代情况：/

发布时间：2011-02-10

实施时间：2011-06-01

3.2.22.2 土壤和沉积物 挥发性有机物的测定 顶空/气相色谱-质谱法（HJ 642—2013）

标准名称：土壤和沉积物 挥发性有机物的测定 顶空/气相色谱-质谱法

英文名称：Soil and sediment-Determination of volatile organic compounds-Headspace-gas chromatography/mass method

标准编号：HJ 642—2013

适用范围：本标准规定了测定土壤和沉积物中挥发性有机物的顶空/气相色谱-质谱法。本标准适

用于土壤和沉积物中 36 种挥发性有机物的测定。若通过验证，本标准也可适用于其他挥发性有机物的测定。

当样品量为 2 g 时，36 种目标物的方法检出限为 0.8～4 μg/kg，测定下限为 3.2～14 μg/kg。详见标准原文附录 A。

替代情况：/

发布时间：2013-01-21

实施时间：2013-07-01

3.2.23 异养细菌总数

3.2.23.1 沉积物异养细菌总数-平板计数法 [GB 17378.7—2007 附录 F]

标准名称：沉积物异养细菌总数-平板计数法

英文名称：/

标准编号：GB 17378.7—2007（附录 F）

适用范围：/

替代情况：本标准代替 GB 17378.7—1998，与 GB 17378.7—1998 相比主要变化如下：

—— 增加了“沉积物异养细菌总数-平板计数法”（见标准原文附录 F）

发布时间：2007-10-18

实施时间：2008-05-01

3.2.24 铋

3.2.24.1 土壤和沉积物 汞、砷、硒、铋、锑的测定 微波消解/原子荧光法（HJ680-2013）

详见本章 3.2.2.3

3.2.25 锑

3.2.25.1 土壤和沉积物 汞、砷、硒、铋、锑的测定 微波消解/原子荧光法（HJ 680—2013）

详见本章 3.2.2.3

3.2.26 丙烯醛

3.2.26.1 土壤和沉积物 丙烯醛、丙烯腈、乙腈的测定 顶空-气相色谱法（HJ 679—2013）

标准名称：土壤和沉积物 丙烯醛、丙烯腈、乙腈的测定 顶空-气相色谱法

英文名称：Soil and sediment-Determination of acrolein, acrylonitrile, acetonitrile Headspace-Gas chromatography method

标准编号： HJ679—2013

适用范围：本标准规定了测定土壤和沉积物中丙烯醛、丙烯腈、乙腈的顶空-气相色谱法。本标准适用于土壤和沉积物中丙烯醛、丙烯腈、乙腈的测定。当取样量为 2.0 g 时，丙烯醛的检出限为 0.4 mg/kg，测定下限为 1.6 mg/kg；丙烯腈的检出限为 0.3 mg/kg，测定下限为 1.2 mg/kg；乙腈的检出限为 0.3 mg/kg，测定下限为 1.2 mg/kg。

替代情况：/

发布时间：2013-11-21

实施时间：2014-02-01

3.2.27 丙烯腈

3.2.27.1 土壤和沉积物 丙烯醛、丙烯腈、乙腈的测定 顶空-气相色谱法（HJ 679—2013）

详见本章 3.2.26.1

3.2.28 乙腈

3.2.28.1 土壤和沉积物 丙烯醛、丙烯腈、乙腈的测定 顶空-气相色谱法（HJ 679—2013）

详见本章 3.2.26.1

编写人：郑 琳

第十一章

海洋生物体

1 质量标准

1.1 海洋生物质量（GB 18421—2001）

标准名称：海洋生物质量

英文名称：Marine biological quality

标准编号：GB 18421—2001

适用范围：本标准以海洋贝类（双壳类）为环境监测生物，规定海域各类使用功能的海洋生物质量要求。

本标准适用于中华人民共和国管辖的海域。

本标准适用于天然生长和人工养殖的海洋贝类。

替代情况：/

发布时间：2001-08-28

实施时间：2002-03-01

2 监测规范

2.1 近岸海域环境监测规范（HJ 442—2008）

详见第三章 2.1

3 监测方法

3.1 粪大肠菌群

3.1.1 粪大肠菌群检测 发酵法 [GB 17378.7—2007（9.1）]

详见第三章 3.2.4.1

3.1.2 食品微生物学检验大肠菌群计数（GB 4789.3—2010）

标准名称：食品安全国家标准 食品微生物学检验大肠菌群计数

英文名称：National food safety standard food microbiological examination：enumeration of coliforms

标准编号：GB 4789.3—2010

适用范围：本标准规定了食品中大肠菌群（Coliforms）计数的方法。

本标准适用于食品中大肠菌群的计数。

替代情况： 本标准代替《食品卫生微生物学检验大肠菌群计数》（GB/T 4789.3—2008）。

本标准与 GB/T 4789.3—2008 相比，主要修改如下：

—— 修改了标准的中英文名称；

——“第二法大肠菌群平板计数法”的平板菌落数的选择范围修改为“15～150 CFU”；

—— 删除了“第三法大肠菌群 Petrifilm™ 测试片法”。

发布时间： 2010-03-26

实施时间： 2010-06-01

3.2 麻痹性贝毒

3.2.1 赤潮毒素——麻痹性贝毒的检测 [GB 17378.7—2007（14）]

标准名称： 赤潮毒素—— 麻痹性贝毒的检测

英文名称： /

标准编号： GB 17378.7—2007（14）

适用范围： /

替代情况： 本标准代替 GB 17378.7—1998

发布时间： 2007-10-18

实施时间： 2008-05-01

3.3 总汞

3.3.1 总汞 原子荧光法 [GB 17378.6—2007（5.1）]

标准名称： 总汞 原子荧光法

英文名称： /

标准编号： GB 17378.6—2007（5.1）

适用范围： 本方法适用于海洋生物体中总汞的测定。本方法为仲裁方法。

替代情况： 本标准代替 GB 17378.6—1998；与 GB 17378.6—1998 相比主要变化如下：

—— 增加了总汞的“原子荧光测定法”（见标准原文 5.1）；

—— 取消了总汞的“双硫腙分光光度法”（1998 年版的 6.2）。

发布时间： 2007-10-18

实施时间： 2008-05-01

3.3.2 总汞 冷原子吸收光度法 [GB 17378.6—2007（5.2）]

标准名称： 总汞 冷原子吸收光度法

英文名称： /

标准编号： GB 17378.6—2007（5.2）

适用范围： 本方法适用于海洋生物体中总汞的测定。对含碘量高的生物样品，应添加适量硝酸银消除碘对测定的干扰。

替代情况： 本标准代替 GB 17378.6—1998

发布时间：2007-10-18

实施时间：2008-05-01

3.4　镉

3.4.1　镉　无火焰原子吸收分光光度法（连续测定铜、铅和镉）［GB 17378.6—2007（8.1）］

标准名称：镉　无火焰原子吸收分光光度法（连续测定铜、铅和镉）

英文名称：/

标准编号：GB 17378.6—2007（8.1）

适用范围：本方法适用于海洋生物体中铜、铅和镉的连续测定。本方法为仲裁方法。

替代情况：本标准代替 GB 17378.6—1998；与 GB 17378.6—1998 相比主要变化如下：

—— 修改了铜、铅和镉的无火焰原子吸收分光光度测定法，调整为“铜、铅和镉的连续测定法”（1998 年版的 7.1、8.1、9.1；本版的 6.1、7.1、8.1）；

—— 取消了镉的“双硫腙分光光度法”（1998 年版的 9.3）。

发布时间：2007-10-18

实施时间：2008-05-01

3.4.2　镉　阳极溶出伏安法［GB 17378.6—2007（8.2）］

标准名称：镉　阳极溶出伏安法

英文名称：/

标准编号：GB 17378.6—2007（8.2）

适用范围：本方法适用于海洋生物体中镉的测定。

替代情况：本标准代替 GB 17378.6—1998

发布时间：2007-10-18

实施时间：2008-05-01

3.4.3　镉　火焰原子吸收分光光度法［GB 17378.6—2007（8.3）］

标准名称：镉　火焰原子吸收分光光度法

英文名称：/

标准编号：GB 17378.6—2007（8.3）

适用范围：本方法适用于海洋生物样品中镉的测定。本方法为仲裁方法。

替代情况：本标准代替 GB 17378.6—1998

发布时间：2007-10-18

实施时间：2008-05-01

3.5　铅

3.5.1　铅　无火焰原子吸收分光光度法（连续测定铜、铅和镉）［GB 17378.6—2007（7.1）］

标准名称：铅 无火焰原子吸收分光光度法（连续测定铜、铅和镉）

英文名称：/

标准编号：GB 17378.6—2007（7.1）

适用范围：本方法适用于海洋生物体中铜、铅和镉的连续测定。本方法为仲裁方法。

替代情况：本标准代替 GB 17378.6—1998；与 GB 17378.6—1998 相比主要变化如下：

——修改了铜、铅和镉的无火焰原子吸收分光光度测定法，调整为“铜、铅和镉的连续测定法”（1998 年版的 7.1、8.1、9.1；本版的 6.1、7.1、8.1）；

——取消了铅的“双硫腙分光光度法”（1998 年版的 8.3）。

发布时间：2007-10-18

实施时间：2008-05-01

3.5.2 铅 阳极溶出伏安法 [GB 17378.6—2007（7.2）]

标准名称：铅 阳极溶出伏安法

英文名称：/

标准编号：GB 17378.6—2007（7.2）

适用范围：本方法适用于海洋生物体中铅的测定。

替代情况：本标准代替 GB 17378.6—1998

发布时间：2007-10-18

实施时间：2008-05-01

3.5.3 铅 火焰原子吸收分光光度法 [GB 17378.6—2007（7.3）]

标准名称：铅 火焰原子吸收分光光度法

英文名称：/

标准编号：GB 17378.6—2007（7.3）

适用范围：本方法适用于海洋生物样品中铅的测定。

替代情况：本标准代替 GB 17378.6—1998

发布时间：2007-10-18

实施时间：2008-05-01

3.6 铬

3.6.1 铬 无火焰原子吸收分光光度法 [GB 17378.6—2007（10.1）]

标准名称：铬 无火焰原子吸收分光光度法

英文名称：/

标准编号：GB 17378.6—2007（10.1）

适用范围：本方法适用于海洋生物中铬的测定。本方法为仲裁方法。

替代情况：本标准代替 GB 17378.6—1998

发布时间：2007-10-18

实施时间：2008-05-01

3.6.2 铬 二苯碳酰二肼分光光度法 [GB 17378.6—2007（10.2）]

标准名称：铬 二苯碳酰二肼分光光度法

英文名称：/

标准编号：GB 17378.6—2007（10.2）

适用范围：本方法适用于生物体中铬的测定。

替代情况：本标准代替 GB 17378.6—1998

发布时间：2007-10-18

实施时间：2008-05-01

3.7 砷

3.7.1 砷 原子荧光法 [GB 17378.6—2007（11.1）]

标准名称：砷 原子荧光法

英文名称：/

标准编号：GB 17378.6—2007（11.1）

适用范围：本方法适用于海洋生物体中砷的测定。本方法为仲裁方法。

替代情况：本标准代替 GB 17378.6—1998；与 GB 17378.6—1998 相比主要变化如下：

—— 增加了砷的“原子荧光测定法”（见标准原文 11.1）。

发布时间：2007-10-18

实施时间：2008-05-01

3.7.2 砷 砷钼酸-结晶紫分光光度法 [GB 17378.6—2007（11.2）]

标准名称：砷 砷钼酸-结晶紫分光光度法

英文名称：/

标准编号：GB 17378.6—2007（11.2）

适用范围：本方法适用于海洋生物体中砷的测定。

替代情况：本标准代替 GB 17378.6—1998

发布时间：2007-10-18

实施时间：2008-05-01

3.7.3 砷 氢化物原子吸收分光光度法 [GB 17378.6—2007（11.3）]

标准名称：砷 氢化物原子吸收分光光度法

英文名称：/

标准编号：GB 17378.6—2007（11.3）

适用范围：本方法适用于海洋生物中砷的测定。

替代情况：本标准代替 GB 17378.6—1998

发布时间：2007-10-18

实施时间：2008-05-01

3.7.4 砷 催化极谱法 [GB 17378.6—2007（11.4）]

标准名称：砷 催化极谱法

英文名称：/

标准编号：GB 17378.6—2007（11.4）

适用范围：本方法适用于海洋生物体中砷的测定。

替代情况：本标准代替 GB 17378.6—1998

发布时间：2007-10-18

实施时间：2008-05-01

3.8 铜

3.8.1 铜 无火焰原子吸收分光光度法（连续测定铜、铅和镉） [GB 17378.6—2007（6.1）]

标准名称：铜 无火焰原子吸收分光光度法（连续测定铜、铅和镉）

英文名称：/

标准编号：GB 17378.6—2007（6.1）

适用范围：本方法适用于海洋生物体中铜、铅和镉的连续测定。本方法为仲裁方法。

替代情况：本标准代替 GB 17378.6—1998；与 GB 17378.6—1998 相比主要变化如下：

——修改了铜、铅和镉的无火焰原子吸收分光光度测定法，调整为“铜、铅和镉的连续测定法”（1998 年版的 7.1、8.1、9.1；本版的 6.1、7.1、8.1）；

——取消了铜的“二乙基二硫代氨基甲酸钠分光光度法”（1998 年版的 7.4）。

发布时间：2007-10-18

实施时间：2008-05-01

3.8.2 铜 阳极溶出伏安法 [GB 17378.6—2007（6.2）]

标准名称：铜 阳极溶出伏安法

英文名称：/

标准编号：GB 17378.6—2007（6.2）

适用范围：本方法适用于海洋生物体中铜的测定。

替代情况：本标准代替 GB 17378.6—1998

发布时间：2007-10-18

实施时间：2008-05-01

3.8.3 铜 火焰原子吸收分光光度法 [GB 17378.6—2007（6.3）]

标准名称：铜 火焰原子吸收分光光度法

英文名称：/

标准编号：GB 17378.6—2007（6.3）

适用范围：本方法适用于海洋生物中铜的测定。

替代情况：本标准代替 GB 17378.6—1998

发布时间：2007-10-18

实施时间：2008-05-01

3.9 锌

3.9.1 锌 火焰原子吸收分光光度法 [GB 17378.6—2007（9.1）]

标准名称：锌 火焰原子吸收分光光度法

英文名称：/

标准编号：GB 17378.6—2007（9.1）

适用范围：本方法适用于海洋生物中锌的测定。本方法为仲裁方法。

替代情况：本标准代替 GB 17378.6—1998；与 GB 17378.6—1998 相比主要变化如下：

—— 取消了锌的“双硫腙分光光度法”（1998 年版的 10.3）。

发布时间：2007-10-18

实施时间：2008-05-01

3.9.2 锌 阳极溶出伏安法 [GB 17378.6—2007（9.2）]

标准名称：锌 阳极溶出伏安法

英文名称：/

标准编号：GB 17378.6—2007（9.2）

适用范围：本方法适用于海洋生物体中锌的测定。

替代情况：本标准代替 GB 17378.6—1998

发布时间：2007-10-18

实施时间：2008-05-01

3.10 石油烃

3.10.1 石油烃 荧光分光光度法 [GB 17378.6—2007（13）]

标准名称：石油烃 荧光分光光度法

英文名称：/

标准编号：GB 17378.6—2007（13）

适用范围：本方法适用于海洋生物体中石油烃的测定。本方法为仲裁方法。

替代情况：本标准代替 GB 17378.6—1998；与 GB 17378.6—1998 相比主要变化如下：

—— 修改了石油烃的“荧光分光光度法”（1998 年版的第 14 章；本版的第 13 章）。

发布时间：2007-10-18

实施时间：2008-05-01

3.11 六六六

3.11.1 六六六、DDT 气相色谱法 [GB 17378.6—2007（14）]

标准名称：六六六、DDT 气相色谱法

英文名称：/

标准编号：GB 17378.6—2007（14）

适用范围：本方法适用于生物体中六六六、DDT 和狄氏剂的测定。本方法为仲裁方法。

替代情况：本标准代替 GB 17378.6—1998

发布时间：2007-10-18

实施时间：2008-05-01

3.11.2 有机氯农药 毛细管气相色谱测定法 [GB 17378.6—2007 附录 C]

标准名称：有机氯农药 毛细管气相色谱测定法

英文名称：/

标准编号：GB 17378.6—2007（附录 C）

适用范围：本方法适用于海洋生物体中的α - 六六六、β - 六六六、γ - 六六六、δ - 六六六、七氯、艾氏剂、环氧七氯、硫丹Ⅰ、*p,p*′-DDE、狄氏剂、异狄氏剂、硫丹Ⅱ、*p,p*′-DDD、异狄氏剂乙醛、硫丹硫酸盐、*p,p*′-DDT 等有机氯农药（OCPs）的测定。

替代情况：本标准代替 GB 17378.6—1998；与 GB 17378.6—1998 相比主要变化如下：

—— 增加了有机氯农药的“毛细管气相色谱法”（见标准原文附录 C）。

发布时间：2007-10-18

实施时间：2008-05-01

3.12 滴滴涕

3.12.1 六六六、DDT 气相色谱法 [GB 17378.6—2007（14）]

详见本章 3.11.1

3.12.2 有机氯农药 毛细管气相色谱测定法 [GB 17378.6—2007 附录 C]

详见本章 3.11.2

3.13 硒

3.13.1 硒 荧光分光光度法 [GB 17378.6—2007（12.1）]

标准名称：硒 荧光分光光度法

英文名称：/

标准编号：GB 17378.6—2007（12.1）

适用范围：本方法适用于生物样品中硒的测定。本方法为仲裁方法。

替代情况：本标准代替 GB 17378.6—1998

发布时间：2007-10-18

实施时间：2008-05-01

3.13.2 硒 二氨基联苯胺四盐酸盐分光光度法 [GB 17378.6—2007（12.2）]

标准名称：硒 二氨基联苯胺四盐酸盐分光光度法

英文名称：/

标准编号：GB 17378.6—2007（12.2）

适用范围：本方法适用于生物样品中硒的测定。

替代情况：本标准代替 GB 17378.6—1998

发布时间：2007-10-18

实施时间：2008-05-01

3.13.3 硒 催化极谱法 [GB 17378.6—2007（12.3）]

标准名称：硒 催化极谱法

英文名称：/

标准编号：GB 17378.6—2007（12.3）

适用范围：本方法适用于海洋生物体中硒的测定。

替代情况：本标准代替 GB 17378.6—1998

发布时间：2007-10-18

实施时间：2008-05-01

3.14 多氯联苯

3.14.1 多氯联苯 气相色谱法 [GB 17378.6—2007（15）]

标准名称：多氯联苯 气相色谱法

英文名称：/

标准编号：GB 17378.6—2007（15）

适用范围：本方法适用于生物体样品中 PCBs 的测定。本方法为仲裁方法。

替代情况：本标准代替 GB 17378.6—1998

发布时间：2007-10-18

实施时间：2008-05-01

3.14.2 多氯联苯 毛细管气相色谱测定法 [GB 17378.6—2007 附录 D]

标准名称：多氯联苯 毛细管气相色谱测定法

英文名称：/

标准编号：GB 17378.6—2007（附录 D）

适用范围：本方法适用于海洋生物体中多氯联苯（PCBs）的测定。

替代情况：本标准代替 GB 17378.6—1998；与 GB 17378.6—1998 相比主要变化如下：

—— 增加了多氯联苯的“毛细管气相色谱法”（见标准原文附录 D)。

发布时间： 2007-10-18

实施时间： 2008-05-01

3.15 狄氏剂

3.15.1 狄氏剂 气相色谱法 [GB 17378.6—2007（16）]

标准名称： 狄氏剂 气相色谱法

英文名称： /

标准编号： GB 17378.6—2007（16）

适用范围： 本方法适用于生物体中六六六、DDT 和狄氏剂的测定。本方法为仲裁方法。

替代情况： 本标准代替 GB 17378.6—1998

发布时间： 2007-10-18

实施时间： 2008-05-01

3.15.2 有机氯农药 毛细管气相色谱测定法 [GB 17378.6—2007 附录 C]

详见本章 3.11.2

编写人：郑 琳

第十二章

土壤和沉积物

1 环境质量标准

1.1 土壤环境质量标准（GB 15618—1995）

标准名称：土壤环境质量标准

英文名称：Environmental quality standard for soils

标准编号：GB 15618—1995

适用范围：

（1）主题内容：本标准按土壤应用功能、保护目标和土壤主要性质，规定了土壤中污染物的最高允许浓度指标值及相应的监测方法。

（2）适用范围：本标准适用于农田、蔬菜地、茶园、果园、牧场、林地、自然保护区等地的土壤。

替代情况：/

发布时间：1995-07-13

实施时间：1996-03-01

1.2 食用农产品产地环境质量评价标准（HJ 332—2006）

详见第一章 1.2

1.3 温室蔬菜产地环境质量评价标准（HJ 333—2006）

详见第一章 1.3

1.4 展览会用地土壤环境质量评价标准（暂行）（HJ 350—2007）

标准名称：展览会用地土壤环境质量评价标准（暂行）

英文名称：Standard of soil quality assessment for exhibition sites

标准编号：HJ 350—2007

适用范围：

（1）本标准按照不同的土地利用类型，规定了展览会用地土壤环境质量评价的项目、限值、监测方法和实施监督。

（2）本标准适用于展览会用地土壤环境质量评价。

替代情况：/

发布时间：2007-06-15

实施时间：2007-08-01

1.5 工业企业土壤环境质量风险评价基准（HJ/T 25—1999）

标准名称：工业企业土壤环境质量风险评价基准

英文名称：Environmental quality risk assessment criteria for soil at manufacturing facilities

标准编号： HJ/T 25—1999

适用范围：

（1）本基准按照一般风险评价方法规定了工业企业土壤环境质量基准（以下简称土壤基准）限值的计算方法及通用土壤基准限值。

（2）本基准适用于工业企业选址阶段及工业企业生产活动发生后界区内土壤的环境质量风险评价，不适用于采矿、农田和居住用地。

替代情况： /

发布时间： 1999-06-09

实施时间： 1999-08-01

2 监测规范

2.1 土壤环境监测技术规范（HJ/T 166—2004）

标准名称： 土壤环境监测技术规范

英文名称： Technical specification for soil environmental monitoring

标准编号： HJ/T 166—2004

适用范围： 本规范规定了土壤环境监测的布点采样、样品制备、分析方法、结果表征、资料统计和质量评价等技术内容。

本规范适用于全国区域土壤背景、农田土壤环境、建设项目土壤环境评价、土壤污染事故等类型的监测。

替代情况： /

发布时间： 2004-12-09

实施时间： 2004-12-09

2.2 环境中有机污染物遗传毒性检测的样品前处理规范（GB/T 15440—1995）

详见第一章 3.1.6

3 监测方法

3.1 水分

3.1.1 土壤 干物质和水分的测定 重量法（HJ 613—2011）

标准名称： 土壤 干物质和水分的测定 重量法

英文名称： Soil - Determination of dry matter and water content - Gravimetric method

标准编号： HJ 613—2011

适用范围：本标准规定了测定土壤中干物质和水分的重量法。

本标准适用于所有类型土壤中干物质和水分的测定。

替代情况：/

发布时间：2011-04-15

实施时间：2011-10-01

3.2　镉

3.2.1　土壤质量　铅、镉的测定　KI - MIBK 萃取火焰原子吸收分光光度法（GB/T 17140—1997）

标准名称：土壤质量　铅、镉的测定　KI - MIBK 萃取火焰原子吸收分光光度法

英文名称：Soil quality - Determination of lead，cadmium - KI - MIBK Extraction flame atomic absorption spectrophotometry

标准编号：GB/T 17140 —1997

适用范围：

（1）本标准规定了测定土壤中铅、镉的碘化钾-甲基异丁基甲酮（KI - MIBK）萃取火焰原子吸收分光光度法。

（2）本标准的检出限（按称取 0.5 g 试样消解定容至 50 mL 计算）为：铅 0.2 mg/kg，镉 0.05 mg/kg。

（3）当试液中铜、锌的含量较高时，会消耗碘化钾，应酌情增加碘化钾的用量。

替代情况：/

发布时间：1997-12-08

实施时间：1998-05-01

3.2.2　土壤质量　铅、镉的测定　石墨炉原子吸收分光光度法（GB/T 17141—1997）

标准名称：土壤质量　铅、镉的测定　石墨炉原子吸收分光光度法

英文名称：Soil quality - Determination of lead，cadmium - Graphite furnace atomic absorption spectrophotometry

标准编号：GB/T 17141—1997

适用范围：

（1）本标准规定了测定土壤中铅、镉的石墨炉原子吸收分光光度法。

（2）本标准的检出限（按称 0.5 g 试样消解定容至 50 mL 计算）为：铅 0.1 mg/kg，镉 0.01 mg/kg。

（3）使用塞曼法、自吸收法和氘灯法扣除背景，并在磷酸氢二铵或氯化铵等基体改进剂存在下，直接测定试液中的痕量铅、镉未见干扰。

替代情况：/

发布时间：1997-12-08

实施时间：1998-05-01

3.2.3 土壤中锑、砷、铍、镉、铬、铜、铅、镍、硒、银、铊和锌的测定　电感耦合等离子体原子发射光谱法（HJ 350—2007 附录 A）

标准名称： 土壤中锑、砷、铍、镉、铬、铜、铅、镍、硒、银、铊和锌的测定　电感耦合等离子体原子发射光谱法

英文名称： /

标准编号： HJ 350 —2007 附录 A

适用范围：

（1）本方法规定了土壤中锑、砷、铍、镉、铬、铜、铅、镍、硒、银、铊和锌的电感耦合等离子体原子发射光谱分析方法。

（2）方法最低检出限为锑 0.600 mg/kg、砷 2.00 mg/kg、铍 0.02 mg/kg、镉 0.100 mg/kg、铬 0.400 mg/kg、铜 0.100 mg/kg、铅 1.00 mg/kg、镍 1.00 mg/kg、硒 2.00 mg/kg、银 0.100 mg/kg、铊 0.800 mg/kg 和锌 0.100 mg/kg。

替代情况： /

发布时间： 2007-06-15

实施时间： 2007-08-01

3.3 汞

3.3.1 土壤质量　总汞的测定　冷原子吸收分光光度法（GB/T 17136—1997）

标准名称： 土壤质量　总汞的测定　冷原子吸收分光光度法

英文名称： Soil quality - Determination of total mercury - Cold atomic absorption spectrophotometry

标准编号： GB/T 17136—1997

适用范围：

（1）本标准规定了测定土壤中总汞的冷原子吸收分光光度法。

（2）标准的检出限视仪器型号的不同而异，本方法的最低检出限为 0.005 mg/kg（按称取 2 g 试样计算）。

（3）易挥发的有机物和水蒸气在 253.7 nm 处有吸收而产生干扰。易挥发有机物在样品消解时可除去，水蒸气用无水氧化钙、过氯酸镁除去。

替代情况： /

发布时间： 1997-12-08

实施时间： 1998-05-01

3.3.2 土壤质量　总汞、总砷、总铅的测定　原子荧光法　第 1 部分　土壤中总汞的测定（GB/T 22105.1—2008）

标准名称： 土壤质量　总汞、总砷、总铅的测定　原子荧光法　第 1 部分 土壤中总汞的测定

英文名称： Soil quality - Analysis of total mercury，arsenic and lead contents - Atomic fluorescence spectrometry - Part 1：Analysis of total mercury contents in soils

标准编号： GB/T 22105.1—2008

适用范围： GB/T 22105 的本部分规定了土壤中总汞的原子荧光光谱测定方法。

本部分适用于土壤中总汞的测定。

本部分方法检出限为 0.002 mg/kg。

替代情况： /

发布时间： 2008-06-27

实施时间： 2008-10-01

3.3.3　土壤和沉积物　汞、砷、硒、铋、锑的测定　微波消解/原子荧光法（HJ 680—2013）

详见第十章 3.2.2.3

3.4　砷

3.4.1　土壤质量　总砷的测定　二乙基二硫代氨基甲酸银分光光度法（GB/T 17134—1997）

标准名称： 土壤质量　总砷的测定　二乙基二硫代氨基甲酸银分光光度法

英文名称： Soil quality - Determination of total arsenic - Silver diethyldithiocarbamate spectrophotometry

标准编号： GB/T 17134—1997

适用范围：

（1）本标准规定了测定土壤中总砷的二乙基二硫代氨基甲酸银分光光度法。

（2）本标准方法的检出限为 0.5 mg/kg（按称取 1 g 试样计算）。

（3）锑和硫化物对测定有正干扰。锑在 300 μg 以下，可用 KI - $SnCl_2$ 掩蔽。在试样氧化分解时，硫已被硝酸氧化分解，不再有影响。试剂中可能存在的少量硫化物，可用乙酸铅脱脂棉吸收除去。

替代情况： /

发布时间： 1997-12-08

实施时间： 1998-05-01

3.4.2　土壤质量　总砷的测定　硼氢化钾-硝酸银分光光度法（GB/T 17135—1997）

标准名称： 土壤质量　总砷的测定　硼氢化钾-硝酸银分光光度法

英文名称： Soil quality - Determination of total arsenic - Spectrophotometric method with potassium borohyride and silver nitrate

标准编号： GB/T 17135—1997

适用范围：

（1）本标准规定了测定土壤中总砷的硼氢化钾-硝酸银分光光度法。

（2）本标准方法的检出限为 0.2 mg/kg（按称取 0.5 g 试样计算）。

（3）能形成共价氢化物的锑、铋、锡、硒和碲的含量为砷的 20 倍时可用二甲基甲酰胺-乙醇胺浸渍的脱脂棉除去，否则不能使用本方法。硫化物对测定有正干扰，在试样氧化分解时，硫化物已被硝酸氧化分解，不再有影响。试剂中可能存在的少量硫化物，可用乙酸铅脱脂棉吸收除去。

替代情况： /

发布时间： 1997-12-08

实施时间：1998-05-01

3.4.3 土壤质量　总汞、总砷、总铅的测定　原子荧光法　第 2 部分　土壤中总砷的测定（GB/T 22105.2—2008）

标准名称：土壤质量　总汞、总砷、总铅的测定　原子荧光法　第 2 部分　土壤中总砷的测定

英文名称：Soil quality - Analysis of total mercury，arsenic and lead contents - Atomic fluorescence spectrometry - Part 2：Analysis of total arsenic contents in soils

标准编号：GB/T 22105.2—2008

适用范围：GB/T 22105 的本部分规定了土壤中总砷的原子荧光光谱测定方法。

本部分适用于土壤中总砷的测定。

本部分方法检出限为 0.01 mg/kg。

替代情况：/

发布时间：2008-06-27

实施时间：2008-10-01

3.4.4 土壤中锑、砷、铍、镉、铬、铜、铅、镍、硒、银、铊和锌的测定　电感耦合等离子体原子发射光谱法（HJ 350—2007 附录 A）

详见本章 3.2.3

3.4.5 土壤和沉积物　汞、砷、硒、铋、锑的测定　微波消解/原子荧光法（HJ 680—2013）

详见第十章 3.2.2.3

3.5 铜

3.5.1 土壤质量　铜、锌的测定　火焰原子吸收分光光度法（GB/T 17138—1997）

标准名称：土壤质量　铜、锌的测定　火焰原子吸收分光光度法

英文名称：Soil quality - Determination of copper，zinc - Flame atomic absorption spectrophotometry

标准编号：GB/T 17138—1997

适用范围：

（1）本标准规定了测定土壤中铜、锌的火馅原子吸收分光光度法。

（2）本标准的检出限（按称取 0.5 g 试样消解定容至 50 mL 计算）为：铜 1 mg/kg，锌 0.5 mg/kg。

（3）当土壤消解液中铁含最大于 100 mg/L 时，抑制锌的吸收，加入硝酸镧可消除共存成分的干扰。含盐类高时，往往出现非特征吸收，此时可用背景校正加以克服。

替代情况：/

发布时间：1997-12-08

实施时间：1998-05-01

3.5.2　土壤中锑、砷、铍、镉、铬、铜、铅、镍、硒、银、铊和锌的测定　电感耦合等离子体原子发射光谱法（HJ 350—2007 附录 A）

详见本章 3.2.3

3.6　铅

3.6.1　土壤质量　铅、镉的测定　KI - MIBK 萃取火焰原子吸收分光光度法（GB/T 17140—1997）

详见本章 3.2.1

3.6.2　土壤质量　铅、镉的测定　石墨炉原子吸收分光光度法（GB/T 17141—1997）

详见本章 3.2.2

3.6.3　土壤质量　总汞、总砷、总铅的测定　原子荧光法　第 3 部分　土壤中总铅的测定（GB/T 22105.3—2008）

标准名称：土壤质量　总汞、总砷、总铅的测定　原子荧光法　第 3 部分 土壤中总铅的测定

英文名称：Soil quality - Analysis of total mercury，arsenic and lead contents - Atomic fluorescence spectrometry - Part 3：Analysis of total lead contents in soils

标准编号：GB/T 22105.3—2008

适用范围：GB/T 22105 的本部分规定了土壤中总铅的原子荧光光谱测定方法。

本部分适用于土壤中总铅的测定。

本部分方法检出限为 0.06 mg/kg。

替代情况：/

发布时间：2008-06-27

实施时间：2008-10-01

3.6.4　土壤中锑、砷、铍、镉、铬、铜、铅、镍、硒、银、铊和锌的测定　电感耦合等离子体原子发射光谱法（HJ 350—2007 附录 A）

详见本章 3.2.3

3.7　铬

3.7.1　土壤　总铬的测定　火焰原子吸收分光光度法（HJ 491—2009）

标准名称：土壤　总铬的测定　火焰原子吸收分光光度法

英文名称：Soil quality - Determination of total chromium - Flame atomic absorption spectrometry

标准编号：HJ 491—2009

适用范围：本标准规定了测定土壤中总铬的火焰原子吸收分光光度法。

本标准适用于土壤中总铬的测定。

称取 0.5 g 试样消解定容至 50 mL 时，本方法的检出限为 5 mg/kg，测定下限为 20.0 mg/kg。

替代情况：代替 GB/T 17137—1997。本标准是对《土壤质量 总铬的测定 火焰原子吸收分光光度法》（GB/T 17137—1997）的修订，主要修订内容如下：

—— 采用盐酸-硝酸-氢氟酸高氯酸全分解的方法；

—— 增加了微波消解的前处理方法；

—— 简化土壤前处理步骤；

—— 增加了铬储备液的配制方法。

发布时间：2009-09-27

实施时间：2009-11-01

3.7.2 土壤中锑、砷、铍、镉、铬、铜、铅、镍、硒、银、铊和锌的测定 电感耦合等离子体原子发射光谱法（HJ 350—2007 附录 A）

详见本章 3.2.3

3.8 锌

3.8.1 土壤质量 铜、锌的测定 火焰原子吸收分光光度法（GB/T 17138—1997）

详见本章 3.5.1

3.8.2 土壤中锑、砷、铍、镉、铬、铜、铅、镍、硒、银、铊和锌的测定 电感耦合等离子体原子发射光谱法（HJ 350—2007 附录 A）

详见本章 3.2.3

3.9 镍

3.9.1 土壤质量 镍的测定 火焰原子吸收分光光度法（GB/T 17139—1997）

标准名称：土壤质量 镍的测定 火焰原子吸收分光光度法

英文名称：Soil quality - Determination of nickel - Flame atomic absorption spectrophotometry

标准编号：GB/T 17139 —1997

适用范围：

（1）本标准规定了测定土壤中镍的火焰原子吸收分光光度法。

（2）本标准的检出限（按称取 0.5 g 试样消解定容至 50 mL 计算）为 5 mg/kg。

（3）干扰

使用 232.0 nm 线作为吸收线，存在波长距离很近的镍三线，应选用较窄的光谱通带予以克服。

232.0 nm 线处于紫外区，盐类颗粒物、分子化合物产生的光散射和分子吸收比较严重，会影响测定，使用背景校正可以克服这类干扰。如浓度允许亦可用将试液稀释的方法来减少背景干扰。

替代情况：/

发布时间：1997-12-08

实施时间：1998-05-01

3.9.2 土壤中锑、砷、铍、镉、铬、铜、铅、镍、硒、银、铊和锌的测定 电感耦合等离子体原子发射光谱法（HJ 350—2007 附录 A）

详见本章 3.2.3

3.10 锑

3.10.1 土壤中锑、砷、铍、镉、铬、铜、铅、镍、硒、银、铊和锌的测定 电感耦合等离子体原子发射光谱法（HJ 350—2007 附录 A）

详见本章 3.2.3

3.10.2 土壤和沉积物 汞、砷、硒、铋、锑的测定 微波消解/原子荧光法（HJ 680—2013）

详见第十章 3.2.2.3

3.11 铍

3.11.1 土壤中锑、砷、铍、镉、铬、铜、铅、镍、硒、银、铊和锌的测定 电感耦合等离子体原子发射光谱法（HJ 350—2007 附录 A）

详见本章 3.2.3

3.12 硒

3.12.1 土壤中锑、砷、铍、镉、铬、铜、铅、镍、硒、银、铊和锌的测定 电感耦合等离子体原子发射光谱法（HJ 350—2007 附录 A）

详见本章 3.2.3

3.12.2 土壤和沉积物 汞、砷、硒、铋、锑的测定 微波消解/原子荧光法（HJ 680—2013）

详见第十章 3.2.2.3

3.13 银

3.13.1 土壤中锑、砷、铍、镉、铬、铜、铅、镍、硒、银、铊和锌的测定 电感耦合等离子体原子发射光谱法（HJ 350—2007 附录 A）

详见本章 3.2.3

3.14 铊

3.14.1 土壤中锑、砷、铍、镉、铬、铜、铅、镍、硒、银、铊和锌的测定　电感耦合等离子体原子发射光谱法（HJ 350—2007 附录 A）

详见本章 3.2.3

3.15 总氰化物

3.15.1 土壤中氰化物（CN^-）的测定　异烟酸吡唑啉酮比色法（HJ 350—2007 附录 B）

标准名称：土壤中氰化物（CN^-）的测定　异烟酸吡唑啉酮比色法

英文名称：/

标准编号：HJ 350—2007 附录 B

适用范围：本方法适用于测定土壤中氰化物的浓度。

替代情况：/

发布时间：2007-06-15

实施时间：2007-08-01

3.16 有机氯农药

3.16.1 土壤质量　六六六和滴滴涕的测定　气相色谱法（GB/T 14550—2003）

标准名称：土壤质量　六六六和滴滴涕的测定　气相色谱法

英文名称：Soil quality - Determination of BHC and DDT - Gas chromatography

标准编号：GB/T 14550—2003

适用范围：本标准规定了土壤中六六六和滴滴涕残留量的测定方法。

本标准适用于土壤样品中有机氯农药残留量的分析。

替代情况：GB/T 14550—1993 标准。本标准是对《土壤质量 六六六和滴滴涕的测定　气相色谱法》（GB/T 14550—1993）进行下述内容的修订：

—— 原标准中 2.3 制备色谱柱时使用的试剂和材料和 3.6 色谱柱及 5.2.3 校准数据表示的内容全部删去；

—— 在第 5 章色谱测定操作步骤中增加了测定条件 B、毛细管色谱柱及图谱；

—— 把 6.2.2 精密度、6.2.3 准确度和 6.2.4 检测限的数据表格全部放到附录 A 中，原精密度用标准偏差表示改为标准偏差表示。

发布时间：2003-11-10

实施时间：2004-04-01

3.16.2 土壤中有机氯农药的测定　气相色谱法（HJ 350—2007 附录 G）

标准名称：土壤中有机氯农药的测定　气相色谱法

英文名称：Standard of soil quality assessment for exhibition sites

标准编号：HJ 350 —2007 附录 G

适用范围：

（1）本方法运用带有电子捕获检测器和熔融硅胶的开口毛细管柱，来测定固-液萃取物中的多种有机氯农药的浓度。与填充柱比较，这些熔融石英开口毛细管柱提供了更强的分辨能力、更好的选择性、更高的灵敏度和更快的分析速度。列在表 12.1 中的化合物可以运用单柱或双柱分析系统通过此方法得到测定。

表 12.1　目标化合物（一）

化合物	CAS 注册号
艾氏剂	309-00-2
甲体-六六六	319-84-6
乙体-六六六	319-85-7
丙体-六六六（林丹）	58-89-9
丁体-六六六	319-86-8
乙杀螨醇	510-15-6
甲体-氯丹	5103-71-9
丙体-氯丹	5103-74-2
氯丹-不具体指定	57-74-9
二溴氯丙烷	96-12-8
对,对'-滴滴滴	72-54-8
对,对'-滴滴依	72-55-9
对,对'-滴滴涕	50-29-3
燕麦敌	2303-16-4
狄氏剂	60-57-1
硫丹 I	959-98-8
硫丹 II	33213-65-9
硫丹硫酸盐	1031-07-8
异狄氏剂	72-20-8
异狄氏剂醛	7421-93-4
异狄氏剂酮	53494-70-5
七氯	76-44-8
环氧七氯	1024-57-3
六氯苯	118-74-1
六氯环戊二烯	77-47-4
异艾氏剂	465-73-6
甲氧滴滴涕	72-43-5
毒杀芬	8001-35-2

（2）分析员必需根据研究中的目标分析物选择最适当的毛细管柱，检测器以及校准程序。对于每一种基质（例如：用于样品萃取的正己烷溶液、稀释的油类样品等），该基质特定的性能数据，分析系统的稳定性以及仪器的校准必须收集建立起来。

（3）尽管性能数据是为多个目标分析物提供的，但在一次分析过程中同时测定所有的目标分析物是不大可能的。其中很多化合物的化学的以及层析过程中的行为会导致一些目标分析物被同时洗脱出来。

（4）几个多组分的混合物（如氯丹和毒杀芬）被列为目标分析物。当样品中的多组分分析物多于一种时，获得可接受的定性和定量的分析结果要求分析员有更高的专业水准。同样的要求适用于当多组分分析物已在环境中或已在前处理过程中被降解时。这些会导致“老化了”的多组分混合物的谱图与标准物的谱图有显著的差别。

（5）基于单柱分析的化合物的确定应当由另外一根柱来验证，或者有至少另一种定性技术来支持。此方法中描述了能够用来确认第一根柱子的测定的第二根气相色谱柱的分析条件。

（6）本方法还包括一个双柱分析方法。这个方法把使两根分析柱接到单一的进样口上，这样一次进样可同时用于两根柱子的分析。分析员应当注意的是在仪器受机械压力影响、在短时间内需要测定很多样品以及分析被污染的样品时，双柱法可能并不合适。

（7）这个方法只限于在有操作气相色谱经验并能熟练解释气相色谱的分析员的操作下或监督下使用。每一个分析员必须证明其有能力利用此方法得到可接受的实验结果。

替代情况：/

发布时间：2007-06-15

实施时间：2007-08-01

3.17 挥发性有机物

3.17.1 土壤中挥发性有机物（VOC）的测定 吹扫捕集-气相色谱-质谱法（GC - MS）（HJ 350 —2007 附录 C）

标准名称：土壤中挥发性有机物（VOC）的测定 吹扫捕集-气相色谱-质谱法（GC - MS）

英文名称：/

标准编号：HJ 350—2007 附录 C

适用范围：

（1）本方法测定的目标化合物包括二氯甲烷、四氯化碳、1,2-二氯乙烷、1,1-二氯乙烯、顺-1,2-二氯乙烯、1,1,1-三氯乙烷、1,1,2-三氯乙烷、三氯乙烯、四氯乙烯、1,3-二氯丙稀、苯、氯仿、反-1,2-二氯乙烯、1,2-二氯丙烷、*p*-二氯苯、甲苯、二甲苯。

（2）另外，通过选择适当的 GC-MS 选择离子检测方式中的监测离子，本方法还可以用于 1,2-二溴-3-氯丙烷、苯乙烯、正丁基苯、二溴氯甲烷、溴仿、乙苯、丙苯、3-氯丙烯、氯乙烷、氯乙烯、二氯甲烷、二氯丙二烯、环戊烷、1,1-二氯乙烷、二溴氯甲烷、二溴甲烷、1,1,1,2-四氯乙烷、1,1,2,2-四氯乙烷、1,2,3-三氯丙烷、1,3-丁二烯、一溴一氯甲烷、一溴二氯甲烷、1-溴丙烷、2-溴丙烷、正已烷、甲基叔丁基醚、一氯苯、丙烯酸甲酯、烯酸乙酯、丙烯酸丁酯、异丙烯、异丙苯、氧氯丙烯、苄基氯、1-辛烯、氯乙酸乙酯、对-氯甲苯、乙酸乙烯酯、氧丙烯、1,2-二乙苯、1,3-二乙苯、1,4-二乙苯、1,2-二氯苯、1,3-二氯苯、1,2,3-三氯苯、1,2,4-三氯苯、1,3,5-三氯苯、二硫化碳、六氯丁二烯、五氯乙烷等化合物的测定。

（3）各目标化合物检测限如表 12.2 所示。

表 12.2　目标化合物的检出限

分析项目	化合物	单位	检出限
挥发性有机物（VOC）	二氯甲烷	μg/kg	1
	四氯化碳	μg/kg	1
	1,2-二氯乙烷	μg/kg	1
	1,1-二氯乙烯	μg/kg	1
	顺-1,2-二氯乙烯	μg/kg	1
	1,1,1-三氯乙烷	μg/kg	1
	1,1,2-三氯乙烷	μg/kg	1
	三氯乙烯	μg/kg	1
	四氯乙烯	μg/kg	1
	1,3-二氯丙烯	μg/kg	1
	苯	μg/kg	1
	氯仿	μg/kg	1
	反-1,2-二氯乙烯	μg/kg	1
	1,2-二氯丙烷	μg/kg	1
	1,2-二氯丙烷	μg/kg	1
	甲苯	μg/kg	1
挥发性有机物（VOC）	二甲苯	μg/kg	1
	1,2-二溴-3-氯丙烷（DBCP）	μg/kg	1
	苯乙烯	μg/kg	1
	正-丁基苯	μg/kg	1

替代情况：/

发布时间：2007-06-15

实施时间：2007-08-01

3.17.2　土壤和沉积物　挥发性有机物的测定　吹扫捕集/气相色谱-质谱法（HJ 605—2011）

详见第十章 3.2.22.1

3.17.3　土壤和沉积物　挥发性有机物的测定　顶空/气相色谱-质谱法（HJ 642—2013）

详见第十章 3.2.22.2

3.18　半挥发性有机物

3.18.1　土壤中半挥发性有机物的测定　气相色谱-质谱法（毛细管柱技术）（HJ 350—2007 附录 D）

标准名称：土壤中半挥发性有机物的测定　气相色谱-质谱法（毛细管柱技术）

英文名称：/

标准编号：HJ 350—2007 附录 D

适用范围：

（1）本方法适用于测定提取物中半挥发性有机化合物的浓度，提取物是由各种类型的固体废弃物基体、土壤和地下水制备的。样品的直接注入法可在有限范围内应用。

（2）本方法可用于大多数中性、酸性和碱性有机化合物的定量，这些化合物能溶解在二氯甲烷中，易被洗脱，无需衍生化便可在 GC 上出现尖锐的峰，GC 柱是涂有少量极性硅酮的融熔石英毛细管柱。这些化合物包括：多环芳烃类、氯代烃类、农药、邻苯二甲酸酯类、有机磷酸酯类、亚硝胺类、卤醚类、醛类、醚类、酮类、苯胺类、吡啶类、喹啉类、硝基芳香化合物、酚类（包括硝基酚）。

（3）下列化合物在使用本方法测定时，先需经过特别处理：联苯胺在溶剂浓缩时会发生氧化而损失，其色谱图也比较差，α-六六六、γ-六六六（林丹）、硫丹 I 和硫丹 II，以及异狄氏剂在碱性条件下提取时将会发生分解。如果分析这些化合物，则应在中性条件下提取。六氯环戊二烯在 GC 入口处会发生热分解，在丙酮溶液中会发生化学反应以及光化学分解。在所述 GC 条件下，*N*-二甲基亚硝胺难以从溶剂中分离出来，它在 GC 入口处也会发生热分解，并且和二苯胺不易分离。五氯苯酚、2,4-二硝基苯酚、4-硝荃苯酚、4,6-二硝基-2-甲葵苯酚、4-氯-3-甲基苯酚、苯甲酸、2-硝基苯胺、3-硝基苯胺、4-氯苯胺和苯甲醇都会有不规则的色谱行为，特别是当 GC 系统被高沸点物质污染后更是如此。

（4）在测定单个化合物时本方法的实用定量限（PQL）对于土壤/沉淀物大约是 1 mg/kg（湿重）、对于废弃物大约是 1～200 mg/kg（取决于基体和制备方法）、对于地下水样品大约是 10 μg/L（见标准原文表 D1）。当提取物需要预先稀释以避免使检测器达饱和值时，PQL 将成比例地提高。

（5）本方法限有 GC - MS 分析经验并精于质谱图解析的人员使用，或需在这类专家的指导下进行。

替代情况：/

发布时间：2007-06-15

实施时间：2007-08-01

3.19 总石油烃

3.19.1 土壤中总石油烃（TPH）的测定　气相色谱法（毛细管柱技术）（HJ 350—2007 附录 E）

标准名称：土壤中总石油烃（TPH）的测定　气相色谱法（毛细管柱技术）

英文名称：/

标准编号：HJ 350 —2007 附录 E

适用范围：本方法适用于测定土壤中 TPH 的浓度。

替代情况：/

发布时间：2007-06-15

实施时间：2007-08-01

3.20 多氯联苯

3.20.1 土壤中多氯联苯的测定　气相色谱法（HJ 350—2007 附录 F）

标准名称：土壤中多氯联苯的测定　气相色谱法

英文名称：/

标准编号：HJ 350—2007 附录 F

适用范围：

（1）本方法用于检测多氯联苯浓度（以下简称为 PCB）如固体或液体萃取物中的总的和单独的多氯联苯化合物。开口毛细管柱用于电子捕获检测器（ECD）或电解传导检测器（ELCD）。对比于填充柱，熔融石英开口毛细管柱提高了检测性能，即更好的选择性、更好的灵敏度及更快的检测速度。表 12.3 所列的目标化合物都可由单柱或者双柱分析系统来检测。这些 PCB 化合物都有此法试验过，且此法还适用于其他的化合物。

表 12.3　目标化合物

化合物	CAS 登记号	IMPAC 编号
PCB - 1016	12674-11-2	—
PCB - 1221	11104-28-2	—
PCB - 1232	11141-16-5	—
PCB - 1242	53469-21-9	—
PCB - 1248	12672-29-6	—
PCB1254	11097-69-1	—
PCB1260	11096-82-5	—
2-氯联苯	2051-60-7	—
2,3-二氯联苯	16605-91-7	5
2,2′,5-三氯联苯	37680-65-2	18
2,4′,5-三氯联苯	16606-02-3	31
2,2′,3,5′-四氯联苯	41464-39-5	44
2,2′,5,5′-四氯联苯	35693-99-3	52
2,2′,4,4′-四氯联苯	32598-10-0	66
2,2′,3,4,5′-五氯联苯	38380-02-8	87
2,2′,4,5,5′-五氯联苯	37680-73-2	101
2,3,3′,4′,6′-五氯联苯	38380-03-9	110
2,2′,3,4,4′,5′-六氯联苯	35065-28-2	138
2,2′,3,4,5,5′-六氯联苯	52712-04-6	141
2,2′,3,5,5,6-六氯联苯	52663-63-5	151
2,2′4,4′,5,5′-六氯联苯	35065-27-1	153
2,2′,3,3′4,4′,5-七氯联苯	35065-30-6	170
2,2′,3,4,4′,5,5′-七氯联苯	35065-29-3	180
2,2′,3,4,4′,5′,6-七氯联苯	52663-69-1	183
2,2′,3,4′,5,5′,6-七氯联苯	52663-68-0	187
2,2′,3,3′4,4′,5,5′,6-九氯联苯	40186-72-9	206

（2）PCB 是一种多组分的混合物。当样品中含有多于一种的 PCB，就需要更好的分析技术人员来进行定性及定量分析。对于环境降解中的 PCB 或者人为降解中的 PCB 分析也需要专门分析技术人员，因为降解后的多组分混合物对比于 PCB 标准峰参数将有显著不同。

（3）PCB 定量分析与很多常规仪器检测类似，但当 PCB 在环境中暴露而降解后则有很大的不同。因此，本方法提供了从检测结果中挑选单个 PCB 化合物的程序。上面所列的 19 种 PCB 化合物均用此法进行了检测。

（4）当知道 PCB 存在的情况下，PCB 化合物的检测可以得到更高的精确度。因此这种方法依据需求的计划需要，可以用于检测单个 PCB 化合物或者 PCBs 总和。此化合物的方法对降解的 PCB 检测具有特殊意义。然而，分析者在使用这个化合物分析方法时应当谨慎，即在调整条件时应基于 PCB 的浓度。

（5）基于单柱分析的化合物确定应当由另一根柱子来验证，或者有至少一种定性方法来支持。第二根气相色谱柱的分析条件能够确认第一根柱子的检测法。在灵敏度允许的情况下气相色谱质谱（GC/MS）方法可以作为一个确认方法。

（6）此方法同样描述了一个双柱方法选择。这个方法需要配置一个硬件是两根分析柱相连成为单一进样口。此法需要在双柱分析时使用一个进样口。分析者应当注意的是在仪器受机械压力影响一些样品进样周期短，或者分析高污染的样品时，双柱方法可能并不合适。

（7）分析者必须针对所研究的目标分析物选择柱子、检测器、校准方法。必须建立特殊基质操作步骤、针对每个分析基质的稳定的分析系统及仪器校准系统。提供色谱实例和气相色谱条件。

（8）PCB 的方法检出限变化范围在水中为 0.054 到 0.90 μg/kg，在土壤中为 57 到 70 μg/kg。

（9）这个方法在使用时受到限制，或者在监督之下才能使用。分析者要在使用气相色谱方面有丰富的经验，或者能熟练地阐述气相色谱原理。每个分析人员都必须能够证明具有使用这个方法得到合理的数据的能力。

替代情况：/

发布时间：2007-06-15

实施时间：2007-08-01

3.21 二噁英类

3.21.1 土壤和沉积物 二噁英类的测定 同位素稀释高分辨气相色谱-高分辨质谱法（HJ 77.4—2008）

详见第十章 3.2.21.1

3.21.2 土壤、沉积物 二噁英类的测定 同位素稀释/高分辨气相色谱－低分辨质谱法（HJ 650—2013）

详见第十章 3.2.21.2

3.22 有机磷农药

3.22.1 水、土中有机磷农药测定的气相色谱法（GB/T 14552—2003）

详见第一章 3.2.83.2

3.23 毒鼠强

3.23.1 土壤 毒鼠强的测定 气相色谱法（HJ 614—2011）

标准名称：土壤 毒鼠强的测定 气相色谱法

英文名称：Soil - Determination of tetramethylene disulphotetramine - Gas chromatography method

标准编号：HJ 614—2011

适用范围：本标准规定了测定土壤中毒鼠强的气相色谱法。

本标准适用于土壤中毒鼠强的测定。

当取样量为 5 g，本方法的检出限为 3.5 μg/kg，测定下限为 14 μg/kg。

替代情况：/

发布时间：2011-04-15

实施时间：2011-10-01

3.24 有机碳

3.24.1 土壤 有机碳的测定 重铬酸钾氧化-分光光度法（HJ 615—2011）

标准名称：土壤 有机碳的测定 重铬酸钾氧化-分光光度法

英文名称：Soil - determination of organic carbon - potassium dichromate oxidation spectrophotometric method

标准编号：HJ 615—2011

适用范围：本标准规定了测定土壤中有机碳的重铬酸钾氧化-分光光度法。本标准适用于风干土壤中有机碳的测定。

本标准不适用于氯离子（Cl^-）含量大于 2.0×10^4 mg/kg 的盐渍化土壤或盐碱化土壤的测定。

当样品量为 0.5 g 时，本方法的检出限为 0.06%（以干重计），测定下限为 0.24%（以干重计）。

替代情况：/

发布时间：2011-04-15

实施时间：2011-10-01

3.24.2 土壤 有机碳的测定 燃烧氧化-滴定法（HJ 658—2013）

标准名称：土壤 有机碳的测定 燃烧氧化-滴定法

英文名称：Soil - Determination of organic carbon – Combustion oxidation- titrationmethod

标准编号：HJ 658—2013

适用范围：本标准规定了测定土壤中有机碳的燃烧氧化-滴定法。本标准适用于土壤中有机碳的测定，不适用于油泥污染土壤中有机碳的测定。当样品量为 0.50 g 时，本标准的方法检出限为 0.004%，测定下限为 0.016%，测定上限为 4.00%。样品中有机碳含量较高时，可减少取样量，但最低不能低于 0.050 g。

替代情况：/

发布时间：2013-08-16

实施时间：2013-09-01

3.25 可交换酸度

3.25.1 土壤 可交换酸度的测定 氯化钡提取-滴定法（HJ 631—2011）

标准名称：土壤 可交换酸度的测定 氯化钡提取-滴定法

英文名称：Soil - Determination of exchangeable acidity by barium chloride extraction - titration method

标准编号：HJ 631—2011

适用范围：本标准规定了测定土壤中可交换酸度的氯化钡提取-滴定法。

本标准适用于酸性土壤中可交换酸度的测定。

当试样量为 2.50 g，提取定容至 100 mL 时，本标准的方法检出限为 0.50 mmol/kg，测定下限为 2.00 mmol/kg。

替代情况：/

发布时间：2011-12-06

实施时间：2012-03-01

3.25.2 土壤 可交换酸度的测定 氯化钾提取-滴定法（HJ 649—2013）

标准名称：土壤 可交换酸度的测定 氯化钾提取-滴定法

英文名称：Soil — Determination of exchangeable acidity by potassium chloride extraction —Titration method

标准编号：HJ 649—2013

适用范围：本标准规定了测定土壤中可交换酸度的氯化钾提取-滴定法。本标准适用于酸性土壤中可交换酸度的测定。当取 5.00 g 试样提取定容至 250 ml 时，方法检出限为 0.10 mmol/kg，方法测定下限为 0.40 mmol/kg。

替代情况：/

发布时间：2013-06-03

实施时间：2013-09-01

3.26 总磷

3.26.1 土壤 总磷的测定 碱熔-钼锑抗分光光度法（HJ 632—2011）

标准名称：土壤 总磷的测定 碱熔-钼锑抗分光光度法

英文名称：Soil - Determination of total phosphorus by alkali fusion - mo - sb anti spectrophotometric method

标准编号：HJ 632—2011

适用范围：本标准规定了测定土壤中总磷的碱熔-钼锑抗分光光度法。

本标准适用于土壤中总磷的测定。

当试样量为 0.250 0 g，采用 30 mm 比色皿时，本方法的检出限为 10.0 mg/kg，测定下限为

40.0 mg/kg。

替代情况：/

发布时间：2011-12-06

实施时间：2012-03-01

3.27 氨氮

3.27.1 土壤 氨氮、亚硝酸盐氮、硝酸盐氮的测定 氯化钾溶液提取-分光光度法（HJ 634—2012）

标准名称：土壤 氨氮、亚硝酸盐氮、硝酸盐氮的测定 氯化钾溶液提取-分光光度法

英文名称：Soil - Determination of ammonium，nitrite and nitrate by extraction with potassium chloride solution - spectrophotometric methods

标准编号：HJ 634—2012

适用范围：本标准规定了测定土壤中氨氮、亚硝酸盐氮、硝酸盐氮的氯化钾溶液提取-分光光度法。

本标准适用于土壤中氨氮、亚硝酸盐氮、硝酸盐氮的测定。

当样品量为 40.0 g 时，本方法测定土壤中氨氮、亚硝酸盐氮、硝酸盐氮的检出限分别为 0.10 mg/kg、0.15 mg/kg、0.25 mg/kg，测定下限分别为 0.40 mg/kg、0.60 mg/kg、1.00 mg/kg。

替代情况：/

发布时间：2012-02-29

实施时间：2012-06-01

3.28 亚硝酸盐氮

3.28.1 土壤 氨氮、亚硝酸盐氮、硝酸盐氮的测定 氯化钾溶液提取-分光光度法（HJ 634—2012）

详见本章 3.27.1

3.29 硝酸盐氮

3.29.1 土壤 氨氮、亚硝酸盐氮、硝酸盐氮的测定 氯化钾溶液提取-分光光度法（HJ 634—2012）

详见本章 3.27.1

3.30 硫酸盐

3.30.1 土壤 水溶性和酸溶性硫酸盐的测定 重量法（HJ 635—2012）

标准名称：土壤 水溶性和酸溶性硫酸盐的测定 重量法

英文名称：Soil - Determination of water - soluble and acid - soluble sulfate - Gravimetric method

标准编号：HJ 635—2012

适用范围：本标准规定了测定土壤中水溶性和酸溶性硫酸盐的重量法。

本标准适用于风干土壤中水溶性和酸溶性硫酸盐的测定。

测定水溶性硫酸盐，当试样量为 10.0 g，采用 50 mL 水提取时，本方法的检出限为 50.0 mg/kg，测定范围为 200～5.00×10^3 mg/kg；当试样量为 50.0 g，采用 100 mL 水提取时，本方法的检出限为 20.0 mg/kg，测定范围为 80.0～1.00×10^3 mg/kg。测定酸溶性硫酸盐，当试样量为 2.0 g 时，本方法的检出限为 500 mg/kg，测定范围为 2.00×10^3～2.50×10^4 mg/kg。

替代情况：/

发布时间：2012-02-29

实施时间：2012-06-01

3.31 氟化物

3.31.1 土壤质量 氟化物的测定 离子选择电极法（GB/T 22104—2008）

标准名称：土壤质量 氟化物的测定 离子选择电极法

英文名称：Soil quality - Analysis of fluoride - Ion selective electrode method

标准编号：GB/T 22104—2008

适用范围：本标准规定了测定土壤中氟化物的离子选择电极法。

本标准适用于离子选择电极法测定土壤中氟化物的含量。

氟化物的检出限为 2.5 μg。

替代情况：/

发布时间：2008-06-27

实施时间：2008-10-01

3.32 六六六

3.32.1 土壤质量 六六六和滴滴涕的测定 气相色谱法（GB/T 14550—2003）

详见本章 3.16.1

3.32.2 土壤中有机氯农药的测定 气相色谱法（HJ 350—2007 附录 G）

详见本章 3.16.2

3.33 滴滴涕

3.33.1 土壤质量 六六六和滴滴涕的测定 气相色谱法（GB/T 14550—2003）

详见本章 3.16.1

3.33.2 土壤中有机氯农药的测定 气相色谱法（HJ 350—2007 附录 G）

详见本章 3.16.2

3.34　铋

3.34.1　土壤和沉积物　汞、砷、硒、铋、锑的测定　微波消解/原子荧光法（HJ 680—2013）

详见第十章 3.2.2.3

3.35　丙烯醛

3.35.1　土壤和沉积物　丙烯醛、丙烯腈、乙腈的测定　顶空-气相色谱法（HJ 679—2013）

详见第十章 3.2.26.1

3.36　丙烯腈

3.36.1　土壤和沉积物　丙烯醛、丙烯腈、乙腈的测定　顶空-气相色谱法（HJ 679—2013）

详见第十章 3.2.26.1

3.37　乙腈

3.37.1　土壤和沉积物　丙烯醛、丙烯腈、乙腈的测定　顶空-气相色谱法（HJ 679—2013）

详见第十章 3.2.26.1

编写人：包艳英

第十三章

污　泥

1 排放标准

1.1 城镇污水处理厂污染物排放标准（GB 18918—2002）

详见第四章 1.10

1.2 农用污泥中污染物控制标准（GB 4284—1984）

标准名称：农用污泥中污染物控制标准

英文名称：Control standards for pollutants in sludges from agricultural use

标准编号：GB 4284—1984

适用范围：为贯彻《中华人民共和国环境保护法（试行）》，防治农用污泥对土壤、农作物、地面水、地下水的污染，特制定本标准。

本标准适用于在农田中施用城市污水处理厂污泥、城市下水沉淀池的污泥、某些有机物生产厂的下水污泥以及江、河、湖、库、塘、沟、渠的沉淀底泥。

替代情况：/

发布时间：1984-05-18

实施时间：1985-03-01

2 监测方法

2.1 蛔虫卵死亡率

2.1.1 堆肥蛔虫卵检查法（GB 7959—1987 附录 B）

标准名称：堆肥蛔虫卵检查法

英文名称：/

标准编号：GB 7959—1987 附录 B

适用范围：/

替代情况：/

发布时间：1987-06-08

实施时间：1988-04-01

2.2 粪大肠菌群

2.2.1 堆肥、粪稀中粪大肠菌群检验法（GB 7959—1987 附录 A）

标准名称：堆肥、粪稀中粪大肠菌群检验法

英文名称：/
标准编号：GB 7959—1987 附录 A
适用范围：/
替代情况：/
发布时间：1987-06-08
实施时间：1988-04-01

2.3 总镉

2.3.1 土壤质量 铅、镉的测定 石墨炉原子吸收分光光度法（GB/T 17141—1997）

详见第十二章 3.2.2

2.4 总汞

2.4.1 土壤质量 总汞的测定 冷原子吸收分光光度法（GB/T 17136—1997）

详见第十二章 3.3.1

2.5 总铅

2.5.1 土壤质量 铅、镉的测定 石墨炉原子吸收分光光度法（GB/T 17141—1997）

详见第十二章 3.2.2

2.6 总铬

2.6.1 土壤 总铬的测定 火焰原子吸收分光光度法（HJ 491—2009）

详见第十二章 3.7.1

2.7 总砷

2.7.1 土壤质量 总砷的测定 硼氢化钾-硝酸银分光光度法（GB/T 17135—1997）

详见第十二章 3.4.2

2.8 总铜

2.8.1 土壤质量 铜、锌的测定 火焰原子吸收分光光度法（GB/T 17138—1997）

详见第十二章 3.5.1

2.9 总锌

2.9.1 土壤质量 铜、锌的测定 火焰原子吸收分光光度法（GB/T 17138—1997）

详见第十二章 3.5.1

2.10 总镍

2.10.1 土壤质量 镍的测定 火焰原子吸收分光光度法（GB/T 17139—1997）

详见第十二章 3.9.1

2.11 多氯代二苯并二噁英/多氯代二苯并呋喃（PCDD/PCDF）

2.11.1 土壤和沉积物 二噁英类的测定 同位素稀释高分辨气相色谱-高分辨质谱法（HJ 77.4—2008）

详见第十章 3.2.21.1

编写人：姜 薇

第十四章

煤

1 监测方法

1.1 硫分

1.1.1 煤中全硫的测定方法 艾士卡法 [GB/T 214—2007（3）]

标准名称：煤中全硫的测定方法 艾士卡法

英文名称：Determination of total sulfur in coal

标准编号：GB/T 214—2007（3）

适用范围：本标准规定了测定煤中全硫的艾士卡法、库仑法、高温燃烧中和法的方法原理、试剂和材料、仪器设备、试验步骤、结果计算及精密度等，在仲裁分析时，应采用艾士卡法。

本标准适用于褐煤、烟煤、无烟煤和焦炭，也适用于水煤浆干燥煤样。

替代情况：本标准代替《煤中全硫测定方法》（GB/T 214—1996）和《水煤浆质量试验方法 第8部分：水煤浆全硫测定方法》（GB/T 18856.8—2002）。本标准与GB/T 214—1996相比主要变化如下：

——适用范围中增加了焦炭；

——增加了“规范性引用文件”条款；

——对艾士卡法进行了修改和补充；

——对高硫煤的称样量进行了修改和补充（1996年版2.4.1中“注”，本版3.4.1中“注”）；

——修改了甲基橙指示剂浓度。

发布时间：2007-11-01

实施时间：2008-06-01

1.1.2 煤中全硫的测定方法 库仑滴定法 [GB/T 214—2007（4）]

标准名称：煤中全硫的测定方法 库仑滴定法

英文名称：Determination of total sulfur in coal

标准编号：GB/T 214—2007（4）

适用范围：本标准规定了测定煤中全硫的艾士卡法、库仑法、高温燃烧中和法的方法原理、试剂和材料、仪器设备、试验步骤、结果计算及精密度等，在仲裁分析时，应采用艾士卡法。

本标准适用于褐煤、烟煤、无烟煤和焦炭，也适用于水煤浆干燥煤样。

替代情况：本标准代替《煤中全硫测定方法》（GB/T 214—1996）和《水煤浆质量试验方法 第8部分：水煤浆全硫测定方法》（GB/T 18856.8—2002）。本标准与GB/T 214—1996相比主要变化如下：

——适用范围中增加了焦炭；

——增加了“规范性引用文件”条款；

——对库仑滴定法进行了修改和补充；

——修改了管式高温炉高温恒温带的温度范围和长度（1996年版3.3.1，本版4.3.1）；

—— 修改了高温燃烧中和法结果计算公式中的错误（硫的摩尔质量值，1996 年版 4.5.1，本版 5.5.1）；

—— 修改了方法的精密度（1996 年版的 3.6，本版的 5.6）；

—— 增加了仪器标定和标定有效性核验（本版 4.4.2 和 4.4.4）。

发布时间：2007-11-01

实施时间：2008-06-01

1.1.3 煤中全硫的测定方法 高温燃烧中和法 [GB/T 214—2007（5）]

标准名称：煤中全硫的测定方法 高温燃烧中和法

英文名称：Determination of total sulfur in coal

标准编号：GB/T 214—2007（5）

适用范围：本标准规定了测定煤中全硫的艾士卡法、库仑法、高温燃烧中和法的方法原理、试剂和材料、仪器设备、试验步骤、结果计算及精密度等，在仲裁分析时，应采用艾士卡法。

本标准适用于褐煤、烟煤、无烟煤和焦炭，也适用于水煤浆干燥煤样。

替代情况：本标准代替《煤中全硫测定方法》（GB/T 214—1996）和《水煤浆质量试验方法 第 8 部分：水煤浆全硫测定方法》（GB/T 18856.8—2002）。本标准与 GB/T 214—1996 相比主要变化如下：

—— 适用范围中增加了焦炭；

—— 增加了“规范性引用文件”条款；

—— 对高温燃烧中和法进行了修改和补充；

—— 修改了管式高温炉的高温恒温带长度（1996 年版 4.3.1，本版 5.3.1）；

—— 纠正了计算公式中的错误（硫的摩尔质量值，1996 年版 4.5.1，本版 5.5.1）；

—— 增加了碳酸钠纯度标准物质（本版 5.2.11）及硫酸标准溶液的配制和标定（本版 5.2.12）。

发布时间：2007-11-01

实施时间：2008-06-01

1.1.4 煤中全硫测定 红外光谱法（GB/T 25214—2010）

标准名称：煤中全硫测定 红外光谱法

英文名称：Determination of total sulfur in coal by IR spectrometry

标准编号：GB/T 25214—2010

适用范围：本标准规定了高温燃烧红外光谱法测定煤中全硫的方法提要、试剂和材料、仪器设备、测定、标定和方法精密度等。

本标准适用于褐煤、烟煤、无烟煤和焦炭。

替代情况：/

发布时间：2012-09-26

实施时间：2011-02-01

1.2 灰分

1.2.1 煤的工业分析方法 灰分的测定 缓慢灰化法 [GB/T 212—2008（4.1）]

标准名称：煤的工业分析方法 灰分的测定 缓慢灰化法

英文名称： Proximate analysis of coal

标准编号： GB/T 212—2008（4.1）

适用范围： 本标准规定了煤和水煤浆的水分、灰分和挥发分的测定方法和固定碳的计算方法。

本标准适用于褐煤、烟煤、无烟煤和水煤浆。

替代情况： 本标准代替《煤的工业分析方法》(GB/T 212—2001)，《煤的水分测定方法　微波干燥法》(GB/T 15334—1994) 和《水煤浆质量试验方法　第 7 部分：水煤浆工业分析方法》(GB/T 18856.7 —2002)。

本标准与 GB/T 212—2001 相比主要变化如下：

—— 增加了水煤浆的工业分析方法（本版第 8 章）；

—— 增加了“煤的水分测定——微波干燥法”（本版附录 A）。

发布时间： 2008-07-29

实施时间： 2009-04-01

1.2.2　煤的工业分析方法　灰分的测定　快速灰化法 [GB/T 212—2008（4.2）]

标准名称： 煤的工业分析方法　灰分的测定　快速灰化法

英文名称： Proximate analysis of coal

标准编号： GB/T 212—2008（4.2）

适用范围： 本标准规定了煤和水煤浆的水分、灰分和挥发分的测定方法和固定碳的计算方法。

本标准适用于褐煤、烟煤、无烟煤和水煤浆。

替代情况： 本标准代替《煤的工业分析方法》(GB/T 212—2001)，《煤的水分测定方法　微波干燥法》(GB/T 15334—1994) 和《水煤浆质量试验方法　第 7 部分：水煤浆工业分析方法》(GB/T 18856.7 —2002)。

本标准与 GB/T 212—2001 相比主要变化如下：

—— 增加了水煤浆的工业分析方法（本版第 8 章）；

—— 增加了“煤的水分测定——微波干燥法”（本版附录 A）。

发布时间： 2008-07-29

实施时间： 2009-04-01

1.3　水分

1.3.1　煤的工业分析方法　水分的测定　通氮干燥法 [GB/T 212—2008（3.1）]

标准名称： 煤的工业分析方法　水分的测定　通氮干燥法

英文名称： Proximate analysis of coal

标准编号： GB/T 212—2008（3.1）

适用范围： 本标准规定了煤和水煤浆的水分、灰分和挥发分的测定方法和固定碳的计算方法。

本标准适用于褐煤、烟煤、无烟煤和水煤浆。

替代情况： 本标准代替《煤的工业分析方法》(GB/T 212—2001)，《煤的水分测定方法　微波干燥法》(GB/T 15334—1994) 和《水煤浆质量试验方法　第 7 部分：水煤浆工业分析方法》(GB/T 18856.7 —2002)。

本标准与 GB/T 212—2001 相比主要变化如下：

—— 增加了水煤浆的工业分析方法（本版第 8 章）；

—— 增加了“煤的水分测定——微波干燥法”（本版附录 A）。

发布时间：2008-07-29

实施时间：2009-04-01

1.3.2 煤的工业分析方法 水分的测定 空气干燥法 [GB/T 212—2008（3.2）]

标准名称：煤的工业分析方法 水分的测定 空气干燥法

英文名称：Proximate analysis of coal

标准编号：GB/T 212—2008（3.2）

适用范围：本标准规定了煤和水煤浆的水分、灰分和挥发分的测定方法和固定碳的计算方法。本标准适用于褐煤、烟煤、无烟煤和水煤浆。

替代情况：本标准代替《煤的工业分析方法》（GB/T 212—2001），《煤的水分测定方法 微波干燥法》（GB/T 15334—1994）和《水煤浆质量试验方法 第 7 部分：水煤浆工业分析方法》（GB/T 18856.7 —2002）。

本标准与 GB/T 212—2001 相比主要变化如下：

—— 增加了水煤浆的工业分析方法（本版第 8 章）；

—— 增加了“煤的水分测定——微波干燥法”（本版附录 A）。

发布时间：2008-07-29

实施时间：2009-04-01

1.3.3 煤的工业分析方法 煤的水分测定 微波干燥法 [GB/T 212—2008（附录 A）]

标准名称：煤的工业分析方法 煤的水分测定 微波干燥法

英文名称：Proximate analysis of coal

标准编号：GB/T 212—2008（附录 A）

适用范围：本附录规定了采用微波干燥快速测定一般分析试验煤样水分的方法。

本方法适用于褐煤和烟煤水分的快速测定。

替代情况：本标准代替《煤的工业分析方法》（GB/T 212—2001），《煤的水分测定方法 微波干燥法》（GB/T 15334—1994）和《水煤浆质量试验方法 第 7 部分：水煤浆工业分析方法》（GB/T 18856.7 —2002）。

本标准与 GB/T 212—2001 相比主要变化如下：

—— 增加了水煤浆的工业分析方法（本版第 8 章）；

—— 增加了“煤的水分测定——微波干燥法”（本版附录 A）。

发布时间：2008-07-29

实施时间：2009-04-01

编写人：郑 琳

第十五章

固体废物

1 污染控制标准

1.1 城镇垃圾农用控制标准（GB 8172—1987）

标准名称：城镇垃圾农用控制标准

英文名称：Control standards for urban wastes for agricultural use

标准编号：GB 8172—1987

适用范围：本标准适用于供农田施用的各种腐熟的城镇生活垃圾和城镇垃圾堆肥工厂的产品，不准混入工业垃圾及其他废物。

替代情况：/

发布时间：1987-10-05

实施时间：1988-02-01

1.2 农用粉煤灰中污染物控制标准（GB 8173—1987）

标准名称：农用粉煤灰中污染物控制标准

英文名称：Control standards of pollutants in fly ash for agricultural use

标准编号：GB 8173—1987

适用范围：本标准适用于火力发电厂湿法排出的、经过一年以上风化的、用于改良土壤的煤粉灰。

替代情况：/

发布时间：1987-10-05

实施时间：1988-02-01

1.3 含多氯联苯废物污染控制标准（GB 13015—1991）

标准名称：含多氯联苯废物污染控制标准

英文名称：Control standards of poly chlorinated biphenyls for wastes

标准编号：GB 13015—1991

适用范围：

（1）主题内容：本标准规定了含多氯联苯废物污染控制标准值以及含多氯联苯废物的处置方法。

（2）适用范围：本标准适用于含多氯联苯废物的收集、贮存、运输、回收、处理和处置等。

替代情况：/

发布时间：1991-06-27

实施时间：1992-03-01

1.4 环境镉污染健康危害区判定标准（GB/T 17221—1998）

标准名称：环境镉污染健康危害区判定标准

英文名称：Discriminant standard for health hazard area caused by environmental cadmium pollution

标准编号：GB/T 17221—1998

适用范围：本标准规定了环境镉污染健康危害区的判定原则、观察对象、健康危害指标及其联合反应率的判定值。

本标准适用于环境受到含镉工业废弃物污染并以食物链为主要接触途径而可能导致镉对当地一定数量的定居人群产生靶器官肾脏慢性损害的污染危害区。

替代情况：/

发布时间：1998-01-21

实施时间：1998-10-01

1.5 危险废物焚烧污染控制标准（GB 18484—2001）

详见第七章 1.8

1.6 生活垃圾焚烧污染控制标准（GB 18485—2001）

详见第七章 1.9

1.7 危险废物贮存污染控制标准（GB 18597—2001）

标准名称：危险废物贮存污染控制标准

英文名称：Standard for pollution control on hazardous waste storage

标准编号：GB 18597—2001

适用范围：

（1）主题内容：本标准规定了对危险废物贮存的一般要求，对危险废物的包装、贮存设施的选址、设计、运行、安全防护、监测和关闭等要求。

（2）适用范围：本标准适用于所有危险废物（尾矿除外）贮存的污染控制及监督管理，适用于危险废物的产生者、经营者和管理者。

替代情况：/

发布时间：2001-12-28

实施时间：2002-07-01

1.7.1 《危险废物贮存污染控制标准》（GB 18597—2001）修改单

修改单内容：第 6.1.3 条修改为：应依据环境影响评价结论确定危险废物集中贮存设施的位置及其与周围人群的距离，并经具有审批权的环境保护行政主管部门批准，并可作为规划控制的依据。

在对危险废物集中贮存设施场址进行环境影响评价时，应重点考虑危险废物集中贮存设施可能产生的有害物质泄漏、大气污染物（含恶臭物质）的产生与扩散以及可能的事故风险等因素，根据其所在地区的环境功能区类别，综合评价其对周围环境、居住人群的身体健康、日常生活和生产活动的影响，确定危险废物集中贮存设施与常住居民居住场所、农用地、地表水体以及其他敏感对象之间合理的位置关系。

公告：2013 年　第 36 号

修改日期：2013-06-08

1.8　危险废物填埋污染控制标准（GB 18598—2001）

标准名称：危险废物填埋污染控制标准

英文名称：Standard for pollution control on the security landfill site for hazardous wastes

标准编号：GB 18598—2001

适用范围：

（1）主题内容：本标准规定了危险废物填埋的入场条件、保护要求。填埋场的选址、设计、施工、运行、封场及监测的环境保护要求。

（2）适用范围：本标准适用于危险废物填埋场的建设、运行及监督管理。

本标准不适用于放射性废物的处置。

替代情况：/

发布时间：2001-12-28

实施时间：2002-07-01

1.8.1　《危险废物填埋污染控制标准》（GB 18598—2001）修改单

修改单内容：第 4.4 条、第 4.5 条、第 4.7 条合并为一条，内容修改为：危险废物填埋场场址的位置及与周围人群的距离应依据环境影响评价结论确定，并经具有审批权的环境保护行政主管部门批准，并可作为规划控制的依据。

在对危险废物填埋场场址进行环境影响评价时，应重点考虑危险废物填埋场渗滤液可能产生的风险、填埋场结构及防渗层长期安全性及其由此造成的渗漏风险等因素，根据其所在地区的环境功能区类别，结合该地区的长期发展规划和填埋场的设计寿命，重点评价其对周围地下水环境、居住人群的身体健康、日常生活和生产活动的长期影响，确定其与常住居民居住场所、农用地、地表水体以及其他敏感对象之间合理的位置关系。

公告：2013 年　第 36 号

修改日期：2013-06-08

1.9　一般工业固体废物贮存、处置场污染控制标准（GB 18599—2001）

标准名称：一般工业固体废物贮存、处置场污染控制标准

英文名称：Standard for pollution control on the storage and disposal site

标准编号：GB 18599—2001

适用范围：

（1）主题内容：本标准规定了一般工业固体废物贮存、处置场的选址、设计、运行管理、关闭与封场以及污染控制与监测等要求。

（2）适用范围：本标准适用于新建、扩建、改建及已经投产的一般工业固体废物贮存、处置场的建设、运行和监督管理；不适用于危险废物和生活垃圾填埋场。

替代情况：/

发布时间：2001-12-28

实施时间：2002-07-01

1.9.1 《一般工业固体废物贮存、处置场污染控制标准》（GB 18599—2001）修改单

修改单内容：第 5.1.2 条修改为：应依据环境影响评价结论确定场址的位置及其与周围人群的距离，并经具有审批权的环境保护行政主管部门批准，并可作为规划控制的依据。

在对一般工业固体废物贮存、处置场场址进行环境影响评价时，应重点考虑一般工业固体废物贮存、处置场产生的渗滤液以及粉尘等大气污染物等因素，根据其所在地区的环境功能区类别，综合评价其对周围环境、居住人群的身体健康、日常生活和生产活动的影响，确定其与常住居民居住场所、农用地、地表水体、高速公路、交通主干道（国道或省道）、铁路、飞机场、军事基地等敏感对象之间合理的位置关系。

公告：2013 年　第 36 号

修改日期：2013-06-08

1.10 危险废物鉴别标准　腐蚀性鉴别（GB 5085.1—2007）

标准名称：危险废物鉴别标准　腐蚀性鉴别

英文名称：Identification standards for hazardous wastes - Identification for corrosivity

标准编号：GB 5085.1—2007

适用范围：本标准规定了腐蚀性危险废物的鉴别标准。

本标准适用于任何生产、生活和其他活动中产生的固体废物的腐蚀性鉴别。

替代情况：本标准代替 GB 5085.1—1996。本标准对《危险废物鉴别标准　腐蚀性鉴别》（GB 5085.1 —1996）进行了修订，主要内容是增加了钢材腐蚀的鉴别标准及检测方法。

发布时间：2007-04-25

实施时间：2007-10-01

1.11 危险废物鉴别标准　急性毒性初筛（GB 5085.2—2007）

标准名称：危险废物鉴别标准　急性毒性初筛

英文名称：Identification standards for hazardous wastes - Screening test for acute toxicity

标准编号：GB 5085.2—2007

适用范围：本标准规定了急性毒性危险废物的初筛标准。

本标准适用于任何生产、生活和其他活动中产生的固体废物的急性毒性鉴别。

替代情况：本标准代替 GB 5085.2—1996。本标准对《危险废物鉴别标准　急性毒性初筛》（GB 5085.2—1996）进行了修订，主要修订内容是：

——用《化学品测试导则》中指定的急性经口毒性试验、急性经皮毒性试验和急性吸入毒性试验取代了原标准附录中的“危险废物急性毒性初筛试验方法”；

——对急性毒性初筛鉴别值进行了调整。

发布时间：2007-04-25

实施时间：2007-10-01

1.12 危险废物鉴别标准　浸出毒性鉴别（GB 5085.3—2007）

标准名称：危险废物鉴别标准　浸出毒性鉴别

英文名称：Identification standards for hazardous wastes - Identification for extraction toxicity

标准编号：GB 5085.3—2007

适用范围：本标准规定了以浸出毒性为特征的危险废物鉴别标准。

本标准适用于任何生产、生活和其他活动中产生固体废物的浸出毒性鉴别。

替代情况：本标准代替 GB 5085.3—1996。本标准对《危险废物鉴别标准　浸出毒性鉴别》（GB 5085.3—1996）进行了修订，主要修订内容如下：

—— 在原标准 14 个鉴别项目的基础上，增加了 37 个鉴别项目。新增项目主要有有机类毒性物质；

—— 修改了毒性物质的浸出方法；

—— 修改了部分鉴别项目的分析方法。

发布时间：2007-04-25

实施时间：2007-10-01

1.13　危险废物鉴别标准　易燃性鉴别（GB 5085.4—2007）

标准名称：危险废物鉴别标准　易燃性鉴别

英文名称：Identification standards for hazardous wastes - Identification for ignitability

标准编号：GB 5085.4—2007

适用范围：本标准规定了易燃性危险废物的鉴别标准。

本标准适用于任何生产、生活和其他活动中产生的固体废物的易燃性鉴别。

替代情况：/

发布时间：2007-04-25

实施时间：2007-10-01

1.14　危险废物鉴别标准　反应性鉴别（GB 5085.5—2007）

标准名称：危险废物鉴别标准　反应性鉴别

英文名称：Identification standards for hazardous wastes - Identification for reactivity

标准编号：GB 5085.5—2007

适用范围：本标准规定了反应性危险废物的鉴别标准。

本标准适用于任何生产、生活和其他活动中产生的固体废物的反应性鉴别。

替代情况：/

发布时间：2007-04-25

实施时间：2007-10-01

1.15　危险废物鉴别标准　毒性物质含量鉴别（GB 5085.6—2007）

标准名称：危险废物鉴别标准　毒性物质含量鉴别

英文名称：Identification standards for hazardous wastes - Identification for toxic substance content

标准编号：GB 5085.6—2007

适用范围：本标准规定了含有毒性、致癌性、致突变性和生殖毒性物质的危险废物鉴别标准。

本标准适用于任何生产、生活和其他活动中产生的固体废物的毒性物质含量鉴别。

替代情况：/

发布时间：2007-04-25

实施时间：2007-10-01

1.16　危险废物鉴别标准　通则（GB 5085.7—2007）

标准名称：危险废物鉴别标准　通则

英文名称：Identification standards for hazardous wastes - General specifications

标准编号：GB 5085.7—2007

适用范围：本标准规定了危险废物的鉴别程序和鉴别规则。

本标准适用于任何生产、生活和其他活动中产生的固体废物的危险特性鉴别。

本标准适用于液态废物的鉴别，但不适用于排入水体的废水的鉴别。

本标准不适用于放射性废物。

替代情况：/

发布时间：2007-04-25

实施时间：2007-10-01

1.17　生活垃圾填埋场污染控制标准（GB 16889—2008）

详见第四章 1.31

1.18　水泥窑协同处置固体废物污染控制标准（GB 30485—2013）

详见第七章 1.44

2　监测规范

2.1　长江三峡水库库底固体废物清理技术规范（HJ 85—2005）

标准名称：长江三峡水库库底固体废物清理技术规范

英文名称：Technical standard of solid waste cleaning for reservoir bed of the three gorges on Yangtze river

标准编号：HJ 85—2005

适用范围：

（1）依据《中华人民共和国水污染防治法》、《中华人民共和国固体废物污染环境防治法》，为保证三峡水库蓄水后的水质满足环境保护的要求和三峡枢纽工程运行安全，制定本规范。

（2）本规范适用于三峡水库库底固体废物的清理以及处理处置的调查、规划、设计、实施、监测、验收等各阶段。

（3）本规范涉及的清理范围为长江三峡水库各阶段蓄水移民迁移线以下区域的固体废物清理以及处理处置。

替代情况：/

发布时间：2005-06-13

实施时间：2005-06-13

2.2 废弃电器电子产品处理污染控制技术规范（HJ 527—2010）

标准名称：废弃电器电子产品处理污染控制技术规范

英文名称：Technical specifications of pollution control for processing waste electrical and electronic equipment

标准编号：HJ 527—2010

适用范围：本标准规定了废弃电器电子产品在收集、运输、贮存、拆解和处理过程中的污染控制技术要求。

本标准适用于废弃电器电子产品在收集、运输、贮存、拆解和处理过程中的污染控制管理。

本标准适用于废弃电器电子产品拆解和处理等建设项目环境影响评价、环境保护设施设计、竣工环境保护验收及投产后的运营管理。

本标准不适用于废弃电池及照明器具等产品的拆解和处理污染控制管理。

替代情况：/

发布时间：2010-01-04

实施时间：2010-04-01

2.3 危险废物（含医疗废物）焚烧处置设施性能测试技术规范（HJ 561—2010）

标准名称：危险废物（含医疗废物）焚烧处置设施性能测试技术规范

英文名称：Technical specification of performance testing for facilities of hazardous waste（including medical waste）incineration

标准编号：HJ 561—2010

适用范围：本标准规定了危险废物（含医疗废物）焚烧处置设施性能测试所涉及的测试内容、程序及技术要求。

本标准适用于危险废物（含医疗废物）焚烧处置设施的性能测试。

本标准不适用于水泥窑共处置危险废物设施的性能测试。

替代情况：/

发布时间：2010-02-22

实施时间：2010-06-01

2.4 工业固体废物采样制样技术规范（HJ/T 20—1998）

标准名称：工业固体废物采样制样技术规范

英文名称：Technical specifications on sampling and sample preparation from industry solid waste

标准编号：HJ/T 20—1998

适用范围：本规范规定了工业固体废物采样制样方案设计、采样技术、制样技术、样品保存和质量控制。

本规范适用于工业固体废物的特性鉴别、环境污染监测、综合利用及处置等所需样品的采集和制备。

本规范不适用于放射性指标监测的采样制样。

替代情况：/

发布时间：1998-01-08

实施时间：1998-07-01

2.5 化学品测试导则（HJ/T 153—2004）

标准名称：化学品测试导则

英文名称：The gtfidelines for the testing of chemicals

标准编号：HJ/T 153—2004

适用范围：本标准规定了化学品的理化特性、生物系统效应、降解与蓄积、健康效应四个方面的测试要求。

本标准的理化特性测试仅适用于纯化学物质；生物系统效应、降解与蓄积、健康效应的测试适用于纯化学物质和以产品出现的混合物、制剂。

本标准适用于新化学物质的申报、现有化学物质的风险评价和环境监测。

替代情况：/

发布时间：2004-04-13

实施时间：2004-06-01

2.6 危险废物鉴别技术规范（HJ/T 298—2007）

标准名称：危险废物鉴别技术规范

英文名称：Technical specifications on identification for hazardous waste

标准编号：HJ/T 298—2007

适用范围：本标准规定了固体废物的危险特性鉴别中样品的采集和检测，以及检测结果的判断等过程的技术要求。

本标准中的固体废物包括固态、半固态废物和液态废物（排入水体的废水除外）。

本标准适用于固体废物的危险特性鉴别，不适用于突发性环境污染事故产生的危险废物的应急鉴别。

替代情况：/

发布时间：2007-05-21

实施时间：2007-07-01

2.7 危险废物（含医疗废物）焚烧处置设施二噁英排放监测技术规范（HJ/T 365—2007）

标准名称：危险废物（含医疗废物）焚烧处置设施二噁英排放监测技术规范

英文名称：Technical guideline of monitoring on dioxins emission from hazardous waste（including medical waste）incinerators

标准编号：HJ/T 365—2007

适用范围：本标准规定了危险废物焚烧处置设施二噁英排放监测的点位布设、采样时的运行工况、采样器材、分析方法、质量保证和质量控制、数据处理、结果表达和监测报告等技术要求。

本标准适用于危险废物焚烧处置设施、医疗废物焚烧处理设施和水泥窑共处置危险废物设施建设项目竣工环境保护验收、监督性监测过程中的二噁英类监测。委托监测应参照本标准执行。

生活垃圾焚烧设施二噁英排放监测可参照本标准执行。

替代情况：/

发布时间：2007-11-01

实施时间：2008-01-01

3　监测方法

3.1　前处理方法

3.1.1　固体废物　浸出毒性浸出方法　水平振荡法（HJ 557—2009）

标准名称：固体废物　浸出毒性浸出方法　水平振荡法

英文名称：Solid waste - Extraction procedure for leaching toxicity - Horizontal vibration method

标准编号：HJ 557—2009

适用范围：本标准规定了固体废物浸出程序及其质量保证措施。

本标准适用于评估在受到地表水或地下浸沥时，固体废物及其他固态物质中无机污染物（氰化物、硫化物等不稳定污染物除外）的浸出风险。本标准不适用于含有非水溶性液体的样品。

替代情况：本标准代替 GB 5086.2—1997；本标准是对《固体废物基础浸出毒性浸出方法　水平振荡法》（GB 5086.2—1997）的修订，本次修订的主要内容如下：

—— 修改了方法的适用范围；

—— 修改了相关的术语和定义；

—— 补充了方法原理；

—— 完善了实验步骤和质量保证与质量控制要求。

发布时间：2010-02-02

实施时间：2010-05-01

3.1.2　固体废物　浸出毒性浸出方法　硫酸硝酸法（HJ/T 299—2007）

标准名称：固体废物 浸出毒性浸出方法　硫酸硝酸法

英文名称：Solid waste - Extraction procedure for leaching toxicity - Sulphuric acid & nitric acid method

标准编号：HJ/T 299—2007

适用范围：本标准规定了固体废物浸出程序及其质量保证措施。

本标准适用于固体废物及其再利用产物以及土壤样品中有机物和无机物的浸出毒性鉴别。含有非水溶性液体的样品，不适用于本标准。

替代情况：/

发布时间：2007-04-13

实施时间：2007-05-01

3.1.3 固体废物 浸出毒性浸出方法 醋酸缓冲溶液法（HJ/T 300—2007）

标准名称：固体废物 浸出毒性浸出方法 醋酸缓冲溶液法

英文名称：Solid waste - Extraction procedure for leaching toxicity - Acetic acid buffer solution method

标准编号：HJ/T 300—2007

适用范围：本标准规定了固体废物浸出程序及其质量保证措施。

本标准适用于固体废物及其再利用产物中有机物和无机物的浸出毒性鉴别，但不适用于氰化物的浸出毒性鉴别。含有非水溶性液体的样品，不适用于本标准。

替代情况：/

发布时间：2007-04-13

实施时间：2007-05-01

3.1.4 固体废物 金属元素分析的样品前处理 微波辅助酸消解法（GB 5085.3—2007 附录 S）

标准名称：固体废物 金属元素分析的样品前处理 微波辅助酸消解法

英文名称：Solid wastes - Sample prepration for analyze of metal elements - microwave assisted acid degestion

标准编号：危险废物鉴别标准 浸出毒性鉴别 GB 5085.3—2007 附录 S

适用范围：本方法为微波辅助酸消解方法，适用于两类样品基体：一类是沉积物、污泥、土壤和油，一类是废水和固体废物的浸出液。消解后的产物可用于对以下元素的分析：铝、镉、铁、钼、钠、锑、钙、铅、镍、锶、砷、铬、镁、钾、铊、硼、钴、锰、硒、钒、钡、铜、汞、银、锌、铍。

本方法消解后的产物适合用火焰原子吸收光谱（FLAA）、石墨炉原子吸收光谱（GFAA）、电感耦合等离子体发射光谱（ICP/ES），或者电感耦合等离子体质谱（ICP/MS）分析。

替代情况：本标准代替 GB 5085.3—1996

发布时间：2007-04-25

实施时间：2007-10-01

3.1.5 固体废物 六价铬分析的样品前处理 碱消解法（GB 5085.3—2007 附录 T）

标准名称：固体废物 六价铬分析的样品前处理 碱消解法

英文名称：Solid wastes - Sample preparation for analyze of Cr（Ⅵ） - Alkaline degestion

标准编号：危险废物鉴别标准 浸出毒性鉴别 GB 5085.3—2007 附录 T

适用范围：本方法适用于提取土壤、污泥、沉积物或类似的废物中各种可溶的、可被吸附的或沉淀的各种含铬化合物中的六价铬的碱消解实验方法。

对于被消解的样品基体，可以通过样品的各种理化参数 pH、亚铁离子、硫化物、氧化还原电势（ORP）、总有机碳（TOC）、化学需氧量（COD）、生物需氧量（BOD）等来分析其中 Cr（Ⅵ）的还原趋势。对 Cr（Ⅵ）的分析有干扰的物质见相关的分析方法。

替代情况：本标准代替 GB 5085.3—1996

发布时间：2007-04-25

实施时间：2007-10-01

3.1.6 固体废物 有机物分析的样品前处理 分液漏斗液-液萃取法（GB 5085.3—2007 附录 U）

标准名称：固体废物 有机物分析的样品前处理 分液漏斗液-液萃取法

英文名称：Solid wastes - Sample preparation for analyze of organic compounds - Separatory funnel liquid - liquid extraction

标准编号：危险废物鉴别标准 浸出毒性鉴别 GB 5085.3—2007 附录 U

适用范围：本方法规定了从水溶液样中分离有机化合物的分液漏斗液-液萃取法。后续使用色谱分析方法时，本方法可应用于水不溶性和水微溶性的有机物的分离和浓缩。

替代情况：本标准代替 GB 5085.3—1996。

发布时间：2007-04-25

实施时间：2007-10-01

3.1.7 固体废物 有机物分析的样品前处理 索氏提取法（GB 5085.3—2007 附录 V）

标准名称：固体废物 有机物分析的样品前处理 索氏提取法

英文名称：Solid wastes - Sample preparation for analyze of organic compounds - Soxhlet extraction

标准编号：危险废物鉴别标准 浸出毒性鉴别 GB 5085.3—2007 附录 V

适用范围：本方法适用于对固体废物、沉积物、淤泥以及土壤的索氏提取法。索氏提取保证了样品和提取溶剂之间快速而密切的接触。在制备各种色谱方法中测定的样品时，本方法可用于分离和浓缩水不溶性和水微溶性有机物。

替代情况：本标准代替 GB 5085.3—1996

发布时间：2007-04-25

实施时间：2007-10-01

3.1.8 固体废物 有机物分析的样品前处理 Florisil（硅酸镁载体）柱净化法（GB 5085.3—2007 附录 W）

标准名称：固体废物 有机物分析的样品前处理 Florisil（硅酸镁载体）柱净化法

英文名称：Solid wastes - Sample preparation for analyze of organic - Florisil cleanup

标准编号：危险废物鉴别标准 浸出毒性鉴别 GB 5085.3—2007 附录 W

适用范围：本方法适用于气相色谱样品在进行分析之前，使用 Florisil（硅酸镁载体）进行柱色谱净化。本方法可以使用柱色谱或者装填 Florisil 的固相萃取柱。

本方法述及了含有下列物质的提取物的净化：邻苯二甲酸酯类、氯代烃、亚硝胺、有机氯农药、硝基芳香化合物、有机磷酸酯、卤代醚、有机磷农药、苯胺及其衍生物和多氯联苯等。

替代情况：本标准代替 GB 5085.3—1996

发布时间：2007-04-25

实施时间：2007-10-01

3.1.9 固体废物 半挥发性有机物分析的样品前处理 加速溶剂萃取法（GB 5085.6—2007 附录 G）

标准名称：固体废物 半挥发性有机物分析的样品前处理 加速溶剂萃取法

英文名称：/

标准编号：危险废物鉴别标准　毒性物质含量鉴别 GB 5085.6—2007 附录 G

适用范围：本方法适用于从固体废物中用加速溶剂萃取法萃取不溶于水或微溶于水的半挥发性有机化合物的过程。包括半挥发有机化合物、有机磷农药、有机氯农药、含氯除草剂、PCBs。

本方法仅适用于固体样品，尤其适用于干燥的小颗粒物质。只有固体样品适用这个萃取过程，因此多相的废物样品必须经过分离。土壤/沉积物样品在萃取前要晾干和粉碎。需往土壤/沉积物样品中添加无水硫酸钠或硅藻土，以减少样品干燥过程中被分析物的流失。样品量的多少要依据检测方法说明和分析灵敏度而定，通常需要 10～30 g 的样品。

替代情况：/

发布时间：2007-04-25

实施时间：2007-10-01

3.1.10　固体废物　浸出性毒性浸出方法　翻转法（GB 5086.1—1997）

标准名称：固体废物　浸出性毒性浸出方法　翻转法

英文名称：Test method standard for leaching toxicity of solid wastes Roll over leaching procedure

标准编号：GB 5086.1—1997

适用范围：本标准规定了固体废物的浸出毒性浸出程序及其质量保证措施。

本标准适用于固体废物中无机污染物（氰化物、硫化物等不稳定污染物除外）的浸出毒性鉴别。亦适用于危险废物贮存、处置设施的环境影响评价。

替代情况：/

发布时间：1997-12-22

实施时间：1998-07-01

3.1.11　环境中有机污染物遗传毒性检测的样品前处理规范（GB/T 15440—1995）

详见第一章 3.1.6

3.2　固体废物监测方法

3.2.1　总汞

3.2.1.1　固体废物　总汞的测定　冷原子吸收分光光度法（GB/T 15555.1—1995）

标准名称：固体废物　总汞的测定　冷原子吸收分光光度法

英文名称：Solid waste - Determination of total mercury - Cold atomic absorption spectrometry

标准编号：GB/T 15555.1—1995

适用范围：

（1）本标准规定了测定固体废物浸出液中总汞的高锰酸钾-过硫酸钾消解冷原子吸收分光光度法。

（2）本标准方法适用于固体废物浸出液中总汞的测定。

在最佳条件下（测汞仪灵敏度高，基线漂移及试剂空白值极小）当试样体积为 200 mL 时，最低检出浓度可达 0.05 μg/L。在一般情况下，测定范围为 0.2～50 μg/L。

（3）干扰：碘离子浓度等于或大于 3.8 mg/L 时明显影响精密度和回收率。若有机物含量较高，规定的消解试剂最大量不足以氧化样品中的有机物，则方法不适用。

替代情况：/

发布时间：1995-03-28

实施时间：1996-01-01

3.2.1.2 固体废物 元素的测定 电感耦合等离子体质谱法（GB 5085.3—2007 附录 B）

标准名称：固体废物 元素的测定 电感耦合等离子体质谱法

英文名称：Solid waste - Determination of elements - Inductively coupled plasma - mass spectrometry（ICP - MS）

标准编号：危险废物鉴别标准 浸出毒性鉴别 GB 5085.3—2007 附录 B

适用范围：本方法适用于固体废物和固体废物浸出液中银（Ag）、铝（Al）、砷（As）、钡（Ba）、铍（Be）、镉（Cd）、钴（Co）、铬（Cr）、铜（Cu）、汞（Hg）、锰（Mn）、钼（Mo）、镍（Ni）、铅（Pb）、锑（Sb）、硒（Se）、钍（Th）、铊（Tl）、铀（U）、钒（V）、锌（Zn）等元素的电感耦合等离子体质谱法测定。

本方法也可用于其他元素的分析，但应给出方法的精确度和精密度。

本方法中常见的分子离子干扰见表 15.1。

表 15.1 ICP - MS 常见的分子离子干扰

分子离子	相对分子质量	被干扰元素[a]	分子离子	相对分子质量	被干扰元素[a]
背景形成的分子离子			$^{40}Ar^{36}Ar^+$	76	Se
NH^+	15		$^{40}Ar^{38}Ar^+$	78	Se
OH^+	17		$^{40}Ar^+$	80	Se
OH^{2+}	18		基体形成的分子离子		
C_2^+	24		溴化物		
CN^+	26		$^{81}BrH^+$	82	Se
CO^+	28		$^{79}BrO^+$	95	Mo
N_2^+	28		$^{81}BrO^+$	97	Mo
N_2H^+	29		$^{81}BrOH^+$	98	Mo
NO^+	30		$^{40}Ar^{81}Br^+$	121	Sb
NOH^+	31		氯化物		
O_2^+	32		ClO	51	V
O_2H^+	33		ClOH	52	Cr
$^{36}ArH^+$	37		ClO	53	Cr
$^{38}ArH^+$	39		ClOH	54	Cr
$^{40}ArH^+$	41		$Ar^{35}Cl^+$	75	As
CO_2^+	44		$Ar^{37}Cl^+$	77	Se
CO_2H^+	45	Sc	硫酸盐		
ArC^+，ArO^+	52	Cr	$^{32}SO^+$	48	
ArN^+	54	Cr	$^{32}SOH^+$	49	
$ArNH^+$	55	Mn	$^{34}SO^+$	50	V，Cr
ArO^+	56		$^{34}SOH^+$	51	V
$ArOH^+$	57		SO_2^+，S_2^+	64	Zn

分子离子	相对分子质量	被干扰元素[a]	分子离子	相对分子质量	被干扰元素[a]
硫酸盐			碱、碱土金属复合离子		
$Ar^{32}S^+$	72		$ArNa^+$	63	Cu
$Ar^{34}S^+$	74		ArK^+	79	
磷酸盐			$ArCa^+$	80	
PO^+	47		基体氧化物[b]		
POH^+	48		TiO	62～66	Ni，Cu，Zn
PO_2^+	63	Cu	ZrO	106～112	Ag，Cd
ArP^+	71		MoO	108～116	Cd

注：a. 本方法中被分子离子干扰的测定元素或内标元素；

b. 氧化物干扰通常都非常低，当浓度比较高时才会对分析元素造成干扰。所给出的是一些须注意的基体氧化物的例子。

本方法对各种元素的检出限见表 15.2。

表 15.2 各元素的检出限

相对分子质量元素	扫描模式		选择性离子监控模式	
	总可回收测定		总可回收测定直接分析	
	水样/（μg/L）	固体/（mg/kg）	水样/（μg/L）	水样/（μg/L）
^{27}Al	1.0	0.4	1.7	0.04
^{123}Sb	0.4	0.2	0.04	0.02
^{75}As	1.4	0.6	0.4	0.1
^{137}Ba	0.8	0.4	0.04	0.04
^{9}Be	0.3	0.1	0.02	0.03
^{111}Cd	0.5	0.2	0.03	0.03
^{52}Cr	0.9	0.4	0.08	0.08
^{59}Co	0.09	0.04	0.004	0.003
^{63}Cu	0.5	0.2	0.02	0.01
$^{206,207,208}Pb$	0.6	0.3	0.05	0.02
^{55}Mn	0.1	0.05	0.02	0.04
^{202}Hg	n.a	n.a	n.a	0.2
^{98}Mo	0.3	0.1	0.01	0.01
^{60}Ni	0.5	0.2	0.06	0.03
^{82}Se	7.9	3.2	2.1	0.5
^{107}Ag	0.1	0.05	0.005	0.005
^{205}Tl	0.3	0.1	0.02	0.01
^{232}Th	0.1	0.05	0.02	0.01
^{238}U	0.1	0.05	0.01	0.01
^{51}V	2.5	1.0	0.9	0.05
^{66}Zn	1.8	0.7	0.1	0.2

注：n.a：不适用，总可回收性消解方法不适于有机汞化合物的测定。

本方法对各种元素估算的仪器检出限见表 15.3。

表 15.3　估算仪器检出限

元素	建议分析相对原子质量	扫描方式	选择离子监控方式
Ag	107	0.05	0.004
Al	27	0.05	0.02
As	75	0.9	0.02
Ba	137	0.5	0.03
Be	9	0.1	0.02
Cd	111	0.1	0.02
Co	59	0.03	0.002
Cr	52	0.07	0.04
Cu	63	0.03	0.004
Hg	202	n.a	0.2
Mn	55	0.1	0.007
Mo	98	0.1	0.005
Ni	60	0.2	0.07
Pb	206，207，208	0.08	0.015
Sb	123	0.08	0.008
Se	82	5	1.3
Th	232	0.03	0.005
Tl	205	0.09	0.014
U	238	0.02	0.005
V	51	0.02	0.006
Zn	66	0.2	0.07

替代情况：本标准代替 GB 5085.3—1996

发布时间：2007-04-25

实施时间：2007-10-01

3.2.2　铜

3.2.2.1　固体废物　铜、锌、铅、镉的测定　原子吸收分光光度法（GB/T 15555.2—1995）

标准名称：固体废物　铜、锌、铅、镉的测定　原子吸收分光光度法

英文名称：Solid waste - Determination of copper，zinc，lead，cadmium - Atomic absorption spectrometry

标准编号：GB/T 15555.2—1995

适用范围：本标准包括两个方法：直接吸入火焰原子吸收法和 KI - MIBK 萃取火焰原子吸收法。

（1）直接吸入火焰原子吸收法

① 本标准规定了测定固体废物浸出液中铜、锌、铅、镉的直接吸入火焰原子吸收分光光度法。

② 本标准适用于固体废物浸出液中铜、铅、锌和镉的测定。

测定范围：

元素	测定范围/（mg/L）
Cu	0.08～4.0
Zn	0.05～1.0
Pb	0.30～10
Cd	0.03～1.0

干扰

当钙的浓度高于 1 000 mg/L 时，抑制镉的吸收，钙浓度为 2 000 mg/L 时，信号抑制达 19%，铁的含量超过 100 mg/L 时，抑制锌的吸收。当样品中含盐量很高、分析谱线波长又低于 350 nm 时，出现非特征吸收，如高浓度钙产生的背景吸收使铅的测定结果偏高。硫酸对铜、锌、铅的测定有影响，一般不能超过 2%。故一般多使用盐酸或硝酸介质。

（2）KI - MIBK 萃取火焰原子吸收法

① 本标准规定了测定固体废物浸出液中微量铅和镉的碘化钾甲基异丁基甲酮（KI - MIBK）萬火焰原子吸收分光光度法。

② 本标准适用于固体废物浸出液中铅和镉的测定。

测定范围：

元素	测定范围/（μg/L）
Pb	10～80
Cd	1～50

干扰

当样品中存在能与铅、镉形成比和 KI 更为稳定络合物的络合剂时，则需将其氧化分解后再进行测定。

替代情况：/

发布时间：1995-03-28

实施时间：1996-01-01

3.2.2.2 固体废物 元素的测定 电感耦合等离子体原子发射光谱法（GB 5085.3—2007 附录 A）

标准名称：固体废物 元素的测定 电感耦合等离子体原子发射光谱法

英文名称：Solid WASTE - Determination of elements - Inductively coupled plasma - atomic emission spectrometry（ICP - AES）

标准编号：危险废物鉴别标准 浸出毒性鉴别 GB 5085.3—2007 附录 A

适用范围：本方法适用于固体废物和固体废物浸出液中银（Ag）、铝（Al）、砷（As）、钡（Ba）、铍（Be）、钙（Ca）、镉（Cd）、钴（Co）、铬（Cr）、铜（Cu）、铁（Fe）、钾（K）、镁（Mg）、锰（Mn）、钠（Na）、镍（Ni）、铅（Pb）、锑（Sb）、锶（Sr）、钍（Th）、钛（Ti）、铊（Tl）、钒（V）、锌（Zn）等元素的电感耦合等离子体原子发射光谱法测定。

本方法对各种元素的检出限和测定波长见表 15.4。

表 15.4 测定元素推荐波长及检出限

测定元素	波长/nm	检出限/（mg/L）	测定元素	波长/nm	检出限/（mg/L）
Al	308.21	0.1	Cu	327.39	0.01
	396.15	0.09	Fe	238.20	0.03
As	193.69	0.1		259.94	0.03
Ba	233.53	0.004	K	766.49	0.5
	455.40	0.003	Mg	279.55	0.002
Be	313.04	0.000 3		285.21	0.02
	234.86	0.005	Mn	257.61	0.001
Ca	317.93	0.01		293.31	0.02
	393.37	0.002	Na	589.59	0.2
Cd	214.44	0.003	Ni	231.60	0.01
	226.50	0.003	Pb	220.35	0.05
Co	238.89	0.005	Sr	407.77	0.001
	228.62	0.005	Ti	334.94	0.005
Cr	205.55	0.01		336.12	0.01
	267.72	0.01	V	311.07	0.01
Cu	324.75	0.01	Zn	213.86	0.006

本方法使用时可能存在的主要干扰见表 15.5。

表 15.5 元素间干扰

测定元素	波长/nm	干扰元素	测定元素	波长/nm	干扰元素
Al	308.1	Mn、V、Na	Cr	202.55	Fe、Mo
	396.15	Ca、Mo		267.72	Mn、V、Mg
As	193.69	Al、P		283.56	Fe、Mo
Be	313.04	Ti、Se	Cu	324.7	Fe、Al、Ti
	234.86	Fe	Mn	257.61	Fe、Al、Mg
Ba	233.53	Fe、V	Ni	231.60	Co
Ca	315.89	Co	Pb	220.35	Al
	317.93	Fe	V	290.88	Fe、Mo
Cd	214.44	Fe		292.40	Fe、Mo
	226.50	Fe		311.07	Ti、Fe、Mn
	228.80	As	Zn	213.86	Ni、Cu
Co	228.62	Ti	Ti	334.94	Cr、Ca

替代情况：本标准代替 GB 5085.3—1996

发布时间：2007-04-25

实施时间：2007-10-01

3.2.2.3 固体废物 元素的测定 电感耦合等离子体质谱法（GB 5085.3—2007 附录 B）

详见本章 3.2.1.2

3.2.2.4 固体废物 金属元素的测定 石墨炉原子吸收光谱法（GB 5085.3—2007 附录 C）

标准名称：固体废物 金属元素的测定 石墨炉原子吸收光谱法

英文名称：Solid wastes - Determination of metal elements - Graphite furnace atomic absorption spectrometry

标准编号：危险废物鉴别标准　浸出毒性鉴别 GB 5085.3—2007 附录 C

适用范围：本方法适用于固体废物和固体废物浸出液中银（Ag）、砷（As）、钡（Ba）、铍（Be）、镉（Cd）、钴（Co）、铬（Cr）、铜（Cu）、铁（Fe）、锰（Mn）、钼（Mo）、镍（Ni）、铅（Pb）、锑（Sb）、硒（Se）、铊（Tl）、钒（V）、锌（Zn）的石墨炉原子吸收光谱测定。

本方法对各种元素的检出限和定量测定范围见表 15.6，灵敏度值可参考仪器操作手册。

表 15.6　各元素的检出限和定量测定范围

元素	检出限/（μg/L）	最佳质量浓度范围	
		波长/nm	浓度范围/（μg/L）
Ag	0.2	328.1	1～25
As	1（水样）	193.7	5～100（水样）
Ba		553.6	
Be	0.2	234.9	1～30
Cd	0.2	228.8	0.5～10
Co	1	240.7	5～100
Cr	1	357.9	5～100
Cu	1	324.7	5～100
Fe	1	248.3	5～100
Mn	0.2	279.5	1～30
Mo（p）	1	313	.3 3～60
Ni	1	232.0	5～50
Pb	1	283.3	5～100
Sb	3	217.6	20～300
Se	2	196.0	
Tl	1	276.8	5～100
V（p）	4	318.4	10～200
Zn	0.05	213.9	0.2～4

注：（1）符号（p）指使用热解石墨管的石墨炉法；

（2）所列出的值是在 20 μL 进样量和使用通常的气体流量，As 和 Se 则是在原子化阶段停气。

替代情况：本标准代替 GB 5085.3—1996

发布时间：2007-04-25

实施时间：2007-10-01

3.2.2.5　固体废物　金属元素的测定　火焰原子吸收光谱法（GB 5085.3—2007 附录 D）

标准名称：固体废物　金属元素的测定　火焰原子吸收光谱法

英文名称：Solid wastes - Determination of metal elements - Flame atomic absorption spectrometry

标准编号：危险废物鉴别标准　浸出毒性鉴别 GB 5085.3—2007 附录 D

适用范围：本方法适用于固体废物和固体废物浸出液中银（Ag）、铝（Al）、钡（Ba）、铍（Be）、钙（Ca）、镉（Cd）、钴（Co）、铬（Cr）、铜（Cu）、铁（Fe）、钾（K）、锂（Li）、镁（Mg）、锰（Mn）、钼（Mo）、钠（Na）、镍（Ni）、锇（Os）、铅（Pb）、锑（Sb）、锡（Sn）、锶（Sr）、铊（Tl）、钒（V）、锌（Zn）的火焰原子吸收光谱测定。

本方法对各种元素的检出限、灵敏度及定量测定范围见表 15.7。

表 15.7　各元素的检出限、灵敏度及定量测定范围

元素	检出限/（mg/L）	灵敏度/（mg/L）	最佳浓度范围	
			波长/nm	质量浓度范围/（mg/L）
Ag	0.01	0.06	328.1	
Al	0.1	1	309.3	5～50
Ba	0.1	0.4	553.6	1～20
Be	0.005；低于 0.02 时建议用石墨炉法	0.025	234.9	0.05～2
Ca	0.01	0.08	422.7	0.2～7
Cd	0.005；低于 0.02 时建议用石墨炉法	0.025	228.8	0.5～2
Co	0.05；低于 0.1 时建议用石墨炉法	0.2	240.7	0.5～5
Cr	0.05；低于 0.2 时建议用石墨炉法	0.25	357.9	0.5～10
Cu	0.02	0.1	324.7	0.2～5
Fe	0.03	0.12	248.3	0.2～5
K	0.01	0.04	766.5	0.1～2
Li	0.002	0.04	670.8	0.1～2
Mg	0.001	0.007	285.2	0.02～0.05
Mn	0.01	0.05	279.5	0.1～3
Mo	0.1；低于 0.2 时建议用石墨炉法	0.4	313.3	1～40
Na	0.002	0.015	589.6	0.03～1
Ni	0.04	0.15	232.0	0.3～5
Os	0.3	1	290.0	
Pb	0.1；低于 0.2 时建议用石墨炉法	0.5	283.3	1～20
Sb	0.2；低于 0.35 时建议用石墨炉法	0.5	217.6	1～40
Sn	0.8	4	286.3	10～300
Sr	0.03	0.15	460.7	0.3～5
Tl	0.1；低于 0.2 时建议用石墨炉法	0.5	276.8	1～20
V	0.2；低于 0.5 时建议用石墨炉法	0.8	318.4	2～100
Zn	0.005；低于 0.01 时建议用石墨炉法	0.02	213.9	0.05～1

替代情况：本标准代替 GB 5085.3—1996

发布时间：2007-04-25

实施时间：2007-10-01

3.2.3　锌

3.2.3.1　固体废物　铜、锌、铅、镉的测定　原子吸收分光光度法（GB/T 15555.2—1995）

详见本章 3.2.2.1

3.2.3.2　固体废物　元素的测定　电感耦合等离子体原子发射光谱法（GB 5085.3—2007 附录 A）

详见本章 3.2.2.2

3.2.3.3　固体废物　元素的测定　电感耦合等离子体质谱法（GB 5085.3—2007 附录 B）

详见本章 3.2.1.2

3.2.3.4　固体废物　金属元素的测定　石墨炉原子吸收光谱法（GB 5085.3—2007 附录 C）

详见本章 3.2.2.4

3.2.3.5 固体废物 金属元素的测定 火焰原子吸收光谱法（GB 5085.3—2007 附录 D）

详见本章 3.2.2.5

3.2.4 铅

3.2.4.1 固体废物 铜、锌、铅、镉的测定 原子吸收分光光度法（GB/T 15555.2—1995）

详见本章 3.2.2.1

3.2.4.2 固体废物 元素的测定 电感耦合等离子体原子发射光谱法（GB 5085.3—2007 附录 A）

详见本章 3.2.2.2

3.2.4.3 固体废物 元素的测定 电感耦合等离子体质谱法（GB 5085.3—2007 附录 B）

详见本章 3.2.1.2

3.2.4.4 固体废物 金属元素的测定 石墨炉原子吸收光谱法（GB 5085.3—2007 附录 C）

详见本章 3.2.2.4

3.2.4.5 固体废物 金属元素的测定 火焰原子吸收光谱法（GB 5085.3—2007 附录 D）

详见本章 3.2.2.5

3.2.5 镉

3.2.5.1 固体废物 铜、锌、铅、镉的测定 原子吸收分光光度法（GB/T 15555.2—1995）

详见本章 3.2.2.1

3.2.5.2 固体废物 元素的测定 电感耦合等离子体原子发射光谱法（GB 5085.3—2007 附录 A）

详见本章 3.2.2.2

3.2.5.3 固体废物 元素的测定 电感耦合等离子体质谱法（GB 5085.3—2007 附录 B）

详见本章 3.2.1.2

3.2.5.4 固体废物 金属元素的测定 石墨炉原子吸收光谱法（GB 5085.3—2007 附录 C）

详见本章 3.2.2.4

3.2.5.5 固体废物 金属元素的测定 火焰原子吸收光谱法（GB 5085.3—2007 附录 D）

详见本章 3.2.2.5

3.2.6 砷

3.2.6.1 固体废物 砷的测定 二乙基二硫代氨基甲酸银分光光度法（GB/T 15555.3—1995）

标准名称：固体废物 砷的测定 二乙基二硫代氨基甲酸银分光光度法

英文名称：Solid waste - Determination of arsenic - Silver diethyldithiocarbamate spectrophotometric method

标准编号：GB/T 15555.3—1995

适用范围：

（1）本标准规定了测定固体废物浸出液中砷用二乙基二硫代氨基甲酸银分光光度法；

（2）本标准适用于固体废物浸出液中砷的测定。

试料量为 50 mL 时，用 5 mL 吸收液，10 mm 比色皿检出限为 0.007 mg/L，测定上限浓度为 0.5 mg/L。

（3）干扰：有锑、铋、硫离子共存时，有正干扰。

替代情况：/

发布时间：1995-03-28

实施时间：1996-01-01

3.2.6.2　固体废物　元素的测定　电感耦合等离子体原子发射光谱法（GB 5085.3—2007 附录 A）

详见本章 3.2.2.2

3.2.6.3　固体废物　金属元素的测定　石墨炉原子吸收光谱法（GB 5085.3—2007 附录 C）

详见本章 3.2.2.4

3.2.6.4　固体废物　砷、锑、铋、硒的测定　原子荧光法（GB 5085.3—2007 附录 E）

标准名称：固体废物　砷、锑、铋、硒的测定　原子荧光法

英文名称：Solid wastes - Determination of As，Sb，Bi，Se - Atomic fluorescence spectrometry

标准编号：危险废物鉴别标准　浸出毒性鉴别 GB 5085.3—2007 附录 E

适用范围：本方法适用于固体废物中砷（As）、锑（Sb）、铋（Bi）和硒（Se）的原子荧光法测定。

本方法对 As、Sb、Bi 的检出限为 0.000 1～0.000 2 mg/L；Se 为 0.000 2～0.000 5 mg/L。

本方法存在的主要干扰元素是高含量的 Cu^{2+}、Co^{2+}、Ni^{2+}、Ag^{+}、Hg^{2+}，以及形成氢化物元素之间的互相影响等。其他常见的阴阳离子无干扰。

替代情况：本标准代替 GB 5085.3—1996

发布时间：2007-04-25

实施时间：2007-10-01

3.2.7　六价铬

3.2.7.1　固体废物　六价铬的测定　二苯碳酰二肼分光光度法（GB/T 15555.4—1995）

标准名称：固体废物　六价铬的测定　二苯碳酰二肼分光光度法

英文名称：Solid waste - Determination of chromium（Ⅵ）-1,5-Diphenylcarbohydrazide spectrophotometric method

标准编号：GB/T 15555.4—1995

适用范围：

（1）本标准规定了固体废物浸出液中六价铬的测定，用二苯碳酰二肼分光光度法。

（2）本标准适用于固体废物浸出液中六价铬的测定。

（3）测定范围：试料为 50 mL，使用 30 mm 光程比色皿，方法的检出限为 0.004 mg/L。使用 10 mm 光程比色皿，测定上限为 1.0 mg/L。

（4）干扰：试液有颜色、混浊，或者有氧化性、还原性物质及有机物等均干扰测定。铁含量大于 1.0 mg/L 也干扰测定。铝、汞与显色剂生成络合物有干扰，但是在方法的显色酸度下，反应不灵敏。钒浓度大于 4.0 mg/L 干扰测定，但在显色 10 min 后，可自行褪色。

替代情况：/

发布时间：1995-03-28

实施时间：1996-01-01

3.2.7.2　固体废物　六价铬的测定　硫酸亚铁胺滴定法（GB/T 15555.7—1995）

标准名称：固体废物　六价铬的测定　硫酸亚铁胺滴定法

英文名称：Solid waste - Determination of chromium（Ⅵ）- Titrimetric method

标准编号：GB/T 15555.7—1995

适用范围：

（1）本标准规定了测定固体废物浸出液中六价铬的硫酸亚铁胺滴定法。

（2）本标准适用于固体废物浸出液中六价铬的测定。本方法也可用于测定水和废水中的六价铬。

（3）测定范围：方法的定量下限为 1 mg/L。

（4）干扰：钒对测定有干扰，除钒渣浸出液外一般浸出液中钒的含量不会影响测定。三价铁干扰测定，当三价铁的浓度（mg/L）为六价铬的 175 倍时，可引入 2.8%的相对误差。

替代情况：/

发布时间：1995-03-28

实施时间：1996-01-01

3.2.8 总铬

3.2.8.1 固体废物 总铬的测定 二苯碳酰二肼分光光度法（GB/T 15555.5—1995）

标准名称：固体废物 总铬的测定 二苯碳酰二肼分光光度法

英文名称：Solid waste - Determination of total chromium - 1,5-Diphenylcarbohydrazide spectrophotometric method

标准编号：GB/T 15555.5—1995

适用范围：

（1）本标准规定了固体废物浸出液中总铬的测定，用二苯碳酰二肼分光光度法。

（2）本标准适用于固体废物浸出液中总铬的测定。

（3）测定范围：试液为 50 mL，使用 30 mm 光程比色皿，方法的最小检出量为 0.2 μg，最低检出浓度为 0.004 mg/L。使用 10 mm 光程比色皿，测定上限浓度为 1.0 mg/L。

（4）干扰：试液颜色：混浊，或者有氧化性、还原性物质及有机物等均干扰测定。铁含量大于 1.0 mg/L 也干扰测定。铝、汞于显色剂生成有色络合物有干扰，但是在方法的显色酸度下，反应不灵敏。钒浓度大于 4.0 mg/L，也干扰测定，但是，显色 10 min 后，可自行褪色。

替代情况：/

发布时间：1995-03-28

实施时间：1996-01-01

3.2.8.2 固体废物 总铬的测定 直接吸入火焰原子吸收分光光度法（GB/T 15555.6—1995）

标准名称：固体废物 总铬的测定 直接吸入火焰原子吸收分光光度法

英文名称：Solid waste - Determination of total chromium - Flame atomic absorption spectrometry

标准编号：GB/T 15555.6—1995

适用范围：

（1）本标准规定了测定固体废物浸出液中总铬的直接吸入火焰原子吸收分光光度法；

（2）本标准适用于固体废物浸出液中总铬的测定；

（3）测定范围：本方法的测定范围是 0.08～3.0 mg/L。

替代情况：/

发布时间：1995-03-28

实施时间： 1996-01-01

3.2.8.3　固体废物　总铬的测定　硫酸亚铁胺滴定法（GB/T 15555.8—1995）

标准名称： 固体废物　总铬的测定　硫酸亚铁胺滴定法

英文名称： Solid waste - Determination of total chromium - Titrimetric method

标准编号： GB/T 15555.8—1995

适用范围：

（1）本标准规定了测定固体废物浸出液中总铬的硫酸亚铁胺滴定法；

（2）本标准适用于固体废物浸出液中总铬的测定，本方法也可测定水和废水中的总铬；

（3）测定范围：方法的定量下限为 1 mg/mL；

（4）干扰：钒对测定有干扰，除钒渣浸出液外一般浸出液中钒的含量不会影响测定。三价铁干扰测定，当三价铁的浓度（m/L）为铬的 175 倍时，可引入 2.8%的相对误差。

替代情况： /

发布时间： 1995-03-28

实施时间： 1996-01-01

3.2.8.4　固体废物　元素的测定　电感耦合等离子体原子发射光谱法（GB 5085.3—2007 附录 A）

详见本章 3.2.2.2

3.2.8.5　固体废物　元素的测定　电感耦合等离子体质谱法（GB 5085.3—2007 附录 B）

详见本章 3.2.1.2

3.2.8.6　固体废物　金属元素的测定　石墨炉原子吸收光谱法（GB 5085.3—2007 附录 C）

详见本章 3.2.2.4

3.2.8.7　固体废物　金属元素的测定　火焰原子吸收光谱法（GB 5085.3—2007 附录 D）

详见本章 3.2.2.5

3.2.9　镍

3.2.9.1　固体废物　镍的测定　直接吸入火焰原子吸收分光光度法（GB/T 15555.9—1995）

标准名称： 固体废物　镍的测定　直接吸入火焰原子吸收分光光度法

英文名称： Solid waste - Determination of nickel - Flame atomic absorption spectrometry

标准编号： GB/T 15555.9—1995

适用范围：

（1）本标准规定了测定固体废物浸出液中镍的直接吸入火焰原子吸收分光光度法；

（2）本标准适用于固体废物浸出液中镍的测定；

（3）测定范围：本方法测定的范围是 0.08～5.0 mg/L；

（4）干扰：镍 232.0 nm 线处于紫外区，盐类颗粒物、分子化合物等产生的光散射和分子吸收影响比较严重。NaCl 分子吸收谱覆盖着 232.0 nm 线；3 500 mg/LCa 对 232.0 nn 线产生的光散射约相当于 1 mg/L 镍的吸收值；1 000 mg/LCa 使 2 mg/L 镍的测定结果偏高 9%，200～2 000 mg/L 的 Fe 对 40 mg/L 镍的测定产生 9%～13%的误差；2 000 mg/L 的 K 使 20 mg/L 镍的测定偏高 15%；此外，200～5 000 mg/L 高浓度的 Ti、Ta、Cr、Mn、Co、Mo 等对于 2～20 mg/L 镍的测定都有干扰。

当上述干扰元素的存在量能够干扰镍的测定时，可以采用丁二酮肟-乙酸正戊酯萃取等分离手段消除干扰。

替代情况：/

发布时间：1995-03-28

实施时间：1996-01-01

3.2.9.2 固体废物 镍的测定 丁二酮肟分光光度法（GB/T 15555.10—1995）

标准名称：固体废物 镍的测定 丁二酮肟分光光度法

英文名称：Solid waste - Determination of nickel - Dimethylglyoxime spectrophotometric method

标准编号：GB/T 15555.10—1995

适用范围：

（1）主题内容：本标准规定了测定固体废物浸出液中镍的丁二酮肟（二甲基乙二醛肟）分光光度法；

（2）适用范围：本标准适用于含镍废渣浸出液中镍的测定；

（3）测定范围：本标准检测浓度为 0.1 mg/L，测定上限为 4 mg/L；

（4）干扰：铁、钴、铜离子干扰测定，加入 Na_2-EDTA 溶液，可消除 300 mg/L 铁，100 mg/L 钴及 50 mg/L 铜，对 5 mg/L 镍测定的干扰。若铁、钴、铜的含量超过上述浓度，则可用丁二酮肟-正丁醇萃取分离除去（见标准原文附录 A）。

氰化物亦干扰测定。可在测定前于样品中加入 2 mL 次氯酸钠溶液和 0.5 mL 硝酸加热分解镍氰络合物。

替代情况：/

发布时间：1995-03-28

实施时间：1996-01-01

3.2.9.3 固体废物 元素的测定 电感耦合等离子体原子发射光谱法（GB 5085.3—2007 附录 A）

详见本章 3.2.2.2

3.2.9.4 固体废物 元素的测定 电感耦合等离子体质谱法（GB 5085.3—2007 附录 B）

详见本章 3.2.1.2

3.2.9.5 固体废物 金属元素的测定 石墨炉原子吸收光谱法（GB 5085.3—2007 附录 C）

详见本章 3.2.2.4

3.2.9.6 固体废物 金属元素的测定 火焰原子吸收光谱法（GB 5085.3—2007 附录 D）

详见本章 3.2.2.5

3.2.10 氟化物

3.2.10.1 固体废物 氟化物的测定 离子选择性电极法（GB/T 15555.11—1995）

标准名称：固体废物 氟化物的测定 离子选择性电极法

英文名称：Solid waste - Determination of fluoride - Ion selective electrode method

标准编号：GB/T 15555.11—1995

适用范围：

（1）本标准规定了测定固体废物浸出液中氟化物的氟离子选择电极法；

（2）本标准适用于固体废物浸出液中氟化物的测定；

（3）测定范围：本方法的检测限为 0.05 mg/L（以 F^-计），测定上限 1 900 mg/L 灵敏度（即电极的斜率），溶液温度在 20～25℃之间时，氟离子浓度每改变 10 倍，电极电位变化 56±2 mV。25℃

时，电极斜率应不低于 55 mV。

（4）干扰：本方法测定的是游离的氟离子浓度，当浸出液中存在 Ca^{2+}、Mg^{2+}、Al^{3+}、Fe^{3+}、Si（Ⅵ）及氢离子能与氟离子生成难溶化合物或络合而有干扰，所产生的干扰程度取决于存在离子的种类和浓度，氟化物的浓度及溶液的 pH 值等。在碱性溶液中，若氢氧根离子的浓度大于 10^{-6} mol/L 时，氢氧根离子会干扰电极的响应。测定溶液的 pH 在 5～7 为宜。

氟电极对氟硼酸盐离子（BF^{4-}）不响应，如果试样含有氟硼酸盐或者污染严重，则应先进行蒸馏。

通常，加入总离子强度调节剂以保持溶液中总离子强度，并络合干扰离子，保持溶液适当的 pH。

替代情况：/

发布时间：1995-03-28

实施时间：1996-01-01

3.2.10.2　固体废物　氟离子、溴酸根、氯离子、亚硝酸根、氰酸根、溴离子、硝酸根、磷酸根、硫酸根的测定　离子色谱法（GB 5085.3—2007 附录 F）

标准名称：固体废物　氟离子、溴酸根、氯离子、亚硝酸根、氰酸根、溴离子、硝酸根、磷酸根、硫酸根的测定　离子色谱法

英文名称：Solid wastes - Determination of Fluoride，Bromate，Chloride，Nitrite，Cyanate，Bromide，Nitrate，Phosphate and Sulfate - Ion Chromatography

标准编号：危险废物鉴别标准　浸出毒性鉴别　GB 5085.3—2007 附录 F

适用范围：

（1）本方法适用于固体废物中氟离子（F^-）、溴酸根（BrO_3^-）、氯离子（Cl^-）、亚硝酸根（NO_2^-）、氰酸根（CN^-）、溴离子（Br^-）、硝酸根（NO_3^-）、磷酸根（PO_4^{3-}）、硫酸根（SO_4^{2-}）的离子色谱法测定。

（2）测定范围：本方法对各种阴离子的检出限见表 15.8。

表 15.8　各种阴离子的检出限

阴离子	检出限/（μg/L）	阴离子	检出限/（μg/L）
F^-	14.8	BrO_3^-	5
Cl^-	10.8	NO_2^-	12.4
CN^-	20	Br^-	24.2
NO_3^-	21.4	PO_4^{3-}	62.2
SO_4^{2-}	28.8		

替代情况：本标准代替 GB 5085.3—1996

发布时间：2007-04-25

实施时间：2007-10-01

3.2.11　腐蚀性

3.2.11.1　固体废物　腐蚀性测定　玻璃电极法（GB/T 15555.12—1995）

标准名称：固体废物　腐蚀性测定　玻璃电极法

英文名称：Solid waste - Glass electrode test - Method of corrosivity

标准编号： GB/T 15555.12—1995

适用范围：

（1）本标准规定了固体废物的腐蚀性，用 pH 玻璃电极的试验方法；

（2）本标准试验方法适用于固体、半固体的浸出液和高浓度液体的 pH 的测定。

固体废物腐蚀性 pH 值的测定，采用玻璃电极法。pH 的测定范围 0～14。

替代情况： /

发布时间： 1995-03-28

实施时间： 1996-01-01

3.2.12 二噁英类

3.2.12.1 固体废物 二噁英类的测定 同位素稀释高分辨气相色谱-高分辨质谱法（HJ 77.3—2008）

标准名称： 固体废物 二噁英类的测定 同位素稀释高分辨气相色谱-高分辨质谱法

英文名称： Solid waste Determination of polychlorinated dibenzo - *p* - dioxins（PCDDs）and polychlorinated dibenzofurans（PCDFs）Isotope dilution HRGC - HRMS

标准编号： HJ 77.3—2008

适用范围：

（1）本标准规定了采用同位素稀释高分辨气相色谱-高分辨质谱联用法（HRGC - HRMS）对 2,3,7,8-位氯取代的二噁英类以及四氯至八氯取代的多氯代二苯并-对-二噁英（PCDDs）和多氯代二苯并呋喃（PCDFs）进行定性和定量分析的方法；

（2）本标准适用于固体废物中二噁英类污染物的采样、样品处理及其定性和定量分析，但不适用于置于容器中的气态物品、物质的固体废物分析；

（3）方法检出限取决于所使用的分析仪器的灵敏度、样品中的二噁英类浓度以及干扰水平等多种因素。2,3,7,8-T_4CDD 仪器检出限应低于 0.1 pg，当固体废物样品量为 100 g 时，本方法对 2,3,7,8-T_4CDD 的最低检出限应低于 0.05 ng/kg。

替代情况： 本标准代替 HJ/T 77—2001；本标准是对《多氯代二苯并二噁英和多氯代二苯并呋喃的测定 同位素稀释高分辨毛细管气相色谱/高分辨质谱法》（HJ/T 77—2001）中固体废物测定部分的修订。

发布时间： 2008-12-31

实施时间： 2009-04-01

3.2.13 多氯联苯

3.2.13.1 固体废物 多氯联苯的测定（PCBs） 气相色谱法（GB 5085.3—2007 附录 N）

标准名称： 固体废物 多氯联苯的测定（PCBs） 气相色谱法

英文名称： Solid wastes - Determination of polychlorinated biphenyls（PCBs） - Gas chromatography

标准编号： 危险废物鉴别标准 浸出毒性鉴别 GB 5085.3—2007 附录 N

适用范围： 本方法规定了固体或者液体基质中多氯联苯的气相色谱的测定方法。下面列举的目标化合物可以采用单柱或双柱系统进行测定。Aroclor1016、Aroclor 1221、Aroclor 1232、Aroclor 1242、Aroclor 1248、Aroclor 1254、Aroclor 1260、2-氯联苯、2,3-二氯联苯、2,2′,5-三氯联苯、2,4′,5-三氯联苯、2,2′,3,5′-四氯联苯、2,2′,5,5′-四氯联苯、2,3′,4,4′-四氯联苯、2,2′,3,4,5′-五氯联苯、2,2′,4,5,5′-五氯联苯、2,3,3′,4′,6-五氯联苯、2,2′,3,4,4′,5′-六氯联苯、2,2′,3,4,5,5′-六氯联苯、2,2′,3,5,5′,6-六氯联苯、2,2′,4,4′,5,5′-六氯联苯、2,2′,3,3′,4,4′,5-七氯联苯、2,2′,3,4,4′,5,5′-七氯联苯、2,2′,3,4,4′,5′,6-七氯联苯、2,2′,3,4′,5,5′,6-七氯联苯、2,2′,3,3′,4,4′,5,5′,6-九氯联苯。该方法也可能适合其他同类物的检测。

水中多氯联苯的方法检测限为 0.054 ～0.90 μg/L，泥土中的方法检测限为 57～70 μg/kg。定量检测限可以由标准原文中表 N.1 的数据估算。

替代情况：本标准代替 GB 5085.3—1996

发布时间：2007-04-25

实施时间：2007-10-01

3.2.13.2 气相色谱法（GB 13015—1991 附录 A1）

标准名称：气相色谱法

英文名称：/

标准编号：含多氯联苯废物污染控制标准 GB 13015—1991 附录 A1

适用范围：/

替代情况：/

发布时间：1991-06-27

实施时间：1992-03-01

3.2.13.3 薄层色谱法（GB 13015—1991 附录 A2）

标准名称：薄层色谱法

英文名称：/

标准编号：含多氯联苯废物污染控制标准 GB 13015—1991 附录 A2

适用范围：/

替代情况：/

发布时间：1991-06-27

实施时间：1992-03-01

3.2.14 烷基汞

3.2.14.1 水质 烷基汞的测定 气相色谱法（GB/T 14204—1993）

详见第一章 3.2.117.1

3.2.15 铍

3.2.15.1 固体废物 元素的测定 电感耦合等离子体原子发射光谱法（GB 5085.3—2007 附录 A）

详见本章 3.2.2.2

3.2.15.2 固体废物 元素的测定 电感耦合等离子体质谱法（GB 5085.3—2007 附录 B）

详见本章 3.2.1.2

3.2.15.3 固体废物 金属元素的测定 石墨炉原子吸收光谱法（GB 5085.3—2007 附录 C）

详见本章 3.2.2.4

3.2.15.4 固体废物 金属元素的测定 火焰原子吸收光谱法（GB 5085.3—2007 附录 D）

详见本章 3.2.2.5

3.2.16 钡

3.2.16.1 固体废物 元素的测定 电感耦合等离子体原子发射光谱法（GB 5085.3—2007 附录 A）

详见本章 3.2.2.2

3.2.16.2 固体废物 元素的测定 电感耦合等离子体质谱法（GB 5085.3—2007 附录 B）

详见本章 3.2.1.2

3.2.16.3 固体废物 金属元素的测定 石墨炉原子吸收光谱法（GB 5085.3—2007 附录 C）

详见本章 3.2.2.4

3.2.16.4 固体废物 金属元素的测定 火焰原子吸收光谱法（GB 5085.3—2007 附录 D）

详见本章 3.2.2.5

3.2.17 银

3.2.17.1 固体废物 元素的测定 电感耦合等离子体原子发射光谱法（GB 5085.3—2007 附录 A）

详见本章 3.2.2.2

3.2.17.2 固体废物 元素的测定 电感耦合等离子体质谱法（GB 5085.3—2007 附录 B）

详见本章 3.2.1.2

3.2.17.3 固体废物 金属元素的测定 石墨炉原子吸收光谱法（GB 5085.3—2007 附录 C）

详见本章 3.2.2.4

3.2.17.4 固体废物 金属元素的测定 火焰原子吸收光谱法（GB 5085.3—2007 附录 D）

详见本章 3.2.2.5

3.2.18 硒

3.2.18.1 固体废物 元素的测定 电感耦合等离子体质谱法（GB 5085.3—2007 附录 B）

详见本章 3.2.1.2

3.2.18.2 固体废物 金属元素的测定 石墨炉原子吸收光谱法（GB 5085.3—2007 附录 C）

详见本章 3.2.2.4

3.2.18.3 固体废物 砷、锑、铋、硒的测定 原子荧光法（GB 5085.3—2007 附录 E）

详见本章 3.2.6.4

3.2.19 氰化物

3.2.19.1 固体废物 氰根离子和硫离子的测定 离子色谱法（GB 5085.3—2007 附录 G）

标准名称：固体废物 氰根离子和硫离子的测定 离子色谱法

英文名称：Solid wastes - Determination of cyanide and sulfide - Ion chromatography

标准编号：危险废物鉴别标准 浸出毒性鉴别 GB 5085.3—2007 附录 G

适用范围：本方法适用于固体废物中氰根离子和硫离子的离子色谱法测定。

本方法对氰根离子和硫离子的检出限为 0.1 μg/L。

替代情况：本标准代替 GB 5085.3—1996

发布时间：2007-04-25

实施时间：2007-10-01

3.2.20　滴滴涕

3.2.20.1　固体废物　有机氯农药的测定　气相色谱法（GB 5085.3—2007 附录 H）

标准名称：固体废物　有机氯农药的测定　气相色谱法

英文名称：Solid wastes - Determination of organochlorine pesticides - Gas chromatography

标准编号：危险废物鉴别标准　浸出毒性鉴别 GB 5085.3—2007 附录 H

适用范围：本方法规定了固体和液体基质的提取物中的各种有机氯农药含量的气相色谱（电子捕获检测器）法。适用于此方法的目标物质如下：艾氏剂、α-六六六、β-六六六、γ-六六六、δ-六六六、乙酯杀螨醇、α-氯丹、γ-氯丹、氯丹其他异构体、1,2-二溴-3-氯丙烷、4,4′-DDD、4,4′-DDE、4,4′-DDT、二氯烯丹、狄氏剂、硫丹Ⅰ、硫丹Ⅱ、硫丹硫酸盐、异狄氏剂、异狄氏醛、异狄氏酮、七氯、环氧七氯、六氯苯、六氯环戊二烯、异艾氏剂、甲氧氯、毒杀芬。

本方法还可以测定下列物质：甲草胺、敌菌丹、地茂散、丙酯杀螨醇、百菌清、氯酞酸二甲酯、二氯萘醌、大克螨、氯唑灵、多氯代萘-1000、多氯代萘-1001、多氯代萘-1013、多氯代萘-1014、多氯代萘-1051、多氯代萘-1099、灭蚁灵、除草醚、五氯硝基苯、氯菊酯、乙滴涕、毒草胺、氯化松节油、反-九氯、氟乐灵。

替代情况：本标准代替 GB 5085.3—1996

发布时间：2007-04-25

实施时间：2007-10-01

3.2.21　六六六

3.2.21.1　固体废物　有机氯农药的测定　气相色谱法（GB 5085.3—2007 附录 H）

详见本章 3.2.20.1

3.2.22　乐果

3.2.22.1　固体废物　有机磷化合物的测定　气相色谱法（GB 5085.3—2007 附录 I）

标准名称：固体废物　有机磷化合物的测定　气相色谱法

英文名称：Solid wastes - Determination of organophosphorus compounds - Gas chromatography

标准编号：危险废物鉴别标准　浸出毒性鉴别 GB 5085.3—2007 附录 I

适用范围：本方法适用于固体废物中有机磷化合物的气相色谱法测定。采用火焰光度检测器（FPD）或氮-磷检测器（NPD）的毛细管 GC 可以检测出以下化合物：丙硫特普、甲基谷硫磷、乙基谷硫磷、硫丙磷、三硫磷、毒虫畏、毒死蜱、甲基毒死蜱、蝇毒磷、巴毒磷、内吸磷、内吸磷-S、二嗪农、除线磷、敌敌畏、百治磷、乐果、敌杀磷、乙拌磷、苯硫磷、乙硫磷、灭克磷、伐灭磷、杀螟硫磷、丰索磷、大福松、倍硫磷、对溴磷、马拉硫磷、脱叶亚磷、速灭磷、久效磷、二溴磷、乙基对硫磷、甲基对硫磷、甲拌磷、亚胺硫磷、磷胺、皮蝇磷、乐本松、硫特普、特普、地虫磷、硫磷嗪、丙硫磷、三氯磷酸酯、壤虫磷、六甲基磷酰胺、三邻甲苯磷酸酯、阿特拉津、西玛津。

以水和土壤为基质，15 m 柱检测分析物质的方法检出限（MDLs）为：0.04～0.8 μg/L（水），2.0～40.0 mg/kg（土壤）。30 m MDLs 和 EQLs 与 15 m 柱得到类似结果。

15 m 柱体系对于检测乙基-谷硫磷、乙硫磷、亚胺硫磷、特丁磷、伐灭磷、磷胺、毒虫畏、六甲基磷酸三胺、地虫磷、敌杀磷、对溴磷、TOCP 等化合物并不完全有效。使用这个体系，在检测这些或其他的分析物之前，必须确认所有分析物的色谱分辨率：回收率高于 70%，精密度不小于 RSD 的 15%。

替代情况：本标准代替 GB 5085.3—1996

发布时间：2007-04-25

实施时间：2007-10-01

3.2.23 对硫磷

3.2.23.1 固体废物 有机磷化合物的测定 气相色谱法（GB 5085.3—2007 附录 I）

详见本章 3.2.22.1

3.2.24 甲基对硫磷

3.2.24.1 固体废物 有机磷化合物的测定 气相色谱法（GB 5085.3—2007 附录 I）

详见本章 3.2.22.1

3.2.25 马拉硫磷

3.2.25.1 固体废物 有机磷化合物的测定 气相色谱法（GB 5085.3—2007 附录 I）

详见本章 3.2.22.1

3.2.26 氯丹

3.2.26.1 固体废物 有机氯农药的测定 气相色谱法（GB 5085.3—2007 附录 H）

详见本章 3.2.20.1

3.2.27 六氯苯

3.2.27.1 固体废物 有机氯农药的测定 气相色谱法（GB 5085.3—2007 附录 H）

详见本章 3.2.20.1

3.2.28 毒杀芬

3.2.28.1 固体废物 有机氯农药的测定 气相色谱法（GB 5085.3—2007 附录 H）

详见本章 3.2.20.1

3.2.29 灭蚁灵

3.2.29.1 固体废物 有机氯农药的测定 气相色谱法（GB 5085.3—2007 附录 H）

详见本章 3.2.20.1

3.2.30 硝基苯

3.2.30.1 固体废物 硝基芳烃和硝基胺的测定 高效液相色谱法（GB 5085.3—2007 附录 J）

标准名称：固体废物 硝基芳烃和硝基胺的测定 高效液相色谱法

英文名称：Solid wastes - Determination of Nitro - aromatics and Nitrosamines - High performanceliquid chromatography

标准编号：危险废物鉴别标准　浸出毒性鉴别 GB 5085.3—2007 附录 J

适用范围：本方法适用于固体废物中 14 种硝基芳烃和硝基胺，包括八氢-1,3,5,7-四硝基-1,3,5,7-双偶氮辛因（HMX）、六氢-1,3,5-三硝基-1,3,5-三嗪（RDX）、1,3,5-三硝基苯（1,3,5-TNB）、1,3-二硝基苯（1,3-DNB）、甲基-2,4,6-三硝基苯基硝基胺（Tetryl）、硝基苯（NB）、2,4,6-三硝基甲苯（2,4,6-TNT）、4-氨基-2,6-二硝基甲苯（4-Am - DNT）、2-氨基-4,6-二硝基甲苯（2-Am - DNT）、2,4-二硝基甲苯（2,4 - DNT）、2,6-二硝基甲苯（2,6 - DNT）、2-三硝基甲苯（2 - NT）、3-三硝基甲苯（3 - NT）、4-三硝基甲苯（4 - NT）的高效液相色谱测定方法。

本方法对上述 14 种硝基芳烃和硝基胺物质在水和土壤中的定量限见表 15.9。

表 15.9　各物质的定量限

化合物	水/（μg/L）		土壤/（mg/kg）
	低浓度	高浓度	
八氢-1,3,5,7-四硝基-1,3,5,7-双偶氮辛因 HMX	—	13.0	2.2
六氢-1,3,5-三硝基-1,3,5-三嗪 RDX	0.84	14.0	1.0
1,3,5-三硝基苯 1,3,5-TNB	0.26	7.3	0.25
1,3-二硝基苯 1,3-DNB	0.1	4.0	0.65
甲基-2,4,6-三硝基苯基硝基胺 Tetryl	—	4.0	0.26
硝基苯 NB	—	6.4	0.25
2,4,6-三硝基甲苯 2,4,6 TNT	0.11	6.9	0.25
4-氨基-2,6-二硝基甲苯 4-Am - DNT	0.060	—	—
2-氨基-4,6-二硝基甲苯 2-Am - DNT	0.035	—	—
2,4-二硝基甲苯 2,4 - DNT	0.31	9.4	0.26
2,6-二硝基甲苯 2,6 - DNT	0.020	5.7	0.25
2-三硝基甲苯 2 - NT	—	12.0	0.25
3-三硝基甲苯 3 - NT	—	8.5	0.25
4-三硝基甲苯 4 - NT	—	7.9	

替代情况：本标准代替 GB 5085.3—1996

发布时间：2007-04-25

实施时间：2007-10-01

3.2.31　二硝基苯

3.2.31.1　固体废物　半挥发性有机化合物的测定　气相色谱/质谱法（GB 5085.3—2007 附录 K）

标准名称：固体废物　半挥发性有机化合物的测定　气相色谱/质谱法

英文名称：Solid wastes - Determination of SVOCs - Gas Chromatography/ MassSpectrometry（GC/MS）

标准编号：危险废物鉴别标准　浸出毒性鉴别 GB 5085.3—2007 附录 K

适用范围：本方法规定了固体废物、土壤和地下水中半挥发性有机化合物含量气相色谱/质谱的测定方法。可分析的化合物及其特征离子见表 15.10。

表 15.10 半挥发性物质的特征离子

化合物	保留时间/min	主要离子	次要离子
2-甲基吡啶 2-Picoline	3.75	93	66，92
苯胺 Aniline	5.68	93	66，65
苯酚 Phenol	5.77	94	65，66
Bis（2-chloroethyl）ether	5.82	93	63，95
2-氯酚 2-Chlorophenol	5.97	128	64，130
1,3-二氯苯 1,3-Dichlorobenzene	6.27	146	148，111
1,4-二氯苯-d（IS）4 1,4-Dichlorobenzene - d（IS）	6.35	152	150，115
1,4-二氯苯 1,4-Dichlorobenzene	6.40	146	148，111
苯甲醇	6.78	108	79，77
1,2-二氯代苯 1,2-Dichlorobenzene	6.85	146	148，111
N- 亚硝基甲基乙胺 *N* - Nitrosomethylethylamine	6.97	88	42，43，56
双（2-氯代异丙基）醚 Bis（2-chloroisopropyl）ether	7.22	45	77，121
氨基甲酸乙酯 Ethyl carbamate	7.27	62	44，45，74
苯硫酚 Thiophenol（Benzenethiol）	7.42	110	66，109，84
甲基甲磺酸 Methyl methanesulfonate	7.48	80	79，65，95
N- 丙基胺亚硝基钠 *N* - Nitrosodi - *n* - propylamine	7.55	70	42，101，130
六氯乙烷 Hexachloroethane	7.65	117	201，199
顺丁烯二酸酐 Maleic anhydride	7.65	54	98，53，44
硝基苯 Nitrobenzene	7.87	77	123，65
异佛尔酮 Isophorone	8.53	82	95，138
N- 亚硝基二乙胺 *N* - Nitrosodiethylamine	8.70	102	42，57，44，56
2-硝基酚 2-Nitrophenol	8.75	139	109，65
2,4-二甲苯酚 2,4-Dimethylphenol	9.03	122	107，121
p- 苯醌 Benzoquinone	9.13	108	54，82，80
双-（2-氯乙氧基）甲烷 2-Bis（2-chloroethoxy）methane	9.23	93	95，123
安息香酸 Benzoic acid	9.38	122	105，77
2,4-二氯苯酚 2,4-Dichlorophenol	9.48	162	164，98
磷酸三甲酯 Trimethyl phosphate	9.53	110	79，95，109，140
乙基甲磺酸 Ethyl methanesulfonate	9.62	79	109，97，45，65
1,2,4-三氯苯 1,2,4-Trichlorobenzene	9.67	180	182，145
萘 Naphthalene - d（IS）8	9.75	136	68
萘 Naphthalene	9.82	128	129，127
六氯丁二烯 Hexachlorobutadiene	10.43	225	223，227
四乙基焦磷酸酯 Tetraethyl pyrophosphate	11.07	99	155，127，81，109
硫酸二乙酯 Diethyl sulfate	11.37	139	45，59，99，111，125
4-氯-3-甲基苯酚 4-Chloro - 3-methylphenol	11.68	107	144，142
2-甲基萘 2-Methylnaphthalene	11.87	142	141
2-甲苯酚 2-Methylphenol	12.40	107	108，77，79，90
六氯丙烯 Hexachloropropene	12.45	213	211，215，117，106，141
六氯环戊二烯 Hexachlorocyclopentadiene	12.60	237	235，272
N- 亚硝基吡咯烷 *N* - Nitrosopyrrolidine	12.65	100	41，42，68，69
苯乙酮 Acetophenone	12.67	105	71，51，120
4-甲基苯酚 4-Methylphenol	12.82	107	108，77，79，90
2,4,6-三氯苯酚 2,4,6-Trichlorophenol	12.85	196	198，200

化合物	保留时间/min	主要离子	次要离子
邻甲基苯胺 *o* - Toluidine	12.87	106	107，77，51，79
3-甲基苯酚 3-Methylphenol	12.93	107	108，77，79，90
2-氯萘 2-Chloronaphthalene	13.30	162	127，164
N- 亚硝基哌啶 *N* - Nitrosopiperidine	13.55	114	42，55，56，41
1,4-苯二胺 1,4-Phenylenediamine	13.62	108	80，53，54，52
1-氯萘 1-Chloronaphthalene	13.65[a]	162	127，164
2-硝基苯胺 2-Nitroaniline	13.75	65	92，138
5-氯-2-甲基苯胺 5-Chloro - 2-methylaniline	14.28	106	141，140，77，89
邻苯二甲酸二甲酯 Dimethyl phthalate	14.48	163	194，164
苊 Acenaphthylene	14.57	152	151，153
2,6-二硝基甲苯,6-Dinitrotoluene	14.62	165	63，89
邻苯二甲酸酐 Phthalic anhydride	14.62	104	76，50，148
邻甲氧基苯胺 *o* - Anisidine	15.00	108	80，123，52
3-硝基苯胺 3-Nitroaniline	15.02	138	108，92
苊-d（IS）10Acenaphthene - d（IS）10	15.05	164	162，160
苊 Acenaphthene	15.13	154	153，152
2,4-二硝基酚 2,4-Dinitrophenol	15.35	184	63，154
2,6-二硝基酚 2,6-Dinitrophenol	15.47	162	164，126，98，63
4-氯苯胺 4-Chloroaniline	15.50	127	129，65，92
异黄樟油素 Isosafrole	15.60	162	131，104，77，51
氧芴 Dibenzofuran	15.63	168	139
2,4-二氨基甲苯 2,4-Diaminotoluene	15.78	121	122，94，77，104
2,4-二硝基甲苯 2,4-Dinitrotoluene	15.80	165	63，89
4-硝基苯酚 4-Nitrophenol	15.80	139	109，65
2-萘胺 2-Naphthylamine	16.00[a]	143	115，116
1,4-萘醌 1,4-Naphthoquinone	16.23	158	104，102，76，50，130
3-氨基对甲苯甲醚 *p* - Cresidine	16.45	122	94，137，77，93
敌敌畏 Dichlorovos	16.48	109	185，79，145
邻苯二乙酸二乙酯 Diethyl phthalate	16.70	149	177，150
芴 Fluorene	16.70	166	165，167
2,4,5-三甲基苯胺 2,4,5-Trimethylaniline	16.70	120	135，134，91，77
N- 亚硝基正丁胺 *N* - Nitrosodi - *n* - butylamine	16.73	84	57，41，116，158
4-氯二苯醚 4-Chlorophenyl phenyl ether	16.78	204	206，141
对苯二酚 Hydroquinone	16.93	110	81，53，55
4,6-二硝基-2-甲基苯酚 4,6-Dinitro - 2-methylphenol	17.05	198	51，105
间苯二酚 Resorcinol	17.13	110	81，82，53，69
N- 亚硝基二苯胺 *N* - Nitrosodiphenylamine	17.17	169	168，167
黄樟油精 Safrole	17.23	162	104，77，103，135
六甲基磷酰胺 Hexamethyl phosphoramide	17.33	135	44，179，92，42
3-氯甲基盐酸吡啶 3-（Chloromethyl）pyridine hydrochloride	17.50	92	127，129，65，39
二苯胺 Diphenylamine	17.54[a]	169	168，167
1,2,4,5-四氯苯 1,2,4,5-Tetrachlorobenzene	17.97	216	214，179，108，143，218
1-萘胺 1-Naphthylamine	18.20	143	115，89，63
1-乙酰基-2-硫脲 1-Acetyl - 2-thiourea	18.22	118	43，42，76
4-溴苯基-苯基醚 4-Bromophenyl phenyl ether	18.27	248	250，141

化合物	保留时间/min	主要离子	次要离子
甲苯二异氰酸盐 Toluene diisocyanate	18.42	174	145，173，146，132，91
2,4,5-三氯苯酚 2,4,5-Trichlorophenol	18.47	196	198，97，132，99
六氯苯 Hexachlorobenzene	18.65	284	142，249
尼古丁 Nicotine	18.70	84	133，161，162
五氯苯酚 Pentachlorophenol	19.25	266	264，268
5-硝基邻甲苯胺 5-Nitro - *o* - toluidine	19.27	152	77，79，106，94
硫磷嗪 Thionazine	19.35	107	96，97，143，79，68
4-硝基苯胺 4-Nitroaniline	19.37	138	65，108，92，80，39
菲-d（IS）10 Phenanthrene - d（IS）10	19.55	188	94，80
菲 Phenanthrene	19.62	178	179，176
蒽 Anthracene	19.77	178	176，179
1,4-二硝基苯 1,4-Dinitrobenzene	19.83	168	75，50，76，92，122
速灭磷 Mevinphos	19.90	127	192，109，67，164
二溴磷 Naled	20.03	109	145，147，301，79，189
1,3-二硝基苯 1,3-Dinitrobenzene	20.18	168	76，50，75，92，122
燕麦敌（顺式或反式）Diallate（cis or trans）	20.57	86	234，43，70
1,2-二硝基苯 1,2-Dinitrobenzene	20.58	168	50，63，74
燕麦敌（顺式或反式）Diallate（trans or cis）	20.78	86	234，43，70
五氯苯 Pentachlorobenzene	21.35	250	252，108，248，215，254
5-硝基-2-甲氧基苯胺 5-Nitro - *o* - anisidine	21.50	168	79，52，138，153，77
五氯硝基苯 Pentachloronitrobenzene	21.72	237	142，214，249，295，265
4-硝基喹啉氧化物 4-Nitroquinoline - 1-oxide	21.73	174	101，128，75，116
邻苯二甲酸二丁酯 Di - *n* - butyl phthalate	21.78	149	150，104
2,3,4,6-四氯苯酚 2,3,4,6-Tetrachlorophenol	21.88	232	131，230，166，234，168
Dihydrosaffrole	22.42	135	64，77
内吸磷-O Demeton - O	22.72	88	89，60，61，115，171
荧蒽 Fluoranthene	23.33	202	101，203
1,3,5-三硝基苯 1,3,5-Trinitrobenzene	23.68	75	74，213，120，91，63
百治磷 Dicrotophos	23.82	127	67，72，109，193，237
对二氨基联苯 Benzidine	23.87	184	92，185
氟乐灵 Trifluralin	23.88	306	43，264，41，290
溴苯腈 Bromoxynil	23.90	277	279，88，275，168
芘 Pyrene	24.02	202	200，203
久效磷 Monocrotophos	24.08	127	192，67，97，109
甲拌磷 Phorate	24.10	75	121，97，93，260
菜草畏 Sulfallate	24.23	188	88，72，60，44
内吸磷- S Demeton - S	24.30	88	60，81，89，114，115
非那西丁 Phenacetin	24.33	108	180，179，109，137，80
乐果 Dimethoate	24.70	87	93，125，143，229
苯巴比妥 Phenobarbital	24.70	204	117，232，146，161
克百威 Carbofuran	24.90	164	149，131，122
八甲基焦磷酰胺 Octamethyl pyrophosphoramide	24.95	135	44，199，286，153，243
4-氨基联苯 4-Aminobiphenyl	25.08	169	168，170，115
二噁磷 Dioxathion	25.25	97	125，270，153
特丁硫磷 Terbufos	25.35	231	57，97，153，103
二甲基苯胺 Dimethylphenylamine	25.43	58	91，65，134，42

化合物	保留时间/min	主要离子	次要离子
丙氨酸苄酯对甲苯磺酸盐 Pronamide	25.48	173	175，145，109，147
氨基偶氮苯 Aminoazobenzene	25.72	197	92，120，65，77
二氯萘醌 Dichlone	25.77	191	163，226，228，135，193
地乐酯 Dinoseb	25.83	211	163，147，117，240
乙拌磷 Disulfoton	25.83	88	97，89，142，186
氟消草 Fluchloralin	25.88	306	63，326，328，264，65
治克威 Mexacarbate	26.02	165	150，134，164，222
4,4′-Oxydianiline	26.08	200	108，171，80，65
邻苯二甲酸丁苄酯 Butyl benzyl phthalate	26.43	149	91，206
对硝基联苯 4-Nitrobiphenyl	26.55	199	152，141，169，151
磷胺 Phosphamidon	26.85	127	264，72，109，138
2-环己烷-4,6 二硝基酚 2-Cyclohexyl - 4,6-Dinitrophenol	26.87	231	185，41，193，266
甲基对硫磷 Methyl parathion	27.03	109	125，263，79，93
胺甲萘 Carbaryl	27.17	144	115，116，201
二甲基苯胺 imethylaminoazobenzene	27.50	225	120，77，105，148，42
丙基硫尿嘧啶 Propylthiouracil	27.68	170	142，114，83
苯并[*a*]蒽 Benz[*a*]anthracene	27.83	228	229，226
䓛-d（IS）12 Chrysene - d（IS）12	27.88	240	120，236
3,3′-二氨联苯胺 3,3′-Dichlorobenzidine	27.88	252	254，126
䓛 Chrysene	27.97	228	226，229
马拉硫磷 Malathion	28.08	173	125，127，93，158
十氯酮 Kepone	28.18	272	274，237，178，143，270
倍硫磷 Fenthion	28.37	278	125，109，169，153
对硫磷 Parathion	28.40	109	97，291，139，155
敌菌灵 Anilazine	28.47	239	241，143，178，89
邻苯二甲酸二（2-乙基己基）酯 Bis（2-ethylhexyl）phthalate	28.47	149	167，279
3,3-二甲基联苯胺 3,3′-Dimethylbenzidine	28.55	212	106，196，180
三硫磷 Carbophenothion	28.58	157	97，121，342，159，199
硝酸铈铵 5-Nitroacenaphthene	28.73	199	152，169，141，115
美沙吡林 Methapyrilene	28.77	97	50，191，71
异艾氏剂 Isodrin	28.95	193	66，195，263，265，147
克菌丹 Captan	29.47	79	149，77，119，117
毒虫畏 Chlorfenvinphos	29.53	267	269，323，325，295
巴毒磷 Crotoxyphos	29.73	127	105，193，166
亚胺硫磷 Phosmet	30.03	160	77，93，317，76
苯硫磷 EPN	30.11	157	169，185，141，323
杀虫畏 Tetrachlorvinphos	30.27	329	109，331，79，333
二-正辛基邻苯二甲酸酯 Di - *n* - octyl phthalate	30.48	149	167，43
2-氨基蒽醌 2-Aminoanthraquinone	30.63	223	167，195
燕麦灵 Barban	30.83	222	51，87，224，257，153
杀螨特 Aramite	30.92	185	191，319，334，197，321
苯并[*b*]荧蒽 Benzo [*b*]fluoranthene	31.45	252	253，125
除草醚 Nitrofen	31.48	283	285，202，139，253
苯并[*k*]荧蒽 Benzo [*k*]fluoranthene	31.55	252	253，125
杀螨酯 Chlorobenzilate	31.77	251	139，253，111，141

化合物	保留时间/min	主要离子	次要离子
丰索磷 Fensulfothion	31.87	293	97，308，125，292
乙硫磷 Ethion	32.08	231	97，153，125，121
二乙基乙烯雌酚 Diethylstilbestrol	32.15	268	145，107，239，121，159
伐灭磷 Famphur	32.67	218	125，93，109，217
三-对甲基苯磷酸 Tri - *p* - tolyl phosphateb	32.75	368	367，107，165，198
苯并[*a*]芘 Benzo[*a*]pyrene	32.80	252	253，125
二萘嵌苯 Perylene - d（IS）12	33.05	264	260，265
7,12-二甲基苯并[*a*]蒽 7,12-Dimethylbenz[*a*]anthracene	33.25	256	241，239，120
5,5-苯妥英 5,5-Diphenylhydantoin	33.40	180	104，252，223，209
敌菌丹 Captafol	33.47	79	77，80，107
敌螨普 Dinocap	33.47	69	41，39
甲氧氯 Methoxychlor	33.55	227	228，152，114，274，212
2-乙酰氨基芴 2-Acetylaminofluorene	33.58	181	180，223，152
莫卡 4′-Methylenebis（2-chloroaniline）	34.38	231	266，268，140，195
3,3-二甲氧基对二氨基联苯 3,3′-Dimethoxybenzidine	34.47	244	201，229
3-甲胆蒽 3-Methylcholanthrene	35.07	268	252，253，126，134，113
伏杀硫磷 Phosalone	35.23	182	184，367，121，379
谷硫磷 Azinphos - methyl	35.25	160	132，93，104，105
对溴磷 Leptophos	35.28	171	377，375，77，155，379
灭蚁灵 Mirex	35.43	272	237，274，270，239，235
三（2,3-二溴苯）磷酸 Tris（2,3-dibromopropyl）phosphate	35.68	201	137，119，217，219，199
二苯（*a,j*）吖啶 Dibenz（*a,j*）acridine	36.40	279	280，277，250
炔雌醇甲醚 Mestranol	36.48	277	310，174，147，242
香豆磷 Coumaphos	37.08	362	226，210，364，97，109
茚并（1,2,3-*c,d*）芘 Indeno（1,2,3-*c,d*）pyrene	39.52	276	138，227
二苯（*a,h*）蒽 Dibenz（*a,h*）anthracene	39.82	278	139，279
苯并（*g,h,i*）苝 Benzo（*g,h,i*）perylene	41.43	276	138，277
1,2,4,5-二苯并芘 1,2,4,5-Dibenzopyrene	41.60	302	151，150，300
士的宁 Strychnine	45.15	334	334，335，333
胡椒亚砜 Piperonyl sulfoxide	46.43	162	135，105，77
六氯酚 Hexachlorophene	47.98	196	198，209，211，406，408
氯甲桥萘 ldrin	—	66	263，220
多氯联苯 1016	—	222	260，292
多氯联苯 1221	—	190	224，260
多氯联苯 1232	—	190	224，260
多氯联苯 1242	—	222	256，292
多氯联苯 1248	—	292	362，326
多氯联苯 1254	—	292	362，326
多氯联苯 1260	—	360	362，394
α - 六六六	—	183	181，109
β - 六六六	—	181	183，109
δ - 六六六	—	183	181，109
γ - 六六六（林丹）	—	183	181，109

化合物	保留时间/min	主要离子	次要离子
4,4′-DDD	—	235	237，165
4,4′-DDE	—	246	248，176
4,4′-DDT	—	235	237，165
氧桥氯甲桥萘 Dieldrin	—	79	263，279
1,2-联苯肼 1,2-Diphenylhydrazine	—	77	105，182
硫丹Ⅰ Endosulfan Ⅰ	—	195	339，341
硫丹Ⅱ Endosulfan Ⅱ	—	337	339，341
硫丹硫酸酯 Endosulfan sulfate	—	272	387，422
异狄氏剂 Endrin	—	263	82，81
异狄氏醛 Endrin aldehyde	—	67	345，250
异狄氏酮 Endrin ketone	—	317	67，319
七氯 Heptachlor	—	100	272，274
七氯环氧化物 Heptachlor epoxide	—	353	355，351
N-亚硝基二甲胺 *N*-Nitrosodimethylamine	—	42	74，44
八氯莰烯 Toxaphene	—	159	231，233

注：IS：内标。

a 推测保留时间。

本方法可用于大多数中性、酸性和碱性有机化合物的定量，这些化合物能溶解在二氯甲烷内，易被洗脱，无需衍生化便可在 GC 上出现尖锐的峰，该 GC 柱是涂有少量极性硅酮的融熔石英毛细管柱。这类化合物包括有：多环芳烃类、氯代烃类、农药、邻苯二甲酸酯类、有机磷酸酯类、亚硝胺类、卤醚类、醛类、醚类、酮类、苯胺类、吡啶类、喹啉类、硝基芳香化合物、酚类包括硝基酚。

多数情况下，本方法不适合定量分析多成分化合物。例如：多氯联苯、毒杀芬、氯丹等，因为本方法对这些分析物的灵敏度有限。如果这些分析物已经用其他方法分析出来，那么当提取质量物浓度足够高的时候可以使用本方法确证分析物的存在。

下列化合物在使用本方法测定时，先须经过特别处理，联苯胺在溶剂浓缩时会发生氧化而损失，其色谱图以比较差，α-六六六、γ-六六六、硫丹Ⅰ和硫丹Ⅱ，以及异狄氏剂在碱性条件下会发生分解，如果希望分析这些化合物的话，则应在中性条件下提取。六氯环戊二烯在 GC 入口处会发生热分解，在丙酮溶液中发生化学反应以及光化学分解。在本方法所述的 GC 条件下，*N*-二甲基亚硝胺难于从溶剂中分离出来，它在 GC 入口处易发生热分解，且和二苯胺不易分离。五氯苯酚、2,4-二硝基苯酚、4-硝基苯酚、4,6-二硝基-2-甲葵苯酚、4-氯-3-甲基苯酚、苯甲酸、2-硝基苯胺、3-硝基苯胺、4-氯苯胺和苯甲醇都会有不稳定的色谱特性，特别是当 GC 系统被高沸点物质污染后更是如此。在本方法列举的 GC 进样口温度下，嘧啶的检测性能可能会很差。降低进样口的温度可以降低样品降解的量。如果要改变进样口温度，要注意其他样品的检测效果可能会受到影响。

甲苯二异氰酸酯在水中会快速水解（半衰期小于 30 min）。因此在水基质的回收率很低。而且，在固体基质中，甲苯二异氰酸酯常常会和醇、胺等反应产生氨基甲酸乙酯、尿素等。

在测定单个化合物时，此方法估计的定量限（EQL）对于土壤/沉淀物大约是 660 mg/kg（湿重）、对于废物是 1～200 mg/kg（取决于基质和制备方法）、对于地下水样品大约是 10 μg/L（见表 15.11）。当提取物需要预先稀释以避免超出检测范围时，EQL 将成比例地提高。

表 15.11 半挥发性有机物的定量限（EQLs）

化合物	估计的定量限[a]	
	地下水/（μg/L）	低土/沉淀物[b]/（μg/kg）
苊 Acenaphthene	10	660
苊烯 Acenaphthylene	10	660
苯乙酮 Acetophenone	10	ND
2-乙酰氨基芴 2-Acetylaminofluorene	20	ND
1-乙酰-2-硫脲 1-Acetyl - 2-thiourea	1 000	ND
2-氨基蒽醌 2-Aminoanthraquinone	20	ND
氨基偶氮苯 Aminoazobenzene	10	ND
4-氨基联苯 4-Aminobiphenyl	20	ND
敌菌灵 Anilazine	100	ND
o - 氨基苯甲醚 *o* - Anisidine	10	ND
蒽 Anthracene	10	660
杀螨特 Aramite	20	ND
谷硫磷 Azinphos - methyl	100	ND
芒 Barban	200	ND
苯并蒽 Benz[*a*]anthracene	10	660
苯并（*b*）荧蒽 Benzo（*b*）fluoranthene	10	660
苯并（*k*）荧蒽 Benzo（*k*）fluoranthene	10	660
安息香酸 Benzoic acid	50	3300
苯并（*g,h,i*）苝 Benzo（*g,h,i*）perylene	10	660
苯并[*a*]芘 Benzo[*a*]pyrene	10	660
对苯醌 *p* - Benzoquinone	10	ND
苯甲醇 Benzyl alcohol	20	1300
双（2-氯环氧）甲烷 Bis（2-chloroethoxy）methane	10	660
双（2-氯乙基）醚 Bis（2-chloroethyl）ether	10	660
双（2-氯异丙基）醚 Bis（2-chloroisopropyl）ether	10	660
4-溴苯基苯基醚 4-Bromophenyl phenyl ether	10	660
溴苯腈 Bromoxynil	10	ND
邻苯二甲酸丁苄酯 Butyl benzyl phthalate	10	660
敌菌丹 Captafol	20	ND
克菌丹 Captan	50	ND
胺甲萘 Carbaryl	10	ND
克百威 Carbofuran	10	ND
三硫磷 Carbophenothion	10	ND
毒虫畏 Chlorfenvinphos	20	ND
4-氯苯胺 4-Chloroaniline	20	1300
二氯二苯乙醇酸乙酯 Chlorobenzilate	10	ND
5-氯-2-甲苯胺 5-Chloro - 2-methylaniline	10	ND
4-氯-3-甲基苯酚 4-Chloro - 3-methylphenol	20	1300
3-氯吡啶盐酸盐 3-（Chloromethyl）pyridine hydrochloride	100	ND
2-氯萘 2-Chloronaphthalene	10	660
2-氯酚 2-Chlorophenol	10	660
4-氯苯基苯醚 4-Chlorophenyl phenyl ether	10	660
䓛 Chrysene	10	660

化合物	估计的定量限[a]	
	地下水/（μg/L）	低土/沉淀物[b]/（μg/kg）
蝇毒磷 Coumaphos	40	ND
3-氨基对甲苯甲醚 *p* - Cresidine	10	ND
巴毒磷 Crotoxyphos	20	ND
2-环己基-4,6-二硝基酚 2-Cyclohexyl - 4,6-dinitrophenol	100	ND
内吸磷-O Demeton - O	10	ND
内吸磷-S Demeton - S	10	ND
燕麦敌（顺式或者反式）Diallate（cis or trans）	10	ND
燕麦敌（反式或者顺式）Diallate（trans or cis）	10	ND
2,4-二氨基甲苯 2,4-Diaminotoluene	20	ND
二苯并（*a,j*）吖啶 Dibenz（*a,j*）acridine	10	ND
二苯并（*a,h*）蒽 Dibenz（*a,h*）anthracene	10	660
二苯并呋喃 Dibenzofuran	10	660
二苯并（*a,e*）芘 Dibenzo（*a,e*）pyrene	10	ND
二-正丁基邻苯二甲酸酯 Di - *n* - butyl phthalate	10	ND
二氯萘醌 Dichlone	NA	ND
1,2-二氯苯 1,2-Dichlorobenzene	10	660
1,3-二氯苯 1,3-Dichlorobenzene	10	660
1,4-二氯苯 1,4-Dichlorobenzene	10	660
3,3′-二氯对氨基联苯 3,3′-Dichlorobenzidine	20	1300
2,4-二氯芬 2,4-Dichlorophenol	10	660
2,6-二氯芬 2,6-Dichlorophenol	10	ND
敌敌畏 Dichlorovos	10	ND
百治磷 Dicrotophos	10	ND
二乙基邻苯二甲酸酯 Diethyl phthalate	10	660
二乙基己烯雄酚 Diethylstilbestrol	20	ND
二乙基硫酸酯 Diethyl sulfate	100	ND
乐果 Dimethoate	20	ND
3,3′-二甲氧基对氨基联苯 3,3′-Dimethoxybenzidine	100	ND
二乙基氨基偶氮苯 Dimethylaminoazobenzene	10	ND
7,12-二甲基苯蒽 7,12-Dimethylbenz[*a*]anthracene	10	ND
3,3′-二甲基联苯胺 3,3′-Dimethylbenzidine	10	ND
a,a - 二甲基苯乙胺 *a,a* - Dimethylphenethylamine	ND	ND
2,4-二甲苯酚 2,4-Dimethylphenol	10	660
二甲基邻苯尔甲酸酯 Dimethyl phthalate	10	660
1,2-二硝基苯 1,2-Dinitrobenzene	40	ND
1,3-二硝基苯 1,3-Dinitrobenzene	20	ND
1,4-二硝基苯 1,4-Dinitrobenzene	40	ND
4,6-二硝基-2-甲基苯酚 4,6-Dinitro - 2-methylphenol	50	3300
2,4-二硝基苯酚 2,4-Dinitrophenol	50	3300
2,4-二硝基苯 2,4-Dinitrotoluene	10	660
2,6-二硝基苯 2,6-Dinitrotoluene	10	660
敌螨普 Dinocap	100	ND
2-（1-甲基-正丙基）- 4,6-二硝基苯酚 Dinoseb	20	ND
5,5-苯妥英 5,5-Diphenylhydantoin	20	ND
二正辛基邻苯尔甲酸酯 Di - *n* - octyl phthalate	10	660

化合物	估计的定量限[a]	
	地下水/（μg/L）	低土/沉淀物[b]/（μg/kg）
乙拌磷 Disulfoton	10	ND
EPN	10	ND
乙硫磷 Ethion	10	ND
乙基氨基甲酸盐 Ethyl carbamate	50	ND
双（2-乙基己基）邻苯尔甲酸酯 Bis（2-ethylhexyl）phthalate	10	660
乙基甲磺酸 Ethyl methanesulfonate	20	ND
伐灭磷 Famphur	20	ND
丰索磷 Fensulfothion	40	ND
倍硫磷 Fenthion	10	ND
氟灭草 Fluchloralin	20	ND
荧蒽 Fluoranthene	10	660
芴 Fluorene	10	660
六氯苯 Hexachlorobenzene	10	660
六氯丁二烯 Hexachlorobutadiene	10	660
六氯环戊二烯 Hexachlorocyclopentadiene	10	660
六氯乙烷 Hexachloroethane	10	660
六氯酚 Hexachlorophene	50	ND
六氯丙烯 Hexachloropropene	10	ND
六甲基磷酰胺 Hexamethylphosphoramide	20	ND
对苯二酚 Hydroquinone	ND	ND
茚并 Indeno（1,2,3-*c*,*d*）pyrene	10	660
异艾氏剂 Isodrin	20	ND
异氟乐酮 Isophorone	10	660
异黄樟油精 Isosafrole	10	ND
十氯酮 Kepone	20	ND
对溴磷 Leptophos	10	ND
马拉硫磷 Malathion	50	ND
顺丁烯二酸酐 Maleic anhydride	NA	ND
炔雌醇甲醚 Mestranol	20	ND
噻吡二胺 Methapyrilene	100	ND
甲氧滴滴涕 Methoxychlor	10	ND
3-甲（基）胆蒽 3-Methylcholanthrene	10	ND
4,4′-亚甲双（2-氯苯胺） 4,4′-Methylenebis（2-chloroaniline）	NA	ND
甲基甲磺酸 Methyl methanesulfonate	10	ND
2-甲基萘 2-Methylnaphthalene	10	660
甲基硝苯硫酸酯 Methyl parathion	10	ND
2-甲基苯酚 2-Methylphenol	10	660
3-甲基苯酚 3-Methylphenol	10	ND
4-甲基苯酚 4-Methylphenol	10	660
速灭磷 Mevinphos	10	ND
兹克威 Mexacarbate	20	ND
灭灵蚁 Mirex	10	ND
久效磷 Monocrotophos	40	ND

化合物	估计的定量限[a]	
	地下水/（μg/L）	低土/沉淀物[b]/（μg/kg）
二溴磷 Naled	20	ND
萘 Naphthalene	10	660
1,4-萘醌 1,4-Naphthoquinone	10	ND
1-萘胺 1-Naphthylamine	10	ND
2-萘胺 2-Naphthylamine	10	ND
盐碱 Nicotine	20	ND
5-硝基苊 5-Nitroacenaphthene	10	ND
2-硝基苯胺 2-Nitroaniline	50	3 300
3-硝基苯胺 3-Nitroaniline	50	3 300
4-硝基苯胺 4-Nitroaniline	20	ND
5-硝基-邻-氨基苯甲醚 5-Nitro - *o* - anisidine	10	ND
硝基苯 Nitrobenzene	10	660
4-硝基联苯 4-Nitrobiphenyl	10	ND
除草醚 Nitrofen	20	ND
2-硝基苯酚 2-Nitrophenol	10	660
4-硝基苯酚 4-Nitrophenol	50	3 300
5-硝基-邻-甲苯胺 5-Nitro - *o* - toluidine	10	ND
4-硝基萘啉-1-氧化物 4-Nitroquinoline - 1-oxide	40	ND
N - 亚硝基二正丁基胺 *N* - Nitroso-di - *n* - butylamine	10	ND
N - 硝基二乙胺 *N* - Nitrosodiethylamine	20	ND
N - 亚硝基二苯胺 *N* - Nitrosodiphenylamine	10	660
N - 亚硝基-二正丙胺 *N* - Nitroso - di - *n* - propylamine	10	660
N - 硝基哌啶 *N* - Nitrosopiperidine	20	ND
N - 硝基吡咯烷 *N* - Nitrosopyrrolidine	40	ND
八甲基焦磷酰胺 Octamethyl pyrophosphoramide	200	ND
4,4′-氨基联苯醚 4,4′-Oxydianiline	20	ND
硝苯硫酸酯 Parathion	10	ND
五氯苯 Pentachlorobenzene	10	ND
五氯硝基苯 Pentachloronitrobenzene	20	ND
五氯苯酚 Pentachlorophenol	50	3 300
乙酰对胺苯乙醚 Phenacetin	20	ND
菲 Phenanthrene	10	660
苯巴比妥 Phenobarbital	10	ND
苯酚 Phenol	10	660
1,4-苯乙胺 1,4-Phenylenediamine	10	ND
甲拌磷 Phorate	10	ND
裕必松 Phosalone	100	ND
亚胺硫磷 Phosmet	40	ND
磷胺 Phosphamidon	100	ND
邻苯二甲酸酐 Phthalic anhydride	100	ND
2-甲基吡啶 2-Picoline	ND	ND
胡椒砜 Piperonyl sulfoxide	100	ND
戊炔草胺 Pronamide	10	ND
丙基硫脲嘧啶 Propylthiouracil	100	ND
芘 Pyrene	10	660

化合物	估计的定量限[a]	
	地下水/（μg/L）	低土/沉淀物[b]/（μg/kg）
嘧啶 Pyridine	ND	ND
间苯二酚 Resorcinol	100	ND
黄樟油精 Safrole	10	ND
番木鳖碱 Strychnine	40	ND
菜草畏 Sulfallate	10	ND
托福松 Terbufos	20	ND
1,2,4,5-四氯苯 1,2,4,5-Tetrachlorobenzene	10	ND
2,3,4,6-四氯苯酚 2,3,4,6-Tetrachlorophenol	10	ND
杀虫畏 Tetrachlorvinphos	20	ND
四乙基焦磷酸酯 Tetraethyl pyrophosphate	40	ND
硫酸嗪 Thionazine	20	ND
硫酸酚 Thiophenol（Benzenethiol）	20	ND
邻甲苯胺 *o* - Toluidine	10	ND
1,2,4-三氯苯 1,2,4-Trichlorobenzene	10	660
2,4,5-三氯酚 2,4,5-Trichlorophenol	10	660
2,4,6-三氯苯酚 2,4,6-Trichlorophenol	10	660
氟乐灵 Trifluralin	10	ND
2,4,5-三甲基苯胺 2,4,5-Trimethylaniline	10	ND
三甲基磷酸酯 Trimethyl phosphate	10	ND
1,3,5-三硝基苯 1,3,5-Trinitrobenzene	10	ND
三（2,3-二溴丙基）磷酸酯 Tris（2,3-dibromopropyl）phosphate	200	ND
三对甲苯基磷酸酯（h）Tri - *p* - tolyl phosphate（h）	10	ND
硫代磷酸三甲酯 *O,O,O* - Triethyl phosphorothioate	NT	ND

注：a. 样品的定量限高度依赖于基质。

b. 列举的定量限可以提供一个指导但不是总是正确的。土/沉淀的定量限是基于湿重的。通常，数据是在干重为基础报告的。因此,如果是基于干重的话，每个样品的定量限会较高。这些定量限是基于 30 g 样品和凝胶色谱清洗的。

ND = 没有测定。

NA = 不适用。

NT = 没有测定。

其他基质影响因子：

用超声提取高浓度土壤和淤泥：7.5

无水易混合废物：75

c. 定量限=（低土/淤泥定量限）×（影响因子）

替代情况：本标准代替 GB 5085.3—1996

发布时间：2007-04-25

实施时间：2007-10-01

3.2.32 对硝基氯苯

3.2.32.1 固体废物 非挥发性化合物的测定 高效液相色谱/热喷雾/质谱或紫外法（GB 5085.3—2007 附录 L）

标准名称：固体废物 非挥发性化合物的测定 高效液相色谱/热喷雾/质谱或紫外法

英文名称： Solid wastes - Determination of nonvolatility compounds - HPLC/TS/MS or UV detector

标准编号： 危险废物鉴别标准 浸出毒性鉴别 GB 5085.3—2007 附录 L

适用范围： 本方法适用于固体废物中分散红 1、分散红 5、分散红 13、分散黄 5、分散橙 3、分散橙 30、分散棕 1、溶剂红 3、溶剂红 23 等 9 种偶氮染料；分散蓝 3、分散蓝 14、分散红 60、香豆素染料等 4 种蒽醌染料；荧光增白剂 61、荧光增白剂 236 等 2 种荧光增白剂；咖啡因、士的宁等 2 种生物碱；灭多威、久效威、伐灭磷、磺草灵、敌敌畏、乐果、乙拌磷、丰索磷、脱叶亚磷、甲基对硫磷、久效磷、二溴磷、甲拌磷、敌百虫、三（2,3-二溴丙基）磷酸酯等 15 种有机磷化合物；毛草枯、麦草畏、2,4 - 滴、2 甲 4 氯、2 甲四氯丙酸、2,4-滴丙酸、2,4,5-涕、2,4,5-涕丙酸、地乐酚、2,4-滴丁酸、2,4-滴丁氧基乙醇酯、2,4-滴乙基己基酯、2,4,5-涕丁酯、2,4,5-涕丁氧基乙醇酯等 14 种氯苯氧基酸化合物；涕灭威、涕灭威砜、涕灭威亚砜、灭害威、燕麦灵、苯菌灵、除草定、恶虫威、甲萘威、多菌灵、3-羟基克百威、克百威、枯草隆、氯苯胺灵、敌草隆、非草隆、伏草隆、利谷隆、灭虫威、灭多威、兹克威、灭草隆、草不隆、杀线威、毒鞍、苯胺灵、残杀威、环草隆、丁唑隆 29 种氨基甲酸酯化合物（共 75 种化合物）的测定。

可用热喷雾/质谱法分析的化合物为分散偶氮染料、次甲基染料、芳甲基染料、香豆素染料、蒽醌染料、氧杂蒽染料、阻燃剂、氨基甲酸酯、生物碱、芳香脲、酰胺、胺、氨基酸、有机磷化合物、氯苯氧基酸化合物。

替代情况： 本标准代替 GB 5085.3—1996

发布时间： 2007-04-25

实施时间： 2007-10-01

3.2.33 2,4-二硝基氯苯

3.2.33.1 固体废物 非挥发性化合物的测定 高效液相色谱/热喷雾/质谱或紫外法（GB 5085.3—2007 附录 L）

详见本章 3.2.32.1

3.2.34 五氯酚及五氯酚钠（以五氯酚计）

3.2.34.1 固体废物 非挥发性化合物的测定 高效液相色谱/热喷雾/质谱或紫外法（GB 5085.3—2007 附录 L）

详见本章 3.2.32.1

3.2.35 苯酚

3.2.35.1 固体废物 半挥发性有机化合物的测定 气相色谱/质谱法（GB 5085.3—2007 附录 K）

详见本章 3.2.31.1

3.2.36 2,4-二氯苯酚

3.2.36.1 固体废物 半挥发性有机化合物的测定 气相色谱/质谱法（GB 5085.3—2007 附录 K）

详见本章 3.2.31.1

3.2.37 2,4,6-三氯苯酚（3-氯苯酚）

3.2.37.1 固体废物 半挥发性有机化合物的测定 气相色谱/质谱法（GB 5085.3—2007 附录 K）

详见本章 3.2.31.1

3.2.38 苯并[*a*]芘

3.2.38.1 固体废物 半挥发性有机化合物的测定 气相色谱/质谱法（GB 5085.3—2007 附录 K）

详见本章 3.2.31.1

3.2.38.2 固体废物 半挥发性有机化合物（PAHs 和 PCBs）的测定 热提取气相色谱/质谱法（GB 5085.3—2007 附录 M）

标准名称：固体废物 半挥发性有机化合物（PAHs 和 PCBs）的测定 热提取气相色谱/质谱法

英文名称：Solid wastes - Determination of semivolatile organic compounds（PAHs and PCBs）- Thermal extraction/gas chromatography/mass spectrometry（TE/GC/MS）

标准编号：危险废物鉴别标准 浸出毒性鉴别 GB 5085.3—2007 附录 M

适用范围：本方法适用于固体废物中苊、苊烯、蒽、苯并[*a*]蒽、苯并[*a*]芘、苯并[*b*]荧蒽、苯并[*g,h,i*]苝、苯并[*k*]荧蒽、4-溴苯基-苯基醚、1-氯代苯、䓛、氧芴、二苯并[*a,h*]蒽、硫芴、荧蒽、芴、六氯苯、茚并[1,2,3-*c,d*]芘、萘、菲、芘、1,2,4-三氯代苯、2-氯联苯、3,3′-二氯联苯胺、2,2′,5-三氯联苯、2,3′,5-三氯联苯、2,4′,5-三氯联苯、2,2′,5,5′-四氯联苯、2,2′,4,5′-四氯联苯、2,2′,3,5′-四氯联苯、2,3′,4,4′-四氯联苯、2,2′,4,5,5′-五氯联苯、2,3′,4,4′,5-五氯联苯、2,2′,3,4,4′,5′-六氯联苯、2,2′,3,4′,5,5′,6-七氯联苯、2,2′,3,3′,4,4′-六氯联苯、2,2′,3,4,4′,5,5′-七氯联苯、2,2′,3,3′,4,4′,5-七氯联苯、2,2′,3,3′,4,4′,5,5′-八氯联苯、2,2′,3,3′,4,4′,5,5′,6-九氯联苯、2,2′,3,3′,4,4′,5,5′,6,6′-十氯联苯等多氯联苯（PCBs）和多环芳烃（PAHs）化合物的热提取气相色谱质谱法测定。

在土壤和沉淀物中方法的评估定量限（EQL）对于 PAH 化合物来说为 1.0 mg/kg（干重）（对于 PCB 化合物来说为 0.2 mg/kg）；而在潮湿的底泥和其他固体垃圾中 EQL 为 75 mg/kg（取决于水和溶质）。然而通过调整校准线或者在样品干扰因素较小的情况下引入大尺寸样品可以使 EQL 降低，随着本方法的发展，可探测到上述化合物界限含量为 0.01～0.5 mg/kg（干燥样品）。

替代情况：本标准代替 GB 5085.3—1996

发布时间：2007-04-25

实施时间：2007-10-01

3.2.39 邻苯二甲酸二丁酯

3.2.39.1 固体废物 半挥发性有机化合物的测定 气相色谱/质谱法（GB 5085.3—2007 附录 K）

详见本章 3.2.31.1

3.2.40 邻苯二甲酸二辛酯

3.2.40.1 固体废物 非挥发性化合物的测定 高效液相色谱/热喷雾/质谱或紫外法（GB 5085.3—2007 附录 L）

详见本章 3.2.32.1

3.2.41 苯

3.2.41.1 固体废物 挥发性有机化合物的测定 气相色谱/质谱法（GB 5085.3—2007 附录 O）

标准名称：固体废物 挥发性有机化合物的测定 气相色谱/质谱法

英文名称：Solid wastes - Determination of VOCs - Gas Chromatography/ Mass Spectrometry（GC/MS）

标准编号：危险废物鉴别标准 浸出毒性鉴别 GB 5085.3—2007 附录 O

适用范围：本方法适用于固体废物中挥发性有机化合物的气相色谱/质谱的测定方法。本方法几乎可以应用于所有种类的样品测试，无需考虑水分含量，包括各种气体捕集基质，地下水及地表水，软泥，腐蚀性液体，酸性液体，废弃溶剂，油性废弃物，奶油制品，焦油，纤维废弃物，聚合乳状液，过滤性物质，废弃碳化合物，废弃催化剂，土壤及沉积物。下列物质可由该方法进行测定：丙酮、乙腈、丙烯醛、丙烯腈、丙烯醇、烯丙基氯、苯、氯苯、双（2-氯乙基）硫醚（芥子气）、溴丙酮、溴氯甲烷、二氯溴甲烷、4-溴氟苯、溴仿、溴化甲烷、正丁醇、2-丁酮、叔-丁醇、二硫化碳、四氯化碳、水合氯醛、二溴氯代甲烷、氯代乙烷、2-氯乙醇、2-氯乙基-乙烯基醚、氯仿、氯甲烷、氯丁二烯、3-氯丙腈、巴豆醛、1,2-二溴-3-氯丙烷、1,2-二溴乙烷、二溴乙烷、1,2-二氯苯、1,3-二氯苯、1,4-二氯苯、氘代 1,4-二氯苯、顺式-1,4-二氯-2-丁烯、反式-1,4-二氯-2-丁烯、二氯二氟甲烷、1,1-二氯乙烷、1,2-二氯乙烷、氘代 1,2-二氯乙烷、1,1-二氯乙烯、反式-1,2-二氯乙烯、1,2-二氯丙烷、1,3-二氯-2-丙醇、顺式-1,3-二氯丙烯、反式-1,3-二氯丙烯、1,2,3,4-二环氧丁烷、二乙醚、1,4-二氟苯、1,4-二氧杂环乙烷、表氯醇、乙醇、乙酸乙酯、乙基苯、环氧乙烷、甲基丙烯酸乙酯、氟苯、六氯丁二烯、六氯乙烷、2-已酮、2-羟基丙腈、碘代甲烷、异丁醇、异丙基苯、丙二腈、甲基丙烯腈、甲醇、二氯甲烷、甲基丙烯酸甲酯、4-甲基-2-戊酮、萘、硝基苯、2-硝基丙烷、*N*- 亚硝基-二-正丁基胺、三聚乙醛、五氯乙烷、2-戊酮、2-甲基吡啶、1-丙醇、2-丙醇、炔丙醇、β - 丙基丙酮、丙烯腈、正丙基胺、吡啶、苯乙烯、1,1,1,2-四氯乙烷、1,1,2,2-四氯乙烷、四氯乙烯、甲苯、氘代甲苯、邻甲苯胺、1,2,4-三氯苯、1,1,1-三氯乙烷、1,1,2-三氯乙烷、三氯乙烯、三氯氟代甲烷、1,2,3-三氯丙烷、乙酸乙酯、氯乙烯、邻二甲苯、间二甲苯、对二甲苯。

许多技术可以将这些物质转入到 GC/MS 系统中进行分析。分析固体样品和液体样品时，应用静态顶空和吹扫捕集技术。

下列物质同样可以应用此方法进行分析：溴苯 1,3-二氯丙烷、正丁基苯 2,2-二氯丙烷、*sec*-丁基苯、1,1-二氯丙烷、*t*- 丁基苯、*p*- 异丙醇甲苯、氯代乙腈、甲基丙烯酸酯、1-氯丁烷、甲基 *t*-丁基醚、1-氯已烷、五氟苯、2-氯甲苯、正丙基苯、4-氯甲苯、1,2,3-三氯苯、二溴氟代甲烷、1,2,4-三甲基苯、顺式-1,2-二氯乙烯、1,3,5-三甲基苯。

本方法应用于定量分析大多数沸点低于 200℃的挥发性有机化合物。对于某一特定物质的定量检出限（EQL）在一定程度上依赖于仪器及样品预处理/样品导入方法的选择。对于标准的四极杆仪器及吹扫捕集技术，土壤/沉积物样品的检出限应该为约 5 μg/kg（净重），废物的为 0.5 mg/kg（净重），地下水为 5 μg/L。如果应用离子阱质谱仪或其他改良的仪器，检出限可能更低。但是不管使用何种仪器，对于样品提取物和那些需要稀释的样品或为避免检测器的信号饱和而不得不减少体积的样品，EQL 都会成比例的增加。

替代情况：本标准代替 GB 5085.3—1996

发布时间：2007-04-25

实施时间： 2007-10-01

3.2.41.2 固体废物 芳香族及含卤挥发物的测定 气相色谱法（GB 5085.3—2007 附录 P）

标准名称： 固体废物 芳香族及含卤挥发物的测定 气相色谱法

英文名称： Solid wastes - Determination of aromatic and halogenated volatiles - Gas chromatography

标准编号： 危险废物鉴别标准 浸出毒性鉴别 GB 5085.3—2007 附录 P

适用范围： 本方法适用于固体废物中芳香族及含卤挥发物含量的气相色谱的测定。本方法可应用于几乎所有种类的样品，对于不同含水量的样品均适用，包括：地下水，含水淤泥，腐蚀性液体，酸液，废水溶液，废油，多泡液体，焦油（沥青，柏油），含纤维的废弃物，聚合物乳液，滤饼，废活性炭，废催化剂，土壤以及沉积物。

下列化合物可以用本方法检测：烯丙基氯、苯、苄基氯、二（2-氯异丙基）醚、溴丙酮、溴苯、溴氯甲烷、一溴二氯甲烷、三溴甲烷、甲基溴（一溴甲烷）、四氯化碳、氯苯、一氯二溴甲烷、氯代乙烷、2-氯乙醇、2-氯乙基乙烯醚、氯仿、氯甲基甲醚、氯丁二烯、甲基氯（氯代甲烷）、4-氯甲苯、1,2-二溴-3-氯丙烷、1,2-二溴乙烷、二溴甲烷、1,2-二氯苯、1,3-二氯苯、1,4-二氯苯、二氯二氟甲烷、1,2-二溴-3-氯丙烷、1,2-二溴乙烷、1,1-二氯乙烷、1,2-二氯乙烷、1,1-二氯乙烯、顺-1,2-二氯乙烯、反-1,2-二氯乙烯、1,2-二氯丙烷、1,3-二氯-2-丙醇、顺-1,3-二氯丙烯、反-1,3-二氯丙烯、表氯醇、乙苯、六氯丁二烯、二氯甲烷、萘、苯乙烯、1,1,1,2-四氯乙烷、1,1,2,2-四氯乙烷、四氯乙烯、甲苯、1,2,4-三氯苯、1,1,1-三氯乙烷、1,1,2-三氯乙烷、三氯乙烯三氯氟甲烷、1,2,3-三氯丙烷、氯乙烯、邻二甲苯、间二甲苯、对二甲苯。

本方法对各种物质的检测限（MDLs）见标准原文表 P.1。实际应用时，该方法适用的浓度范围大致为 0.1～200 μg/L。对单个化合物，本方法的评估定量值（EQLs）大致如下：对固体废物的质量分数（湿重），为 0.1 mg/kg；对土壤或沉积物样品的质量分数（湿重），为 1 μg/kg（湿重）；地下水的 EQLs 见表 P.2。对于萃取后的样品和需要稀释以防超出检测器检测上限的样品，EQLs 将相应的成比例增大。

本方法也可用于检测下列化合物：正丁基苯、异丁基苯、叔丁基苯、2-氯甲苯、1,3-二氯丙烷、2,2-二氯丙烷、1,1-二氯丙烯、异丙基苯、对-异丙基甲苯、正-丙基苯、1,2,3-三氯代苯、1,2,4-三甲基苯、1,3,5-三甲基苯。

替代情况： 本标准代替 GB 5085.3—1996

发布时间： 2007-04-25

实施时间： 2007-10-01

3.2.41.3 固体废物 挥发性有机物的测定 平衡顶空法（GB 5085.3—2007 附录 Q）

标准名称： 固体废物 挥发性有机物的测定 平衡顶空法

英文名称： Solid wastes - Determination of volatile organic compounds - Equlibrium headspace analysis

标准编号： 危险废物鉴别标准 浸出毒性鉴别 GB 5085.3—2007 附录 Q

适用范围： 本方法是一种普遍适用的从土壤、沉积物和固体废物中制备挥发性有机物（VOCs）样品用于气相色谱（GC）或气相色谱/质谱联用（GC/MS）检测的方法。

具有足够的挥发性的化合物可以使用平衡顶空法有效地从土壤样品中分离出来,包括：苯、一溴一氯甲烷、一溴二氯甲烷、三溴甲烷、甲基溴、四氯化碳、氯苯、一氯乙烷、三氯甲烷、甲基氯、二溴一氯甲烷、1,2-二溴-3-氯丙烷、1,2-二溴乙烷、二溴甲烷、1,2-二氯苯、1,3-二氯苯、1,4-二氯苯、二氯二氟甲烷、1,1-二氯乙烷、1,2-二氯乙烷、1,1-二氯乙烯、反-1,2-二氯乙烯、1,2-二氯丙烷、乙苯、六氯丁二烯、二氯甲烷、萘、苯乙烯、1,1,1,2-四氯乙烷、1,1,2,2-四氯乙烷、四氯乙烯、甲苯、1,2,4-三氯苯、1,1,1-三氯乙烷、1,1,2-三氯乙烷、三氯乙烯、三氯一氟甲烷、1,2,3-三氯丙烷、氯乙烯、邻二甲苯、间二甲苯、对二甲苯。

本方法的检测质量分数范围为 10～200 μg/kg。

下列化合物也可用本方法进行分析，或作为替代物使用：溴苯、正丁基苯、仲丁基苯、叔丁基苯、2-氯甲苯、4-氯甲苯、顺-1,2-二氯乙烯、1,3-二氯丙烷、2,2-二氯丙烷、1,1-二氯丙烷、异丙基苯、4-异丙基甲苯、正丙基苯、1,2,3-三氯苯、1,2,4-三甲基苯、1,3,5-三甲基苯。

本方法也可用作一个自动进样装置，作为筛分含有易挥发性有机物样品的手段。

本方法也可用于在此方法条件下可以有效地从土壤基质中分离出来的其他化合物。此法也可用于其他基质中的目标被测物。对于土壤中含量超过 1%的有机物或者辛醇/水分配系数高的化合物，平衡顶空法测得的结果可能会略低于动态吹扫法或者先甲醇提取再动态吹扫法得到的结果。

替代情况：本标准代替 GB 5085.3—1996

发布时间：2007-04-25

实施时间：2007-10-01

3.2.41.4　固体废物　挥发性有机物的测定　顶空/气相色谱-质谱法（HJ 643—2013）

标准名称：固体废物　挥发性有机物的测定　顶空/气相色谱-质谱法

英文名称：Solid waste -Determination of volatile organic compounds-Headspace-gas chromatography/mass method

标准编号：HJ 643—2013

适用范围：本标准规定了测定固体废物中挥发性有机物的顶空/气相色谱-质谱法。

本标准适用于固体废物和固体废物浸出液中 36 种挥发性有机物的测定。若通过验证本标准也可适用于其他挥发性有机物的测定。

固体废物样品量为 2 g 时，36 种目标化合物的方法检出限为 0.8～4 μg/kg，测定下限为 4～15 μg/kg。固体废物浸出液体积为 10 ml 时，36 种目标化合物的方法检出限为 0.1～0.3 μg/L，测定下限为 0.4～2 μg/L。详见标准原文附录 A。

替代情况：/

发布时间：2013-01-21

实施时间：2013-07-01

3.2.42　甲苯

3.2.42.1　固体废物　挥发性有机化合物的测定　气相色谱/质谱法（GB 5085.3—2007 附录 O）

详见本章 3.2.41.1

3.2.42.2　固体废物　芳香族及含卤挥发物的测定　气相色谱法（GB 5085.3—2007 附录 P）

详见本章 3.2.41.2

3.2.42.3　固体废物　挥发性有机物的测定　平衡顶空法（GB 5085.3—2007 附录 Q）

详见本章 3.2.41.3

3.2.42.4　固体废物　挥发性有机物的测定　顶空/气相色谱—质谱法（HJ 643—2013）

详见本章 3.2.41.4

3.2.43 乙苯

3.2.43.1 固体废物 芳香族及含卤挥发物的测定 气相色谱法（GB 5085.3—2007 附录 P）

详见本章 3.2.41.2

3.2.43.2 固体废物 挥发性有机物的测定 顶空/气相色谱—质谱法（HJ 643—2013）

详见本章 3.2.41.4

3.2.44 二甲苯

3.2.44.1 固体废物 挥发性有机化合物的测定 气相色谱/质谱法（GB 5085.3—2007 附录 O）

详见本章 3.2.41.1

3.2.44.2 固体废物 芳香族及含卤挥发物的测定 气相色谱法（GB 5085.3—2007 附录 P）

详见本章 3.2.41.2

3.2.44.3 固体废物 挥发性有机物的测定 顶空/气相色谱—质谱法（HJ 643—2013）

详见本章 3.2.41.4

3.2.45 氯苯

3.2.45.1 固体废物 挥发性有机化合物的测定 气相色谱/质谱法（GB 5085.3—2007 附录 O）

详见本章 3.2.41.1

3.2.45.2 固体废物 芳香族及含卤挥发物的测定 气相色谱法（GB 5085.3—2007 附录 P）

详见本章 3.2.41.2

3.2.45.3 固体废物 挥发性有机物的测定 顶空/气相色谱-质谱法（HJ 643—2013）

详见本章 3.2.41.4

3.2.46 1,2-二氯苯

3.2.46.1 固体废物 半挥发性有机化合物的测定 气相色谱/质谱法（GB 5085.3—2007 附录 K）

详见本章 3.2.31.1

3.2.46.2 固体废物 挥发性有机化合物的测定 气相色谱/质谱法（GB 5085.3—2007 附录 O）

详见本章 3.2.41.1

3.2.46.3 固体废物 芳香族及含卤挥发物的测定 气相色谱法（GB 5085.3—2007 附录 P）

详见本章 3.2.41.2

3.2.46.4 固体废物 含氯烃类化合物的测定 气相色谱法（GB 5085.3—2007 附录 R）

标准名称：固体废物 含氯烃类化合物的测定 气相色谱法

英文名称：Solid wastes - Determination of chlorinated hydrocarbons - Gas chromatography

标准编号：危险废物鉴别标准 浸出毒性鉴别 GB 5085.3—2007 附录 R

适用范围：本方法规定了环境样品和废物提取液中含氯烃类化合物含量的气相色谱测定方法，可以使用单柱/单检测器或多柱/多检测器。该方法适用于以下化合物：亚苄基二氯、三氯甲苯、苄基氯、2-氯萘、1,2-二氯苯、1,3-二氯苯、1,4-二氯苯、六氯苯、六氯丁二烯、α- 六六六、β- 六六六、γ- 六六六、δ- 六六六、六氯环戊二烯、六氯乙烷、五氯苯、1,2,3,4-四氯苯、1,2,4,5-四氯苯、1,2,3,5-四氯苯、1,2,4-三氯苯、1,2,3-三氯苯、1,3,5-三氯苯。

标准原文表 R.1 列出了对于无有机污染的水基质中各种化合物的方法检测限（MDL）。由于样品基质中存在干扰，因而特殊样品中化合物的检测限可能不同于标准原文表 R.1。标准原文表 R.2 列出了对于其他基质的定量限评估值（EQL）。

替代情况：本标准代替 GB 5085.3—1996

发布时间：2007-04-25

实施时间：2007-10-01

3.2.46.5 固体废物 挥发性有机物的测定 顶空/气相色谱-质谱法（HJ 643—2013）

详见本章 3.2.41.4

3.2.47 1,4-二氯苯

3.2.47.1 固体废物 半挥发性有机化合物的测定 气相色谱/质谱法（GB 5085.3—2007 附录 K）

详见本章 3.2.31.1

3.2.47.2 固体废物 挥发性有机化合物的测定 气相色谱/质谱法（GB 5085.3—2007 附录 O）

详见本章 3.2.41.1

3.2.47.3 固体废物 芳香族及含卤挥发物的测定 气相色谱法（GB 5085.3—2007 附录 P）

详见本章 3.2.41.2

3.2.47.4 固体废物 含氯烃类化合物的测定 气相色谱法（GB 5085.3—2007 附录 R）

详见本章 3.2.46.4

3.2.47.5 固体废物 挥发性有机物的测定 顶空/气相色谱-质谱法（HJ 643—2013）

详见本章 3.2.41.4

3.2.48 丙烯腈

3.2.48.1 固体废物 挥发性有机化合物的测定 气相色谱/质谱法（GB 5085.3—2007 附录 O）

详见本章 3.2.41.1

3.2.49 三氯甲烷

3.2.49.1 固体废物 挥发性有机物的测定 平衡顶空法（GB 5085.3—2007 附录 Q）

详见本章 3.2.41.3

3.2.49.2 固体废物 挥发性有机物的测定 顶空/气相色谱-质谱法（HJ 643—2013）

详见本章 3.2.41.4

3.2.50 三氯乙烯

3.2.50.1 固体废物 挥发性有机物的测定 平衡顶空法（GB 5085.3—2007 附录 Q）

详见本章 3.2.41.3

3.2.50.2 固体废物 挥发性有机物的测定 顶空/气相色谱-质谱法（HJ 643—2013）

详见本章 3.2.41.4

3.2.51 四氯乙烯

3.2.51.1 固体废物 挥发性有机物的测定 平衡顶空法（GB 5085.3—2007 附录 Q）

详见本章 3.2.41.3

3.2.51.2 固体废物 挥发性有机物的测定 顶空/气相色谱-质谱法（HJ 643—2013）

详见本章 3.2.41.4

3.2.52 四氯化碳

3.2.52.1 固体废物 挥发性有机物的测定 平衡顶空法（GB 5085.3—2007 附录 Q）

详见本章 3.2.41.3

3.2.52.2 固体废物 挥发性有机物的测定 顶空/气相色谱-质谱法（HJ 643—2013）

详见本章 3.2.41.4

3.2.53 易燃性

3.2.53.1 闪点的测定 宾斯基-马丁闭口杯法（GB/T 261—2008）

标准名称：闪点的测定 宾斯基-马丁闭口杯法

英文名称：Determination of flash point - Pensky - Martens closed cup method

标准编号：GB/T 261—2008

适用范围：

（1）本标准规定了用宾斯基-马丁闭口闪点试验仪测定可燃液体、带悬浮颗粒的液体、在实验条件下趋于成膜的液体和其他液体闪点的方法。本标准适用于闪点高于 40℃的样品。

注 1：煤油的闪点在 40℃以上，虽然也可使用本标准，但一般情况下煤油的闪点按照 ISO 13736 进行测定。通常未用过润滑油的闪点按照 GB/T 3536 进行测定。

注 2：闪点在 40℃以下的喷气燃料也可使用本标准进行测定，但精密度未经验证。

（2）本标准的试验步骤包括步骤 A 和步骤 B 两个部分。

① 步骤 A 适用于表面不成膜的油漆和清漆、未用过润滑油及不包含在步骤 B 之内的其他石油产品。

② 步骤 B 适用于残渣燃料油、稀释沥青、用过润滑油、表面趋于成膜的液体、带悬浮颗粒的液体及高粘稠材料（例如聚合物溶液和粘合剂）。

注：在监控润滑油系统时，为了进行未用过润滑油与用过润滑油闪点的比较，也可以用步骤 A 来测定用过润滑油的闪点，但本标准的精密度仅适用于步骤 B。

（3）本标准不适用于含水油漆或高挥发性材料的液体。

注 1：含水油漆的闪点可用 GB/T 7634 进行测定；含高挥发性材料液体的闪点可用 ISO 1523 或 GB/T 7634 进行测定。

注 2：本标准精密度数据仅在原文第 13 章所述的闪点范围内有效。

替代情况：本标准代替 GB/T 261—1983

发布时间：2008-08-25

实施时间：2009-02-01

3.2.53.2 易燃固体危险货物危险特性检验安全规范（GB 19521.1—2004）

标准名称：易燃固体危险货物危险特性检验安全规范

英文名称：Safety code for inspection of hazardous properties for dangerous goods of flammables olid

标准编号：GB 19521.1—2004

适用范围：本标准规定了易燃固体危险货物的要求、试验和检验规则。

本标准适用于易燃固体危险货物危险特性的检验。

替代情况：/

发布时间：2004-05-20

实施时间：2004-11-01

3.2.53.3 易燃气体危险货物危险特性检验安全规范（GB 19521.3—2004）

标准名称：易燃气体危险货物危险特性检验安全规范

英文名称：Safety code for inspection of hazardous properties for dangerous goods of flammable gas

标准编号：GB 19521.3—2004

适用范围：本标准规定了易燃气体危险货物的要求、试验和检验规则。

本标准适用于对易燃气体危险货物危险特性的检验。

替代情况：/

发布时间：2004-05-20

实施时间：2004-11-01

3.2.54 反应性

3.2.54.1 民用爆炸品危险货物危险特性检验安全规范（GB 19455—2004）

标准名称：民用爆炸品危险货物危险特性检验安全规范

英文名称：Safety code for inspection of hazardous properties for dangerous of civil explosives

标准编号：GB 19455—2004

适用范围：本标准规定了民用爆炸品危险特性的分类、要求、试验、代码和标签、检验规则。

本标准适用于民用爆炸品危险货物危险特性的检验。

本标准不适用于对下述货物危险性的检验：

—— 军用爆炸品的危险性；

—— 在生产过程中的爆炸品的危险性；

—— 无包装的爆炸物质在运输中的危险性；

—— 因受静电或电磁场的影响所造成的危险性；

—— 因操作不当或违章操作所引起的危险性；

—— 其他非正常运输条件下的特殊危险性。

替代情况：/

发布时间：2004-03-04

实施时间：2004-10-01

3.2.54.2 遇水放出易燃气体危险货物危险特性检验安全规范（GB 19521.4—2004）

标准名称：遇水放出易燃气体危险货物危险特性检验安全规范

英文名称：Safety code for inspection of hazardous properties for dangerous good of substances which in contact with water emit flammable gases

标准编号： GB 19521.4—2004

适用范围： 本标准规定了遇水放出易燃气体危险货物的要求、试验和检验规则。

本标准适用于遇水放气物质运输包装类别的判定。

本标准不适用于发火物质。

替代情况： /

发布时间： 2004-05-20

实施时间： 2004-11-01

3.2.54.3 固体废物遇水反应性的测定（GB 5085.5—2007 附录 A）

标准名称： 固体废物遇水反应性的测定

英文名称： Solid Waste - Determination of the reactivity with water

标准编号： 危险废物鉴别标准　反应性鉴别 GB 5085.5—2007 附录 A

适用范围： 本方法规定了与酸溶液接触后氢氰酸和硫化氢的比释放率的测定方法。

本方法适用于遇酸后不会形成爆炸性混合物的所有废物。

本方法只检测在实验条件下产生的氢氰酸和硫化氢。

替代情况： /

发布时间： 2007-04-25

实施时间： 2007-10-01

3.2.54.4 氧化性危险货物危险特性检验安全规范（GB 19452—2004）

标准名称： 氧化性危险货物危险特性检验安全规范

英文名称： Safety code for inspection of hazardous properties for dangerous goods of oxidizing substances

标准编号： GB 19452—2004

适用范围： 本标准规定了氧化性危险货物的要求、试验、标记和标签、检验规则。

本标准适用于氧化性危险货物的危险特性检验。

替代情况： /

发布时间： 2004-03-04

实施时间： 2004-10-01

3.2.54.5 有机过氧化物危险货物危险特性检验安全规范（GB 19521.12—2004）

标准名称： 有机过氧化物危险货物危险特性检验安全规范

英文名称： Safety code for inspection of hazardous properties for dangerous goods of organic peroxides

标准编号： GB 19521.12—2004

适用范围： 本标准规定了有机过氧化物危险货物的分类、要求、试验和检验规则。

本标准适用于有机过氧化物危险货物危险特性及适用包装类别的检验。

替代情况： /

发布时间： 2004-05-20

实施时间： 2004-11-01

3.2.55 苯硫酚

3.2.55.1 固体废物 半挥发性有机化合物的测定 气相色谱/质谱法（GB 5085.3—2007 附录 K）

详见本章 3.2.31.1

3.2.56 丙酮氰醇

3.2.56.1 固体废物 挥发性有机化合物的测定 气相色谱/质谱法（GB 5085.3—2007 附录 O）

详见本章 3.2.41.1

3.2.57 丙烯醛

3.2.57.1 固体废物 挥发性有机化合物的测定 气相色谱/质谱法（GB 5085.3—2007 附录 O）

详见本章 3.2.41.1

3.2.58 丙烯酸

3.2.58.1 固体废物 有机磷化合物的测定 气相色谱法（GB 5085.3—2007 附录 I）

详见本章 3.2.23.1

3.2.59 虫螨威

3.2.59.1 固体废物 半挥发性有机化合物的测定 气相色谱/质谱法（GB 5085.3—2007 附录 K）

详见本章 3.2.31.1

3.2.59.2 固体废物 *N*- 甲基氨基甲酸酯的测定 高效液相色谱法（GB 5085.6—2007 附录 H）

标准名称：固体废物 *N*- 甲基氨基甲酸酯的测定 高效液相色谱法

英文名称：/

标准编号：危险废物鉴别标准 毒性物质含量鉴别 GB 5085.6—2007 附录 H

适用范围：本方法适用于土壤、水体和废物介质中涕灭威 Aldicarb（Temik），涕灭威砜 Aldicarb Sulfone，西维因 Carbaryl（Sevin），虫螨威 Carbofuran（Furadan），二氧威 Dioxacarb，3-羟基虫螨威 3-Hydroxycarbofuran，灭虫威 Methiocarb（Mesurol），灭多威 Methomyl（Lannate），猛杀威 Promecarb，残杀威 Propoxur（Baygon）等 10 种 *N*- 甲基氨基甲酸酯的高效液相色谱测定。

本方法测定了各种目标分析物在无有机物的试剂水体中和土壤中的检测限，见表 15.12。

表 15.12 洗脱顺序，保留时间和检出限

目标分析物	保留时间/min	检出限	
		不含有机物的试剂水/（μg/L）	土壤/（μg/kg）
涕灭威砜 Aldicarb Sulfone	9.59	1.9	44
灭多威 Methomyl（Lannate）	9.59	1.7	12
3-羟基虫螨威 3-Hydroxycarbofuran	12.70	2.6	10
二氧威 Dioxacarb	13.5	2.2	>50
涕灭威 Aldicarb（Temik）	16.05	9.4	12
残杀威 Propoxur（Baygon）	18.06	2.4	17
虫螨威 Carbofuran（Furadan）	18.28	2.0	22

目标分析物	保留时间/min	检出限	
		不含有机物的试剂水/（μg/L）	土壤/（μg/kg）
西维因 Carbaryl（Sevin）	19.13	1.7	31
α - 萘酚α - Naphthol	20.30	—	—
灭虫威 Methiocarb（Mesurol）	22.56	3.1	32
猛杀威 Promecarb	23.02	2.5	17

替代情况：/

发布时间：2007-04-25

实施时间：2007-10-01

3.2.60 碘化汞

3.2.60.1 固体废物 元素的测定 电感耦合等离子体质谱法（GB 5085.3—2007 附录 B）

详见本章 3.2.1.2

3.2.61 碘化铊

3.2.61.1 固体废物 元素的测定 电感耦合等离子体原子发射光谱法（GB 5085.3—2007 附录 A）

详见本章 3.2.2.2

3.2.61.2 固体废物 元素的测定 电感耦合等离子体质谱法（GB 5085.3—2007 附录 B）

详见本章 3.2.1.2

3.2.61.3 固体废物 金属元素的测定 石墨炉原子吸收光谱法（GB 5085.3—2007 附录 C）

详见本章 3.2.2.4

3.2.61.4 固体废物 金属元素的测定 火焰原子吸收光谱法（GB 5085.3—2007 附录 D）

详见本章 3.2.2.5

3.2.62 二硝基邻甲酚

3.2.62.1 固体废物 半挥发性有机化合物的测定 气相色谱/质谱法（GB 5085.3—2007 附录 K）

详见本章 3.2.31.1

3.2.63 二氧化硒

3.2.63.1 固体废物 元素的测定 电感耦合等离子体质谱法（GB 5085.3—2007 附录 B）

详见本章 3.2.1.2

3.2.63.2 固体废物 金属元素的测定 石墨炉原子吸收光谱法（GB 5085.3—2007 附录 C）

详见本章 3.2.2.4

3.2.63.3 固体废物 砷、锑、铋、硒的测定 原子荧光法（GB 5085.3—2007 附录 E）

详见本章 3.2.6.4

3.2.64 甲拌磷

3.2.64.1 固体废物 有机磷化合物的测定 气相色谱法（GB 5085.3—2007 附录 I）

详见本章 3.2.23.1

3.2.64.2 固体废物 半挥发性有机化合物的测定 气相色谱/质谱法（GB 5085.3—2007 附录 K）

详见本章 3.2.31.1

3.2.64.3 固体废物 非挥发性化合物的测定 高效液相色谱/热喷雾/质谱或紫外法（GB 5085.3—2007 附录 L）

详见本章 3.2.32.1

3.2.65 磷胺

3.2.65.1 固体废物 有机磷化合物的测定 气相色谱法（GB 5085.3—2007 附录 I）

详见本章 3.2.23.1

3.2.65.2 固体废物 半挥发性有机化合物的测定 气相色谱/质谱法（GB 5085.3—2007 附录 K）

详见本章 3.2.31.1

3.2.66 硫氰酸汞

3.2.66.1 固体废物 元素的测定 电感耦合等离子体质谱法（GB 5085.3—2007 附录 B）

详见本章 3.2.1.2

3.2.67 氯化汞

3.2.67.1 固体废物 元素的测定 电感耦合等离子体质谱法（GB 5085.3—2007 附录 B）

详见本章 3.2.1.2

3.2.68 氯化硒

3.2.68.1 固体废物 元素的测定 电感耦合等离子体质谱法（GB 5085.3—2007 附录 B）

详见本章 3.2.1.2

3.2.68.2 固体废物 金属元素的测定 石墨炉原子吸收光谱法（GB 5085.3—2007 附录 C）

详见本章 3.2.2.4

3.2.68.3 固体废物 砷、锑、铋、硒的测定 原子荧光法（GB 5085.3—2007 附录 E）

详见本章 3.2.6.4

3.2.69 氯化亚铊

3.2.69.1 固体废物 元素的测定 电感耦合等离子体原子发射光谱法（GB 5085.3—2007 附录 A）

详见本章 3.2.2.2

3.2.69.2 固体废物 元素的测定 电感耦合等离子体质谱法（GB 5085.3—2007 附录 B）

详见本章 3.2.1.2

3.2.69.3 固体废物 金属元素的测定 石墨炉原子吸收光谱法（GB 5085.3—2007 附录 C）

详见本章 3.2.2.4

3.2.69.4 固体废物 金属元素的测定 火焰原子吸收光谱法（GB 5085.3—2007 附录 D）

详见本章 3.2.2.5

3.2.70 灭多威

3.2.70.1 固体废物 非挥发性化合物的测定 高效液相色谱/热喷雾/质谱或紫外法（GB 5085.3—2007 附录 L）

详见本章 3.2.32.1

3.2.70.2 固体废物 *N*- 甲基氨基甲酸酯的测定 高效液相色谱法（GB 5085.6—2007 附录 H）

详见本章 3.2.59.2

3.2.71 氰化钡

3.2.71.1 固体废物 氰根离子和硫离子的测定 离子色谱法（GB 5085.3—2007 附录 G）

详见本章 3.2.19.1

3.2.72 氰化钙

3.2.72.1 固体废物 氰根离子和硫离子的测定 离子色谱法（GB 5085.3—2007 附录 G）

详见本章 3.2.19.1

3.2.73 氰化汞

3.2.73.1 固体废物 氰根离子和硫离子的测定 离子色谱法（GB 5085.3—2007 附录 G）

详见本章 3.2.19.1

3.2.74 氰化钾

3.2.74.1 固体废物 氰根离子和硫离子的测定 离子色谱法（GB 5085.3—2007 附录 G）

详见本章 3.2.19.1

3.2.75 氰化钠

3.2.75.1 固体废物 氰根离子和硫离子的测定 离子色谱法（GB 5085.3—2007 附录 G）

详见本章 3.2.19.1

3.2.76 氰化锌

3.2.76.1 固体废物 氰根离子和硫离子的测定 离子色谱法（GB 5085.3—2007 附录 G）

详见本章 3.2.19.1

3.2.77 氰化亚铜

3.2.77.1 固体废物 氰根离子和硫离子的测定 离子色谱法（GB 5085.3—2007 附录 G）

详见本章 3.2.19.1

3.2.78 氰化亚铜钠

3.2.78.1 固体废物 氰根离子和硫离子的测定 离子色谱法（GB 5085.3—2007 附录 G）

详见本章 3.2.19.1

3.2.79　氰化银

3.2.79.1　固体废物　氰根离子和硫离子的测定　离子色谱法（GB 5085.3—2007 附录 G）
详见本章 3.2.19.1

3.2.80　三碘化砷

3.2.80.1　固体废物　金属元素的测定　石墨炉原子吸收光谱法（GB 5085.3—2007 附录 C）
详见本章 3.2.2.4

3.2.80.2　固体废物　砷、锑、铋、硒的测定　原子荧光法（GB 5085.3—2007 附录 E）
详见本章 3.2.6.4

3.2.81　三氯化砷

3.2.81.1　固体废物　金属元素的测定　石墨炉原子吸收光谱法（GB 5085.3—2007 附录 C）
详见本章 3.2.2.4

3.2.81.2　固体废物　砷、锑、铋、硒的测定　原子荧光法（GB 5085.3—2007 附录 E）
详见本章 3.2.6.4

3.2.82　砷酸钠

3.2.82.1　固体废物　金属元素的测定　石墨炉原子吸收光谱法（GB 5085.3—2007 附录 C）
详见本章 3.2.2.4

3.2.82.2　固体废物　砷、锑、铋、硒的测定　原子荧光法（GB 5085.3—2007 附录 E）
详见本章 3.2.6.4

3.2.83　四乙基铅

3.2.83.1　固体废物　元素的测定　电感耦合等离子体原子发射光谱法（GB 5085.3—2007 附录 A）
详见本章 3.2.2.2

3.2.83.2　固体废物　元素的测定　电感耦合等离子体质谱法（GB 5085.3—2007 附录 B）
详见本章 3.2.1.2

3.2.83.3　固体废物　金属元素的测定　石墨炉原子吸收光谱法（GB 5085.3—2007 附录 C）
详见本章 3.2.2.4

3.2.83.4　固体废物　金属元素的测定　火焰原子吸收光谱法（GB 5085.3—2007 附录 D）
详见本章 3.2.2.5

3.2.84　铊

3.2.84.1　固体废物　元素的测定　电感耦合等离子体原子发射光谱法（GB 5085.3—2007 附录 A）
详见本章 3.2.2.2

3.2.84.2　固体废物　元素的测定　电感耦合等离子体质谱法（GB 5085.3—2007 附录 B）
详见本章 3.2.1.2

3.2.84.3　固体废物　金属元素的测定　石墨炉原子吸收光谱法（GB 5085.3—2007 附录 C）
详见本章 3.2.2.4

3.2.84.4　固体废物　金属元素的测定　火焰原子吸收光谱法（GB 5085.3—2007 附录 D）
详见本章 3.2.2.5

3.2.85　碳氯灵

3.2.85.1　固体废物　半挥发性有机化合物的测定　气相色谱/质谱法（GB 5085.3—2007 附录 K）
详见本章 3.2.31.1

3.2.86　羰基镍

3.2.86.1　固体废物　元素的测定　电感耦合等离子体原子发射光谱法（GB 5085.3—2007 附录 A）
详见本章 3.2.2.2

3.2.86.2　固体废物　元素的测定　电感耦合等离子体质谱法（GB 5085.3—2007 附录 B）
详见本章 3.2.1.2

3.2.86.3　固体废物　金属元素的测定　石墨炉原子吸收光谱法（GB 5085.3—2007 附录 C）
详见本章 3.2.2.4

3.2.86.4　固体废物　金属元素的测定　火焰原子吸收光谱法（GB 5085.3—2007 附录 D）
详见本章 3.2.2.5

3.2.87　涕灭威

3.2.87.1　固体废物　*N*- 甲基氨基甲酸酯的测定　高效液相色谱法（GB 5085.6—2007 附录 H）
详见本章 3.2.59.2

3.2.88　硒化镉

3.2.88.1　固体废物　元素的测定　电感耦合等离子体原子发射光谱法（GB 5085.3—2007 附录 A）
详见本章 3.2.2.2

3.2.88.2　固体废物　元素的测定　电感耦合等离子体质谱法（GB 5085.3—2007 附录 B）
详见本章 3.2.1.2

3.2.88.3　固体废物　金属元素的测定　石墨炉原子吸收光谱法（GB 5085.3—2007 附录 C）
详见本章 3.2.2.4

3.2.88.4　固体废物　金属元素的测定　火焰原子吸收光谱法（GB 5085.3—2007 附录 D）
详见本章 3.2.2.5

3.2.89　硝酸亚汞

3.2.89.1　固体废物　元素的测定　电感耦合等离子体质谱法（GB 5085.3—2007 附录 B）
详见本章 3.2.1.2

3.2.90　溴化亚铊

3.2.90.1　固体废物　元素的测定　电感耦合等离子体原子发射光谱法（GB 5085.3—2007 附录 A）

详见本章 3.2.2.2

3.2.90.2　固体废物　元素的测定　电感耦合等离子体质谱法（GB 5085.3—2007 附录 B）

详见本章 3.2.1.2

3.2.90.3　固体废物　金属元素的测定　石墨炉原子吸收光谱法（GB 5085.3—2007 附录 C）

详见本章 3.2.2.4

3.2.90.4　固体废物　金属元素的测定　火焰原子吸收光谱法（GB 5085.3—2007 附录 D）

详见本章 3.2.2.5

3.2.91　亚碲酸钠

3.2.91.1　固体废物　元素的测定　电感耦合等离子体质谱法（GB 5085.3—2007 附录 B）

详见本章 3.2.1.2

3.2.92　亚砷酸钠

3.2.92.1　固体废物　金属元素的测定　石墨炉原子吸收光谱法（GB 5085.3—2007 附录 C）

详见本章 3.2.2.4

3.2.92.2　固体废物　砷、锑、铋、硒的测定　原子荧光法（GB 5085.3—2007 附录 E）

详见本章 3.2.6.4

3.2.93　烟碱

3.2.93.1　固体废物　半挥发性有机化合物的测定　气相色谱/质谱法（GB 5085.3—2007 附录 K）

详见本章 3.2.31.1

3.2.94　氨基三唑

3.2.94.1　固体废物　杀草强测定　衍生/固相提取/液质联用法（GB 5085.6—2007 附录 I）

标准名称：固体废物　杀草强测定　衍生/固相提取/液质联用法

英文名称：/

标准编号：危险废物鉴别标准　毒性物质含量鉴别 GB 5085.6—2007 附录 I

适用范围：本方法适用于固体废物中杀草强的衍生/固相提取/液质联用法测定。

方法检出限为 0.02 μg/L。

替代情况：/

发布时间：2007-04-25

实施时间：2007-10-01

3.2.95　钯

3.2.95.1　固体废物　元素的测定　电感耦合等离子体质谱法（GB 5085.3—2007 附录 B）

详见本章 3.2.1.2

3.2.96 百草枯

3.2.96.1 固体废物 百草枯和敌草快的测定 高效液相色谱紫外法（GB 5085.6—2007 附录 J）

标准名称：固体废物 百草枯和敌草快的测定 高效液相色谱紫外法

英文名称：/

标准编号：危险废物鉴别标准 毒性物质含量鉴别 GB 5085.6—2007 附录 J

适用范围：本方法适用于固体废物中的百草枯和敌草快（杀草快）的高效液相色谱紫外法测定。本方法检出限分别为：百草枯 0.68 mg/L 和敌草快 0.72 mg/L。

替代情况：/

发布时间：2007-04-25

实施时间：2007-10-01

3.2.97 百菌清

3.2.97.1 固体废物 有机氯农药的测定 气相色谱法（GB 5085.3—2007 附录 H）

详见本章 3.2.20.1

3.2.97.2 固体废物半挥发性有机化合物的测定 气相色谱/质谱法（GB 5085.3—2007 附录 K）

详见本章 3.2.31.1

3.2.98 倍硫磷

3.2.98.1 固体废物 有机磷化合物的测定 气相色谱法（GB 5085.3—2007 附录 I）

详见本章 3.2.23.1

3.2.98.2 固体废物半挥发性有机化合物的测定 气相色谱/质谱法（GB 5085.3—2007 附录 K）

详见本章 3.2.31.1

3.2.99 苯胺

3.2.99.1 固体废物 苯胺及其选择性衍生物的测定 气相色谱法（GB 5085.6—2007 附录 K）

标准名称：固体废物 苯胺及其选择性衍生物的测定 气相色谱法

英文名称：/

标准编号：危险废物鉴别标准 毒性物质含量鉴别 GB 5085.6—2007 附录 K

适用范围：本方法适用于固体废物的提取液中苯胺及某些苯胺衍生物含量的检测。分析方法为气相色谱测定方法。分析化合物包括：苯胺、4-溴苯胺、6-氯-2-溴-4-硝基苯胺、2-溴-4,6-二硝基苯胺、2-氯苯胺、3-氯苯胺、4-氯苯胺、2-氯-4,6-二硝基苯胺、2-氯-4-硝基苯胺、4-氯-2-硝基苯胺、2,6-二溴-4-硝基苯胺、3,4-二氯苯胺、2,6-二氯-4-硝基苯胺、2,4-二硝基苯胺、2-硝基苯胺、3-硝基苯胺、4-硝基苯胺、2,4,6-三硝基苯胺、2,4,5-三硝基苯胺。

本方法对所有目标化合物的方法检测限（MDL）列于标准原文表 K.1。对于特定样品的 MDL 值可能不同于标准原文中表 K.1 中所列值，主要取决于干扰物及样品基质的性质。标准原文表 K.2 为对不同基质计算其定量极限评估值（EQL）的说明。

替代情况：/

发布时间：2007-04-25

实施时间： 2007-10-01

3.2.100　1,4-苯二胺

3.2.100.1　固体废物半挥发性有机化合物的测定　气相色谱/质谱法（GB 5085.3—2007 附录 K）

详见本章 3.2.31.1

3.2.101　1,3-苯二酚

3.2.101.1　固体废物半挥发性有机化合物的测定　气相色谱/质谱法（GB 5085.3—2007 附录 K）

详见本章 3.2.31.1

3.2.102　1,4-苯二酚

3.2.102.1　固体废物半挥发性有机化合物的测定　气相色谱/质谱法（GB 5085.3—2007 附录 K）

详见本章 3.2.31.1

3.2.103　苯肼

3.2.103.1　固体废物半挥发性有机化合物的测定　气相色谱/质谱法（GB 5085.3—2007 附录 K）

详见本章 3.2.31.1

3.2.104　苯菌灵

3.2.104.1　固体废物　非挥发性化合物的测定　高效液相色谱/热喷雾/质谱或紫外法（GB 5085.3—2007 附录 L）

详见本章 3.2.32.1

3.2.105　苯醌

3.2.105.1　固体废物　半挥发性有机化合物的测定　气相色谱/质谱法（GB 5085.3—2007 附录 K）

详见本章 3.2.31.1

3.2.106　苯乙烯

3.2.106.1　固体废物　挥发性有机化合物的测定　气相色谱/质谱法（GB 5085.3—2007 附录 O）

详见本章 3.2.41.1

3.2.106.2　固体废物　芳香族及含卤挥发物的测定　气相色谱法（GB 5085.3—2007 附录 P）

详见本章 3.2.41.2

3.2.106.3　固体废物　挥发性有机物的测定　顶空/气相色谱-质谱法（HJ 643—2013）

详见本章 3.2.41.4

3.2.107　表氯醇

3.2.107.1　固体废物　挥发性有机化合物的测定　气相色谱/质谱法（GB 5085.3—2007 附录 O）

详见本章 3.2.41.1

3.2.107.2 固体废物 芳香族及含卤挥发物的测定 气相色谱法（GB 5085.3—2007 附录 P）

详见本章 3.2.41.2

3.2.108 丙酮

3.2.108.1 固体废物 挥发性有机化合物的测定 气相色谱/质谱法（GB 5085.3—2007 附录 O）

详见本章 3.2.41.1

3.2.109 铂

3.2.109.1 固体废物 元素的测定 电感耦合等离子体质谱法（GB 5085.3—2007 附录 B）

详见本章 3.2.1.2

3.2.110 草甘膦

3.2.110.1 固体废物 草甘膦的测定 高效液相色谱/柱后衍生荧光法（GB 5085.6—2007 附录 L）

标准名称：固体废物 草甘膦的测定 高效液相色谱/柱后衍生荧光法

英文名称：/

标准编号：危险废物鉴别标准 毒性物质含量鉴别 GB 5085.6—2007 附录 L

适用范围：本方法适用于固体废物中的草甘膦的高效液相色谱/柱后衍生荧光法测定。

本方法在试剂水、地下水和脱氯处理过的自来水中的检出限分别为 6 μg/L、8.99 μg/L、5.99 μg/L。

替代情况：/

发布时间：2007-04-25

实施时间：2007-10-01

3.2.111 除虫脲

3.2.111.1 固体废物 苯基脲类化合物的测定 固相提取/高效液相色谱紫外分析法（GB 5085.6—2007 附录 M）

标准名称：固体废物 苯基脲类化合物的测定 固相提取/高效液相色谱紫外分析法

英文名称：/

标准编号：危险废物鉴别标准 毒性物质含量鉴别 GB 5085.6—2007 附录 M

适用范围：本方法适用于固体废物中苯基脲类农药包括除虫脲（Diflubenzuron）、敌草隆（Diuron）、氟草隆（Fluometuron）、利谷隆（Linuron）、敌稗（Propanil）、环草隆（Siduron）、丁噻隆（Tebuthiuron）和赛苯隆（Thidiazuron）的固相提取/高效液相色谱紫外分析法测定。

替代情况：/

发布时间：2007-04-25

实施时间：2007-10-01

3.2.112 2,4-滴

3.2.112.1 固体废物 非挥发性化合物的测定 高效液相色谱/热喷雾/质谱或紫外法（GB 5085.3—2007 附录 L）

详见本章 3.2.32.1

3.2.112.2 固体废物 氯代除草剂的测定 甲基化或五氟苄基衍生气相色谱法（GB 5085.6—2007 附录 N）

标准名称：固体废物 氯代除草剂的测定 甲基化或五氟苄基衍生气相色谱法

英文名称：/

标准编号：危险废物鉴别标准 毒性物质含量鉴别 GB 5085.6—2007 附录 N

适用范围：本方法用毛细管气相色谱来分析水体、土壤或废物中的氯代除草剂和相关化合物。本方法特别适用于测定下列化合物：2,4-滴、2,4-滴丁酸、2,4,5-滴丙酸、2,4,5-涕、茅草枯、麦草畏、1,3-二氯丙烯、地乐酚、2 甲 4 氯、2-（4-氯苯氧基-2-甲基）丙酸、4-硝基苯酚、五氯酚钠。

标准原文中表 N.1 列出了水体和土壤中每一种化合物检出限的估计值。因干扰物和样品状态的差异，测定具体水样时的检出限会与表中所列有所不同。

替代情况：/

发布时间：2007-04-25

实施时间：2007-10-01

3.2.113 敌百虫

3.2.113.1 固体废物 有机磷化合物的测定 气相色谱法（GB 5085.3—2007 附录 I）

详见本章 3.2.23.1

3.2.113.2 固体废物 非挥发性化合物的测定 高效液相色谱/热喷雾/质谱或紫外法（GB 5085.3—2007 附录 L）

详见本章 3.2.32.1

3.2.114 敌草快

3.2.114.1 固体废物 百草枯和敌草快的测定 高效液相色谱紫外法（GB 5085.6—2007 附录 J）

详见本章 3.2.96.1

3.2.115 敌草隆

3.2.115.1 固体废物 非挥发性化合物的测定 高效液相色谱/热喷雾/质谱或紫外法（GB 5085.3—2007 附录 L）

详见本章 3.2.32.1

3.2.115.2 固体废物 苯基脲类化合物的测定 固相提取/高效液相色谱紫外分析法（GB 5085.6—2007 附录 M）

详见本章 3.2.111.1

3.2.116 敌敌畏

3.2.116.1 固体废物 有机磷化合物的测定 气相色谱法（GB 5085.3—2007 附录 I）

详见本章 3.2.23.1

3.2.116.2 固体废物 半挥发性有机化合物的测定 气相色谱/质谱法（GB 5085.3—2007 附录 K）

详见本章 3.2.31.1

3.2.116.3 固体废物 非挥发性化合物的测定 高效液相色谱/热喷雾/质谱或紫外法（GB 5085.3—2007 附录 L）

详见本章 3.2.32.1

3.2.117 1-丁醇

3.2.117.1 固体废物 挥发性有机化合物的测定 气相色谱/质谱法（GB 5085.3—2007 附录 O）

详见本章 3.2.41.1

3.2.118 2-丁醇

3.2.118.1 固体废物 挥发性有机化合物的测定 气相色谱/质谱法（GB 5085.3—2007 附录 O）

详见本章 3.2.41.1

3.2.119 异丁醇

3.2.119.1 固体废物 挥发性有机化合物的测定 气相色谱/质谱法（GB 5085.3—2007 附录 O）

详见本章 3.2.41.1

3.2.120 叔丁醇

3.2.120.1 固体废物 挥发性有机化合物的测定 气相色谱/质谱法（GB 5085.3—2007 附录 O）

详见本章 3.2.41.1

3.2.121 毒草胺

3.2.121.1 固体废物 非挥发性化合物的测定 高效液相色谱/热喷雾/质谱或紫外法（GB 5085.3—2007 附录 L）

详见本章 3.2.32.1

3.2.122 多菌灵

3.2.122.1 固体废物 非挥发性化合物的测定 高效液相色谱/热喷雾/质谱或紫外法（GB 5085.3—2007 附录 L）

详见本章 3.2.32.1

3.2.123 多硫化钡

3.2.123.1 固体废物 元素的测定 电感耦合等离子体原子发射光谱法（GB 5085.3—2007 附录 A）

详见本章 3.2.2.2

3.2.123.2 固体废物 元素的测定 电感耦合等离子体质谱法（GB 5085.3—2007 附录 B）

详见本章 3.2.1.2

3.2.123.3 固体废物 金属元素的测定 石墨炉原子吸收光谱法（GB 5085.3—2007 附录 C）

详见本章 3.2.2.4

3.2.123.4 固体废物 金属元素的测定 火焰原子吸收光谱法（GB 5085.3—2007 附录 D）

详见本章 3.2.2.5

3.2.124　1,1-二苯肼

3.2.124.1　固体废物　半挥发性有机化合物的测定　气相色谱/质谱法（GB 5085.3—2007 附录 K）

详见本章 3.2.31.1

3.2.125　*N,N*-二甲基苯胺

3.2.125.1　固体废物　半挥发性有机化合物的测定　气相色谱/质谱法（GB 5085.3—2007 附录 K）

详见本章 3.2.31.1

3.2.126　二甲基苯酚

3.2.126.1　固体废物　半挥发性有机化合物的测定　气相色谱/质谱法（GB 5085.3—2007 附录 K）

详见本章 3.2.31.1

3.2.127　二甲基甲酰胺

3.2.127.1　固体废物　半挥发性有机化合物的测定　气相色谱/质谱法（GB 5085.3—2007 附录 K）

详见本章 3.2.31.1

3.2.128　1,3-二氯苯

3.2.128.1　固体废物　半挥发性有机化合物的测定　气相色谱/质谱法（GB 5085.3—2007 附录 K）

详见本章 3.2.31.1

3.2.128.2　固体废物　挥发性有机化合物的测定　气相色谱/质谱法（GB 5085.3—2007 附录 O）

详见本章 3.2.41.1

3.2.128.3　固体废物　芳香族及含卤挥发物的测定　气相色谱法（GB 5085.3—2007 附录 P）

详见本章 3.2.41.2

3.2.128.4　固体废物　含氯烃类化合物的测定　气相色谱法（GB 5085.3—2007 附录 R）

详见本章 3.2.46.4

3.2.128.5　固体废物　挥发性有机物的测定　顶空/气相色谱-质谱法（HJ 643—2013）

详见本章 3.2.41.4

3.2.129　2,4-二氯苯胺

3.2.129.1　固体废物　苯胺及其选择性衍生物的测定　气相色谱法（GB 5085.6—2007 附录 K）

详见本章 3.2.99.1

3.2.130　2,5-二氯苯胺

3.2.130.1　固体废物　苯胺及其选择性衍生物的测定　气相色谱法（GB 5085.6—2007 附录 K）

详见本章 3.2.99.1

3.2.131 2,6-二氯苯胺

3.2.131.1 固体废物 苯胺及其选择性衍生物的测定 气相色谱法（GB 5085.6—2007 附录 K）

详见本章 3.2.99.1

3.2.132 3,4-二氯苯胺

3.2.132.1 固体废物 苯胺及其选择性衍生物的测定 气相色谱法（GB 5085.6—2007 附录 K）

详见本章 3.2.99.1

3.2.133 3,5-二氯苯胺

3.2.133.1 固体废物 苯胺及其选择性衍生物的测定 气相色谱法（GB 5085.6—2007 附录 K）

详见本章 3.2.99.1

3.2.134 1,3-二氯丙烯，1,2-二氯丙烷及其混合物

3.2.134.1 固体废物 挥发性有机化合物的测定 气相色谱/质谱法（GB 5085.3—2007 附录 O）

详见本章 3.2.41.1

3.2.134.2 固体废物 芳香族及含卤挥发物的测定 气相色谱法（GB 5085.3—2007 附录 P）

详见本章 3.2.41.2

3.2.135 2,4-二氯甲苯

3.2.135.1 固体废物 半挥发性有机化合物的测定 气相色谱/质谱法（GB 5085.3—2007 附录 K）

详见本章 3.2.31.1

3.2.135.2 固体废物 挥发性有机化合物的测定 气相色谱/质谱法（GB 5085.3—2007 附录 O）

详见本章 3.2.41.1

3.2.135.3 固体废物 芳香族及含卤挥发物的测定 气相色谱法（GB 5085.3—2007 附录 P）

详见本章 3.2.41.2

3.2.135.4 固体废物 含氯烃类化合物的测定 气相色谱法（GB 5085.3—2007 附录 R）

详见本章 3.2.46.4

3.2.136 2,5-二氯甲苯

3.2.136.1 固体废物 半挥发性有机化合物的测定 气相色谱/质谱法（GB 5085.3—2007 附录 K）

详见本章 3.2.31.1

3.2.136.2 固体废物 挥发性有机化合物的测定 气相色谱/质谱法（GB 5085.3—2007 附录 O）

详见本章 3.2.41.1

3.2.136.3 固体废物 芳香族及含卤挥发物的测定 气相色谱法（GB 5085.3—2007 附录 P）

详见本章 3.2.41.2

3.2.136.4 固体废物 含氯烃类化合物的测定 气相色谱法（GB 5085.3—2007 附录 R）

详见本章 3.2.46.4

3.2.137 3,4-二氯甲苯

3.2.137.1 固体废物 半挥发性有机化合物的测定 气相色谱/质谱法（GB 5085.3—2007 附录 K）

详见本章 3.2.31.1

3.2.137.2 固体废物 挥发性有机化合物的测定 气相色谱/质谱法（GB 5085.3—2007 附录 O）

详见本章 3.2.41.1

3.2.137.3 固体废物 芳香族及含卤挥发物的测定 气相色谱法（GB 5085.3—2007 附录 P）

详见本章 3.2.41.2

3.2.137.4 固体废物 含氯烃类化合物的测定 气相色谱法（GB 5085.3—2007 附录 R）

详见本章 3.2.46.4

3.2.138 二氯甲烷

3.2.138.1 固体废物 挥发性有机化合物的测定 气相色谱/质谱法（GB 5085.3—2007 附录 O）

详见本章 3.2.41.1

3.2.138.2 固体废物 芳香族及含卤挥发物的测定 气相色谱法（GB 5085.3—2007 附录 P）

详见本章 3.2.41.2

3.2.138.3 固体废物 挥发性有机物的测定 顶空/气相色谱-质谱法（HJ 643—2013）

详见本章 3.2.41.4

3.2.139 二嗪农

3.2.139.1 固体废物 有机磷化合物的测定 气相色谱法（GB 5085.3—2007 附录 I）

详见本章 3.2.23.1

3.2.140 1,2-二硝基苯

3.2.140.1 固体废物 半挥发性有机化合物的测定 气相色谱/质谱法（GB 5085.3—2007 附录 K）

详见本章 3.2.31.1

3.2.141 1,3-二硝基苯

3.2.141.1 固体废物 硝基芳烃和硝基胺的测定 高效液相色谱法（GB 5085.3—2007 附录 J）

详见本章 3.2.30.1

3.2.141.2 固体废物 半挥发性有机化合物的测定 气相色谱/质谱法（GB 5085.3—2007 附录 K）

详见本章 3.2.31.1

3.2.142 1,4-二硝基苯

3.2.142.1 固体废物 半挥发性有机化合物的测定 气相色谱/质谱法（GB 5085.3—2007 附录 K）

详见本章 3.2.31.1

3.2.143 2,4-二硝基苯胺

3.2.143.1 固体废物 半挥发性有机化合物的测定 气相色谱/质谱法（GB 5085.3—2007 附录 K）

详见本章 3.2.31.1

3.2.143.2 固体废物 苯胺及其选择性衍生物的测定 气相色谱法（GB 5085.6—2007 附录 K）

详见本章 3.2.99.1

3.2.144 2,6-二硝基苯胺

3.2.144.1 固体废物 半挥发性有机化合物的测定 气相色谱/质谱法（GB 5085.3—2007 附录 K）

详见本章 3.2.31.1

3.2.144.2 固体废物 苯胺及其选择性衍生物的测定 气相色谱法（GB 5085.6—2007 附录 K）

详见本章 3.2.99.1

3.2.145 1,2-二溴乙烷

3.2.145.1 固体废物 挥发性有机化合物的测定 气相色谱/质谱法（GB 5085.3—2007 附录 O）

详见本章 3.2.41.1

3.2.145.2 固体废物 芳香族及含卤挥发物的测定 气相色谱法（GB 5085.3—2007 附录 P）

详见本章 3.2.41.2

3.2.146 钒

3.2.146.1 固体废物 元素的测定 电感耦合等离子体原子发射光谱法（GB 5085.3—2007 附录 A）

详见本章 3.2.2.2

3.2.146.2 固体废物 元素的测定 电感耦合等离子体质谱法（GB 5085.3—2007 附录 B）

详见本章 3.2.1.2

3.2.146.3 固体废物 金属元素的测定 石墨炉原子吸收光谱法（GB 5085.3—2007 附录 C）

详见本章 3.2.2.4

3.2.146.4 固体废物 金属元素的测定 火焰原子吸收光谱法（GB 5085.3—2007 附录 D）

详见本章 3.2.2.5

3.2.147 氟化铝

3.2.147.1 固体废物 氟离子、溴酸根、氯离子、亚硝酸根、氰酸根、溴离子、硝酸根、磷酸根、硫酸根的测定 离子色谱法（GB 5085.3—2007 附录 F）

详见本章 3.2.10.2

3.2.148 氟化钠

3.2.148.1 固体废物 氟离子、溴酸根、氯离子、亚硝酸根、氰酸根、溴离子、硝酸根、磷酸根、硫酸根的测定 离子色谱法（GB 5085.3—2007 附录 F）

详见本章 3.2.10.2

3.2.149 氟化铅

3.2.149.1 固体废物 氟离子、溴酸根、氯离子、亚硝酸根、氰酸根、溴离子、硝酸根、磷酸根、硫酸根的测定 离子色谱法（GB 5085.3—2007 附录 F）

详见本章 3.2.10.2

3.2.150 氟化锌

3.2.150.1 固体废物 氟离子、溴酸根、氯离子、亚硝酸根、氰酸根、溴离子、硝酸根、磷酸根、硫酸根的测定 离子色谱法（GB 5085.3—2007 附录 F）

详见本章 3.2.10.2

3.2.151 氟硼酸锌

3.2.151.1 固体废物 氟离子、溴酸根、氯离子、亚硝酸根、氰酸根、溴离子、硝酸根、磷酸根、硫酸根的测定 离子色谱法（GB 5085.3—2007 附录 F）

详见本章 3.2.10.2

3.2.152 甲苯二胺

3.2.152.1 固体废物 半挥发性有机化合物的测定 气相色谱/质谱法（GB 5085.3—2007 附录 K）

详见本章 3.2.31.1

3.2.153 甲苯二异氰酸酯

3.2.153.1 固体废物 半挥发性有机化合物的测定 气相色谱/质谱法（GB 5085.3—2007 附录 K）

详见本章 3.2.31.1

3.2.154 4-甲苯酚

3.2.154.1 固体废物 半挥发性有机化合物的测定 气相色谱/质谱法（GB 5085.3—2007 附录 K）

详见本章 3.2.31.1

3.2.155 甲醇

3.2.155.1 固体废物 挥发性有机化合物的测定 气相色谱/质谱法（GB 5085.3—2007 附录 O）

详见本章 3.2.41.1

3.2.156 甲酚（混合异构体）

3.2.156.1 固体废物 半挥发性有机化合物的测定 气相色谱/质谱法（GB 5085.3—2007 附录 K）

详见本章 3.2.31.1

3.2.157 3-甲基苯胺

3.2.157.1 固体废物 半挥发性有机化合物的测定 气相色谱/质谱法（GB 5085.3—2007 附录 K）

详见本章 3.2.31.1

3.2.158　4-甲基苯胺

3.2.158.1　固体废物　半挥发性有机化合物的测定　气相色谱/质谱法（GB 5085.3—2007 附录 K）

详见本章 3.2.31.1

3.2.159　2-甲基苯酚

3.2.159.1　固体废物　半挥发性有机化合物的测定　气相色谱/质谱法（GB 5085.3—2007 附录 K）

详见本章 3.2.31.1

3.2.160　3-甲基苯酚

3.2.160.1　固体废物　半挥发性有机化合物的测定　气相色谱/质谱法（GB 5085.3—2007 附录 K）

详见本章 3.2.31.1

3.2.161　甲基叔丁基醚

3.2.161.1　固体废物　挥发性有机化合物的测定　气相色谱/质谱法（GB 5085.3—2007 附录 O）

详见本章 3.2.41.1

3.2.162　甲基溴

3.2.162.1　固体废物　挥发性有机化合物的测定　气相色谱/质谱法（GB 5085.3—2007 附录 O）

详见本章 3.2.41.1

3.2.162.2　固体废物　芳香族及含卤挥发物的测定　气相色谱法（GB 5085.3—2007 附录 P）

详见本章 3.2.41.2

3.2.163　甲基乙基酮

3.2.163.1　固体废物　挥发性有机化合物的测定　气相色谱/质谱法（GB 5085.3—2007 附录 O）

详见本章 3.2.41.1

3.2.164　甲基异丁酮

3.2.164.1　固体废物　挥发性有机化合物的测定　气相色谱/质谱法（GB 5085.3—2007 附录 O）

详见本章 3.2.41.1

3.2.165　3-甲氧基苯胺

3.2.165.1　固体废物　半挥发性有机化合物的测定　气相色谱/质谱法（GB 5085.3—2007 附录 K）

详见本章 3.2.31.1

3.2.166　4-甲氧基苯胺

3.2.166.1　固体废物　半挥发性有机化合物的测定　气相色谱/质谱法（GB 5085.3—2007 附录 K）

详见本章 3.2.31.1

3.2.167 2-甲氧基乙醇，2-乙氧基乙醇及其醋酸酯

3.2.167.1 固体废物 挥发性有机化合物的测定 气相色谱/质谱法（GB 5085.3—2007 附录 O）

详见本章 3.2.41.1

3.2.168 开蓬

3.2.168.1 固体废物 半挥发性有机化合物的测定 气相色谱/质谱法（GB 5085.3—2007 附录 K）

详见本章 3.2.31.1

3.2.169 克来范

3.2.169.1 固体废物 有机氯农药的测定 气相色谱法（GB 5085.3—2007 附录 H）

详见本章 3.2.20.1

3.2.170 邻苯二甲酸二乙基己酯

3.2.170.1 固体废物 半挥发性有机化合物的测定 气相色谱/质谱法（GB 5085.3—2007 附录 K）

详见本章 3.2.31.1

3.2.171 林丹

3.2.171.1 固体废物 有机氯农药的测定 气相色谱法（GB 5085.3—2007 附录 H）

详见本章 3.2.20.1

3.2.171.2 固体废物 半挥发性有机化合物的测定 气相色谱/质谱法（GB 5085.3—2007 附录 K）

详见本章 3.2.31.1

3.2.171.3 固体废物 含氯烃类化合物的测定 气相色谱法（GB 5085.3—2007 附录 R）

详见本章 3.2.46.4

3.2.172 磷酸三苯酯

3.2.172.1 半挥发性有机化合物的测定 气相色谱/质谱法（GB 5085.3—2007 附录 K）

详见本章 3.2.31.1

3.2.173 磷酸三丁酯

3.2.173.1 半挥发性有机化合物的测定 气相色谱/质谱法（GB 5085.3—2007 附录 K）

详见本章 3.2.31.1

3.2.174 磷酸三甲苯酯

3.2.174.1 半挥发性有机化合物的测定 气相色谱/质谱法（GB 5085.3—2007 附录 K）

详见本章 3.2.31.1

3.2.175 硫丹

3.2.175.1 固体废物 有机氯农药的测定 气相色谱法（GB 5085.3—2007 附录 H）

详见本章 3.2.20.1

3.2.176 六氯丁二烯

3.2.176.1 固体废物 半挥发性有机化合物的测定 气相色谱/质谱法（GB 5085.3—2007 附录 K）

详见本章 3.2.31.1

3.2.176.2 固体废物 挥发性有机化合物的测定 气相色谱/质谱法（GB 5085.3—2007 附录 O）

详见本章 3.2.41.1

3.2.176.3 固体废物 芳香族及含卤挥发物的测定 气相色谱法（GB 5085.3—2007 附录 P）

详见本章 3.2.41.2

3.2.176.4 固体废物 含氯烃类化合物的测定 气相色谱法（GB 5085.3—2007 附录 R）

详见本章 3.2.46.4

3.2.176.5 固体废物 挥发性有机物的测定 顶空/气相色谱-质谱法（HJ 643—2013）

详见本章 3.2.41.4

3.2.177 六氯环戊二烯

3.2.177.1 固体废物 有机氯农药的测定 气相色谱法（GB 5085.3—2007 附录 H）

详见本章 3.2.20.1

3.2.177.2 固体废物 半挥发性有机化合物的测定 气相色谱/质谱法（GB 5085.3—2007 附录 K）

详见本章 3.2.31.1

3.2.177.3 固体废物 含氯烃类化合物的测定 气相色谱法（GB 5085.3—2007 附录 R）

详见本章 3.2.46.4

3.2.178 六氯乙烷

3.2.178.1 固体废物 半挥发性有机化合物的测定 气相色谱/质谱法（GB 5085.3—2007 附录 K）

详见本章 3.2.31.1

3.2.178.2 固体废物 挥发性有机化合物的测定 气相色谱/质谱法（GB 5085.3—2007 附录 O）

详见本章 3.2.41.1

3.2.178.3 固体废物 含氯烃类化合物的测定 气相色谱法（GB 5085.3—2007 附录 R）

详见本章 3.2.46.4

3.2.179 2-氯-4-硝基苯胺

3.2.179.1 固体废物 苯胺及其选择性衍生物的测定 气相色谱法（GB 5085.6—2007 附录 K）

详见本章 3.2.99.1

3.2.180 2-氯苯胺

3.2.180.1 固体废物 苯胺及其选择性衍生物的测定 气相色谱法（GB 5085.6—2007 附录 K）
详见本章 3.2.99.1

3.2.181 3-氯苯胺

3.2.181.1 固体废物 苯胺及其选择性衍生物的测定 气相色谱法（GB 5085.6—2007 附录 K）
详见本章 3.2.99.1

3.2.182 4-氯苯胺

3.2.182.1 固体废物 半挥发性有机化合物的测定 气相色谱/质谱法（GB 5085.3—2007 附录 K）
详见本章 3.2.31.1

3.2.182.2 固体废物 苯胺及其选择性衍生物的测定 气相色谱法（GB 5085.6—2007 附录 K）
详见本章 3.2.99.1

3.2.183 2-氯苯酚

3.2.183.1 固体废物 半挥发性有机化合物的测定 气相色谱/质谱法（GB 5085.3—2007 附录 K）
详见本章 3.2.31.1

3.2.184 氯酚

3.2.184.1 固体废物 半挥发性有机化合物的测定 气相色谱/质谱法（GB 5085.3—2007 附录 K）
详见本章 3.2.31.1

3.2.185 氯化钡

3.2.185.1 固体废物 元素的测定 电感耦合等离子体原子发射光谱法（GB 5085.3—2007 附录 A）
详见本章 3.2.2.2

3.2.185.2 固体废物 元素的测定 电感耦合等离子体质谱法（GB 5085.3—2007 附录 B）
详见本章 3.2.1.2

3.2.185.3 固体废物 金属元素的测定 石墨炉原子吸收光谱法（GB 5085.3—2007 附录 C）
详见本章 3.2.2.4

3.2.185.4 固体废物 金属元素的测定 火焰原子吸收光谱法（GB 5085.3—2007 附录 D）
详见本章 3.2.2.5

3.2.186 2-氯乙醇

3.2.186.1 固体废物 挥发性有机化合物的测定 气相色谱/质谱法（GB 5085.3—2007 附录 O）
详见本章 3.2.41.1

3.2.187 锰

3.2.187.1 固体废物 元素的测定 电感耦合等离子体原子发射光谱法（GB 5085.3—2007 附录 A）

详见本章 3.2.2.2

3.2.187.2 固体废物 元素的测定 电感耦合等离子体质谱法（GB 5085.3—2007 附录 B）

详见本章 3.2.1.2

3.2.187.3 固体废物 金属元素的测定 石墨炉原子吸收光谱法（GB 5085.3—2007 附录 C）

详见本章 3.2.2.4

3.2.187.4 固体废物 金属元素的测定 火焰原子吸收光谱法（GB 5085.3—2007 附录 D）

详见本章 3.2.2.5

3.2.188 1-萘胺

3.2.188.1 固体废物 半挥发性有机化合物的测定 气相色谱/质谱法（GB 5085.3—2007 附录 K）

详见本章 3.2.31.1

3.2.188.2 固体废物 非挥发性化合物的测定 高效液相色谱/热喷雾/质谱或紫外法（GB 5085.3—2007 附录 L）

详见本章 3.2.32.1

3.2.189 三（2,3-二溴丙基）磷酸酯

3.2.189.1 固体废物 半挥发性有机化合物的测定 气相色谱/质谱法（GB 5085.3—2007 附录 K）

详见本章 3.2.31.1

3.2.190 三丁基锡化合物

3.2.190.1 固体废物 金属元素的测定 火焰原子吸收光谱法（GB 5085.3—2007 附录 D）

详见本章 3.2.2.5

3.2.191 1,2,3-三氯苯

3.2.191.1 固体废物 含氯烃类化合物的测定 气相色谱法（GB 5085.3—2007 附录 R）

详见本章 3.2.46.4

3.2.192 1,2,4-三氯苯

3.2.192.1 固体废物 半挥发性有机化合物的测定 气相色谱/质谱法（GB 5085.3—2007 附录 K）

详见本章 3.2.31.1

3.2.192.2 固体废物 半挥发性有机化合物（PAHs 和 PCBs）的测定 热提取气相色谱/质谱法（GB 5085.3—2007 附录 M）

详见本章 3.2.38.2

3.2.192.3 固体废物 挥发性有机化合物的测定 气相色谱/质谱法（GB 5085.3—2007 附录 O）

详见本章 3.2.41.1

3.2.192.4 固体废物 芳香族及含卤挥发物的测定 气相色谱法（GB 5085.3—2007 附录 P）

详见本章 3.2.41.2

3.2.192.5 固体废物 含氯烃类化合物的测定 气相色谱法（GB 5085.3—2007 附录 R）

详见本章 3.2.46.4

3.2.193 1,3,5-三氯苯

3.2.193.1 固体废物 含氯烃类化合物的测定 气相色谱法（GB 5085.3—2007 附录 R）

详见本章 3.2.46.4

3.2.194 2,4,5-三氯苯胺

3.2.194.1 固体废物 苯胺及其选择性衍生物的测定 气相色谱法（GB 5085.6—2007 附录 K）

详见本章 3.2.99.1

3.2.195 2,4,6-三氯苯胺

3.2.195.1 固体废物 苯胺及其选择性衍生物的测定 气相色谱法（GB 5085.6—2007 附录 K）

详见本章 3.2.99.1

3.2.196 1,2,3-三氯丙烷

3.2.196.1 固体废物 挥发性有机化合物的测定 气相色谱/质谱法（GB 5085.3—2007 附录 O）

详见本章 3.2.41.1

3.2.196.2 固体废物 芳香族及含卤挥发物的测定 气相色谱法（GB 5085.3—2007 附录 P）

详见本章 3.2.41.2

3.2.197 1,1,1-三氯乙烷

3.2.197.1 固体废物 挥发性有机化合物的测定 气相色谱/质谱法（GB 5085.3—2007 附录 O）

详见本章 3.2.41.1

3.2.197.2 固体废物 芳香族及含卤挥发物的测定 气相色谱法（GB 5085.3—2007 附录 P）

详见本章 3.2.41.2

3.2.197.3 固体废物 挥发性有机物的测定 顶空/气相色谱-质谱法（HJ 643—2013）

详见本章 3.2.41.4

3.2.198 1,1,2-三氯乙烷

3.2.198.1 固体废物 挥发性有机化合物的测定 气相色谱/质谱法（GB 5085.3—2007 附录 O）

详见本章 3.2.41.1

3.2.198.2 固体废物 芳香族及含卤挥发物的测定 气相色谱法（GB 5085.3—2007 附录 P）

详见本章 3.2.41.2

3.2.198.3 固体废物 挥发性有机物的测定 顶空/气相色谱-质谱法（HJ 643—2013）

详见本章 3.2.41.4

3.2.199 杀螟硫磷

3.2.199.1 固体废物 有机磷化合物的测定 气相色谱法（GB 5085.3—2007 附录 I）

详见本章 3.2.23.1

3.2.200 石油溶剂

3.2.200.1 固体废物 可回收石油烃总量的测定 红外光谱法（GB 5085.6—2007 附录 O）

标准名称：固体废物 可回收石油烃总量的测定 红外光谱法

英文名称：/

标准编号：危险废物鉴别标准 毒性物质含量鉴别 GB 5085.6—2007 附录 O

适用范围：本方法适用于土壤、水体和废物介质中 Aldicarb（Temik），Aldicarb Sulfone，Carbaryl（Sevin），Carbofuran（Furadan），Dioxacarb，3-Hydroxycarbofuran，Methiocarb（Mesurol），Methomyl（Lannate），Promecarb，Propoxur（Baygon）等 10 种 *N*- 甲基氨基甲酸酯的红外光谱测定。

本方法适用于固体废物中由超临界色谱法可提取的石油烃总量（$TRPH_S$）的测定。本方法不适于测定汽油或其他挥发性组分。

本方法可检测质量浓度 10 mg/L 的提取物。当提取 3 g 样品时（假设提取率为 100%），则折合对土壤的质量分数为 10 mg/kg。

替代情况：/

发布时间：2007-04-25

实施时间：2007-10-01

3.2.201 1,2,3,4-四氯苯

3.2.201.1 固体废物 含氯烃类化合物的测定 气相色谱法（GB 5085.3—2007 附录 R）

详见本章 3.2.46.4

3.2.202 1,2,3,5-四氯苯

3.2.202.1 固体废物 含氯烃类化合物的测定 气相色谱法（GB 5085.3—2007 附录 R）

详见本章 3.2.46.4

3.2.203 1,2,4,5-四氯苯

3.2.203.1 固体废物 半挥发性有机化合物的测定 气相色谱/质谱法（GB 5085.3—2007 附录 K）

详见本章 3.2.31.1

3.2.204 2,3,4,6-四氯苯酚

3.2.204.1 固体废物 半挥发性有机化合物的测定 气相色谱/质谱法（GB 5085.3—2007 附录 K）

详见本章 3.2.31.1

3.2.205　四氯硝基苯

3.2.205.1　固体废物　半挥发性有机化合物的测定　气相色谱/质谱法（GB 5085.3—2007 附录 K）

详见本章 3.2.31.1

3.2.206　四氧化三铅

3.2.206.1　固体废物　元素的测定　电感耦合等离子体原子发射光谱法（GB 5085.3—2007 附录 A）

详见本章 3.2.2.2

3.2.206.2　固体废物　元素的测定　电感耦合等离子体质谱法（GB 5085.3—2007 附录 B）

详见本章 3.2.1.2

3.2.206.3　固体废物　金属元素的测定　石墨炉原子吸收光谱法（GB 5085.3—2007 附录 C）

详见本章 3.2.2.4

3.2.206.4　固体废物　金属元素的测定　火焰原子吸收光谱法（GB 5085.3—2007 附录 D）

详见本章 3.2.2.5

3.2.207　钛

3.2.207.1　固体废物　元素的测定　电感耦合等离子体原子发射光谱法（GB 5085.3—2007 附录 A）

详见本章 3.2.2.2

3.2.207.2　固体废物　元素的测定　电感耦合等离子体质谱法（GB 5085.3—2007 附录 B）

详见本章 3.2.1.2

3.2.208　碳酸钡

3.2.208.1　固体废物　元素的测定　电感耦合等离子体原子发射光谱法（GB 5085.3—2007 附录 A）

详见本章 3.2.2.2

3.2.208.2　固体废物　元素的测定　电感耦合等离子体质谱法（GB 5085.3—2007 附录 B）

详见本章 3.2.1.2

3.2.208.3　固体废物　金属元素的测定　石墨炉原子吸收光谱法（GB 5085.3—2007 附录 C）

详见本章 3.2.2.4

3.2.208.4　固体废物　金属元素的测定　火焰原子吸收光谱法（GB 5085.3—2007 附录 D）

详见本章 3.2.2.5

3.2.209　锑粉

3.2.209.1　固体废物　元素的测定　电感耦合等离子体原子发射光谱法（GB 5085.3—2007 附录 A）

详见本章 3.2.2.2

3.2.209.2　固体废物　元素的测定　电感耦合等离子体质谱法（GB 5085.3—2007 附录 B）

详见本章 3.2.1.2

3.2.209.3　固体废物　金属元素的测定　石墨炉原子吸收光谱法（GB 5085.3—2007 附录 C）

详见本章 3.2.2.4

3.2.209.4　固体废物　金属元素的测定　火焰原子吸收光谱法（GB 5085.3—2007 附录 D）
　　详见本章 3.2.2.5
3.2.209.5　固体废物　砷、锑、铋、硒的测定　原子荧光法（GB 5085.3—2007 附录 E）
　　详见本章 3.2.6.4

3.2.210　五氯硝基苯

3.2.210.1　固体废物　半挥发性有机化合物的测定　气相色谱/质谱法（GB 5085.3—2007 附录 K）
　　详见本章 3.2.31.1

3.2.211　五氯乙烷

3.2.211.1　固体废物　半挥发性有机化合物的测定　气相色谱/质谱法（GB 5085.3—2007 附录 K）
　　详见本章 3.2.31.1

3.2.212　五氧化二锑

3.2.212.1　固体废物　元素的测定　电感耦合等离子体原子发射光谱法（GB 5085.3—2007 附录 A）
　　详见本章 3.2.2.2
3.2.212.2　固体废物　元素的测定　电感耦合等离子体质谱法（GB 5085.3—2007 附录 B）
　　详见本章 3.2.1.2
3.2.212.3　固体废物　金属元素的测定　石墨炉原子吸收光谱法（GB 5085.3—2007 附录 C）
　　详见本章 3.2.2.4
3.2.212.4　固体废物　金属元素的测定　火焰原子吸收光谱法（GB 5085.3—2007 附录 D）
　　详见本章 3.2.2.5
3.2.212.5　固体废物　砷、锑、铋、硒的测定　原子荧光法（GB 5085.3—2007 附录 E）
　　详见本章 3.2.6.3

3.2.213　西维因

3.2.213.1　固体废物　半挥发性有机化合物的测定　气相色谱/质谱法（GB 5085.3—2007 附录 K）
　　详见本章 3.2.31.1
3.2.213.2　固体废物　苯胺及其选择性衍生物的测定　气相色谱法（GB 5085.6—2007 附录 K）
　　详见本章 3.2.99.1

3.2.214　锡及有机锡化合物

3.2.214.1　固体废物　元素的测定　电感耦合等离子体质谱法（GB 5085.3—2007 附录 B）
　　详见本章 3.2.1.2
3.2.214.2　固体废物　金属元素的测定　火焰原子吸收光谱法（GB 5085.3—2007 附录 D）
　　详见本章 3.2.2.2

3.2.215 2-硝基苯胺

3.2.215.1 固体废物 半挥发性有机化合物的测定 气相色谱/质谱法（GB 5085.3—2007 附录 K）

详见本章 3.2.31.1

3.2.215.2 固体废物 苯胺及其选择性衍生物的测定 气相色谱法（GB 5085.6—2007 附录 K）

详见本章 3.2.99.1

3.2.216 3-硝基苯胺

3.2.216.1 固体废物 半挥发性有机化合物的测定 气相色谱/质谱法（GB 5085.3—2007 附录 K）

详见本章 3.2.31.1

3.2.216.2 固体废物 苯胺及其选择性衍生物的测定 气相色谱法（GB 5085.6—2007 附录 K）

详见本章 3.2.99.1

3.2.217 4-硝基苯胺

3.2.217.1 固体废物 半挥发性有机化合物的测定 气相色谱/质谱法（GB 5085.3—2007 附录 K）

详见本章 3.2.31.1

3.2.217.2 固体废物 苯胺及其选择性衍生物的测定 气相色谱法（GB 5085.6—2007 附录 K）

详见本章 3.2.99.1

3.2.218 2-硝基苯酚

3.2.218.1 固体废物 半挥发性有机化合物的测定 气相色谱/质谱法（GB 5085.3—2007 附录 K）

详见本章 3.2.31.1

3.2.219 3-硝基苯酚

3.2.219.1 固体废物 半挥发性有机化合物的测定 气相色谱/质谱法（GB 5085.3—2007 附录 K）

详见本章 3.2.31.1

3.2.220 4-硝基苯酚

3.2.220.1 固体废物 半挥发性有机化合物的测定 气相色谱/质谱法（GB 5085.3—2007 附录 K）

详见本章 3.2.31.1

3.2.221 2-硝基丙烷

3.2.221.1 固体废物 挥发性有机化合物的测定 气相色谱/质谱法（GB 5085.3—2007 附录 O）

详见本章 3.2.41.1

3.2.222 2-硝基甲苯

3.2.222.1 固体废物 硝基芳烃和硝基胺的测定 高效液相色谱法（GB 5085.3—2007 附录 J）

详见本章 3.2.30.1

3.2.223 3-硝基甲苯

3.2.223.1 固体废物 硝基芳烃和硝基胺的测定 高效液相色谱法（GB 5085.3—2007 附录 J）

详见本章 3.2.30.1

3.2.224 4-硝基甲苯

3.2.224.1 固体废物 硝基芳烃和硝基胺的测定 高效液相色谱法（GB 5085.3—2007 附录 J）

详见本章 3.2.30.1

3.2.225 4-溴苯胺

3.2.225.1 固体废物 半挥发性有机化合物的测定 气相色谱/质谱法（GB 5085.3—2007 附录 K）

详见本章 3.2.31.1

3.2.226 溴丙酮

3.2.226.1 固体废物 挥发性有机化合物的测定 气相色谱/质谱法（GB 5085.3—2007 附录 O）

详见本章 3.2.41.1

3.2.226.2 固体废物 芳香族及含卤挥发物的测定 气相色谱法（GB 5085.3—2007 附录 P）

详见本章 3.2.41.2

3.2.227 溴化亚汞

3.2.227.1 固体废物 元素的测定 电感耦合等离子体质谱法（GB 5085.3—2007 附录 B）

详见本章 3.2.1.2

3.2.228 亚苄基二氯

3.2.228.1 固体废物 含氯烃类化合物的测定 气相色谱法（GB 5085.3—2007 附录 R）

详见本章 3.2.46.4

3.2.229 *N*- 亚硝基二苯胺

3.2.229.1 固体废物 半挥发性有机化合物的测定 气相色谱/质谱法（GB 5085.3—2007 附录 K）

详见本章 3.2.31.1

3.2.230 亚乙烯基氯

3.2.230.1 固体废物 挥发性有机化合物的测定 气相色谱/质谱法（GB 5085.3—2007 附录 O）

详见本章 3.2.41.1

3.2.230.2 固体废物 芳香族及含卤挥发物的测定 气相色谱法（GB 5085.3—2007 附录 P）

详见本章 3.2.41.2

3.2.231　一氧化铅

3.2.231.1　固体废物　元素的测定　电感耦合等离子体原子发射光谱法（GB 5085.3—2007 附录 A）

详见本章 3.2.2.2

3.2.231.2　固体废物　元素的测定　电感耦合等离子体质谱法（GB 5085.3—2007 附录 B）

详见本章 3.2.1.2

3.2.231.3　固体废物　金属元素的测定　石墨炉原子吸收光谱法（GB 5085.3—2007 附录 C）

详见本章 3.2.2.4

3.2.231.4　固体废物　金属元素的测定　火焰原子吸收光谱法（GB 5085.3—2007 附录 D）

详见本章 3.2.2.5

3.2.232　乙腈

3.2.232.1　固体废物　挥发性有机化合物的测定　气相色谱/质谱法（GB 5085.3—2007 附录 O）

详见本章 3.2.41.1

3.2.233　乙醛

3.2.233.1　固体废物　羰基化合物的测定　高效液相色谱法（GB 5085.6—2007 附录 P）

标准名称：固体废物　羰基化合物的测定　高效液相色谱法

英文名称：/

标准编号：危险废物鉴别标准　毒性物质含量鉴别 GB 5085.6—2007 附录 P

适用范围：本方法适用于固体废物中的多种羰基化合物包括乙醛（Acetaldehyde）、丙酮（Acetone）、丙烯醛（Acrolein）、苯甲醛（Benzaldehyde）、正丁醛[Butanal（Butyraldehyde）]、巴豆醛（Crotonaldehyde）、环己酮（Cyclohexanone）、癸醛（Decanal）、2,5-二甲基苯甲醛（2，5-Dimethylbenzaldehyde）、甲醛（Formaldehyde）、庚醛（Heptanal）、己醛[Hexanal（Hexaldehyde）]、异戊醛（Isovaleraldehyde）、壬醛（Nonanal）、辛醛（Octanal）、戊醛（Pentanal（Valeraldehyde））、丙醛 [Propanal（Propionaldehyde）]、间-甲基苯甲醛（*m* - Tolualdehyde）、邻-甲基苯甲醛（*o* - Tolualdehyde）、对-甲基苯甲醛（*p* - Tolualdehyde）的高效液相色谱法测定。

本方法对各种羰基化合物的检出限为 4.4～43.7 μg/L。

替代情况：/

发布时间：2007-04-25

实施时间：2007-10-01

3.2.234　异佛尔酮

3.2.234.1　固体废物　半挥发性有机化合物的测定　气相色谱/质谱法（GB 5085.3—2007 附录 K）

详见本章 3.2.31.1

3.2.235 4-氨基-3-氟苯酚

3.2.235.1 固体废物 半挥发性有机化合物的测定 气相色谱/质谱法（GB 5085.3—2007 附录 K）

详见本章 3.2.31.1

3.2.236 4-氨基联苯

3.2.236.1 固体废物 半挥发性有机化合物的测定 气相色谱/质谱法（GB 5085.3—2007 附录 K）

详见本章 3.2.31.1

3.2.237 4-氨基偶氮苯

3.2.237.1 固体废物 半挥发性有机化合物的测定 气相色谱/质谱法（GB 5085.3—2007 附录 K）

详见本章 3.2.31.1

3.2.238 苯并[*a*]蒽

3.2.238.1 固体废物 半挥发性有机化合物的测定 气相色谱/质谱法（GB 5085.3—2007 附录 K）

详见本章 3.2.31.1

3.2.238.2 固体废物 半挥发性有机化合物（PAHs 和 PCBs）的测定 热提取气相色谱/质谱法（GB 5085.3—2007 附录 M）

详见本章 3.2.38.2

3.2.238.3 固体废物 多环芳烃类的测定 高效液相色谱法（GB 5085.6—2007 附录 Q）

标准名称：固体废物 多环芳烃类的测定 高效液相色谱法

英文名称：/

标准编号：危险废物鉴别标准 毒性物质含量鉴别 GB 5085.6—2007 附录 Q

适用范围：本方法适用于固体废物中苊、苊烯、蒽、苯并[*a*]蒽、苯并[*a*]芘、苯并[*b*]荧蒽、苯并[*g,h,i*]苝、苯并[*k*]荧蒽、二苯并[*a,h*]蒽、荧蒽、芴、茚并 [1,2,3-*c,d*]芘、萘、菲、芘等多环芳烃（PAHs）的高效液相色谱法测定。各分析物的保留时间见表 15.13。

表 15.13 PHAs 的高效液相色谱测定

化合物	保留时间/min	柱容量因子（*K'*）	方法检测限/（μg/L）	
			紫外	荧光
萘	16.6	12.2	1.8	
苊烯	18.5	13.7	2.3	
苊	20.5	15.2	1.8	
芴	21.2	15.8	0.21	
菲	22.1	16.6		0.64
蒽	23.4	17.6		0.66
荧蒽	24.5	18.5		0.21
芘	25.4	19.1		0.27
苯并[*a*]蒽	28.5	21.6		0.013
䓛	29.3	22.2		0.15
苯并[*b*]荧蒽	31.6	24.0		0.018

化合物	保留时间/min	柱容量因子（*K'*）	方法检测限/（μg/L）	
			紫外	荧光
苯并 [*k*]荧蒽	32.9	25.1		0.017
苯并[*a*]芘	33.9	25.9		0.023
二苯并 [*a,h*]蒽	35.7	27.4		0.030
苯并 [*g,h,i*]芘	36.3	27.8		0.076
茚并 [1,2,3-*c,d*]芘	37.4	28.7		0.043

注：HPLC 条件：反相柱 HC - ODS Sil - x，5 μm，不锈钢 250 mm×ϕ 2.6 mm；乙腈-水=4∶6（体积分数）；流速 0.5 mL/min，在洗脱 5 min 以后，以线性梯度上升，在 25 min 内乙腈上升到 100%。如果使用其他柱的内径值，则应保持线速度为 2 mm/s。

替代情况：/
发布时间：2007-04-25
实施时间：2007-10-01

3.2.239 苯并[*b*]荧蒽

3.2.239.1 固体废物 半挥发性有机化合物的测定 气相色谱/质谱法（GB 5085.3—2007 附录 K）

详见本章 3.2.31.1

3.2.239.2 固体废物 半挥发性有机化合物（PAHs 和 PCBs）的测定 热提取气相色谱/质谱法（GB 5085.3—2007 附录 M）

详见本章 3.2.38.2

3.2.239.3 固体废物 多环芳烃类的测定 高效液相色谱法（GB 5085.6—2007 附录 Q）

详见本章 3.2.238.3

3.2.240 苯并 [*j*]荧蒽

3.2.240.1 固体废物 挥发性有机物的测定 平衡顶空法（GB 5085.6—2007 附录 Q）

详见本章 3.2.238.3

3.2.241 苯并 [*k*]荧蒽

3.2.241.1 固体废物 半挥发性有机化合物的测定 气相色谱/质谱法（GB 5085.3—2007 附录 K）

详见本章 3.2.31.1

3.2.241.2 固体废物 半挥发性有机化合物（PAHs 和 PCBs）的测定 热提取气相色谱/质谱法（GB 5085.3—2007 附录 M）

详见本章 3.2.38.2

3.2.241.3 固体废物 多环芳烃类的测定 高效液相色谱法（GB 5085.6—2007 附录 Q）

详见本章 3.2.238.3

3.2.242 除草醚

3.2.242.1 固体废物 半挥发性有机化合物的测定 气相色谱/质谱法（GB 5085.3—2007 附录 K）

详见本章 3.2.31.1

3.2.243 次硫化镍

3.2.243.1 固体废物 元素的测定 电感耦合等离子体原子发射光谱法（GB 5085.3—2007 附录 A）

详见本章 3.2.2.2

3.2.243.2 固体废物 元素的测定 电感耦合等离子体质谱法（GB 5085.3—2007 附录 B）

详见本章 3.2.1.2

3.2.243.3 固体废物 金属元素的测定 石墨炉原子吸收光谱法（GB 5085.3—2007 附录 C）

详见本章 3.2.2.4

3.2.243.4 固体废物 金属元素的测定 火焰原子吸收光谱法（GB 5085.3—2007 附录 D）

详见本章 3.2.2.5

3.2.244 二苯并 [*a*,*h*]蒽

3.2.244.1 固体废物 半挥发性有机化合物（PAHs 和 PCBs）的测定 热提取气相色谱/质谱法（GB 5085.3—2007 附录 M）

详见本章 3.2.38.2

3.2.245 1,2,3,4-二环氧丁烷

3.2.245.1 固体废物 挥发性有机化合物的测定 气相色谱/质谱法（GB 5085.3—2007 附录 O）

详见本章 3.2.41.1

3.2.246 二甲基硫酸酯

3.2.246.1 固体废物 半挥发性有机化合物的测定 气相色谱/质谱法（GB 5085.3—2007 附录 K）

详见本章 3.2.31.1

3.2.247 1,3-二氯-2-丙醇

3.2.247.1 固体废物 芳香族及含卤挥发物的测定 气相色谱法（GB 5085.3—2007 附录 P）

详见本章 3.2.41.2

3.2.248 二氯化钴

3.2.248.1 固体废物 元素的测定 电感耦合等离子体原子发射光谱法（GB 5085.3—2007 附录 A）

详见本章 3.2.2.2

3.2.248.2 固体废物 元素的测定 电感耦合等离子体质谱法（GB 5085.3—2007 附录 B）

详见本章 3.2.1.2

3.2.248.3 固体废物 金属元素的测定 石墨炉原子吸收光谱法（GB 5085.3—2007 附录 C）

详见本章 3.2.2.4

3.2.248.4 固体废物 金属元素的测定 火焰原子吸收光谱法（GB 5085.3—2007 附录 D）

详见本章 3.2.2.5

3.2.249　3,3′-二氯联苯胺

3.2.249.1　固体废物　半挥发性有机化合物的测定　气相色谱/质谱法（GB 5085.3—2007 附录 K）

详见本章 3.2.31.1

3.2.250　3,3′-二氯联苯胺盐

3.2.250.1　固体废物　半挥发性有机化合物的测定　气相色谱/质谱法（GB 5085.3—2007 附录 K）

详见本章 3.2.31.1

3.2.251　1,2-二氯乙烷

3.2.251.1　固体废物　挥发性有机化合物的测定　气相色谱/质谱法（GB 5085.3—2007 附录 O）

详见本章 3.2.41.1

3.2.251.2　固体废物　芳香族及含卤挥发物的测定　气相色谱法（GB 5085.3—2007 附录 P）

详见本章 3.2.41.2

3.2.251.3　固体废物　挥发性有机物的测定　顶空/气相色谱-质谱法（HJ 643—2013）

详见本章 3.2.41.4

3.2.252　2,4-二硝基甲苯

3.2.252.1　固体废物　硝基芳烃和硝基胺的测定　高效液相色谱法（GB 5085.3—2007 附录 J）

详见本章 3.2.30.1

3.2.252.2　固体废物　半挥发性有机化合物的测定　气相色谱/质谱法（GB 5085.3—2007 附录 K）

详见本章 3.2.31.1

3.2.253　2,5-二硝基甲苯

3.2.253.1　固体废物　硝基芳烃和硝基胺的测定　高效液相色谱法（GB 5085.3—2007 附录 J）

详见本章 3.2.30.1

3.2.253.2　固体废物　半挥发性有机化合物的测定　气相色谱/质谱法（GB 5085.3—2007 附录 K）

详见本章 3.2.31.1

3.2.254　2,6-二硝基甲苯

3.2.254.1　固体废物　硝基芳烃和硝基胺的测定　高效液相色谱法（GB 5085.3—2007 附录 J）

详见本章 3.2.30.1

3.2.254.2　固体废物　半挥发性有机化合物的测定　气相色谱/质谱法（GB 5085.3—2007 附录 K）

详见本章 3.2.31.1

3.2.255　二氧化镍

3.2.255.1　固体废物　元素的测定　电感耦合等离子体原子发射光谱法（GB 5085.3—2007 附录 A）

详见本章 3.2.2.2

3.2.255.2 固体废物 元素的测定 电感耦合等离子体质谱法（GB 5085.3—2007 附录 B）
详见本章 3.2.1.2

3.2.255.3 固体废物 金属元素的测定 石墨炉原子吸收光谱法（GB 5085.3—2007 附录 C）
见本章 3.2.2.4

3.2.255.4 固体废物 金属元素的测定 火焰原子吸收光谱法（GB 5085.3—2007 附录 D）
详见本章 3.2.2.5

3.2.256 铬酸镉

3.2.256.1 固体废物 元素的测定 电感耦合等离子体原子发射光谱法（GB 5085.3—2007 附录 A）
详见本章 3.2.2.2

3.2.256.2 固体废物 元素的测定 电感耦合等离子体质谱法（GB 5085.3—2007 附录 B）
详见本章 3.2.1.2

3.2.256.3 固体废物 金属元素的测定 石墨炉原子吸收光谱法（GB 5085.3—2007 附录 C）
详见本章 3.2.2.4

3.2.256.4 固体废物 金属元素的测定 火焰原子吸收光谱法（GB 5085.3—2007 附录 D）
详见本章 3.2.2.5

3.2.257 铬酸铬（III）

3.2.257.1 固体废物 元素的测定 电感耦合等离子体原子发射光谱法（GB 5085.3—2007 附录 A）
详见本章 3.2.2.2

3.2.257.2 固体废物 元素的测定 电感耦合等离子体质谱法（GB 5085.3—2007 附录 B）
详见本章 3.2.1.2

3.2.257.3 固体废物 金属元素的测定 石墨炉原子吸收光谱法（GB 5085.3—2007 附录 C）
详见本章 3.2.2.4

3.2.257.4 固体废物 金属元素的测定 火焰原子吸收光谱法（GB 5085.3—2007 附录 D）
详见本章 3.2.2.5

3.2.258 铬酸锶

3.2.258.1 固体废物 元素的测定 电感耦合等离子体原子发射光谱法（GB 5085.3—2007 附录 A）
详见本章 3.2.2.2

3.2.258.2 固体废物 元素的测定 电感耦合等离子体质谱法（GB 5085.3—2007 附录 B）
详见本章 3.2.1.2

3.2.258.3 固体废物 金属元素的测定 石墨炉原子吸收光谱法（GB 5085.3—2007 附录 C）
详见本章 3.2.2.4

3.2.258.4 固体废物 金属元素的测定 火焰原子吸收光谱法（GB 5085.3—2007 附录 D）
详见本章 3.2.2.5

3.2.259 环氧丙烷

3.2.259.1 固体废物 挥发性有机化合物的测定 气相色谱/质谱法（GB 5085.3—2007 附录 O）

详见本章 3.2.41.1

3.2.260 4-甲基间苯二胺

3.2.260.1 固体废物 半挥发性有机化合物的测定 气相色谱/质谱法（GB 5085.3—2007 附录 K）

详见本章 3.2.31.1

3.2.261 甲醛

3.2.261.1 固体废物 芳香族及含卤挥发物的测定 气相色谱法（GB 5085.3—2007 附录 P）

详见本章 3.2.41.2

3.2.262 2-甲氧基苯胺

3.2.262.1 固体废物 半挥发性有机化合物的测定 气相色谱/质谱法（GB 5085.3—2007 附录 K）

详见本章 3.2.31.1

3.2.263 联苯胺

3.2.263.1 固体废物 半挥发性有机化合物的测定 气相色谱/质谱法（GB 5085.3—2007 附录 K）

详见本章 3.2.31.1

3.2.264 联苯胺盐

3.2.264.1 固体废物 半挥发性有机化合物的测定 气相色谱/质谱法（GB 5085.3—2007 附录 K）

详见本章 3.2.31.1

3.2.265 邻甲苯胺

3.2.265.1 固体废物 半挥发性有机化合物的测定 气相色谱/质谱法（GB 5085.3—2007 附录 K）

详见本章 3.2.31.1

3.2.265.2 固体废物 挥发性有机化合物的测定 气相色谱/质谱法（GB 5085.3—2007 附录 O）

详见本章 3.2.41.1

3.2.266 邻联茴香胺

3.2.266.1 固体废物 半挥发性有机化合物的测定 气相色谱/质谱法（GB 5085.3—2007 附录 K）

详见本章 3.2.31.1

3.2.267 邻联甲苯胺

3.2.267.1 固体废物 半挥发性有机化合物的测定 气相色谱/质谱法（GB 5085.3—2007 附录 K）

详见本章 3.2.31.1

3.2.268 邻联甲苯胺盐

3.2.268.1 固体废物 半挥发性有机化合物的测定 气相色谱/质谱法（GB 5085.3—2007 附录 K）
详见本章 3.2.31.1

3.2.269 硫化镍

3.2.269.1 固体废物元素的测定 电感耦合等离子体原子发射光谱法（GB 5085.3—2007 附录 A）
详见本章 3.2.2.2
3.2.269.2 固体废物 元素的测定 电感耦合等离子体质谱法（GB 5085.3—2007 附录 B）
详见本章 3.2.1.2
3.2.269.3 固体废物 金属元素的测定 石墨炉原子吸收光谱法（GB 5085.3—2007 附录 C）
详见本章 3.2.2.4
3.2.269.4 固体废物 金属元素的测定 火焰原子吸收光谱法（GB 5085.3—2007 附录 D）
详见本章 3.2.2.5

3.2.270 硫酸镉

3.2.270.1 固体废物 元素的测定 电感耦合等离子体原子发射光谱法（GB 5085.3—2007 附录 A）
详见本章 3.2.2.2
3.2.270.2 固体废物 元素的测定 电感耦合等离子体质谱法（GB 5085.3—2007 附录 B）
详见本章 3.2.1.2
3.2.270.3 固体废物 金属元素的测定 石墨炉原子吸收光谱法（GB 5085.3—2007 附录 C）
详见本章 3.2.2.4
3.2.270.4 固体废物 金属元素的测定 火焰原子吸收光谱法（GB 5085.3—2007 附录 D）
详见本章 3.2.2.5

3.2.271 六甲基磷三酰胺

3.2.271.1 固体废物 有机磷化合物的测定 气相色谱法（GB 5085.3—2007 附录 I）
详见本章 3.2.23.1
3.2.271.2 固体废物 半挥发性有机化合物的测定 气相色谱/质谱法（GB 5085.3—2007 附录 K）
详见本章 3.2.31.1

3.2.272 氯化镉

3.2.272.1 固体废物 元素的测定 电感耦合等离子体原子发射光谱法（GB 5085.3—2007 附录 A）
详见本章 3.2.2.2
3.2.272.2 固体废物 元素的测定 电感耦合等离子体质谱法（GB 5085.3—2007 附录 B）
详见本章 3.2.1.2
3.2.272.3 固体废物 金属元素的测定 石墨炉原子吸收光谱法（GB 5085.3—2007 附录 C）
详见本章 3.2.2.4

3.2.272.4 固体废物 金属元素的测定 火焰原子吸收光谱法（GB 5085.3—2007 附录 D）
详见本章 3.2.2.5

3.2.273 α-氯甲苯

3.2.273.1 固体废物 挥发性有机化合物的测定 气相色谱/质谱法（GB 5085.3—2007 附录 O）
详见本章 3.2.41.1

3.2.273.2 固体废物 芳香族及含卤挥发物的测定 气相色谱法（GB 5085.3—2007 附录 P）
详见本章 3.2.41.2

3.2.273.3 固体废物 含氯烃类化合物的测定 气相色谱法（GB 5085.3—2007 附录 R）
详见本章 3.2.46.4

3.2.274 氯甲基甲醚

3.2.274.1 固体废物 芳香族及含卤挥发物的测定 气相色谱法（GB 5085.3—2007 附录 P）
详见本章 3.2.41.2

3.2.275 氯甲基醚

3.2.275.1 固体废物 芳香族及含卤挥发物的测定 气相色谱法（GB 5085.3—2007 附录 P）
详见本章 3.2.41.2

3.2.276 氯乙烯

3.2.276.1 固体废物 挥发性有机化合物的测定 气相色谱/质谱法（GB 5085.3—2007 附录 O）
详见本章 3.2.41.1

3.2.276.2 固体废物 芳香族及含卤挥发物的测定 气相色谱法（GB 5085.3—2007 附录 P）
详见本章 3.2.41.2

3.2.276.3 固体废物 挥发性有机物的测定 顶空/气相色谱-质谱法（HJ 643—2013）
详见本章 3.2.41.4

3.2.277 2-萘胺

3.2.277.1 固体废物 半挥发性有机化合物的测定 气相色谱/质谱法（GB 5085.3—2007 附录 K）
详见本章 3.2.31.1

3.2.278 2-萘胺盐

3.2.278.1 固体废物 半挥发性有机化合物的测定 气相色谱/质谱法（GB 5085.3—2007 附录 K）
详见本章 3.2.31.1

3.2.279 铍化合物（硅酸铝铍除外）

3.2.279.1 固体废物 元素的测定 电感耦合等离子体原子发射光谱法（GB 5085.3—2007 附录 A）
详见本章 3.2.2.2

3.2.279.2 固体废物 元素的测定 电感耦合等离子体质谱法（GB 5085.3—2007 附录 B）
详见本章 3.2.1.2

3.2.279.3 固体废物 金属元素的测定 石墨炉原子吸收光谱法（GB 5085.3—2007 附录 C）
详见本章 3.2.2.4

3.2.279.4 固体废物 金属元素的测定 火焰原子吸收光谱法（GB 5085.3—2007 附录 D）
详见本章 3.2.2.5

3.2.280 α,α,α- 三氯甲苯

3.2.280.1 固体废物 含氯烃类化合物的测定 气相色谱法（GB 5085.3—2007 附录 R）
详见本章 3.2.46.4

3.2.281 三氧化二镍

3.2.281.1 固体废物 元素的测定 电感耦合等离子体原子发射光谱法（GB 5085.3—2007 附录 A）
详见本章 3.2.2.2

3.2.281.2 固体废物 元素的测定 电感耦合等离子体质谱法（GB 5085.3—2007 附录 B）
详见本章 3.2.1.2

3.2.281.3 固体废物 金属元素的测定 石墨炉原子吸收光谱法（GB 5085.3—2007 附录 C）
详见本章 3.2.2.4

3.2.281.4 固体废物 金属元素的测定 火焰原子吸收光谱法（GB 5085.3—2007 附录 D）
详见本章 3.2.2.5

3.2.282 三氧化二砷

3.2.282.1 固体废物 金属元素的测定 石墨炉原子吸收光谱法（GB 5085.3—2007 附录 C）
详见本章 3.2.2.4

3.2.282.2 固体废物 砷、锑、铋、硒的测定 原子荧光法（GB 5085.3—2007 附录 E）
详见本章 3.2.6.4

3.2.283 三氧化铬

3.2.283.1 固体废物 元素的测定 电感耦合等离子体原子发射光谱法（GB 5085.3—2007 附录 A）
详见本章 3.2.2.2

3.2.283.2 固体废物 元素的测定 电感耦合等离子体质谱法（GB 5085.3—2007 附录 B）
详见本章 3.2.1.2

3.2.283.3 固体废物 金属元素的测定 石墨炉原子吸收光谱法（GB 5085.3—2007 附录 C）
详见本章 3.2.2.4

3.2.283.4 固体废物 金属元素的测定 火焰原子吸收光谱法（GB 5085.3—2007 附录 D）
详见本章 3.2.2.5

3.2.284　砷酸及其盐

3.2.284.1　固体废物　金属元素的测定　石墨炉原子吸收光谱法（GB 5085.3—2007 附录 C）

详见本章 3.2.2.4

3.2.284.2　固体废物　砷、锑、铋、硒的测定　原子荧光法（GB 5085.3—2007 附录 E）

详见本章 3.2.6.4

3.2.285　五氧化二砷

3.2.285.1　固体废物　金属元素的测定　石墨炉原子吸收光谱法（GB 5085.3—2007 附录 C）

详见本章 3.2.2.4

3.2.285.2　固体废物　砷、锑、铋、硒的测定　原子荧光法（GB 5085.3—2007 附录 E）

详见本章 3.2.6.4

3.2.286　2-硝基丙烷

3.2.286.1　固体废物　挥发性有机化合物的测定　气相色谱/质谱法（GB 5085.3—2007 附录 O）

详见本章 3.2.41.1

3.2.287　硝基联苯

3.2.287.1　固体废物　半挥发性有机化合物的测定　气相色谱/质谱法（GB 5085.3—2007 附录 K）

详见本章 3.2.31.1

3.2.288　1,2-亚肼基苯

3.2.288.1　固体废物　半挥发性有机化合物的测定　气相色谱/质谱法（GB 5085.3—2007 附录 K）

详见本章 3.2.31.1

3.2.289　*N*- 亚硝基二甲胺

3.2.289.1　固体废物　半挥发性有机化合物的测定　气相色谱/质谱法（GB 5085.3—2007 附录 K）

详见本章 3.2.31.1

3.2.290　氧化镉

3.2.290.1　固体废物　元素的测定　电感耦合等离子体原子发射光谱法（GB 5085.3—2007 附录 A）

详见本章 3.2.2.2

3.2.290.2　固体废物　元素的测定　电感耦合等离子体质谱法（GB 5085.3—2007 附录 B）

详见本章 3.2.1.2

3.2.290.3　固体废物　金属元素的测定　石墨炉原子吸收光谱法（GB 5085.3—2007 附录 C）

详见本章 3.2.2.4

3.2.290.4　固体废物　金属元素的测定　火焰原子吸收光谱法（GB 5085.3—2007 附录 D）

详见本章 3.2.2.5

3.2.291 氧化铍

3.2.291.1 固体废物 元素的测定 电感耦合等离子体原子发射光谱法（GB 5085.3—2007 附录 A）

详见本章 3.2.2.2

3.2.291.2 固体废物 元素的测定 电感耦合等离子体质谱法（GB 5085.3—2007 附录 B）

详见本章 3.2.1.2

3.2.291.3 固体废物 金属元素的测定 石墨炉原子吸收光谱法（GB 5085.3—2007 附录 C）

详见本章 3.2.2.4

3.2.291.4 固体废物 金属元素的测定 火焰原子吸收光谱法（GB 5085.3—2007 附录 D）

详见本章 3.2.2.5

3.2.292 一氧化镍

3.2.292.1 固体废物 元素的测定 电感耦合等离子体原子发射光谱法（GB 5085.3—2007 附录 A）

详见本章 3.2.2.2

3.2.292.2 固体废物 元素的测定 电感耦合等离子体质谱法（GB 5085.3—2007 附录 B）

详见本章 3.2.1.2

3.2.292.3 固体废物 金属元素的测定 石墨炉原子吸收光谱法（GB 5085.3—2007 附录 C）

详见本章 3.2.2.4

3.2.292.4 固体废物 金属元素的测定 火焰原子吸收光谱法（GB 5085.3—2007 附录 D）

详见本章 3.2.2.5

3.2.293 丙烯酰胺

3.2.293.1 固体废物 丙烯酰胺的测定 气相色谱法（GB 5085.6—2007 附录 R）

标准名称：固体废物 丙烯酰胺的测定 气相色谱法

英文名称：/

标准编号：危险废物鉴别标准 毒性物质含量鉴别 GB 5085.6—2007 附录 R

适用范围：本方法适用于固体废物中丙烯酰胺的气相色谱法测定。

本方法的方法检测限为 0.032 μg/L。

替代情况：/

发布时间：2007-04-25

实施时间：2007-10-01

3.2.294 1,2-二溴-3-氯丙烷

3.2.294.1 固体废物 有机氯农药的测定 气相色谱法（GB 5085.3—2007 附录 H）

详见本章 3.2.20.1

3.2.294.2 固体废物 半挥发性有机化合物的测定 气相色谱/质谱法（GB 5085.3—2007 附录 K）

详见本章 3.2.31.1

3.2.294.3 固体废物 挥发性有机化合物的测定 气相色谱/质谱法（GB 5085.3—2007 附录 O）

详见本章 3.2.41.1

3.2.294.4　固体废物　芳香族及含卤挥发物的测定　气相色谱法（GB 5085.3—2007 附录 P）

详见本章 3.2.41.2

3.2.295　二乙基硫酸酯

3.2.295.1　固体废物　半挥发性有机化合物的测定　气相色谱/质谱法（GB 5085.3—2007 附录 K）

详见本章 3.2.31.1

3.2.296　氟化镉

3.2.296.1　固体废物　元素的测定　电感耦合等离子体原子发射光谱法（GB 5085.3—2007 附录 A）

详见本章 3.2.2.2

3.2.296.2　固体废物　元素的测定　电感耦合等离子体质谱法（GB 5085.3—2007 附录 B）

详见本章 3.2.1.2

3.2.296.3　固体废物　金属元素的测定　石墨炉原子吸收光谱法（GB 5085.3—2007 附录 C）

详见本章 3.2.2.4

3.2.296.4　固体废物　金属元素的测定　火焰原子吸收光谱法（GB 5085.3—2007 附录 D）

详见本章 3.2.2.5

3.2.297　铬酸钠

3.2.297.1　固体废物　元素的测定　电感耦合等离子体原子发射光谱法（GB 5085.3—2007 附录 A）

详见本章 3.2.2.2

3.2.297.2　固体废物　元素的测定　电感耦合等离子体质谱法（GB 5085.3—2007 附录 B）

详见本章 3.2.1.2

3.2.297.3　固体废物　金属元素的测定　石墨炉原子吸收光谱法（GB 5085.3—2007 附录 C）

详见本章 3.2.2.4

3.2.297.4　固体废物　金属元素的测定　火焰原子吸收光谱法（GB 5085.3—2007 附录 D）

详见本章 3.2.2.5

3.2.298　环氧乙烷

3.2.298.1　固体废物　挥发性有机化合物的测定　气相色谱/质谱法（GB 5085.3—2007 附录 O）

详见本章 3.2.41.1

3.2.299　醋酸铅

3.2.299.1　固体废物　元素的测定　电感耦合等离子体原子发射光谱法（GB 5085.3—2007 附录 A）

详见本章 3.2.2.2

3.2.299.2　固体废物　元素的测定　电感耦合等离子体质谱法（GB 5085.3—2007 附录 B）

详见本章 3.2.1.2

3.2.299.3　固体废物　金属元素的测定　石墨炉原子吸收光谱法（GB 5085.3—2007 附录 C）

详见本章 3.2.2.4

3.2.299.4　固体废物　金属元素的测定　火焰原子吸收光谱法（GB 5085.3—2007 附录 D）

详见本章 3.2.2.5

3.2.300　叠氮化铅

3.2.300.1　固体废物　元素的测定　电感耦合等离子体原子发射光谱法（GB 5085.3—2007 附录 A）

详见本章 3.2.2.2

3.2.300.2　固体废物　元素的测定　电感耦合等离子体质谱法（GB 5085.3—2007 附录 B）

详见本章 3.2.1.2

3.2.300.3　固体废物　金属元素的测定　石墨炉原子吸收光谱法（GB 5085.3—2007 附录 C）

详见本章 3.2.2.4

3.2.300.4　固体废物　金属元素的测定　火焰原子吸收光谱法（GB 5085.3—2007 附录 D）

详见本章 3.2.2.5

3.2.301　二醋酸铅

3.2.301.1　固体废物　元素的测定　电感耦合等离子体原子发射光谱法（GB 5085.3—2007 附录 A）

详见本章 3.2.2.2

3.2.301.2　固体废物　元素的测定　电感耦合等离子体质谱法（GB 5085.3—2007 附录 B）

详见本章 3.2.1.2

3.2.301.3　固体废物　金属元素的测定　石墨炉原子吸收光谱法（GB 5085.3—2007 附录 C）

详见本章 3.2.2.4

3.2.301.4　固体废物　金属元素的测定　火焰原子吸收光谱法（GB 5085.3—2007 附录 D）

详见本章 3.2.2.5

3.2.302　铬酸铅

3.2.302.1　固体废物　元素的测定　电感耦合等离子体原子发射光谱法（GB 5085.3—2007 附录 A）

详见本章 3.2.2.2

3.2.302.2　固体废物　元素的测定　电感耦合等离子体质谱法（GB 5085.3—2007 附录 B）

详见本章 3.2.1.2

3.2.302.3　固体废物　金属元素的测定　石墨炉原子吸收光谱法（GB 5085.3—2007 附录 C）

详见本章 3.2.2.4

3.2.302.4　固体废物　金属元素的测定　火焰原子吸收光谱法（GB 5085.3—2007 附录 D）

详见本章 3.2.2.5

3.2.303　甲基磺酸铅（II）

3.2.303.1　固体废物　元素的测定　电感耦合等离子体原子发射光谱法（GB 5085.3—2007 附录 A）

详见本章 3.2.2.2

3.2.303.2　固体废物　元素的测定　电感耦合等离子体质谱法（GB 5085.3—2007 附录 B）

详见本章 3.2.1.2

3.2.303.3　固体废物　金属元素的测定　石墨炉原子吸收光谱法（GB 5085.3—2007 附录 C）

详见本章 3.2.2.4

3.2.303.4　固体废物　金属元素的测定　火焰原子吸收光谱法（GB 5085.3—2007 附录 D）

详见本章 3.2.2.5

3.2.304　磷酸铅

3.2.304.1　固体废物　元素的测定　电感耦合等离子体原子发射光谱法（GB 5085.3—2007 附录 A）

详见本章 3.2.2.2

3.2.304.2　固体废物　元素的测定　电感耦合等离子体质谱法（GB 5085.3—2007 附录 B）

详见本章 3.2.1.2

3.2.304.3　固体废物　金属元素的测定　石墨炉原子吸收光谱法（GB 5085.3—2007 附录 C）

详见本章 3.2.2.4

3.2.304.4　固体废物　金属元素的测定　火焰原子吸收光谱法（GB 5085.3—2007 附录 D）

详见本章 3.2.2.5

3.2.305　六氟硅酸铅

3.2.305.1　固体废物　元素的测定　电感耦合等离子体原子发射光谱法（GB 5085.3—2007 附录 A）

详见本章 3.2.2.2

3.2.305.2　固体废物　元素的测定　电感耦合等离子体质谱法（GB 5085.3—2007 附录 B）

详见本章 3.2.1.2

3.2.305.3　固体废物　金属元素的测定　石墨炉原子吸收光谱法（GB 5085.3—2007 附录 C）

详见本章 3.2.2.4

3.2.305.4　固体废物　金属元素的测定　火焰原子吸收光谱法（GB 5085.3—2007 附录 D）

详见本章 3.2.2.5

3.2.306　收敛酸铅

3.2.306.1　固体废物　元素的测定　电感耦合等离子体原子发射光谱法（GB 5085.3—2007 附录 A）

详见本章 3.2.2.2

3.2.306.2　固体废物　元素的测定　电感耦合等离子体质谱法（GB 5085.3—2007 附录 B）

详见本章 3.2.1.2

3.2.306.3　固体废物　金属元素的测定　石墨炉原子吸收光谱法（GB 5085.3—2007 附录 C）

详见本章 3.2.2.4

3.2.306.4　固体废物　金属元素的测定　火焰原子吸收光谱法（GB 5085.3—2007 附录 D）

详见本章 3.2.2.5

3.2.307　烷基铅

3.2.307.1　固体废物　元素的测定　电感耦合等离子体原子发射光谱法（GB 5085.3—2007 附录 A）

详见本章 3.2.2.2

3.2.307.2 固体废物 元素的测定 电感耦合等离子体质谱法（GB 5085.3—2007 附录 B）

详见本章 3.2.1.2

3.2.307.3 固体废物 金属元素的测定 石墨炉原子吸收光谱法（GB 5085.3—2007 附录 C）

详见本章 3.2.2.4

3.2.307.4 固体废物 金属元素的测定 火焰原子吸收光谱法（GB 5085.3—2007 附录 D）

详见本章 3.2.2.5

3.2.308 2-乙氧基乙醇

3.2.308.1 固体废物 挥发性有机化合物的测定 气相色谱/质谱法（GB 5085.3—2007 附录 O）

详见本章 3.2.41.1

3.2.309 艾氏剂

3.2.309.1 固体废物 有机氯农药的测定 气相色谱法（GB 5085.3—2007 附录 H）

详见本章 3.2.20.1

3.2.310 狄氏剂

3.2.310.1 固体废物 有机氯农药的测定 气相色谱法（GB 5085.3—2007 附录 H）

详见本章 3.2.20.1

3.2.311 异狄氏剂

3.2.311.1 固体废物 有机氯农药的测定 气相色谱法（GB 5085.3—2007 附录 H）

详见本章 3.2.20.1

3.2.312 七氯

3.2.312.1 固体废物 有机氯农药的测定 气相色谱法（GB 5085.3—2007 附录 H）

详见本章 3.2.20.1

3.2.313 多氯二苯并对二噁英和多氯二苯并呋喃

3.2.313.1 固体废物 多氯代二苯并二噁英和多氯代二苯并呋喃的测定 高分辨气相色谱/高分辨质谱法（GB 5085.6—2007 附录 S）

标准名称：固体废物 多氯代二苯并二噁英和多氯代二苯并呋喃的测定 高分辨气相色谱/高分辨质谱法

英文名称：/

标准编号：危险废物鉴别标准 毒性物质含量鉴别 GB 5085.6—2007 附录 S

适用范围：本方法适用于固体废物中多氯代二苯并二噁英（4～8 个氯的取代物；PCDDs）和多氯代二苯并呋喃（4～8 个氯的取代物；PCDFs）的 10^{-6} 和 10^{-9} 量级的高分辨气相色谱/高分辨质谱法检测。包括：2,3,7,8-四氯二苯并对二噁英、1,2,3,7,8-五氯二苯并对二噁英、1,2,3,6,7,8-六氯二苯并对二噁英、1,2,3,4,7,8-六氯二苯并对二噁英、1,2,3,7,8,9-六氯二苯并对二噁英、1,2,3,4,6,7,8-七氯二苯并对二噁英、1,2,3,4,6,7,8,9-八氯二苯并对二噁英、2,3,7,8-四氯二苯并呋喃、1,2,3,7,8-五氯二苯并呋喃、2,3,4,7,8-五氯二苯并呋喃、1,2,3,6,7,8-六氯二苯并呋喃、1,2,3,7,8,9-六氯二苯并呋喃、1,2,3,4,7,8-六氯二苯并呋喃、2,3,4,6,7,8-六氯二苯并呋喃、1,2,3,4,6,7,8-七氯二苯并呋喃、1,2,3,4,7,8,9-七氯二苯并呋喃、1,2,3,4,6,7,8,9-八氯二苯并呋喃。

替代情况：/

发布时间：2007-04-25

实施时间：2007-10-01

3.2.314 挥发性有机物

3.2.314.1 固体废物 挥发性有机化合物的测定 气相色谱/质谱法（GB 5085.3—2007 附录 O）

详见本章 3.2.41.1

3.2.314.2 固体废物 挥发性有机物的测定 平衡顶空法（GB 5085.3—2007 附录 Q）

详见本章 3.2.41.3

3.2.314.3 固体废物 挥发性有机物的测定 顶空/气相色谱-质谱法（HJ 643—2013）

详见本章 3.2.41.4

3.3 垃圾填埋场渗滤液监测方法

3.3.1 化学需氧量（COD_{Cr}）

3.3.1.1 水质 化学需氧量的测定 重铬酸盐法（GB/T 11914—1989）

详见第一章 3.2.5.1

3.3.2 氨氮

3.3.2.1 水质 氨氮的测定 纳氏试剂分光光度法（HJ 535—2009）

详见第一章 3.2.7.1

3.3.2.2 水质 氨氮的测定 蒸馏-中和滴定法（HJ 537—2009）

详见第四章 3.2.22.3

3.3.2.3 水质 氨氮的测定 水杨酸分光光度法（HJ 536—2009）

详见第一章 3.2.7.2

3.3.3 总磷（以 P 计）

3.3.3.1 水质 总磷的测定 钼酸铵分光光度法（GB/T 11893—1989）

详见第一章 3.2.8.1

3.3.4 石油类

3.3.4.1 水质 石油类和动植物油类的测定 红外分光光度法（HJ 637—2012）

详见第一章 3.2.21.1

3.3.5 挥发酚

3.3.5.1 水质 挥发酚的测定 4-氨基安替比林分光光度法（HJ 503—2009）

详见第一章 3.2.20.1

3.3.5.2 水质 挥发酚的测定 溴化容量法（HJ 502—2009）

详见第四章 3.2.19.1

3.3.6 总氰化合物

3.3.6.1 水质 氰化物的测定 容量法和分光光度法（HJ 484—2009）

详见第一章 3.2.19.1

3.3.7 氟化物

3.3.7.1 水质 氟化物的测定 离子选择电极法（GB/T 7484—1987）

详见第一章 3.2.12.3

3.3.7.2 水质 氟化物的测定 茜素磺酸锆目视比色法（HJ 487—2009）

详见第一章 3.2.12.1

3.3.7.3 水质 氟化物的测定 氟试剂分光光度法（HJ 488—2009）

详见第一章 3.2.12.2

3.3.8 有机磷农药（以 P 计）

3.3.8.1 水质 有机磷农药的测定 气相色谱法（GB/T 13192—1991）

详见第一章 3.2.82.1

3.3.9 总汞

3.3.9.1 水质 总汞的测定 冷原子吸收分光光度法（HJ 597—2011）

详见第一章 3.2.15.1

3.3.9.2 水质 总汞的测定 高锰酸钾-过硫酸钾消解法 双硫腙分光光度法（GB/T 7469—1987）

详见第四章 3.2.1.2

3.3.10 烷基汞

3.3.10.1 水质 烷基汞的测定 气相色谱法（GB/T 14204—1993）

详见第一章 3.2.117.1

3.3.11 总镉

3.3.11.1 水质 铜、锌、铅、镉的测定 原子吸收分光光度法（GB/T 7475—1987）

详见第一章 3.2.10.3

3.3.11.2 水质 镉的测定 双硫腙分光光度法（GB/T 7471—1987）

详见第一章 3.2.16.2

3.3.12　总铬

3.3.12.1　水质总铬的测定（GB/T 7466—1987）

详见第一章 3.2.107.1

3.3.13　六价铬

3.3.13.1　水质　六价铬的测定　二苯碳酰二肼分光光度法（GB/T 7467—1987）

详见第一章 3.2.17.1

3.3.14　总砷

3.3.14.1　水质　总砷的测定　二乙基二硫代氨基甲酸银分光光度法（GB/T 7485—1987）

详见第一章 3.2.14.1

3.3.15　总铅

3.3.15.1　水质　铜、锌、铅、镉的测定　原子吸收分光光度法（GB/T 7475—1987）

详见第一章 3.2.10.3

3.3.15.2　水质　铅的测定　双硫腙分光光度法（GB/T 7470—1987）

详见第一章 3.2.18.2

3.3.16　总镍

3.3.16.1　水质　镍的测定　火焰原子吸收分光光度法（GB/T 11912—1989）

详见第一章 3.2.102.2

3.3.16.2　水质　镍的测定　丁二酮肟分光光度法（GB/T 11910—1989）

详见第一章 3.2.102.1

3.3.17　总锰

3.3.17.1　水质　铁、锰的测定　火焰原子吸收分光光度法（GB/T 11911—1989）

详见第一章 3.2.28.1

3.3.17.2　水质　锰的测定　高碘酸钾分光光度法（GB/T 11906—1989）

详见第一章 3.2.29.1

编写人：包艳英

第十六章

噪声和振动

1　环境质量标准和排放标准

1.1　声环境质量标准（GB 3096—2008）

标准名称：声环境质量标准

英文名称：Environmental quality standard for noise

标准编号：GB 3096—2008

适用范围：本标准规定了五类声环境功能区的环境噪声限值及测量方法。本标准适用于声环境质量评价与管理。机场周围区域受飞机通过（起飞、降落、低空飞越）噪声的影响，不适用于本标准。

替代情况：替代 GB 3096—1993，GB/T 14623—1993

本标准是对《城市区域环境噪声标准》（GB 3096—1993）和《城市区域环境噪声测量方法》（GB/T 14623—1993）的修订，与原标准相比主要修改内容如下：

—— 扩大了标准适用区域，将乡村地区纳入标准适用范围；

—— 将环境质量标准与测量方法标准合并为一项标准；

—— 明确了交通干线的定义，对交通干线两侧 4 类区环境噪声限值作了调整；

—— 提出了声环境功能区监测和噪声敏感建筑物监测的要求。

发布时间：2008-08-19

实施时间：2008-10-01

1.2　工业企业厂界环境噪声排放标准（GB 12348—2008）

标准名称：工业企业厂界环境噪声排放标准

英文名称：Emisson standard for industrial enterprises noise at boundary

标准编号：GB 12348—2008

适用范围：本标准规定了工业企业和固定设备厂界环境噪声排放限值及其测量方法。

本标准适用于工业企业噪声排放的管理、评价及控制。机关、事业单位、团体等对外环境排放噪声的单位也按本标准执行。

替代情况：代替 GB 12348—1990，GB/T 12349—1990，本标准是对《工业企业厂界噪声标准》（GB 12348—1990）和《工业企业厂界噪声测量方法》（GB 12349—1990）的第一次修订。与原标准相比主要修订内容如下：

—— 将《工业企业厂界噪声标准》（GB 12348—1990）和《工业企业厂界噪声测量方法》（GB/T 12349—1990）合并为一个标准，名称改为《工业企业厂界环境噪声排放标准》；

—— 修改了标准的适用范围、背景值修正表；

—— 补充了 0 类区噪声限值、测量条件、测点位置、测点布设和测量记录；

—— 增加了部分术语和定义、室内噪声限值、背景噪声测量、测量结果和测量结果评价的内容。

发布时间：2008-08-19

实施时间：2008-10-01

1.3 社会生活环境噪声排放标准（GB 22337—2008）

标准名称：社会生活环境噪声排放标准

英文名称：Emission standard for community noise

标准编号：GB 22337—2008

适用范围：本标准规定了营业性文化娱乐场所和商业经营活动中可能产生环境噪声污染的设备、设施边界噪声排放限值和测量方法。

本标准适用于对营业性文化娱乐场所、商业经营活动中使用的向环境排放噪声的设备、设施的管理、评价与控制。

排放噪声的单位也按本标准执行。

替代情况：/

发布时间：2008-08-19

实施时间：2008-10-01

1.4 建筑施工场界环境噪声排放标准（GB 12523—2011）

标准名称：建筑施工场界环境噪声排放标准

英文名称：Emission standard of environment noise for boundary of construction site

标准编号：GB 12523—2011

适用范围：本标准规定了建筑施工场界环境噪声排放限值及测量方法，适用于周围有噪声敏感建筑物的建筑施工噪声排放的管理、评价及控制。市政、通信、交通、水利等其他类型的施工噪声排放可参照本标准执行，不适用于抢修、抢险施工过程中产生噪声的排放监管。

替代情况：本标准是对《建筑施工场界噪声限值》（GB 12523—1990）和《建筑施工场界噪声测量方法》（GB/T 12524—1990）的第一次修订。与原标准相比主要修改内容如下：

——将《建筑施工场界噪声限值》（GB 12523—1990）和《建筑施工场界噪声测量方法》（GB/T 12524—1990）合并为一个标准，名称改为《建筑施工场界环境噪声排放标准》；

——修改了适用范围、排放限值及测量时间；

——补充了测量条件、测点位置和测量记录；

——增加了部分术语和定义、背景噪声测量、测量结果评价和标准实施的内容；

——删除了测量记录表。

发布时间：2011-11-14

实施时间：2012-07-11

1.5 机场周围飞机噪声环境标准（GB 9660—1988）

标准名称：机场周围飞机噪声环境标准

英文名称：Standard of aircraft noise for environment around airport

标准编号：GB 9660—1988

适用范围：本标准规定了机场周围飞机噪声的环境标准，适用于机场周围受飞机通过所产生噪声影响的区域。

替代情况：/

发布时间：1988-08-11

实施时间：1988-11-01

1.6　铁路边界噪声限值及其测量方法（GB 12525—1990）

标准名称：铁路边界噪声限值及其测量方法

英文名称：Emission standards and measurement methods of railway noise on the boundary alongside railway line

标准编号：GB 12525—1990

适用范围：本标准规定了城市铁路边界处铁路噪声的限值及其测量方法，适用于对城市铁路边界噪声的评价。

替代情况：/

发布时间：1990-11-09

实施时间：1991-03-01

1.7　城市区域环境振动标准（GB 10070—1988）

标准名称：城市区域环境振动标准

英文名称：Standard of environmental vibration in urban area

标准编号：GB 10070—1988

适用范围：本标准规定了城市区域环境振动的标准值及适用地带范围和监测方法。本标准适用于城市区域环境。

替代情况：/

发布时间：1988-12-10

实施时间：1989-07-01

1.8　地下铁道车站站台噪声限值（GB 14227—1993）

标准名称：地下铁道车站站台噪声限值

英文名称：Noise limits on platform of subway station

标准编号：GB 14227—1993

适用范围：本标准规定了地下铁道车站站台噪声限值及混响时间。本标准适用于对各种形式、结构的地下铁道车站站台噪声和混响时间的评价。

替代情况：/

发布时间：1993-03-06

实施时间：1993-11-01

1.9　汽车定置噪声限值（GB 16170—1996）

标准名称：汽车定置噪声限值

英文名称：Limits of noise emitted by stationary road vehicles

标准编号：GB 16170—1996

适用范围：本标准规定了汽车定置噪声的限值，适用于城市道路允许行驶的在用汽车。

替代情况：/

发布时间：1996-03-07

实施时间：1997-01-01

1.10 摩托车和轻便摩托车 定置噪声限值及测量方法（GB 4569—2005）

标准名称：摩托车和轻便摩托车 定置噪声限值及测量方法

英文名称：Limit and measurement method of noise emitted by stationary Motorcycles and Mopeds

标准编号：GB 4569—2005

适用范围：本标准规定了摩托车（赛车除外）和轻便摩托车定置噪声限值及测量方法。

本标准适用于在用摩托车和轻便摩托车。

替代情况：替代 GB 16169—2000 轻便摩托车噪声限值及测试方法，GB 4569—2000 摩托车噪声限值及测试方法。

发布时间：2005-04-15

实施时间：2005-07-01

1.11 摩托车和轻便摩托车加速行驶噪声限值及测量方法（GB 16169—2005）

标准名称：摩托车和轻便摩托车加速行驶噪声限值及测量方法

英文名称：Limit and measurement method of noise emitted by accelerating Motorcycles and Mopeds

标准编号：GB 16169—2005

适用范围：本标准规定了摩托车（赛车除外）和轻便摩托车加速行驶噪声限值及测量方法。

本标准适用于摩托车和轻便摩托车的型式核准和生产一致性检查。

替代情况：部分替代 GB 16169—1996，GB/T 4569—1996，GB 16169—2000，GB 4569—2000，本标准代替 GB 16169—1996 中的加速行驶噪声限值部分和 GB/T 4569—1996 中的加速行驶噪声测量方法部分。

本标准与 GB 16169—1996 和 GB/T 4569—1996 相比主要变化如下：

—— 摩托车加速行驶噪声限值分类依据的发动机排量进行了调整；轻便摩托车加速行驶噪声限值按设计最高车速进行了分类；对三轮车辆的噪声限值单独列出；同时提出了生产一致性检查要求。

—— 对背景噪声提出了修正内容；

—— 测量的取值要求发生了变化；

—— 规定了装有纤维吸声材料的排气消声系统要求；

—— 规定了噪声测量的试验路面要求。

发布时间：2005-04-15

实施时间：2005-07-01

1.12 三轮汽车和低速货车加速行驶车外噪声限值及测量方法（中国Ⅰ、Ⅱ阶段）（GB 19757—2005）

标准名称：三轮汽车和低速货车加速行驶车外噪声限值及测量方法（中国Ⅰ、Ⅱ阶段）

英文名称：Limits and measurement methods for noise emitted by accelerating tri - wheel and low - soeed vehicle

标准编号：GB 19757—2005

适用范围：本标准规定了摩托车（赛车除外）和轻便摩托车加速行驶噪声限值及测量方法。

本标准适用于摩托车和轻便摩托车的型式核准和生产一致性检查。

替代情况：部分代替 GB 18321—2001，GB/T 19118—2003，本标准代替《农用运输车　噪声限值》（GB 18321—2001）和《农用运输车　噪声测量方法》（GB/T 19118—2003）中关于农用运输车加速行驶车外噪声限值和测量方法的内容，主要修订内容如下：

—— 将对农用运输车加速行驶车外噪声测量用的声级计的要求由 2 型改为 1 型；

—— 对农用运输车加速行驶车外噪声测量条件进行了合理调整；

—— 将关于取记录中最大一次的结果为被测农用运输车加速行驶车外噪声值的规定，改为取车辆两侧平均值中较大值为被测车辆加速行驶车外最大噪声值。

发布时间：2005-04-15

实施时间：2005-07-01

2　监测规范

2.1 环境噪声监测技术规范 城市声环境常规监测（HJ 640-2012）

标准名称：环境噪声监测技术规范　城市声环境常规监测

英文名称：Technical specifications for environmental noise monitoring - Routine monitoring for urban environmental noise

标准编号：HJ 640-2012

适用范围：本标准规定了城市声环境常规监测的监测内容、点位设置、监测频次、测量时间、评价方法及质量保证和质量控制等技术要求。

本标准适用于环境保护部门为监测与评价城市声环境质量状况所开展的城市声环境常规监测。乡村地区声环境监测可参照执行。

替代情况：/

发布时间：2012-12-03

实施时间：2013-03-01

2.2　功能区声环境质量自动监测技术规定（暂行）

标准名称：功能区声环境质量自动监测技术规定（暂行）

英文名称：/

标准编号：中国环境监测总站

适用范围：本技术规定提出了声环境功能区实施噪声自动监测的点位布设、监测项目、结果评价、数据报送质量保证和质量控制等内容，适用于声环境质量监测中各城市所开展的功能区噪声自动监测。

道路交通噪声实施噪声自动监测可参照执行。

替代情况：/

发布时间：2010-09-07

实施时间：2010-09-07

2.3 环境噪声自动监测系统技术要求（暂行）

标准名称：环境噪声自动监测系统技术要求（暂行）

英文名称：/

标准编号：中国环境监测总站物字 [2011]200 号

适用范围：本内容规定了环境噪声自动监测系统的技术要求，适用于环境噪声监测及噪声源监测的噪声自动监测系统。

替代情况：/

发布时间：2010-09-07

实施时间：2010-09-07

2.4 声屏障声学设计和测量规范（HJ/T 90—2004）

标准名称：声屏障声学设计和测量规范

英文名称：Norm on acoustical design and measurement of noise barriers

标准编号：HJ/T 90—2004

适用范围：本规范规定了声屏障的声学设计和声学性能的测量方法。

本规范主要适用于城市道路与轨道交通等工程，公路、铁路等其他户外场所的声屏障也可参照本规范。

替代情况：/

发布时间：2004-07-12

实施时间：2004-10-01

3 监测方法

3.1 环境噪声

3.1.1 声环境功能区监测方法（GB 3096—2008 附录 B）

标准名称：声环境功能区监测方法

英文名称：/

标准编号：GB 3096—2008 附录 B

适用范围：评价不同声环境功能区昼间、夜间的声环境质量，了解功能区环境噪声时空分布特征。

替代情况：/

发布时间：2008-08-19

实施时间：2008-10-01

3.1.2 噪声敏感建筑物监测方法（GB 3096—2008 附录 C）

标准名称：噪声敏感建筑物监测方法

英文名称：/

标准编号：GB 3096—2008 附录 C

适用范围：了解噪声敏感建筑物户外（或室内）的环境噪声水平，评价是否符合所处声环境功能区的环境质量要求。

替代情况：/

发布时间：2008-08-19

实施时间：2008-10-01

3.2 工业企业厂界环境噪声

3.2.1 工业企业厂界环境噪声排放标准（GB 12349—1990）

详见本章 1.2

3.3 社会生活环境噪声

3.3.1 社会生活环境噪声排放标准（GB 22337—2008）

详见本章 1.3

3.4 建筑施工场界环境噪声

3.4.1 建筑施工场界环境噪声排放标准（GB 12523—2011）

详见本章 1.4

3.5 机场周围飞机噪声

3.5.1 机场周围飞机噪声测量方法（GB/T 9661—1988）

标准名称：机场周围飞机噪声测量方法

英文名称：Measurement of aircraft noise around airport

标准编号：GB/T 9661—1988

适用范围：本标准规定了机场周围飞机噪声的测量条件、测量仪器、测量方法和测量数据的计算方法，适用于测量机场周围由于飞机起飞、降落或低空飞越时所产生的噪声。本标准包括了三方面的内容：① 测量单个飞行事件引起的噪声；② 测量相继一系列飞行事件引起的噪声；③ 在一段监测时间内测量飞行事件引起的噪声。

替代情况：/

发布时间：1988-08-11

实施时间：1988-11-01

3.6 铁路边界噪声

3.6.1 铁路边界噪声限值及其测量方法（GB 12525—1990）

详见本章 1.6

3.7 地下铁道车站站台噪声

3.7.1 地下铁道车站站台噪声测量（GB/T 14228—1993）

标准名称：地下铁道车站站台噪声测量

英文名称：Measurement for noise on platform of subway station

标准编号：GB/T 14228—1993

适用范围：本标准规定了地下铁道车站站台噪声和混响时间的测量方法。本标准适用于对各种形式、结构的地下铁道车站站台噪声和混响时间进行评价时的测量。

替代情况：/

发布时间：1993-03-06

实施时间：1993-11-01

3.8 机动车辆定置噪声

3.8.1 声学　机动车辆定置噪声测量方法（GB/T 14365—1993）

标准名称：声学　机动车辆定置噪声测量方法

英文名称：Acoustics - Measurement of noise emitted by stationary road vehicles

标准编号：GB/T 14365—1993

适用范围：本标准适用于道路上行驶的各类型的机动车辆在定置时噪声的测量。定置是指车辆不行驶，发动机处于空载运转状态。用本标准规定的方法所得到的测量数据可评价、检查机动车辆的主要噪声源——排气噪声和发动机噪声水平。本方法直接测得的数据，不能表征车辆行驶最大噪声级。

替代情况：/

发布时间：1993-03-17

实施时间：1993-12-01

3.9 汽车车内噪声

3.9.1 声学　汽车车内噪声测量方法（GB/T 18697—2002）

标准名称：声学　汽车车内噪声测量方法

英文名称：Acoustics - Measurement of noise inside motor vehicles

标准编号：GB/T 18697—2002

适用范围：本标准规定了汽车车内噪声测量方法，适用于 M 类和 N 类汽车（M 类：载客车辆，包括轿车；N 类：载货车辆，包括牵引车、起重吊车等）。

替代情况：/

发布时间：2002-03-26

实施时间：2002-12-01

3.10 摩托车和轻便摩托车定置噪声

3.10.1 摩托车和轻便摩托车定置噪声限值及测量方法（GB 4569—2005）

详见本章 1.10

3.11 摩托车和轻便摩托车加速行驶噪声

3.11.1 摩托车和轻便摩托车加速行驶噪声限值及测量方法（GB 16169—2005）

详见本章 1.11

3.12 三轮汽车和低速货车加速行驶车外噪声

3.12.1 三轮汽车和低速货车加速行驶车外噪声限值及测量方法（中国Ⅰ、Ⅱ阶段）（GB 19757—2005）

详见本章 1.12

3.13 其他噪声测量方法

3.13.1 声学 环境噪声的描述、测量与评价 第 1 部分：基本参量与评价方法（GB/T 3222.1—2006）

标准名称：声学 环境噪声的描述、测量与评价 第 1 部分：基本参量与评价方法

英文名称：Acoustics - Description，measurement and assessment of environmental noise - Part 1：Basic quantities and assessment

标准编号：GB/T 3222.1—2006

适用范围：本标准规定了用于描述社区环境噪声的基本参量和评价方法。

详细规定了评价环境噪声的步骤，并给出了预测人们长期暴露于各种环境噪声下的潜在烦恼反应的导则。

替代情况：本标准替代 GB/T 3222—1994 声学 环境噪声测量方法

发布时间：2006-07-25

实施时间：2006-12-01

3.13.2 声学 环境噪声的描述、测量与评价 第 2 部分：环境噪声级测定（GB/T 3222.2—2009）

标准名称：声学 环境噪声的描述、测量与评价 第 2 部分：环境噪声级测定

英文名称：Acoustics - Description，measurement and assessment of environmental noise - Part 2：

Determination of environmental noise levels

标准编号： GB/T 3222.2—2009

适用范围： GB/T 3222 的本部分规定了采用直接测量、通过计算将测量结果外推或完全由计算来确定声压级的方法，以作为评价环境噪声的基础。本部分推荐了尚未被其他规范采用的一些更好的测量或计算条件。GB/T 3222 的本部分可以用于任何频率计权或任何频带下的测量，并给出了估算噪声评价结果不确定度的指南。

替代情况： 本标准替代 GB/T 3222—1994 声学　环境噪声测量方法

发布时间： 2009-09-30

实施时间： 2009-12-01

3.13.3　声学　声压法测定噪声源声功率级　反射面上方采用包络测量表面的简易法（GB/T 3768—1996）

标准名称： 声学　声压法测定噪声源声功率级　反射面上方采用包络测量表面的简易法

英文名称： Acoustics - Determination of sound power levels of noise sources using sound pressure - Survey method using an enveloping measurement surface over a reflecting plane

标准编号： GB/T 3768—1996

适用范围： 本标准规定了在包络声源的测量表面上测量声压级以计算噪声源声功率级的方法。同时，给出了测试环境、测量仪器的要求以及表面声压级及声功率级的计算方法。声功率级的测定结果准确度等级为 3 级。对于各种类型的设备，根据本标准制定和使用其专用噪声测试规范是非常重要的。噪声测试规范中应对被测声源的安装、负载、工作条件、测量表面和传声器阵列的选择给出详细的说明。本标准规定的方法适用于测量各种类型的噪声。本标准适用于各种类型和尺寸的声源（设备、机器、部件组件等）。本标准不适用于超高或超长的声源（烟囱、管道、输送机械、多声源工业设备等）。本标准适用于满足要求具有一个或多个反射面的室内或室外测试环境。

替代情况： /

发布时间： 1996-05-27

实施时间： 1996-12-01

3.13.4　声学　机器和设备发射的噪声测定　工作位置和其他指定位置发射声压级的基础标准使用导则（GB/T 17248.1—2000）

标准名称： 声学　机器和设备发射的噪声测定　工作位置和其他指定位置发射声压级的基础标准使用导则

英文名称： Acoustics - Noise emitted by machinery and equipment - Guidelines forthe use of basic standards for the determination of emission sound pressure levels at a work station and at other specified positions

标准编号： GB/T 17248.1—2000

适用范围： 本标准对测定各类机器和设备工作位置和其他指定位置发射声压级的各个基础标准进行了简要概述，并对于根据机器和设备的类型如何选择相应的基础标准给出了指导性说明。本导则适用于噪声测试规程的准备，也适用于没有噪声测试规程情况下的噪声测试，但仅适用于空气声。

替代情况： /

发布时间： 2000-03-16

实施时间： 2000-12-01

3.13.5 声学 机器和设备发射的噪声 工作位置和其他指定位置发射声压级的测量 一个反射面上方近似自由场的工程法（GB/T 17248.2—1999）

标准名称： 声学 机器和设备发射的噪声 工作位置和其他指定位置发射声压级的测量 一个反射面上方近似自由场的工程法

英文名称： Acoustics - Noise emitted by machinery and equipment - Measurement of emission sound pressure levels at a work station and at otherspecified positions - Engineering method in an essentially free field over a reflecting plane

标准编号： GB/T 17248.2—1999

适用范围： 本标准规定了在一个反射面上方近似自由场中，机器设备附近工作位置和其他指定位置发射声压级的测量方法。工作位置是操作者所处的位置，它可以位于声源工作的室内空地上，或与声源固定相连的操作室内，或远离声源的封闭空间内。指定位置可以位于工作位置附近，或无人看管的机器附近。其中一部分位置偶尔或按一定规律的时间间隔被占据时，这些位置可作为旁观者位置。发射声压级以 A 计权测量，如果需要可测量 C 计权峰值声压级和频带声压级。

替代情况： /

发布时间： 1999-03-08

实施时间： 1999-09-01

3.13.6 声学 机器和设备发射的噪声 工作位置和其他指定位置发射声压级的测量 现场简易法（GB/T 17248.3—1999）

标准名称： 声学 机器和设备发射的噪声 工作位置和其他指定位置发射声压级的测量 现场简易法

英文名称： Acoustics - Noise emitted by machinery and equipment - Measurement of emission sound pressure levels at a work station and at other specified positions - Survey method in situ

标准编号： GB/T 17248.3—1999

适用范围： 本标准规定了半混响场中测量机器和设备附近工作位置和其他指定位置发射声压级的方法。发射声压级用 A 计权测量，若需要可测量 C 计权峰值。

替代情况： /

发布时间： 1999-03-08

实施时间： 1999-09-01

3.13.7 声学 机器和设备发射的噪声 由声功率级确定工作位置和其他指定位置的发射声压级（GB/T 17248.4—1998）

标准名称： 声学 机器和设备发射的噪声 由声功率级确定工作位置和其他指定位置的发射声压级

英文名称： Acoustics - Noise emitted by machinery and equipment - Determination of emission sound pressure level at a work station and at other specified position from the sound power level

标准编号： GB/T 17248.4—1998

适用范围： 本标准规定了根据声功率级计算确定在机器设备附近工作位置或指定位置上，机器设备所发射声压级的两种方法。其主要目的是在给定的环境条件和规定安装、运行工况条件下，对相同类型但不同规格的机器设备噪声性能进行比较，所得结果可以用来表示和验证 ISO 4871 所规定的发射声压级。

替代情况： /

发布时间： 1998-03-18

实施时间： 1998-10-01

3.13.8 声学 机器和设备发射的噪声 工作位置和其他指定位置发射声压级的测量 环境修正法（GB/T 17248.5—1999）

标准名称： 声学 机器和设备发射的噪声 工作位置和其他指定位置发射声压级的测量 环境修正法

英文名称： Acoustics - Noise emitted by machinery and equipment - Measurement of emission sound pressure levels at a work station and at other specified positions - Method requiring environmental corrections

标准编号： GB/T 17248.5—1999

适用范围： 本标准规定了在满足一定条件要求的环境中，测量机器设备附近工作位置和其他指定位置发射声压级的一种方法。

替代情况： /

发布时间： 1999-03-08

实施时间： 1999-09-01

3.13.9 声学 机器和设备发射的噪声 声强法现场测定工作位置和其他指定位置发射声压级的工程法（GB/T 17248.6—2007）

标准名称： 声学 机器和设备发射的噪声 声强法现场测定工作位置和其他指定位置发射声压级的工程法

英文名称： Acoustics - Noise emitted by machinery and equipment - Engineering method for the determination of emission sound pressure levels in situ at the work station and at other specified positions using sound intensity

标准编号： GB/T 17248.6—2007

适用范围： 本部分规定了一种工程方法（2 级准确度），该方法利用声强法现场测定机器和设备工作位置和其他指定位置发射声压级，该方法是 GB/T 17248.2、GB/T 17248.3 和 GB/T 17248.5 之外的另一种可供选用的现场测量方法。当背景噪声和声场指数满足要求时，该方法适用于所有的测试环境。

本部分适用于发射稳态宽带噪声的设备。这些噪声在不同的运行周期内可以有所不同，噪声可以有或没有离散频率成分或者窄带成分。

替代情况： /

发布时间： 2007-11-14

实施时间： 2008-05-01

3.14 环境振动

3.14.1 城市区域环境振动测量方法（GB/T 10071—1988）

标准名称： 城市区域环境振动测量方法

英文名称： Measurement method of environmental vibration of urban area

标准编号： GB/T 10071—1988

适用范围： 本标准规定了城市区域环境振动的测量方法。本标准仅适用于城市区域环境振动的测量。

替代情况： /

发布时间： 1988-12-10

实施时间： 1989-07-01

编写人：徐政强

第十七章

电磁辐射

1 评价标准

1.1 电磁辐射防护规定（GB 8702—1988）

标准名称：电磁辐射防护规定

英文名称：Regulations for electromagnetic radiation protection

标准编号：GB 8702—1988

适用范围：本规定适用于中华人民共和国境内产生电磁辐射污染的一切单位或个人、一切设施或设备。但本规定的防护限值不适用于为病人安排的医疗或诊断照射。

本规定中防护限值的适用频率范围为 100 kHz～300 GHz。

替代情况：/

发布时间：1988-03-11

实施时间：1988-06-01

1.2 环境电磁波卫生标准（GB/T 9175-1988）

标准名称：环境电磁波卫生标准

英文名称：Hygienic standard for environmental electromagnetic waves

标准编号：GB/T 9175-1988

适用范围：本标准适用于一切人群经常居住和活动场所的环境电磁辐射，不包括职业辐射和射频、微波治疗需要的辐射。

替代情况：/

发布时间：1988-10-01

实施时间：1989-01-01

1.3 高压交流架空送电线无线电干扰限值（GB 15707—1995）

标准名称：高压交流架空送电线无线电干扰限值

英文名称：Limits of radio interference from AC high voltage overhead power transmission lines

标准编号：GB 15707—1995

适用范围：本标准规定了高压交流架空送电线在正常运行时的无线电干扰限值。本标准适用于运行时间半年以上的 110～500 kV 高压交流架空送电线产生的频率为 0.15～30 MHz 的无线电干扰。

替代情况：/

发布时间：1995-09-25

实施时间：1996-10-01

1.4 500 kV 超高压送变电工程电磁辐射环境影响评价技术规范（HJ/T 24—1998）

标准名称：500 kV 超高压送变电工程电磁辐射环境影响评价技术规范

英文名称：Technical regulations on environmental impact assessment of electromagnetic radiation

Produced by 500 kV ultrahigh voltage transmission and transfer power engineering

标准编号： HJ/T 24—1998

适用范围： 本规范适用于 500 kV 超高压送变电工程电磁辐射环境影响的评价。也可参照本规范应用于 110 kV、220 kV 及 330 kV 送变电工程电磁辐射环境影响的评价。

发布时间： 1998-11-19

实施时间： 1999-02-01

2 监测规范

2.1 输变电工程电磁环境监测技术规范（DL/T 334—2010）

标准名称： 输变电工程电磁环境监测技术规范

英文名称： Technical specification for measurement of electromagnetic environment of transmission and transformation projects

标准编号： DL/T 334-2010

适用范围： 本标准规定了输变电工程电磁环境及噪声监测基本原则、内容、程序和方法。本标准适用于 110kV 及以上电压等级的交直流输变电工程。

发布时间： 2011-01-09

实施时间： 2011-05-01

3 监测方法

3.1 电场强度

3.1.1 辐射环境保护管理导则 电磁辐射监测仪器和方法（HJ/T 10.2—1996）

标准名称： 辐射环境保护管理导则 电磁辐射监测仪器和方法

英文名称： Guidline on Management of Radioactive Environmental Protection Electromagnetic Radiation Monitoring Instruments and Methods

标准编号： HJ/T 10.2—1996

适用范围： 本导则所称电磁辐射限于非电离辐射。

电磁辐射的测量按测量场所分为作业环境、特定公众暴露环境、一般公众暴露环境测量。按测量参数分为电场强度、磁场强度和电磁场功率通量密度等的测量。对于不同的测量应选用不同类型的仪器，以期获取最佳的测量结果。测量仪器根据测量目的分为非选频式宽带辐射测量仪和选频式辐射测量仪。

替代情况： /

发布时间： 1996-05-10

实施时间：1996-05-10

3.1.2 高压交流架空送电线路、变电站工频电场和磁场测量方法（DL/T 988—2005）

标准名称：高压交流架空送电线路、变电站工频电场和磁场测量方法

英文名称：Methods of measurement of power frequency electric field and magnetic field from high voltage overhead power transmission line and substation

标准编号：DL/T 988-2005

适用范围：本标准规定了高压交流架空送电线路、变电站工频电场和工频磁场的测量方法。本标准适用于所有电压等级的交流高压架空送电线路和变电站。

替代情况：/

发布时间：2005-11-28

实施时间：2006-06-01

3.1.3 交流输变电工程电磁环境监测方法（试行）（HJ 681—2013）

标准名称：交流输变电工程电磁环境监测方法（试行）

英文名称：Electromagnetic environmental monitoring method for AC electric power transmission and distribution project (on trial)

标准编号：HJ 681—2013

适用范围：本标准规定了交流输变电工程产生的工频电场、工频磁场的监测方法。本标准适用于 110 kV 及以上电压等级的交流输变电工程。其他电压等级的交流输变电工程电磁环境监测可参照本标准执行。

替代情况：/

发布时间：2013-11-22

实施时间：2014-01-01

3.1.4 移动通信基站电磁辐射环境监测方法

标准名称：移动通信基站电磁辐射环境监测方法

英文名称：Methods of Electromagnetic Radiation Monitoring for Mobile Communication Base Station

标准编号：国家环保总局 [2007]114 号

适用范围：本方法规定了监测移动通信基站电磁辐射环境的方法。

本方法适用于超过 GB 8702 规定豁免水平，工作频率范围在 110MHz～40GHz 内的移动通信基站的电磁辐射环境监测。本方法不适用于室内信号分布系统。

替代情况：/

发布时间：2007-07-31

实施时间：2007-07-31

3.2 磁场强度

3.2.1 辐射环境保护管理导则 电磁辐射监测仪器和方法（HJ/T 10.2—1996）

详见本章 3.1.1

3.3 磁感应强度

3.3.1 高压交流架空送电线路、变电站工频电场和磁场测量方法（DL/T 988—2005）

详见本章 3.1.2

3.3.2 交流输变电工程电磁环境监测方法（试行）(HJ 681—2013)

详见本章 3.1.3

3.4 功率密度

3.4.1 辐射环境保护管理导则 电磁辐射监测仪器和方法（HJ/T 10.2—1996）

详见本章 3.1.1

3.4.2 移动通信基站电磁辐射环境监测方法（试行）（环发[2007]114 号）

详见本章 3.1.4

3.5 无线电干扰场强

3.5.1 高压架空输电线、变电站无线电干扰测量方法（GB/T 7349—2002）

标准名称：高压架空输电线、变电站无线电干扰测量方法

英文名称：Methods of measurement of radio interference from high voltage overhead power transmission lines and substations

标准编号：GB/T 7349—2002

适用范围：本标准规定了高压架空输电线、变电站产生的无线电干扰进行现场测量使用的方法。

本标准适用于交流电压等级为 500kV 及以下正常运行的高压架空输电线和变电站，频率范围为 0.15～30MHz 的无线电干扰测量。

替代情况：替代 GB/T 7349—1987

发布时间：2002-01-04

实施时间：2002-04-01

编写人：苗书一、徐政强　朱　明

第十八章

电离辐射

1　限制标准

1.1　核燃料循环放射性流出物归一化排放量管理限值（GB 13695—1992）

标准名称：核燃料循环放射性流出物归一化排放量管理限值

英文名称：Authorized limits for normalized releases of radioactive effluents from nuclear fuel cycle

标准编号：GB 13695—1992

适用范围：本标准规定了在正常运行工况下核燃料循环各设施释放到环境的气载和液态放射性流出物的归一化排放量的管理限值。本标准适用于铀矿山、水冶厂、同位素分离厂、铀元件厂、核动力堆（含供热堆）及后处理厂等核设施。

替代情况：/

发布时间：1992-08-29

实施时间：1993-08-01

1.2　核热电厂辐射防护规定（GB 14317—1993）

标准名称：核热电厂辐射防护规定

英文名称：Regulations for radiation protection of nuclear power plant

标准编号：GB 14317—1993

适用范围：本标准规定了核热电厂辐射控制的基本原则和防护标准，以及选址、设计、运行和退役的辐射防护基本要求。本标准适用于核热电厂，核供热厂也可参照执行。

替代情况：/

发布时间：1993-04-20

实施时间：1993-12-01

1.3　住房内氡浓度控制标准（GB/T 16146—1995）

标准名称：住房内氡浓度控制标准

英文名称：Standards for controlling radon concentration in dwellings

标准编号：GB/T 16146—1995

适用范围：本标准规定了住房内空气中氡及其子体浓度的控制标准；本标准适用于公众居住的住房（包括作为住房的地下空间）；本标准不适用于非居住性的地面建筑和地下建筑。

替代情况：/

发布时间：1995-12-15

实施时间：1996-07-01

1.4　医用γ射线远距治疗设备放射卫生防护标准（GB16351—1996）

标准名称：医用γ射线远距治疗设备放射卫生防护标准

英文名称：Radiological health protection standard on Gamma-beam teletherapy equipment in medicine

标准编号： GB 16351—1996

适用范围： 本标准规定了医用 γ 射线远距治疗（简称 γ 治疗）设备的放射卫生基本要求。本标准适用于 γ 治疗设备的生产和使用。

替代情况： /

发布时间： 1996-05-23

实施时间： 1996-12-01

1.5 拟开放场址土壤中剩余放射性可接受水平规定（暂行）（HJ 53—2000）

标准名称： 拟开放场址土壤中剩余放射性可接受水平规定（暂行）

英文名称： Interim regulation for acceptable levels of residual radionuclides in soil of site considered for release

标准编号： HJ 53—2000

适用范围： 本标准给出了土壤中剩余放射性的可接受暂行水平。它适用于核设施（包括铀、钍矿冶设施和放射性同位素生产设施）退役场址的开放利用；对于其他从事导致天然放射性水平增设活动的场址的开放利用可参照执行。

替代情况： /

发布时间： 2000-05-22

实施时间： 2000-12-01

1.6 电离辐射防护与辐射源安全基本标准（GB 18871—2002）

标准名称： 电离辐射防护与辐射源安全基本标准

英文名称： Basic standards for protection against ionizing radiation and for the safety of radiation sources

标准编号： GB 18871—2002

适用范围：

（1）适用

① 实践

适用本标准的实践包括：

源的生产和辐射或放射性物质在医学、工业、农业或教学与科研中的应用，包括与涉及或可能涉及辐射或放射性物质照射的应用有关的各种活动；

核能的产生，包括核燃料循环中涉及或可能涉及辐射或放射性物质照射的各种活动；

审管部门规定需加以控制的涉及天然源照射的实践；

审管部门规定的其他实践。

② 源

a. 适用本标准对实践的要求的源包括：

放射性物质和载有放射性物质或产生辐射的器件，包括含放射性物质消费品、密封源、非密封源和辐射发生器；

拥有放射性物质的装置、设施及产生辐射的设备，包括辐照装置、放射性矿石的开采或选冶设施、放射性物质加工设施、核设施和放射性废物管理设施；

审管部门规定的其他源。

b. 应将本标准的要求应用于装置或设施中的每一个辐射源；必要时，应按审管部门的规定，将本标准的要求应用于被视为单一源的整个装置或设施。

③ 照射

a. 适用本标准对实践的要求的照射，是由有关实践或实践中源引起的职业照射、医疗照射或公众照射，包括正常照射和潜在照射。

b. 通常情况下应将天然源照射视为一种持续照射，若需要应遵循本标准对干预的要求。但下列各种情况，如果未被排除或有关实践或源未被豁免，则应遵循本标准对实践的要求：

a）涉及天然源的实践所产生的流出物的排放或放射性废物的处置所引起的公众照射；

b）下列情况下天然源照射所引起的工作人员职业照射；

c）工作人员因工作需要或因与其工作直接有关而受到的氡的照射，不管这种照射是高于或低于工作场所中氡持续照射情况补救行动的行动水平［见该标准原文中附录 h（提示的附录）］；

d）工作人员在工作中受到氡的照射虽不是经常的，但所受照射的大小高于工作场所中氡持续照射情况补救行动的行动水平（见标准原文附录 h）；

e）喷气飞机飞行过程中机组人员所受的天然源照射；

f）审管部门规定的需遵循本标准对实践的要求的其他天然源照射。

④ 干预

适用本标准的干预情况是：

要求采取防护行动的应急照射情况，包括：

已执行应急计划或应急程序的事故情况与紧急情况；

审管部门或干预组织确认有正当理由进行干预的其他任何应急照射情况；

要求采取补救行动的持续照射情况，包括：

天然源照射，如建筑物和工作场所内氡的照射；

以往事件所造成的放射性残存物的照射，以及未受通知与批准制度控制的以往的实践和源的利用所造成的放射性残存物的照射；

审管部门或干预组织确认有正当理由进行干预的其他任何持续照射情况。

（2）排除

任何本质上不能通过实施本标准的要求对照射的大小或可能性进行控制的照射情况，如人体内的 40K、到达地球表面的宇宙射线所引起的照射，均不适用本标准，即应被排除在本标准的适用范围之外。

替代情况： 代替 GB 4792—1984 和 GB 8703—1988

发布时间： 2002-10-8

实施时间： 2003-04-01

1.7 X 射线衍射仪和荧光分析仪卫生防护标准（GBZ 115—2002）

标准名称： X 射线衍射仪和荧光分析仪卫生防护标准

英文名称： Radiological protection standards for X-ray diffraction and fluorescence analysis equipment

标准编号： GBZ115—2002

适用范围： 本标准规定了 X 射线衍射仪和 X 射线荧光分析仪的放射防护标准和放射防护安全操作要求。本标准适用于 X 射线衍射仪和 X 射线荧光分析仪的生产和使用。

替代情况： /

发布时间： 2002-04-08

实施时间： 2002-06-01

1.8 地下建筑氡及其子体控制标准（GBZ 116—2002）

标准名称： 地下建筑氡及其子体控制标准

英文名称： Standard for controlling radon and its progenies in underground space

标准编号： GBZ116—2002

适用范围： 本标准规定了地下建筑内空气中氡及其子体的控制原则和控制标准。本标准适用于已建和待建的地下建筑。本标准不适用于无人停留的地下建筑。

替代情况： /

发布时间： 2002-04-08

实施时间： 2002-06-01

1.9 油（气）田非密封型放射源测井卫生防护标准（GBZ 118—2002）

标准名称： 油（气）田非密封型放射源测井卫生防护标准

英文名称： Radiological protection standards for unsealed radioactive sources logging in oil and gas-field

标准编号： GBZ118—2002

适用范围： 本标准规定了油（气）田非密封型放射源（以下简称非密封源）测井的放射卫生防护要求。本标准适用于油（气）田使用非密封源进行放射性示踪测井的实践。

替代情况： /

发布时间： 2002-04-08

实施时间： 2002-06-01

1.10 临床核医学卫生防护标准（GBZ120—2002）

标准名称： 临床核医学卫生防护标准

英文名称： Radiological protection standard for clinical nuclear medicine

标准编号： GBZ120—2002

适用范围： 本标准规定了临床核医学工作中有关工作人员和工作场所的放射卫生防护要求。本标准适用于临床核医学应用放射性核素和药物进行诊断和治疗(不包括敷贴治疗)的单位和工作人员。

替代情况： /

发布时间： 2002-04-08

实施时间： 2002-06-01

1.11 地热水应用中放射卫生防护标准（GBZ124—2002）

标准名称： 地热水应用中放射卫生防护标准

英文名称： Radiological protection standards for using geothermal water

标准编号： GBZ 124—2002

适用范围： 本标准规定了对地热水（包括温泉水）应用中有关氡（222Rn）的控制水平和检验方法。本标准适用于地热水的开发和利用。

替代情况： /

发布时间： 2002-04-08

实施时间： 2002-06-01

1.12 X 射线行李包检查系统卫生防护标准（GBZ127—2002）

标准名称： X 射线行李包检查系统卫生防护标准

英文名称： Radiological protection standard for X-ray luggage inspection system

标准编号： GBZ 127—2002

适用范围： 本标准规定了 X 射线行李包检查系统（以下简称系统）及其使用的放射卫生防护技术要求和检测检验要求；本标准适用于检查行李包的柜式 X 射线系统；本标准不适用于检查行李包的便携式小型 X 射线机、大型集装箱安全检查的 X 射线系统。

替代情况： /

发布时间： 2002-04-08

实施时间： 2002-06-01

1.13 医用 X 射线诊断卫生防护标准（GBZ130—2002）

标准名称： 医用 X 射线诊断卫生防护标准

英文名称： Standards for radiological protection in medical X-ray diagnosis

标准编号： GBZ 130—2002

适用范围： 本标准规定了医用诊断 X 射线机（不包括 C 形臂 X 射线机）防护性能、X 射线机机房防护设施和医用 X 射线诊断防护安全操作的技术要求。

本标准适用于医用诊断 X 射线机的生产和使用；本标准不适用于介入放射学、血管造影等特殊检查和 X 射线 CT 检查。

替代情况： /

发布时间： 2002-04-08

实施时间： 2002-06-01

1.14 稀土生产场所中放射卫生防护标准（GBZ139—2002）

标准名称： 稀土生产场所中放射卫生防护标准

英文名称： Radiological protection standards for the production places of rare-earth elements

标准编号： GBZ 139—2002

适用范围： 本标准规定了稀土生产的放射工作场所划分及其放射卫生防护原则和基本要求。本标准适用于稀土矿山开采、选矿、冶炼等生产场所中对于稀土矿中的天然放射性核素及其子体的防护。

替代情况：/

发布时间：2002-04-08

实施时间：2002-06-01

1.15 油（气）田测井用密封型放射源卫生防护标准（GBZ 142—2002）

标准名称：油（气）田测井用密封型放射源卫生防护标准

英文名称：Radiological protection standards for sealed radioactive sources used in oil and gas-field logging

标准编号：GBZ 142—2002

适用范围：本标准规定了油（气）田测井用密封型放射源及使用过程中的放射防护卫生要求和检验要求。本标准适用于在油（气）田使用密封型（中子、γ）放射源（以下简称放射源）进行测井及测井研究。

替代情况：/

发布时间：2002-04-08

实施时间：2002-06-01

1.16 集装箱检查系统放射卫生防护标准（GBZ 143—2002）

标准名称：集装箱检查系统放射卫生防护标准

英文名称：Radiological protection standards for container inspection system

标准编号：GBZ 143—2002

适用范围：本标准规定了各类集装箱检查系统（以下简称检查系统）辐射控制水平、检查场所分区、辐射安全及安全操作等放射卫生防护要求和有关监测要求。

本标准适用于利用γ射线或低于 10 MV 的 X 射线对集装箱或者航空托盘、运输货车、货运列车等及其所载的货物进行的检查。

本标准不适用于相应的计算机断层扫描检查。

替代情况：/

发布时间：2002-04-08

实施时间：2002-06-01

1.17 医用γ射束远距治疗防护与安全标准（GBZ 161—2004）

标准名称：医用γ射束远距治疗防护与安全标准

英文名称：Radiological protection and safety standards for medical Gamma-beam teletherapy

标准编号：GBZ 161—2004

适用范围：本标准规定了医用γ射束远距治疗设备和放射治疗实践的放射防护与辐射安全的技术要求及检测方法。

本标准适用于钴－60 γ远距治疗设备的生产、放射治疗的实施和放射防护与安全管理及检验测试。

替代情况： /

发布时间： 2004-05-21

实施时间： 2004-12-01

1.18 X 射线计算机断层摄影放射卫生防护标准（GBZ 165—2005）

标准名称： X 射线计算机断层摄影放射卫生防护标准

英文名称： Radiological protection standards for X-ray computed tomography

标准编号： GBZ 165—2005

适用范围： 本标准规定了医用 X 射线计算机断（体）层摄影装置（简称 X 射线 CT）的防护性能、机房防护设施和安全操作的主要技术要求。本标准适用于 X 射线 CT 的生产和应用。

替代情况： /

发布时间： 2005-03-17

实施时间： 2005-10-01

1.19 密封放射源及密封 γ 放射源容器的放射卫生防护标准（GBZ 114—2006）

标准名称： 密封放射源及密封 γ 放射源容器的放射卫生防护标准

英文名称： Radiological protection standards for sealed radioactive sources and container of sealed γ radiation sources

标准编号： GBZ 114—2006

适用范围： 本标准规定了使用密封放射源（以下简称密封源）及密封 γ 放射容器的放射卫生防护要求。本标准适用于 3.7×10^{4}Bq～3.7×10^{16}Bq（1μCi～1MCi）量级密封源。

本标准不适用于仪器校准源及玻璃容器封装的密封源；本标准亦不适用于中子密封源。

替代情况： /

发布时间： 2006-11-03

实施时间： 2007-04-01

1.20 工业 X 射线探伤放射卫生防护标准（GBZ 117—2006）

标准名称： 工业 X 射线探伤放射卫生防护标准

英文名称： Radiological protection standards for industrial X-ray detection

标准编号： GBZ 117—2006

适用范围： 本标准规定了工业 X 射线探伤装置、探伤作业场所及放射工作人员与公众的放射卫生防护要求和监测方法。

本标准适用于 500 kV 以下的工业 X 射线探伤装置（以下简称 X 射线装置）的生产和使用。

替代情况： 代替 GBZ117—2002 和 GBZ/T150—2002

发布时间： 2006-11-03

实施时间： 2007-04-01

1.21 放射性发光涂料卫生防护标准（GBZ 119—2006）

标准名称： 放射性发光涂料卫生防护标准

英文名称：Radiological protection standards for radioactive luminescent paint

标准编号：GBZ 119—2006

适用范围：本标准规定了放射性发光涂料操作中的放射卫生防护原则和基本要求。本标准适用于放射性核素 3H 和 147Pm 发光涂料的操作实践。

本标准不适用于含放射性核素 226Ra 发光涂料和含放射性发光涂料制品的应用。

替代情况：代替 GBZ119—2002

发布时间：2006-11-03

实施时间：2007-04-01

1.22 临床核医学放射卫生防护标准（GBZ 120—2006）

标准名称：临床核医学放射卫生防护标准

英文名称：Radiological protection standards for clinical nuclear medicine

标准编号：GBZ 120—2006

适用范围：本标准规定了临床核医学诊断与治疗实践中有关工作人员以及工作场所的放射卫生防护要求。本标准适用于临床核医学应用放射性药物施行诊断与治疗的实践。

替代情况：代替 GBZ120—2002

发布时间：2006-11-03

实施时间：2007-04-01

1.23 含发光涂料仪表放射卫生防护标准（GBZ 174—2006）

标准名称：含发光涂料仪表放射卫生防护标准

英文名称：Radiological protection standards for instrument with luminescent paint

标准编号：GBZ 174—2006

适用范围：本标准规定了含放射性发光涂料仪表与计时钟表的放射卫生防护要求。本标准适用于含放射性核素 3H 或 147Pm 的发光涂料仪表与计时钟表。

本标准不适用于含放射性核素 220Ra 的发光涂料仪表。

替代情况：/

发布时间：2006-11-03

实施时间：2007-04-01

1.24 γ射线工业 CT 放射卫生防护标准（GBZ 175—2006）

标准名称：γ射线工业 CT 放射卫生防护标准

英文名称：Standards for Radiation protection of γ-ray industrial computed tomography

标准编号：GBZ 175—2006

适用范围：本标准规定了γ射线工业 CT 设备的防护性能、检测室防护设施以及γ射线工业 CT 设备在使用和维护过程中的的放射卫生防护要求。

本标准适用于密封源活度大于或等于 4×10^{10}Bq 的γ射线工业 CT 设备及其扫描检测实践，密封源活度低于 4×10^{10}Bq 的γ射线工业 CT 设备及其扫描检测实践可以参照本标准执行。

替代情况：/

发布时间： 2006-11-03

实施时间： 2007-04-01

1.25　便携式X射线检查系统放射卫生防护标准（GBZ 177—2006）

标准名称： 便携式X射线检查系统放射卫生防护标准

英文名称： Radiological protection standards for portable X-ray inspection system

标准编号： GBZ 177—2006

适用范围： 本标准规定了各类便携式X射线检查系统（以下简称检查系统）辐射控制水平、辐射安全及安全操作等放射防护要求和有关检测要求。本标准适用于各类便携式X射线检查系统对物品的现场安全检查。现场紧急医学救护参照应用。

不适用于其他医疗照射检查和工业X射线探伤。

替代情况： /

发布时间： 2006-11-03

实施时间： 2007-04-01

1.26　工业γ射线探伤放射防护标准（GBZ 132—2008）

标准名称： 工业γ射线探伤放射防护标准

英文名称： Radiological protection standards for industrial Gamma-radiography

标准编号： GBZ 132—2008

适用范围： 本标准规定了工业γ射线探伤机的防护性能及探伤作业中的防护、监测以及事故应急等要求。 本标准适用于工业γ射线探伤机的生产和使用。

替代情况： 代替GBZ132—2002

发布时间： 2008-03-12

实施时间： 2008-10-01

1.27　含密封源仪表的放射卫生防护要求（GBZ 125—2009）

标准名称： 含密封源仪表的放射卫生防护要求

英文名称： Radiological protection requirements for gauges containing sealed radioactive source

标准编号： GBZ 125—2009

适用范围： 本标准规定了源容器和含密封放射源（以下简称“密封源”）的检测仪表的放射防护与安全要求，以及放射防护检验和检查要求。本标准适用于基于粒子注量测量的含密封源的检测仪表（以下简称检测仪表），包括料位计、密度计、湿度计、核子秤等。

替代情况： 代替GBZ125—2002和GBZ137—2002

发布时间： 2009-10-26

实施时间： 2010-02-01

1.28　核电厂放射性液态流出物排放技术要求（GB 14587—2011）

标准名称： 核电厂放射性液态流出物排放技术要求

英文名称： Technical requirements for discharge of radioactive liquid effluents from nuclear power plant

标准编号：GB 14587—2011

适用范围：本标准规定了核电厂放射性液态流出物排放的技术要求。本标准适用于轻水堆和重水堆型核电厂放射性液态流出物排放系统的设计和运行以及放射性液态流出物排放的管理。其他类型的核动力厂和核反应堆设施可参照采用。

替代情况：代替 GB 14587—1993。本标准是对《轻水堆核电厂放射性废水排放系统技术规定》（GB 14587—1993）进行修订。本次修订的主要内容如下：

—— 修改了标准名称和适用范围；

—— 修改了放射性液态流出物排放管理原则；

—— 规定了对放射性液态流出物实施总量控制和浓度控制；

—— 增加了放射性液态流出物排放浓度限值和在线报警阈值；

—— 增加了液态放射性流出物排放系统设计和运行管理上的技术要求特别是优化要求；

—— 修改了放射性液态流出物排放管理、总排放口设置和监测等方面的一些要求。特别是，针对我国即将建造滨河、滨湖或滨水库等内陆核电厂的现状，增加了对滨河、滨湖或滨水库的具体要求。

发布时间：2011-01-25

实施时间：2011-09-01

1.29 核动力厂环境辐射防护规定（GB 6249—2011）

标准名称：核动力厂环境辐射防护规定

英文名称：Regulations for environmental radiation protection of nuclear power plant

标准编号：GB 6249—2011

适用范围：本标准规定了陆上固定式核动力厂厂址选择、设计、建造、运行、退役、扩建和修改等的环境辐射防护要求。

本标准适用于采用轻水堆或重水堆发电的陆上固定式核设施，其他堆型的核动力厂可参照执行。

本标准规定了可免于辐射防护监管的物料中放射性核素活度浓度（以下简称免管浓度）。

替代情况：替代 GB 6249—1986，本标准是对《核电厂环境辐射防护规定》（GB 6249—1986）的修订。修订的主要内容如下：

—— 将原标准中设计基准事故的分类修订为稀有事故和极限事故两类，同时给出了界定稀有事故和极限事故的频率；

—— 将原标准中厂址审批阶段的事故释放源项最大可信事故修改为选址假想事故，并给出其相应的剂量接受准则；

—— 本标准按堆型、按功率实施放射性流出物年排放总量的控制；对轻水堆，明确规定了液态放射性流出物中碳 14 的年排放总量控制，并增加了轻水堆和重水堆气载放射性流出物中碳 14 和氚的控制值；

—— 本标准分别规定了滨海厂址和内陆厂址在槽式排放出口处浓度控制值。

发布时间：2011-02-18

实施时间：2011-09-01

1.30　可免于辐射防护监管的物料中放射性核素活度浓度（GB 27742—2011）

标准名称：可免于辐射防护监管的物料中放射性核素活度浓度

英文名称：Activity concentration for material not requiring radiological regulation

标准编号：GB 27742—2011

适用范围：本标准规定了可免于辐射防护监管的物料中放射性核素活度浓度（以下简称免管浓度）。

本标准适用于大批量（大于 1 吨）物料的生产操作、贸易、填埋或再循环等活动，但不适用于下列情况：

—— 食品、饮水、动物饲料和任何用于食品或动物饲料的物质；

—— 空气中的氡（空气中氡浓度的优化行动水平见 GB 18871—2002 附录 H）；

—— 运输中的物料（按运输标准管理）；

—— 已核准实践所产生的液态和气载流出物（它们属于核准排放的范围）；

—— 环境（包括场地土壤）中的放射性残留物。

替代情况：/

发布时间：2011-12-30

实施时间：2012-12-01

1.31　电子加速器放射治疗放射防护要求（GBZ 126—2011）

标准名称：电子加速器放射治疗放射防护要求

英文名称：Radiological protection standard of electron accelerator in radiotherapy

标准编号：GBZ 126—2011

适用范围：本标准规定了医用电子加速器（以下简称加速器）用于临床治疗的放射防护要求，包括基本要求、加速器的放射防护性能要求、治疗室防护和安全操作要求、质量控制要求及其监测方法。

本标准适用于标称能量在 50MeV 以下的医用电子加速器的生产和使用。

替代情况：代替 GBZ126—2002

发布时间：2011-11-30

实施时间：2012-06-01

2　监测规范

2.1　核设施流出物和环境放射性监测质量保证计划的一般要求（GB 11216—1989）

标准名称：核设施流出物和环境放射性监测质量保证计划的一般要求

英文名称：General requirements of quality assurance program for effluent and enviromental radioactivity monitoring at nuclear facilities

标准编号：GB 11216—1989

适用范围：本标准规定了制定和执行核设施流出物和环境放射性监测质量保证计划的一般要求。制定环境非放射性监测质量保证计划亦可参考使用本标准的原则。

替代情况：/

发布时间：1989-03-16

实施时间：1990-01-01

2.2 核设施流出物监测的一般要求（GB 11217—1989）

标准名称：核设施流出物监测的一般要求

英文名称：The regulations for monitoring effluents at nuclear facilities

标准编号：GB 11217—1989

适用范围：本标准规定了核设施流出物的监测目的、编制监测计划的原则和要求、采样和测量技术要求以及测量结果的记录、报告和存档要求。

本标准适用于涉及处理和加工放射性物质的所有核设施的流出物监测。

替代情况：/

发布时间：1989-03-16

实施时间：1990-01-01

2.3 核辐射环境质量评价一般规定（GB 11215—1989）

标准名称：核辐射环境质量评价一般规定

英文名称：The general regulation for environmental radiological assessment

标准编号：GB 11215—1989

适用范围：本标准规定了核辐射环境质量评价的一般原则和应遵循的技术规定。目的是提高核辐射环境质量评价工作的科学性，改善环境质量，保证公众的辐射安全。

本标准适用于应进行核辐射环境质量评价的企、事业单位，这类单位包括：

（1）核燃料循环系统的各个单位；

（2）陆上固定式核动力厂和核热电厂；

（3）拥有生产或操作量相当于甲、乙级实验室（或操作场所）并向环境排放放射性物质的研究，应用单位。

替代情况：/

发布时间：1989-03-16

实施时间：1990-01-01

2.4 环境核辐射监测规定（GB 12379—1990）

标准名称：环境核辐射监测规定

英文名称：Regulations for monitoring for environmental nuclear radiations

标准编号：GB 12379—1990

适用范围：本标准规定了环境核辐射监测的一般性准则。

本标准适用于在中华人民共和国境内进行的一切环境核辐射监测。

替代情况：/

发布时间： 1990-06-09

实施时间： 1990-12-01

2.5　铀加工及核燃料制造设施流出物的放射性活度监测规定（GB 15444—1995）

标准名称： 铀加工及核燃料制造设施流出物的放射性活度监测规定

英文名称： Regulations for monitoring radioactivity in effluents from uranium processing and nuclear fuel fabrication facilities

标准编号： GB 15444—1995

适用范围： 本标准规定了铀加工及核燃料制造设施流出物的放射性活度监测计划、采样和测量技术、质量保证以及测量结果的记录和报告的要求。

本标准适用于铀加工及核燃料制造设施流出物中放射性活度的监测。

本标准不适用于含钚核燃料制造设施流出物中放射性活度的监测。

替代情况： /

发布时间： 1995-01-12

实施时间： 1995-10-01

2.6　低、中水平放射性废物近地表处置场环境辐射监测的一般要求（GB 15950—1995）

标准名称： 低、中水平放射性废物近地表处置场环境辐射监测的一般要求

英文名称： General requirements for environmental radiation monitoring around near surface disposal site of low - intermediate level for radioactive solid waste

标准编号： GB 15950—1995

适用范围： 本标准规定了低、中水平放射性废物近地表处置场环境辐射监测的目标、内容和要求。

本标准适用于低、中水平放射性废物近地表处置场的常规环境辐射监测，岩洞处置场也应参照使用。

替代情况： /

发布时间： 1995-12-21

实施时间： 1996-08-01

2.7　辐射环境监测技术规范（HJ/T 61—2001）

标准名称： 辐射环境监测技术规范

英文名称： Technical criteria for radiation environmental monitoring

标准编号： HJ/T 61—2001

适用范围： 本规范规定了辐射（仅限于电离辐射）环境质量监测、辐射污染源监测、样品采集、保存和管理、监测方法、数据处理、质量保证以及辐射环境质量报告编写等主要技术要求。

本规范适用于辐射环境监测单位进行辐射环境质量监测、辐射污染源监测以及辐射事故监测。

其他辐射环境监测单位可参照执行。

替代情况： /

发布时间： 2001-05-28

实施时间： 2001-08-01

2.8 医用 X 射线诊断卫生防护监测规范（GBZ 138—2002）

标准名称： 医用 X 射线诊断卫生防护监测规范

英文名称： Specification for radiological protection monitoring in medical X-ray diagnosis

标准编号： GBZ138—2002

适用范围： 本标准规定了医用诊断 X 射线机（不包括 C 形臂 X 射线机）防护性能的检测方法，规定了医用诊断 X 射线机产品防护性能检测要求，以及医用诊断 X 射线机使用中的防护监测要求。

本标准适用于医用诊断 X 射线机的生产和使用。本标准不适用于介入放射学、血管造影等特殊检查和 X 射线 CT 检查。

替代情况： /

发布时间： 2002-04-08

实施时间： 2002-06-01

2.9 γ 射线和电子束辐照装置防护检测规范（GBZ 141—2002）

标准名称： γ 射线和电子束辐照装置防护检测规范

英文名称： Specification for radiological protection test of γ-rays and electron irradiation facilities

标准编号： GBZ141—2002

适用范围： 本标准推荐了用于 γ 射线和电子束辐照装置的放射防护检测项目、频率、方法及评价的技术规范。本标准适用于 γ 射线和能量小于或等于 10MeV 的电子加速器辐照装置。

替代情况： /

发布时间： 2002-04-08

实施时间： 2002-06-01

2.10 医用 X 射线 CT 机房的辐射屏蔽规范（GBZ/T 180—2006）

标准名称： 医用 X 射线 CT 机房的辐射屏蔽规范

英文名称： Radiation shielding specification for room of medical X-ray CT scanner

标准编号： GBZ/T 180—2006

适用范围： 本标准规定了医用 X 射线 CT 机房的辐射屏蔽要求和屏蔽估算方法。本标准使用于医用 X 射线 CT 机房的辐射屏蔽。

替代情况： /

发布时间： 2006-11-03

实施时间： 2007-04-01

2.11 室内氡及其衰变产物测量规范（GBZ/T 182—2006）

标准名称： 室内氡及其衰变产物测量规范

英文名称： Specifications for monitoring of indoor radon and its decay products

标准编号： GBZ/T182—2006

适用范围： 本标准规定了室内氡及其衰变产物浓度测量的程序、结果评价和质量保证等技术内容。本标准使用于住宅、工作场所和公共场所等室内氡及其衰变产物的测量。

替代情况：/

发布时间：2006-11-03

实施时间：2007-04-01

2.12 放射治疗机房的辐射屏蔽规范 第 1 部分：一般原则（GB/T 201.1—2007）

标准名称：放射治疗机房的辐射屏蔽规范 第 1 部分：一般原则

英文名称：Radiation shielding requirements in room of radiotherapy installations Part:1General principle

标准编号：GB/T 201.1—2007

适用范围：本部分规定了医用放射治疗机房（以下简称治疗机房）辐射屏蔽的剂量参考控制水平、一般屏蔽要求和辐射屏蔽评价要求。本部分适用于外照射源治疗装置的机房。本部分不适用于人体植入放射性核素粒子源的放射治疗房间和放射性核素源敷贴治疗的房间。

替代情况：/

发布时间：2007-09-25

实施时间：2008-03-01

2.13 放射治疗机房的辐射屏蔽规范第 2 部分:电子直线加速器放射治疗机房（GBZ/T 201.2—2011）

标准名称：放射治疗机房的辐射屏蔽规范第 2 部分:电子直线加速器放射治疗机房

英文名称：Radiation shielding requirements for radiotherapy room Part2: Radiotherapy room of electron linear accelerators

标准编号：GBZ/T 201.2—2011

适用范围： GBZ/T 201 的本部分给出了电子直线加速器(以下称加速器)放射治疗机房的剂量控制要求,辐射屏蔽的剂量估算与检测评价方法。本部分适用于 30MeV 以下的加速器放射治疗机房。本部分不适用于手术中加速器电子线治疗的机房。

替代情况：/

发布时间：2011-11-30

实施时间：2012-06-01

3 监测方法

3.1 采样方法

3.1.1 核设施水质监测采样规定（HJ/T 21—1998）

标准名称：核设施水质监测采样规定

英文名称：Sampling requirements for waterquality monitoring in nuclear facilities

标准编号： HJ/T 21—1998

适用范围： 本标准规定了监测核设施地下水、地表水（不包含海水）、排放水的采样要求。

本标准适用于核设施和操作放射性物质的各单位。

替代情况： /

发布时间： 1998-01-08

实施时间： 1998-07-01

3.1.2 气载放射性物质取样一般规定（HJ/T 22—1998）

标准名称： 气载放射性物质取样一般规定

英文名称： General rules for sampling airborne radioactive materials

标准编号： HJ/T 22—1998

适用范围： 本标准适用于核设施和操作放射性物质的取样原则以及对取样方法与设备的一般要求。

本标准适用于实施气载放射性物质监测的各类工作场所、管道和烟囱以及大气环境的空气取样。

替代情况： /

发布时间： 1998-01-08

实施时间： 1998-07-01

3.1.3 空气中碘-131 的取样与测定（GB/T 14584—1993）

标准名称： 空气中碘-131 的取样与测定

英文名称： Sampling and determination of ^{131}I in air

标准编号： GB/T 14584—1993

适用范围： 本标准规定了空气中碘-131 的取样与测定的原则和方法。

本标准适用于环境和工作场所空气中碘-131 浓度的测定。

替代情况： /

发布时间： 1993-08-14

实施时间： 1994-04-01

3.2 分析方法

3.2.1 γ 辐射剂量率

3.2.1.1 环境地表γ 辐射剂量率测定规范（GB/T 14583—1993）

标准名称： 环境地表γ 辐射剂量率测定规范

英文名称： Norm for the measurement of environmental terrestrial gamma - radiation dose rate

标准编号： GB/T 14583—1993

适用范围： 本标准规定了环境地表γ 辐射剂量率测定的原则和要求以及应遵守的技术规定。

本标准适用于测定核设施和其他辐射装置附近环境地表的γ辐射剂量率，也适用于其他环境地表γ辐射剂量率的测定。

替代情况： /

发布时间：1993-08-30

实施时间：1994-04-01

3.2.2　α、β表面污染

3.2.2.1　表面污染测定　第 1 部分：β发射体（$E_{\beta max}$>0.15MeV）和α发射体（GB/T 14056.1—2008）

标准名称：表面污染测定　第 1 部分：β发射体（$E_{\beta max}$>0.15 MeV）和α发射体

英文名称：Evaluation of surface contamination—Part 1：Beta - emitters（maximum beta energy greater than 0.15 MeV）and alpha emitters

标准编号：GB/T 14056.1—2008

适用范围：本标准规定了测定β发射体（最大β能量大于 0.15MeV）和α发射体表面污染的方法。

本标准适用于以单位面积放射性活度表示的设备、设施、放射性物质的容器以及密封源的表面污染测定。

本标准仅限于符合下述条件的β发射体和α发射体：

（1）β粒子加单能电子的粒子产生率为每 100 次蜕变接近发射出 100 个粒子。

（2）α粒子的粒子产生率为每 100 次蜕变接近发射出 100 个粒子。

β发射体详见标准原文附录 A（补充件）中表 A3。

本标准不适用于皮肤和工作服的污染测定。

替代情况：替代 GB/T 14056—1993

发布时间：2008-07-02

实施时间：2009-04-01

3.2.3　环境电离辐射空气吸收剂量

3.2.3.1　环境热释光剂量计及其使用（GB/T 8998—1988）

标准名称：环境热释光剂量计及其使用

英文名称：Specifications for monitoring of indoor radon and its decay products

标准编号：GB/T 8998—1988

适用范围：本标准适用于环境热释光剂量计。规定了用于测量环境电离辐射空气吸收剂量的热释光剂量计的性能要求和使用方法，并推荐了性能检验方法等。

替代情况：/

发布时间：1988-03-07

实施时间：1988-12-01

3.2.4　放射性废物固化体长期浸出试验

3.2.4.1　放射性废物固化体长期浸出试验（GB/T 7023—1986）

标准名称：放射性废物固化体长期浸出试验

英文名称：Long - term leach testing of solidified radioactive waste forms

标准编号：GB/T 7023—1986

适用范围：本标准适用于测定水泥、沥青、塑料、玻璃和陶瓷等种类废物固化体的浸出性能。

具体用途如下：

（1）用于不同种类或不同组成的废物固化体的浸出试验结果的比较；

（2）用于不同实验室对同一种废物固化体的浸出试验结果的比对；

（3）用于不同固化过程所制得的废物固化体的浸出试验结果的比较。

替代情况：/

发布时间：1986-12-03

实施时间：1987-04-01

3.2.5 水中γ放射性核素

3.2.5.1 水中放射性核素的γ能谱分析方法（GB/T 16140—1995）

标准名称：水中放射性核素的γ能谱分析方法

英文名称：Gamma spectrometry method of analysing radionuclides in water

标准编号：GB/T 16140—1995

适用范围：本标准规定了使用高分辨半导体或 NaI（TL）γ能谱仪测定水中放射性核素的方法。本标准适用于在实验室中分析特征γ射线能量大于 50keV，活度不低于 0.4Bq 的放射性核素。

替代情况：/

发布时间：1995-12-21

实施时间：1996-07-01

3.2.6 水中总α

3.2.6.1 生活饮用水标准检验方法　放射性指标（GB/T 5750.13—2006）

标准名称：生活饮用水标准检验方法　放射性指标

英文名称：Standard examination methods for drinking water - Radiological parameters

标准编号：GB/T 5750.13—2006

适用范围：本标准规定了三种测定生活饮用水及其水源水中α放射性核素的总α放射性体积活度的方法。

本方法适用于测定生活饮用水及其水源水中α放射性核素（不包括在本方法规定条件下属于挥发性核素）的总α放射性体积活度的方法。

经过扩展，本方法也可用于测定含盐水和矿化水的总α放射性体积活度，但灵敏度有所下降。

本方法的探测限取决于水样所含无机盐量、计数测量系统的计数效率、本底计数率、计数时间等多种因素。在典型条件下，本方法的探测限为 1.6×10^{-2} Bq/L。

替代情况：本标准部分代替 GB/T 5750—1985

发布时间：2006-12-29

实施时间：2007-07-01

3.2.6.2 水中总α放射性浓度的测定　厚源法（EJ/T 1075—1998）

标准名称：水中总α放射性浓度的测定　厚源法

英文名称：Determination of gross alpha activity in water - Thick source method

标准编号：EJ/T 1075—1998

适用范围：本标准规定了在非盐碱水中总α活度的测定方法，该α放射性核素于 350℃不挥发。

会挥发的核素也可以测定，其可测限度取决于挥发物的半减期、基质保留量和测量时间。

本标准适用于天然水和饮用水，也能用于盐碱水或矿泉水，但灵敏度降低 [参见标准原文附录 A 的 A1（提示的附录）]。

应用范围取决于水中无机物质的总含量和探测器的性能（本底计数率和计数效率）（参见标准原文附录 A 的 A4）。

替代情况：/

发布时间：1998-08-25

实施时间：1998-11-01

3.2.7　水中总β

3.2.7.1　生活饮用水标准检验方法　放射性指标（GB/T 5750.13—2006）

标准名称：生活饮用水标准检验方法　放射性指标

英文名称：Standard examination methods for drinking water - Radiological parameters

标准编号：GB/T 5750.13—2006

适用范围：本标准规定了测定生活饮用水及其水源水中β放射性核素的总β放射性体积活度的方法。

本方法适用于测定生活饮用水及其水源水中β放射性核素（不包括在本方法规定条件下属于挥发性核素）的总β放射性体积活度的方法。如果不作修改，本方法不适用于测定含盐水和矿化水中总β放射性体积活度。

本方法的探测限取决于水样所含无机盐量、存在的放射性核素种类、计数测量系统的计数效率、本底计数率、计数时间等多种因素。典型条件下，本方法的探测限为 2.8×10^{-2} Bq/L。

替代情况：本标准部分代替 GB/T 5750—1985

发布时间：2006-12-29

实施时间：2007-07-01

3.2.7.2　水中总β放射性测定　蒸发法（EJ/T 900—1994）

标准名称：水中总β放射性测定　蒸发法

英文名称：Determination of gross beta activity in water - Evaporation method

标准编号：EJ/T 900—1994

适用范围：本标准规定了测定水中总β放射性浓度的蒸发浓缩法。

本标准适用于饮用水、地面水、地下水和核工业排放废水中放射性核素（不包括在本标准规定条件下属挥发性核素）的总β放射性的测定，也可用于咸水或矿化水中β放射性的测定。测定范围：5×10^{-2}～10^{2} Bq/L 的水样。

替代情况：/

发布时间：1994-10-24

实施时间：1995-01-01

3.2.8　水中锶-90

3.2.8.1　水中锶-90 放射性化学分析方法　发烟硝酸沉淀法（GB/T 6764—1986）

标准名称：水中锶-90 放射性化学分析方法　发烟硝酸沉淀法

英文名称： Radiochemical analysis of strontium-90 in water Precipitation by fuming nitric acid

标准编号： GB/T 6764—1986

适用范围： 本标准适用于核工业排放废水中锶-90 的分析。测定范围：10^{-1}～10 Bq/L（10^{-11}～10^{-9}Ci/L）。干扰测定：水样中钙含量大于 4.0 g 时对锶的化学回收率的测定有影响。

替代情况： /

发布时间： 1986-09-04

实施时间： 1987-03-01

3.2.8.2 水中锶-90 放射性化学分析方法 二-（2-乙基己基）磷酸萃取色层法（GB/T 6766—1986）

标准名称： 水中锶-90 放射性化学分析方法 二-（2-乙基己基）磷酸萃取色层法

英文名称： Radiochemical analysis of strontium-90 in water Precipitation by di - （2-ethylhexyl） phosphoric acid

标准编号： GB/T 6766—1986

适用范围： 本标准适用于饮用水、地面水和核工业排放废水中锶-90 的分析。测定范围：10^{-2}～10Bq/L（10^{-12}～10^{-9}Ci/L）。干扰测定：水样中钇-91 存在时会干扰锶-90 的快速测定；铈-144 和钷-147 等核素的含量大于锶-90 含量的 100 倍时，会使快速法测定锶-90 的结果偏高。

替代情况： /

发布时间： 1986-09-04

实施时间： 1987-03-01

3.2.9 水中铯-137

3.2.9.1 水中铯-137 放射性化学分析方法（GB/T 6767—1986）

标准名称： 水中铯-137 放射性化学分析方法

英文名称： Radiochemical analysis of cesium - 137 in water

标准编号： GB/T 6767—1986

适用范围： 本方法适用于饮用水、地面水和核工业排放废水中铯-137 的分析。测定范围：10^{-2}～10Bq/L（10^{-12}～10^{-9}Ci/L）。干扰测定：水样中铵离子浓度超过 0.1 mol/L 时，使磷钼酸铵对铯的吸附量显著下降。

替代情况： /

发布时间： 1986-09-04

实施时间： 1987-03-01

3.2.10 水中铀

3.2.10.1 水中微量铀分析方法（GB/T 6768—1986）

标准名称： 水中微量铀分析方法

英文名称： Methods of analysing microquantity of uranium in water

标准编号： GB/T 6768—1986

适用范围：

（1）固体荧光法

测定范围为 0.05～100 μg/L；回收率大于 90%，相对标准偏差优于±20%。

（2）液体激光荧光法

测定范围为 0.02～20 μg/L；相对标准偏差优于±15%，全程回收率大于 90%。

（3）分光光度法

测定范围为 2～100 μg/L；相对标准偏差优于±10%，全程回收率大于 90%。

替代情况：/

发布时间：1986-09-04

实施时间：1987-03-01

3.2.11 水中镭-226

3.2.11.1 水中镭-226 的分析方法（GB/T 11214—1989）

标准名称：水中镭-226 的分析方法

英文名称：Methods of analysing microquantity of radium in water

标准编号：GB/T 11214—1989

适用范围：本标准规定了分析测定水中镭-226 的氢氧化铁-碳酸钙载带射气闪烁法和硫酸钡共沉淀射气闪烁法的步骤、主要仪器设备和试剂。本标准适用于天然水、铀矿冶排放废水和矿坑水中含量为 2.0×10^{-3}～$3.0\ \times10^{3}$Bq/L 镭-226 的分析测定。

替代情况：/

发布时间：1989-03-16

实施时间：1990-01-01

3.2.12 水中镭的α放射性核素

3.2.12.1 水中镭的α放射性核素的测定（GB/T 11218—1989）

标准名称：水中镭的α放射性核素的测定

英文名称：Thedetermination for alpha - radio - nuelide of radium in water

标准编号：GB/T 11218—1989

适用范围：本标准规定了水中镭的α放射性核素的测定方法、操作步骤、主要仪器设备和试剂，以及计算公式。

本标准适用于天然地表水、地下水和铀矿冶排放废水中镭的α放射性核素的测定，测定的浓度下限为 8×10^{-3}Bq/L，精密度好于 15%。

替代情况：/

发布时间：1989-03-16

实施时间：1990-01-01

3.2.13 水中钍

3.2.13.1 水中钍的分析方法（GB/T 11224—1989）

标准名称：水中钍的分析方法

英文名称：Analytical method of thorium in water

标准编号：GB/T 11224—1989

适用范围：本标准规定了水中钍的分析方法。

本标准适用于地面水、地下水、饮用水中钍的分析，测定范围：0.01～0.5 μg/L。

替代情况：/

发布时间：1989-03-16

实施时间：1990-01-01

3.2.14 水中钚

3.2.14.1 水中钚的分析方法（GB/T 11225—1989）

标准名称：水中钚的分析方法

英文名称：Analytical method of plutonium in water

标准编号：GB/T 11225—1989

适用范围：本标准规定了地下水、地面水中钚的分析和事故情况下环境水中及核工业排放废水中钚的常规监测方法。

本标准适用于钚的活度在 1×10^{-5}Bq/L 以上的测量范围。

替代情况：/

发布时间：1989-03-16

实施时间：1990-01-01

3.2.15 水中钾-40

3.2.15.1 水中钾-40 的分析方法（GB/T 11338—1989）

标准名称：水中钾-40 的分析方法

英文名称：Analytical methods of potassium - 40 in water

标准编号：GB/T 11338—1989

适用范围：本标准规定了水中钾-40 的分析方法。

本标准适用于环境水样（河水、湖水、泉水、海水、井水、自来水和废水）中钾-40 的分析。

替代情况：/

发布时间：1989-03-16

实施时间：1990-01-01

3.2.16 水中氚

3.2.16.1 水中氚的分析方法（GB/T 12375—1990）

标准名称：水中氚的分析方法

英文名称：Analytical method of tritium in water

标准编号：GB/T 12375—1990

适用范围：本标准规定了水中氚的分析方法。

本标准适用于环境水（江、河、湖水和井水等）中的氚，本方法的探测下限为 0.5Bq/L。

替代情况：/

发布时间：1990-06-09

实施时间：1990-12-01

3.2.17 水中钋-210

3.2.17.1 水中钋-210 的分析方法 电镀制样法（GB/T 12376—1990）

标准名称：水中钋-210 的分析方法 电镀制样法

英文名称：Analytical method of polonium - 210 in water - Method of preparing sample by electroplating

标准编号：GB/T 12376—1990

适用范围：本标准适用于饮用水、地面水和核工业排放废水中 ^{210}Po 测定。^{210}Po 的测定浓度大于 1×10^{-3}Bq/L。

替代情况：/

发布时间：1990-06-09

实施时间：1990-12-01

3.2.18 气溶胶γ核素

3.2.18.1 空气中放射性核素的γ能谱分析方法（WS/T 184—1999）

标准名称：空气中放射性核素的γ能谱分析方法

英文名称：Gamma spectrometry method of analysing radionuclides in air

标准编号：WS/T 184—1999

适用范围：本标准以过滤法收集气载放射性污染物样品，用高分辨 HPGe 或 Ge（Li）γ能谱仪确定空气中γ放射性核素组成及其浓度的方法。

本标准适用于对核设施或操作开放性放射性同位素的工作场所及周围环境空气放射性污染的监测。

替代情况：/

发布时间：1999-12-09

实施时间：2000-05-01

3.2.19 环境空气中的氡

3.2.19.1 环境空气中氡的标准测量方法（GB/T 14582—1993）

标准名称：环境空气中氡的标准测量方法

英文名称：Standard methods for radon measurement in environmental air

标准编号：GB/T 14582—1993

适用范围：本标准规定了可用于测量环境空气中氡及其子体的四种测定方法，即径迹蚀刻法、活性炭盒法、双滤膜法和气球法。

本标准适用于室内外空气中氡-222 及其子体α潜能浓度的测定。

替代情况：/

发布时间：1993-08-14

实施时间：1994-04-01

3.2.20 空气中铀

3.2.20.1 空气中微量铀的分析方法 激光荧光法（GB/T 12377—1990）

标准名称：空气中微量铀的分析方法 激光荧光法

英文名称：Analytical method of microquantity uranium in air by laser fluorimetry

标准编号：GB/T 12377—1990

适用范围：本标准规定了环境空气中微量铀的分析方法。

本标准适用于空气取样体积为 10 m^3 时，7.5×10^{-11}～3.0×10^{-8} g/ m^3 铀的测定范围。

替代情况：/

发布时间：1990-06-09

实施时间：1990-12-01

3.2.20.2 空气中微量铀的分析方法 TBP 萃取荧光法（GB/T 12378—1990）

标准名称：空气中微量铀的分析方法 TBP 萃取荧光法

英文名称：Analytical method of microquantity uranium in air by spectropho to fluorimetry after extraction with TBP

标准编号：GB/T 12378—1990

适用范围：本标准规定了环境空气中微量铀的分析方法。

本标准适用于空气取样体积为 30 m^3 时，熔珠重 80±5 mg 时，6.7×10^{-10}～1.3×10^{-6} g/ m^3 铀的测定范围。

替代情况：/

发布时间：1990-06-09

实施时间：1990-12-01

3.2.21 空气中碘-131

3.2.21.1 空气中碘-131 的取样与测定（GB/T 14584—1993）

详见本章 3.1.3

3.2.22 室内空气中的氡

3.2.22.1 环境空气中氡的标准测量方法（GB/T 14582—1993）

详见本章 3.2.19.1

3.2.22.2 室内氡及其衰变产物测量规范（GBZ/T 182—2006）

详见本章 2.11

3.2.22.3 空气中氡浓度的闪烁瓶测定方法（GBZ/T 155—2002）

标准名称：空气中氡浓度的闪烁瓶测定方法

英文名称：Scintillation flask method for measuring radon concentration in the air

标准编号：GBZ/T155—2002

适用范围：本标准规定了空气中氡（222Rn）浓度的闪烁瓶测量方法。本标准适用于室内外及地下场所等空气中氡浓度的测量。

替代情况：/

发布时间： 2002-04-08

实施时间： 2002-06-01

3.2.22.4 建筑物表面氡析出率的活性炭测量方法（GB/T16143—1995）

标准名称： 建筑物表面氡析出率的活性炭测量方法

英文名称： Charcoal canister method for measuring 222Rn exhalation rate form building surface

标准编号： GB/T16143—1995

适用范围： 本标准规定了用活性炭累计吸附，γ 能谱分析测定建筑物表面氡析出率的方法。本标准适用于建筑物（含建筑构件）平整表面的氡析出率的测定。各种土壤、岩石表面的氡析出率的测定可参照使用。

替代情况： /

发布时间： 1995-12-15

实施时间： 1996-07-01

3.2.23 沉降物γ核素/固体中γ核素

3.2.23.1 用半导体γ谱仪分析低比活度γ放射性样品的标准方法（GB/T 11713—1989）

标准名称： 用半导体γ谱仪分析低比活度γ放射性样品的标准方法

英文名称： Standard methods of analyzing low specific gamma radioactivity samples by semiconductor gamma spectrometers

标准编号： GB/T 11713—1989

适用范围： 本标准规定了使用高能量分辨能力的半导体γ射线能谱仪分析低比活度γ放射性核素的固态、液态或可以转化为这两种物态的均匀样品的常规方法。本标准适用于分析活度大于谱仪的探测限 LD，并且各核素的γ特征谱线能够分辨开的样品。

替代情况： /

发布时间： 1989-09-21

实施时间： 1990-07-01

3.2.24 土壤中γ核素

3.2.24.1 土壤中放射性核素的γ能谱分析方法（GB/T 11743—1989）

标准名称： 土壤中放射性核素的γ能谱分析方法

英文名称： Gamma spectrometry method of analysing radionuclides in soil

标准编号： GB/T 11743—1989

适用范围： 本标准规定了使用高分辨半导体或 NaI（Tl）γ能谱分析土壤中天然或人工放射性核素比活度的常规方法。

本标准适用于在实验室用γ谱仪分析土壤中放射性核素的比活度。待测样品的计数率小于 105 cpm，活度应高于谱仪的探测限。

替代情况： /

发布时间： 1989-10-06

实施时间： 1990-07-01

3.2.25 土壤中钚

3.2.25.1 土壤中钚的测定 萃取色层法（GB/T 11219.1—1989）

标准名称：土壤中钚的测定 萃取色层法

英文名称：Determination of plutonium in soil - Extraction chromatography method

标准编号：GB/T 11219.1—1989

适用范围：本标准规定了在常规和事故条件下，环境土壤中钚的测定方法 萃取色层法。

本标准适用于土壤中钚的活度在 1.5×10^{-5}Bq/L 以上的测量范围。

替代情况：/

发布时间：1989-03-16

实施时间：1990-01-01

3.2.25.2 土壤中钚的测定 离子交换法（GB/T 11219.2—1989）

标准名称：土壤中钚的测定 离子交换法

英文名称：Determination of plutonium in soil - Ion exchange method

标准编号：GB/T 11219.2—1989

适用范围：本标准规定了在常规和事故条件下，环境土壤中钚的测定方法 离子交换法。

本标准适用于土壤中钚的活度在 1.5×10^{-5}Bq/L 以上的测量范围。

替代情况：/

发布时间：1989-03-16

实施时间：1990-01-01

3.2.26 土壤中铀

3.2.26.1 土壤中铀的测定 CL - 5209 萃淋树脂 wvyb2-（5-溴-2-吡啶偶氮）-5-二乙氨基苯酚分光光度法（GB/T 11220.1—1989）

标准名称：土壤中铀的测定 CL - 5209 萃淋树脂 wvyb2-（5-溴-2-吡啶偶氮）-5-二乙氨基苯酚分光光度法

英文名称：Determination of uranium in soil - CL - 5209 Extractant - containing resin separation 2-（5-bromo - 2-pyridylazo）-5-diethlaminophenol spectrophotometry

标准编号：GB/T 11220.1—1989

适用范围：本标准规定了土壤中铀的测定原理、适用范围、使用的试剂和仪器、分析步骤、分析结果的计算和方法的精密度。

本标准适用于土壤中铀的含量的测定，测量范围：0.5～15 μg/g。

替代情况：/

发布时间：1989-03-16

实施时间：1990-01-01

3.2.26.2 土壤中铀的测定 三烷基氧膦萃取-固体荧光法（GB/T 11220.2—1989）

标准名称：土壤中铀的测定 三烷基氧膦萃取-固体荧光法

英文名称：Determination of uranium in soil - Trialkyiphosphine oxide extraction - solid fluorimetry

标准编号：GB/T 11220.2—1989

适用范围：本标准规定了土壤中铀的测定原理、适用范围、使用的试剂和仪器、分析步骤、分析结果的计算和方法的精密度。

本标准适用于土壤中铀的含量的测定，测量范围：0.05～100 μg/g。

替代情况：/

发布时间：1989-03-16

实施时间：1990-01-01

3.2.27 生物γ核素

3.2.27.1 生物样品中放射性核素的γ能谱分析方法（GB/T 16145—1995）

标准名称：生物样品中放射性核素的γ能谱分析方法

英文名称：Gamma spectrometry method of analysing radionuclides in biological samples

标准编号：GB/T 16145—1995

适用范围：本标准规定了用锗或碘化钠γ能谱仪分析生物样品中放射性γ核素的方法。本标准适用于活度高于探测限的放射性γ核素的生物样品。除了采样制样部分外，本标准规定的γ谱分析方法原则上也适用于其他非生物样品。

替代情况：/

发布时间：1995-12-21

实施时间：1996-07-01

3.2.28 生物样品灰中铯-137

3.2.28.1 生物样品灰中铯-137 的放射化学分析方法（GB/T 11221—1989）

标准名称：生物样品灰中铯-137 的放射化学分析方法

英文名称：Radiochemical analysis of caesium - 137 in ash of biological samples

标准编号：GB/T 11221—1989

适用范围：本标准规定了生物样品灰中铯-137 分析方法和步骤。

本标准适用于动、植物灰中铯-137 的分析。测定范围：10^{-1}～10Bq/L。

替代情况：/

发布时间：1989-03-16

实施时间：1990-01-01

3.2.29 生物样品灰中锶-90

3.2.29.1 生物样品灰中锶-90 的放射化学分析方法 二-（2-乙基己基）磷酸酯萃取色层法（GB/T 11222.1—1989）

标准名称：生物样品灰中锶-90 的放射化学分析方法 二-（2-乙基己基）磷酸酯萃取色层法

英文名称：Radiochemical analysis of strontium-90 in ash of biological samples - Extraction chromatography by di -（2-ethylhexyl）phosphate

标准编号：GB/T 11222.1—1989

适用范围：本标准规定了用二-（2-乙基己基）磷酸酯萃取色层法分析生物样品灰中锶-90 的方法和步骤。

本标准适用于动、植物灰中锶-90 的分析。测定范围：10^{-1}～10Bq/L。

替代情况：/

发布时间：1989-03-16

实施时间：1990-01-01

3.2.29.2 生物样品灰中锶-90 的放射化学分析方法 离子交换法（GB/T 11222.2—1989）

标准名称：生物样品灰中锶-90 的放射化学分析方法 离子交换法

英文名称：Radiochemical analysis of strontium-90 in ash of biological samples - Ion exchange method

标准编号：GB/T 11222.2—1989

适用范围：本标准规定了用离子交换法分析生物样品灰中锶-90 的方法和步骤，适用于动、植物灰中锶-90 的分析。测定范围：10^{-1}～10Bq/L。

替代情况：/

发布时间：1989-03-16

实施时间：1990-01-01

3.2.30 生物样品灰中铀

3.2.30.1 生物样品灰中铀的放射化学分析方法 固体荧光法（GB/T 11223.1—1989）

标准名称：生物样品灰中铀的放射化学分析方法 固体荧光法

英文名称：Analytical determination of uranium in ash of biological samples - Solid fluorimetry

标准编号：GB/T 11223.1—1989

适用范围：本标准规定了生物样品灰中固体荧光测定方法。测定范围为 5.0×10^{-9}～5.0×10^{-5} g/g 灰，回收率大于 80%。

本标准适用于各类动物和植物样品灰中铀的测定。

替代情况：/

发布时间：1989-03-16

实施时间：1990-01-01

3.2.30.2 生物样品灰中铀的放射化学分析方法 激光液体荧光法（GB/T 11223.2—1989）

标准名称：生物样品灰中铀的放射化学分析方法 激光液体荧光法

英文名称：Analytical determination of uranium in ash of biological samples - Laser liquid fluorimetry

标准编号：GB/T 11223.2—1989

适用范围：本标准规定了生物样品灰中激光液体荧光测定方法。测定范围为 2.5×10^{-8}～2.5×10^{-5} g/g 灰，回收率大于 80%。

本标准适用于各类动物和植物样品灰中铀的测定。

替代情况：/

发布时间：1989-03-16

实施时间：1990-01-01

3.2.31 植物、动物甲状腺中碘-131

3.2.31.1 植物、动物甲状腺中碘-131 的分析方法（GB/T 13273—1991）

标准名称： 植物、动物甲状腺中碘-131 的分析方法

英文名称： Analytical method for ^{131}I in plant and animal thyroid gland

标准编号： GB/T 13273—1991

适用范围： 本标准规定了植物、动物甲状腺中碘-131 的分析方法。

本标准适用于植物、动物甲状腺样品中碘-131 含量分析。β放射性的探测下限对植物为 0.17 Bq/kg，对动物甲状腺为 6×10^{-3} Bq/g，γ探测下限对植物为 0.01Bq/kg，对动物甲状腺为 8×10^{-3} Bq/g。对裂变核素 ^{90}Sr-^{90}Y、^{106}Ru - ^{106}Rh、^{137}Cs、^{95}Zr - ^{95}Nb、^{141}Ce - ^{141}Pr 以及总裂片的去污系数均在 10^4 以上。

替代情况： /

发布时间： 1991-10-24

实施时间： 1992-08-01

3.2.32 牛奶中碘-131

3.2.32.1 牛奶中碘-131 的分析方法（GB/T 14674—1993）

标准名称： 牛奶中碘-131 的分析方法

英文名称： Sampling and determination of ^{131}I in milk

标准编号： GB/T 14674—1993

适用范围： 本标准规定了牛奶样品中碘-131 含量的分析方法。

本标准适用于牛奶样品中碘-131 含量的分析，也适用于羊奶等样品中碘-131 含量的分析。本方法β放射性的探测下限为 7×10^{-3} Bq/L 和测γ放射性的探测下限为 1×10^{-2} Bq/L。对环境中的裂变核素 ^{99}M - ^{99m}Tc 和总裂片的去污系数分别为 5.2×10^4 和 1.3×10^5。

替代情况： /

发布时间： 1993-09-18

实施时间： 1994-05-01

3.2.33 放射性核素的α能谱

3.2.33.1 放射性核素的α能谱分析方法（GB/T 16141—1995）

标准名称： 放射性核素的α能谱分析方法

英文名称： Analytical method for radionuclides by alpha spectrometry

标准编号： GB/T 16141—1995

适用范围： 本标准规定了用半导体α谱仪测定α放射性核素组成和分析方法。本标准适用于生物样品和环境样品中的低水平α放射性核素测定（α能量低于 10.0 MeV）。

替代情况： /

发布时间： 1996-01-23

实施时间： 1996-07-01

编写人：童　强、朱　明

第十九章

生态环境

1 标准

1.1 区域生物多样性评价标准（HJ 623—2011）

标准名称：区域生物多样性评价标准

英文名称：Standard for the assessment of regional biodiversity

标准编号：HJ 623—2011

适用范围：本标准规定了生物多样性评价的指标及其权重、数据采集和处理、计算方法、等级划分等内容。

本标准适用于以县级行政区域作为基本单元的区域生物多样性评价。

替代情况：/

发布时间：2011-09-09

实施时间：2012-01-01

1.2 生物遗传资源等级划分标准（HJ 626—2011）

标准名称：生物遗传资源等级划分标准

英文名称：Standard on classifying the categories of genetic resources

标准编号：HJ 626—2011

适用范围：本标准规定了中国生物遗传资源等级的划分标准、等级调整的规定和等级划分时应提交的文件记录。

本标准适用于原产地为中华人民共和国范围内的生物遗传资源等级划分。

替代情况：/

发布时间：2011-09-09

实施时间：2012-01-01

1.3 畜禽养殖产地环境评价规范（HJ 568—2010）

标准名称：畜禽养殖产地环境评价规范

英文名称：Farmland environmental quality evaluation standards for livestock and poultry production

标准编号：HJ 568—2010

适用范围：本标准规定了各类畜禽养殖产地的水环境质量、土壤环境质量、环境空气质量和声环境质量评价指标、限值、监测和评价方法。

本标准适用于全国畜禽养殖场、养殖小区、放牧区的养殖地环境质量评价与管理。

本标准仅适用于法律允许的畜禽养殖场、畜禽养殖小区和放牧区。

本标准不适用于畜禽产品加工生产地的环境质量评价与管理。

替代情况：/

发布时间：2010-04-16

实施时间：2010-07-01

1.4 食用农产品产地环境质量评价标准（HJ 332—2006）

详见第一章 1.2

1.5 温室蔬菜产地环境质量评价标准（HJ 333—2006）

详见第一章 1.3

2 技术规范

2.1 外来物种环境风险评估技术导则（HJ 624—2011）

标准名称：外来物种环境风险评估技术导则

英文名称：Technical guideline for assessment on environmental risk of alien species

标准编号：HJ 624—2011

适用范围：本标准规定了外来物种环境风险评估的原则、内容、工作程序、方法和要求。

本标准适用于规划和建设项目可能导致外来物种造成生态危害的评估。

替代情况：/

发布时间：2011-09-09

实施时间：2012-01-01

2.2 抗虫转基因植物生态环境安全检测导则（试行）（HJ 625—2011）

标准名称：抗虫转基因植物生态环境安全检测导则（试行）

英文名称：Guideline for eco - environmental biosafety assessment of Insect - resistant transgenic plants

标准编号：HJ 625—2011

适用范围：本标准规定了抗虫转基因植物对非靶标生物影响、基因漂移、生态适应性、靶标生物对抗虫转基因植物产生抗性的生态环境安全检测步骤、内容和方法。

本标准适用于通过表达抗虫蛋白而具有抗虫新性状的转基因植物生态环境安全检测。

替代情况：/

发布时间：2011-09-09

实施时间：2012-01-01

2.3 生物遗传资源经济价值评价技术导则（HJ 627—2011）

标准名称：生物遗传资源经济价值评价技术导则

英文名称：Technical guideline for the evaluation of genetic resources

标准编号：HJ 627—2011

适用范围：本标准规定了生物遗传资源经济价值评价的原则、程序、方法和要求。

本标准适用于分布于或原产地为中华人民共和国境内的生物遗传资源的经济价值评价。

替代情况：/

发布时间：2011-09-09

实施时间：2012-01-01

2.4 生物遗传资源采集技术规范（试行）（HJ 628—2011）

标准名称：生物遗传资源采集技术规范（试行）

英文名称：Regulation for the collection of genetic resources

标准编号：HJ 628—2011

适用范围：本标准规定了野生生物遗传资源采集的程序、技术规程和注意事项等。

本标准适用于中华人民共和国境内野生生物遗传资源（动物、植物、大型真菌等）的采集。

替代情况：/

发布时间：2011-09-09

实施时间：2012-01-01

2.5 环保用微生物菌剂环境安全评价导则（HJ/T 415—2008）

标准名称：环保用微生物菌剂环境安全评价导则

英文名称：Guide of safety assessment on application of microbial blends in the environmental protection

标准编号：HJ/T 415—2008

适用范围：本标准规定了环保用微生物菌剂环境安全评价的技术要求。

本标准适用于以生态环境保护和污染防治为目的而使用的微生物菌剂的环境安全评价。

本标准不适用基因改造和实验室研究使用的微生物菌剂。

替代情况：/

发布时间：2008-01-04

实施时间：2008-05-01

2.6 生态环境状况评价技术规范（试行）（HJ/T 192—2006）

标准名称：生态环境状况评价技术规范（试行）

英文名称：Technical criterion for eco - environmental starts evaluation

标准编号：HJ/T 192—2006

适用范围：本技术规范规定了生态环境状况评价的指标体系和计算方法。

本规范适用于我国县级以上区域生态环境现状及动态趋势的年度综合评价。

替代情况：/

发布时间：2006-03-09

实施时间：2006-05-01

3 监测方法

3.1 尿中 1-羟基芘的测定

3.1.1 生物 尿中 1-羟基芘的测定 高效液相色谱（HPLC）法（GB/T 16156—1996）

标准名称：生物 尿中 1-羟基芘的测定 高效液相色谱（HPLC）法

英文名称：Biomaterials - Determination of urinary 1-hydoxypyrene - High performance liquid chromatography

标准编号：GB/T 16156—1996

适用范围：本方法适用于尿中 1-羟基芘的测定。当尿样体积为 10 mL 时，方法检出限 0.05 μg/L。

替代情况：/

发布时间：1996-03-06

实施时间：1996-10-01

3.2 生物六六六和滴滴涕

3.2.1 生物质量 六六六和滴滴涕的测定 气相色谱法（GB/T 14551—1993）

标准名称：生物质量 六六六和滴滴涕的测定 气相色谱法

英文名称：Organisms quality - Determination of BHC and DDT - Gas chromatography

标准编号：GB/T 14551—1993

适用范围：

（1）本标准适用于生物（动物：如禽、畜、鱼、蚯蚓；植物：如粮食、水果、蔬菜、茶、藕）中六六六、滴滴涕的分析。

（2）本方法采用丙酮-石油醚提取，以浓硫酸净化，用带电子捕获检测器的气相色谱仪测定。

（3）本方法的最低检测浓度为 0.000 04～0.004 87 mg/kg。

替代情况：/

发布时间：1993-07-19

实施时间：1994-01-15

3.3 粮食和果蔬有机磷农药

3.3.1 粮食和果蔬质量 有机磷农药的测定 气相色谱法（GB/T 14553—1993）

标准名称：粮食和果蔬质量 有机磷农药的测定 气相色谱法

英文名称：Cereal，fruit and vegetable quality - Determination of organophosphorus pesticides - Gas chromatography

标准编号：GB/T 14553—1993

适用范围：

（1）本标准适用于粮食（大米、小麦、玉米）、水果（苹果、梨、桃等）、蔬菜（黄瓜、大白菜、西红柿等）中速灭磷（Mevinphos）、甲拌磷（Phorate）、二嗪磷（Diazinon）、异稻瘟净（IBP）、甲基对硫磷（Parathionmethyl）、杀螟硫磷（Fenitrothion）、溴硫磷（Bromophos）、水胺硫磷（Isocarbophos）、稻丰散（Phenthoate）、杀扑磷（Methidathion）多组分残留量的测定。

（2）本方法采用丙酮加水提取、二氯甲烷萃取、凝结法净化、气相色谱氮磷检测器测定。

（3）本方法的最低检测浓度为 0.000 2～0.002 9 mg/kg。

替代情况：/

发布时间：1993-07-19

实施时间：1994-01-15

编写人：郑　琳

第二十章

建设项目竣工环境保护验收

1　建设项目竣工环境保护验收技术规范

1.1　建设项目竣工环境保护验收技术规范　石油天然气开采（HJ 612—2011）

标准名称：建设项目竣工环境保护验收技术规范　石油天然气开采

英文名称：Technical guidelines for environmental protection in oil&natural gas exploitation development for check and accept completed project

标准编号：HJ 612—2011

适用范围：本标准规定了陆地、滩海石油天然气开采建设项目竣工环境保护验收的工作范围、工作内容、技术方法及要求等。

本标准适用于陆地、滩海石油天然气开采的新建、改建、扩建建设项目竣工环境保护验收。

替代情况：/

发布时间：2011-02-11

实施时间：2011-06-01

1.2　建设项目竣工环境保护验收技术规范　公路（HJ 552—2010）

标准名称：建设项目竣工环境保护验收技术规范　公路

英文名称：Technical guidelines for environmental protection in highway projects for check and accept of completed construction project

标准编号：HJ 552—2010

适用范围：本标准规定了公路建设项目竣工环境保护验收调查总体要求、实施方案和调查报告的编制要求。

本标准适用于按规定编写《建设项目竣工环境保护验收调查报告》的公路建设项目的竣工环境保护验收调查工作。需填写《建设项目竣工环境保护验收调查表》的公路建设项目可参照执行。

替代情况：/

发布时间：2010-01-06

实施时间：2010-04-01

1.3　建设项目竣工环境保护验收技术规范　水利水电（HJ 464—2009）

标准名称：建设项目竣工环境保护验收技术规范　水利水电

英文名称：Technical guidelines for environmental protection in water conservancy and hydropower projects for check and accept of completed construction project

标准编号：HJ 464—2009

适用范围：本标准规定了水利水电建设项目竣工环境保护验收的技术工作程序和技术要求。

本标准适用于防洪、水电、灌溉、供水等大中型水利水电工程竣工环境保护验收工作。小型水利水电工程和航电枢纽等工程的竣工环境保护验收工作可参照本标准执行。

替代情况：/

发布时间：2009-03-25

实施时间：2009-07-01

1.4 建设项目竣工环境保护验收技术规范　港口（HJ 436—2008）

标准名称：建设项目竣工环境保护验收技术规范　港口

英文名称：Technical guidelines for environmental protection in port project for check&accept of completed construction project

标准编号：HJ 436—2008

适用范围：本标准规定了港口建设项目竣工环境保护验收工作的一般技术要求。

本标准适用于港口（海港、内河港口）建设项目新建、改建、扩建和技术改造工程竣工环境保护的验收，也可用于建设项目竣工后的日常监督管理。

替代情况：/

发布时间：2008-06-13

实施时间：2008-08-01

1.5 储油库、加油站大气污染治理项目验收检测技术规范（HJ/T 431—2008）

标准名称：储油库、加油站大气污染治理项目验收检测技术规范

英文名称：Measurement technology guidelines for check and accept of air pollution control project for bulk gasoline terminal and gasoline filling station

标准编号：HJ/T 431—2008

适用范围：本标准规定了储油库、加油站油气大气污染治理项目验收检测工作流程中资料收集、执行标准选择、现场检查、现场检测和验收检测报告编制的技术要求。

本标准适用于现有储油库、加油站大气污染治理项目验收检测工作，新（改、扩）建储油库和加油站油气回收项目验收的检测工作也需按照本标准执行。

替代情况：/

发布时间：2008-04-15

实施时间：2008-05-01

1.6 建设项目竣工环境保护验收技术规范　造纸工业（HJ/T 408—2007）

标准名称：建设项目竣工环境保护验收技术规范　造纸工业

英文名称：Technical guidelines for environmental protection in paper industry project for check and accept of completed project

标准编号：HJ/T 408—2007

适用范围：本标准规定了造纸工业建设项目竣工环境保护验收技术工作范围的确定、执行标准选择的原则；工程及污染治理、排放分析要点；验收监测布点、采样、分析方法、质量控制及质量保证、监测结果评价的技术要求；验收调查主要内容及方案、报告编制的技术要求。

本标准适用于造纸工业的制浆、造纸和制浆造纸联合企业（不含林纸一体化的林基地建设）的新建、改扩建以及技术改造等建设项目的竣工环境保护验收工作。

替代情况：/

发布时间： 2007-12-21

实施时间： 2008-04-01

1.7　建设项目竣工环境保护验收技术规范　汽车制造（HJ/T 407—2007）

标准名称： 建设项目竣工环境保护验收技术规范　汽车制造

英文名称： Technical guidelines for environmental protection in automobile manufacturing capital construction project for check and accept of completed project

标准编号： HJ/T 407—2007

适用范围： 本标准规定了汽车制造业建设项目竣工环境保护验收工作范围确定、执行标准选择的原则；工程及污染治理、排放分析要点；验收监测布点、采样、分析方法、质量控制及质量保证、监测结果评价技术要求；验收调查主要内容以及方案、报告编制的技术要求。

本标准适用于汽车制造业新建、改建、扩建项目竣工环境保护验收工作。

机械制造业的其他建设项目可参照本规范执行。

替代情况： /

发布时间： 2007-12-21

实施时间： 2008-04-01

1.8　建设项目竣工环境保护验收技术规范　乙烯工程（HJ/T 406—2007）

标准名称： 建设项目竣工环境保护验收技术规范　乙烯工程

英文名称： Technical guidelines for environmental protection in ethylene project for check and accept of completed construction project

标准编号： HJ/T 406—2007

适用范围： 本标准规定了乙烯工程建设项目竣工环境保护验收技术工作范围的确定、执行标准选择的原则；工程及污染治理、排放分析要点；验收监测布点、采样、分析方法、质量控制及质量保证、监测结果评价技术要求；验收检查和调查的主要内容以及验收方案、报告编制技术等内容。

本标准适用于乙烯工程新建、改建、扩建和技术改造项目竣工环境保护验收。

环境影响评价、初步设计（环保篇）、建设项目竣工后的日常环境保护管理性监测可参照本标准。

替代情况： /

发布时间： 2007-12-21

实施时间： 2008-04-01

1.9　建设项目竣工环境保护验收技术规范　石油炼制（HJ/T 405—2007）

标准名称： 建设项目竣工环境保护验收技术规范　石油炼制

英文名称： Technical guidelines for environmental protection in petroleum refinery industry project for check and accept of completed construction project

标准编号： HJ/T 405—2007

适用范围： 本标准规定了石油炼制业建设项目竣工环境保护验收技术工作范围确定、执行标准选择的原则；工程及污染治理、污染物排放分析要点；验收监测布点、采样、分析方法、质量保证及质量控制、结果评价技术要求；验收检查和调查主要内容以及验收技术方案、报告编制的要求。

本标准适用于石油炼制业新建、改建、扩建和技术改造项目竣工环境保护验收。

石油炼制业建设项目环境影响评价、初步设计、竣工后的日常环保管理性监测可参照本标准。

替代情况：/

发布时间：2007-12-21

实施时间：2008-04-01

1.10 建设项目竣工环境保护验收技术规范 黑色金属冶炼及压延加工（HJ/T 404—2007）

标准名称：建设项目竣工环境保护验收技术规范 黑色金属冶炼及压延加工

英文名称：Technical guidelines for environmental protection in black metal smelting and expansion for check and accept of completed construction project

标准编号：HJ/T 404—2007

适用范围：本标准规定了黑色金属冶炼及压延加工建设项目竣工环境保护验收工作一般技术要求。

本标准适用于黑色金属冶炼及压延加工建设项目新建、改建、扩建和技术改造工程项目竣工环境保护的验收和建设项目竣工后的日常监督管理性监测。其他与黑色金属冶炼及压延加工项目有关的铁合金项目竣工验收亦可参照执行。

替代情况：/

发布时间：2007-12-21

实施时间：2008-04-01

1.11 建设项目竣工环境保护验收技术规范 城市轨道交通（HJ/T 403—2007）

标准名称：建设项目竣工环境保护验收技术规范 城市轨道交通

英文名称：Technical guidelines for environmental protection in urban rail transit for check and accept of completed construction project

标准编号：HJ/T 403—2007

适用范围：本标准规定了城市轨道交通建设项目竣工环境保护验收的一般技术性规范要求。

本标准适用于城市轨道交通的新建、改建、扩建和技术改造项目竣工环境保护的验收。其他与城市轨道交通项目有关的环境影响评价、环境保护工程设计、建设项目竣工后的日常监督管理性监测亦可参照执行。

替代情况：/

发布时间：2007-12-21

实施时间：2008-04-01

1.12 建设项目竣工环境保护验收技术规范 生态影响类（HJ/T 394—2007）

标准名称：建设项目竣工环境保护验收技术规范 生态影响类

英文名称：Technical guidelines for environmental protection in ecological construction projects for check&accept completed project

标准编号：HJ/T 394—2007

适用范围：本标准规定了生态影响类建设项目竣工环境保护验收调查总体要求、实施方案和调查报告的编制要求。

本标准适用于交通运输（公路，铁路，城市道路和轨道交通，港口和航运，管道运输等）、水利水电、石油和天然气开采、矿山采选、电力生产（风力发电）、农业、林业、牧业、渔业、旅游等行业和海洋、海岸带开发、高压输变电线路等主要对生态造成影响的建设项目，以及区域、流域开发项目竣工环境保护验收调查工作。其他项目涉及生态影响的可参照执行。

替代情况：/

发布时间：2007-12-05

实施时间：2008-02-01

1.13 建设项目竣工环境保护验收技术规范 水泥制造（HJ/T 256—2006）

标准名称：建设项目竣工环境保护验收技术规范 水泥制造

英文名称：Technical guidelines for environmental protection in cement production industry capital construction project for check and accept of completed project

标准编号：HJ/T 256—2006

适用范围：本标准规定了水泥制造工业建设项目竣工环境保护验收的工作范围确定、执行标准选择、监测点位布设、采样、分析方法、质量控制与质量保证、编制监测方案及监测报告等的技术要求。

本标准适用于水泥制造工业（不含矿山开采和现场破碎）建设项目竣工环境保护验收。对于焚烧危险废物的水泥厂，应按照国家有关规定另行组织验收。

环境影响评价、环保设计、建设项目竣工后的日常监督管理性监测可参照执行。

替代情况：/

发布时间：2006-03-09

实施时间：2006-05-01

1.14 建设项目竣工环境保护验收技术规范 火力发电厂（HJ/ T 255—2006）

标准名称：建设项目竣工环境保护验收技术规范 火力发电厂

英文名称：Technical guidelines for environmental protection in power plant capital construction project for check and accept of completed project

标准编号：HJ/ T 255—2006

适用范围：本标准规定了火力发电厂建设项目竣工环境保护验收的工作范围确定、执行标准选择、监测点位布设、采样、分析方法、质量控制与质量保证、编制监测方案及监测报告等的技术要求。

本标准适用于单台出力在 65 t/h 以上除层燃炉和抛煤机炉以外的火电厂锅炉；各种容量的煤粉发电锅炉；燃油发电锅炉；各种容量的燃气轮机组的发电厂及采用其他燃料的发电锅炉和热电联产建设项目竣工环境保护验收。

环境影响评价、初步设计（环境保护专题）、建设项目竣工后的日常技术监督管理性监测可参照本技术规范执行。

替代情况：/

发布时间：2006-03-09

实施时间：2006-05-01

1.15 建设项目竣工环境保护验收技术规范 电解铝（HJ/T 254—2006）

标准名称：建设项目竣工环境保护验收技术规范 电解铝

英文名称：Technical guidelines for environmental protection in elecrtolyzing aluminum capital construction project for check and accept of completed project

标准编号：HJ/T 254—2006

适用范围：本标准规定了电解铝工业建设项目竣工环境保护验收范围确定、执行标准选择的原则；工程及污染治理、排放分析要点；验收监测布点、采样、分析方法、质量控制及质量保证、监测结果评价技术要求；验收调查主要内容以及验收监测方案、报告编制的要求。

本标准适用于电解铝工业新建、改建、扩建和技术改造项目竣工环境保护验收。

替代情况：/

发布时间：2006-03-09

实施时间：2006-05-01

1.16 建设项目竣工环境保护验收技术规范 煤炭采选（HJ 672—2013）

标准名称：建设项目竣工环境保护验收技术规范 煤炭采选

英文名称：Technical Guidelines for Environmental Protection in Coal mining and Processing Projects for Check and Accept Complected Project

标准编号：HJ 672—2013

适用范围：本标准规定了煤炭采选建设项目竣工环境保护验收调查的一般原则、内容、方法和要求。

本标准适用于按规定需编制《建设项目竣工环境保护验收调查报告》的煤炭采选建设项目竣工环境保护验收调查工作。按规定需填制《建设项目竣工环境保护验收调查报告表》的煤炭采选建设项目竣工环境保护验收调查工作可参照执行。

替代情况：/

发布时间：2013-11-22

实施时间：2014-01-01

编写人：郑 琳

第二十一章

基础标准

1　词汇

1.1　水质　词汇　第一部分（HJ 596.1—2010）

标准名称：水质　词汇　第一部分

英文名称：Water quality - Vocabulary Part 1

标准编号：HJ 596.1—2010

适用范围：本标准规定了专为水质特征提供的术语。

替代情况：本标准是对《水质　词汇　第一部分和第二部分》（GB/T 6816—1986）和《水质　词汇　第三部分～第七部分》（GB/T 11915—1989）的修订。修订后的标准分为七部分：

——水质　词汇　第一部分；

——水质　词汇　第二部分；

——水质　词汇　第三部分；

——水质　词汇　第四部分；

——水质　词汇　第五部分；

——水质　词汇　第六部分；

——水质　词汇　第七部分。

本部分词汇的定义是专为水质特征提供的术语，内容主要包括水质　词汇　第一部分的术语及定义（包括对应的英文术语），它与目前国内外出版的名词术语可能相同，但应用于不同领域时，它们的定义也可能不同。

发布时间：2010-11-05

实施时间：2011-03-01

1.2　水质　词汇　第二部分（HJ 596.2—2010）

标准名称：水质　词汇　第二部分

英文名称：Water quality - Vocabulary Part 2

标准编号：HJ 596.2—2010

适用范围：本标准规定了专为水质特征提供的术语。

替代情况：本标准是对《水质　词汇　第一部分和第二部分》（GB/T 6816—1986）和《水质　词汇　第三部分～第七部分》（GB/T 11915—1989）的修订。修订后的标准分为七部分：

——水质　词汇　第一部分；

——水质　词汇　第二部分；

——水质　词汇　第三部分；

——水质　词汇　第四部分；

——水质　词汇　第五部分；

——水质　词汇　第六部分；

——水质　词汇　第七部分。

本部分词汇的定义是专为水质特征提供的术语，内容主要包括水质　词汇　第二部分的术语及定义（包括对应的英文术语），它与目前国内外出版的名词术语可能相同，但应用于不同领域时，它们的定义也可能不同。

发布时间：2010-11-05

实施时间：2011-03-01

1.3　水质　词汇　第三部分（HJ 596.3—2010）

标准名称：水质　词汇　第三部分

英文名称：Water quality - Vocabulary Part 3

标准编号：HJ 596.3—2010

适用范围：本标准规定了专为水质特征提供的术语。

替代情况：本标准是对《水质　词汇　第一部分和第二部分》（GB/T 6816—1986）和《水质　词汇　第三部分～第七部分》（GB/T 11915—1989）的修订。修订后的标准分为七部分：

——水质　词汇　第一部分；

——水质　词汇　第二部分；

——水质　词汇　第三部分；

——水质　词汇　第四部分；

——水质　词汇　第五部分；

——水质　词汇　第六部分；

——水质　词汇　第七部分。

本部分词汇的定义是专为水质特征提供的术语，内容主要包括水质　词汇　第三部分的术语及定义（包括对应的英文术语），它与目前国内外出版的名词术语可能相同，但应用于不同领域时，它们的定义也可能不同。

发布时间：2010-11-05

实施时间：2011-03-01

1.4　水质　词汇　第四部分（HJ 596.4—2010）

标准名称：水质　词汇　第四部分

英文名称：Water quality - Vocabulary Part 4

标准编号：HJ 596.4—2010

适用范围：本标准规定了专为水质特征提供的术语。

替代情况：本标准是对《水质　词汇　第一部分和第二部分》（GB/T 6816—1986）和《水质　词汇　第三部分～第七部分》（GB/T 11915—1989）的修订。修订后的标准分为七部分：

——水质　词汇　第一部分；

——水质　词汇　第二部分；

——水质　词汇　第三部分；

——水质　词汇　第四部分；

——水质　词汇　第五部分；

——水质　词汇　第六部分；

——水质 词汇 第七部分。

本部分词汇的定义是专为水质特征提供的术语，内容主要包括水质 词汇 第四部分的术语及定义（包括对应的英文术语），它与目前国内外出版的名词术语可能相同，但应用于不同领域时，它们的定义也可能不同。

发布时间：2010-11-05

实施时间：2011-03-01

1.5 水质 词汇 第五部分（HJ 596.5—2010）

标准名称：水质 词汇 第五部分

英文名称：Water quality - Vocabulary Part 5

标准编号：HJ 596.5—2010

适用范围：本标准规定了专为水质特征提供的术语。

替代情况：本标准是对《水质 词汇 第一部分和第二部分》（GB/T 6816—1986）和《水质 词汇 第三部分～第七部分》（GB/T 11915—1989）的修订。修订后的标准分为七部分：

——水质 词汇 第一部分；

——水质 词汇 第二部分；

——水质 词汇 第三部分；

——水质 词汇 第四部分；

——水质 词汇 第五部分；

——水质 词汇 第六部分；

——水质 词汇 第七部分。

本部分词汇的定义是专为水质特征提供的术语，内容主要包括水质 词汇 第五部分的术语及定义（包括对应的英文术语），它与目前国内外出版的名词术语可能相同，但应用于不同领域时，它们的定义也可能不同。

发布时间：2010-11-05

实施时间：2011-03-01

1.6 水质 词汇 第六部分（HJ 596.6—2010）

标准名称：水质 词汇 第六部分

英文名称：Water quality - Vocabulary Part 6

标准编号：HJ 596.6—2010

适用范围：本标准规定了专为水质特征提供的术语。

替代情况：本标准是对《水质 词汇 第一部分和第二部分》（GB/T 6816—1986）和《水质 词汇 第三部分～第七部分》（GB/T 11915—1989）的修订。修订后的标准分为七部分：

——水质 词汇 第一部分；

——水质 词汇 第二部分；

——水质 词汇 第三部分；

——水质 词汇 第四部分；

——水质 词汇 第五部分；

—— 水质　词汇　第六部分；

—— 水质　词汇　第七部分。

本部分词汇的定义是专为水质特征提供的术语，内容主要包括水质　词汇　第六部分的术语及定义（包括对应的英文术语），它与目前国内外出版的名词术语可能相同，但应用于不同领域时，它们的定义也可能不同。

发布时间：2010-11-05

实施时间：2011-03-01

1.7　水质　词汇　第七部分（HJ 596.7—2010）

标准名称：水质　词汇　第七部分

英文名称：Water quality - Vocabulary Part 7

标准编号：HJ 596.7—2010

适用范围：本标准规定了专为水质特征提供的术语。

替代情况：本标准是对《水质　词汇　第一部分和第二部分》（GB/T 6816—1986）和《水质　词汇　第三部分～第七部分》（GB/T 11915—1989）的修订。修订后的标准分为七部分：

—— 水质　词汇　第一部分；

—— 水质　词汇　第二部分；

—— 水质　词汇　第三部分；

—— 水质　词汇　第四部分；

—— 水质　词汇　第五部分；

—— 水质　词汇　第六部分；

—— 水质　词汇　第七部分。

本部分词汇的定义是专为水质特征提供的术语，内容主要包括水质　词汇　第七部分的术语及定义（包括对应的英文术语），它与目前国内外出版的名词术语可能相同，但应用于不同领域时，它们的定义也可能不同。

发布时间：2010-11-05

实施时间：2011-03-01

1.8　空气质量　词汇（HJ 492—2009）

标准名称：空气质量　词汇

英文名称：Air quality - Vocabulary

标准编号：HJ 492—2009

适用范围：本标准规定了与空气质量有关的名词术语的定义，涉及气体、蒸汽和颗粒物采样及测量等方面。

替代情况：本标准对《空气质量词汇》（GB/T 6919—1986）进行了修订。

主要修订内容：GB/T 6919—1986 原有词汇 58 条，词汇条目与 ISO 4225：1980 相同，本次修订依据 ISO 4225：1994 版本新增补充 38 条词汇，按字母顺序排列，更改其修正的部分。

新增加内容主要涉及环境背景、恶臭、环境场所的词汇 13 条；补充采样等其他词汇 25 条，共计新增词汇 38 条。

发布时间： 2009-09-27

实施时间： 2009-11-01

1.9 土壤质量 词汇（GB/T 18834—2002）

标准名称： 土壤质量 词汇

英文名称： Soil quality - Vocabulary

标准编号： GB/T 18834—2002

适用范围： 本标准规定了土壤质量词汇，土壤质量词汇内容包括三部分：

（1）土壤保护和土壤污染范畴的名词术语；

（2）土壤采样范畴的名词术语；

（3）区域土壤修复的名词术语。

本标准适用于对土壤保护、土壤监测、土壤治理等方面活动中用的名词术语及定义的有关内容。

替代情况： /

发布时间： 2002-09-11

实施时间： 2003-02-01

2 代码

2.1 燃料分类代码（HJ 517—2009）

标准名称： 燃料分类代码

英文名称： Codes for fuel classification

标准编号： HJ 517—2009

适用范围： 本标准规定了燃料类别信息的分类和代码。

本标准适用于全国各级环境保护部门燃料类别的信息采集、交换、加工、使用以及环境管理信息系统建设的管理工作。

替代情况： /

发布时间： 2009-12-21

实施时间： 2010-03-01

2.2 燃烧方式代码（HJ 518—2009）

标准名称： 燃烧方式代码

英文名称： Codes for combustion method classification

标准编号： HJ 518—2009

适用范围： 本标准规定了燃烧方式的分类和代码。

本标准适用于全国各级环境保护部门有关燃烧方式的信息采集、交换、加工、使用以及环境管理信息系统建设的管理工作。

替代情况： /

发布时间： 2009-12-21

实施时间： 2010-03-01

2.3 废水类别代码（HJ 520—2009）

标准名称： 废水类别代码

英文名称： Codes for wastewater categories

标准编号： HJ 520—2009

适用范围： 本标准根据环境管理、环境统计、环境监测、环境影响评价、排放污染物申报登记等工作及各类水体环境质量标准、水污染物排放标准的需要，规定了废水类别及与之相对应的代码。

本标准适用于废水信息采集、交换、加工、使用和环境信息系统建设的管理工作。

替代情况： /

发布时间： 2009-12-30

实施时间： 2010-04-01

2.4 废水排放规律代码（HJ 521—2009）

标准名称： 废水排放规律代码

英文名称： Codes for wastewater discharging

标准编号： HJ 521—2009

适用范围： 本标准规定了废水的排放规律类别和代码。

本标准适用于各级环境保护部门废水排放规律信息采集、交换、加工、使用和环境信息系统建设的管理工作。

替代情况： /

发布时间： 2009-12-30

实施时间： 2010-04-01

2.5 地表水环境功能区类别代码（HJ 522—2009）

标准名称： 地表水环境功能区类别代码

英文名称： Codes for water environmental function zone categories

标准编号： HJ 522—2009

适用范围： 本标准规定了地表水环境功能区的类别与代码。

本标准中水环境功能区类别代码对象为中华人民共和国领域内江河、湖泊、运河、渠道、水库等具有使用功能的地表水水域。

本标准适用于地表水环境信息采集、交换、加工、使用和环境信息系统建设的管理工作。

替代情况： /

发布时间： 2009-12-30

实施时间： 2010-04-01

2.6 废水排放去向代码（HJ 523—2009）

标准名称： 废水排放去向代码

英文名称：Codes for wastewater discharge direction

标准编号：HJ 523—2009

适用范围：本标准确定了废水排放去向的分类与代码。废水排放包括工业废水、生活废水、污水处理设施以及垃圾填埋厂、堆肥厂、焚烧厂、危险废物处置厂等设施的排水。

本标准适用于废水排放信息采集、交换、加工、使用和环境信息系统建设的管理工作。

替代情况：/

发布时间：2009-12-30

实施时间：2010-04-01

2.7 大气污染物名称代码（HJ 524—2009）

标准名称：大气污染物名称代码

英文名称：Codes for air pollutants

标准编号：HJ 524—2009

适用范围：本标准对环境管理、环境统计、环境监测、环境影响评价、排污权交易、污染事故应急处置、各类空气环境标准、各类大气污染物排放标准、环境保护国际履约、环境科学研究、环境工程、环境与健康和实验室信息系统等业务涉及到的大气污染物及相关指标进行分类、列表，规定了大气污染物名称代码。

适用于全国各级环境保护部门有关大气污染物的信息采集、交换、存储、加工、使用以及环境信息系统建设的管理工作。

替代情况：/

发布时间：2009-12-30

实施时间：2010-04-01

2.8 水污染物名称代码（HJ 525—2009）

标准名称：水污染物名称代码

英文名称：Codes for water pollutants

标准编号：HJ 525—2009

适用范围：本标准对环境管理、环境统计、环境监测、环境影响评价、排放污染物申报登记、各类水体环境质量标准、各类水污染物排放标准等涉及到的水污染物进行列表、分类，规定了水污染物名称代码。

本标准适用于全国各级环境保护部门有关水污染物的信息采集、交换、加工、使用以及环境信息系统建设的管理工作。

替代情况：/

发布时间：2009-12-30

实施时间：2010-04-01

2.9 环境污染类别代码（GB/T 16705—1996）

标准名称：环境污染类别代码

英文名称：Codes for environmental pollution categories

标准编号：GB/T 16705—1996

适用范围：本标准规定了环境污染的类别与代码。

本标准适用于环境信息管理，也适用于与其他信息系统的信息交换。

替代情况：/

发布时间：1996-12-20

实施时间：1997-07-01

2.10 环境污染源类别代码（GB/T 16706—1996）

标准名称：环境污染源类别代码

英文名称：Codes for environmental pollution source categories

标准编号：GB/T 16706—1996

适用范围：本标准规定了环境污染源的类别与代码。

本标准适用于环境信息管理，也适用于与其他信息系统的信息交换。

替代情况：/

发布时间：1996-12-20

实施时间：1997-07-01

2.11 污染源编码规则（试行）（HJ 608—2011）

标准名称：污染源编码规则（试行）

英文名称：Coding for the environmental pollution source

标准编号：HJ 608—2011

适用范围：本标准规定了全国污染源的编码规则。

本标准适用于全国环境污染源管理工作中的信息处理和信息交换。

替代情况：/

发布时间：2011-03-07

实施时间：2012-06-01

2.12 环境噪声监测点位编码规则（HJ 661—2013）

标准名称：环境噪声监测点位编码规则

英文名称：Coding rules for monitoring point of environmental noise

标准编号：HJ 661—2013

适用范围：本标准规定了城市声环境常规监测点位编码方法和编码规则。

本标准适用于各级环境保护部门环境噪声信息的采集、交换、加工、使用及环境信息系统建设的管理工作。

替代情况：/

发布时间：2013-09-18

实施时间：2013-12-01

3　标准制修订

3.1　制订地方水污染物排放标准的技术原则与方法（GB 3839—1983）

标准名称： 制订地方水污染物排放标准的技术原则与方法

英文名称： /

标准编号： GB 3839—1983

适用范围： 本标准是国家环境基础标准，适用于制订排入江、河、湖、水库等地面水的污染物排放标准。各地制订地方水污染物排放标准，除应执行本标准的规定外，尚需执行国家有关环境保护的方针、政策和规定等。

替代情况： /

发布时间： 1983-09-14

实施时间： 1984-04-01

3.2　制定地方大气污染物排放标准的技术方法（GB/T 3840—1991）

标准名称： 制定地方大气污染物排放标准的技术方法

英文名称： Technical methods for making local emission standards of air pollutants

标准编号： GB/T 3840—1991

适用范围： 本标准规定了地方大气污染物排放标准的制定方法。

本标准适用于指导各省、自治区、直辖市及所辖地区制定大气污染物排放标准。

替代情况： /

发布时间： 1991-08-31

实施时间： 1992-06-01

3.3　环境监测　分析方法标准制修订　技术导则（HJ 168—2010）

标准名称： 环境监测　分析方法标准制修订　技术导则

英文名称： Environmental monitoring - Technical guideline on drawing and revising analytical method standards

标准编号： HJ 168—2010

适用范围： 本标准规定了环境监测分析方法标准制修订的工作程序和基本要求，以及标准文本及相关技术文件的技术要求。

本标准适用于环境监测分析方法标准的制修订工作。

替代情况： 本标准替代 HJ/T 168—2004。本标准是对《环境监测分析方法标准制订技术导则》（HJ/T 168—2004）的修订。

本次修订主要对环境监测分析方法标准的制修订工作程序、基本要求，环境监测分析方法标准的主要技术内容，以及方法验证、标准开题报告和标准编制说明的内容等重新作出了技术规定。

发布时间： 2010-02-26

实施时间：2010-05-01

4 环境监测质量管理

4.1 环境监测质量管理技术导则（HJ 630—2011）

标准名称：环境监测质量管理技术导则

英文名称：Technical guideline on environmental monitoring quality management

标准编号：HJ 630—2011

适用范围：本标准规定了环境监测质量体系基本要求以及环境监测过程的质量保证与质量控制方法。

本标准适用于环境保护行政主管部门所属环境监测机构的环境监测活动，其他机构从事的环境监测活动可参照执行。

替代情况：/

发布时间：2011-09-08

实施时间：2011-11-01

5 环境信息

5.1 环境信息术语（HJ/T 416—2007）

标准名称：环境信息术语

英文名称：Environmental information terminology

标准编号：HJ/T 416—2007

适用范围：本标准规定了环境信息系统建设以及日常工作经常涉及的术语与定义。

本标准适用于全国各级环境保护部门的环境信息系统建设与环境信息资源开发利用。

替代情况：/

发布时间：2007-12-29

实施时间：2008-02-01

5.2 环境信息分类与代码（HJ/T 417—2007）

标准名称：环境信息分类与代码

英文名称：Environmental information classification and code

标准编号：HJ/T 417—2007

适用范围：本标准对环境管理、环境科学、环境技术、环境保护产业等与环境保护相关的信息进行分类并编写代码；本标准只规定环境信息分类的基本框架和代码。

本标准适用于全国各级环境保护部门的环境信息采集、交换、加工、使用以及环境信息系统建设的管理工作。

替代情况：/

发布时间：2007-12-29

实施时间：2008-02-01

5.3 环境信息网络建设规范（HJ 460—2009）

标准名称：环境信息网络建设规范

英文名称：Specification for environmental information network building

标准编号：HJ 460—2009

适用范围：本标准规定了全国环境信息三级骨干网络网际互联，以及全国环境信息网络建设的原则、基本流程、骨干网络建设、局域网络建设，IP 地址和域名规划，机房建设等技术要求。

本标准适用于环境保护部、各省、自治区、直辖市环境保护厅（局）、新疆生产建设兵团环境保护局和地市级环境保护局环境信息网络建设工作。区、县级环境保护局及各级环境保护部门直属单位、派出机构亦可参照执行。

替代情况：/

发布时间：2009-03-20

实施时间：2009-06-01

5.4 环境信息网络管理维护规范（HJ 461—2009）

标准名称：环境信息网络管理维护规范

英文名称：Specification for environmental information network management and maintenance

标准编号：HJ 461—2009

适用范围：本标准规定了环境信息网络管理维护的内容，对网络管理、设备维护管理、机房维护管理、安全维护管理等方面作出了具体要求。

本标准适用于各级环境保护部门管理所属的环境信息网络基础设施所进行的维护工作。

替代情况：/

发布时间：2009-03-20

实施时间：2009-06-01

5.5 环境信息化标准指南（HJ 511—2009）

标准名称：环境信息化标准指南

英文名称：Standard guide for environmental informatization

标准编号：HJ 511—2009

适用范围：本标准规定了环境信息化标准体系的层次结构和环境信息化标准制修订原则。

本标准适用于指导环境信息化规划、建设、实施以及环境信息化标准的制修订工作。

替代情况：/

发布时间：2009-11-16

实施时间：2010-01-01

5.6 环境污染源自动监控信息传输、交换技术规范（试行）（HJ/T 352—2007）

标准名称：环境污染源自动监控信息传输、交换技术规范（试行）

英文名称：Technical specifications for data exchange of environmental pollution emission auto monitoring information（on trial）

标准编号：HJ/T 352—2007

适用范围：本标准描述了国家级、省级之间的交换流程、交换模型，适用于国家级和省级之间的污染源自动监控信息交换活动；省级范围内的污染源自动监控信息交换可参照执行。

本标准描述了环境污染源自动监控系统信息的内容和报文格式，适用于各级环保部门。

本标准适用于各级环境保护部门之间的污染源自动监控信息交换活动。

替代情况：/

发布时间：2007-07-12

实施时间：2007-08-01

5.7 环境信息系统集成技术规范（HJ/T 418—2007）

标准名称：环境信息系统集成技术规范

英文名称：Specification for environmental information system integration

标准编号：HJ/T 418—2007

适用范围：本标准规定了环境信息系统总体集成框架及应用集成、数据集成与网络集成的技术要求。

本标准适用于环境信息系统的集成工作。

本标准的主要使用者为环境信息系统规划与设计人员。

替代情况：/

发布时间：2007-12-29

实施时间：2008-02-01

5.8 环境数据库设计与运行管理规范（HJ/T 419—2007）

标准名称：环境数据库设计与运行管理规范

英文名称：Specification for environmental database design，operation and management

标准编号：HJ/T 419—2007

适用范围：本标准规定了环境数据库设计与运行管理需遵循的基本内容。

本标准适用于指导国家、省、市环境保护行政主管部门（以下简称各级环境保护行政主管部门）和环境数据库系统开发设计单位的关系型数据库设计与运行管理活动，可作为各级环境保护行政主管部门。

验收环境数据库系统开发设计单位所完成的数据库系统设计的参考依据。

替代情况：/

发布时间：2007-12-29

实施时间：2008-02-02

5.9 污染源在线自动监控（监测）数据采集传输仪技术要求（HJ 477—2009）

标准名称：污染源在线自动监控（监测）数据采集传输仪技术要求

英文名称：The technical requirement for data acquisition and transmission equipment of pollution emission auto monitoring system

标准编号：HJ 477—2009

适用范围：本标准规定了污染源在线自动监控（监测）系统中数据采集传输仪（以下简称数据采集传输仪）的技术性能要求和性能检测方法。

本标准适用于数据采集传输仪的选型使用和性能检测；对于污染源在线自动监控（监测）系统中具有数据采集传输功能的现场监测仪表，只规定其用于数据采集传输功能部分的性能指标和校验方法。

替代情况：/

发布时间：2009-07-02

实施时间：2009-10-01

5.10 污染源在线自动监控（监测）系统数据传输标准（HJ/T 212—2005）

标准名称：污染源在线自动监控（监测）系统数据传输标准

英文名称：Standard for data communication of pollution emission auto monitoring system

标准编号：HJ/T 212—2005

适用范围：本标准规定了数据传输的过程及系统对参数命令、交互命令、数据命令和控制命令的数据格式和代码定义，本标准不限制系统扩展其他的信息内容，在扩展内容时不得与本标准中所使用或保留的控制命令相冲突。

本标准适用于污染源在线自动监控（监测）系统自动监控设备和监控中心之间的数据交换传输。

根据通信技术的发展，本标准将适时修订。

替代情况：/

发布时间：2005-12-30

实施时间：2006-02-01

5.11 环境保护应用软件开发管理技术规范（HJ 611—2011）

标准名称：环境保护应用软件开发管理技术规范

英文名称：Technical specification for environmental protection applications development management

标准编号：HJ 611—2011

适用范围：本标准规定了环境保护应用软件开发管理过程中需遵循的重要工作流程、管理基本要求和技术基本要求。

本标准适用于环境保护应用软件进行需求开发与管理、概要设计、详细设计、软件实现、软件测试、软件试运行及验收、服务与维护、用户培训及评审等基本的软件开发管理活动。

本标准的主要使用者为环境保护应用软件管理者和开发者。

替代情况：/

发布时间：2011-09-01

实施时间： 2011-12-01

6 环境功能区划

6.1 饮用水水源保护区划分技术规范（HJ/T 338—2007）

标准名称： 饮用水水源保护区划分技术规范

英文名称： Technical guideline for delineating source water protection areas

标准编号： HJ/T 338—2007

适用范围： 本标准适用于集中式地表水、地下水饮用水水源保护区（包括备用和规划水源地）的划分。农村及分散式饮用水水源保护区的划分可参照本标准执行。

替代情况： /

发布时间： 2007-01-09

实施时间： 2007-02-01

6.2 近岸海域环境功能区划分技术规范（HJ/T 82—2001）

标准名称： 近岸海域环境功能区划分技术规范

英文名称： Specifications on environmental function zoning in near coastal seawaters

标准编号： HJ/T 82—2001

适用范围： 本规范规定了近岸海域环境功能区划的原则及方法。包括区划调查方法、区划图集的编绘方法以及区划报告的编写与验收方法等，是我国近岸海域环境功能区划的技术依据。

替代情况： /

发布时间： 2001-12-25

实施时间： 2002-04-01

6.3 海洋自然保护区类型与级别划分原则（GB/T 17504—1998）

标准名称： 海洋自然保护区类型与级别划分原则

英文名称： Principle for classification of marine nature reserves

标准编号： GB/T 17504—1998

适用范围： 本标准确立了我国海洋自然保护区类型与级别划分的基本原则。

本标准适用于中华人民共和国的内海、领海以及中华人民共和国管辖的一切其他海域及毗连海岸的海洋自然保护区。

替代情况： /

发布时间： 1998-10-12

实施时间： 1999-04-01

6.4 环境空气质量功能区划分原则与技术方法（HJ/T 14—1996）

标准名称： 环境空气质量功能区划分原则与技术方法

英文名称： Principle and technical methods for regionalizing ambient air quality function

标准编号： HJ/T 14—1996

适用范围： 本标准的适用范围与《环境空气质量标准》一、二、三类环境空气质量功能区相对应，规定了环境空气质量区划分原则与技术方法。

本标准适用于全国范围环境空气质量功能区的划分。

替代情况： /

发布时间： 1996-07-22

实施时间： 1996-10-01

6.5 城市区域环境噪声适用区划分技术规范（GB/T 15190—1994）

标准名称： 城市区域环境噪声适用区划分技术规范

英文名称： Technical specifications to determinate the suitable areas for environmental noise of urban area

标准编号： GB/T 15190—1994

适用范围： 本规范规定了城市五类环境噪声标准适用区域划分的原则和方法。

本标准适用于城市规划区。

替代情况： /

发布时间： 1994-08-29

实施时间： 1994-10-01

6.6 自然保护区类型与级别划分原则（GB/T 14529—1993）

标准名称： 自然保护区类型与级别划分原则

英文名称： Principle for categories and grades of nature reserves

标准编号： GB/T 14529—1993

适用范围： 本规范规定了自然保护区类型与级别的划分。

本标准适用于中华人民共和国领域和中华人民共和国管辖的海域内的各种类型的自然保护区的确定。

替代情况： /

发布时间： 1993-07-19

实施时间： 1994-01-01

7 环境保护档案

7.1 环境保护档案管理数据采集规范（HJ/T 78—2001）

标准名称： 环境保护档案管理数据采集规范

英文名称： Data collection specification for environmental protection archives

标准编号： HJ/T 78—2001

适用范围：本标准规定了环保文书档案、科研档案、监测档案、监理档案、基建档案、会计档案特殊载体档案借阅管理的计算机管理系统数据项的采集内容及方法。

本标准适用于环保系统各类档案数据库建立、检索等计算机数据管理。

替代情况：/

发布时间：2001-12-25

实施时间：2002-04-01

7.2 环境保护档案机读目录数据交换格式（HJ/T 79—2001）

标准名称：环境保护档案机读目录数据交换格式

英文名称：Format of bibliographic data interchange for environmental protection archives

标准编号：HJ/T 79—2001

适用范围：本规范规定了以软磁盘作为载体交换环境保护档案机读目录数据时所使用的格式。

本规范规定的环境保护档案机读目录数据文件的组织方式是以.txt 为扩展名的文本文件或以.dbf 为扩展名的数据库文件。

本规范适用于环境保护档案机读目录信息交换。

替代情况：/

发布时间：2001-12-25

实施时间：2002-04-01

7.3 环境保护档案著录细则（HJ/T 9—1995）

标准名称：环境保护档案著录细则

英文名称：/

标准编号：HJ/T 9—1995

适用范围：本细则规定了环保档案著录项目、著录格式、标识符号、著录用文字、著录信息源以及著录项目细则。

本细则适用于各级环境保护部门的档案著录，既适用于建立环保档案的手工检索系统，也适用于建立环保档案的机器检索系统。

替代情况：/

发布时间：1995-05-28

实施时间：1996-01-01

7.4 中国档案分类法 环境保护档案分类表（HJ/T 7—1994）

标准名称：中国档案分类法 环境保护档案分类表

英文名称：/

标准编号：HJ/T 7—1994

适用范围：本分类表适用于环境保护工作中形成的各类档案的信息分类标引、建立分类目录，其一、二级类目也可用于档案实体分类整理和排架，组织馆藏；其他专业系统可参照本分类表进行有关环境保护档案的分类。

替代情况：/

发布时间：1994-07-28

实施时间：1995-01-01

7.5　环境保护档案管理规范　科学研究（HJ/T 8.1—1994）

标准名称：环境保护档案管理规范　科学研究

英文名称：/

标准编号：HJ /T 8.1—1994

适用范围：本规范规定了环保科研文件材料的管理与归档、科研档案的管理、科研档案的开发利用及常用的工作表格等主要内容。

本规范适用于环境保护科研档案管理工作。

替代情况：/

发布时间：1994-07-28

实施时间：1995-01-01

7.6　环境保护档案管理规范　环境监测（HJ/T 8.2—1994）

标准名称：环境保护档案管理规范　环境监测

英文名称：/

标准编号：HJ/T 8.2—1994

适用范围：本规范规定了环境监测档案工作的基本要求、监测文件材料的管理、归档和监测档案的管理、开发以及利用的主要内容、方法和常用工作用表等，是环境监测部门档案管理的工作依据。

本规范适用于环境保护行政主管部门及其监测机构形成的环境监测档案的管理。

替代情况：/

发布时间：1994-07-28

实施时间：1995-01-01

7.7　环境保护档案管理规范　污染源（HJ/T 8.4—1994）

标准名称：环境保护档案管理规范　污染源

英文名称：/

标准编号：HJ/T 8.4—1994

适用范围：本规范规定了污染源文件材料的管理与归档，污染源档案的管理和利用等内容。

本规范适用于环境保护系统的污染源档案管理工作。

替代情况：/

发布时间：1994-07-28

实施时间：1995-01-01

7.8　环境保护档案管理规范　环境保护仪器设备（HJ/T 8.5—1994）

标准名称：环境保护档案管理规范　环境保护仪器设备

英文名称：/

标准编号： HJ/T 8.5—1994

适用范围： 本规范规定了仪器设备文件材料的管理、归档，仪器设备档案的管理、利用等主要内容。

本规范适用于环境保护系统的仪器设备档案管理工作。

替代情况： /

发布时间： 1994-07-28

实施时间： 1995-01-01

8 环境保护设备、仪器分类与命名

8.1 环境保护设备分类与命名（HJ/T 11—1996）

标准名称： 环境保护设备分类与命名

英文名称： Classification and nomenclature for environmental protection equipments

标准编号： HJ/T 11—1996

适用范围： 本标准规定了环境保护设备的分类与命名的方法。

本标准适用于中华人民共和国境内生产的环境保护设备。

本标准是环境保护设备在研制、设计、生产、销售、使用、检测及管理工作中进行分类与命名的统一依据。

替代情况： /

发布时间： 1996-03-31

实施时间： 1996-07-01

8.2 环境保护仪器分类与命名（HJ/T 12—1996）

标准名称： 环境保护仪器分类与命名

英文名称： Classification and nomenclature for environmental protection instruments

标准编号： HJ/T 12—1996

适用范围： 本标准规定了环境保护仪器分类与命名的方法。

本标准适用于中华人民共和国境内生产的环境保护仪器。

本标准是环境保护仪器在研制、设计、生产、销售、使用、检测及管理工作中进行分类与命名的统一依据。

替代情况： /

发布时间： 1996-03-31

实施时间： 1996-07-01

9 环境保护图形标志

9.1 环境保护图形标志 —— 排放口（源）（GB 15562.1—1995）

标准名称：环境保护图形标志 —— 排放口（源）

英文名称：Graphical signs for environmental protection - discharge outlet（source）

标准编号：GB 15562.1—1995

适用范围：本标准规定了污水排放口、废气排放口和噪声排放源环境保护图形标志及其功能。本标准适用于环境保护行政主管部门对污水排放口、废气排放口和噪声排放源的监督管理。

替代情况：/

发布时间：1995-11-20

实施时间：1996-07-01

9.2 环境保护图形标志—— 固体废物贮存（处置）场（GB 15562.2—1995）

标准名称：环境保护图形标志—— 固体废物贮存（处置）场

英文名称：Graphical signs for environmental protection - solid waste storage（disposal）site

标准编号：GB 15562.2—1995

适用范围：本标准规定了一般固体废物和危险废物贮存、处置场环境保护图形标志及其功能。本标准适用于环境保护行政主管部门对固体废物的监督管理。

替代情况：/

发布时间：1995-11-20

实施时间：1996-07-01

9.3 饮用水水源保护区标志技术要求（HJ/T 433—2008）

标准名称：饮用水水源保护区标志技术要求

英文名称：Technical requirement for source water protection area signs

标准编号：HJ/T 433—2008

适用范围：本标准规定了饮用水水源保护区标志的类型、内容、位置、构造、制作及管理与维护。本标准适用于对饮用水水源保护区的规范建设与监督管理。

替代情况：/

发布时间：2008-04-29

实施时间：2008-06-01

10 放射性废物的分类

10.1 放射性废物的分类（GB 9133—1995）

标准名称：放射性废物的分类

英文名称：Classification of radioactive waste

标准编号：GB 9133—1995

适用范围：本标准规定了放射性废物的分类分级准则。

本标准适用于一切生产、研究和使用放射性物质以及处理、整备、退役等过程中产生的放射性废物。

本标准不适用于铀、钍及其矿的矿冶过程产生的废物，对这类废物的环境管理可参照执行。

替代情况：/

发布时间：1995-12-21

实施时间：1996-08-01

11 标准溶液配制

11.1 化学试剂 标准滴定溶液的制备（GB/T 601—2002）

标准名称：化学试剂 标准滴定溶液的制备

英文名称：Chemical reagent - Preparations of standard volumetric solutions

标准编号：GB/T 601—2002

适用范围：本标准规定了化学试剂标准滴定溶液的配制和标定方法。

本标准适用于制备准确浓度的标准滴定溶液，以供滴定法测定化学试剂的纯度及杂质含量，也可供其他行业选用。

替代情况：本标准代替《化学试剂滴定分析（容量分析）用标准溶液的制备》（GB/T 601—1988）。本标准与 GB/T 601—1988 相比主要变化如下：

——标准名称修改为化学试剂标准滴定溶液的制备；

——增加了对滴定速度的规定（本版的 3.3）；

——调整了称量的精度（1988 年版的 4.1.2.1，4.2.2.1，4.3.2.1，4.6.2.1，4.9.2.1，4.12.2.1，4.14.2.1，4.15.2.1，4.20.2.1，4.21.2.1，4.22.2.1，4.23.2.1；本版的 3.4）；

——调整了标定的精密度的要求（1988 年版的 3.6；本版的 3.6）；

——取消了“比较”法（1988 年版的 3.6，3.7，4.1.3，4.2.3，4.3.3，4.6.3，4.9.3，4.12.3，4.14.3，4.20.3，4.21.3）；

——增加了本标准中标准滴定溶液浓度平均值的扩展不确定度一般不应大于 0.2，可根据需要报出，其计算参见附录 B（本版的 3.7、附录 B）；

—— 增加了用二级纯度标准物质或定值准物质代替工作基准试剂进行标定或直接制备的规定（本版的 3.8）；

—— 增加了对贮存容器的要求（本版的 3.11）；

—— 调整了的工作基准试剂的摩尔质量的有效位数（1988 年版的 4.1.2.2，4.2.2.2，4.3.2.2，4.6.2.2，4.9.2.2，4.12.2.2，4.14.2.2，4.20.2.2，4.21.2.2，4.22.2.2，4.23.2.2；本版的 4.1.2，4.2.2，4.3.2，4.6.2，4.9.2.1，4.12.2，4.14.2，4.20.2.1，4.21.2，4.22.2，4.23.2）；

—— 重铬酸钾标准滴定溶液、碘酸钾标准滴定溶液和氯化钠标准滴定溶液的制备增加了方法二（用工作基准试剂直接配制）（本版的 4.5.2，4.10.2，4.19.2）；

—— 碘标准滴定溶液和硫氰酸钠标准滴定溶液的标定增加了方法二（本版的 4.9.2.2，4.20.2.2）；

—— 修改了硫代硫酸钠标准滴定溶液配制方法和溴标准滴定溶液的基本单元（1988 年版的 4.6.1，4.7；本版的 4.6.1，4.7）；

—— 修改了氯化锌标准滴定溶液、氯化镁标准滴定溶液和硫氰酸钠标准滴定溶液的标定方法（1988 年版的 4.16 A.17 A.20；本版的 4.16，4.17，4.20）；

—— 高氯酸标准滴定溶液的配制增加了方法二（本版的 4.23）；

—— 增加了“氢氧化钾-乙醇标准滴定溶液”（本版的 4.24）；

—— 附录 A 中增加了碳酸钠标准滴定溶液和氢氧化钾-乙醇标准滴定溶液的补正值（1988 年版的附录 A；本版的附录 A）。

发布时间：2002-10-15

实施时间：2003-04-01

11.2 化学试剂 杂质测定用标准溶液的制备（GB/T 602—2002）

标准名称：化学试剂 杂质测定用标准溶液的制备

英文名称：Chemical reagent - Preparations of standard solutions for impurit

标准编号：GB/T 602—2002

适用范围：本标准规定了化学试剂杂质测定用标准溶液的制备方法。

本标准适用于制备单位容积内含有准确数量物质（元素、离子或分子）的溶液，适用于化学试剂中杂质的测定，也可供其他行业选用。

替代情况：本标准代替《化学试剂 杂质测定用标准溶液的制备》（GB/T 602—1988）。本标准与 GB/T 602—1988 相比主要变化如下：

—— 修改了英文名称；

—— 调整了实验用水规格（1988 年版的 3.1；本版的 3.1）；

—— 修改了缩二脲、钛、钴、碲标准溶液的制备方法（1988 年版的 4.11，4.51，4.57，4.75；本版表 L 中序号：11，51，5，75）；

—— 增加了氨基三乙酸、硝基苯两项标准溶液（本版表 1 中序号：84，85）；

—— 取消了附录 A 中的“甲醛含量测定”和“过氧化氢含量测定”两项（1988 年版的附录 A 中 A2，A4）。

发布时间：2002-10-15

实施时间：2003-04-01

11.3 化学试剂 试验方法中所用制剂及制品的制备（GB/T 603—2002）

标准名称：化学试剂 试验方法中所用制剂及制品的制备

英文名称：Chemical reagent - Preparations of reagent solutions for use in test methods

标准编号：GB/T 603—2002

适用范围：本标准规定了化学试剂试验方法中所用制剂及制品的制备方法。

本标准适用于化学试剂分析中所需制剂及制品的制备，也可供其他行业选用。

替代情况：本标准代替《化学试剂试验方法中所用制剂及制品的制备》（GB/T 603—1988）。本标准与 GB/T 603—1988 相比主要变化如下：

—— 取消了一般规定中“V_1+V_2”符号及解释（1988 年版的 3.4）；

—— 取消了对于“浓度以量纲上不同的单位质量和体积表示”的规定（1988 年版的 3.5）；

—— 取消了关于标准中除另有说明外“标准中的溶液均指水溶液，稀释是指用水稀释”的规定（1988 年版的 3.7）；

—— 取消了“中性丙三醇”（1988 年版的 4.1.8）；

—— “双甲酮溶液”名称改为“双甲酮（醛试剂）溶液”（1988 年版的 4.3.12；本版的 4.1.2.12）；

—— 增加了“乙酸溶液（质量分数为 6%），硫酸溶液（质量分数为 3 500），溴甲酚紫指示液、二甲基黄-亚甲基蓝混合指示液、乙酸铅试纸的制备方法”（本版的 4.1.2.2.2，4.1.2.38.4，4.1.4.32，4.1.4.33，4.2.2）。

发布时间：2002-10-15

实施时间：2003-04-01

12 实验室用水

12.1 分析实验室用水规格和试验方法（GB/T 6682—2008）

标准名称：分析实验室用水规格和试验方法

英文名称：Water for analytical laboratory use - Specification and test methods

标准编号：GB/T 6682—2008

适用范围：本标准规定了分析实验室用水的级别、规格、取样及贮存、试验方法和试验报告。

本标准适用于化学分析和无机痕量分析等试验用水。可根据实际工作需要选用不同级别的水。

替代情况：本标准代替《分析实验室用水规格和试验方法》（GB/T 6682—1992）。本标准与 GB/T 6682—1992 相比主要变化如下：

—— 增加了实验报告（本版的第 8 章）。

发布时间：2008-05-15

实施时间：2008-11-01

13 数值修约和极限数值

13.1 数值修约规则与极限数值的表示和判定（GB/T 8170—2008）

标准名称：数值修约规则与极限数值的表示和判定

英文名称：Rules of rounding off for niumerical values & expression and judgement of limiting values

标准编号：GB/T 8170—2008

适用范围：本标准规定了对数值进行修约的规则、数值极限数值的表示和判定方法，有关用语及其符号，以及将测定值或其计算值与标准规定的极限数值作比较的方法。

本标准适用于科学技术与生产活动中测试和计算得出的各种数值。当所得数值需要修约时，应按本标准给出的规则进行。

本标准适用于各种标准或其他技术规范的编写和对测试结果的判定。

替代情况：本标准代替 GB/T 8170—1987 和 GB/T 1250—1989。本标准与 GB/T 8170—1987 和 GB/T 1250—1989 相比主要变化如下：

—— 按《标准化工作导则 第 1 部分：标准的结构和编写规则》（GB/T 1.1—2000）的要求对标准格式进行了修改；

—— 增加了术语“数值修约”与“极限数值”，修改了“修约间隔”的定义，删除了术语“有效位数”、“0.5 单位修约”与“0.2 单位修约”；

—— 第 3 章数值修约规则中删除了“指定将数值修约成 n 位有效位数”有关内容，保留“指定位数的情形”；

—— 必要时，在修约数值右上角而不是数值后，加符号“+”或“－”，表示其值进行过“舍”或“进”；

—— 在对测定值或其计算值与极限数值比较的两种判定方法中，增加了“当标准或有关文件规定了使用其中一种比较方法时，一经确定，不得改动”；删去了有关绝对极限数值的内容；

—— 在使用修约法比较时，强调了“当测试或计算精度允许时，应先将获得的数值按指定的修约位数多一位或几位报出，然后按 3.2 的程序修约至规定的位数”。

发布时间：2008-07-16

实施时间：2009-01-01

14 其他技术规范

14.1 突发环境事件应急监测技术规范（HJ 589—2010）

标准名称：突发环境事件应急监测技术规范

英文名称：Technical specifications for emergency monitoring in abrupt environmental accidents

标准编号：HJ 589—2010

适用范围：本标准规定了突发环境事件应急监测的布点与采样、监测项目与相应的现场监测和实验室监测分析方法、监测数据的处理与上报、监测的质量保证等的技术要求。

本标准适用于因生产、经营、储存、运输、使用和处置危险化学品或危险废物以及意外因素或不可抗拒的自然灾害等原因而引发的突发环境事件的应急监测，包括地表水、地下水、大气和土壤环境等的应急监测。

本标准不适用于核污染事件、海洋污染事件、涉及军事设施污染事件、生物、微生物污染事件等的应急监测。

替代情况：/

发布时间：2010-10-19

实施时间：2011-01-01

14.2 工业污染源现场检查技术规范（HJ 606—2011）

标准名称：工业污染源现场检查技术规范

英文名称：Technical guideline for field inspection on industry environmental pollution source

标准编号：HJ 606—2011

适用范围：本标准规定了工业污染源现场检查的准备工作、主要内容及技术要点。

本标准适用于各级环境保护主管部门的工业污染源现场检查工作。

替代情况：/

发布时间：2011-02-12

实施时间：2011-06-01

14.3 环境质量报告书编写技术规范（HJ 641—2012）

标准名称：环境质量报告书编写技术规范

英文名称：Technical specifications of environmental quality report compilation

标准编号：HJ 641—2012

适用范围：本标准规定了环境质量报告书的总体要求、分类与结构、组织与编制程序、编写提纲等内容。

本标准适用于国家、省级和市级人民政府环境保护行政主管部门组织和协调所属各级环境监测机构及相关部门编写年度环境质量报告书和五年环境质量报告书，县级环境质量报告书的编写可参照执行。

替代情况：/

发布时间：2012-12-03

实施时间：2013-03-01

编写人：郑　琳　朱　明

第二十二章

标准样品

1 气体标准样品

1.1 氮气中二氧化硫气体标准样品（GSB 07-1405—2001）

标准样品名称：氮气中二氧化硫气体标准样品

英文名称：Sulfur dioxide in nitrogen gaseous CRM

国家标准样品编号：GSB 07-1405—2001

适用范围：主要用于气体污染物二氧化硫的监测及相关分析测试中仪器校准、质量控制、能力验证和技术仲裁。

形态：高压气体

包装规格：4 L 镀层铝瓶配镀铬瓶阀/8 L 镀层铝瓶配镀铬瓶阀

研制单位：环境保护部标准样品研究所

1.2 氮气中一氧化氮气体标准样品（GSB 07-1406—2001）

标准样品名称：氮气中一氧化氮气体标准样品

英文名称：Nitric oxide in nitrogen gaseous CRM

国家标准样品编号：GSB 07-1406—2001

适用范围：主要用于气体污染物一氧化氮的监测及相关分析测试中仪器校准、质量控制、能力验证和技术仲裁。

形态：高压气体

包装规格：4 L 普通铝瓶配镀铬瓶阀/8 L 普通铝瓶配镀铬瓶阀

研制单位：环境保护部标准样品研究所

1.3 氮气中一氧化碳气体标准样品（GSB 07-1407—2001）

标准样品名称：氮气中一氧化碳气体标准样品

英文名称：Carbon monoxide in nitrogen gaseous CRM

国家标准样品编号：GSB 07-1407—2001

适用范围：主要用于气体污染物一氧化碳的监测及相关分析测试中仪器校准、质量控制、能力验证和技术仲裁。

形态：高压气体

包装规格：4 L 普通铝瓶配镀铬瓶阀/8 L 普通铝瓶配镀铬瓶阀

研制单位：环境保护部标准样品研究所

1.4 氮气中二氧化碳气体标准样品（GSB 07-1408—2001）

标准样品名称：氮气中二氧化碳气体标准样品

英文名称：Carbon dioxide in nitrogen gaseous CRM

国家标准样品编号：GSB 07-1408—2001

适用范围：主要用于气体污染物二氧化碳的监测及相关分析测试中仪器校准、质量控制、能力验证和技术仲裁。

形态：高压气体

包装规格：4 L 普通铝瓶配镀铬瓶阀/8 L 普通铝瓶配镀铬瓶阀

研制单位：环境保护部标准样品研究所

1.5 氮气中甲烷气体标准样品（GSB 07-1409—2001）

标准样品名称：氮气中甲烷气体标准样品

英文名称：Methane in nitrogen gaseous CRM

国家标准样品编号：GSB 07-1409—2001

适用范围：主要用于气体污染物甲烷的监测及相关分析测试中仪器校准、质量控制、能力验证和技术仲裁。

形态：高压气体

包装规格：4 L 普通铝瓶配镀铬瓶阀/8 L 普通铝瓶配镀铬瓶阀

研制单位：环境保护部标准样品研究所

1.6 氮气中丙烷气体标准样品（GSB 07-1410—2001）

标准样品名称：氮气中丙烷气体标准样品

英文名称：Propane in nitrogen gaseous CRM

国家标准样品编号：GSB 07-1410—2001

适用范围：主要用于气体污染物丙烷的监测及相关分析测试中仪器校准、质量控制、能力验证和技术仲裁。

形态：高压气体

包装规格：4 L 普通铝瓶配镀铬瓶阀/8 L 普通铝瓶配镀铬瓶阀

研制单位：环境保护部标准样品研究所

1.7 空气中甲烷气体标准样品（GSB 07-1411—2001）

标准样品名称：空气中甲烷气体标准样品

英文名称：Methane in air gaseous CRM

国家标准样品编号：GSB 07-1411—2001

适用范围：主要用于气体污染物甲烷的监测及相关分析测试中仪器校准、质量控制、能力验证和技术仲裁。

形态：高压气体

包装规格：4 L 普通铝瓶配镀铬瓶阀/8 L 普通铝瓶配镀铬瓶阀

研制单位：环境保护部标准样品研究所

1.8 氮气中苯系物气体标准样品（GSB 07-1412—2001）

标准样品名称：氮气中苯系物气体标准样品

英文名称：BTX in nitrogen gaseous CRM

国家标准样品编号：GSB 07-1412—2001

适用范围：主要用于气体污染物苯、甲苯、对二甲苯、间二甲苯、邻二甲苯的监测及相关分析测试中仪器校准、质量控制、能力验证和技术仲裁。

形态：高压气体

包装规格：2 L 镀层铝瓶配镀铬瓶阀

研制单位：环境保护部标准样品研究所

1.9 氮气中一氧化碳与丙烷标准样品（GSB 07-1413—2001）

标准样品名称：氮气中一氧化碳与丙烷标准样品

英文名称：Carbon monoxide and propane in nitrogen mixture gaseous CRM

国家标准样品编号：GSB 07-1413—2001

适用范围：主要用于气体污染物一氧化碳、丙烷的监测及相关分析测试中仪器校准、质量控制、能力验证和技术仲裁。

形态：高压气体

包装规格：4 L 普通铝瓶配镀铬瓶阀/8 L 普通铝瓶配镀铬瓶阀

研制单位：环境保护部标准样品研究所

1.10 氮气中硫化氢（高压）气体标准样品（GSB 07-1976—2005）

标准样品名称：氮气中硫化氢（高压）气体标准样品

英文名称：Hydrogen Sulfide（high pressure）in nitrogen gaseous CRM

国家标准样品编号：GSB 07-1976—2005

适用范围：主要用于气体污染物硫化氢的监测及相关分析测试中仪器校准、质量控制、能力验证和技术仲裁。

形态：高压气体

包装规格：4 L 镀层铝瓶配镀铬瓶阀/8 L 镀层铝瓶配镀铬瓶阀

研制单位：环境保护部标准样品研究所

1.11 氮气中氧（高压）气体标准样品（GSB 07-1987—2005）

标准样品名称：氮气中氧（高压）气体标准样品

英文名称：Oxygen（high pressure）in nitrogen gaseous CRM

国家标准样品编号：GSB 07-1987—2005

适用范围：主要用于环境监测及相关分析测试中仪器校准、质量控制、能力验证和技术仲裁。

形态：高压气体

包装规格：4 L 普通铝瓶配镀铬瓶阀/8 L 普通铝瓶配镀铬瓶阀

研制单位：环境保护部标准样品研究所

1.12 氮气中苯（高压）气体标准样品（GSB 07-1988—2005）

标准样品名称：氮气中苯（高压）气体标准样品

英文名称：Benzene（high pressure）in nitrogen gaseous CRM

国家标准样品编号：GSB 07-1988—2005

适用范围：主要用于气体污染物苯的监测及相关分析测试中仪器校准、质量控制、能力验证和技术仲裁。

形态：高压气体

包装规格：2 L 镀层铝瓶配镀铬瓶阀

研制单位：环境保护部标准样品研究所

1.13 氮气中苯系物七种混合（高压）气体标准样品（GSB 07-1989—2005）

标准样品名称：氮气中苯系物七种混合（高压）气体标准样品

英文名称：BTX（high pressure）in nitrogen mixture gaseous CRM

国家标准样品编号：GSB 07-1989—2005

适用范围：主要用于气体污染物苯、甲苯、乙苯、对二甲苯、间二甲苯、邻二甲苯、苯乙烯的监测及相关分析测试中仪器校准、质量控制、能力验证和技术仲裁。

形态：高压气体

包装规格：2 L 镀层铝瓶配镀铬瓶阀

研制单位：环境保护部标准样品研究所

1.14 氮气中一氧化碳、二氧化碳、丙烷混合（高压）气体标准样品（GSB 07-2246—2008）

标准样品名称：氮气中一氧化碳、二氧化碳、丙烷混合（高压）气体标准样品

英文名称：Carbon monoxide，Carbon dioxide and Propane（high pressure）in nitrogen mixture gaseous CRM

国家标准样品编号：GSB 07-2246—2008

适用范围：主要用于气体污染物一氧化碳、二氧化碳、丙烷的监测及相关分析测试中仪器校准、质量控制、能力验证和技术仲裁。

形态：高压气体

包装规格：4 L 普通铝瓶配镀铬瓶阀/8 L 普通铝瓶配镀铬瓶阀

研制单位：环境保护部标准样品研究所

1.15 氮气中苯乙烯（高压）气体标准样品（GSB 07-2247—2008）

标准样品名称：氮气中苯乙烯（高压）气体标准样品

英文名称：Styrene（high pressure）in nitrogen gaseous CRM

国家标准样品编号：GSB 07-2247—2008

适用范围：主要用于气体污染物苯乙烯的监测及相关分析测试中仪器校准、质量控制、能力验证和技术仲裁。

形态：高压气体

包装规格：2 L 镀层铝瓶配镀铬瓶阀

研制单位：环境保护部标准样品研究所

1.16 氮气中四种氯代烷混合（高压）气体标准样品（GSB 07-2248—2008）

标准样品名称： 氮气中四种氯代烷混合（高压）气体标准样品

英文名称： Methylene chloride，trichloromethane，1,1-dichloroethane，1,2 - dichloroethane（high pressure）in nitrogen mixture gaseous CRM

国家标准样品编号： GSB 07-2248—2008

适用范围： 本标准样品含有二氯甲烷、三氯甲烷、1,1-二氯乙烷、1,2-二氯乙烷 4 种组分，主要用于相关气体污染物的监测及分析测试中仪器校准、质量控制、能力验证和技术仲裁。

形态： 高压气体

包装规格： 2 L 镀层铝瓶配镀铬瓶阀

研制单位： 环境保护部标准样品研究所

1.17 氮气中氯乙烯（高压）气体标准样品（低浓度）（GSB 07-2249—2008）

标准样品名称： 氮气中氯乙烯（高压）气体标准样品（低浓度）

英文名称： Vinyl Chloride（high pressure）（low concentration）in nitrogen gaseous CRM

国家标准样品编号： GSB 07-2249—2008

适用范围： 主要用于气体污染物氯乙烯的监测及相关分析测试中仪器校准、质量控制、能力验证和技术仲裁。

形态： 高压气体

包装规格： 2 L 镀层铝瓶配镀铬瓶阀

研制单位： 环境保护部标准样品研究所

1.18 氮气中氯乙烯（高压）气体标准样品（高浓度）（GSB 07-2250—2008）

标准样品名称： 氮气中氯乙烯（高压）气体标准样品（高浓度）

英文名称： Vinyl Chloride（high pressure）（high concentration）in nitrogen gaseous CRM

国家标准样品编号： GSB 07-2250—2008

适用范围： 主要用于气体污染物氯乙烯的监测及相关分析测试中仪器校准、质量控制、能力验证和技术仲裁。

形态： 高压气体

包装规格： 2 L 镀层铝瓶配镀铬瓶阀

研制单位： 环境保护部标准样品研究所

1.19 氮气中 1,3-丁二烯气体标准样品（GSB 07-2560—2010）

标准样品名称： 氮气中 1,3-丁二烯气体标准样品

英文名称： 1,3-Butadiene in nitrogen gaseous CRM

国家标准样品编号： GSB 07-2560—2010

适用范围： 主要用于气体污染物 1,3-丁二烯的监测及相关分析测试中仪器校准、质量控制、能力验证和技术仲裁。

形态： 高压气体

包装规格：2 L 镀层铝瓶配镀铬瓶阀

研制单位：环境保护部标准样品研究所

1.20 氮气中氯苯气体标准样品（GSB 07-2561—2010）

标准样品名称：氮气中氯苯气体标准样品

英文名称：Chlorobenzene in nitrogen gaseous CRM

国家标准样品编号：GSB 07-2561—2010

适用范围：主要用于气体污染物氯苯的监测及相关分析测试中仪器校准、质量控制、能力验证和技术仲裁。

形态：高压气体

包装规格：4 L 镀层铝瓶配镀铬瓶阀

研制单位：环境保护部标准样品研究所

1.21 氮气中氯代苯类（5 种）混合气体标准样品（GSB 07-2562—2010）

标准样品名称：氮气中氯代苯类（5 种）混合气体标准样品

英文名称：Chlorobenzene，1,3-dichlorobenzene，1,4-dichlorobenzene，1,2-dichlorobenzene，1,2,4-trichlorobenzene in nitrogen mixture gaseous CRM

国家标准样品编号：GSB 07-2562—2010

适用范围：本标准样品含有氯苯、1,3-二氯苯、1,4-二氯苯、1,2-二氯苯、1,2,4-三氯苯 5 种组分，主要用于相关气体污染物的监测及分析测试中仪器校准、质量控制、能力验证和技术仲裁。

形态：高压气体

包装规格：2 L 镀层铝瓶配镀铬瓶阀

研制单位：环境保护部标准样品研究所

1.22 氮气中氯代烷类（6 种）混合气体标准样品（GSB 07-2563—2010）

标准样品名称：氮气中氯代烷类（6 种）混合气体标准样品

英文名称：Halogenated Hydrocarbons（6 component）in nitrogen mixture gaseous CRM

国家标准样品编号：GSB 07-2563—2010

适用范围：本标准样品含有二氯甲烷、三氯甲烷、1,1-二氯乙烷、1,2-二氯乙烷、1,1,1-三氯乙烷、1,1,2-三氯乙烷 6 种组分，主要用于相关气体污染物的监测及分析测试中仪器校准、质量控制、能力验证和技术仲裁。

形态：高压气体

包装规格：2 L 镀层铝瓶配镀铬瓶阀

研制单位：环境保护部标准样品研究所

1.23 氮气中氯代烯烃（5 种）混合气体标准样品（GSB 07-2722—2011）

标准样品名称：氮气中氯代烯烃（5 种）混合气体标准样品

英文名称：Vinyl chloride，1,1-dichloroethylene，cis - 1,2-dichloroethene，trichloroethylene，tetrachloroethylene in nitrogen mixture gaseous CRM

国家标准样品编号：GSB 07-2722—2011

适用范围：本标准样品含有氯乙烯、1,1-二氯乙烯、顺-1,2-二氯乙烯、三氯乙烯、四氯乙烯 5 种组分，主要用于相关气体污染物的监测及分析测试中仪器校准、质量控制、能力验证和技术仲裁。

形态：高压气体

包装规格：2 L 镀层铝瓶配镀铬瓶阀

研制单位：环境保护部标准样品研究所

2　液体标准样品

2.1　分析校准用标准样品

2.1.1　铜溶液标准样品（GSB 05-1117—2000）

标准样品名称：铜溶液标准样品

英文名称：Copper solution CRM

国家标准样品编号：GSB 05-1117—2000

适用范围：浓度为 500 mg/L。主要用于环境监测及相关分析测试中仪器校准和绘制校准曲线。

形态：液体

包装规格：20 mL 安瓿瓶

研制单位：环境保护部标准样品研究所

2.1.2　锰溶液标准样品（GSB 05-1127—2000）

标准样品名称：锰溶液标准样品

英文名称：Manganese solution CRM

国家标准样品编号：GSB 05-1127—2000

适用范围：浓度为 500 mg/L。主要用于环境监测及相关分析测试中仪器校准和绘制校准曲线。

形态：液体

包装规格：20 mL 安瓿瓶

研制单位：环境保护部标准样品研究所

2.1.3　亚硝酸盐溶液标准样品（GSB 05-1142—2000）

标准样品名称：亚硝酸盐溶液标准样品

英文名称：Nitrite solution CRM

国家标准样品编号：GSB 05-1142—2000

适用范围：浓度为 100 mg/L。主要用于环境监测及相关分析测试中仪器校准和绘制校准曲线。

形态：液体

包装规格：20 mL 安瓿瓶

研制单位：环境保护部标准样品研究所

2.1.4 硝酸盐氮溶液标准样品（GSB 05-1144—2000）

标准样品名称：硝酸盐氮溶液标准样品

英文名称：Nitrate nitrogen solution CRM

国家标准样品编号：GSB 05-1144—2000

适用范围：浓度为 500 mg/L。主要用于环境监测及相关分析测试中仪器校准和绘制校准曲线。

形态：液体

包装规格：20 mL 安瓿瓶

研制单位：环境保护部标准样品研究所

2.1.5 氨氮溶液标准样品（GSB 05-1145—2000）

标准样品名称：氨氮溶液标准样品

英文名称：Ammonia nitrogen solution CRM

国家标准样品编号：GSB 05-1145—2000

适用范围：浓度为 500 mg/L。主要用于环境监测及相关分析测试中仪器校准和绘制校准曲线。

形态：液体

包装规格：20 mL 安瓿瓶

研制单位：环境保护部标准样品研究所

2.1.6 二硫化碳中苯溶液标准样品（GSB 07-1199—2000）

标准样品名称：二硫化碳中苯溶液标准样品

英文名称：Benzene in carbon bisulfide solution CRM

国家标准样品编号：GSB 07-1199—2000

适用范围：浓度为 1 000 μg/mL。主要用于环境监测及相关分析测试中仪器校准和绘制校准曲线。

形态：液体

包装规格：1.2 mL 安瓿瓶

研制单位：环境保护部标准样品研究所

2.1.7 二硫化碳中甲苯溶液标准样品（GSB 07-1200—2000）

标准样品名称：二硫化碳中甲苯溶液标准样品

英文名称：Methylbenzene in carbon bisulfide solution CRM

国家标准样品编号：GSB 07-1200—2000

适用范围：浓度为 1 000 μg/mL。主要用于环境监测及相关分析测试中仪器校准和绘制校准曲线。

形态：液体

包装规格：1.2 mL 安瓿瓶

研制单位：环境保护部标准样品研究所

2.1.8 二硫化碳中乙苯溶液标准样品（GSB 07-1201—2000）

标准样品名称：二硫化碳中乙苯溶液标准样品

英文名称：Ethylbenzene in carbon bisulfide solution CRM
国家标准样品编号：GSB 07-1201—2000
适用范围：浓度为 1 000 μg/mL。主要用于环境监测及相关分析测试中仪器校准和绘制校准曲线。
形态：液体
包装规格：1.2 mL 安瓿瓶
研制单位：环境保护部标准样品研究所

2.1.9 二硫化碳中异丙苯溶液标准样品（GSB 07-1202—2000）

标准样品名称：二硫化碳中异丙苯溶液标准样品
英文名称：Cumol in carbon bisulfide solution CRM
国家标准样品编号：GSB 07-1202—2000
适用范围：浓度为 1 000 μg/mL。主要用于环境监测及相关分析测试中仪器校准和绘制校准曲线。
形态：液体
包装规格：1.2 mL 安瓿瓶
研制单位：环境保护部标准样品研究所

2.1.10 二硫化碳中苯乙烯溶液标准样品（GSB 07-1203—2000）

标准样品名称：二硫化碳中苯乙烯溶液标准样品
英文名称：Styrene in carbon bisulfide solution CRM
国家标准样品编号：GSB 07-1203—2000
适用范围：浓度为 1 000 μg/mL。主要用于环境监测及相关分析测试中仪器校准和绘制校准曲线。
形态：液体
包装规格：1.2 mL 安瓿瓶
研制单位：环境保护部标准样品研究所

2.1.11 二硫化碳中对二甲苯溶液标准样品（GSB 07-1204—2000）

标准样品名称：二硫化碳中对二甲苯溶液标准样品
英文名称：*p* - Xylene in carbon bisulfide solution CRM
国家标准样品编号：GSB 07-1204—2000
适用范围：浓度为 1 000 μg/mL。主要用于环境监测及相关分析测试中仪器校准和绘制校准曲线。
形态：液体
包装规格：1.2 mL 安瓿瓶
研制单位：环境保护部标准样品研究所

2.1.12 二硫化碳中间二甲苯溶液标准样品（GSB 07-1205—2000）

标准样品名称：二硫化碳中间二甲苯溶液标准样品
英文名称：*m* - Xylene in carbon bisulfide solution CRM
国家标准样品编号：GSB 07-1205—2000
适用范围：浓度为 1 000 μg/mL。主要用于环境监测及相关分析测试中仪器校准和绘制校准曲线。

形态：液体

包装规格：1.2 mL 安瓿瓶

研制单位：环境保护部标准样品研究所

2.1.13 二硫化碳中邻二甲苯溶液标准样品（GSB 07-1206—2000）

标准样品名称：二硫化碳中邻二甲苯溶液标准样品

英文名称：*o* - Xylene in carbon bisulfide solution CRM

国家标准样品编号：GSB 07-1206—2000

适用范围：浓度为 1 000 μg/mL。主要用于环境监测及相关分析测试中仪器校准和绘制校准曲线。

形态：液体

包装规格：1.2 mL 安瓿瓶

研制单位：环境保护部标准样品研究所

2.1.14 甲醇中邻苯二甲酸二乙酯溶液标准样品（GSB 07-1207—2000）

标准样品名称：甲醇中邻苯二甲酸二乙酯溶液标准样品

英文名称：Diethyl phthalate in methanol solution CRM

国家标准样品编号：GSB 07-1207—2000

适用范围：浓度为 1 000 μg/mL。主要用于环境监测及相关分析测试中仪器校准和绘制校准曲线。

形态：液体

包装规格：1.2 mL 安瓿瓶

研制单位：环境保护部标准样品研究所

2.1.15 甲醇中邻苯二甲酸二（2-乙基己基）酯溶液标准样品（GSB 07-1208—2000）

标准样品名称：甲醇中邻苯二甲酸二（2-乙基己基）酯溶液标准样品

英文名称：Bis（2-ethylhexyl）phthalate phthalate in methanol solution CRM

国家标准样品编号：GSB 07-1208—2000

适用范围：浓度为 1 000 μg/mL。主要用于环境监测及相关分析测试中仪器校准和绘制校准曲线。

形态：液体

包装规格：1.2 mL 安瓿瓶

研制单位：环境保护部标准样品研究所

2.1.16 甲醇中邻苯二甲酸二丁基苄酯溶液标准样品（GSB 07-1209—2000）

标准样品名称：甲醇中邻苯二甲酸二丁基苄酯溶液标准样品

英文名称：Butyl benzyl phthalate in methanol solution CRM

国家标准样品编号：GSB 07-1209—2000

适用范围：浓度为 1 000 μg/mL。主要用于环境监测及相关分析测试中仪器校准和绘制校准曲线。

形态：液体

包装规格：1.2 mL 安瓿瓶

研制单位：环境保护部标准样品研究所

2.1.17　水中硝基苯溶液标准样品（GSB 07-1210—2000）

标准样品名称：水中硝基苯溶液标准样品
英文名称：Nitrobenzene solution CRM
国家标准样品编号：GSB 07-1210—2000
适用范围：浓度为 100 mg/L。主要用于环境监测及相关分析测试中仪器校准和绘制校准曲线。
形态：液体
包装规格：20 mL 安瓿瓶
研制单位：环境保护部标准样品研究所

2.1.18　甲醇中硝基苯溶液标准样品（GSB 07-1211—2000）

标准样品名称：甲醇中硝基苯溶液标准样品
英文名称：Nitrobenzene in methanol solution CRM
国家标准样品编号：GSB 07-1211—2000
适用范围：浓度为 1 000 μg/mL。主要用于环境监测及相关分析测试中仪器校准和绘制校准曲线。
形态：液体
包装规格：1.2 mL 安瓿瓶
研制单位：环境保护部标准样品研究所

2.1.19　甲醇中邻硝基甲苯溶液标准样品（GSB 07-1212—2000）

标准样品名称：甲醇中邻硝基甲苯溶液标准样品
英文名称：*o* - Nitrotoluene in methanol solution CRM
国家标准样品编号：GSB 07-1212—2000
适用范围：浓度为 1 000 μg/mL。主要用于环境监测及相关分析测试中仪器校准和绘制校准曲线。
形态：液体
包装规格：1.2 mL 安瓿瓶
研制单位：环境保护部标准样品研究所

2.1.20　甲醇中间硝基甲苯溶液标准样品（GSB 07-1213—2000）

标准样品名称：甲醇中间硝基甲苯溶液标准样品
英文名称：*m* - Nitrotoluene in methanol solution CRM
国家标准样品编号：GSB 07-1213—2000
适用范围：浓度为 1 000 μg/mL。主要用于环境监测及相关分析测试中仪器校准和绘制校准曲线。
形态：液体
包装规格：1.2 mL 安瓿瓶
研制单位：环境保护部标准样品研究所

2.1.21　甲醇中对硝基甲苯溶液标准样品（GSB 07-1214—2000）

标准样品名称：甲醇中对硝基甲苯溶液标准样品

英文名称： *p* - Nitrotoluene in methanol solution CRM

国家标准样品编号： GSB 07-1214—2000

适用范围： 浓度为 1 000 μg/mL。主要用于环境监测及相关分析测试中仪器校准和绘制校准曲线。

形态： 液体

包装规格： 1.2 mL 安瓿瓶

研制单位： 环境保护部标准样品研究所

2.1.22 甲醇中邻硝基氯苯溶液标准样品（GSB 07-1215—2000）

标准样品名称： 甲醇中邻硝基氯苯溶液标准样品

英文名称： *o* - Nitrochlorobenzene in methanol solution CRM

国家标准样品编号： GSB 07-1215—2000

适用范围： 浓度为 1 000 μg/mL。主要用于环境监测及相关分析测试中仪器校准和绘制校准曲线。

形态： 液体

包装规格： 1.2 mL 安瓿瓶

研制单位： 环境保护部标准样品研究所

2.1.23 甲醇中间硝基氯苯溶液标准样品（GSB 07-1216—2000）

标准样品名称： 甲醇中间硝基氯苯溶液标准样品

英文名称： *m* - Chloronitrobenzene in methanol solution CRM

国家标准样品编号： GSB 07-1216—2000

适用范围： 浓度为 1 000 μg/mL。主要用于环境监测及相关分析测试中仪器校准和绘制校准曲线。

形态： 液体

包装规格： 1.2 mL 安瓿瓶

研制单位： 环境保护部标准样品研究所

2.1.24 甲醇中 2,4-二硝基甲苯溶液标准样品（GSB 07-1217—2000）

标准样品名称： 甲醇中 2,4-二硝基甲苯溶液标准样品

英文名称： 2,4-Dinitrotoluene in methanol solution CRM

国家标准样品编号： GSB 07-1217—2000

适用范围： 浓度为 1 000 μg/mL。主要用于环境监测及相关分析测试中仪器校准和绘制校准曲线。

形态： 液体

包装规格： 1.2 mL 安瓿瓶

研制单位： 环境保护部标准样品研究所

2.1.25 甲醇中 2,4-二硝基氯苯溶液标准样品（GSB 07-1218—2000）

标准样品名称： 甲醇中 2,4-二硝基氯苯溶液标准样品

英文名称： 2,4-Dinitrochlorobenzene in methanol solution CRM

国家标准样品编号： GSB 07-1218—2000

适用范围： 浓度为 1 000 μg/mL。主要用于环境监测及相关分析测试中仪器校准和绘制校准曲线。

形态： 液体

包装规格： 1.2 mL 安瓿瓶

研制单位： 环境保护部标准样品研究所

2.1.26　甲醇中对硝基乙苯溶液标准样品（GSB 07-1219—2000）

标准样品名称： 甲醇中对硝基乙苯溶液标准样品

英文名称： *p* - Nitroethylbenzene in methanol solution CRM

国家标准样品编号： GSB 07-1219—2000

适用范围： 浓度为 1 000 μg/mL。主要用于环境监测及相关分析测试中仪器校准和绘制校准曲线。

形态： 液体

包装规格： 1.2 mL 安瓿瓶

研制单位： 环境保护部标准样品研究所

2.1.27　甲醇中氯苯溶液标准样品（GSB 07-1220—2000）

标准样品名称： 甲醇中氯苯溶液标准样品

英文名称： Chlorobenzene in methanol solution CRM

国家标准样品编号： GSB 07-1220—2000

适用范围： 浓度为 1 000 μg/mL。主要用于环境监测及相关分析测试中仪器校准和绘制校准曲线。

形态： 液体

包装规格： 1.2 mL 安瓿瓶

研制单位： 环境保护部标准样品研究所

2.1.28　甲醇中邻二氯苯溶液标准样品（GSB 07-1221—2000）

标准样品名称： 甲醇中邻二氯苯溶液标准样品

英文名称： *o* - Dichlorobenzene in methanol solution CRM

国家标准样品编号： GSB 07-1221—2000

适用范围： 浓度为 1 000 μg/mL。主要用于环境监测及相关分析测试中仪器校准和绘制校准曲线。

形态： 液体

包装规格： 1.2 mL 安瓿瓶

研制单位： 环境保护部标准样品研究所

2.1.29　甲醇中间二氯苯溶液标准样品（GSB 07-1222—2000）

标准样品名称： 甲醇中间二氯苯溶液标准样品

英文名称： *m* - Dichlorobenzene in methanol solution CRM

国家标准样品编号： GSB 07-1222—2000

适用范围： 浓度为 1 000 μg/mL。主要用于环境监测及相关分析测试中仪器校准和绘制校准曲线。

形态： 液体

包装规格： 1.2 mL 安瓿瓶

研制单位： 环境保护部标准样品研究所

2.1.30 甲醇中对二氯苯溶液标准样品（GSB 07-1223—2000）

标准样品名称： 甲醇中对二氯苯溶液标准样品

英文名称： *p* - Dichlorobenzene in methanol solution CRM

国家标准样品编号： GSB 07-1223—2000

适用范围： 浓度为 1 000 μg/mL。主要用于环境监测及相关分析测试中仪器校准和绘制校准曲线。

形态： 液体

包装规格： 1.2 mL 安瓿瓶

研制单位： 环境保护部标准样品研究所

2.1.31 甲醇中 1,2,4-三氯苯溶液标准样品（GSB 07-1224—2000）

标准样品名称： 甲醇中 1,2,4-三氯苯溶液标准样品

英文名称： 1,2,4-Trichlorobenzene in methanol solution CRM

国家标准样品编号： GSB 07-1224—2000

适用范围： 浓度为 1 000 μg/mL。主要用于环境监测及相关分析测试中仪器校准和绘制校准曲线。

形态： 液体

包装规格： 1.2 mL 安瓿瓶

研制单位： 环境保护部标准样品研究所

2.1.32 甲醇中 1,2,3,4-四氯苯溶液标准样品（GSB 07-1225—2000）

标准样品名称： 甲醇中 1,2,3,4-四氯苯溶液标准样品

英文名称： 1,2,3,4-Tetrachlorobenzene in methanol solution CRM

国家标准样品编号： GSB 07-1225—2000

适用范围： 浓度为 1 000 μg/mL。主要用于环境监测及相关分析测试中仪器校准和绘制校准曲线。

形态： 液体

包装规格： 1.2 mL 安瓿瓶

研制单位： 环境保护部标准样品研究所

2.1.33 甲醇中三氯甲烷溶液标准样品（GSB 07-1226—2000）

标准样品名称： 甲醇中三氯甲烷溶液标准样品

英文名称： Chloroform in methanol solution CRM

国家标准样品编号： GSB 07-1226—2000

适用范围： 浓度为 1 000 μg/mL。主要用于环境监测及相关分析测试中仪器校准和绘制校准曲线。

形态： 液体

包装规格： 1.2 mL 安瓿瓶

研制单位： 环境保护部标准样品研究所

2.1.34 甲醇中四氯化碳溶液标准样品（GSB 07-1227—2000）

标准样品名称： 甲醇中四氯化碳溶液标准样品

英文名称： Carbon tetrachloride in methanol solution CRM
国家标准样品编号： GSB 07-1227—2000
适用范围： 浓度为 1 000 μg/mL。主要用于环境监测及相关分析测试中仪器校准和绘制校准曲线。
形态： 液体
包装规格： 1.2 mL 安瓿瓶
研制单位： 环境保护部标准样品研究所

2.1.35 甲醇中三氯乙烯溶液标准样品（GSB 07-1228—2000）

标准样品名称： 甲醇中三氯乙烯溶液标准样品
英文名称： Chlorylene in methanol solution CRM
国家标准样品编号： GSB 07-1228—2000
适用范围： 浓度为 1 000 μg/mL。主要用于环境监测及相关分析测试中仪器校准和绘制校准曲线。
形态： 液体
包装规格： 1.2 mL 安瓿瓶
研制单位： 环境保护部标准样品研究所

2.1.36 甲醇中四氯乙烯溶液标准样品（GSB 07-1229—2000）

标准样品名称： 甲醇中四氯乙烯溶液标准样品
英文名称： Tetrachloride in methanol solution CRM
国家标准样品编号： GSB 07-1229—2000
适用范围： 浓度为 1 000 μg/mL。主要用于环境监测及相关分析测试中仪器校准和绘制校准曲线。
形态： 液体
包装规格： 1.2 mL 安瓿瓶
研制单位： 环境保护部标准样品研究所

2.1.37 甲醇中三溴甲烷溶液标准样品（GSB 07-1230—2000）

标准样品名称： 甲醇中三溴甲烷溶液标准样品
英文名称： Bromoform in methanol solution CRM
国家标准样品编号： GSB 07-1230—2000
适用范围： 浓度为 1 000 μg/mL。主要用于环境监测及相关分析测试中仪器校准和绘制校准曲线。
形态： 液体
包装规格： 1.2 mL 安瓿瓶
研制单位： 环境保护部标准样品研究所

2.1.38 苯胺溶液标准样品（GSB 07-1231—2000）

标准样品名称： 苯胺溶液标准样品
英文名称： Aniline solution CRM
国家标准样品编号： GSB 07-1231—2000
适用范围： 浓度为 100 mg/L。主要用于环境监测及相关分析测试中仪器校准和绘制校准曲线。

形态：液体

包装规格：20 mL 安瓿瓶

研制单位：环境保护部标准样品研究所

2.1.39 甲醇中苯胺溶液标准样品（GSB 07-1232—2000）

标准样品名称：甲醇中苯胺溶液标准样品

英文名称：Aniline in methanol solution CRM

国家标准样品编号：GSB 07-1232—2000

适用范围：浓度为 1 000 μg/mL。主要用于环境监测及相关分析测试中仪器校准和绘制校准曲线。

形态：液体

包装规格：1.2 mL 安瓿瓶

研制单位：环境保护部标准样品研究所

2.1.40 甲醇中间硝基苯胺溶液标准样品（GSB 07-1233—2000）

标准样品名称：甲醇中间硝基苯胺溶液标准样品

英文名称：*m* - Nitroaniline in methanol solution CRM

国家标准样品编号：GSB 07-1233—2000

适用范围：浓度为 1 000 μg/mL。主要用于环境监测及相关分析测试中仪器校准和绘制校准曲线。

形态：液体

包装规格：1.2 mL 安瓿瓶

研制单位：环境保护部标准样品研究所

2.1.41 甲醇中对硝基苯胺溶液标准样品（GSB 07-1234—2000）

标准样品名称：甲醇中对硝基苯胺溶液标准样品

英文名称：*p* - Nitroaniline in methanol solution CRM

国家标准样品编号：GSB 07-1234—2000

适用范围：浓度为 1 000 μg/mL。主要用于环境监测及相关分析测试中仪器校准和绘制校准曲线。

形态：液体

包装规格：1.2 mL 安瓿瓶

研制单位：环境保护部标准样品研究所

2.1.42 甲醇中联苯胺溶液标准样品（GSB 07-1235—2000）

标准样品名称：甲醇中联苯胺溶液标准样品

英文名称：Benzidine in methanol solution CRM

国家标准样品编号：GSB 07-1235—2000

适用范围：浓度为 1 000 μg/mL。主要用于环境监测及相关分析测试中仪器校准和绘制校准曲线。

形态：液体

包装规格：1.2 mL 安瓿瓶

研制单位：环境保护部标准样品研究所

2.1.43 甲醇中间甲酚溶液标准样品（GSB 07-1236—2000）

标准样品名称：甲醇中间甲酚溶液标准样品
英文名称：*m* - Cresol in methanol solution CRM
国家标准样品编号：GSB 07-1236—2000
适用范围：浓度为 1 000 μg/mL。主要用于环境监测及相关分析测试中仪器校准和绘制校准曲线。
形态：液体
包装规格：1.2 mL 安瓿瓶
研制单位：环境保护部标准样品研究所

2.1.44 甲醇中 2,3-二甲酚溶液标准样品（GSB 07-1237—2000）

标准样品名称：甲醇中 2,3-二甲酚溶液标准样品
英文名称：2,3-Dimethylphenol in methanol solution CRM
国家标准样品编号：GSB 07-1237—2000
适用范围：浓度为 1 000 μg/mL。主要用于环境监测及相关分析测试中仪器校准和绘制校准曲线。
形态：液体
包装规格：1.2 mL 安瓿瓶
研制单位：环境保护部标准样品研究所

2.1.45 甲醇中 2,4-二甲酚溶液标准样品（GSB 07-1238—2000）

标准样品名称：甲醇中 2,4-二甲酚溶液标准样品
英文名称：2,4-Dimethylphenol in methanol solution CRM
国家标准样品编号：GSB 07-1238—2000
适用范围：浓度为 1 000 μg/mL。主要用于环境监测及相关分析测试中仪器校准和绘制校准曲线。
形态：液体
包装规格：1.2 mL 安瓿瓶
研制单位：环境保护部标准样品研究所

2.1.46 甲醇中 2,5-二甲酚溶液标准样品（GSB 07-1239—2000）

标准样品名称：甲醇中 2,5-二甲酚溶液标准样品
英文名称：2,5-Dimethylphenol in methanol solution CRM
国家标准样品编号：GSB 07-1239—2000
适用范围：浓度为 1 000 μg/mL。主要用于环境监测及相关分析测试中仪器校准和绘制校准曲线。
形态：液体
包装规格：1.2 mL 安瓿瓶
研制单位：环境保护部标准样品研究所

2.1.47 甲醇中 2,6-二甲酚溶液标准样品（GSB 07-1240—2000）

标准样品名称：甲醇中 2,6-二甲酚溶液标准样品

英文名称： 2,6-Dimethylphenol in methanol solution CRM

国家标准样品编号： GSB 07-1240—2000

适用范围： 浓度为 1 000 μg/mL。主要用于环境监测及相关分析测试中仪器校准和绘制校准曲线。

形态： 液体

包装规格： 1.2 mL 安瓿瓶

研制单位： 环境保护部标准样品研究所

2.1.48 甲醇中 3,4-二甲酚溶液标准样品（GSB 07-1241—2000）

标准样品名称： 甲醇中 3,4-二甲酚溶液标准样品

英文名称： 3,4-Dimethylphenol in methanol solution CRM

国家标准样品编号： GSB 07-1241—2000

适用范围： 浓度为 1 000 μg/mL。主要用于环境监测及相关分析测试中仪器校准和绘制校准曲线。

形态： 液体

包装规格： 1.2 mL 安瓿瓶

研制单位： 环境保护部标准样品研究所

2.1.49 甲醇中 3,5-二甲酚溶液标准样品（GSB 07-1242—2000）

标准样品名称： 甲醇中 3,5-二甲酚溶液标准样品

英文名称： 3,5-Dimethylphenol in methanol solution CRM

国家标准样品编号： GSB 07-1242—2000

适用范围： 浓度为 1 000 μg/mL。主要用于环境监测及相关分析测试中仪器校准和绘制校准曲线。

形态： 液体

包装规格： 1.2 mL 安瓿瓶

研制单位： 环境保护部标准样品研究所

2.1.50 甲醇中邻硝基苯酚溶液标准样品（GSB 07-1243—2000）

标准样品名称： 甲醇中邻硝基苯酚溶液标准样品

英文名称： *o* - Nitrophenol in methanol solution CRM

国家标准样品编号： GSB 07-1243—2000

适用范围： 浓度为 1 000 μg/mL。主要用于环境监测及相关分析测试中仪器校准和绘制校准曲线。

形态： 液体

包装规格： 1.2 mL 安瓿瓶

研制单位： 环境保护部标准样品研究所

2.1.51 甲醇中间硝基苯酚溶液标准样品（GSB 07-1244—2000）

标准样品名称： 甲醇中间硝基苯酚溶液标准样品

英文名称： *m* - Nitrophenol in methanol solution CRM

国家标准样品编号： GSB 07-1244—2000

适用范围： 浓度为 1 000 μg/mL。主要用于环境监测及相关分析测试中仪器校准和绘制校准曲线。

形态：液体

包装规格：1.2 mL 安瓿瓶

研制单位：环境保护部标准样品研究所

2.1.52 甲醇中对硝基苯酚溶液标准样品（GSB 07-1245—2000）

标准样品名称：甲醇中对硝基苯酚溶液标准样品

英文名称：*p* - Nitrophenol in methanol solution CRM

国家标准样品编号：GSB 07-1245—2000

适用范围：浓度为 1 000 μg/mL。主要用于环境监测及相关分析测试中仪器校准和绘制校准曲线。

形态：液体

包装规格：1.2 mL 安瓿瓶

研制单位：环境保护部标准样品研究所

2.1.53 甲醇中邻氯苯酚溶液标准样品（GSB 07-1246—2000）

标准样品名称：甲醇中邻氯苯酚溶液标准样品

英文名称：*o* - Chlorophenol in methanol solution CRM

国家标准样品编号：GSB 07-1246—2000

适用范围：浓度为 1 000 μg/mL。主要用于环境监测及相关分析测试中仪器校准和绘制校准曲线。

形态：液体

包装规格：1.2 mL 安瓿瓶

研制单位：环境保护部标准样品研究所

2.1.54 甲醇中间氯苯酚溶液标准样品（GSB 07-1247—2000）

标准样品名称：甲醇中间氯苯酚溶液标准样品

英文名称：*m* - Chlorophenol in methanol solution CRM

国家标准样品编号：GSB 07-1247—2000

适用范围：浓度为 1 000 μg/mL。主要用于环境监测及相关分析测试中仪器校准和绘制校准曲线。

形态：液体

包装规格：1.2 mL 安瓿瓶

研制单位：环境保护部标准样品研究所

2.1.55 甲醇中对氯苯酚溶液标准样品（GSB 07-1248—2000）

标准样品名称：甲醇中对氯苯酚溶液标准样品

英文名称：*p* - Chlorophenol in methanol solution CRM

国家标准样品编号：GSB 07-1248—2000

适用范围：浓度为 1 000 μg/mL。主要用于环境监测及相关分析测试中仪器校准和绘制校准曲线。

形态：液体

包装规格：1.2 mL 安瓿瓶

研制单位：环境保护部标准样品研究所

2.1.56 甲醇中邻苯二酚溶液标准样品（GSB 07-1249—2000）

标准样品名称：甲醇中邻苯二酚溶液标准样品

英文名称：*o* - Dihydroxybenzene in methanol solution CRM

国家标准样品编号：GSB 07-1249—2000

适用范围：浓度为 1 000 μg/mL。主要用于环境监测及相关分析测试中仪器校准和绘制校准曲线。

形态：液体

包装规格：1.2 mL 安瓿瓶

研制单位：环境保护部标准样品研究所

2.1.57 甲醇中间苯二酚溶液标准样品（GSB 07-1250—2000）

标准样品名称：甲醇中间苯二酚溶液标准样品

英文名称：Resorcin in methanol solution CRM

国家标准样品编号：GSB 07-1250—2000

适用范围：浓度为 1 000 μg/mL。主要用于环境监测及相关分析测试中仪器校准和绘制校准曲线。

形态：液体

包装规格：1.2 mL 安瓿瓶

研制单位：环境保护部标准样品研究所

2.1.58 甲醇中对苯二酚溶液标准样品（GSB 07-1251—2000）

标准样品名称：甲醇中对苯二酚溶液标准样品

英文名称：Hydroquinone in methanol solution CRM

国家标准样品编号：GSB 07-1251—2000

适用范围：浓度为 1 000 μg/mL。主要用于环境监测及相关分析测试中仪器校准和绘制校准曲线。

形态：液体

包装规格：1.2 mL 安瓿瓶

研制单位：环境保护部标准样品研究所

2.1.59 甲醇中间苯三酚溶液标准样品（GSB 07-1252—2000）

标准样品名称：甲醇中间苯三酚溶液标准样品

英文名称：Phloroglucin in methanol solution CRM

国家标准样品编号：GSB 07-1252—2000

适用范围：浓度为 1 000 μg/mL。主要用于环境监测及相关分析测试中仪器校准和绘制校准曲线。

形态：液体

包装规格：1.2 mL 安瓿瓶

研制单位：环境保护部标准样品研究所

2.1.60 硒溶液标准样品（GSB 07-1253—2000）

标准样品名称：硒溶液标准样品

英文名称：Selenium solution CRM

国家标准样品编号：GSB 07-1253—2000

适用范围：浓度为 500 mg/L。主要用于环境监测及相关分析测试中仪器校准和绘制校准曲线。

形态：液体

包装规格：20 mL 安瓿瓶

研制单位：环境保护部标准样品研究所

2.1.61　钼溶液标准样品（GSB 07-1254—2000）

标准样品名称：钼溶液标准样品

英文名称：Molybdenum solution CRM

国家标准样品编号：GSB 07-1254—2000

适用范围：浓度为 500 mg/L。主要用于环境监测及相关分析测试中仪器校准和绘制校准曲线。

形态：液体

包装规格：20 mL 安瓿瓶

研制单位：环境保护部标准样品研究所

2.1.62　钴溶液标准样品（GSB 07-1255—2000）

标准样品名称：钴溶液标准样品

英文名称：Cobalt solution CRM

国家标准样品编号：GSB 07-1255—2000

适用范围：浓度为 500 mg/L。主要用于环境监测及相关分析测试中仪器校准和绘制校准曲线。

形态：液体

包装规格：20 mL 安瓿瓶

研制单位：环境保护部标准样品研究所

2.1.63　钒溶液标准样品（GSB 07-1256—2000）

标准样品名称：钒溶液标准样品

英文名称：Vanadium solution CRM

国家标准样品编号：GSB 07-1256—2000

适用范围：浓度为 500 mg/L。主要用于环境监测及相关分析测试中仪器校准和绘制校准曲线。

形态：液体

包装规格：20 mL 安瓿瓶

研制单位：环境保护部标准样品研究所

2.1.64　铜溶液标准样品（GSB 07-1257—2000）

标准样品名称：铜溶液标准样品

英文名称：Copper solution CRM

国家标准样品编号：GSB 07-1257—2000

适用范围：浓度为 1 000 mg/L。主要用于环境监测及相关分析测试中仪器校准和绘制校准曲线。

形态：液体

包装规格：20 mL 安瓿瓶

研制单位：环境保护部标准样品研究所

2.1.65 铅溶液标准样品（GSB 07-1258—2000）

标准样品名称：铅溶液标准样品

英文名称：Lead solution CRM

国家标准样品编号：GSB 07-1258—2000

适用范围：浓度为 1 000 mg/L。主要用于环境监测及相关分析测试中仪器校准和绘制校准曲线。

形态：液体

包装规格：20 mL 安瓿瓶

研制单位：环境保护部标准样品研究所

2.1.66 锌溶液标准样品（GSB 07-1259—2000）

标准样品名称：锌溶液标准样品

英文名称：Zinc solution CRM

国家标准样品编号：GSB 07-1259—2000

适用范围：浓度为 1 000 mg/L。主要用于环境监测及相关分析测试中仪器校准和绘制校准曲线。

形态：液体

包装规格：20 mL 安瓿瓶

研制单位：环境保护部标准样品研究所

2.1.67 镍溶液标准样品（GSB 07-1260—2000）

标准样品名称：镍溶液标准样品

英文名称：Nickel solution CRM

国家标准样品编号：GSB 07-1260—2000

适用范围：浓度为 500 mg/L。主要用于环境监测及相关分析测试中仪器校准和绘制校准曲线。

形态：液体

包装规格：20 mL 安瓿瓶

研制单位：环境保护部标准样品研究所

2.1.68 钾溶液标准样品（GSB 07-1261—2000）

标准样品名称：钾溶液标准样品

英文名称：Kalium solution CRM

国家标准样品编号：GSB 07-1261—2000

适用范围：浓度为 500 mg/L。主要用于环境监测及相关分析测试中仪器校准和绘制校准曲线。

形态：液体

包装规格：20 mL 安瓿瓶

研制单位：环境保护部标准样品研究所

2.1.69 钠溶液标准样品（GSB 07-1262—2000）

标准样品名称：钠溶液标准样品

英文名称：Sodium solution CRM

国家标准样品编号：GSB 07-1262—2000

适用范围：浓度为 500 mg/L。主要用于环境监测及相关分析测试中仪器校准和绘制校准曲线。

形态：液体

包装规格：30 mL 聚乙烯瓶

研制单位：环境保护部标准样品研究所

2.1.70 钙溶液标准样品（GSB 07-1263—2000）

标准样品名称：钙溶液标准样品

英文名称：Calcium solution CRM

国家标准样品编号：GSB 07-1263—2000

适用范围：浓度为 500 mg/L。主要用于环境监测及相关分析测试中仪器校准和绘制校准曲线。

形态：液体

包装规格：20 mL 安瓿瓶

研制单位：环境保护部标准样品研究所

2.1.71 铁溶液标准样品（GSB 07-1264—2000）

标准样品名称：铁溶液标准样品

英文名称：Iron solution CRM

国家标准样品编号：GSB 07-1264—2000

适用范围：浓度为 1 000 mg/L。主要用于环境监测及相关分析测试中仪器校准和绘制校准曲线。

形态：液体

包装规格：20 mL 安瓿瓶

研制单位：环境保护部标准样品研究所

2.1.72 锰溶液标准样品（GSB 07-1265—2000）

标准样品名称：锰溶液标准样品

英文名称：Manganese solution CRM

国家标准样品编号：GSB 07-1265—2000

适用范围：浓度为 1 000 mg/L。主要用于环境监测及相关分析测试中仪器校准和绘制校准曲线。

形态：液体

包装规格：20 mL 安瓿瓶

研制单位：环境保护部标准样品研究所

2.1.73 氟化物溶液标准样品（GSB 07-1266—2000）

标准样品名称：氟化物溶液标准样品

英文名称：Fluorid solution CRM

国家标准样品编号：GSB 07-1266—2000

适用范围：浓度为 500 mg/L。主要用于环境监测及相关分析测试中仪器校准和绘制校准曲线。

形态：液体

包装规格：20 mL 安瓿瓶

研制单位：环境保护部标准样品研究所

2.1.74 氯化物溶液标准样品（GSB 07-1267—2000）

标准样品名称：氯化物溶液标准样品

英文名称：Chlorid solution CRM

国家标准样品编号：GSB 07-1267—2000

适用范围：浓度为 500 mg/L。主要用于环境监测及相关分析测试中仪器校准和绘制校准曲线。

形态：液体

包装规格：20 mL 安瓿瓶

研制单位：环境保护部标准样品研究所

2.1.75 硫酸盐溶液标准样品（GSB 07-1268—2000）

标准样品名称：硫酸盐溶液标准样品

英文名称：Sulfate solution CRM

国家标准样品编号：GSB 07-1268—2000

适用范围：浓度为 500 mg/L。主要用于环境监测及相关分析测试中仪器校准和绘制校准曲线。

形态：液体

包装规格：20 mL 安瓿瓶

研制单位：环境保护部标准样品研究所

2.1.76 硫酸盐溶液标准样品（GSB 07-1269—2000）

标准样品名称：硫酸盐溶液标准样品

英文名称：Sulfate solution CRM

国家标准样品编号：GSB 07-1269—2000

适用范围：浓度为 5 000 mg/L。主要用于环境监测及相关分析测试中仪器校准和绘制校准曲线。

形态：液体

包装规格：20 mL 安瓿瓶

研制单位：环境保护部标准样品研究所

2.1.77 磷酸盐磷溶液标准样品（GSB 07-1270—2000）

标准样品名称：磷酸盐磷溶液标准样品

英文名称：Phosphate - phosphorus solution CRM

国家标准样品编号：GSB 07-1270—2000

适用范围：浓度为 500 mg/L。主要用于环境监测及相关分析测试中仪器校准和绘制校准曲线。

形态：液体

包装规格：20 mL 安瓿瓶

研制单位：环境保护部标准样品研究所

2.1.78 十二烷基苯磺酸钠溶液标准样品（GSB 07-1271—2000）

标准样品名称：十二烷基苯磺酸钠溶液标准样品

英文名称：Sodium dodecyl benzene sulfonate（SDBS）solution CRM

国家标准样品编号：GSB 07-1271—2000

适用范围：浓度为 500 mg/L。主要用于环境监测及相关分析测试中仪器校准和绘制校准曲线。

形态：液体

包装规格：20 mL 安瓿瓶

研制单位：环境保护部标准样品研究所

2.1.79 亚硝酸盐氮溶液标准样品（GSB 07-1272—2000）

标准样品名称：亚硝酸盐氮溶液标准样品

英文名称：Nitrite nitrogen solution CRM

国家标准样品编号：GSB 07-1272—2000

适用范围：浓度为 100 mg/L。主要用于环境监测及相关分析测试中仪器校准和绘制校准曲线。

形态：液体

包装规格：20 mL 安瓿瓶

研制单位：环境保护部标准样品研究所

2.1.80 二氧化硫溶液标准样品（GSB 07-1273—2000）

标准样品名称：二氧化硫溶液标准样品

英文名称：Sulfur dioxide solution CRM

国家标准样品编号：GSB 07-1273—2000

适用范围：浓度为 100 mg/L。主要用于环境监测及相关分析测试中仪器校准和绘制校准曲线。

形态：液体

包装规格：20 mL 安瓿瓶

研制单位：环境保护部标准样品研究所

2.1.81 汞溶液标准样品（GSB 07-1274—2000）

标准样品名称：汞溶液标准样品

英文名称：Mercury solution CRM

国家标准样品编号：GSB 07-1274—2000

适用范围：浓度为 100 mg/L。主要用于环境监测及相关分析测试中仪器校准和绘制校准曲线。

形态：液体

包装规格：20 mL 安瓿瓶

研制单位：环境保护部标准样品研究所

2.1.82　砷溶液标准样品（GSB 07-1275—2000）

标准样品名称：砷溶液标准样品

英文名称：Arsenic solution CRM

国家标准样品编号：GSB 07-1275—2000

适用范围：浓度为 100 mg/L。主要用于环境监测及相关分析测试中仪器校准和绘制校准曲线。

形态：液体

包装规格：20 mL 安瓿瓶

研制单位：环境保护部标准样品研究所

2.1.83　镉溶液标准样品（GSB 07-1276—2000）

标准样品名称：镉溶液标准样品

英文名称：Cadmium solution CRM

国家标准样品编号：GSB 07-1276—2000

适用范围：浓度为 100 mg/L。主要用于环境监测及相关分析测试中仪器校准和绘制校准曲线。

形态：液体

包装规格：20 mL 安瓿瓶

研制单位：环境保护部标准样品研究所

2.1.84　锑溶液标准样品（GSB 07-1277—2000）

标准样品名称：锑溶液标准样品

英文名称：Stibium solution CRM

国家标准样品编号：GSB 07-1277—2000

适用范围：浓度为 100 mg/L。主要用于环境监测及相关分析测试中仪器校准和绘制校准曲线。

形态：液体

包装规格：20 mL 安瓿瓶

研制单位：环境保护部标准样品研究所

2.1.85　甲醇中邻苯二甲酸二甲酯溶液标准样品（GSB 07-1278—2000）

标准样品名称：甲醇中邻苯二甲酸二甲酯溶液标准样品

英文名称：Dimethyl phthalate in methanol solution CRM

国家标准样品编号：GSB 07-1278—2000

适用范围：浓度为 1 000 μg/mL。主要用于环境监测及相关分析测试中仪器校准和绘制校准曲线。

形态：液体

包装规格：1.2 mL 安瓿瓶

研制单位：环境保护部标准样品研究所

2.1.86　甲醇中邻苯二甲酸二丁酯溶液标准样品（GSB 07-1279—2000）

标准样品名称：甲醇中邻苯二甲酸二丁酯溶液标准样品

英文名称： Dibutyl phthalate in methanol solution CRM

国家标准样品编号： GSB 07-1279—2000

适用范围： 浓度为 1 000 μg/mL。主要用于环境监测及相关分析测试中仪器校准和绘制校准曲线。

形态： 液体

包装规格： 1.2 mL 安瓿瓶

研制单位： 环境保护部标准样品研究所

2.1.87 甲醇中邻苯二甲酸二辛酯溶液标准样品（GSB 07-1280—2000）

标准样品名称： 甲醇中邻苯二甲酸二辛酯溶液标准样品

英文名称： Dioctyl phthalate in methanol solution CRM

国家标准样品编号： GSB 07-1280—2000

适用范围： 浓度为 1 000 μg/mL。主要用于环境监测及相关分析测试中仪器校准和绘制校准曲线。

形态： 液体

包装规格： 1.2 mL 安瓿瓶

研制单位： 环境保护部标准样品研究所

2.1.88 乙腈中丙烯醛-2,4-二硝基苯腙溶液标准样品（GSB 07-1181—2000）

标准样品名称： 乙腈中丙烯醛-2,4-二硝基苯腙溶液标准样品

英文名称： Acrolein - 2,4-DNPH in acetonitrile solution CRM

国家标准样品编号： GSB 07-1181—2000

适用范围： 浓度为 100 μg/mL。主要用于环境监测及相关分析测试中仪器校准和绘制校准曲线。

形态： 液体

包装规格： 1.2 mL 安瓿瓶

研制单位： 环境保护部标准样品研究所

2.1.89 苯酚溶液标准样品（GSB 07-1281—2000）

标准样品名称： 苯酚溶液标准样品

英文名称： Phenol solution CRM

国家标准样品编号： GSB 07-1281—2000

适用范围： 浓度为 500 mg/L。主要用于环境监测及相关分析测试中仪器校准和绘制校准曲线。

形态： 液体

包装规格： 20 mL 安瓿瓶

研制单位： 环境保护部标准样品研究所

2.1.90 铅溶液标准样品（GSB 07-1282—2000）

标准样品名称： 铅溶液标准样品

英文名称： Lead solution CRM

国家标准样品编号： GSB 07-1282—2000

适用范围： 浓度为 500 mg/L。主要用于环境监测及相关分析测试中仪器校准和绘制校准曲线。

形态：液体

包装规格：20 mL 安瓿瓶

研制单位：环境保护部标准样品研究所

2.1.91 锌溶液标准样品（GSB 07-1283—2000）

标准样品名称：锌溶液标准样品

英文名称：Zinc solution CRM

国家标准样品编号：GSB 07-1283—2000

适用范围：浓度为 500 mg/L。主要用于环境监测及相关分析测试中仪器校准和绘制校准曲线。

形态：液体

包装规格：20 mL 安瓿瓶

研制单位：环境保护部标准样品研究所

2.1.92 铬溶液标准样品（GSB 07-1284—2000）

标准样品名称：铬溶液标准样品

英文名称：Chrome solution CRM

国家标准样品编号：GSB 07-1284—2000

适用范围：浓度为 500 mg/L。主要用于环境监测及相关分析测试中仪器校准和绘制校准曲线。

形态：液体

包装规格：20 mL 安瓿瓶

研制单位：环境保护部标准样品研究所

2.1.93 镁溶液标准样品（GSB 07-1285—2000）

标准样品名称：镁溶液标准样品

英文名称：Magnesium solution CRM

国家标准样品编号：GSB 07-1285—2000

适用范围：浓度为 500 mg/L。主要用于环境监测及相关分析测试中仪器校准和绘制校准曲线。

形态：液体

包装规格：20 mL 安瓿瓶

研制单位：环境保护部标准样品研究所

2.1.94 铁溶液标准样品（GSB 07-1286—2000）

标准样品名称：铁溶液标准样品

英文名称：Iron solution CRM

国家标准样品编号：GSB 07-1286—2000

适用范围：浓度为 500 mg/L。主要用于环境监测及相关分析测试中仪器校准和绘制校准曲线。

形态：液体

包装规格：20 mL 安瓿瓶

研制单位：环境保护部标准样品研究所

2.1.95 甲醇中多氯联苯（Aroclor 1242）溶液标准样品（GSB 07-1383—2001）

标准样品名称：甲醇中多氯联苯（Aroclor 1242）溶液标准样品

英文名称：Polychlorinated biphenyl（Aroclor 1242）in methanol solution CRM

国家标准样品编号：GSB 07-1383—2001

适用范围：浓度为 100 μg/mL。主要用于环境监测及相关分析测试中仪器校准和绘制校准曲线。

形态：液体

包装规格：1.2 mL 安瓿瓶

研制单位：环境保护部标准样品研究所

2.1.96 甲醇中多氯联苯（Aroclor 1248）溶液标准样品（GSB 07-1384—2001）

标准样品名称：甲醇中多氯联苯（Aroclor 1248）溶液标准样品

英文名称：Polychlorinated biphenyl（Aroclor 1248）in methanol solution CRM

国家标准样品编号：GSB 07-1384—2001

适用范围：浓度为 100 μg/mL。主要用于环境监测及相关分析测试中仪器校准和绘制校准曲线。

形态：液体

包装规格：1.2 mL 安瓿瓶

研制单位：环境保护部标准样品研究所

2.1.97 甲醇中多氯联苯（Aroclor 1254）溶液标准样品（GSB 07-1385—2001）

标准样品名称：甲醇中多氯联苯（Aroclor 1254）溶液标准样品

英文名称：Polychlorinated biphenyl（Aroclor 1254）in methanol solution CRM

国家标准样品编号：GSB 07-1385—2001

适用范围：浓度为 100 μg/mL。主要用于环境监测及相关分析测试中仪器校准和绘制校准曲线。

形态：液体

包装规格：1.2 mL 安瓿瓶

研制单位：环境保护部标准样品研究所

2.1.98 甲醇中多氯联苯（Aroclor 1260）溶液标准样品（GSB 07-1386—2001）

标准样品名称：甲醇中多氯联苯（Aroclor 1260）溶液标准样品

英文名称：Polychlorinated biphenyl（Aroclor 1260）in methanol solution CRM

国家标准样品编号：GSB 07-1386—2001

适用范围：浓度为 100 μg/mL。主要用于环境监测及相关分析测试中仪器校准和绘制校准曲线。

形态：液体

包装规格：1.2 mL 安瓿瓶

研制单位：环境保护部标准样品研究所

2.1.99 甲苯中甲基汞溶液标准样品（GSB 07-1503—2002）

标准样品名称：甲苯中甲基汞溶液标准样品

英文名称：Methyl mercury in methylbenzene solution CRM

国家标准样品编号：GSB 07-1503—2002

适用范围：浓度 10 μg/mL，主要用于环境监测及相关分析测试中仪器校准和绘制校准曲线。

形态：液体

包装规格：1.2 mL 安瓿瓶

研制单位：环境保护部标准样品研究所

2.1.100 甲苯中乙基汞溶液标准样品（GSB 07-1504—2002）

标准样品名称：甲苯中乙基汞溶液标准样品

英文名称：Ethyl mercury in methylbenzene solution CRM

国家标准样品编号：GSB 07-1504—2002

适用范围：浓度 10 μg/mL，主要用于环境监测及相关分析测试中仪器校准和绘制校准曲线。

形态：液体

包装规格：1.2 mL 安瓿瓶

研制单位：环境保护部标准样品研究所

2.1.101 色度溶液标准样品（GSB 07-1966—2005）

标准样品名称：色度溶液标准样品

英文名称：Color solution CRM

国家标准样品编号：GSB 07-1966—2005

适用范围：色度为 500 度。主要用于环境监测及相关分析测试中仪器校准和绘制校准曲线。

形态：液体

包装规格：20 mL 安瓿瓶

研制单位：环境保护部标准样品研究所

2.1.102 甲醇中多氯联苯（Aroclor 1221）溶液标准样品（GSB 07-1975—2005）

标准样品名称：甲醇中多氯联苯（Aroclor 1221）溶液标准样品

英文名称：Polychlorinated biphenyl（Aroclor 1221）in methanol solution CRM

国家标准样品编号：GSB 07-1975—2005

适用范围：浓度为 100 μg/mL。主要用于环境监测及相关分析测试中仪器校准和绘制校准曲线。

形态：液体

包装规格：1.2 mL 安瓿瓶

研制单位：环境保护部标准样品研究所

2.1.103 甲醇中艾氏剂溶液标准样品（GSB 07-1983—2005）

标准样品名称：甲醇中艾氏剂溶液标准样品

英文名称：Aldrin in methanol solution CRM

国家标准样品编号：GSB 07-1983—2005

适用范围：浓度为 100 μg/mL。主要用于环境监测及相关分析测试中仪器校准和绘制校准曲线。

形态：液体

包装规格：1.2 mL 安瓿瓶

研制单位：环境保护部标准样品研究所

2.1.104 甲醇中狄氏剂溶液标准样品（GSB 07-1984—2005）

标准样品名称：甲醇中狄氏剂溶液标准样品

英文名称：Dieldrin in methanol solution CRM

国家标准样品编号：GSB 07-1984—2005

适用范围：浓度为 100 μg/mL。主要用于环境监测及相关分析测试中仪器校准和绘制校准曲线。

形态：液体

包装规格：1.2 mL 安瓿瓶

研制单位：环境保护部标准样品研究所

2.1.105 甲醇中异狄氏剂溶液标准样品（GSB 07-1985—2005）

标准样品名称：甲醇中异狄氏剂溶液标准样品

英文名称：Endrin in methanol solution CRM

国家标准样品编号：GSB 07-1985—2005

适用范围：浓度为 100 μg/mL。主要用于环境监测及相关分析测试中仪器校准和绘制校准曲线。

形态：液体

包装规格：1.2 mL 安瓿瓶

研制单位：环境保护部标准样品研究所

2.1.106 室内空气污染物 TVOCs 溶液标准样品（GSB 07-1986—2005）

标准样品名称：室内空气污染物 TVOCs 溶液标准样品

英文名称：Indoor air pollutants TVOCs solution CRM

国家标准样品编号：GSB 07-1986—2005

适用范围：浓度 1 000 μg/mL，其中含有苯、甲苯、乙苯、对二甲苯、间二甲苯、邻二甲苯、苯乙烯、正十一烷、乙酸正丁酯 9 种组分。主要用于环境监测及相关分析测试中仪器校准和绘制校准曲线。

形态：液体

包装规格：1.2 mL 安瓿瓶

研制单位：环境保护部标准样品研究所

2.1.107 甲醇中溴苯溶液标准样品（GSB 07-2417—2008）

标准样品名称：甲醇中溴苯溶液标准样品

英文名称：Bromobenzene in methanol solution CRM

国家标准样品编号：GSB 07-2417—2008

适用范围：浓度为 1 000 μg/mL。主要用于环境监测及相关分析测试中仪器校准和绘制校准曲线。

形态：液体

包装规格： 1.2 mL 安瓿瓶

研制单位： 环境保护部标准样品研究所

2.1.108 甲醇中二溴甲烷溶液标准样品（GSB 07-2418—2008）

标准样品名称： 甲醇中二溴甲烷溶液标准样品

英文名称： Dibromomethane in methanol solution CRM

国家标准样品编号： GSB 07-2418—2008

适用范围： 浓度为 1 000 μg/mL。主要用于环境监测及相关分析测试中仪器校准和绘制校准曲线。

形态： 液体

包装规格： 1.2 mL 安瓿瓶

研制单位： 环境保护部标准样品研究所

2.1.109 甲醇中 1,1-二氯乙烷溶液标准样品（GSB 07-2419—2008）

标准样品名称： 甲醇中 1,1-二氯乙烷溶液标准样品

英文名称： 1,1-Dichloroethane in methanol solution CRM

国家标准样品编号： GSB 07-2419—2008

适用范围： 浓度为 1 000 μg/mL。主要用于环境监测及相关分析测试中仪器校准和绘制校准曲线。

形态： 液体

包装规格： 1.2 mL 安瓿瓶

研制单位： 环境保护部标准样品研究所

2.1.110 甲醇中 1,2-二氯乙烷溶液标准样品（GSB 07-2420—2008）

标准样品名称： 甲醇中 1,2-二氯乙烷溶液标准样品

英文名称： 1,2-Dichloroethane in methanol solution CRM

国家标准样品编号： GSB 07-2420—2008

适用范围： 浓度为 1 000 μg/mL。主要用于环境监测及相关分析测试中仪器校准和绘制校准曲线。

形态： 液体

包装规格： 1.2 mL 安瓿瓶

研制单位： 环境保护部标准样品研究所

2.1.111 甲醇中 1,1-二氯乙烯溶液标准样品（GSB 07-2421—2008）

标准样品名称： 甲醇中 1,1-二氯乙烯溶液标准样品

英文名称： 1,1-Dichloroethylene in methanol solution CRM

国家标准样品编号： GSB 07-2421—2008

适用范围： 浓度为 1 000 μg/mL。主要用于环境监测及相关分析测试中仪器校准和绘制校准曲线。

形态： 液体

包装规格： 1.2 mL 安瓿瓶

研制单位： 环境保护部标准样品研究所

2.1.112 甲醇中顺-1,2-二氯乙烯溶液标准样品（GSB 07-2422—2008）

标准样品名称：甲醇中顺-1,2-二氯乙烯溶液标准样品

英文名称：*cis* - 1,2-Dichloroethylene in methanol solution CRM

国家标准样品编号：GSB 07-2422—2008

适用范围：浓度为 1 000 μg/mL。主要用于环境监测及相关分析测试中仪器校准和绘制校准曲线。

形态：液体

包装规格：1.2 mL 安瓿瓶

研制单位：环境保护部标准样品研究所

2.1.113 甲醇中反-1,2-二氯乙烯溶液标准样品（GSB 07-2423—2008）

标准样品名称：甲醇中反-1,2-二氯乙烯溶液标准样品

英文名称：*trans* - 1,2-Dichloroethylene in methanol solution CRM

国家标准样品编号：GSB 07-2423—2008

适用范围：浓度为 1 000 μg/mL。主要用于环境监测及相关分析测试中仪器校准和绘制校准曲线。

形态：液体

包装规格：1.2 mL 安瓿瓶

研制单位：环境保护部标准样品研究所

2.1.114 甲醇中 1,2-二氯丙烷溶液标准样品（GSB 07-2424—2008）

标准样品名称：甲醇中 1,2-二氯丙烷溶液标准样品

英文名称：1,2-Dichloropropane in methanol solution CRM

国家标准样品编号：GSB 07-2424—2008

适用范围：浓度为 1 000 μg/mL。主要用于环境监测及相关分析测试中仪器校准和绘制校准曲线。

形态：液体

包装规格：1.2 mL 安瓿瓶

研制单位：环境保护部标准样品研究所

2.1.115 甲醇中 1,3-二氯丙烷溶液标准样品（GSB 07-2425—2008）

标准样品名称：甲醇中 1,3-二氯丙烷溶液标准样品

英文名称：1,3-Dichloropropane in methanol solution CRM

国家标准样品编号：GSB 07-2425—2008

适用范围：浓度为 1 000 μg/mL。主要用于环境监测及相关分析测试中仪器校准和绘制校准曲线。

形态：液体

包装规格：1.2 mL 安瓿瓶

研制单位：环境保护部标准样品研究所

2.1.116 甲醇中溴氯甲烷溶液标准样品（GSB 07-2426—2008）

标准样品名称：甲醇中溴氯甲烷溶液标准样品

英文名称：Bromochloromethane in methanol solution CRM

国家标准样品编号：GSB 07-2426—2008

适用范围：浓度为 1 000 μg/mL。主要用于环境监测及相关分析测试中仪器校准和绘制校准曲线。

形态：液体

包装规格：1.2 mL 安瓿瓶

研制单位：环境保护部标准样品研究所

2.1.117 甲醇中六氯丁二烯溶液标准样品（GSB 07-2427—2008）

标准样品名称：甲醇中六氯丁二烯溶液标准样品

英文名称：Hexachlorobutadiene in methanol solution CRM

国家标准样品编号：GSB 07-2427—2008

适用范围：浓度为 1 000 μg/mL。主要用于环境监测及相关分析测试中仪器校准和绘制校准曲线。

形态：液体

包装规格：1.2 mL 安瓿瓶

研制单位：环境保护部标准样品研究所

2.1.118 甲醇中对异丙基甲苯溶液标准样品（GSB 07-2428—2008）

标准样品名称：甲醇中对异丙基甲苯溶液标准样品

英文名称：*p* - Isopropyl toluene in methanol solution CRM

国家标准样品编号：GSB 07-2428—2008

适用范围：浓度为 1 000 μg/mL。主要用于环境监测及相关分析测试中仪器校准和绘制校准曲线。

形态：液体

包装规格：1.2 mL 安瓿瓶

研制单位：环境保护部标准样品研究所

2.1.119 甲醇中二氯甲烷溶液标准样品（GSB 07-2429—2008）

标准样品名称：甲醇中二氯甲烷溶液标准样品

英文名称：Dichloromethane solution in methanol CRM

国家标准样品编号：GSB 07-2429—2008

适用范围：浓度为 1 000 μg/mL。主要用于环境监测及相关分析测试中仪器校准和绘制校准曲线。

形态：液体

包装规格：1.2 mL 安瓿瓶

研制单位：环境保护部标准样品研究所

2.1.120 甲醇中萘溶液标准样品（GSB 07-2430—2008）

标准样品名称：甲醇中萘溶液标准样品

英文名称：Naphthalene in methanol solution CRM

国家标准样品编号：GSB 07-2430—2008

适用范围：浓度为 1 000 μg/mL。主要用于环境监测及相关分析测试中仪器校准和绘制校准曲线。

形态：液体

包装规格：1.2 mL 安瓿瓶

研制单位：环境保护部标准样品研究所

2.1.121 甲醇中正丁苯溶液标准样品（GSB 07-2431—2008）

标准样品名称：甲醇中正丁苯溶液标准样品

英文名称：*n* - Butylbenzene in methanol solution CRM

国家标准样品编号：GSB 07-2431—2008

适用范围：浓度为 1 000 μg/mL。主要用于环境监测及相关分析测试中仪器校准和绘制校准曲线。

形态：液体

包装规格：1.2 mL 安瓿瓶

研制单位：环境保护部标准样品研究所

2.1.122 甲醇中仲丁苯溶液标准样品（GSB 07-2432—2008）

标准样品名称：甲醇中仲丁苯溶液标准样品

英文名称：*sec* - Butylbenzene in methanol solution CRM

国家标准样品编号：GSB 07-2432—2008

适用范围：浓度为 1 000 μg/mL。主要用于环境监测及相关分析测试中仪器校准和绘制校准曲线。

形态：液体

包装规格：1.2 mL 安瓿瓶

研制单位：环境保护部标准样品研究所

2.1.123 甲醇中叔丁苯溶液标准样品（GSB 07-2433—2008）

标准样品名称：甲醇中叔丁苯溶液标准样品

英文名称：*tert* - Butylbenzene in methanol solution CRM

国家标准样品编号：GSB 07-2433—2008

适用范围：浓度为 1 000 μg/mL。主要用于环境监测及相关分析测试中仪器校准和绘制校准曲线。

形态：液体

包装规格：1.2 mL 安瓿瓶

研制单位：环境保护部标准样品研究所

2.1.124 甲醇中 2-氯甲苯溶液标准样品（GSB 07-2434—2008）

标准样品名称：甲醇中 2-氯甲苯溶液标准样品

英文名称：2-Chlorotoluene in methanol solution CRM

国家标准样品编号：GSB 07-2434—2008

适用范围：浓度为 1 000 μg/mL。主要用于环境监测及相关分析测试中仪器校准和绘制校准曲线。

形态：液体

包装规格：1.2 mL 安瓿瓶

研制单位：环境保护部标准样品研究所

2.1.125 甲醇中 4-氯甲苯溶液标准样品（GSB 07-2435—2008）

标准样品名称：甲醇中 4-氯甲苯溶液标准样品

英文名称：4-Chlorotoluene in methanol solution CRM

国家标准样品编号：GSB 07-2435—2008

适用范围：浓度为 1 000 μg/mL。主要用于环境监测及相关分析测试中仪器校准和绘制校准曲线。

形态：液体

包装规格：1.2 mL 安瓿瓶

研制单位：环境保护部标准样品研究所

2.1.126 甲醇中 1,2-二溴-3-氯丙烷溶液标准样品（GSB 07-2436—2008）

标准样品名称：甲醇中 1,2-二溴-3-氯丙烷溶液标准样品

英文名称：1,2-Dibromo - 3-chloropropane in methanol solution CRM

国家标准样品编号：GSB 07-2436—2008

适用范围：浓度为 1 000 μg/mL。主要用于环境监测及相关分析测试中仪器校准和绘制校准曲线。

形态：液体

包装规格：1.2 mL 安瓿瓶

研制单位：环境保护部标准样品研究所

2.1.127 甲醇中 1,2-二溴乙烷溶液标准样品（GSB 07-2437—2008）

标准样品名称：甲醇中 1,2-二溴乙烷溶液标准样品

英文名称：1,2-Dibromoethane in methanol solution CRM

国家标准样品编号：GSB 07-2437—2008

适用范围：浓度为 1 000 μg/mL。主要用于环境监测及相关分析测试中仪器校准和绘制校准曲线。

形态：液体

包装规格：1.2 mL 安瓿瓶

研制单位：环境保护部标准样品研究所

2.1.128 氨溶液标准样品（GSB 07-2439—2009）

标准样品名称：氨溶液标准样品

英文名称：Ammonia solution CRM

国家标准样品编号：GSB 07-2439—2009

适用范围：浓度为 500 mg/L。主要用于环境监测及相关分析测试中仪器校准和绘制校准曲线。

形态：液体

包装规格：20 mL 安瓿瓶

研制单位：环境保护部标准样品研究所

2.1.129 甲醇中 2,2-二氯丙烷溶液标准样品（GSB 07-2556—2010）

标准样品名称：甲醇中 2,2-二氯丙烷溶液标准样品

英文名称：2,2-Dichloropropane in methanol solution CRM

国家标准样品编号：GSB 07-2556—2010

适用范围：浓度为 1 000 μg/mL。主要用于环境监测及相关分析测试中仪器校准和绘制校准曲线。

形态：液体

包装规格：1.2 mL 安瓿瓶

研制单位：环境保护部标准样品研究所

2.1.130 甲醇中顺-1,3-二氯丙烯溶液标准样品（GSB 07-2557—2010）

标准样品名称：甲醇中顺-1,3-二氯丙烯溶液标准样品

英文名称：*cis* - 1,3-Dichloropropylene in methanol solution CRM

国家标准样品编号：GSB 07-2557—2010

适用范围：浓度为 1 000 μg/mL。主要用于环境监测及相关分析测试中仪器校准和绘制校准曲线。

形态：液体

包装规格：1.2 mL 安瓿瓶

研制单位：环境保护部标准样品研究所

2.1.131 甲醇中反-1,3-二氯丙烯溶液标准样品（GSB 07-2558—2010）

标准样品名称：甲醇中反-1,3-二氯丙烯溶液标准样品

英文名称：*trans* - 1,3-Dichloropropylene in methanol solution CRM

国家标准样品编号：GSB 07-2558—2010

适用范围：浓度为 1 000 μg/mL。主要用于环境监测及相关分析测试中仪器校准和绘制校准曲线。

形态：液体

包装规格：1.2 mL 安瓿瓶

研制单位：环境保护部标准样品研究所

2.1.132 甲醇中 1,1,1,2-四氯乙烷溶液标准样品（GSB 07-2723—2011）

标准样品名称：甲醇中 1,1,1,2-四氯乙烷溶液标准样品

英文名称：1,1,1,2-Tetrachloroethane in methanol solution CRM

国家标准样品编号：GSB 07-2723—2011

适用范围：浓度为 1 000 μg/mL。主要用于环境监测及相关分析测试中仪器校准和绘制校准曲线。

形态：液体

包装规格：1.2 mL 安瓿瓶

研制单位：环境保护部标准样品研究所

2.1.133 甲醇中 1,1,1-三氯乙烷溶液标准样品（GSB 07-2724—2011）

标准样品名称：甲醇中 1,1,1-三氯乙烷溶液标准样品

英文名称：1,1,1-Trichloroethane in methanol solution CRM

国家标准样品编号：GSB 07-2724—2011

适用范围：浓度为 1 000 μg/mL。主要用于环境监测及相关分析测试中仪器校准和绘制校准曲线。

形态：液体

包装规格：1.2 mL 安瓿瓶

研制单位：环境保护部标准样品研究所

2.1.134 甲醇中 1,1,2,2-四氯乙烷溶液标准样品（GSB 07-2725—2011）

标准样品名称：甲醇中 1,1,2,2-四氯乙烷溶液标准样品

英文名称：1,1,2,2-Tetrachloroethane in methanol solution CRM

国家标准样品编号：GSB 07-2725—2011

适用范围：浓度为 1 000 μg/mL。主要用于环境监测及相关分析测试中仪器校准和绘制校准曲线。

形态：液体

包装规格：1.2 mL 安瓿瓶

研制单位：环境保护部标准样品研究所

2.1.135 甲醇中 1,1,2-三氯乙烷溶液标准样品（GSB 07-2726—2011）

标准样品名称：甲醇中 1,1,2-三氯乙烷溶液标准样品

英文名称：1,1,2-Trichloroethane in methanol solution CRM

国家标准样品编号：GSB 07-2726—2011

适用范围：浓度为 1 000 μg/mL。主要用于环境监测及相关分析测试中仪器校准和绘制校准曲线。

形态：液体

包装规格：1.2 mL 安瓿瓶

研制单位：环境保护部标准样品研究所

2.1.136 甲醇中 1,2,3-三氯苯溶液标准样品（GSB 07-2727—2011）

标准样品名称：甲醇中 1,2,3-三氯苯溶液标准样品

英文名称：1,2,3-Trichlorobenzene in methanol solution CRM

国家标准样品编号：GSB 07-2727—2011

适用范围：浓度为 1 000 μg/mL。主要用于环境监测及相关分析测试中仪器校准和绘制校准曲线。

形态：液体

包装规格：1.2 mL 安瓿瓶

研制单位：环境保护部标准样品研究所

2.1.137 甲醇中 1,2,3-三氯丙烷溶液标准样品（GSB 07-2728—2011）

标准样品名称：甲醇中 1,2,3-三氯丙烷溶液标准样品

英文名称：1,2,3-Trichloropropane in methanol solution CRM

国家标准样品编号：GSB 07-2728—2011

适用范围：浓度为 1 000 μg/mL。主要用于环境监测及相关分析测试中仪器校准和绘制校准曲线。

形态：液体

包装规格：1.2 mL 安瓿瓶

研制单位：环境保护部标准样品研究所

2.1.138 甲醇中 1,2,4-三甲基苯溶液标准样品（GSB 07-2729—2011）

标准样品名称：甲醇中 1,2,4-三甲基苯溶液标准样品

英文名称：1,2,4-Trimethylbenzene in methanol solution CRM

国家标准样品编号：GSB 07-2729—2011

适用范围：浓度为 1 000 μg/mL。主要用于环境监测及相关分析测试中仪器校准和绘制校准曲线。

形态：液体

包装规格：1.2 mL 安瓿瓶

研制单位：环境保护部标准样品研究所

2.1.139 甲醇中 25 种 VOCs 混合溶液标准样品（GSB 07-2730—2011）

标准样品名称：甲醇中 25 种 VOCs 混合溶液标准样品

英文名称：VOCs（25 components）in methanol solution CRM

国家标准样品编号：GSB 07-2730—2011

适用范围：本标准样品含有 1,1-二氯乙烯，二氯甲烷，反-1,2-二氯乙烯，顺-1,2-二氯乙烯，三氯甲烷，四氯化碳，苯，1,2-二氯乙烷，三氯乙烯，甲苯，四氯乙烯，氯苯，乙苯，对二甲苯，间二甲苯，邻二甲苯，苯乙烯，三溴甲烷，异丙苯，1,3-二氯苯，1,4-二氯苯，1,2-二氯苯，1,2,4-三氯苯，六氯丁二烯，1,2,3-三氯苯 25 种组分，浓度为 500 μg/mL。主要用于环境监测及相关分析测试中仪器校准和绘制校准曲线。

形态：液体

包装规格：1.2 mL 安瓿瓶

研制单位：环境保护部标准样品研究所

2.1.140 甲醇中 28 种 VOCs 混合溶液标准样品（GSB 07-2731—2011）

标准样品名称：甲醇中 28 种 VOCs 混合溶液标准样品

英文名称：VOCs（28 components）in methanol solution CRM

国家标准样品编号：GSB 07-2731—2011

适用范围：本标准样品含有 1,1-二氯乙烷，2,2-二氯丙烷，溴氯甲烷，1,1,1-三氯乙烷，1,3-二氯丙烷，1,2-二氯丙烷，二溴甲烷，一溴二氯甲烷，顺-1,3-二氯丙烯，反-1,3-二氯丙烯，1,1,2-三氯乙烷，二溴一氯甲烷，1,2-二溴乙烷，1,1,1,2-四氯乙烷，溴苯，1,2,3-三氯丙烷，1,1,2,2-四氯乙烷，正丙苯，2-氯甲苯，1,3,5-三甲苯，4-氯甲苯，叔丁苯，1,2,4-三甲苯，仲丁苯，4-异丙基甲苯，正丁苯，1,2-二溴-3-氯丙烷，萘 28 种组分，浓度为 500 μg/mL。主要用于环境监测及相关分析测试中仪器校准和绘制校准曲线。

形态：液体

包装规格：1.2 mL 安瓿瓶

研制单位：环境保护部标准样品研究所

2.1.141 甲醇中 1,3,5-三甲基苯溶液标准样品（GSB 07-2732—2011）

标准样品名称：甲醇中 1,3,5-三甲基苯溶液标准样品

英文名称：1,3,5-Trimethylbenzene in methanol solution CRM

国家标准样品编号：GSB 07-2732—2011

适用范围：浓度为 1 000 μg/mL。主要用于环境监测及相关分析测试中仪器校准和绘制校准曲线。

形态：液体

包装规格：1.2 mL 安瓿瓶

研制单位：环境保护部标准样品研究所

2.1.142 硫化物溶液标准样品（GSB 07-2733—2011）

标准样品名称：硫化物溶液标准样品

英文名称：Sulfide solution CRM

国家标准样品编号：GSB 07-2733—2011

适用范围：浓度为 100 mg/L。主要用于环境监测及相关分析测试中仪器校准和绘制校准曲线。

形态：液体

包装规格：20 mL 安瓿瓶

研制单位：环境保护部标准样品研究所

2.1.143 正己烷中硫丹 I 溶液标准样品（GSB 07-2770—2011）

标准样品名称：正己烷中硫丹 I 溶液标准样品

英文名称：α - Endosulfan in *n* - hexane solution CRM

国家标准样品编号：GSB 07-2770—2011

适用范围：浓度为 100 μg/mL。主要用于环境监测及相关分析测试中仪器校准和绘制校准曲线。

形态：液体

包装规格：1.2 mL 安瓿瓶

研制单位：环境保护部标准样品研究所

2.1.144 正己烷中硫丹 II 溶液标准样品（GSB 07-2771—2011）

标准样品名称：正己烷中硫丹 II 溶液标准样品

英文名称：β - Endosulfan in *n* - hexane solution CRM

国家标准样品编号：GSB 07-2771—2011

适用范围：浓度为 100 μg/mL。主要用于环境监测及相关分析测试中仪器校准和绘制校准曲线。

形态：液体

包装规格：1.2 mL 安瓿瓶

研制单位：环境保护部标准样品研究所

2.1.145 正己烷中七氯溶液标准样品（GSB 07-2781—2011）

标准样品名称：正己烷中七氯溶液标准样品

英文名称：Heptachlor in *n* - hexane solution CRM

国家标准样品编号：GSB 07-2781—2011

适用范围：浓度为 100 μg/mL。主要用于环境监测及相关分析测试中仪器校准和绘制校准曲线。

形态：液体

包装规格：1.2 mL 安瓿瓶

研制单位：环境保护部标准样品研究所

2.1.146 正己烷中环氧七氯 A 溶液标准样品（GSB 07-2782—2011）

标准样品名称：正己烷中环氧七氯 A 溶液标准样品

英文名称：Heptachlor epoxide（isomer A）in *n* - hexane solution CRM

国家标准样品编号：GSB 07-2782—2011

适用范围：浓度为 100 μg/mL。主要用于环境监测及相关分析测试中仪器校准和绘制校准曲线。

形态：液体

包装规格：1.2 mL 安瓿瓶

研制单位：环境保护部标准样品研究所

2.1.147 正己烷中环氧七氯 B 溶液标准样品（GSB 07-2783—2011）

标准样品名称：正己烷中环氧七氯 B 溶液标准样品

英文名称：Heptachlor epoxide（isomer B）in *n* - hexane solution CRM

国家标准样品编号：GSB 07-2783—2011

适用范围：浓度为 100 μg/mL。主要用于环境监测及相关分析测试中仪器校准和绘制校准曲线。

形态：液体

包装规格：1.2 mL 安瓿瓶

研制单位：环境保护部标准样品研究所

2.1.148 正己烷中灭蚁灵溶液标准样品（GSB 07-2784—2011）

标准样品名称：正己烷中灭蚁灵溶液标准样品

英文名称：Mirex in *n* - hexane solution CRM

国家标准样品编号：GSB 07-2784—2011

适用范围：浓度为 100 μg/mL。主要用于环境监测及相关分析测试中仪器校准和绘制校准曲线。

形态：液体

包装规格：1.2 mL 安瓿瓶

研制单位：环境保护部标准样品研究所

2.1.149 正己烷中顺-氯丹溶液标准样品（GSB 07-2785—2011）

标准样品名称：正己烷中顺-氯丹溶液标准样品

英文名称：*cis* - chlordane in *n* - hexane solution CRM

国家标准样品编号：GSB 07-2785—2011

适用范围：浓度为 100 μg/mL。主要用于环境监测及相关分析测试中仪器校准和绘制校准曲线。

形态：液体

包装规格：1.2 mL 安瓿瓶

研制单位：环境保护部标准样品研究所

2.1.150 正己烷中反-氯丹溶液标准样品（GSB 07-2786—2011）

标准样品名称：正己烷中反-氯丹溶液标准样品

英文名称：*trans* - chlordane in *n* - hexane solution CRM

国家标准样品编号：GSB 07-2786—2011

适用范围：浓度为 100 μg/mL。主要用于环境监测及相关分析测试中仪器校准和绘制校准曲线。

形态：液体

包装规格：1.2 mL 安瓿瓶

研制单位：环境保护部标准样品研究所

2.1.151 正己烷中狄氏剂溶液标准样品（GSB 07-2787—2011）

标准样品名称：正己烷中狄氏剂溶液标准样品

英文名称：Dieldrin in *n* - hexane solution CRM

国家标准样品编号：GSB 07-2787—2011

适用范围：浓度为 100 μg/mL。主要用于环境监测及相关分析测试中仪器校准和绘制校准曲线。

形态：液体

包装规格：1.2 mL 安瓿瓶

研制单位：环境保护部标准样品研究所

2.1.152 正己烷中异狄氏剂溶液标准样品（GSB 07-2788—2011）

标准样品名称：正己烷中异狄氏剂溶液标准样品

英文名称：Endrin in *n* - hexane solution CRM

国家标准样品编号：GSB 07-2788—2011

适用范围：浓度为 100 μg/mL。主要用于环境监测及相关分析测试中仪器校准和绘制校准曲线。

形态：液体

包装规格：1.2 mL 安瓿瓶

研制单位：环境保护部标准样品研究所

2.1.153 正己烷中艾氏剂溶液标准样品（GSB 07-2789—2011）

标准样品名称：正己烷中艾氏剂溶液标准样品

英文名称：Aldrin in *n* - hexane solution CRM

国家标准样品编号：GSB 07-2789—2011

适用范围：浓度为 100 μg/mL。主要用于环境监测及相关分析测试中仪器校准和绘制校准曲线。

形态：液体

包装规格：1.2 mL 安瓿瓶

研制单位：环境保护部标准样品研究所

2.2 质量控制用标准样品

2.2.1 水质检测标准样品

2.2.1.1 水质 化学需氧量标准样品（GSB Z 50001—88）

标准样品名称：水质 化学需氧量标准样品

英文名称：Water quality chemical oxygen demand CRM

国家标准样品编号：GSB Z 50001—88

适用范围：主要用于地表水、地下水、生活污水、工业废水等环境监测及相关分析测试中方法评价，质量控制、人员考核、资格认证、能力验证和技术仲裁等。

形态：液体

包装规格：20 mL 安瓿瓶

研制单位：环境保护部标准样品研究所

2.2.1.2 水质 生化需氧量标准样品（GSB Z 50002—88）

标准样品名称：水质 生化需氧量标准样品

英文名称：Water quality biochemical oxygen demand（BOD_5）CRM

国家标准样品编号：GSB Z 50002—88

适用范围：主要用于地表水、工业废水、生活污水等环境监测及相关分析测试中方法评价，质量控制、人员考核、资格认证、能力验证和技术仲裁等。

形态：液体

包装规格：20 mL 安瓿瓶

研制单位：环境保护部标准样品研究所

2.2.1.3 水质 酚标准样品（GSB Z 50003—88）

标准样品名称：水质 酚标准样品

英文名称：Water quality phenol CRM

国家标准样品编号：GSB Z 50003—88

适用范围：主要用于地表水、地下水、饮用水、工业废水、生活污水等环境监测及相关分析测试中方法评价，质量控制、人员考核、资格认证、能力验证和技术仲裁等。

形态：液体

包装规格：20 mL 安瓿瓶

研制单位：环境保护部标准样品研究所

2.2.1.4 水质 砷标准样品（GSB Z 50004—88）

标准样品名称：水质 砷标准样品

英文名称：Water quality arsenic CRM

国家标准样品编号：GSB Z 50004—88

适用范围：主要用于地表水、地下水和生活饮用水等环境监测及相关分析测试中方法评价，质量控制、人员考核、资格认证、能力验证和技术仲裁等。

形态：液体

包装规格：20 mL 安瓿瓶

研制单位：环境保护部标准样品研究所

2.2.1.5 水质 氨氮标准样品（GSB Z 50005—88）

标准样品名称：水质 氨氮标准样品

英文名称：Water quality ammonia nitrogen CRM

国家标准样品编号：GSB Z 50005—88

适用范围：主要用于地表水、地下水、生活污水、工业废水等环境监测及相关分析测试中方法评价，质量控制、人员考核、资格认证、能力验证和技术仲裁等。

形态：液体

包装规格：20 mL 安瓿瓶

研制单位：环境保护部标准样品研究所

2.2.1.6 水质 亚硝酸盐氮标准样品（GSB Z 50006—88）

标准样品名称：水质 亚硝酸盐氮标准样品

英文名称：Water quality nitrite - nitrogen CRM

国家标准样品编号：GSB Z 50006—88

适用范围：主要用于饮用水、地下水、地面水、废水等环境监测及相关分析测试中方法评价，质量控制、人员考核、资格认证、能力验证和技术仲裁等。

形态：液体

包装规格：20 mL 安瓿瓶

研制单位：环境保护部标准样品研究所

2.2.1.7 水质 硬度标准样品（GSB Z 50007—88）

标准样品名称：水质 硬度标准样品

英文名称：Water quality hardness CRM

国家标准样品编号：GSB Z 50007—88

适用范围：主要用于地下水、地面水等环境监测及相关分析测试中方法评价，质量控制、人员考核、资格认证、能力验证和技术仲裁等。

形态：液体

包装规格：20 mL 安瓿瓶

研制单位：环境保护部标准样品研究所

2.2.1.8 水质 硝酸盐氮标准样品（GSB Z 50008—88）

标准样品名称：水质 硝酸盐氮标准样品

英文名称：Water quality nitrate - nitrogen CRM

国家标准样品编号：GSB Z 50008—88

适用范围：主要用于地表水、地下水、海水、饮用水、生活污水、工业污水等环境监测及相关分析测试中方法评价，质量控制、人员考核、资格认证、能力验证和技术仲裁等。

形态：液体

包装规格：20 mL 安瓿瓶

研制单位：环境保护部标准样品研究所

2.2.1.9 水质 铜、铅、锌、镉、镍、铬混合标准样品（GSB Z 50009—88）

标准样品名称：水质 铜、铅、锌、镉、镍、铬混合标准样品

英文名称：Water quality copper，lead，zinc，cadmium，nickel and chromium mixture CRM

国家标准样品编号：GSB Z 50009—88

适用范围：本标准样品为混合样品，其中含有铜、铅、锌、镉、镍和铬 6 种组分，主要用于地下水、地表水、废水等环境监测及相关分析测试中方法评价，质量控制、人员考核、资格认证、能力验证和技术仲裁等。

形态：液体

包装规格：20 mL 安瓿瓶

研制单位：环境保护部标准样品研究所

2.2.1.10　水质　氟、氯、硫酸根混合标准样品（GSB Z 50010—88）

标准样品名称：水质　氟、氯、硫酸根混合标准样品

英文名称：Water quality fluoride，chloride，sulfate mixture CRM

国家标准样品编号：GSB Z 50010—88

适用范围：本标准样品为混合样品，其中含有氟化物、氯化物和硫酸根 3 种组分，主要用于饮用水、地表水、地下水、工业废水等环境监测及相关分析测试中方法评价，质量控制、人员考核、资格认证、能力验证和技术仲裁等。

形态：液体

包装规格：20 mL 安瓿瓶

研制单位：环境保护部标准样品研究所

2.2.1.11　水质　汞标准样品（GSB Z 50016—90）

标准样品名称：水质　汞标准样品

英文名称：Water quality mercury CRM

国家标准样品编号：GSB Z 50016—90

适用范围：主要用于地表水、地下水、工业废水、生活污水等环境监测及相关分析测试中方法评价，质量控制、人员考核、资格认证、能力验证和技术仲裁等。

形态：液体

包装规格：20 mL 安瓿瓶

研制单位：环境保护部标准样品研究所

2.2.1.12　水质　pH 标准样品（GSB Z 50017—90）

标准样品名称：水质　pH 标准样品

英文名称：Water quality pH CRM

国家标准样品编号：GSB Z 50017—90

适用范围：主要用于饮用水、地面水、工业废水等环境监测及相关分析测试中方法评价，质量控制、人员考核、资格认证、能力验证和技术仲裁等。

形态：液体

包装规格：20 mL 安瓿瓶

研制单位：环境保护部标准样品研究所

2.2.1.13　水质　总氰化物标准样品（GSB Z 50018—90）

标准样品名称：水质　总氰化物标准样品

英文名称：Water quality total cyanide CRM

国家标准样品编号： GSB Z 50018—90

适用范围： 主要用于地表水、生活污水和工业废水等环境监测及相关分析测试中方法评价，质量控制、人员考核、资格认证、能力验证和技术仲裁等。

形态： 液体

包装规格： 20 mL 安瓿瓶

研制单位： 环境保护部标准样品研究所

2.2.1.14 水质 铁锰混合标准样品（GSB Z 50019—90）

标准样品名称： 水质 铁锰混合标准样品

英文名称： Water quality iron and manganese mixture CRM

国家标准样品编号： GSB Z 50019—90

适用范围： 本标准样品为铁、锰的混合样品，主要用于地表水、地下水、工业废水等环境监测及相关分析测试中方法评价，质量控制、人员考核、资格认证、能力验证和技术仲裁等。

形态： 液体

包装规格： 20 mL 安瓿瓶

研制单位： 环境保护部标准样品研究所

2.2.1.15 水质 钾、钠、钙、镁混合标准样品（GSB Z 50020—90）

标准样品名称： 水质 钾、钠、钙、镁混合标准样品

英文名称： Water quality potassium，sodium，calcium and magnesium mixture CRM

国家标准样品编号： GSB Z 50020—90

适用范围： 本标准样品为混合样品，其中含有钾、钠、钙、镁 4 种组分，主要用于地面水、饮用水等环境监测及相关分析测试中方法评价，质量控制、人员考核、资格认证、能力验证和技术仲裁等。

形态： 液体

包装规格： 30 mL 聚乙烯瓶

研制单位： 环境保护部标准样品研究所

2.2.1.16 水质 高锰酸盐指数标准样品（GSB Z 50025—94）

标准样品名称： 水质 高锰酸盐指数标准样品

英文名称： Water quality permanganate index CRM

国家标准样品编号： GSB Z 50025—94

适用范围： 主要用于地表水、地下水、饮用水、工业废水、生活污水等环境监测及相关分析测试中方法评价，质量控制、人员考核、资格认证、能力验证和技术仲裁等。

形态： 液体

包装规格： 20 mL 安瓿瓶

研制单位： 环境保护部标准样品研究所

2.2.1.17 水质 总氮标准样品（GSB Z 50026—94）

标准样品名称： 水质 总氮标准样品

英文名称： Water quality total nitrogen CRM

国家标准样品编号： GSB Z 50026—94

适用范围： 主要用于地表水、地下水、工业废水、生活污水等环境监测及相关分析测试中方法

评价，质量控制、人员考核、资格认证、能力验证和技术仲裁等。

形态：液体

包装规格：20 mL 安瓿瓶

研制单位：环境保护部标准样品研究所

2.2.1.18 水质 六价铬标准样品（GSB Z 50027—94）

标准样品名称：水质 六价铬标准样品

英文名称：Water quality Chromiun（Ⅵ）CRM

国家标准样品编号：GSB Z 50027—94

适用范围：主要用于地面水、工业废水等环境监测及相关分析测试中方法评价，质量控制、人员考核、资格认证、能力验证和技术仲裁等。

形态：液体

包装规格：20 mL 安瓿瓶

研制单位：环境保护部标准样品研究所

2.2.1.19 水质 磷酸盐标准样品（GSB Z 50028—94）

标准样品名称：水质 磷酸盐标准样品

英文名称：Water quality phosphate CRM

国家标准样品编号：GSB Z 50028—94

适用范围：主要用于地表水、地下水、生活饮用水等环境监测及相关分析测试中方法评价，质量控制、人员考核、资格认证、能力验证和技术仲裁等。

形态：液体

包装规格：20 mL 安瓿瓶

研制单位：环境保护部标准样品研究所

2.2.1.20 水质 钒标准样品（GSB Z 50029—94）

标准样品名称：水质 钒标准样品

英文名称：Water quality vanadium CRM

国家标准样品编号：GSB Z 50029—94

适用范围：主要用于地表水、地下水和生活饮用水等环境监测及相关分析测试中方法评价，质量控制、人员考核、资格认证、能力验证和技术仲裁等。

形态：液体

包装规格：20 mL 安瓿瓶

研制单位：环境保护部标准样品研究所

2.2.1.21 水质 钴标准样品（GSB Z 50030—94）

标准样品名称：水质 钴标准样品

英文名称：Water quality cobalt CRM

国家标准样品编号：GSB Z 50030—94

适用范围：主要用于地表水、地下水、工业废水、生活污水等环境监测及相关分析测试中方法评价，质量控制、人员考核、资格认证、能力验证和技术仲裁等。

形态：液体

包装规格：20 mL 安瓿瓶

研制单位：环境保护部标准样品研究所

2.2.1.22 水质 硒标准样品（GSB Z 50031—94）

标准样品名称：水质 硒标准样品

英文名称：Water quality selenium CRM

国家标准样品编号：GSB Z 50031—94

适用范围：主要用于地表水、地下水、饮用水、生活污水等环境监测及相关分析测试中方法评价，质量控制、人员考核、资格认证、能力验证和技术仲裁等。

形态：液体

包装规格：20 mL 安瓿瓶

研制单位：环境保护部标准样品研究所

2.2.1.23 水质 钼标准样品（GSB Z 50032—94）

标准样品名称：水质 钼标准样品

英文名称：Water quality molybdenum CRM

国家标准样品编号：GSB Z 50032—94

适用范围：主要用于地表水、工业废水等环境监测及相关分析测试中方法评价，质量控制、人员考核、资格认证、能力验证和技术仲裁等。

形态：液体

包装规格：20 mL 安瓿瓶

研制单位：环境保护部标准样品研究所

2.2.1.24 水质 总磷标准样品（GSB Z 50033—95）

标准样品名称：水质 总磷标准样品

英文名称：Water quality total phosphorus CRM

国家标准样品编号：GSB Z 50033—95

适用范围：主要用于地面水、生活污水、工业废水等环境监测及相关分析测试中方法评价，质量控制、人员考核、资格认证、能力验证和技术仲裁等。

形态：液体

包装规格：20 mL 安瓿瓶

研制单位：环境保护部标准样品研究所

2.2.1.25 水质 苯胺标准样品（GSB Z 50034—95）

标准样品名称：水质 苯胺标准样品

英文名称：Water quality aniline CRM

国家标准样品编号：GSB Z 50034—95

适用范围：主要用于地面水、工业废水等环境监测及相关分析测试中方法评价，质量控制、人员考核、资格认证、能力验证和技术仲裁等。

形态：液体

包装规格：20 mL 安瓿瓶

研制单位：环境保护部标准样品研究所

2.2.1.26 水质 硝基苯标准样品（GSB Z 50035—95）

标准样品名称：水质 硝基苯标准样品

英文名称： Water quality nitrobenzene CRM

国家标准样品编号： GSB Z 50035—95

适用范围： 主要用于地表水、工业废水、地下水、生活污水等环境监测及相关分析测试中方法评价，质量控制、人员考核、资格认证、能力验证和技术仲裁等。

形态： 液体

包装规格： 20 mL 安瓿瓶

研制单位： 环境保护部标准样品研究所

2.2.1.27　水质　银标准样品（GSB Z 50038—95）

标准样品名称： 水质　银标准样品

英文名称： Water quality silver CRM

国家标准样品编号： GSB Z 50038—95

适用范围： 主要用于污水排放等环境监测及相关分析测试中方法评价，质量控制、人员考核、资格认证、能力验证和技术仲裁等。

形态： 液体

包装规格： 20 mL 安瓿瓶

研制单位： 环境保护部标准样品研究所

2.2.1.28　水质　钡标准样品（GSB Z 50039—95）

标准样品名称： 水质　钡标准样品

英文名称： Water quality barium CRM

国家标准样品编号： GSB Z 50039—95

适用范围： 主要用于地表水、地下水、工业废水、生活污水等环境监测及相关分析测试中方法评价，质量控制、人员考核、资格认证、能力验证和技术仲裁等。

形态： 液体

包装规格： 20 mL 安瓿瓶

研制单位： 环境保护部标准样品研究所

2.2.1.29　水质　总铍标准样品（GSB 07-1178—2000）

标准样品名称： 水质　总铍标准样品

英文名称： Water quality total beryllium CRM

国家标准样品编号： GSB 07-1178—2000

适用范围： 主要用于地表水、污水等环境监测及相关分析测试中方法评价，质量控制、人员考核、资格认证、能力验证和技术仲裁等。

形态： 液体

包装规格： 20 mL 安瓿瓶

研制单位： 环境保护部标准样品研究所

2.2.1.30　水质　甲醛标准样品（GSB 07-1179—2000）

标准样品名称： 水质　甲醛标准样品

英文名称： Water quality formaldehyde CRM

国家标准样品编号： GSB 07-1179—2000

适用范围： 主要用于地表水、地下水、工业废水等环境监测及相关分析测试中方法评价，质量控制、人员考核、资格认证、能力验证和技术仲裁等。

形态：液体

包装规格：20 mL 安瓿瓶

研制单位：环境保护部标准样品研究所

2.2.1.31　水质　铜标准样品（GSB 07-1182—2000）

标准样品名称：水质　铜标准样品

英文名称：Water quality copper CRM

国家标准样品编号：GSB 07-1182—2000

适用范围：主要用于地表水、地下水、生活污水、工业废水等环境监测及相关分析测试中方法评价，质量控制、人员考核、资格认证、能力验证和技术仲裁等。

形态：液体

包装规格：20 mL 安瓿瓶

研制单位：环境保护部标准样品研究所

2.2.1.32　水质　铅标准样品（GSB 07-1183—2000）

标准样品名称：水质　铅标准样品

英文名称：Water quality lead CRM

国家标准样品编号：GSB 07-1183—2000

适用范围：主要用于地下水、地面水、废水等环境监测及相关分析测试中方法评价，质量控制、人员考核、资格认证、能力验证和技术仲裁等。

形态：液体

包装规格：20 mL 安瓿瓶

研制单位：环境保护部标准样品研究所

2.2.1.33　水质　锌标准样品（GSB 07-1184—2000）

标准样品名称：水质　锌标准样品

英文名称：Water quality zinc CRM

国家标准样品编号：GSB 07-1184—2000

适用范围：主要用于地下水、地面水、废水等环境监测及相关分析测试中方法评价，质量控制、人员考核、资格认证、能力验证和技术仲裁等。

形态：液体

包装规格：20 mL 安瓿瓶

研制单位：环境保护部标准样品研究所

2.2.1.34　水质　镉标准样品（GSB 07-1185—2000）

标准样品名称：水质　镉标准样品

英文名称：Water quality cadmium CRM

国家标准样品编号：GSB 07-1185—2000

适用范围：主要用于地下水、地面水、废水等环境监测及相关分析测试中方法评价，质量控制、人员考核、资格认证、能力验证和技术仲裁等。

形态：液体

包装规格：20 mL 安瓿瓶

研制单位：环境保护部标准样品研究所

2.2.1.35　水质　镍标准样品（GSB 07-1186—2000）

标准样品名称：水质　镍标准样品

英文名称：Water quality nickel CRM

国家标准样品编号：GSB 07-1186—2000

适用范围：主要用于工业废水等环境监测及相关分析测试中方法评价，质量控制、人员考核、资格认证、能力验证和技术仲裁等。

形态：液体

包装规格：20 mL 安瓿瓶

研制单位：环境保护部标准样品研究所

2.2.1.36　水质　总铬标准样品（GSB 07-1187—2000）

标准样品名称：水质　总铬标准样品

英文名称：Water quality total chromiun CRM

国家标准样品编号：GSB 07-1187—2000

适用范围：主要用于地面水、工业废水等环境监测及相关分析测试中方法评价，质量控制、人员考核、资格认证、能力验证和技术仲裁等。

形态：液体

包装规格：20 mL 安瓿瓶

研制单位：环境保护部标准样品研究所

2.2.1.37　水质　铁标准样品（GSB 07-1188—2000）

标准样品名称：水质　铁标准样品

英文名称：Water quality iron CRM

国家标准样品编号：GSB 07-1188—2000

适用范围：主要用于地表水、地下水、工业废水等环境监测及相关分析测试中方法评价，质量控制、人员考核、资格认证、能力验证和技术仲裁等。

形态：液体

包装规格：20 mL 安瓿瓶

研制单位：环境保护部标准样品研究所

2.2.1.38　水质　锰标准样品（GSB 07-1189—2000）

标准样品名称：水质　锰标准样品

英文名称：Water quality manganese CRM

国家标准样品编号：GSB 07-1189—2000

适用范围：主要用于地表水、地下水、工业废水等环境监测及相关分析测试中方法评价，质量控制、人员考核、资格认证、能力验证和技术仲裁等。

形态：液体

包装规格：20 mL 安瓿瓶

研制单位：环境保护部标准样品研究所

2.2.1.39　水质　钾标准样品（GSB 07-1190—2000）

标准样品名称：水质　钾标准样品

英文名称：Water quality potassium CRM

国家标准样品编号：GSB 07-1190—2000

适用范围：主要用于地面水、饮用水等环境监测及相关分析测试中方法评价，质量控制、人员考核、资格认证、能力验证和技术仲裁等。

形态：液体

包装规格：20 mL 安瓿瓶

研制单位：环境保护部标准样品研究所

2.2.1.40　水质　钠标准样品（GSB 07-1191—2000）

标准样品名称：水质　钠标准样品

英文名称：Water quality sodium CRM

国家标准样品编号：GSB 07-1191—2000

适用范围：主要用于地面水、饮用水等环境监测及相关分析测试中方法评价，质量控制、人员考核、资格认证、能力验证和技术仲裁等。

形态：液体

包装规格：30 mL 聚乙烯瓶

研制单位：环境保护部标准样品研究所

2.2.1.41　水质　钙标准样品（GSB 07-1192—2000）

标准样品名称：水质　钙标准样品

英文名称：Water quality calcium CRM

国家标准样品编号：GSB 07-1192—2000

适用范围：主要用于地下水、地面水、废水等环境监测及相关分析测试中方法评价，质量控制、人员考核、资格认证、能力验证和技术仲裁等。

形态：液体

包装规格：20 mL 安瓿瓶

研制单位：环境保护部标准样品研究所

2.2.1.42　水质　镁标准样品（GSB 07-1193—2000）

标准样品名称：水质　镁标准样品

英文名称：Water quality magnesium CRM

国家标准样品编号：GSB 07-1193—2000

适用范围：主要用于地下水、地面水、废水等环境监测及相关分析测试中方法评价，质量控制、人员考核、资格认证、能力验证和技术仲裁等。

形态：液体

包装规格：20 mL 安瓿瓶

研制单位：环境保护部标准样品研究所

2.2.1.43　水质　氟标准样品（GSB 07-1194—2000）

标准样品名称：水质　氟标准样品

英文名称：Water quality fluoride CRM

国家标准样品编号：GSB 07-1194—2000

适用范围：主要用于饮用水、地表水、地下水、工业废水等环境监测及相关分析测试中方法评价，质量控制、人员考核、资格认证、能力验证和技术仲裁等。

形态：液体

包装规格：20 mL 安瓿瓶

研制单位：环境保护部标准样品研究所

2.2.1.44　水质　氯标准样品（GSB 07-1195—2000）

标准样品名称：水质　氯标准样品

英文名称：Water quality chloride CRM

国家标准样品编号：GSB 07-1195—2000

适用范围：主要用于饮用水、地表水、地下水、工业废水等环境监测及相关分析测试中方法评价，质量控制、人员考核、资格认证、能力验证和技术仲裁等。

形态：液体

包装规格：20 mL 安瓿瓶

研制单位：环境保护部标准样品研究所

2.2.1.45　水质　硫酸盐标准样品（GSB 07-1196—2000）

标准样品名称：水质　硫酸盐标准样品

英文名称：Water quality sulfate CRM

国家标准样品编号：GSB 07-1196—2000

适用范围：主要用于地面水、地下水、含盐水、生活污水、工业废水等环境监测及相关分析测试中方法评价，质量控制、人员考核、资格认证、能力验证和技术仲裁等。

形态：液体

包装规格：20 mL 安瓿瓶

研制单位：环境保护部标准样品研究所

2.2.1.46　水质　阴离子表面活性剂标准样品（GSB 07-1197—2000）

标准样品名称：水质　阴离子表面活性剂标准样品

英文名称：Water quality anion surfactant CRM

国家标准样品编号：GSB 07-1197—2000

适用范围：主要用于饮用水、地面水、生活污水及工业废水等环境监测及相关分析测试中方法评价，质量控制、人员考核、资格认证、能力验证和技术仲裁等。

形态：液体

包装规格：20 mL 安瓿瓶

研制单位：环境保护部标准样品研究所

2.2.1.47　水质　硫化物标准样品（GSB 07-1373—2001）

标准样品名称：水质　硫化物标准样品

英文名称：Water quality sulfide CRM

国家标准样品编号：GSB 07-1373—2001

适用范围：主要用于地面水、地下水、生活污水、工业废水等环境监测及相关分析测试中方法评价，质量控制、人员考核、资格认证、能力验证和技术仲裁等。

形态：液体

包装规格：20 mL 安瓿瓶

研制单位：环境保护部标准样品研究所

2.2.1.48 水质 凯氏氮标准样品（GSB 07-1374—2001）

标准样品名称：水质 凯氏氮标准样品

英文名称：Water quality kjeldahl nitrogen CRM

国家标准样品编号：GSB 07-1374—2001

适用范围：主要用于地表水、水库、湖泊、工业废水等环境监测及相关分析测试中方法评价，质量控制、人员考核、资格认证、能力验证和技术仲裁等。

形态：液体

包装规格：20 mL 安瓿瓶

研制单位：环境保护部标准样品研究所

2.2.1.49 水质 铝标准样品（GSB 07-1375—2001）

标准样品名称：水质 铝标准样品

英文名称：Water quality aluminium CRM

国家标准样品编号：GSB 07-1375—2001

适用范围：主要用于工业废水等环境监测及相关分析测试中方法评价，质量控制、人员考核、资格认证、能力验证和技术仲裁等。

形态：液体

包装规格：30 mL 聚乙烯瓶

研制单位：环境保护部标准样品研究所

2.2.1.50 水质 锑标准样品（GSB 07-1376—2001）

标准样品名称：水质 锑标准样品

英文名称：Water quality stibium CRM

国家标准样品编号：GSB 07-1376—2001

适用范围：主要用于地表水、工业废水等环境监测及相关分析测试中方法评价，质量控制、人员考核、资格认证、能力验证和技术仲裁等。

形态：液体

包装规格：20 mL 安瓿瓶

研制单位：环境保护部标准样品研究所

2.2.1.51 水质 浊度标准样品（GSB 07-1377—2001）

标准样品名称：水质 浊度标准样品

英文名称：Water quality turbidity CRM

国家标准样品编号：GSB 07-1377—2001

适用范围：主要用于饮用水、天然水等环境监测及相关分析测试中方法评价，质量控制、人员考核、资格认证、能力验证和技术仲裁等。

形态：液体

包装规格：20 mL 安瓿瓶

研制单位：环境保护部标准样品研究所

2.2.1.52 水质 锂标准样品（GSB 07-1378—2001）

标准样品名称：水质 锂标准样品

英文名称： Water quality lithium CRM

国家标准样品编号： GSB 07-1378—2001

适用范围： 主要用于地表水、工业废水等环境监测及相关分析测试中方法评价，质量控制、人员考核、资格认证、能力验证和技术仲裁等。

形态： 液体

包装规格： 20 mL 安瓿瓶

研制单位： 环境保护部标准样品研究所

2.2.1.53 水质 锶标准样品（GSB 07-1379—2001）

标准样品名称： 水质 锶标准样品

英文名称： Water quality strontium CRM

国家标准样品编号： GSB 07-1379—2001

适用范围： 主要用于地表水、地下水、饮用矿泉水、海水和污水等环境监测及相关分析测试中方法评价，质量控制、人员考核、资格认证、能力验证和技术仲裁等。

形态： 液体

包装规格： 20 mL 安瓿瓶

研制单位： 环境保护部标准样品研究所

2.2.1.54 水质 溴标准样品（GSB 07-1380—2001）

标准样品名称： 水质 溴标准样品

英文名称： Water quality bromine CRM

国家标准样品编号： GSB 07-1380—2001

适用范围： 主要用于饮用水等环境监测及相关分析测试中方法评价，质量控制、人员考核、资格认证、能力验证和技术仲裁等。

形态： 液体

包装规格： 20 mL 安瓿瓶

研制单位： 环境保护部标准样品研究所

2.2.1.55 水质 总碱度、pH 混合标准样品（GSB 07-1382—2001）

标准样品名称： 水质 总碱度、pH 混合标准样品

英文名称： Water quality total alkalinity and pH mixture CRM

国家标准样品编号： GSB 07-1382—2001

适用范围： 主要用于地表水、废水等环境监测及相关分析测试中方法评价，质量控制、人员考核、资格认证、能力验证和技术仲裁等。

形态： 液体

包装规格： 20 mL 安瓿瓶

研制单位： 环境保护部标准样品研究所

2.2.1.56 水质 氟、氯、硫酸根与硝酸根混合标准样品（GSB 07-1381—2001）

标准样品名称： 水质 氟、氯、硫酸根与硝酸根混合标准样品

英文名称： Water quality fluorin，chlorine，sulfate，nitrate mixture CRM

国家标准样品编号： GSB 07-1381—2001

适用范围： 本标准样品为混合样品，其中含有氟化物、氯化物、硫酸根与硝酸根 4 种组分，主

要用于饮用水、地表水、地下水、工业废水等环境监测及相关分析测试中方法评价，质量控制、人员考核、资格认证、能力验证和技术仲裁等。

形态：液体

包装规格：20 mL 安瓿瓶

研制单位：环境保护部标准样品研究所

2.2.1.57　水质　总有机碳标准样品（GSB 07-1967—2005）

标准样品名称：水质　总有机碳标准样品

英文名称：Water quality total organic carbon（TOC）CRM

国家标准样品编号：GSB 07-1967—2005

适用范围：主要用于地表水、地下水、生活污水、工业废水等环境监测及相关分析测试中方法评价，质量控制、人员考核、资格认证、能力验证和技术仲裁等。

形态：液体

包装规格：20 mL 安瓿瓶

研制单位：环境保护部标准样品研究所

2.2.1.58　水质　铊标准样品（GSB 07-1978—2005）

标准样品名称：水质　铊标准样品

英文名称：Water quality thallium CRM

国家标准样品编号：GSB 07-1978—2005

适用范围：主要用于饮用水、地表水、工业废水等环境监测及相关分析测试中方法评价，质量控制、人员考核、资格认证、能力验证和技术仲裁等。

形态：液体

包装规格：20 mL 安瓿瓶

研制单位：环境保护部标准样品研究所

2.2.1.59　水质　钛环境标准样品　（GSB 07-1977—2005）

标准样品名称：水质　钛环境标准样品

英文名称：Water quality titanium CRM

国家标准样品编号：GSB 07-1977—2005

适用范围：主要用于地表水、工业废水等环境监测及相关分析测试中方法评价，质量控制、人员考核、资格认证、能力验证和技术仲裁等。

形态：液体

包装规格：20 mL 安瓿瓶

研制单位：环境保护部标准样品研究所

2.2.1.60　水质　硼标准样品（GSB 07-1979—2005）

标准样品名称：水质　硼标准样品

英文名称：Water quality boron CRM

国家标准样品编号：GSB 07-1979—2005

适用范围：主要用于地下水、城市污水等环境监测及相关分析测试中方法评价，质量控制、人员考核、资格认证、能力验证和技术仲裁等。

形态：液体

包装规格： 30 mL 聚乙烯瓶

研制单位： 环境保护部标准样品研究所

2.2.1.61 水质电导率标准样品 A（GSB 07-2244—2008）

标准样品名称： 水质电导率标准样品 A

英文名称： Water quality conductivity A CRM

国家标准样品编号： GSB 07-2244—2008

适用范围： 主要用于大气降水、地表水、地下水等环境监测及相关分析测试中方法评价，质量控制、人员考核、资格认证、能力验证和技术仲裁等。

形态： 液体

包装规格： 30 mL 聚乙烯瓶

研制单位： 环境保护部标准样品研究所

2.2.1.62 水质电导率标准样品 B（GSB 07-2245—2008）

标准样品名称： 水质电导率标准样品 B

英文名称： Water quality conductivity B CRM

国家标准样品编号： GSB 07-2245—2008

适用范围： 主要用于大气降水、地表水、地下水等环境监测及相关分析测试中方法评价，质量控制、人员考核、资格认证、能力验证和技术仲裁等。

形态： 液体

包装规格： 30 mL 聚乙烯瓶

研制单位： 环境保护部标准样品研究所

2.2.1.63 水质 pH 和电导率混合标准样品（GSB 07-2559—2010）

标准样品名称： 水质 pH 和电导率混合标准样品

英文名称： Water quality pH - Conductivity CRM

国家标准样品编号： GSB 07-2559—2010

适用范围： 本标准样品为 pH 和电导率的混合样品，主要用于大气降水、地表水、地下水等环境监测及相关分析测试中方法评价，质量控制、人员考核、资格认证、能力验证和技术仲裁等。

形态： 液体

包装规格： 30 mL 聚乙烯瓶

研制单位： 环境保护部标准样品研究所

2.2.2 空气监测标样（水剂）

2.2.2.1 氮氧化物（水剂）标准样品（GSB Z 50036—95）

标准样品名称： 氮氧化物（水剂）标准样品

英文名称： Water Quality nitrogen oxides CRM

国家标准样品编号： GSB Z 50036—95

适用范围： 主要用于大气、地表水、地下水、生活饮用水等环境监测及相关分析测试中方法评价，质量控制、能力验证和技术仲裁。

形态： 液体

包装规格： 20 mL 安瓿瓶

研制单位：环境保护部标准样品研究所

2.2.2.2 二氧化硫（水剂）标准样品（GSB Z 50037—95）

标准样品名称：二氧化硫（水剂）标准样品

英文名称：Water Quality Sulfur dioxide CRM

国家标准样品编号：GSB Z 50037—95

适用范围：主要用于大气、地表水、地下水、生活饮用水等环境监测及相关分析测试中方法评价，质量控制、能力验证和技术仲裁。

形态：液体

包装规格：20 mL 安瓿瓶

研制单位：环境保护部标准样品研究所

2.2.2.3 酸雨标准样品 A（GSB 07-2241—2008）

标准样品名称：酸雨标准样品 A

英文名称：Acid rain A CRM

国家标准样品编号：GSB 07-2241—2008

适用范围：本标准样品为模拟酸雨，含有 pH、电导率、钾、钠、钙、镁、铵、氯、硝酸盐、硫酸盐 10 种组分，主要用于酸雨监测及相关分析测试中方法评价，质量控制、人员考核、资格认证、能力验证和技术仲裁等。

形态：液体

包装规格：30 mL 聚乙烯瓶

研制单位：环境保护部标准样品研究所

2.2.2.4 酸雨标准样品 B（GSB 07-2242—2008）

标准样品名称：酸雨标准样品 B

英文名称：Acid rain B CRM

国家标准样品编号：GSB 07-2242—2008

适用范围：本标准样品为模拟酸雨，含有 pH、电导率、钾、钠、钙、镁、铵、氯、硝酸盐、硫酸盐 10 种组分，主要用于酸雨监测及相关分析测试中方法评价，质量控制、人员考核、资格认证、能力验证和技术仲裁等。

形态：液体

包装规格：30 mL 聚乙烯瓶

研制单位：环境保护部标准样品研究所

2.2.2.5 酸雨标准样品 C（GSB 07-2243—2008）

标准样品名称：酸雨标准样品 C

英文名称：Acid rain C CRM

国家标准样品编号：GSB 07-2243—2008

适用范围：本标准样品为模拟酸雨，含有 pH、电导率、钾、钠、钙、镁、铵、氯、硝酸盐、硫酸盐 10 种组分，主要用于酸雨监测及相关分析测试中方法评价，质量控制、人员考核、资格认证、能力验证和技术仲裁等。

形态：液体

包装规格：30 mL 聚乙烯瓶

研制单位：环境保护部标准样品研究所

2.2.3　有机物监测标样

2.2.3.1　甲醇中苯标准样品（GSB 07-1021—1999）

标准样品名称：甲醇中苯标准样品

英文名称：Benzene in methanol CRM

国家标准样品编号：GSB 07-1021—1999

适用范围：主要用于有机污染物监测及相关分析测试中方法评价，质量控制、人员考核、资格认证、能力验证和技术仲裁等。

形态：液体

包装规格：1.2 mL 安瓿瓶

研制单位：环境保护部标准样品研究所

2.2.3.2　甲醇中甲苯标准样品（GSB 07-1022—1999）

标准样品名称：甲醇中甲苯标准样品

英文名称：Methylbenzene in methanol CRM

国家标准样品编号：GSB 07-1022—1999

适用范围：主要用于有机污染物监测及相关分析测试中方法评价，质量控制、人员考核、资格认证、能力验证和技术仲裁等。

形态：液体

包装规格：1.2 mL 安瓿瓶

研制单位：环境保护部标准样品研究所

2.2.3.3　甲醇中乙苯标准样品（GSB 07-1023—1999）

标准样品名称：甲醇中乙苯标准样品

英文名称：Ethylbenzene in methanol CRM

国家标准样品编号：GSB 07-1023—1999

适用范围：主要用于有机污染物监测及相关分析测试中方法评价，质量控制、人员考核、资格认证、能力验证和技术仲裁等。

形态：液体

包装规格：1.2 mL 安瓿瓶

研制单位：环境保护部标准样品研究所

2.2.3.4　甲醇中对二甲苯标准样品（GSB 07-1024—1999）

标准样品名称：甲醇中对二甲苯标准样品

英文名称：*p* - Xylene in methanol CRM

国家标准样品编号：GSB 07-1024—1999

适用范围：主要用于有机污染物监测及相关分析测试中方法评价，质量控制、人员考核、资格认证、能力验证和技术仲裁等。

形态：液体

包装规格：1.2 mL 安瓿瓶

研制单位：环境保护部标准样品研究所

2.2.3.5　甲醇中间二甲苯标准样品（GSB 07-1025—1999）

标准样品名称：甲醇中间二甲苯标准样品

英文名称：*m* - Xylene in methanol CRM

国家标准样品编号：GSB 07-1025—1999

适用范围：主要用于有机污染物监测及相关分析测试中方法评价，质量控制、人员考核、资格认证、能力验证和技术仲裁等。

形态：液体

包装规格：1.2 mL 安瓿瓶

研制单位：环境保护部标准样品研究所

2.2.3.6　甲醇中邻二甲苯标准样品（GSB 07-1026—1999）

标准样品名称：甲醇中邻二甲苯标准样品

英文名称：*o* - Xylene in methanol CRM

国家标准样品编号：GSB 07-1026—1999

适用范围：主要用于有机污染物监测及相关分析测试中方法评价，质量控制、人员考核、资格认证、能力验证和技术仲裁等。

形态：液体

包装规格：1.2 mL 安瓿瓶

研制单位：环境保护部标准样品研究所

2.2.3.7　甲醇中异丙苯标准样品（GSB 07-1027—1999）

标准样品名称：甲醇中异丙苯标准样品

英文名称：Cumol in methanol CRM

国家标准样品编号：GSB 07-1027—1999

适用范围：主要用于有机污染物监测及相关分析测试中方法评价，质量控制、人员考核、资格认证、能力验证和技术仲裁等。

形态：液体

包装规格：1.2 mL 安瓿瓶

研制单位：环境保护部标准样品研究所

2.2.3.8　甲醇中苯乙烯标准样品（GSB 07-1028—1999）

标准样品名称：甲醇中苯乙烯标准样品

英文名称：Cinnamene in methanol CRM

国家标准样品编号：GSB 07-1028—1999

适用范围：主要用于有机污染物监测及相关分析测试中方法评价，质量控制、人员考核、资格认证、能力验证和技术仲裁等。

形态：液体

包装规格：1.2 mL 安瓿瓶

研制单位：环境保护部标准样品研究所

2.2.3.9　甲醇中邻苯二甲酸二甲酯标准样品（GSB 07-1029—1999）

标准样品名称：甲醇中邻苯二甲酸二甲酯标准样品

英文名称：Dimethyl phthalate in methanol CRM

国家标准样品编号：GSB 07-1029—1999

适用范围：主要用于有机污染物监测及相关分析测试中方法评价，质量控制、人员考核、资格认证、能力验证和技术仲裁等。

形态：液体

包装规格：1.2 mL 安瓿瓶

研制单位：环境保护部标准样品研究所

2.2.3.10　甲醇中邻苯二甲酸二丁酯标准样品（GSB 07-1030—1999）

标准样品名称：甲醇中邻苯二甲酸二丁酯标准样品

英文名称：Dibutyl phthalate in methanol CRM

国家标准样品编号：GSB 07-1030—1999

适用范围：主要用于有机污染物监测及相关分析测试中方法评价，质量控制、人员考核、资格认证、能力验证和技术仲裁等。

形态：液体

包装规格：1.2 mL 安瓿瓶

研制单位：环境保护部标准样品研究所

2.2.3.11　甲醇中邻苯二甲酸二辛酯标准样品（GSB 07-1031—1999）

标准样品名称：甲醇中邻苯二甲酸二辛酯标准样品

英文名称：Dioctyl phthalate in methanol CRM

国家标准样品编号：GSB 07-1031—1999

适用范围：主要用于有机污染物监测及相关分析测试中方法评价，质量控制、人员考核、资格认证、能力验证和技术仲裁等。

形态：液体

包装规格：1.2 mL 安瓿瓶

研制单位：环境保护部标准样品研究所

2.2.3.12　甲醇中 1,2-二氯苯标准样品（GSB 07-1032—1999）

标准样品名称：甲醇中 1,2-二氯苯标准样品

英文名称：*o* - Dichlorobenzene in methanol CRM

国家标准样品编号：GSB 07-1032—1999

适用范围：主要用于有机污染物监测及相关分析测试中方法评价，质量控制、人员考核、资格认证、能力验证和技术仲裁等。

形态：液体

包装规格：1.2 mL 安瓿瓶

研制单位：环境保护部标准样品研究所

2.2.3.13　甲醇中 1,3-二氯苯标准样品（GSB 07-1033—1999）

标准样品名称：甲醇中 1,3-二氯苯标准样品

英文名称：*m* - Dichlorobenzene in methanol CRM

国家标准样品编号：GSB 07-1033—1999

适用范围：主要用于有机污染物监测及相关分析测试中方法评价，质量控制、人员考核、资格认证、能力验证和技术仲裁等。

形态：液体

包装规格：1.2 mL 安瓿瓶

研制单位：环境保护部标准样品研究所

2.2.3.14 甲醇中六氯苯标准样品（GSB 07-1034—1999）

标准样品名称：甲醇中六氯苯标准样品

英文名称：Hexachlorobenzene in methanol CRM

国家标准样品编号：GSB 07-1034—1999

适用范围：主要用于有机污染物监测及相关分析测试中方法评价，质量控制、人员考核、资格认证、能力验证和技术仲裁等。

形态：液体

包装规格：1.2 mL 安瓿瓶

研制单位：环境保护部标准样品研究所

2.2.3.15 甲醇中苯胺标准样品（GSB 07-1035—1999）

标准样品名称：甲醇中苯胺标准样品

英文名称：Aniline in methanol CRM

国家标准样品编号：GSB 07-1035—1999

适用范围：主要用于有机污染物监测及相关分析测试中方法评价，质量控制、人员考核、资格认证、能力验证和技术仲裁等。

形态：液体

包装规格：1.2 mL 安瓿瓶

研制单位：环境保护部标准样品研究所

2.2.3.16 甲醇中对硝基苯胺标准样品（GSB 07-1036—1999）

标准样品名称：甲醇中对硝基苯胺标准样品

英文名称：*p* - Nitroaniline in methanol CRM

国家标准样品编号：GSB 07-1036—1999

适用范围：主要用于有机污染物监测及相关分析测试中方法评价，质量控制、人员考核、资格认证、能力验证和技术仲裁等。

形态：液体

包装规格：1.2 mL 安瓿瓶

研制单位：环境保护部标准样品研究所

2.2.3.17 甲醇中对硝基苯酚标准样品（GSB 07-1037—1999）

标准样品名称：甲醇中对硝基苯酚标准样品

英文名称：*p* - Nitrophenol in methanol CRM

国家标准样品编号：GSB 07-1037—1999

适用范围：主要用于有机污染物监测及相关分析测试中方法评价，质量控制、人员考核、资格认证、能力验证和技术仲裁等。

形态：液体

包装规格：1.2 mL 安瓿瓶

研制单位：环境保护部标准样品研究所

2.2.3.18　甲醇中对甲基苯酚标准样品（GSB 07-1038—1999）

标准样品名称：甲醇中对甲基苯酚标准样品

英文名称：*p* - Cresol in methanol CRM

国家标准样品编号：GSB 07-1038—1999

适用范围：主要用于有机污染物监测及相关分析测试中方法评价，质量控制、人员考核、资格认证、能力验证和技术仲裁等。

形态：液体

包装规格：1.2 mL 安瓿瓶

研制单位：环境保护部标准样品研究所

2.2.3.19　甲醇中五氯苯酚标准样品（GSB 07-1039—1999）

标准样品名称：甲醇中五氯苯酚标准样品

英文名称：Pentachlorphenol in methanol CRM

国家标准样品编号：GSB 07-1039—1999

适用范围：主要用于有机污染物监测及相关分析测试中方法评价，质量控制、人员考核、资格认证、能力验证和技术仲裁等。

形态：液体

包装规格：1.2 mL 安瓿瓶

研制单位：环境保护部标准样品研究所

2.2.3.20　丙酮中苯并[*b*]荧蒽标准样品（GSB 07-1040—1999）

标准样品名称：丙酮中苯并[*b*]荧蒽标准样品

英文名称：Benzo [*b*] fluoranthene in acetone CRM

国家标准样品编号：GSB 07-1040—1999

适用范围：主要用于有机污染物监测及相关分析测试中方法评价，质量控制、能力验证和技术仲裁。

形态：液体

包装规格：1.2 mL 安瓿瓶

研制单位：环境保护部标准样品研究所

2.2.3.21　丙酮中苯并 [*k*]荧蒽标准样品（GSB 07-1041—1999）

标准样品名称：丙酮中苯并 [*k*]荧蒽标准样品

英文名称：Benzo [*k*] fluoranthene in acetone CRM

国家标准样品编号：GSB 07-1041—1999

适用范围：主要用于有机污染物监测及相关分析测试中方法评价，质量控制、能力验证和技术仲裁。

形态：液体

包装规格：1.2 mL 安瓿瓶

研制单位：环境保护部标准样品研究所

2.2.3.22　丙酮中苯并 [*g,h,i*]苝标准样品（GSB 07-1042—1999）

标准样品名称：丙酮中苯并 [*g,h,i*]苝标准样品

英文名称：Benzo [*g,h,i*] perylene in acetone CRM

国家标准样品编号：GSB 07-1042—1999

适用范围：主要用于有机污染物监测及相关分析测试中方法评价，质量控制、能力验证和技术仲裁。

形态：液体

包装规格：1.2 mL 安瓿瓶

研制单位：环境保护部标准样品研究所

2.2.3.23　甲醇中苯系物混合标准样品（GSB 07-1043—1999）

标准样品名称：甲醇中苯系物混合标准样品

英文名称：Benzene and its analogies in methanol mixture CRM

国家标准样品编号：GSB 07-1043—1999

适用范围：本标准样品含有苯、甲苯、乙苯、对二甲苯、间二甲苯、邻二甲苯、苯乙烯 7 种组分，主要用于有机污染物监测及相关分析测试中方法评价，质量控制、能力验证和技术仲裁。

形态：液体

包装规格：1.2 mL 安瓿瓶

研制单位：环境保护部标准样品研究所

2.2.3.24　甲醇中氯代苯类混合（I）标准样品（GSB 07-1044—1999）

标准样品名称：甲醇中氯代苯类混合（I）标准样品

英文名称：Chlorobenzene（4 components）in methanol mixture I CRM

国家标准样品编号：GSB 07-1044—1999

适用范围：本标准样品含有氯苯、邻二氯苯、对二氯苯和 1,2,4-三氯苯 4 种组分，主要用于有机污染物监测及相关分析测试中方法评价，质量控制、能力验证和技术仲裁。

形态：液体

包装规格：1.2 mL 安瓿瓶

研制单位：环境保护部标准样品研究所

2.2.3.25　甲醇中酚类混合标准样品（GSB 07-1045—1999）

标准样品名称：甲醇中酚类混合标准样品

英文名称：Phenols in methanol mixture CRM

国家标准样品编号：GSB 07-1045—1999

适用范围：本标准样品含有苯酚、间甲酚、2,4-二氯酚、2,4,6-三氯酚 4 种组分，主要用于有机污染物监测及相关分析测试中方法评价，质量控制、人员考核、资格认证、能力验证和技术仲裁等。

形态：液体

包装规格：1.2 mL 安瓿瓶

研制单位：环境保护部标准样品研究所

2.2.3.26　甲醇中多环芳烃混合标准样品（GSB 07-1046—1999）

标准样品名称：甲醇中多环芳烃混合标准样品

英文名称：PAHs in methanol mixture CRM

国家标准样品编号：GSB 07-1046—1999

适用范围：本标准样品含有芴、菲、荧蒽 3 种组分，主要用于有机污染物监测及相关分析测试中方法评价，质量控制、人员考核、资格认证、能力验证和技术仲裁等。

形态：液体

包装规格：1.2 mL 安瓿瓶

研制单位：环境保护部标准样品研究所

2.2.3.27 二硫化碳中丙烯腈标准样品（GSB 07-1180—2000）

标准样品名称：二硫化碳中丙烯腈标准样品

英文名称：Cyano - ethylene in carbon bisulfide CRM

国家标准样品编号：GSB 07-1180—2000

适用范围：主要用于有机污染物监测及相关分析测试中方法评价，质量控制、人员考核、资格认证、能力验证和技术仲裁等。

形态：液体

包装规格：1.2 mL 安瓿瓶

研制单位：环境保护部标准样品研究所

2.2.3.28 四氯化碳中矿物油标准样品（GSB 07-1198—2000）

标准样品名称：四氯化碳中矿物油标准样品

英文名称：Mineral oil in carbon tetrachloride CRM

国家标准样品编号：GSB 07-1198—2000

适用范围：主要用于有机污染物监测及相关分析测试中方法评价，质量控制、人员考核、资格认证、能力验证和技术仲裁等。

形态：液体

包装规格：10 mL 安瓿瓶

研制单位：环境保护部标准样品研究所

2.2.3.29 异辛烷中α - 六六六标准样品（GSB 07-1387—2001）

标准样品名称：异辛烷中α - 六六六标准样品

英文名称：α - BHC in isooctane CRM

国家标准样品编号：GSB 07-1387—2001

适用范围：主要用于有机污染物监测及相关分析测试中方法评价，质量控制、人员考核、资格认证、能力验证和技术仲裁等。

形态：液体

包装规格：1.2 mL 安瓿瓶

研制单位：环境保护部标准样品研究所

2.2.3.30 异辛烷中β - 六六六标准样品（GSB 07-1388—2001）

标准样品名称：异辛烷中β - 六六六标准样品

英文名称：β - BHC in isooctane CRM

国家标准样品编号：GSB 07-1388—2001

适用范围：主要用于有机污染物监测及相关分析测试中方法评价，质量控制、人员考核、资格认证、能力验证和技术仲裁等。

形态：液体

包装规格：1.2 mL 安瓿瓶

研制单位：环境保护部标准样品研究所

2.2.3.31 异辛烷中γ - 六六六标准样品（GSB 07-1389—2001）

标准样品名称：异辛烷中γ - 六六六标准样品

英文名称：γ - BHC in isooctane CRM

国家标准样品编号：GSB 07-1389—2001

适用范围：主要用于有机污染物监测及相关分析测试中方法评价，质量控制、人员考核、资格认证、能力验证和技术仲裁等。

形态：液体

包装规格：1.2 mL 安瓿瓶

研制单位：环境保护部标准样品研究所

2.2.3.32 异辛烷中δ - 六六六标准样品（GSB 07-1390—2001）

标准样品名称：异辛烷中δ - 六六六标准样品

英文名称：δ - BHC in isooctane CRM

国家标准样品编号：GSB 07-1390—2001

适用范围：主要用于有机污染物监测及相关分析测试中方法评价，质量控制、人员考核、资格认证、能力验证和技术仲裁等。

形态：液体

包装规格：1.2 mL 安瓿瓶

研制单位：环境保护部标准样品研究所

2.2.3.33 异辛烷中 *p,p′*-DDE 标准样品（GSB 07-1391—2001）

标准样品名称：异辛烷中 *p,p′*-DDE 标准样品

英文名称：*p,p′*-DDE in isooctane CRM

国家标准样品编号：GSB 07-1391—2001

适用范围：主要用于有机污染物监测及相关分析测试中方法评价，质量控制、人员考核、资格认证、能力验证和技术仲裁等。

形态：液体

包装规格：1.2 mL 安瓿瓶

研制单位：环境保护部标准样品研究所

2.2.3.34 异辛烷中 *p,p′*-DDD 标准样品（GSB 07-1392—2001）

标准样品名称：异辛烷中 *p,p′*-DDD 标准样品

英文名称：*p,p′*-DDD in isooctane CRM

国家标准样品编号：GSB 07-1392—2001

适用范围：主要用于有机污染物监测及相关分析测试中方法评价，质量控制、人员考核、资格认证、能力验证和技术仲裁等。

形态：液体

包装规格：1.2 mL 安瓿瓶

研制单位：环境保护部标准样品研究所

2.2.3.35 异辛烷中 *p,p′*-DDT 标准样品（GSB 07-1393—2001）

标准样品名称：异辛烷中 *p,p′*-DDT 标准样品

英文名称：*p,p′*-DDT in isooctane CRM

国家标准样品编号： GSB 07-1393—2001

适用范围： 主要用于有机污染物监测及相关分析测试中方法评价，质量控制、人员考核、资格认证、能力验证和技术仲裁等。

形态： 液体

包装规格： 1.2 mL 安瓿瓶

研制单位： 环境保护部标准样品研究所

2.2.3.36　异辛烷中 *o,p'*-DDT 标准样品（GSB 07-1394—2001）

标准样品名称： 异辛烷中 *o,p'*-DDT 标准样品

英文名称： *o,p'*-DDT in isooctane CRM

国家标准样品编号： GSB 07-1394—2001

适用范围： 主要用于有机污染物监测及相关分析测试中方法评价，质量控制、人员考核、资格认证、能力验证和技术仲裁等。

形态： 液体

包装规格： 1.2 mL 安瓿瓶

研制单位： 环境保护部标准样品研究所

2.2.3.37　异辛烷中有机氯农药混合标准样品（GSB 07-1395—2001）

标准样品名称： 异辛烷中有机氯农药混合标准样品

英文名称： Organo - chlorine pesticide in isooctane mixture CRM

国家标准样品编号： GSB 07-1395—2001

适用范围： 本标准样品含有α、β、γ、δ - 六六六、*p*，*p'*-DDE、*p*，*p'*-DDT、*o*，*p'*-DDT、*p*，*p'*-DDD 8 种组分，主要用于有机污染物监测及相关分析测试中方法评价，质量控制、人员考核、资格认证、能力验证和技术仲裁等。

形态： 液体

包装规格： 1.2 mL 安瓿瓶

研制单位： 环境保护部标准样品研究所

2.2.3.38　三氯甲烷中敌敌畏标准样品（GSB 07-1396—2001）

标准样品名称： 三氯甲烷中敌敌畏标准样品

英文名称： Dichlorvos in chloroform CRM

国家标准样品编号： GSB 07-1396—2001

适用范围： 主要用于有机污染物监测及相关分析测试中方法评价，质量控制、人员考核、资格认证、能力验证和技术仲裁等。

形态： 液体

包装规格： 1.2 mL 安瓿瓶

研制单位： 环境保护部标准样品研究所

2.2.3.39　三氯甲烷中甲基对硫磷标准样品（GSB 07-1397—2001）

标准样品名称： 三氯甲烷中甲基对硫磷标准样品

英文名称： Methyl parathion in chloroform CRM

国家标准样品编号： GSB 07-1397—2001

适用范围： 主要用于有机污染物监测及相关分析测试中方法评价，质量控制、人员考核、资格

认证、能力验证和技术仲裁等。

形态：液体

包装规格：1.2 mL 安瓿瓶

研制单位：环境保护部标准样品研究所

2.2.3.40 三氯甲烷中对硫磷标准样品（GSB 07-1398—2001）

标准样品名称：三氯甲烷中对硫磷标准样品

英文名称：Parathion in chloroform CRM

国家标准样品编号：GSB 07-1398—2001

适用范围：主要用于有机污染物监测及相关分析测试中方法评价，质量控制、人员考核、资格认证、能力验证和技术仲裁等。

形态：液体

包装规格：1.2 mL 安瓿瓶

研制单位：环境保护部标准样品研究所

2.2.3.41 三氯甲烷中马拉硫磷标准样品（GSB 07-1399—2001）

标准样品名称：三氯甲烷中马拉硫磷标准样品

英文名称：Carbofos in chloroform CRM

国家标准样品编号：GSB 07-1399—2001

适用范围：主要用于有机污染物监测及相关分析测试中方法评价，质量控制、人员考核、资格认证、能力验证和技术仲裁等。

形态：液体

包装规格：1.2 mL 安瓿瓶

研制单位：环境保护部标准样品研究所

2.2.3.42 三氯甲烷中 5 种有机磷农药混合标准样品（GSB 07-1400—2001）

标准样品名称：三氯甲烷中 5 种有机磷农药混合标准样品

英文名称：Organophosphorus pesticide in chloroform mixture CRM

国家标准样品编号：GSB 07-1400—2001

适用范围：本标准样品含有马拉硫磷、对硫磷、甲基对硫磷、敌敌畏、乐果 5 种组分，主要用于有机污染物监测及相关分析测试中方法评价，质量控制、人员考核、资格认证、能力验证和技术仲裁等。

形态：液体

包装规格：1.2 mL 安瓿瓶

研制单位：环境保护部标准样品研究所

2.2.3.43 甲醇中 5 种有机磷农药混合标准样品（GSB 07-1401—2001）

标准样品名称：甲醇中 5 种有机磷农药混合标准样品

英文名称：Organophosphorus pesticide in methanol mixture CRM

国家标准样品编号：GSB 07-1401—2001

适用范围：本标准样品含有马拉硫磷、对硫磷、甲基对硫磷、敌敌畏、乐果 5 种组分，主要用于有机污染物监测及相关分析测试中方法评价，质量控制、人员考核、资格认证、能力验证和技术仲裁等。

形态：液体

包装规格：1.2 mL 安瓿瓶

研制单位：环境保护部标准样品研究所

2.2.3.44　二硫化碳中苯系物混合标准样品（GSB 07-1402—2001）

标准样品名称：二硫化碳中苯系物混合标准样品

英文名称：Benzene and its analogies in carbon bisulfide mixture CRM

国家标准样品编号：GSB 07-1402—2001

适用范围：本标准样品含有苯、甲苯、乙苯、苯乙烯、对二甲苯、间二甲苯、邻二甲苯 7 种组分，主要用于有机污染物监测及相关分析测试中方法评价，质量控制、人员考核、资格认证、能力验证和技术仲裁等。

形态：液体

包装规格：1.2 mL 安瓿瓶

研制单位：环境保护部标准样品研究所

2.2.3.45　甲醇中挥发性卤代烃混合（I）标准样品（GSB 07-1403—2001）

标准样品名称：甲醇中挥发性卤代烃混合（I）标准样品

英文名称：Volatile halohydrocarbon（5 components）in methanol mixture I CRM

国家标准样品编号：GSB 07-1403—2001

适用范围：本标准样品含有三溴甲烷、三氯甲烷、四氯化碳、三氯乙烯、四氯乙烯 5 种组分，主要用于有机污染物监测及相关分析测试中方法评价，质量控制、人员考核、资格认证、能力验证和技术仲裁等。

形态：液体

包装规格：1.2 mL 安瓿瓶

研制单位：环境保护部标准样品研究所

2.2.3.46　甲醇中邻苯二甲酸二（2-乙基己基）酯（GSB 07-1404—2001）

标准样品名称：甲醇中邻苯二甲酸二（2-乙基己基）酯

英文名称：Bis（2-ethylhexyl）phthalate in methanol CRM

国家标准样品编号：GSB 07-1404—2001

适用范围：主要用于有机污染物监测及相关分析测试中方法评价，质量控制、人员考核、资格认证、能力验证和技术仲裁等。

形态：液体

包装规格：1.2 mL 安瓿瓶

研制单位：环境保护部标准样品研究所

2.2.3.47　水质　阿特拉津标准样品（GSB 07-1502—2002）

标准样品名称：水质　阿特拉津标准样品

英文名称：Atrazine in methanol CRM

国家标准样品编号：GSB 07-1502—2002

适用范围：主要用于有机污染物监测及相关分析测试中方法评价，质量控制、人员考核、资格认证、能力验证和技术仲裁等。

形态：液体

包装规格：1.2 mL 安瓿瓶

研制单位：环境保护部标准样品研究所

2.2.3.48 甲醇中 1,4-二氯苯标准样品（GSB 07-1968—2005）

标准样品名称：甲醇中 1,4-二氯苯标准样品

英文名称：*p* - Dichlorobenzene in methanol CRM

国家标准样品编号：GSB 07-1968—2005

适用范围：主要用于有机污染物监测及相关分析测试中方法评价，质量控制、人员考核、资格认证、能力验证和技术仲裁等。

形态：液体

包装规格：1.2 mL 安瓿瓶

研制单位：环境保护部标准样品研究所

2.2.3.49 甲醇中 1,2,3-三氯苯标准样品（GSB 07-1969—2005）

标准样品名称：甲醇中 1,2,3-三氯苯标准样品

英文名称：1,2,3-Trichlorobenzene in methanol CRM

国家标准样品编号：GSB 07-1969—2005

适用范围：主要用于有机污染物监测及相关分析测试中方法评价，质量控制、人员考核、资格认证、能力验证和技术仲裁等。

形态：液体

包装规格：1.2 mL 安瓿瓶

研制单位：环境保护部标准样品研究所

2.2.3.50 甲醇中 1,2,4-三氯苯标准样品（GSB 07-1970—2005）

标准样品名称：甲醇中 1,2,4-三氯苯标准样品

英文名称：1,2,4-Trichlorobenzene in methanol CRM

国家标准样品编号：GSB 07-1970—2005

适用范围：主要用于有机污染物监测及相关分析测试中方法评价，质量控制、人员考核、资格认证、能力验证和技术仲裁等。

形态：液体

包装规格：1.2 mL 安瓿瓶

研制单位：环境保护部标准样品研究所

2.2.3.51 甲醇中 1,2,4,5-四氯苯标准样品（GSB 07-1971—2005）

标准样品名称：甲醇中 1,2,4,5-四氯苯标准样品

英文名称：1,2,4,5-Tetrachlorobenzene in methanol CRM

国家标准样品编号：GSB 07-1971—2005

适用范围：主要用于有机污染物监测及相关分析测试中方法评价，质量控制、人员考核、资格认证、能力验证和技术仲裁等。

形态：液体

包装规格：1.2 mL 安瓿瓶

研制单位：环境保护部标准样品研究所

2.2.3.52　甲醇中 1,2,3,4-四氯苯标准样品（GSB 07-1972—2005）

标准样品名称：甲醇中 1,2,3,4-四氯苯标准样品

英文名称：1,2,3,4-Tetrachlorobenzene in methanol CRM

国家标准样品编号：GSB 07-1972—2005

适用范围：主要用于有机污染物监测及相关分析测试中方法评价，质量控制、人员考核、资格认证、能力验证和技术仲裁等。

形态：液体

包装规格：1.2 mL 安瓿瓶

研制单位：环境保护部标准样品研究所

2.2.3.53　甲醇中五氯苯标准样品（GSB 07-1973—2005）

标准样品名称：甲醇中五氯苯标准样品

英文名称：Pentachlorobenzene in methanol CRM

国家标准样品编号：GSB 07-1973—2005

适用范围：主要用于有机污染物监测及相关分析测试中方法评价，质量控制、人员考核、资格认证、能力验证和技术仲裁等。

形态：液体

包装规格：1.2 mL 安瓿瓶

研制单位：环境保护部标准样品研究所

2.2.3.54　甲醇中氯代苯类混合（II）标准样品（GSB 07-1974—2005）

标准样品名称：甲醇中氯代苯类混合（Ⅱ）标准样品

英文名称：Chlorobenzene（4 components）in methanol mixture Ⅱ CRM

国家标准样品编号：GSB 07-1974—2005

适用范围：本标准样品含有 1,2-二氯苯、1,3-二氯苯、1,4-二氯苯、1,2,4-三氯苯 4 种组分，主要用于有机污染物监测及相关分析测试中方法评价，质量控制、能力验证和技术仲裁。

形态：液体

包装规格：1.2 mL 安瓿瓶

研制单位：环境保护部标准样品研究所

2.2.3.55　一溴二氯甲烷标准样品（GSB 07-1980—2005）

标准样品名称：一溴二氯甲烷标准样品

英文名称：Bromodichloromethane in methanol CRM

国家标准样品编号：GSB 07-1980—2005

适用范围：主要用于有机污染物监测及相关分析测试中方法评价，质量控制、人员考核、资格认证、能力验证和技术仲裁等。

形态：液体

包装规格：1.2 mL 安瓿瓶

研制单位：环境保护部标准样品研究所

2.2.3.56　二溴一氯甲烷标准样品（GSB 07-1981—2005）

标准样品名称：二溴一氯甲烷标准样品

英文名称：Dibromochloromethane in methanol CRM

国家标准样品编号： GSB 07-1981—2005

适用范围： 主要用于有机污染物监测及相关分析测试中方法评价，质量控制、人员考核、资格认证、能力验证和技术仲裁等。

形态： 液体

包装规格： 1.2 mL 安瓿瓶

研制单位： 环境保护部标准样品研究所

2.2.3.57 挥发性卤代烃混合（II）标准样品（GSB 07—1982—2005）

标准样品名称： 挥发性卤代烃混合（II）标准样品

英文名称： Volatile halohydrocarbon（5 components）in methanol mixture II CRM

国家标准样品编号： GSB 07-1982—2005

适用范围： 本标准样品含有三氯甲烷、四氯化碳、一溴二氯甲烷、二溴一氯甲烷、三溴甲烷 5 种组分，主要用于有机污染物监测及相关分析测试中方法评价，质量控制、能力验证和技术仲裁。

形态： 液体

包装规格： 1.2 mL 安瓿瓶

研制单位： 环境保护部标准样品研究所

3 固体标准样品

3.1 黑钙土（ESS - 1）（GSB Z 50011—88）

标准样品名称： 黑钙土（ESS - 1）

英文名称： Chestnut soil

国家标准样品编号： GSB Z 50011—88

适用范围： 本标准样品原料采集于吉林省德惠县，经烘干、粉碎、过筛、混匀、装瓶和钴 60 灭菌等一系列工艺流程制备成粉末状样品，可提供砷、铜、钡等 34 种无机元素和成分的标准值、不确定度以及铍、溴、铈等 22 个未定值元素的参考值。主要用于分析测试各类土壤、岩石和其他组成相类似物质时的方法评价、质量控制、能力验证和技术仲裁。

形态： 固体

包装规格： 80 g 玻璃瓶

研制单位： 环境保护部标准样品研究所

3.2 棕壤（ESS - 2）（GSB Z 50012—88）

标准样品名称： 棕壤（ESS - 2）

英文名称： Brown soil

国家标准样品编号： GSB Z 50012—88

适用范围： 本标准样品原料采集于辽宁省大连市金县，经风干、粉碎、过筛、混匀、装瓶和钴 60 灭菌等一系列工艺流程制备成粉末状样品，可提供砷、铜、钡等 34 种无机元素和成分的标准值、不确定度以及铍、溴、铈等 22 个未定值元素的参考值。主要用于分析测试各类土壤、岩石和其他组成相类似物质时的方法评价、质量控制、能力验证和技术仲裁。

形态： 固体

包装规格： 80 g 玻璃瓶

研制单位： 环境保护部标准样品研究所

3.3　红壤（ESS - 3）（GSB Z 50013—88）

标准样品名称： 红壤（ESS - 3）

英文名称： Red soil

国家标准样品编号： GSB Z 50013—88

适用范围： 本标准样品原料采集于湖南省长沙市，经风干、粉碎、过筛、混匀、装瓶和钴 60 灭菌等一系列工艺流程制备成粉末状样品，可提供砷、铜、钡等 34 种无机元素和成分的标准值、不确定度以及铍、溴、铈等 22 个未定值元素的参考值。主要用于分析测试各类土壤、岩石和其他组成相类似物质时的方法评价、质量控制、能力验证和技术仲裁。

形态： 固体

包装规格： 80 g 玻璃瓶

研制单位： 环境保护部标准样品研究所

3.4　褐土（ESS - 4）（GSB Z 50014—88）

标准样品名称： 褐土（ESS - 4）

英文名称： Drab soil

国家标准样品编号： GSB Z 50014—88

适用范围： 本标准样品原料采集于北京市密云县，经风干、粉碎、过筛、混匀、装瓶和钴 60 灭菌等一系列工艺流程制备成粉末状样品，可提供砷、钡、镉等 34 种无机元素和成分的标准值、不确定度以及铍、溴、铈等 22 个未定值元素的参考值。主要用于分析测试各类土壤、岩石和其他组成相类似物质时的方法评价、质量控制、能力验证和技术仲裁。

形态： 固体

包装规格： 80 g 玻璃瓶

研制单位： 环境保护部标准样品研究所

3.5　工业固体废弃物铬渣（GSB 07-1019—1999）

标准样品名称： 工业固体废弃物铬渣

英文名称： Solid waste Chromate residue

国家标准样品编号： GSB 07-1019—1999

适用范围： 本标准样品原料采集于某铁合金厂，为铬铁矿冶炼后的工业废渣，经烘干、粉碎、过筛、混匀、装瓶和钴 60 灭菌等一系列工艺流程制备成粉末状样品，可提供铜、镍、钒等 12 种无机元素的标准值及不确定度。主要用于工业废渣监测及相关分析测试中方法评价、质量控制、能力验证和技术仲裁。

形态： 固体

包装规格： 50 g 玻璃瓶

研制单位：环境保护部标准样品研究所

3.6 工业固体废弃物锌渣（GSB 07-1020—1999）

标准样品名称：工业固体废弃物锌渣

英文名称：Solid waste zincilate

国家标准样品编号：GSB 07-1020—1999

适用范围：本标准样品原料采集于某锌厂，为铅锌矿冶炼后的固体废渣，经烘干、粉碎、过筛、混匀、装瓶和钴 60 灭菌等一系列工艺流程制备成粉末状样品，可提供镉、砷、铬等 10 种无机元素的标准值及不确定度。主要用于工业废渣监测及相关分析测试中方法评价、质量控制、能力验证和技术仲裁。

形态：固体

包装规格：40 g 玻璃瓶

研制单位：环境保护部标准样品研究所

3.7 土壤中残留有机氯农药（1）标准样品（GSB 07-2772—2011）

标准样品名称：土壤中残留有机氯农药（1）标准样品

英文名称：Residual organochlorine pesticides in soil（1）CRM

国家标准样品编号：GSB 07-2772—2011

适用范围：本标准样品的原料采集于天津市北辰区环境土壤，土壤类型为潮土；原料样品经过自然阴干、研磨、筛分和混合后分装于 60 mL 进口棕色玻璃样品瓶中，并采用钴-60 辐照灭菌处理。该标准样品的水分含量为 1.3%，粒径小于 80 目。主要用于环境土壤样品中有机氯农药的监测方法验证、监测分析过程质量控制和实验室能力验证，也可用于土壤、污泥等环境样品中有机氯农药的监测分析。

形态：固体

包装规格：40 g 棕色瓶

研制单位：环境保护部标准样品研究所

3.8 土壤中残留有机氯农药（2）标准样品（GSB 07-2773—2011）

标准样品名称：土壤中残留有机氯农药（2）标准样品

英文名称：Residual organochlorine pesticides in soil（2）CRM

国家标准样品编号：GSB 07-2773—2011

适用范围：本标准样品的原料采集于江苏省溧阳市环境土壤，土壤类型水稻土；原料样品经过自然阴干、研磨、筛分和混合后分装于 60 mL 进口棕色玻璃样品瓶中，并采用钴-60 辐照灭菌处理。该标准样品的水分含量为 1.7%，粒径小于 80 目。主要用于环境土壤样品中有机氯农药的监测方法验证、监测分析过程质量控制和实验室能力验证，也可用于土壤、污泥等环境样品中有机氯农药的监测分析。

形态：固体

包装规格：40 g 棕色瓶

研制单位：环境保护部标准样品研究所

3.9 土壤中残留有机氯农药（3）标准样品（GSB 07-2774—2011）

标准样品名称： 土壤中残留有机氯农药（3）标准样品

英文名称： Residual organochlorine pesticides in soil（3）CRM

国家标准样品编号： GSB 07-2774—2011

适用范围： 本标准样品的原料采集于沈阳市铁西区环境土壤，土壤类型为棕壤；原料样品经过自然阴干、研磨、筛分和混合后分装于 60 mL 进口棕色玻璃样品瓶中，并采用钴-60 辐照灭菌处理。该标准样品的水分含量为 1.3%，粒径小于 80 目。主要用于环境土壤样品中有机氯农药的监测方法验证、监测分析过程质量控制和实验室能力验证，也可用于土壤、污泥等环境样品中有机氯农药的监测分析。

形态： 固体

包装规格： 40 g 棕色瓶

研制单位： 环境保护部标准样品研究所

3.10 水系沉积物（ERS - 1）环境标准样品（GSB 07-2775—2011）

标准样品名称： 水系沉积物（ERS - 1）环境标准样品

英文名称： River Sediment CRM（ERS - 1）

国家标准样品编号： GSB 07-2775—2011

适用范围： 本沉积物标准样品的原料为采集自我国松花江流域的实际环境样品，原料样品经过自然阴干、研磨、筛分和混合后分装于 60 mL 进口棕色玻璃样品瓶中，并采用钴-60 辐照进行了灭菌处理。该标准样品的水分和总有机碳含量分别在 1.8%和 1.3%左右，粒径小于 100 目。主要用于河流和湖泊沉积物中多环芳烃和无机元素监测方法验证、监测分析过程质量控制和实验室能力验证，也可用于土壤、污泥等环境样品中多环芳烃和无机元素监测分析工作。

形态： 固体

包装规格： 55 g 棕色瓶

研制单位： 环境保护部标准样品研究所

3.11 水系沉积物（ERS - 2）环境标准样品（GSB 07-2776—2011）

标准样品名称： 水系沉积物（ERS - 2）环境标准样品

英文名称： River Sediment CRM（ERS - 2）

国家标准样品编号： GSB 07-2776—2011

适用范围： 本沉积物标准样品的原料为采集自我国海河流域的实际环境样品，原料样品经过自然阴干、研磨、筛分和混合后分装于 60 mL 进口棕色玻璃样品瓶中，并采用钴-60 辐照进行了灭菌处理。该标准样品的水分和总有机碳含量分别在 1.5%和 1.8%左右，粒径小于 100 目。主要用于河流和湖泊沉积物中多环芳烃和无机元素监测方法验证、监测分析过程质量控制和实验室能力验证，也可用于土壤、污泥等环境样品中多环芳烃和无机元素监测分析工作。

形态： 固体

包装规格： 50 g 棕色瓶

研制单位： 环境保护部标准样品研究所

3.12 水系沉积物（ERS - 3）环境标准样品（GSB 07-2777—2011）

标准样品名称：水系沉积物（ERS - 3）环境标准样品

英文名称：River Sediment CRM（ERS - 3）

国家标准样品编号：GSB 07-2777—2011

适用范围：本沉积物标准样品的原料为采集自我国淮河流域的实际环境样品，原料样品经过自然阴干、研磨、筛分和混合后分装于 60 mL 进口棕色玻璃样品瓶中，并采用钴-60 辐照进行了灭菌处理。该标准样品的水分和总有机碳含量分别在 0.7%和 0.4%左右，粒径小于 100 目。主要用于河流和湖泊沉积物中多环芳烃和无机元素监测方法验证、监测分析过程质量控制和实验室能力验证，也可用于土壤、污泥等环境样品中多环芳烃和无机元素监测分析工作。

形态：固体

包装规格：60 g 棕色瓶

研制单位：环境保护部标准样品研究所

3.13 水系沉积物（ERS - 4）环境标准样品（GSB 07-2778—2011）

标准样品名称：水系沉积物（ERS - 4）环境标准样品

英文名称：River Sediment CRM（ERS - 4）

国家标准样品编号：GSB 07-2778—2011

适用范围：本沉积物标准样品的原料为采集自我国长江流域的实际环境样品，原料样品经过自然阴干、研磨、筛分和混合后分装于 60 mL 进口棕色玻璃样品瓶中，并采用钴-60 辐照进行了灭菌处理。该标准样品的水分和总有机碳含量分别在 1.3%和 1.1%左右，粒径小于 100 目。主要用于河流和湖泊沉积物中多环芳烃和无机元素监测方法验证、监测分析过程质量控制和实验室能力验证，也可用于土壤、污泥等环境样品中多环芳烃和无机元素监测分析工作。

形态：固体

包装规格：50 g 棕色瓶

研制单位：环境保护部标准样品研究所

3.14 水系沉积物（ELS - 1）环境标准样品（GSB 07-2779—2011）

标准样品名称：水系沉积物（ELS - 1）环境标准样品

英文名称：Lake sediment CRM（ELS - 1）

国家标准样品编号：GSB 07-2779—2011

适用范围：本沉积物标准样品的原料为采集自我国太湖流域的实际环境样品，原料样品经过自然阴干、研磨、筛分和混合后分装于 60 mL 进口棕色玻璃样品瓶中，并采用钴-60 辐照进行了灭菌处理。该标准样品的水分和总有机碳含量分别在 0.6%和 0.7%左右，粒径小于 100 目。主要用于河流和湖泊沉积物中多环芳烃和无机元素监测方法验证、监测分析过程质量控制和实验室能力验证，也可用于土壤、污泥等环境样品中多环芳烃和无机元素监测分析工作。

形态：固体

包装规格：55 g 棕色瓶

研制单位：环境保护部标准样品研究所

3.15 水系沉积物（ELS - 2）环境标准样品（GSB 07-2780—2011）

标准样品名称：水系沉积物（ELS - 2）环境标准样品

英文名称：Lake sediment CRM（ELS - 2）

国家标准样品编号：GSB 07-2780—2011

适用范围：本沉积物标准样品的原料为采集自我国滇池流域的实际环境样品，原料样品经过自然阴干、研磨、筛分和混合后分装于 60 mL 进口棕色玻璃样品瓶中，并采用钴-60 辐照进行了灭菌处理。该标准样品的水分和总有机碳含量分别在 4.9%和 19.4%左右，粒径小于 100 目。主要用于河流和湖泊沉积物中多环芳烃和无机元素监测方法验证、监测分析过程质量控制和实验室能力验证，也可用于土壤、污泥等环境样品中多环芳烃和无机元素监测分析工作。

形态：固体

包装规格：40 g 棕色瓶

研制单位：环境保护部标准样品研究所

4 生物标准样品

4.1 西红柿叶（GSB Z 51001—94）

标准样品名称：西红柿叶

英文名称：Tomato leaves

国家标准样品编号：GSB Z 51001—94

适用范围：本环境样品原料采集于北京市朝阳区，经挑选、洗涤、风干、球磨粉碎、过筛、混匀、装瓶和钴 60 灭菌等一系列工艺流程制备成粉末状样品，可提供砷、钡、溴、镉等 25 种无机元素的标准值、不确定度以及硼、铍、铯等 19 个未定值元素的参考值。主要用于分析测试西红柿叶和其他基体类似的生物样品时的方法评价、质量控制、能力验证和技术仲裁。

形态：固体

包装规格：35 g 玻璃瓶

研制单位：环境保护部标准样品研究所

4.2 牛肝（GSB Z 19001—94）

标准样品名称：牛肝

英文名称：Beef liver

国家标准样品编号：GSB Z 19001—94

适用范围：本环境样品原料采集于北京市大红门屠宰厂，经搅浆、真空低温冷冻干燥、球磨粉碎、过筛、混匀、装瓶和钴 60 灭菌等一系列工艺流程制备成粉末状样品，可提供氯、钠、磷、钾等 22 种无机元素的标准值、不确定度以及汞、铍、钡等 10 个未定值元素的参考值。主要用于分析测试牛肝和其他基体类似的生物样品时的方法评价、质量控制、能力验证和技术仲裁。

形态：固体

包装规格：30 g 玻璃瓶

研制单位：环境保护部标准样品研究所

4.3 牡蛎（GSB Z 19002—95）

标准样品名称：牡蛎

英文名称：Oyster

国家标准样品编号：GSB Z 19002—95

适用范围：本环境样品原料采集于大连金县水产养殖场，经搅浆、真空低温冷冻干燥、球磨粉碎、过筛、混匀、装瓶和钴 60 灭菌等一系列工艺流程制备成粉末状样品，可提供铜、铅、钒、镉等 28 种无机元素的标准值、不确定度以及钪、汞、钍等 14 个未定值元素的参考值。主要用于分析测试牡蛎和其他基体类似的生物样品时的方法评价、质量控制、能力验证和技术仲裁。

形态：固体

包装规格：15 g 玻璃瓶

研制单位：环境保护部标准样品研究所

编写人：马小爽　田洪海　邱　争